行为心理学大全

邢一麟 / 编著

中国华侨出版社
北京

图书在版编目（CIP）数据

行为心理学大全 / 邢一麟编著 . -- 北京：中国华侨出版社，2018.3
ISBN 978-7-5113-7538-4

Ⅰ.①行… Ⅱ.①邢… Ⅲ.①行为—心理学—通俗读物 Ⅳ.① B848.4-49

中国版本图书馆 CIP 数据核字（2018）第 033676 号

行为心理学大全

编　　著：邢一麟
出 版 人：刘凤珍
责任编辑：紫　夜
封面设计：李艾红
版式设计：王明贵
文字编辑：许俊霞
美术编辑：杨玉萍
经　　销：新华书店
开　　本：889mm×1194mm　1/32　印张：21　字数：620千字
印　　刷：北京市松源印刷有限公司
版　　次：2018年4月第1版　2019年2月第2次印刷
书　　号：ISBN 978-7-5113-7538-4
定　　价：39.80元

中国华侨出版社　北京市朝阳区静安里26号通成达大厦3层　邮编：100028
法律顾问：陈鹰律师事务所
发 行 部：（010）58815874　　　传真：（010）58815857
网　　址：www.oveaschin.com
E-mail：oveaschin@sina.com

如果发现印装质量问题，影响阅读，请与印刷厂联系调换。

前言

　　有时人的语言是靠不住的，因为大多数人都能操纵自己的语言。然而，人们可以用语言说谎，但人的行为动作却不会作假，只会反映一个人内心的真实想法。西方心理学开山鼻祖弗洛伊德曾经说过这样一句经典名言："任何人都无法保守他内心的秘密，即使他的嘴巴保持沉默，但他的指尖却喋喋不休，甚至他的每一个毛孔都会背叛他。"由此可知，任何一个人的内心都是有踪迹可循、有端倪可察的，不管他掩盖得多么严实，只要我们懂一点行为心理学，就能读懂对方行为、动作背后所隐藏的含义，读懂对方的内心世界。

　　行为，是受思想支配而表现出来的活动，它包括有声语言和身体语言两个方面，其中身体语言是指人们在日常生活中，通过身体某些部位的表情、姿态、动作、生理反应以及衣饰等透露出来的心理信息。它同有声语言一样，甚至比有声语言更能反映人真实的内心。举手投足、一颦一笑、皱眉凝眸……这些行为往往能够揭示人的情感、态度、智慧和教养，它们同有声语言一起构成了人类的语言，共同传递着人内心最隐秘的信息，而这些信息对于掌控人心起着至关重要的作用。因此，如果我们能了解各种行为所代表的含义，就能读懂别人隐藏的心思，让他人内心的想法赤裸呈现；如果能掌握通过行为读取别人内心的技巧，从而在不为人知的情况下了解并影响他人，便可以消除人际关系中的种种烦恼。

　　社会交往活动的种种艰难之处，全在于个人无法洞察他人的内在心理，对对方心理状态把握不当的沟通、说服，会引发诸多不良反应。比如，在不知道对方已经厌倦的情况下滔滔不绝地陈述、在对方有兴趣的时候不加以跟进、在对方抗争之前不懂得合理引导等，都可能对人际关系产生严重危害，导致误解、隔阂、矛盾，甚至人际冲突。在职场中，下属与上司存在同样的困扰。一个管理者最艰难的工作是不知道在与下属的交流中是否真正能够让下属听进去，下属是接受还是排斥，因为无法洞察下属内在的心理变化，管理活动总是阻碍重重。

　　为了帮助人们解决这些困扰不已的问题，我们组织专业人员编写了《行为心理学大全》一书。本书从外貌特征、言谈话语、行为举止、生活习惯、衣着打扮、兴趣爱好等多角度入手，挖掘隐藏在人们各种行为背后的真实心理，并结合大量生动、具体的例子，进行深入透彻、系统全面的剖析，由表及里，由内至外，步步推进，通过揭秘这些行为来帮助人们掌握判断他人真实内心的有效技巧，并掌握如何利用行为来影响他人的方法。阅读本书，你将对行为心理学的内涵及其运用有全面深入的了解，从而揭开行为背后的心理密码，读懂他人的真实意图，窥破人际关系的秘密，掌握和运用比说话更高效的沟通技巧；你将培养出非同一般的洞察力，可以更深入地认识自己与他人的微妙关系，从而更加彻底地了解他人、透彻地认识自己；你将知道老板、同事、商务伙伴、爱人等到底在想什么，而不是仅仅知道他们在说什么；你将可以轻松辨别某个人是不是真的爱上了你，还是仅仅是你自己的错觉；你将学会怎样控制非语言信号，只传递你希望传递的信息，从而有效影响他人，获得一种比其他人更具优势的生存技巧，让你在工作与生活中游刃有余。

目录

第一章 你的眼睛泄露了你的心，解读不同眼神的含义 /1

视线传递出的信息 /1
通过瞳孔看人 /4
眼珠转动 /6
东张西望 /10
目光斜视 /11
注视中蕴含真情 /13
瞪眼和眯眼 /15
眼睛向上看 /17
眼睛向下看 /18
眨眼也有讲究 /19
闭上眼睛 /21
解读陌生人的目光 /22
通过眼神辨谎言 /23
瞳孔中的秘密 /25
表示心虚的视线转移 /26
高傲的眼神 /28

眼睛斜视的意义 /29
游移不定的视线 /30

第二章　情绪写在脸上，从面部表情看认可与否定 /31

点头如捣蒜，表示他听烦了 /31
轻易点头也许是想拒绝请求 /32
一条眉毛上扬，表示对方在怀疑 /33
习惯性皱眉的人，需要感性诉求 /35
鼻孔扩张的人情绪高涨 /37
下巴的角度是态度的分水岭 /38
表情，让他的心底一览无余 /40

第三章　笑容背后寓意深，通过笑容和笑姿识人个性 /42

微笑可传达信息 /42
通过笑声大小看人 /44
通过笑容和笑姿看人 /46
不同程度的笑 /49
不怀好意的笑 /52
笑居然源于进攻姿态 /55
愤怒、悲伤的人也会笑 /56
爱情中的笑声 /57

第四章　言辞声调露心声，从语言中破译对方心态 /59

从闲谈中破译对方心态 /59
从客套语看人心 /62
从语言风格识个性 /63
说话方式与行为模式的关联 /63

说话的速度和语气透露内心 /65
从谈话主题透露人的内心 /66
从说话韵律看他人 /67
口头语最能见个人本性 /68
从谈话特征中看他人心理 /69
看准对方的幽默动机 /73
从交谈中看准对方的真面目 /74

第五章　人身向来随心动，从行为举止知其心 /77

爱幻想：双手托腮 /77
挑战之意：双手叉腰 /78
意见不同：十指交叉 /78
防卫心重：双臂交叉 /79
显示威慑力：拍案而起 /80
力量的体现：紧握拳头 /81
果断的印象：手势下劈 /81
坐姿与生理、心理反应 /82
古板型的坐姿 /83
悠闲型的坐姿 /84
自信型的坐姿 /84
腼腆羞怯型的坐姿 /85
谦逊温柔型的坐姿 /85
坚毅果断型的坐姿 /86
投机冷漠型的坐姿 /86
放荡不羁型的坐姿 /87
坐着时动作的变化 /87
锁腿和锁脚 /88

"数字4"型坐姿 /89

腿的作用 /91

站姿与心理反应 /92

4种主要的站立姿势 /93

思考型的站姿 /96

服从型的站姿 /97

攻击型的站姿 /97

古怪型的站姿 /97

抑郁型的站姿 /98

社会型的站姿 /98

不同的人有不同的走路姿势 /99

走姿与心理反映 /100

昂首挺胸的走姿 /102

摇摆不定的走姿 /102

步伐整齐的走姿 /102

行动急促的走姿 /103

微倾式的走姿 /103

八字式的走姿 /103

其他的走姿 /104

第六章 装扮折射心理，从衣着打扮上观其人 /106

衣着与人的心理的关系 /106

从衣服的选择判断人的性格 /108

从服装颜色的选择上看对方 /109

从T恤的选择看对方 /112

从女人对内衣的喜好看对方 /113

透过鞋子观察对方的性格 /114

不同的装扮折射出不同的心理 /116

淡妆与浓妆，表现不同的欲望 /117

口红显示女性的性格和职业 /118

从头发的质地与发型观察你的对手 /120

帽子：盖不住思维的大脑 /122

眼镜：心灵窗户的另一种显示 /124

领带：男人个性的表现 /125

手表：对待时间的态度 /127

戒指：展示自己的内心世界 /130

手提包：身份的见证物 /131

耳环：透视性格的物品 /135

第七章　兴趣爱好有玄机，
　　　　观察内心世界的丰富多彩 /137

喜欢暖色的人行动力强，喜欢冷色的人性格内向 /137

从宠物的身上可以看到主人的性格 /139

喜爱的童话人物影射内心 /140

热爱园艺的多是勤劳踏实的人 /142

喜欢垂钓者，具有欣赏美的眼睛 /144

爱车识人 /145

爱车的颜色也能透露个性 /147

登山爱好者大多是内向型的人 /149

通过喜欢的音乐看人 /151

通过喜欢的舞蹈看人 /154

通过喜欢绘画的内容看人 /156

通过喜欢的运动项目看人 /158

通过喜欢的游戏看人 /163

通过喜欢的棋类游戏看人 /166
通过喜欢的收藏品看人 /169
通过喜欢的旧物看人 /171
通过喜欢的书籍看人 /174

第八章　餐桌上流露真性情，看人性百态 /177

不停换座位的人是挑剔的完美主义者 /177
坐在固定座位的人，渴望安全感 /178
吃饭速度快的人，做决定的速度也很快 /180
吃东西时默不作声的人，比较内向害羞 /182
喜欢独自吃饭的人，性格比较清高 /183
总是吃个不停的人，内心比较空虚 /184
对酒的不同的偏好反映不同的心理 /186
边看书边吃饭的人，争分夺秒 /188
喝醉酒猛打电话的人渴望关怀 /189
喜欢乱加调味品的人比较有想象力 /191
主动给人倒酒的人心中有个小算盘 /193
点菜犹豫不决的人缺乏决断力 /194
付账时速度很快的人怕被人看不起 /195
通过喝茶看人 /198
通过喝咖啡看人 /200
通过喝水看人 /202
通过吃饭习惯看人 /204
通过烹饪习惯看人 /207
通过食物偏好看人 /209
通过喜欢哪个国家的食物看人 /213
通过吃水果看人 /215

通过吃相看人 /218

第九章 身体会释放信号，
　　　从小动作看出人的情绪状态 /221

吐舌头是一种否定和拒绝的信号 /221
人一害羞就挠头 /222
鼻子的细微动作暗藏玄机 /223
把头歪在一边表达顺从的态度 /225
从小动作中看出放松的迹象 /227
教你看清否定、怀疑和讽刺 /229
这些动作说明他情绪低落 /233
边踱步边抽烟，内心一定在交战 /235
边打电话边信手涂鸦是为了缓解心中的紧张感 /237
爱用手捂嘴巴的人性格内向 /239
总是把发票揉成一团的人心中压力过大 /240
预示冲突的信号 /242

第十章 社交表现露品性，从社交场合识人 /246

初次见面就喜欢身体接触的人自信心强 /246
握手时一直盯着你的人，心里想要战胜你 /248
从握手方式就能看出对方对你的态度 /250
打招呼的用语也能表现性格 /252
与不同人的交往方式暴露他的性格 /254
常常与人靠得很近的人性格外向 /256
爱打断别人说话的人爱自我表现 /258
对陌生人微笑的人多是开朗大方的社交专家 /259
喜欢和老实人为伍的人性格多愁善感 /261

喜欢讨论他人隐私的人容易感到孤单和寂寞 /263
两人并排走路时，不同的步伐能折射两人的亲密程度 /264
从对方等你时的姿态看出他对你的态度 /265
强求别人应邀的人自私而虚荣 /267
讲冷笑话是为了引人注意 /268
开场白太长的人缺乏自信 /269
喜欢请客的人自我满足欲望强 /269
主动当介绍人的人喜欢自我表现 /270
商务谈判中需要掌握识人技巧 /271
从名片偏好分析对方的性格 /273
从回答问题的习惯探察对方的性格 /276
从握手观察对方的性格 /279

第十一章　求人办事有方法，看被求者反应获帮助 /282

洞察所求人内心才能找到办事的突破口 /282
了解对方内心的方法 /284
从所求人的眼神观察其内心 /285
运用"钓语"开启被求人的话题 /287
从小节看被求人性格 /289
拜访被求人应注意的礼仪细节 /291
通过双手看识被求者 /293

第十二章　物以类聚、人以群分，通过朋友来判断一个人 /295

气味相投的朋友是一个人的底牌 /295
乐于和优秀者交朋友的人，上进心强 /296
喜欢和长辈交朋友的人，心智比较成熟 /298

朋友多的人，多半热情开朗 /300
只和身边的人交朋友的人比较内向 /301
可以和反对自己的人成为朋友，是心胸宽广的人 /303
从鞋子看朋友 /305
从外观上识别有教养的朋友 /306
慧眼识人，结交挚友 /308
从各种细微之处识人 /309
结交几个忘年知己 /310

第十三章　道不同不相为谋，明察秋毫结知己 /312

分清朋友的类型 /312
"气质"与朋友 /314
注意朋友的日常习惯动作 /317
放松方式见朋友心态 /319
从刷牙方式观察朋友 /321
从洗澡的方式观察朋友 /323
从睡床的样式选择看识朋友 /324

第十四章　你的身体在坦白，
　　　　　解读撒谎时的行为信号 /327

欺骗的信号 /327
对说谎的研究 /328
脸部表情是怎样揭露事实的 /329
女性更擅长说谎 /330
为什么说谎很难 /331
7种最常见的说谎姿势 /332
在做估量时的姿势 /337

抚摸下巴的姿势 /338

拖延、敷衍的姿势 /340

挠头和拍打的姿势 /340

双重说谎者 /341

假表情总是慢半拍、持续时间长 /342

动作和语言不一致，嘴上说的不能信 /344

手脚蜷缩贴近身体，因为缺乏安全感 /345

不安的双脚泄露紧张情绪 /346

把头撇开是因为想要逃避话题 /347

说谎者无法倒着叙述事情 /348

用暗示的方法回应，不作正面回答 /350

说话声音高而缺乏变化，是明显紧张的表现 /352

提到的数字都是同一个数或是它的倍数 /354

谎言往往这样开始 /355

第十五章　判断真实意图，解读老板微行为理解其心理状态 /357

老板的手势有何含义 /357

老板身体语言中的不寻常 /358

勿闯老板的禁区 /359

从办公桌的状态看老板 /361

从"气"上看老板 /362

从工作的习惯观察你的老板 /364

从老板的个人素质识别他的领导能力 /365

从老板的领导方式看他 /366

从老板的人际关系判断他 /369

观察上司对自己的信赖度 /370

搞清上司为什么批评你 /371

第十六章　有业绩更要有人际，解读同事微行为了解其为人 /375

从对待工作的态度看人 /375
从面部表情了解同事的心理 /376
关云长型的同事 /377
把剩下的话吞下去：没有自信的人 /377
等对方说完：沉得住气的人 /378
跟对方抢着讲：一触即发的人 /378
马上要求对方尊重他：盛气凌人的人 /378
识别职场中同事的类型 /378
提防职场中的几种人 /381
由打电话方式分析同事 /382
冷静对待同事的恭维 /382
从接受表扬的态度观察同事内心世界 /383
费心在办公室照顾花卉的人体贴而好客 /385
从下班后的桌子可以看出心情转换的能力 /386
办公桌上摆放家人照片的人，家庭观念较强 /388

第十七章　品质比能力重要，解读下属微行为见其性格 /390

领导看识下属的三原则 /390
领导要学会看人之道 /392
运用沟通的方式来了解下属 /393
如何对待下属的来访 /396
巧妙应对"难缠"的下属 /398

管仲如何识得下属之心 /402
发现职场中的精英 /406
识别具有潜质的部下 /408
辨别下属是否真心 /411
从品德上看下属 /413
如何调动下属的积极性 /415
要从大局考察下属 /416

第十八章　用对人才能做对事，
解读合作伙伴微行为看其工作态度 /421

有城府的人，需要你去试探 /421
危难面前，考察他的胆识 /423
利益面前，看他是否清廉 /425
任务面前，考察他的信用 /427
亲近面前，观察他的礼节 /429
混杂面前，探察他的本性 /431
好相处的人，能很快融入团队 /433
疏远面前，观察是否忠诚 /434

第十九章　慧眼识出千里马，
解读对方微行为选出英才 /436

与下属面谈，了解他的性格特点 /436
背后闲话能暴露真实想法 /438
身体姿势反映内心世界 /440
心灵的窗户：眼神最是骗不过 /442
透过言谈举止识人 /444
从眉毛读懂人的情绪波动 /447

从脚就知道下属信不信任你 /449
说话时的"小动作"比语言更说明问题 /451
从语言习惯看人内心 /453
识别人才时不被假象迷惑 /457
分析员工的性格特征 /458
怎样对待不同性格的员工 /460
不能重用的员工 /463
留意发现潜在的人才 /468
下属追随上司的4个心理需求 /469

第二十章 是金子要及时发光，
解读面试官微行为了解其心思 /472

给他人留下美好第一印象的十大金科玉律 /472
形象很重要，注意修饰自己的仪容 /476
面试不同阶段的身体语言 /477
眼睛往哪儿看 /479
不同座位方式的应对策略 /481
站如松，坐如钟 /485
面试官的暗示你懂吗 /487
把握时间，礼貌为先 /488

第二十一章 一分钟拿下订单，
解读客户微行为找到突破口 /491

待客有道，赢得第一步 /491
举手投足不失礼 /492
选择有利的会面场所 /493
令人舒适的座位提高沟通效率 /495

以小动作促成合作 /496

身送七步，你做到了吗 /497

成功销售靠身体语言 /499

今天，你对顾客微笑了吗 /500

读懂顾客潜藏的购买欲 /502

敏锐识别顾客的成交信号 /503

百般辨别，看"石头"顾客 /506

第二十二章　此时无声胜有声，
　　　　　　解读与会者微反应了解其态度 /508

识别无声的赞成与反对 /508

谁是下一个发言者 /509

这些动作提醒你——该散会了 /511

笔记本和笔——会议上的道具 /512

衣服上的小动作 /514

选择正确的座位比说什么话更重要 /516

第二十三章　知彼才有胜算，
　　　　　　解读谈判对手微反应探知其意向 /518

运用身体语言协助谈判 /518

用道具支持你 /519

巧用眼神取得意想不到的好效果 /521

觉察对手心理的 3 种方法 /521

利用身体语言，识别谈判心理 /523

口舌之战 VS 心理之战 /525

他在想什么？手足告诉你 /527

从物品放置预知对方的意向 /528

交涉，注意他坦诚的嘴部 /529
小动作，泄露其下一步行动 /530
懈怠的身体，无声的拒绝 /531
少用"但是"转折，多用"所以"顺承 /532
谈判中"答"的技巧 /534

第二十四章 眼睛是心灵的窗户，从男女眼神差异看其心意 /536

女性解读眼睛信息的能力比男性更胜一筹 /536
女性的眼白比男性多 /537
变大的眼睛和变小的眼睛 /537
怎样吸引一个男人的注意力 /538

第二十五章 赢得爱情靠眼力，从小动作看出异性对你的好感度 /540

触碰你的随身物品，是要和你牵手的前兆 /540
四种牵手方式，显示不同的亲密度 /541
约会中的小动作，预知他的下一步行动 /542
从双腿摆放的方式，看出他对你的好感度 /543
喜欢你的男人，不会一直凝视你 /543
烟不离手的男人，只把你当普通朋友 /544
从约会的动作获得女孩的心理信息 /545

第二十六章 女人的心思不难猜，解读女人微反应找到其真实意图 /547

从相貌选择贤妻 /547

从女人的眼睛观察她 /549

从女人的手探视对方 /551

从女人的腰了解对方 /552

从女人的腿看对方 /553

从女人的发型观察她 /554

从戴戒指判断女人对爱情的态度 /556

从表情与动作推断她是否爱上你 /558

识别女人的内心 /559

看女人本性 /559

从心理了解女人 /561

充分了解女性的特点 /562

从体态语言看女人 /565

手提包与女人的个性 /566

细节可察觉女人对你的爱慕之心 /568

认识女性约会的心理特点 /571

女人的感受从触觉开始 /575

向女性表达爱意的技巧 /576

第二十七章　看懂他才能把握爱，从男人的微行为了解其真实性情 /578

需要避开4种男人 /578

从男人的体型看性格 /579

从面相看男人 /582

从男人的走姿了解他的性情 /584

从情人节的礼物判断他真实的想法 /585

从男友喜欢的手指看他爱你有多深 /587

从他对家人的爱观察他 /588

花钱的男人 /589
沉默的男人 /590
喜欢逞威风的男人 /591
奉行大男子主义的男人 /592
不流泪的男人 /593
了解男女差别 /594
看清男友的几条妙计 /595
从接吻方式观察男人 /597
理性面对男人的欺骗 /598
获得男人喜爱的秘诀 /600
如何试探对方是否爱你 /602
避免男人出轨的关键时刻 /603

第二十八章　爱你在心口难开，从异性微行为辨别求爱的信号 /608

当某人身体的温度上升 /608
"眉来眼去"都是情 /608
花枝招展的男性的出现 /610
为什么总是女性掌握局势 /611
什么样的女性才是男性所喜爱的 /612
为什么漂亮的女性却没有机会 /613
男性的示爱信号 /615

第二十九章　情人眼里出西施，解读情人微反应发现心灵的默契 /617

从关心自己流露情人的心 /617
从媚眼读懂情人的心 /619

从约会语言上看情人对爱情的心态 /621
从约会的内容看恋人的性格 /622
从逛街摸清情人对自己的真实想法 /623
识别情人说谎的信号 /624

第三十章　相爱容易相处难，
　　　　　从恋人举止看爱情关系 /626

通过亲吻的身体部位看人 /626
通过接吻方式看人 /630
通过约会看爱情关系 /632
通过争吵看爱情关系 /636
通过生活细节看爱情关系 /638

第三十一章　不要对我说谎，
　　　　　　解读男女微行为发现事实真相 /641

眼睛是台测谎仪 /641
从话语里知道对方在撒谎 /642
识别谎言的技巧 /643
男女常用的谎言词典 /644
恋爱时听懂女人的"潜台词" /646

第一章
你的眼睛泄露了你的心，
解读不同眼神的含义

视线传递出的信息

俗话说，"眼睛是心灵的窗户。"目光传达的一些信息能透露人们解决问题的方法和关注细节的持久度，以及是否能够做到"实话实说"等。

琳·克拉森是美国社会心理学家，被人们称为"读脸专家"，她考察了性格和面部神情的关系，并进行了大量相关的试验，结果发现，人们很难隐藏或改变面部的细微变化，而这些变化最能透露我们的所思所想。克拉森表示，眼睛最能表露一个人的心理，眼睛睁大表示更愿意与人交谈；而眼睛深陷，眼神喜欢盯住一处的人则更加保守。"面部的一些细微动作和表情，能够很好地显示出对方的所思所想，所以下次与人打交道时，别忘了注意他的眼睛！"克拉森如是说。

我们先来了解眼睛的生理结构。眼睛是人类最重要的感觉器官，据估计人体对外部世界的信息获取至少有百分之八十是通过眼睛来实现的，眼睛的意义当真非凡。尽管我们在日常生活中说了很多，也听了很多，然而我们在本质上仍然是视觉动物，在这个问题上我们与我们的近亲——猿类和猴子们——并没有太大的分别。所有灵长类动物都是以视觉为主的动物，它们的两只眼睛都位于头部的正前方，以便更好地通过视觉感知外部世界。人眼直径大约仅为 2.5 厘米，但与之相比，世界上最为先进的电视摄像机简直就是来自石器时代的玩意儿。位于眼睛后方的感光视网膜包含着 1.37 亿个细胞，这些感光单元把外界的信息传递给大脑，告诉后者在我们的眼前究竟有些什么。

既然眼睛的结构如此复杂，那我们就要学会取舍，最基本的方法就是寻找目光的"落脚点"。迈克尔·阿盖尔是英国研究社会心理学及肢体语言的先驱。他在长久的研究中得到一个结论：欧美人在彼此交谈时，大约有 61% 的时间都会注视对方。因此，再没有什么能比人的眼睛透露更多心理信息的器官了。

《孟子》中记载："存乎人者，莫良于眸子。眸子不能掩其恶。胸中正，则眸子瞭焉；胸中不正，则眸子眊焉。听其言也，观其眸子，人焉廋哉？"意思就是说：观察人的方法，没有比观察人的眼睛更好了。眼睛不能掩盖人们内心的丑恶。一个人心中正直，眼睛就显得清明；心中不正直，眼睛看上去就不免昏花。听一个人讲话，观察他的眼睛，这个人内心的好坏又怎么可以隐藏得了呢？

通过这段话，我们可以获知一个人的内心动向必然会反映在他的眼睛里。心之所想，不用言语，从眼神中就会找到答案，这是每个人无法隐瞒的事实。睡眼惺忪的人，眼睛表现模糊不清；而眼睛雪亮、目光炯炯的人，自然显得聪明伶俐。如果眼睛真的在笑，心也会随之轻松。满脸伪装微笑的人，注意他的眼睛，会发现那是一双不安的眼睛，根本没有笑的神志。

通过有无视线接触可以判断出他对你有无好感或兴趣。不相识的人，彼此视线偶尔相交，便会立刻撇开。如果一个素昧平生的人一直盯着自己，我们必定会感到不安，甚至觉得害怕。这是由于每个人被看久了，会觉得被看穿内心或被侵犯隐私权的原因。相识者彼此视线相交之际，即表示他们有意沟通心灵。但是，这种情况如果发生在女性之间，则可能别的意思。心理学家的研究结果表明：当女性愿意把自己所想传达给对方时，多半会发生凝视对方的行为。日常生活中，对方若久久凝视你而不移开视线的话，很可能有什么心事要向你诉说。

希区柯克是世界著名的导演。因为他创作了很多经典的悬疑惊悚电影，所以被称为"悬念大师"。希区柯克曾经在片场说过这样的话："对话要尽量简洁，那不过是从演员嘴里发出的声音，演员的眼神才是整段对话的灵魂。"

如同拍电影的镜头有全景、中景、近景和特写一样，人们在不同的社交场合或者面对不同关系的对象时，视线范围都会有所不同。

按照约定俗成的规则，视线落在对方眼睛水平线下，焦点集中在对方双眼与嘴巴所构成的三角区域，是标准的社交礼仪。这个视线范围适合于普通的社交场合，既不会使对方有疏远感，又不会给对方造成压力。有利于形成一个轻松友好的交谈气氛。

电影当中出现特写镜头时，往往给观众以强烈的印象。就像具有强烈视觉感受的特写镜头一样，当一个人把目光投射到对方前额的三角区域时，会使气氛变得紧张。因为这样的注视往往带有一种高人一等的意味，因此对人具有震慑作用，警察审讯犯人就是使用这种方法。这样的场面多出现在上下级之间，而且是上级对下级才能使用的方式。

最有意思的当属恋爱中的目光。当两个人初次见面时，视线范围是从脸部到胯部；当关系确定后，视线范围将达到腹部以上；随着关系的发展，双方凝视的焦点上移到胸部以上；而热恋中的情侣，就成了眼睛与眼睛的对视。如果一对男女刚刚相识就盯着对方的眼睛，除非两个人是一见钟情，否则一定会不欢而散。

视线的方向有三种：向下，水平和向上。

向下的视线是长辈对晚辈，地位高者对地位低者使用的。这样的方向会产生一种威严感。当一个人目光向下时，往往是想控制对方，体现出自己的优越感。

水平视线是地位相当者之间使用的。这样的视线会使大家便于沟通，因为没有尊卑之分，会使气氛变得自然。

向上的视线是地位低者常使用的。他们的目光看起来就像小孩子需要父母帮助时那种眼神。

人的目光有很多种，而不同的目光后面往往会隐藏着不同的含义。以下是一些通过眼睛看人的小技巧：

一直盯着对方的女性，心中可能有隐情；

在言谈中，注视对方，表示让对方对自己所谈内容的注意；

初次见面时，先移开视线者，表示希望处于优势地位者；

被对方注视时，便立刻移开视线者，大都有自卑感或缺陷；

看异性一眼后，随即故意移开视线者，表示有着强烈的兴趣；

斜眼看对方者，表示对对方非常有兴趣，但又不想让对方识破；

翻眼看人者，表示对对方存有尊敬与信赖；

俯视对方者，想显示对对方的一种威严；

视线不集中在对方，很快移开视线者，大都为性格内向者。

通过瞳孔看人

瞳孔是眼睛中央的黑色部分，它的作用相当于照相机的光圈。外部的光线能够经由它投射到视网膜上。当光线微弱时，瞳孔会适当放大，而在遭遇强光时，它会相应缩小，以控制投射到视网膜上的光线的总量。从这个角度上看，眼睛的工作原理就像照相机一样，用一个控制装置来适配不同的环境。

人类瞳孔的大小不仅会随周围环境的明暗发生变化，还受对目标关心和感兴趣程度的影响。就像通常所说的"眼睛比嘴巴会说话"一样，人的心理活动全都显露在眼睛中。瞳孔的扩张能力与大脑直接相关联，不受主观意志的控制。当人类看到非常喜欢的东西时，瞳孔的放大程度会高于正常情况，而当呈现在眼前的东西令人厌恶时，瞳孔很可能会缩得很小。如果仔细观察瞳孔的变化，可以得知对方的心理状态。如果一个人看上去心不在焉，可他的瞳孔却在渐渐扩大，就可以断定他满不在乎的神情下隐藏的是对该话题的强烈关注。与之相对的，如果对方看起来对你的话题很感兴趣，但他的瞳孔没有变化，你就要调整话题了。

一个人情绪低落时，瞳孔会缩小。此时的眼睛被人们称为"蛇眼"。消极的人往往不会留意到身边的事物，就是因为他们的瞳孔在缩小的同时，视网膜上的图像也随着变得模糊。而人在极度兴奋或恐惧时，瞳孔可以扩大到正常状态的3倍！瞳孔放大后的眼睛往往被认为是富有魅力和吸引力的。

古代的珠宝商人出售首饰时，是根据顾客瞳孔的大小来要价的。如果一个宝石的光泽能使买主的瞳孔扩大的话，商人就会把价钱要得高一些。在他们看来，珠宝的价格高低与买主的瞳孔大小成正比。

人情绪低落时，瞳孔会缩小

瞳孔放大，不是兴奋就是紧张

广告商更是把这个特点发挥到最大值。他们会通过技术手段放大广告照片上人物的瞳孔。孩子们的瞳孔"变大"后，玩具销量上涨；女士们的瞳孔"变大"后，化妆品销量上涨；车模的瞳孔"变大"后，汽车销量上涨……放大瞳孔一度成为广告界战无不胜的法宝。

当人对某一事物感兴趣时，瞳孔会放大；而瞳孔放大时，也会激发人的兴趣。很多自由撰稿人都喜欢在较暗的环境中写作，因为在黑暗中，人的瞳孔会放大，使他们的创造兴奋点大大提高。

但归根结底，瞳孔的变化还与其他诱发因素有关，不能用瞳孔作为确定一个人喜恶的唯一标准。当广告商们意识到这点以后，"放大"瞳孔的手段才逐渐降温。尽管如此，还是有很多人把观察对方瞳孔的变化来了解对方的内心当成行动指南。

眼珠转动

南宋著名词人李清照曾留下一句"眼波才动被人猜"。的确，想要看穿他人心中的秘密，观察眼睛是第一步。人人都会尝试伪装自己，但是眼睛很难伪装，而眼睛又属瞳孔最难伪装。因为人的主观意识无法控制瞳孔的大小变化。

虽然瞳孔的变化能够暴露一个人内心的想法，但是毕竟我们不能一直盯着人的眼睛。一个人没有经过专业训练，很难做到在不被对方发现情况下迅速读取对方的瞳孔信息。因为这种观察方式过于直白和明显，可能让人唯恐避之不及，于是连看穿对方的机会都丧失了。那么如何做到在他人不知不觉的情况下看穿他的内心秘密呢？答案就是观察对方眼珠转到的方向。

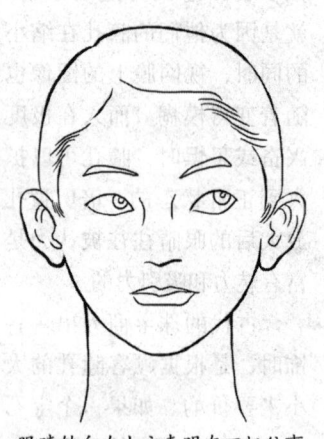

眼睛转向左上方表明在回忆往事

视线转移具有很强的个性化特征，不同的人，经过长期的环境适应和学习，可能养成不同的视线转移习惯。因此，确立被测试人的视线转移基线，才是正确分析的第一步。

哪些是可以利用的信号呢？神经语言程序学认为，眼球向不同的方向转动，代表着不同的意义与心理特征。在具体讨论前，我们先来做一个有趣的测试：

首先要保持目光直视的状态。接下来开始回忆印象里达·芬奇的著名画作《蒙娜丽莎》，包括人物的表情、服饰、背景及整体的色调。20秒后定格，眼睛的方向不要变化，看看自己的眼睛正向哪个方向看。一定是左上角！你也许会不相信，那接下来继续回忆《蒙娜丽莎》，这次要保持目光转到右下角。怎么样，回忆起来是不是比刚才困难很多？因为这个方向并没有开启大脑的视觉区域，因此无法在脑中形成画面。

当一个人的眼睛转向左上方时，表明他正在回想陈年往事。与眼睛常向左上方转的人打交道，你首先要有耐心。他们是属于喜欢怀旧的类型，虽然不乏朋友，但可以交心的却寥寥无几，因此他们迫切希望得到别人的关心。如果你打算赢得他们的信赖，就一定要表现出诚意。

当他的眼睛转向左中方时，表明他正在回想一些听到过的事情。

当他的眼睛转向左下方时，表明他正在进行某些理性思考。这类

眼睛转向左下方表明正在进行理性思考

人无论想象力还是思考力都极为出众，很多作家和编剧的眼珠都喜欢向左下方转动。他们酷爱高雅艺术，包括音乐（多数是古典音乐）、绘画、雕塑、建筑、服装等等，向往自由自在的生活。但他们的这种无拘无束的习惯，会给身边的人留下我行我素的印象。

其实他们自有打算，只是喜欢按照自己的步调来安排行动。因为他们的这种性格，与他们交往时，切忌给他们施加压力。如果你给他们带来压迫感，很可能会起到相反的效果，弄不好他们会被你的压迫感吓得落荒而逃。

当他的眼睛转向右上方时，表明他正在思考未来。这类人往往喜欢白日做梦，想象力丰富，以理想主义者居多。

眼睛转向右上方表明在思考未来

当他的眼睛转向右中方时，表明他正在想象某种声音。

当他的眼睛转向右下方时，表明他正在想象某种身体上的感觉。此类人心思缜密，思考力较强。与他们打交道时，你要多加小心。他们在日常生活中喜欢扮演侦探的角色。如果你不小心留下一些细微的线索，他们就会顺着蛛丝马迹发现你的秘密。最要牢记的是不要和他们有金钱上的瓜葛，一旦在金钱上出了问题，你就会永无宁日。

眼睛转向右下方表明正在想象某种身体感觉

以上理论是经过测试的，具有现实意义。在面试时，面试官可以通过观察应聘者的眼睛来判断他是否说谎。例如询问应聘者："你上个月实习时发生了什么印象深刻的事？上司怎么评价你？"若对方不假思索就马上回答，这个答案很有可能是早已准备好的，说谎的可能性大。但若他的眼睛先向上方转动，再向左转动，表示他正在回忆，说真话的可能性大。如果他的眼睛先向右上方转动,表明他有撒谎的企图。

当然,这种理论虽然适用于大部分人,但不能涵盖所有人,凡事都有例外。例如,对方是左撇子,他眼睛转动方向所代表的意义也会相反。

通过这种观察,我们有可能在最短的时间内分析对方当前的情绪。

除此以外,在人与人交往活动中,通过观察对方的视线方向,还能看出此人的心态。在交往中,如果面对异性,只望上一眼,便故意移开视线的人,大都对该异性有着强烈的兴趣。如果在公共场合出现一位年轻貌美的女性,所有人的眼光几乎都会集中在她身上,但年轻的男性往往会很快把脸扭向一旁。他们虽然也非常感兴趣,不过基于强烈的压抑作用而产生自制行为。假使兴趣欲望增大时,便会用斜视来偷看。这是因为他们既想看清对方,却又不愿暴露自己想法的缘故。

另外,还有学者通过研究发现,对异性瞄上一眼之后再闭上眼睛,是一种"我相信你,不怕你"的体态语。因此,当一个人观看异性时,不是移开视线,而是闭上眼后再翻眼望一望,是尊敬与信赖的表现。如果一个女性这样看男性,两者的关系就有了进一步加深的可能。

透过对方眼睛的移动方向还能看出此人的心态。在交往活动中,眼睛位置移动情况不同,其心态也大不相同。例如,当上级与下级面对面接触时,上级的视线肯定会由高处发出,而且会很自然地直接投射下来。作为下级,即便未做错事,但视线却常常由下而上。这是由于职位高的人,总是希望对下级保持其威严的心理作用。之所以出现这种视线不对等的情况,除了职位高低的因素,还和性格有关。一般来说,在交往时,性格内向的人容易移开视线。美国的心理学家曾做过实验,让患有强度自闭症的儿童与陌生的成年男子见面,以观测他面对成年人时间的长度。将成年人的眼睛蒙起与不蒙的两种情况相比较,发现儿童注视前者的时间居然为后者的3倍。这就是说，双方眼光一接触，儿童会立刻移开视线。由此可知，性格内向、弱势群体或地位较低的人，大都无法一直注视对方。

东张西望

当你和一个人说话，这个人却不停地东张西望，他这么做可不是为了观察周围的事物，他这么做是为了搜寻逃跑的路线。即使不是这样，也说明他的内心对你们的谈话毫无兴趣。如果谈话时，对方很少看你，便可视为他对你或者你的话题不感兴趣或者没有亲近感。东张西望是人类面对讨厌的事物做出的一种最常见的反应，这种表情往往表示这个人对于所谈论话题的漫不经心。当你和一个讨厌的人说话，你就会本能地把视线投向其他方向。可是按照社交礼仪，你知道这么做一定会引起其他人心中不快，于是只好装出一副很感兴趣的样子来伪装自己的厌倦。于是，你的目光就自然一会儿从对方身上移开，一会儿又回到对方身上，也就是我们惯常所说的东张西望。

这个动作的潜意识是逃避。除了厌倦，东张西望还可以代表缺乏安全感。同样的例子，如果你交谈的对象总是把目光从你的身上移开，而他又不是对话题感到厌恶，那他一定就是紧张。目光飘忽不定，表示这是个三心二意、拿不定主意或紧张不安的人。视线闪烁不定或左顾右盼，常产生于内心不稳定或不诚实之时。回避对方的视线常表明不愿被对方看穿自己的心理活动，或心虚，或害臊，还可能是厌恶、拒绝。

有的人目光闪烁不停、飘移不定，说明他的心思很灵活，也许是好主意不少，也许是鬼点子很多。这样的人，如果是年轻人，会随着未来所处环境或者境遇不同，或许能成为智囊团的一份子，或许会成为野心勃勃的阴谋家。而上了年纪的人如果还是用这样的眼神看人，与他们相处时就要多加小心了，他们往往是属于老奸巨猾的类型。

举个例子，如果有业务员在向你推销他的商品时，他一边说着眼睛却在上下左右转个不停，你就应该留有戒心，掂量他是否在撒谎。然而你身边的人眼睛这样动时，应该判断他是否想表达什么意思。对方眼睛东张西望而不专注时，是因为怕你而在说谎。这样做，多半是为了不使你担心而不将真相说出。在你一再追问的情况下，他口是心非，眼睛自然会转个不停。

从心理学来看，男性的这种移眼神的动作，是为了不失去客观性的本能所发出来的举动。所以，男士和女友或和自己的太太上街，他会情不自禁地注视来来往往的其他女性。相反，女性的本性只停留在主观感情上，她走在路上时，除男朋友外，对其他男性一眼都不会去正视，只是含情脉脉地注视着身旁的男朋友，对他的一举一动都非常关注。

东张西望还经常出现在撒谎者或诈骗犯的身上。他们不像惯常理解的那样会回避对方的眼神，反而更需要眼神交流来判断你是否相信他说的话。说谎者在说谎前会眼神飘移，在想好说什么谎后会眼神肯定。如果遇到对方冷静地反驳，说谎者会再次出现眼神飘移。

目光斜视

在日常生活中，我们经常使用"目不斜视"来形容一个人态度严肃、举止端庄。但我们在人际交往中，经常会遇到这样一种人，他们的眼神方向与目不斜视恰恰相反，视线与脸的朝向总是出现一个夹角。从生理构造上来说，这个动作做起来并不舒服，可他们宁可"委屈"自己，也要斜眼看人。是什么原因驱使他们这么做呢？

俗话说，"相由心生。"一般来说，人的行为动作都是其心理状态的外在反应。视线方向就是行为动作的一种，因此不同的目光后面就有不同的含义。不仅如此，有时候同样的目光下还可以包含着不同的意思。但主要原因无外乎两个：一是因为这种视线状态，瞳孔在一侧而不在中间，和视线的左右转移外观相似；二是因为这种视线状态，映射了不愿意看的心态，和视线转移一样不够"诚恳"。不论是希望真诚的交流，还是受到意外刺激而寻找刺激源，都会出现头部的转动动作，让自己的面孔尽可能正面朝向被视对象。只转动眼睛而不转动头，直接映射了相对负面的心态。需要特别说明的是，这里说的"不愿意"，不光包括不愿意常规代表的厌恶和否定，还包括不敢看、怕对方发现才偷着瞄一眼、不屑等其他负面意愿。可能造成侧目相视的情绪和心态主要包括：得意、轻蔑、忧虑、厌恶。

既然斜视目光背后的心理可以是拒绝，可以是猜疑，还可以是轻蔑，到底对方斜看人的心理是哪一种表现呢？其实，这只不过是利用视线来表达想将身体也转过去的一种心理。在交谈过程中，如果你的朋友斜视你，那就意味着他没有重视你，或者是想离开你，起码是对你的话题不感兴趣了。如果人家对你扫视一番，然后发出笑声，这说明人家在讥讽你。回避视线的行为，就心理学而言，可视为自己不愿被对方看见的心理投射，亦即遮掩某事不想被对方知道。如果对方是斜视，这往往是对你不屑一顾，是对你的鄙视。

另外，我们可以积极运用这种"回避视线"的身体语言，也可以不必开口而将自己的意向传递给对方。在酒席等场合，想尽早结束无谓的胡扯、满腹牢骚以及欲拒绝对方要求时，上述手段很奏效。表面上是在随声附和、似乎在专心听话，实际上却利用眼神的转移，在心理上阻止对方继续说下去。总而言之，喜欢斜眼看人的人，大多不愿被人知晓心意。我们也可以利用这样的方法，间接地处理生活中的一些问题。

还有一种特殊情况，就是和异性视线相遇时故意移开表示关心对方。与男性相比，女性是偏向感性的，她们做起事来往往依靠直觉而非逻辑，因此容易比男性感情用事。她们的心理相当复杂而奇怪。

有些女性一旦目光与男人相碰，便会立刻把视线移开，此时她们心里很不自在。胆怯的男性，立刻会显得呆板，心里想"她看不起我吗"，"我是否被视为不受欢迎的人？"原因当然不是这样，其实这是对方对你关心的一种心理反应。

斜眼看人还有一种特殊的类型，就是翻白眼。这个动作不易伪装，如同斜眼看人，翻白眼属于比较复杂的眼球运动，做起来也很不舒服。当有人表示轻蔑和厌恶的时候，就会做出主动性的翻白眼动作。

翻白眼可以分成以下几种类型：

如果翻白眼的动作是从侧脸面向对方开始，那接下来的动作就是先将视线转向对方的一侧，快速瞧对方一眼，然后将视线上移，与此同时闭上眼睛，之后在睁开眼睛的同时，再次把视线投向自己面孔的垂直方向，有时还会超过中心线看向另一侧。

如果翻白眼的动作从正脸看着对方开始，接下来的动作就是先闭上双眼，然后睁开眼睛，将视线转向上方，随后将视线完全从对方脸上移开，与此同时，将视线移至远离一侧的下方并将视线停留或者重新看着对方。

如果翻白眼的动作发生在恋爱中的女性身上，这往往是爱的信号。女性在向对方翻白眼的同时，一般都会伴随着"讨厌"或者"坏"一类的话，声音嗲声嗲气，这完全是情侣间撒娇的动作。但这种情况下的结束动作还是会把目光转向对方的眼睛，一方面是从对方的眼睛中判断他是否接收到自己传达的爱的信息，另一方面是为了表达自己对爱人的诚意。

注视中蕴含真情

人与人真正开始沟通和交流是从两个人彼此眼神相交时开始的。

在我们和陌生人交谈时，有的人会带给我们轻松愉快的感觉，有的人则会令我们感到不舒服，甚至还有人会让我们觉得难以信赖，不希望再交谈下去。很多时候，这些感觉的产生都是从眼神开始的，而且往往取决于对方注视我们的时间有多长，或者面对我们注视的目光对方有着怎样的反应等。

因此，当你与某人初次见面时，切记不能眼神呆滞，一定要通过眼神的交流，把正面的信息反映给对方。

在讲话时微笑着看着对方的人一般都是受人欢迎的。因为这种微笑表达了对他人的专注和热情。

目光交流不仅可以相互交换信息、传达彼此的看法，更重要的是能建立起相互之间的信任和理解。

注视中，谈话双方"看与被看"的关系颇为微妙。一般来说，在双方对视时，弱势的一方会先将目光垂下，这就等于将支配权让给了对方，让强势的对方有机会观察自己。在这种情况下，强势一方会借机发现对方的弱点，因弱势而逃避目光的人也就陷入了对自己更加不利的地位。

因此，如果你希望建立彼此对等的关系，绝对不能回避对方的目光。如果别人和你说话时眼睛不看着你，只顾忙着手里的事或者东张西望，在这种情况下，他们要么是因被看而感到不自在，对自己的劣势感到不安，要么就是不希望你看穿他们的内心想法而刻意回避。在这种对视中，根据两个人注视彼此的时间长短，我们就可以轻而易举地看出谁是弱势的一方——那个总是回避对方目光的人。如果你想表现强硬，你也可以直视对方的眼睛。但这种眼神通常被认为不够友好，会让人产生压力。

某公司在迁移到一座新建的硬件设施都很好的大厦办公后，员工的工作效率反而降低了，经营者百思不得其解。后来管理者经过调查发现，原来问题出在那些为了多采光而设计的宽广的玻璃窗上，由于里面的情形被一览无余，员工觉得外边的人在一直在盯着自己看，内心的不安全感造成了工作效率的低下。结果，这家公司只好用百叶窗遮住外面纷扰的情形，以维持员工的工作效率。

初次约会的青年男女，从相互间的目光交流中就能知道对方对自己是否有好感。

在一般情况下,如果对方用炽热的目光凝视着自己的眼睛,那肯定是对自己有好感,甚至蕴藏着强烈的爱意。但凡事过犹不及,再炽热的凝视也要讲个分寸,如果长时间凝视对方的眼睛,往往会适得其反。

青年男女在初次交往时,如果女方经常很快地避开男方的视线,并且不好意思地低下了头,那就表示她对他有好感,但又唯恐他很快识破了自己内心深处的秘密。随着时间的推移,情侣之间的感情也越来越深,相互凝视的时间也悄悄地延长了。但是,你如果在第一次约会时就一直傻乎乎地凝视着对方的眼睛,一定会给对方留下极其不好的印象,对方不是当作你有病,就是认为你动机不纯。

瞪眼和眯眼

俗话说,"眼睛是心灵的窗户。"眉宇之间的一些信息能透露人们解决问题的方法、关注细节的持久度以及是否能够做到"实话实说"等。

在现实生活中,瞪大眼睛是一种常见的表情。一般来说,一个人在大吃一惊或者极度恐惧时会瞪大眼睛。而且同样是瞪大眼睛,东方人愤怒时出现的比率高,而西方人则是惊讶的比率高。另外,美国社会心理学家琳·克拉森认为一个人眼睛睁大表示更愿意与人交谈。

当我们想表现出无辜或者对对方的话极感兴趣时,就会把眼睛瞪大,并抬高眉毛。有时,这个动作说明对方提高了自己的警觉心。而女性还会用这种动作表达自己的轻蔑。

忽闪忽闪的大眼睛是非常吸引人的,这就是婴儿们讨人喜欢的一个重要原因。而男人一般很容易被有着水汪汪大眼睛的女孩吸引。基于这样的原因,很多女人会做出抬升眉毛的动作,借此使自己的眼睛看起来更大。更有甚者,有些女人会拔掉眉毛,用笔描画出高挑的眉形和眼线。她们之所以这么做,是为了使自己的眼睛接近婴儿的形状,从而使她们的面孔看起来犹如孩子般惹人怜爱。这个看起来简单的动作对男人却极具杀伤力。看到女人的这个动作,男人体内的雄性荷尔蒙会大幅提升,继而萌发出呵护女人的冲动。

与瞪大眼睛相反的动作就是眯眼睛。通常,这是个表示不同意或者暗示所有权的信号。在这种情况下,不仅视野不会变窄,还会给人一种加上护目镜的感觉。当一个人做出这个动作时,眉毛和上眼睑往往会耷拉下来,给人留下生气的印象。一个人在专心致志做事时,也会出现这样的表情。但细心观察,会发现两者的表情还是有微妙的差别的。如果一个人在眯眼前一直有着和善的表情,那他多半是在集中心思琢磨事情。而消极的人只要遇到不顺心的事情,就会把眼皮耷拉下来。

眯眼也有很多种解释的,比方说他是在隐藏自己的目的,比方说是不屑。所以单纯从这些动作上是不能准确猜测心理的。如果你想猜测某人的心理,需要知道他的一组动作,或者在知道他的行为习惯以后分析某一个动作才可以。

眯眼睛的动作有些时候还能用来辨别对方的笑容是否是发自内心。有种说法叫假笑时嘴角上翘,真笑时眼睛眯起。

眯眼睛并视线向下还可以说明一个人精神恍惚或者注意力散漫,女性接吻时会时常伴随着这个动作。

除此之外,近视的人也会做出这个动作。有近视的眼睛存在视觉光学上的缺陷,而致视力不清。为了克服光学上的缺陷,依靠眯眼自我调整。近视患者看东西时,远处的物体发出的光线通过眼睛不能聚焦于视网膜上成清晰的像,当眯着眼时,就好像针孔镜一样,周围杂乱的光线不能进入眼内,中央的少部分光线可直接在视网膜成像,所以眯着眼会看得清楚些。久而久之,就会养成这个习惯,但这样会影响眼睛的正常状态和脸部的美观。即使经过光学矫正(戴眼镜),有的人依然不能改掉这个不良习惯。

眼睛向上看

眼睛向上看，往往会代表着轻蔑。

如果视线只是略微上扬，说明对方虽然精神恍惚，但欲望极高。恍惚的原因是因为当下的境况正处于进退维谷。这时候，会伴随着双手下垂的动作。

心理学家认为人应该"向上看"。奥斯卡·王尔德是19世纪的爱尔兰作家，以机智著称于世。这个大才子曾借其戏剧人物之口一语双关地说："我们都在阴沟里，但有些人却在悠闲地看着天上的星星。"到了20世纪，心理学家经过研究发现，王尔德的台词抓住了问题的关键。悲观主义者眼睛往下看时，他们的大脑工作得更好；乐观主义者向上看时，他们的大脑会转得更快。

人在犯错误时为什么会下意识地低下头，而在自信心爆满时高昂着头？

美国北达科他州大学心理学家布赖恩·迈耶领导的研究小组研究后表明，因痛苦而引起的典型的畏怯表情确实会对人起作用，他们也许有悲观的思想，但是如果他们抬头向上看的话，就不会那么悲观地思考问题了；而人老是低着头的话，就会更加悲观地进行思考。这种情况在现实生活中并不少见：当你犯了错误，被人指出，你会羞愧地低下头；当你取得了好成绩，或者你的自信心爆满的时候，你会高昂着头。这些动作都是你下意识做出的，是你的悲观情绪或乐观情绪使然。

更重要的是，这一研究提出了诊断和治疗这种抑郁情绪的新方法。抑郁是最普遍而又令人最容易衰弱的心理疾病之一，平均每5个人中就有1个人的生活受到这种情绪的影响。在研究中，研究人员对志愿者进行了测试，寻找那些拥有最强烈悲观情绪的人和最强烈乐观情绪的人，然后让志愿者做不同的认知测试，先是让他们眼睛向下看时做测试，然后眼睛稍稍向上看时做同样的测试。结果发现，当悲观者眼睛向下看时，他们在认知测试时表现得最好，而乐观者在向上看时表现最佳。迈耶说："自从高级思维进化以来，人类就将像向上和向下或者白天和黑夜这样的词汇与积极的情绪和消极的情绪联系了起来，这些测试就暗示了这种关系的来源。"

还有一种特殊的姿势，就是在低头的同时眼睛向上看。为了向他人表示自己的威严或者攻击性，人们常常会做出压低眉毛的动作。反之，提升眉毛的动作则是顺从谦恭的表现。有人发现某些种类的猩猩和猴子也会用这些动作表示相同的含义。他们还指出，常常有意提升眉毛的动作会带来一种顺从的感觉，而常常有意压低眉毛的人则会被认为具有相当的侵略性，在这一点上猩猩和人类的感觉完全一样。

在低头的时候抬起眼睛往上看，这是一种表示顺从谦恭的姿势。这种心理反应可以这样解释：小孩的身高比成年人矮得多，所以在看成年人时必须抬起眼睛往上看；久而久之，不管是男人还是女人，都会被这种仰视的目光激发出类似于父母般的情感反应。

眼睛向下看

与视线向上形成鲜明对照的就是目光向下。

心理学家莫里斯在《人体密语》中指出，听别人谈话时，眼睛向下看，嘴角下垂者往往是想保持自己的权威和尊严。如果眼睛闭成一条缝，说明当事人没有用心听你讲话，也可能是表示心理已经非常疲倦了，此时说话的人就要注意，要么就此打住，要么转移话题。厌倦时的体态语还包括：反复抠手指、打哈欠、看表等。

女人可以通过眼睛向下看来表达自己的爱慕之心。当一个女人对房间

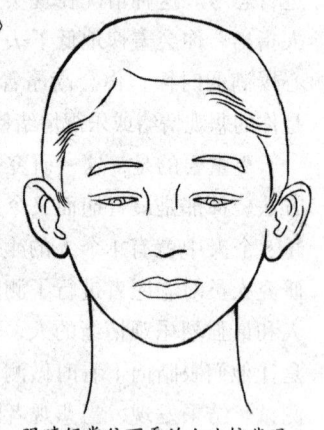

眼睛经常往下看的人比较悲观

另一端的某个男人产生兴趣时,她会有意与这个男人眼神相交,以吸引男人的注意。通常她会注视男人两三秒钟,然后将目光移开并且垂下眼睑。女人认为这样的注视已经足够明显表达了自己的爱慕之心和顺从之意。

如果一个人平时总是将眼睛紧紧地盯在地面上,那他就一定是心情抑郁的。这样的姿势很有可能反过来会加强引起这种姿势的情绪,所以悲观者或者有抑郁趋向的人更会因为盯视下方而保持这种情绪。有个心理学家曾经说过:"只需劝说这样的人改变一下习惯,将目光稍稍抬高一点,就会减轻抑郁情绪。"

那么,能否这样假设,任何人只要将眼睛紧紧地盯在地面上,那他就一定是心情抑郁?答案是肯定的。英国咨询和心理疗法协会的霍德森博士肯定了这种假设,他说:"如果你情绪低落你就会向下看,这是一种心理上的机能,也是身体上的机能。在足球场上,当主罚点球的运动员射失了一个点球后,会不由自主地低下脑袋,因为他们的肌肉会发软。"霍德森深信,长期的悲观者和抑郁症患者还会形成一种与他人完全不同的观点。他说:"他们认为自己会做不好,所以就会变得更有可能出差错,而且他们也会有更少的生活乐趣。他们的睡眠也很少,行动迟缓,因此他们也确实用不同的观点看待这个世界。"

眨眼也有讲究

眨眼是我们每隔几秒钟便会做的小动作,眨眼会透露你哪些心理?眨眼有快有慢,有时"目不转睛"、有时"扑闪扑闪"。其实,除了空气湿度等客观因素,眨眼的快慢还与心情密切相关。

研究人类行为的学者把眨眼分为三种:第一种是随意性的眨眼,这种眨眼是不受大脑控制的;第二种是保护性的,如当人遇到有潜在危害性的视觉刺激时会眨眼,这种眨眼是生物趋利避害的本能,也不受大脑控制;第三种是由自主发生的眨眼,这种眨眼和人的思维意识息息相关。这就是说,眨眼还有一种意义,就是人与人之间沟通必需的交流。它可以是两个人之间的默契的表现，也可以说是一种暗示，用这种方式代替语言，让对方知道自己在想什么，如何来配合。据有关研究，第三种眨眼每天约有15000次。这种方式常出现在搭档、情侣、朋友间，是人与人之间交流必不可少的交流方式。

每当电影的高潮部分来到，运动员即将冲过终点，心仪的人从面前经过，我们都恨不得眼睛一眨不眨，因为我们生怕在眨眼的瞬间错过了重点。因此，眼睛眨得越少，说明人们越专心，越不想被打扰。当然，如果眨眼次数变少，并且每次眨眼时闭眼的时间明显延长，则说明主人有些不耐烦了，潜意识里希望对方消失在视线里，是"拒绝"的潜台词。眨眼频率是人们下意识控制下的行动，一个人和对方的谈话如果出现不真诚氛围、厌烦情绪、无趣意味时，他在每次眨眼时会闭上2~3秒甚至更长的时间，这是他潜意识里希望对方消失在自己的视线中。如果一个人的眼睛一直闭着，那么说明他完全不想看见对方了，他们的谈话可以就此打住了。

如果一个人眨眼频率快且轻巧，也就是我们所说的"扑闪扑闪"，说明他的大脑正在积极思考，对你们之间的交谈兴趣浓厚。所以一般把眨眼频率变快看成是一个人感兴趣的标志。因此，如果发言时讲得精彩，深得大家喜爱，那么你会观察到，台下听众们的眼睛都是"光闪闪"的。如果一个领导想知道在自己激情澎湃地发言时，究竟哪

人在撒谎时眨眼的频率会加快

些员工的注意力完全集中在自己的话题上，哪些员工只是不得不做出感兴趣的样子，只要观察下面倾听者的眨眼频率，就能立刻判断出来。

闭上眼睛

闭眼是一个最常见的表情。即使眨眼，也能划分到闭眼的范畴中，可以称眨眼为高频率闭眼。闭眼的实质是阻挡视觉神经的刺激源。视觉刺激源一般可以分为两类：一类是积极的，例如绚丽的色彩、美丽的风光、美丽的人物，等等；另一类是消极的，像阴暗的图像、凄惨的画面、血淋淋的照片，等等。但无论哪种刺激，都会在人脑中产生相同的反应，即拒绝观看。

当人接触到诸如动听的音乐、芳香的气味、可口的食物之类的刺激时，会情不自禁地闭上眼睛，这么做是为了集中精神感受那些积极的刺激。

当人面对消极、负面的刺激，有时候会受到伤害，为了更有效地保护自己，会通过闭眼来阻挡刺激，做到"眼不见，心不烦"。当刺激是缓慢发生时，人类可以通过神经系统来判断是否闭眼，一旦刺激是突发的，人脑来不及反应，就会在本能作用下通过闭上眼睛来保护自己。

人在打喷嚏时会闭眼睛。这是因为：一方面，打喷嚏时要用很大的力量逐出气体，肺内、口腔内、鼻腔内都要承受很大的压力，不但膈肌和肋间肌等呼吸肌要突然剧烈收缩，颈部、面部、额部的肌肉都要紧张，这时支配闭眼的眼轮匝肌也会收缩，因为它与面部肌肉同受面神经支配，于是就会不由自主地闭上眼睛。另一方面，打喷嚏时神经系统要高度集中精力，才能完成打喷嚏的一系列反射，闭上眼睛，可减少外界的干扰，有时想要打喷嚏，正巧有人和你说话或拍你一下，很可能喷嚏就打不出来了。打喷嚏时要用很大的力量排出气体，肺内、口腔内、鼻腔内都有很大的压力。在这种压力的作用下，喷出气流的时速可以达到160千米，速度堪比台风。如果睁着眼睛打喷嚏，喷嚏的压力就有可能严重伤害泪腺导管，甚至使视神经受到创伤。所以，为了保护脆弱的眼睛，在长期进化过程中，我们的大脑就形成了这种本能反应。

很多人在思考问题时都会闭上眼睛或抬头。据美国《今日心理学》杂志报道，这种表现是有科学依据的。当眼睛睁开时，大脑负责视觉的区域就会不自觉地获取外界图像信息，这个区域处于忙碌状态。当你思考时，需要闭上眼睛暂时中断外界信息的干扰，让大脑更利于思考。而抬头也是基于同样的原理，因为天花板或者天空比较单调，不容易引起眼睛的"兴趣"。

当然，不是所有闭上眼睛的人都在思考。长时"闭"眼、长时间闭目养神、遮住双眼和耷拉眼皮的心理潜台词是"我根本不想听到这件事"。比如，老板要求员工加班，员工可能会边揉眼睛边回答"没问题"。事实是，他压根就高兴不起来。

另外，有些说话时把眼睛闭起来的人比较好色、比较害羞，也有些属于言而无信的人。

解读陌生人的目光

一个人的视线可以从不同角度和不同的观点来了解。其一，对方是否在看着自己，这是关键；其二，对方的视线是如何活动的。对方直盯着自己，或视线一接触马上撇开，其心理状态是迥然不同的；其三，视线的方向如何，也就是观察对方是否以正眼瞧着自己，或以斜眼瞪着自己；其四，视线的位置如何，这是观察对方究竟是由上往下看，或者是由下往上看等；其五，视线的集中程度。这是指观察对方是专心一致在看着自己，还是视线缥缈，不知究竟在看什么地方等。这些表现所代表的意义是各不相同的。

对方是否在看着自己，亦即有无视线接触，说明对方是否对自己有好感或兴趣等。如果对方完全不看自己，便是对自己不感兴趣或无亲近感。相反，当我们在路上行走时，发现陌生人一直盯着我们，必定会感到不安，甚至会觉得害怕。

素不相识的人，彼此视线偶尔相交，便会立刻撇开。这是由于人们觉得，一个人被别人看久了，会觉得被看穿内心或被侵犯隐私权。当我们在等公共汽车，或站在影剧院卖票口排队买票时，多为背向后面的人，这种表现为人们所司空见惯，这样做，不仅是为了往前进，也是为了避免同不相识的人视线相交。最明显的例子是坐电梯的时候，绝大多数人进入电梯，都是立即面向电梯门，或者抬头望着天花板，或者低头看着地面，或者把目光投向电梯内壁上的说明书或者显示板上。即便偶尔有同乘电梯的人彼此目光相接，互相报以微笑，互相对视的时间也不会超过5秒。一旦超过这个时间，之前善意的微笑就会逐渐变得僵硬，这时候就产生了非难的意味。这些都是一个明显避免对视和交谈的动作。但也有面对面者，这些人多为亲朋或熟人。他们会彼此默许自己隐私权受到某种程度的侵犯，因此，他们偶尔会视线交错，便于相互言谈、心理沟通。综上所述，相识者彼此视线相交之际，即表示为有意进行心理沟通。

但若是这种情况发生在女人之间时，则具有不同的意义。因为，当女人不愿意把自己的内心体验传递给对方时，多半会产生凝视对方的行为。心理学家艾克斯·莱恩等人曾做过人们对视的实验，实验结果表明，如果事先指示受测者"隐瞒真意"，在受测中，注视对方的比率，男人会降低，女人则反而提高。男人在未接到指示的情况下，其谈话时间内有66.8%的时间在注视对方；但得到指示后，却只有60.8%的时间在注视对方。至于女人方面，在接受指示之后，居然能提高到69%的时间在注视对方。因此，当在公开场所遇见女人注视自己过久的时候，不妨认为她可能心中隐藏着什么，要注意她言不由衷的真相。

通过眼神辨谎言

一般来说，说谎的人因为内心发虚，因此在说谎时会尽量避免和别人眼神接触。例如小孩子说谎的时候因为心虚，所以脸庞发红，眼神闪烁、飘忽不定，目光经常往下看。但"经验丰富"的成年人说谎可就没那么容易看出来。一些说谎者可以盯着对方的眼睛，甚至伪装出一副坦诚无比的样子目不转睛地盯着你，脸不红心不跳地说谎话。

那我们该如何识别对方是否诚实呢？美国著名心理学家大卫·李伯曼教授发现，对大多数人来说，当人们的大脑进入记忆搜索状态，也就是回忆某件真实存在的事情时，眼睛会先向上再向左转动。而如果当一个人尝试去"构建"一个画面情况，也就是编造谎话时，眼球的运动恰恰相反，会先向上再向右转动。

因此，如果你想打探对方是否说谎，不要问他"你说的是真话吗"这类不需要回忆或者非常简单的问题。因为此类问题无须回忆，即使对方说了谎话你也无从判断。这时你可以问一些必须要回忆才能想起来的细节问题，比如"那天你在路上遇到了哪些人，和他们说了些什么"。如果对方不经思考就看着你的眼睛马上回答，说明他在讲述一个已经编好的谎言；如果他的眼睛先向上再向左转动，说明他在回忆真实的情况；如果眼睛先向上后向右转动，说明他正在编造谎言，准备骗你。

在别人和你交谈的过程中，如果对方与你目光相交的时间超过2/3，一般意味着两种可能：第一种可能是，他觉得你十分风趣而有魅力，如果是这样的话他的瞳孔会扩张；第二种可能是，他对你怀有敌意，或是向你传递挑衅的信号，在这种情况下他的瞳孔会收缩。正如我们常常提到的那样，女人非常擅长解读瞳孔信号，所以她们能够区分出对方到底是好意还是歹意。但是，男人们在这一方面实在不如女人。这也就是为什么大部分男人无法根据女人脸上的表情判断她们的心情，甚至不知道女人是打算给他们一个甜蜜的吻，还是一个狠狠的巴掌。

长久以来，我们都有一个思维误区，就是以为撒谎者都是不敢直视对方，这是源于每个人在小时候都会有类似的经历，"你一定撒谎了，因为你不敢看我的眼睛"。这教会人们从小就知道说谎者不敢看眼睛，所以人们学会了反其道而行之，以避免被发觉。实际情况恰好相反，撒谎者为了从对方眼睛中判断对方是否相信了自己的谎言，会目不转睛地盯着对方的眼睛。高明的说谎者会加倍专注地盯着你的眼睛，瞳孔膨胀。实际上，欺骗者看你的时候，注意力太集中，他们的眼球开始干燥，这让他们更多地眨眼，这是个致命的信息泄露。

另外一个准确的测试是直接盯着某人眼睛的转动，人的眼球转动表明他们的大脑在工作。大部分人在大脑运转时，眼球的运动方向是右上方。如果人们在试图回忆确实发生的事情，他们会向左上方看。这种"眼动"是一种反射动作，除非受过严格训练，否则是假装不来的。还需要注意的是，如果一个人试图唤起记忆，就会把目光暂时移开，而撒谎很多时候都是提前打好"草稿"的，因此不经思考就脱口而出，目光自然不会移动。

长久以来，人们心中有一个误区，就是撒谎多数时候都是男人做的事。其实，撒谎不是男人的专利，女人们有时候撒起谎来要比男人还要难以辨别。女人撒谎时，不但不会转移视线，相反还会长久地凝视对方。而女人这种镇定自若的眼神，往往会使对方信以为真。

瞳孔中的秘密

作为面部最主要、最可靠的特征，眼睛为人与人之间的信息沟通提供了一种永恒的渠道。在日常生活中，我们经常可以听见这样一些言语，"她的眼神真诱人"，"他的眼神直刺我的心灵"，"她的眼神真恶毒"，等等。一个人的眼神之所以会"诱人"，会"直刺我的心灵"，会"很恶毒"，这就与一个人看别人时的瞳孔和眼神有直接的关系。这也正如海斯所说："在人类所有沟通信号中，眼神可能是最能说明问题、最准确的信号，因为眼神是身体的焦点，而瞳孔则是单独发生作用的。"

瞳孔是眼睛的重要组成部分之一，除此以外，瞳孔中还隐藏着很多秘密。科学研究早就证实，瞳孔最能反映一个人内心世界的变化，为什么瞳孔具有此种作用呢？这就不得不简单谈一下生理学，当一个人还处于胚胎时期时，眼睛是大脑延伸的一部分。后来，随着胚胎的发育和分化，眼睛开始移出颅腔之外，成为一种独立的器官。也就是从这个时候开始，瞳孔正式得以形成，眼睛才可以感知外界光线的刺激，在视网膜上形成各种图像，进而可以传达各种信息。

临床医学上，医生往往将瞳孔作为诊断生命机能的一个灵敏指示器。我们知道，瞳孔对光的反射作用主要是由脑干控制的，与此同时，脑干还控制着生命机体的呼吸、血液循环、血压等活动。瞳孔对光线的反射具有自动保护功能，当光线过于耀眼时，它就会自动缩小，反之，当光线过弱时，它又会自动扩大。因而，当一个病人的瞳孔对光线反射变得迟钝或者完全丧失之后，则说明其脑干功能受到严重损害，这就意味着病人的生命即将结束或已经结束。这也是很多医生在治疗一些遭遇重创且昏迷不醒的患者前，往往会翻开眼皮看看其瞳孔的原因。

在一定的光线条件下，瞳孔的大小往往是随着一个人情绪状态的变化而变化。当一个人处于热血沸腾、激情四溢，或者极度恐惧的时候，其瞳孔可能比平常扩大3倍左右；与之相反，当一个人处于悲观失望、万念俱灰的时候，其瞳孔可能收缩为人们通常所说的"金鱼般的小眼睛"或者"鸡眼"。

青年男女在约会时，如果女方真正喜欢男方，那么她在注视男方的时候，其瞳孔会明显扩大，并用她那双水灵灵、圆圆的、含无限柔情的眼神凝视着对方。与此同时，男方在领会女方眼神的意思后，其瞳孔也会渐渐扩大。由于双方瞳孔扩大、双眼圆睁，这就使得彼此在对方眼中显得更为迷人、漂亮、潇洒，从而极易使双方变得激动起来。也正是由于这个原因，很多热恋中的青年男女在选择约会场所时，非常青睐那些光线阴暗的地点，比如咖啡厅、酒吧等，因为在这些地方，双方的瞳孔可以放得更大一些。

表示心虚的视线转移

当我们在评论某一个人时，往往会用"眉清目秀"、"浓眉大眼"，或是"贼眉鼠眼"等词语。可见，"眉目传情"确实是可行的。也即，眉眼可以当作一种非常独特的表现手段来表征一个人的个性特点，尤其是视线，更能表现一个人的种种心态。

在日常生活中我们经常可以遇见这样的情形，当你与一个人交谈时，对方的眼神总是闪烁不定，一旦遇见你的视线后，就会迅速将自己的眼神移开。此种条件下，你就会觉得他心中可能隐藏着某事，或者是背着你做了对不起你的亏心事。这种担心是有科学根据的，就心理学而言，回避视线的行为，往往被认为是一方不愿被对方看见的心理投射。也即，隐藏着不想被对方知道某事的可能性非常大。比如，那些守卫银行金库的警卫中，面对闪闪发光的黄金，以及堆积如山、令人眼花缭乱的钞票，有的警卫可能会开玩笑地说道，"这么多的钱，我只要一口袋就满足了"，"要不我们一人随便拿一点跑了算了"，等等之类的话。在这些开玩笑的话语中，如果有某位警卫不仅没有插话，而且还故意将视线从金光闪闪的黄金和花花绿绿的钞票上移开。这就表明，此人最可能监守自盗，他才是真正"敢想、敢做"的人，他之所以要把视线从黄金和钞票上移开是对想拿黄金和钞票心理的沉默的自制表现。一旦有适当机会，这种人极有可能会"大干一场"。与之相反，那些开玩笑说"随便拿一点跑了算了"的人，往往仅是说说而已。当然，这并不是说他们对金钱没有欲望，而是他们将心中的这种欲望以玩笑的方式宣泄出来，心里也就在一定程度上获得了一种替代性满足，这就大大降低了他们变"玩笑"为"现实"的可能性。由此可见，视线的转移往往是人内心活动的反映。在与人交谈的过程中，多留意一下对方视线的变化，或许你可以从中了解到很多更为真实的东西。

虽然视线转移在很多时候是心虚的表现，但这并不意味着一个人在与对方发生视线接触时一有视线转移就表示心虚。在医学上，有一类人群被称为"视线恐惧症"患者，他们在与别人发生视线接触后，往往会立即转移自己的视线。因为他们觉得对方的眼光太过于强烈，从而使自己的眼睛不由自主地剧烈眨动，这会让他们感觉非常不舒服。与此同时，他们的心理也处于一种矛盾的状态之中，一方面他们想如果与对方进行对视，会不会使对方感到不快，另一方面又想自己若是进行视线转移，对方会不会看透自己的心理。在这种进退两难的矛盾状态之中，他们越是焦急，就会更加注视对方的眼睛，更剧烈的反应便随之产生；越害怕对方会看透自己的心理，强烈不安的心理情绪就越严重。一般来说，此种类型的人，他们之所以会产生"视线恐惧症"，归根结底，是因为他们缺乏自信心。他们往往是通过别人眼中反映出的自己来认识和确认自己的存在与价值。

此外，一个人不与对方发生眼神接触而进行视线转移，可能也不是心虚的表现，而是与特定的文化背景有关。比如日本，按照他们的风俗习惯，相互介绍的时候，名望、身份较低的人应该比名望、身份较高的人鞠躬鞠得更深以避开眼神接触，这被认为是尊重对方的表现。

高傲的眼神

爱默生曾经说过这样一句话："人的眼睛和舌头所说的话一样多，不需要字典，却能从眼睛的语言中了解整个世界。"事实也的确如此，眼睛是心灵的窗户，它与一个人内心的思想感情有着密不可分的关系。很多时候，一个人内心的思想状况和情绪状态会通过他的眼神表现出来。所以，通过观察一个人"心灵的窗户"——眼睛语言，可以在一定程度上对他有个大概了解和认识。

在日常生活中，我们常常会遇见这样一种人，他们在与人交谈时，总是会习惯性闭起眼睛不看对方，或者是用眼光从上到下不住地打量对方，他们的这种态度往往会使对方感到非常不舒服。这种人为什么要用这样的眼神看待对方呢？原因很简单，他们之所以会这样做，是企图把对方排除在视线之外，或是表达对对方不感兴趣，甚至是轻蔑和审视。不可否认，他们闭眼的姿态或是轻蔑和审视目光，有时候是无意识的，但这恰恰反映了他们心底那种高人一等的优越感和自大感。

一般来说,这种人在与人谈话时,闭眼的时间可能长达两秒左右,这就大大超出了平常人一般的闭眼时间(闭眼时间不超过一秒)。如此一来,就会导致交谈双方信息交流中断。这就表明他们试图通过视觉信号的暂时切断来避免看见对方。他们在上下打量对方时,其时间一般长达数分钟,甚至在整个谈话过程中,都一直上下打量着对方。他们所有这些眼部动作,向对方传达了这样一个信号——"我高你一等!"当然,他们这种高傲的眼神,往往会遭到对方的鄙视,有些时候还可能自讨没趣。

需要注意是,一些高傲、自大心理较为严重的人,除了用闭眼、上下打量对方等方式表现自己的优越感以外,有些时候他们还会把自己的头仰起来,用鼻孔来"看"对方,以示对对方的轻蔑态度。所以,在与人交谈时,你如果发现对方在用鼻孔"看"着你,你最明智的做法就是立即停止和他的交流,以免让自己处于难堪的境地之中。

眼睛斜视的意义

在人们交流的过程中,双方身体语言使用得最多的是"眼神"。研究资料也证实,人们在谈话时(盲人除外),他们眼神的作用,往往会超过有声语言。很多时候,一些说不清、道不明的思想情感,可能一个简单的眼神却能将其表达得清清楚楚、明明白白。

在与人交流时,我们有时会发现对方用斜视的目光打量着我们,这是什么意思呢?一般来说,一个人用斜视的眼光打量对方通常有这样三种意思:

(1)表示自己对对方所说的很感兴趣。当一个人在与对方交谈的过程中,如果他发现对方很有趣或是很有吸引力,他就会用斜视的目光悄悄地打量着对方,同时还会扬起眉毛或是露出浅浅的微笑。这常被用来作为求爱的信号。

（2）表示不确定的犹豫心态，当一个人与他人进行交流时，如果他对对方所说的话感到有些疑惑，或是需要自己做出决定但又有很多不确定的因素客观存在着。此种情况下，他就会用斜视的眼光看着对方，同时把眉毛向上拱起，试图在讯问对方"你说的是真的吗？"或是试图告诉对方，"抱歉，我现在还不能做出决定"。

（3）表示敌意或轻视的态度，一个人和对方交流时，如果他对对方抱有一定的意见，或是自我感觉非常良好，那么，在与对方进行交流时，他就会故意用此种眼神看着对方，同时把嘴角向下撇着或是撇向一边。这也是斜视最常见的含义。

由此可见，当一个人在看别人时，最好不要用斜视的眼光去打量对方，以免引起对方的不快。

游移不定的视线

当一个人被置于陌生的环境中，他一定会感到不安全，并想尽快逃离此地。于是，他会四处寻找逃脱的途径。可想而知，那时他的眼光肯定是游移不定的。反过来，如果某人的眼神四处游移，那么，他肯定感到了某种不安，想尽快摆脱当前的处境。

当某人和一个令他极为讨厌的人待在一起的时候，自然会产生赶快摆脱的念头。此时，他肯定会望向别处，寻找逃脱的门路。可是，如果这个人是他不便得罪的人，赤裸裸想逃脱的视线一定会让对方不快。于是，他不得不克制自己的情绪，尽可能不把视线从那个人身上转移，以免让对方看出自己对他毫无兴趣。如此一来，便出现了这样的矛盾，情感上想尽快逃离，理智上强迫自己看着对方，为了掩饰内心真实想法，有时他甚至会发出微笑来假装对对方感兴趣，只不过这种微笑有别于真正的开心，通常是双唇紧闭的。

要是在交谈中发现这种眼光，你应该理解对方对你何等厌恶，还是知趣点，尽快结束谈话，以免更多的尴尬。

第二章
情绪写在脸上，从面部表情看认可与否定

点头如捣蒜，表示他听烦了

点头是最常见的身体语言之一，它可以表达自己肯定的态度，从而激发对方的肯定态度，还可以增进彼此合作的情感交流。点头能够表达顺从、同意和赞赏的含义，但并非所有类型的点头姿势都能准确传达出这一含义。点头的频率不同，所代表的含义就有可能不同。

缓慢地点头动作表示聆听者对谈话内容很感兴趣。当你表达观点时，你的听众偶尔慢慢地点两下头，这样的动作表达了对谈话内容的重视。同时因为每次点头间隔时间较长，还表现出一种若有所思的情态。如果你在发言时发现你的听众很频繁地快速点头，不要得意，因为对方并非就是赞同你的观点，他很可能是已经听得不耐烦了，只是想为自己争取发言权，继而结束谈话。

刚刚大学毕业的明宇去一家单位面试，负责面试的是一个年轻女孩。问了几个常规问题后，她话锋一转问起明宇的兴趣爱好。明宇随便聊了几句法国小说，张口雨果闭口巴尔扎克和她聊了起来。年轻考官好像很感兴趣，对他不住地点头，明宇仿佛受到了鼓舞。话题轻松，聊的又是明宇的"强项"，他有些有恃无恐，刚进大学那阵子猛啃过一阵欧洲小说，觉得还真帮上大忙。见考官这么有兴致，明宇当然奉陪。眼看临近中午，年轻的面试官不住地点头、不停地看表，明宇还没有停下来的意思，原定半小时的

面试,他们谈了一个多钟头。面试结束,考官乐呵呵地说:"回去等消息吧。"明宇也乐呵呵地说:"希望以后有机会再聊。"明宇回去悠闲地等,最终也没有等到复试的通知。

从这个例子可以看出,听众在你发言的时候不停地点头,往往不是对你十分赞同,而是觉得你说话太啰唆,他只是想借助这个动作让你不用再多说。明宇在表达的时候不顾及他人的肢体语言传达出的感受,一厢情愿地侃侃而谈,如此会错了意又怎么会有好的谈话效果?同时,经过心理学家的实验证实,当对方做"点头如小鸡啄米"这个动作时,当他快速点头的时候,他其实很难听清你在说什么。被父母唠叨的小孩子身上也能经常见到这样的动作,当父母说"你不能……"的时候,孩子会频频点头,嘴里叨念着"知道了,知道了"。这样的动作恐怕真是答应得快、忘记得更快了。

如果对方是真正赞同地点头,他会在你说完话后,缓慢地点头一下到两下,这样表示他是在用心听你说话。如果他希望你继续提供信息,他会在你谈话停顿时,缓慢而连续地点头,他是在鼓励你继续说下去。点头的动作具有相当的感染力,能在人的心里形成积极的暗示。因为身体语言是人们的内在情感在无意识的情况下所作出的外在反应,所以,如果他怀有积极或者肯定的态度,那么他说话的时候就会适度点头。

轻易点头也许是想拒绝请求

点头和摇头在人们日常生活中很常见,然而在现实生活中,这点头的含义还需要细细揣摩,在很多时候点头并不表示同意,而轻易点头更有可能是一种无声的拒绝。轻易点头所表现出来的是一种无可奈何的心态,明明心中很不耐烦,然而碍于面子或者某种特殊情况,不得已而做出点头的动作,而实际上,它是一种拒绝的表现。

你向别人提出一个请求,他还没听完就频频点头说自己"知道了",千万别急着高兴,他多半并没有真正想帮助你。这很明显就是一种应付式的答应，其真实含义为含糊式的拒绝。

一位保险推销员对此深有体会。他说："我向人推销保险时，话未说完，对方点头说，好吧，我们考虑考虑再给你答复。其实他对我的话并不感兴趣，已经不耐烦了。这时我要做的是适时改变话题，或者另找时间。"

当一个对你的性格、目的所知不多的人，对你的请求显示出"闻一知十"的态度，通常是不想让你继续说下去。

不妨试想一下，当我们要接受一个人的请求时，总是有耐心地听他讲完，然后根据问题的难易程度来决定该怎样做。所以出现这种情况的解释就是要么他不愿意帮助或接受，而是出于礼貌而不采取直接拒绝你的办法；要么就是他没有耐心去了解你的意思，他只能用点头的方式来表示听懂了。

晶晶和小凯结婚7年后，小凯出轨了。每次晶晶一哭二闹三上吊的时候，小凯都会不住地点头说，行了，行了，我不再和她来往了。答应归答应，小凯和第三者的联系从未断过。晶晶每次都和闺蜜哭诉，他明明答应了，明明答应了的……

从这个例子可以看出，当你看到对方轻易点头，并表示答应时，不要被表象迷惑，其实有时候这只是一种敷衍。通常情况下，你的话还未说完，对方却连续地点头说"好的，好的……"，或者心不在焉地说"行，就这样吧"，你的头脑中会产生不祥的预感，感觉心里没底。非常不相信对方做出的承诺的真实性，总感觉对方根本就没有听明白其中的意思或者深思其中的含义，而且所表现出来的更多的是无奈和敷衍。其实，这时候你要知道，你的目的没有达到，要清楚不能在一棵树上吊死，应该多寻找更多有效的方式或者解决的办法了。

一条眉毛上扬，表示对方在怀疑

眉毛的主要功用是防止汗水和雨水滴进眼睛里，除此之外，眉毛的一举一动也代表着一定的含义。可以说，人的喜怒哀乐、七情六欲都可从眉毛上表现出来。

毕业论文答辩会上,小吴发现自己在陈述时,一名评分教授一条眉毛一直上扬。这一动作让小吴分外紧张,她开始强烈地怀疑自己的论文水平。答辩结束以后,很多同学都说到了一条眉毛上扬的教授。看来这个教授在听每个人的答辩时都眉毛上扬。

如果这位教授只对小吴做出了这个表情,那么表示他是在怀疑,可能是因为他并不认同小吴的论点。但所有的同学都开始反映这个问题时,眉毛上扬的动作很可能就只是他的一种习惯。两条眉毛一条降低,一条上扬,它传达的信息介于扬眉和低眉之间,半边脸激越、半边脸恐惧。如果你遇到一条眉毛上扬的人,表示他的心情通常处于怀疑的状态,也说明他正在思考问题,扬起的那条眉毛就像是一个问号。

每当我们的心情有所改变时,眉毛的形状也会跟着改变,从而产生许多不同的重要信号。眉飞色舞、眉开眼笑、眉目传情、喜上眉梢等成语都从不同方面表达了眉毛在表情达意、思想交流中的奇妙作用。观察对方眉毛的一举一动在第一次见面时就可以把对方的性格猜个八九不离十,你若是精明人就很容易捕捉以下的细节:

1. 低眉

低眉是一个人受到侵犯时的表情,防护性的低眉是为了保护眼睛免受外界的伤害。

在遭遇危险时,光是低眉还不够保护眼睛,还得将眼睛下面的面颊往上挤,以尽最大可能提供保护,这时眼睛仍保持睁开并注意外界动静。这种上下压挤的形式,是面临外界袭击时典型的退避反应,眼睛突然被强光照射时也会有如此的反应。当人们有强烈的情绪反应,如大哭大笑或感到极度恶心时,也会产生这样的反应。

2. 眉毛打结

指眉毛同时上扬及相互趋近,和眉毛斜挑一样。这种表情通常代表严重的烦恼和忧郁,有些慢性疼痛的患者也会如此。急性的剧痛产生低眉而面孔扭曲的反应，较和缓的慢性疼痛才产生眉毛打结的现象。

3. 耸眉

耸眉可见于某些人说话时。人在热烈谈话时，差不多都会重复做一些小动作以强调他所说的话，大多数人讲到要点时，会不断耸起眉毛，那些习惯性的抱怨者絮絮叨叨时就会这样。如果你想通过对方的面部表情了解一些潜在的信息，眉毛就是上佳的选择。

4. 轻抬眉毛

《老友记》里的主人公之一乔伊，因其丰富、幽默的面部表情给观众留下了深刻的印象，他不善言辞，经常话到嘴边却不知道用什么词语来表达，但他丰富有趣的面部表情却准确地传达出了自己的想法，仅仅是眉毛上的动作就有很多种。当他遇到自己心仪的美女时，会微笑着，轻抬一下眉毛，不用说话，对方就知道他对自己有好感。

轻抬眉毛的动作从远古时代就已经广泛使用了，当你向距离稍远处的人打招呼的时候，会不由自主地使用这个动作，迅速地轻轻抬一下眉毛，瞬间后又回复原位，这个动作可以把别人的注意力引到你的脸上，让他明白你正在向他问好。

眉毛虽然只是人面部一个很小的部分，但作用却很大，它的一动一静，都会在无形中透露你的心境。

习惯性皱眉的人，需要感性诉求

"眉头"两个字常被用来形容人情绪的跌宕起伏，"才下眉头，却上心头""枉把眉头万千锁""千愁万恨两眉头"……基本用到眉头一词，就脱离不了愁字。

当然，皱眉代表的心情除了忧愁之外还有许多种，例如：希望、诧异、怀疑、疑惑、惊奇、否定、快乐、傲慢、错愕、不了解、无知、愤怒和恐惧。皱眉是一种矛盾的表情，两条眉毛彼此靠近，中间还有竖纹。紧张的眉间肌肉和焦虑的情绪都无法得到放松。其实,一般人不会想到皱眉还和自卫、防卫有关,而带有侵略性的、畏怯的脸,是瞪眼直观、毫不皱眉的。

相传,四大美女之首西施天生丽质,禀赋绝伦,连皱眉抚胸的病态都楚楚动人,亦为邻女所仿,故有"东施效颦"的典故。在越国国难当头之际,西施以身许国、忍辱负重,皱眉是情绪的自然反应,也是内心世界恐惧的流露,是带着防卫心态的,对他人走进自己带着些许的抗拒。

如果你遇到一个习惯紧缩双眉的人,你也要小心翼翼。他表情忧虑,基本上是想逃离他目前的境地,却因某些原因不能如此做。这类人给人一种随兴感,他看起来不那么随和。他多半会有些挑剔、精打细算、直觉敏锐。他个性务实,办事认真,不太会大惊小怪,不会放任任何细节。当然,他还有些犹豫。

研究发现,眉毛离大脑很近,最容易被大脑的情绪牵引,眉毛的动作是内心世界变化的外在体现。下面,你可以从皱眉的细微差别中观察个性的心理表现。

1. 听你说话时锁紧双眉

如果他在你说话的时候锁紧双眉,通常这表示你的话有些地方引起他的怀疑或困惑。缓慢的语速,真挚的话语往往可以打动他,消除他的疑惑。

2. 自己说话时紧皱眉头

这样的人不是很自信,他希望自己的话不会被你误解,也渴望你能给他肯定。用更直白的方式诠释他说过的话,当他清楚明白时,你们的沟通将会更加顺畅。

3. 手指掐着紧皱的眉心

他个性上通常带着神经质的成分,常犹豫不决,常常后悔自己的决定。遇到这样的人,你要做好心理准备,与他沟通将是一个长期的过程,需要花费更多的时间和精力来消除他的顾虑。

如果你想通过对方的面部表情了解一些潜在的信息,眉毛就是上佳的选择。人额头的皮肤最薄，一有轻微动作就会展现在眉头上，眉头一皱，眼睛因挤压而缩小，总给人忧郁的感觉。所以，习惯性皱眉的人，往往需要更多的感性诉求。只有他卸下了防卫的面具，才能放弃心底最后的挣扎，下次你不妨从眉间找奇迹。

鼻孔扩张的人情绪高涨

有位研究身体语言的学者，为了弄清鼻子的"表情"问题，他在车站、码头、机场等不同的地方观察各种鼻子，专门做了一次观察"鼻语"的旅行。据他观察，人的鼻子是会动的。例如，在你和人沟通的过程中，你发现他鼻孔扩张，这表明他的情绪非常高涨、激动，他正处于非常得意、兴奋或者是气愤的状态。从医学的角度上看，人在兴奋和气愤的情况下，呼吸和心跳会加速，从而引起鼻孔扩张。

不只是人类，动物有时也会用鼻子来表达情绪。在动物的世界里，如果你仔细观察的话，一定会发现大多数动物喜欢用龇牙和扩张鼻孔来向对方传递攻击信号，尤其是像黑猩猩这样的灵长类动物，每当它们生气发怒的时候，往往会将鼻孔扩张得很大。从生理学上来说，它们这样做是为了让肺部吸入更多的氧气，但是，从心理学上来说，它们正处于情绪高涨的状态，这是在为战斗或逃跑做准备。

除了鼻孔扩张之外，还有歪鼻子，这表示不信任；鼻子抖动是紧张的表现；哼鼻子则含有排斥的意味。此外，在有异味和香味刺激时，鼻孔也会有明显的动作，严重时，整个鼻体会微微地颤动，接下来往往就会出现打喷嚏的现象。

研究还发现，凡有高鼻梁的人，多少都有某种优越感，他们很容易表现出情绪高涨、饱满的状态。关于这一点，有些影视界的女明星表现得最为突出。与这类"挺着鼻梁"的人打交道，比跟低鼻梁的人打交道要稍难一些。而在思考难题、极度疲劳或情绪低落的时候，人们会用手捏鼻梁。这些鼻孔的变化、触摸鼻子的动作，是了解他们身体语言的法宝。

鼻子这一部位的表情，也的确能提供一定的心理表现的线索，让我们通过鼻子微小的变化来看看更多不为人知的身体语言信息吧。

1. **鼻头冒出汗珠**

这表明对方心里焦躁或紧张。他的个性比较强，做事有些急于求成。因为心情焦急紧张，鼻头才有发汗的现象。

2. **鼻子泛白**

这表示他的心里有所恐惧或顾忌。如果他不是你的对手或与你无利害关系，鼻子泛白是由于踌躇、犹豫的心情所致。另外，在自尊心受损、心中困惑、有点罪恶感、遭遇尴尬时，也会出现鼻子泛白的情形。

3. **鼻头红**

这种情况多与健康状况有关，比如长期饮酒，食用辛辣食物过量、情绪过于激动紧张、皮肤过敏等。除了这些，鼻头发红也有可能暗示心血管疾病或者是肝功能异常，如果鼻子呈现蓝色或棕色，要当心胰腺和脾脏的毛病。

由此可见，鼻子虽然是人体五官中最缺乏运动的部位，但也是有着自己的语言。当你观察一个人时，不妨从鼻子的语言入手。

下巴的角度是态度的分水岭

当你向一群人或朋友发表自己的意见时，如果你留心观察一下他们，可能会发现这样一个有趣现象：在你发言的过程中，他们中的很多人会把手放在脸颊上，摆出一副估量的姿势。当你的发言接近尾声，你让他们对你刚才的发言发表一些意见或是看法时，有趣的现象便开始出现了，他们会迅速结束自己原先的估量姿势，将手移到下巴处，并轻轻地抚摸下巴，这时，每个人的下巴角度又都是不同的。

下巴的动作一般分为抬高下巴和收缩下巴。下巴的角度不同，所代表的态度也不同，这可能会暗示他们的决定是积极的还是消极的。你的最佳策略就是冷静地观察他们的下一个动作。

如果他们在抚摸下巴之后，将自己的手臂和腿交叉起来，并将身体后仰在椅子上，将下巴抬高，这种情况下，他们的最终决定可能是否定的。一旦出现此种情况，你大可不必惊慌，因为事情还没有到完全无法挽回的地步。此时你应迅速征求一下他们的意见，请他们说出心中的疑惑、不满，然后对其进行一一解答。这样一来，那些原来心存疑惑、情绪不满的听众很可能会改变他们的决定了。

如果他们在轻轻抚摸自己的下巴后，身体后靠，同时手臂张开，下巴的弧线内敛，这就表明他们的决定很可能是肯定的。一旦出现此种情况，你就可以接在台上尽情地"纵横驰骋"了。

下巴的动作除了与对方态度的认可与否定相关外，下巴的角度还和威严感、傲慢有关。我们观察以动作片闻名的男影星的海报时就可以发现，他们总是以高抬的下巴来显示自己的雄性特征。抬高下巴的姿势大部分都会呈现一种盛气凌人的感觉。

女总裁出差时与下榻的宾馆服务人员发生了一点争执。她坐在沙发上，对方站在她的对面。女总裁说："你不用说了，把你们经理找来。"她说话时，高高抬起下巴。但却不是为了把视线落在站着的服务生身上，因为她望向了另一边。

当对方的视线位置比我们高时，我们可能会抬起头来与他讲话。但这里的女总裁显然不是为着这个目的才高抬下巴的。她的高抬下巴则显示了一种傲慢和自认为高人一等的态度，高抬的下巴和望向另一边的视线都在向对方表示"对继续谈话没有兴趣"。

下巴高抬的角度表示高人一等也有着它的渊源。我们必须承认高度很能影响一个人的气度，虽然这不是绝对的，但是从更大的范围里，我们发现领导者的身高对他的形象塑造有着非常重要的作用。在军事院校指挥专业的选拔上，身高就是很重要的参考指标。但是身高通常都是先天决定的，无法更改。但人们乐于从任何细节上来提升身高，比如高抬下巴。动作者潜意识里想要比对方高出一些来，于是用伸长脖子并且下巴高抬的姿势来强调。

相反，而下巴收缩的角度则代表一种小心翼翼的畏惧感，爱收缩下巴的人与喜欢高抬下巴的傲慢人士性格截然相反。他们比较谨言慎行，凡事都很小心，所以能够办好手头上的工作。但他们只注重自己眼前的工作，相对保守和传统。

下巴的动作虽然轻微，可是却可以凭借下面这些影射内心的"投影机"来解读他人。

1. 表示愤怒的下巴

愤怒的人下巴往往会向前撅着，这一般也表达威胁和敌意。观察那些不听话的小孩，在回答"不"之前他们做的第一件事就是挑战般地撅起下巴。

2. 表示厌倦的下巴

当你看到他手平展，轻叩下巴下面数次，这表示他正感到十分厌烦。最初这一动作只表示某人吃饱喝足没事做。现在，它更多是暗示某人的厌倦之感。

3. 表示全神贯注的下巴

当你看到有人轻轻地、缓慢地抚摸下巴，就像摸着他的胡须一样，你最好不要轻易打扰，这表明此人正在精力集中地思索或聆听。

下巴的角度是态度的分水岭，是了解个性的媒介。如果你想了解自己是被接纳还是被拒之千里，那么看看他的下巴吧！

表情，让他的心底一览无余

狄德罗曾说："一个人，他心灵的每一个活动都表现在他的脸上，刻画得非常清晰和明显。"这句话提示了人类表情的重要性。因为现实中，语言的表达远不及人们的表情丰富和深刻。

作家托尔斯泰曾经描写过85种不同的眼神和97种不同的笑容。可以说，人类的面部是最富表现力的部位，它能表达复杂的多种信息，如愉快、冷漠、惊奇、诱惑、恐惧、愤怒、悲伤、厌恶、轻蔑、迷惑不解、刚毅果断等。而面部表情也能传播比其他媒介更准确的情感信息。因此，表情能够清晰、直接地表达人们的内心想法。仔细观察一个人的表情，我们就可以获悉他的心理活动。

根据专家评估，人的表情非常丰富，大约有25万种。所以，表情能全方位地表现人们的心情不足为奇。问题是，面对如此丰富的表情，要去辨别该从何着手？

1. 表情变化的时间

观察表情变化时间的长短是一种辨别情绪的方法。每个表情都有起始时间，即表情开始时所花的时间；表情停顿的时间和消失时间，即表情消失时所花的时间。通常，表情的起始时间和消失时间难以找到固定的标准，例如，一个惊讶的表情如果是真的，那么它完成的时间可能不到1秒钟。所以，判断一个表情持续的时间更容易一些。因为通常的自然表情，并不会那么短暂，有的甚至能持续4~5秒钟。不过，停顿的时间过长，表情就可能是假的。除了那些表达感情极其强烈的表情，一般超过了10秒钟的表情，就不一定是真实表现了，因为人类脸上的面部神经非常发达，即使是非常激动的情绪，也难以维持很久。于是，要判断一个人的情绪真假，从细微的表情中也能发现痕迹，只是需要人们不断地进行细微的观察。

2. 变化的面部颜色

通常，人的面部颜色会随着内心的转变而变化，这样，表情就有不同的意义了。因为面部的肤色变化是由自主神经系统造成的，是难以控制和掩饰的。在生活中，面部颜色变化常见的是变红或者变白。通常来说，人在说话的时候，如果脸色变红，往往是他们遇到了令他们羞愧、害羞、尴尬的事；有的时候，人在极端愤怒的时候，面颊的颜色会在瞬间变为通红；而人在痛苦、压抑、惊骇、恐惧等情形下，面色会发白。

总之，人的表情变化往往是反映他内心世界的晴雨表。因此，我们可以顺着这条线索去探寻别人内心的秘密。

第三章
笑容背后寓意深,通过笑容和笑姿识人个性

微笑可传达信息

微笑着注视对方的人更能给人留下好印象。英国研究人员发现,人们通常会认为那些微笑着注视自己的人更具有魅力。

在生活中,想必大家都会意识到人与人之间目光接触的重要性。当你慌乱时,一个肯定的目光会让你感到心安;当你迷茫时,一个关注的目光会让你感到坚定……目光相交的那一瞬可以产生很多的效果。即使是陌生人的微笑,也有可能让你的一天顿时变得灿烂起来,让你觉得不再孤独。

微笑往往意味着接纳、关注和肯定,别人的目光会增加我们的存在感,让我们觉得自己是被某个人、某个群体所接纳的,而不是被排除在外。

心理学家要求志愿者评价呈现在电脑屏幕上的两张人脸图片哪个更有魅力。为了消除人脸的物理特征对偏好的影响,每次呈现的两张图片都是同一个人的照片,只是面部表情或者眼睛的注视方向不同。实验结果发现,志愿者认为那些微笑的脸更有魅力,并且那些注视着志愿者尤其是异性志愿者的脸比注视着其他方向的脸具有更高的"魅力指数"。这说明人们很注重她(他)的眼睛注视的方向,伴随着微笑而注视对方,是融洽的会意;伴随着皱眉而注视他人,是担忧和不安。

女性更喜欢微笑可能是天生的。研究发现,人在群居生活时欢

笑的次数是独处时的30倍。同时，他还发现，与各种笑话以及有趣的故事相比，和他人建立友好的关系这一目的与笑声的联系似乎更加紧密。在引发我们大笑的各种原因当中，只有15%来自于笑话。

人们用嘴角上扬的表情来表达心中的快乐之情，与此相反，当人们不开心的时候，他们就会表现出一种嘴角下垂的不高兴的表情，也就是我们常说的撇嘴。只要感到不开心、沮丧、绝望、愤怒或紧张，人们的脸上就会浮现出这样的撇嘴表情。然而，如果一个人总是把这种负面、消极的表情写在脸上，久而久之，他的嘴角就会永远保持一种下垂的状态，看起来总是一副没精打采的沮丧样子。

在现实生活中，没有谁会无缘无故地拒绝别人的笑脸，微笑在人际交往中具有不可替代的神奇魔力。特别是在服务行业中，微笑是最好的财富，微笑是最简单、最省钱、最可行，也是最容易做到的服务。微笑服务是服务态度中最基本的标准，是把握服务热情度最好的外在表现形式，微笑给人一种亲切、和蔼、礼貌的感觉，加上适当的敬语会使客户感到宽慰，微笑也是尊重客户的一种极好的方法。

微笑还是一种顺从的信号。一项新的对人类的近亲黑猩猩所展开的研究显示，黑猩猩的微笑功能不仅仅限于表达幸福、开心的心情，它还传达了表示顺从的信号。

研究发现，黑猩猩的笑容一般有两种：一种是较为温和的笑容，它们常常将下颌张开，露出牙齿，而嘴角很自然地往后拉伸，照这几个动作来做，我们就会发现这其实正是人类的微笑表情。这是黑猩猩见到头领时经常会做的一个表情，这种笑容按动作的情境来看，表示的正是黑猩猩对自己的统治者的敬畏和恭顺之意。试想在日常工作环境中，当我们见到自己的领导时，对着领导微笑所表示的是不是也有着尊敬和顺从的意味呢？其中的道理是相通的。对领导表示出顺从意思，有助于获得更好的工作关系。黑猩猩还有另外一种笑容——"调皮嬉闹的表情"。它们会把牙齿外露，嘴角和眼角都往上提升，表情比温和的笑容挂在脸上时的动作幅度要大得多。

社交场上还有一种广泛流传的"不+微笑"策略。所谓"不+微笑"策略，就是面带微笑地拒绝对方。这个策略经常被女士们用到，而且是屡试不爽。为什么这个策略如此简单却又这么成功呢？因为这是一组相互矛盾的信号，微笑代表着高兴，而"不"又是明确的拒绝。这两个自相矛盾的信号同时出现时，会使对方陷入茫然失措的境地。当你想拒绝对方的请求又不希望因此破坏了双方的关系，不妨使用这个"不+微笑"的策略。

通过笑声大小看人

笑对普通人来说，往往是欢快轻松的，但对心理学家而言却是一件严肃的事情，因为笑能透露人的性格。笑虽只有声音的差异，却是最能够表达沟通意图的"语言"。一个人的笑声可以反映出一个人的性格特征。美国有一位心理学家经过多年的调查研究，把人类的笑声分出几个类型，并分析各种类型的心理出发点：

1. 哼哼的笑

这是从鼻子里哼出来的，因为一个人要忍住笑，最后只好通过鼻子来"笑"。他们明明想笑却又倾向忍住不笑，显示为人怕羞，不想被他人注意，这样的人同时也是谦虚体贴的，喜欢按部就班地做事。因为平时很重视身边的人的感觉，所以身边的人也会喜欢他们的细心。

2. 呵呵的笑

这是深深地从肚子里发出来的笑，显示这个人并不是自卑保守的，性格开朗，喜欢冒险，善于抓住机会。此类型的人比较内向，容易害羞。但心思缜密，做事不会透露内心想法。常常看到别人看不到的事情的有趣一面。因为很会掩饰内心，往往可以委以重任。很多人在没有信心或心情不愉快的时候，会用"呵呵呵"的笑声来掩饰内心的反感。有这种笑声的人一般是比较温和的人，不会给人带来太多的压迫感。另外，人们在心浮气躁或者身体疲倦的时候，也会发出这样的笑声。

3. 笑起来发出"哧哧"声音

发出"哧"的笑，这是一个乐天派的人，对生命的展望充满活力，对未来也充满了美好的想象。他们的创造力和想象力都很强，偶尔还会做出惊人的举动，却不会让人产生反感的情绪。同时他们还极富幽默感，一旦树立目标，会朝着目标奋勇前进。这样的人大多是爱好欢乐，喜欢看到好笑的事物被放大夸张。

4. 嘿嘿冷笑

如果一个人总是冷笑，就说明这个人属于阴险狡诈的类型。与这样的人交往尤其是做生意，很难取得让人满意的结果。而另外一种喜欢冷笑的人则是那种玩世不恭的类型，他们自以为看透了人生百态，就不再有所追求，于是就游戏人生，过着"今朝有酒今朝醉"的生活。

5. 哈哈大笑

在高兴的时候会发出"哈哈"的笑声，这大多是所谓的豪爽型的人，因为一般人很难发出这样的笑声，而且这也说明这个人身体状况极佳，才能有这样的笑声。这是一种高声的笑，即便在嘈杂的环境之中也能听到。这么笑的人说明他不压抑自己，是那种天生的聚会上的灵魂人物，他们喜欢讲笑话，当面临一个问题时，他们往往智勇双全地解决困难。同时，他们做事公平，不会嫌贫爱富，也不会欺软怕硬。当别人做错事，他们不会斤斤计较。他们的幽默感会在不经意间给周围的人带来欢乐。此外，他们还有着出众的同情心，并且不会因别人取得的成绩而嫉妒。因为这样的性格，他们往往是人群中最受人喜欢的类型。同时，这种笑声带有威慑感，会震慑他人，容易使人心生警戒。

6. 放声狂笑

有的人平时很少笑，但一旦笑起来却是一发不可收拾。别看这样的人经常在陌生人面前表现木讷，看起来不易接触。实际上此类人是冰与火的结合体,对生人冷淡,对熟人热情奔放。熟悉他们的人都知道此类人至情至性,讲义气,重感情,甚至不惜为朋友两肋插刀。因此他们的人缘是比较好的。

7. 笑声柔和

这样的人待人随和,遇事冷静。他们性格沉着而稳重,比较明事理,也善于说理,能够很好地化解矛盾和纠纷。一般能够站在对方的立场为他人考虑,在大是大非面前能够保持头脑的清醒和冷静。因此人际关系处理得比较好,而且还善于化解矛盾和纠纷。

8. 笑声让人不舒服

这种人的性情不仅冷淡,而且比较现实和实际,自己不会轻易为身边的人有所付出。他们察言观色的能力比较突出,思维比较缜密,能观察到他人心里在想些什么。

9. 笑声尖锐刺耳

这种人生活态度乐观向上,为人比较忠诚和可靠。他们的感情比较细腻和丰富,有着良好的人际关系。这样的人具有一定的冒险精神,精力充沛,喜欢旅行。

10. 经常发出不同笑声

这样的人根据不同的场合而发出不同的笑声,他们大多是比较现实的,做事思维敏捷,适应环境的能力比较强。

11. 只是微笑但并不发出声音

多数是内向而且感性的人,他们的性情比较温柔、亲切,能够给人一种很舒服的感觉,属于比较好相处的人。但是他们也比较情绪化,容易受到他人情绪的感染或者被他人打扰。

通过笑容和笑姿看人

笑容的力量是无穷的,一个能时时展现出迷人笑容的人自然也拥有无穷的魅力。达·芬奇的传世名画《蒙娜丽莎》之所以让人难以忘记,原因之一就是画面人物那神秘的微笑。那永恒的微笑使人看上去心情舒畅，顺理成章地令人对她产生好感。笑的本质应该是愉快的情绪表现，但有些时候，痛苦到极点或感觉无可奈何的人也会用大笑来发泄闷气。可以说，笑是最常见的表情，也是含义最复杂的身体语言。

1. 普通的笑

这类笑容很平常，不特别，不会太大声，显示这个人喜欢群众。这样的人往往努力工作但不争功。他们做事很有耐性，善始善终，心地善良而又可靠，是非常值得交往的朋友。

2. **附和别人的笑**

笑时慌张并戛然而止，看看别人继续笑便也跟着笑。这是自卑感的表现，说明缺乏自信，笑也怕笑得不对。他们的性格一般都乐观开朗，但做事没有主见，容易人云亦云、随波逐流。这样的人应改变一下自己的观念，用不着太担心别人对自己的看法，每个人都有笑的权利，即使别人不笑，也一样可以笑。

3. 偷偷地笑

经常偷偷微笑的人，大多数是内向型，他们比较保守，不愿意在众人面前夸张地表现自己，多数时候显得腼腆。在工作中他们心思缜密，考虑问题十分的周全，面对各种情况都能冷静地作出判断。在交际中，他们并不喜欢轻易地将自己的内心展示给别人，而且由于他们强大的个人能力，他们对朋友的要求很高。不过一旦与他们成为朋友，他们就会与你肝胆相照。

4. 轻蔑的笑

笑时鼻子向天，神情轻蔑，往往是人人在笑他也不笑，或只是逢场作戏似的干笑几声。这样的人看不起身边的每一个人，表面上是自视甚高，这其实是自卑感在作怪，要把他人压低而抬高自己，他们几乎没有交心的朋友。

5. **掩口而笑**

这个动作也是源于人内心的自卑感，不过也有其他的可能，就是一个人认为自己牙齿不好看或自知口臭。如果没有这些毛病，就是发自内心的自卑，就与紧张的笑相同。

6. 笑不出声

这样的人只是微笑，一般不会发出声音。他们大多内向感性，性格忧郁低沉，容易受到外界的感染，做事情绪化的倾向比较明显，有浪漫主义色彩。但他们待人亲切温柔，给人以舒服的感觉。

掩口而笑的人比较自卑

7. 笑中带泪

这看上去似乎是两个矛盾的表情。当一个人笑得很剧烈，以至于笑出眼泪时，说明此人具有真性情并有善心，他们在生活中通常是乐观向上并且胸无城府，他们会在自己力所能及的范围内给予别人最大的帮助并不求回报。

8. 笑不可支

这样的人大多性格开朗、乐善好施。他们总是把喜怒哀乐挂在脸上，为人直爽，做起事来不拘小节、大大咧咧，因此从来不乏朋友。

9. 肆无忌惮的笑

平时看起来沉默少语，笑起来却一发而不可收拾的人是最适合做朋友的。他们通常十分看重友情，在陌生人面前比较沉默，显得不够热情、不够亲切，但一旦真正与人交往，成为朋友，他们就会以真诚相待，而且活泼热情。基于这一点，很多人都乐于与这样的人相处，他们自己本身也能够营造出比较和谐的社会人际关系。

10. 笑起来断断续续，听起来很不舒服

这样的人性情大多是比较冷淡而漠然的。但是他们的观察力

相当敏锐,能准确地观察到他人心里的真实想法。

11. 捧腹大笑

他们大多心胸开阔,当别人获得成功的时候,他们会真心祝愿,很少产生嫉妒的心理。这样的人性格多是直率而且很真诚的。他们往往能够直言不讳地指出朋友的缺点,也会在自己的能力范围之内,对他人的需要给予帮助。他们是不折不扣的

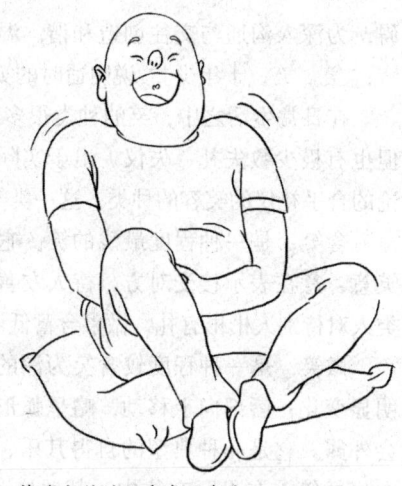

捧腹大笑的人直率而真诚

行动主义者,一旦想起了要做的事情,或者决定要做某件事情,就会马上付诸行动,非常果断迅速,绝不拖泥带水。在别人犯了错以后,他们会指出来,但是也会给予最大限度的宽容和谅解。他们比较有幽默感,总是能够让周围人感受到他们所带来的快乐,因此他们身边总是围绕着很多的朋友。

12. 龇着牙笑

这种人一般没有真情实感。龇着牙笑是一种很典型的假笑,这样笑的时候,一般是没有表现出自己的真情实感的。如果一个人说着"别为此担心"或者"没什么大不了的"这样的话语时,却流露出这种面部表情,那就表明其实他们真正的想法正好相反。

不同程度的笑

笑容,即人们在笑的时候所呈现出的面部表情,它通常表现为脸上露出喜悦的表情,有时还会伴以口中所发出的欢喜的声音。

从广义上讲,笑容是一种令人感觉愉快的、既悦己又悦人的发挥正面作用的表情。它是人际交往的一种轻松剂和润滑剂。利用笑容,人与人之间可以缩短彼此之间的心理距离,打破交际障

碍，为深入沟通与交往创造和谐、温馨的良好氛围。古人曾经有言："笑一笑，十年少。"说明适时的笑，还可以健身养性。

在日常生活之中，笑的种类很多。它们绝大多数都富于善意，但也有极少数失礼、失仪。出于实际需要方面的考虑，在此先讨论的合乎礼仪的笑容的种类。这一类笑容分别是：

含笑，是一种程度最浅的笑，它不出声、不露齿，仅是面含笑意，意在表示接受对方，待人友善。其适用范围较为广泛。此类人对待别人彬彬有礼，做事含蓄低调，但不轻易向人敞开心扉。

微笑，是一种程度较含笑为深的笑。它的特点，是面部已有明显变化：唇部向上移动，略呈弧形，嘴两端稍下垂，但牙齿不会外露。它是一种典型的自得其乐、充实满足、知心会意、表示友好的笑。在人际交往中，其适应范围最广。这类人性格内向，不善言语，与人交流存在一定的困难，但注意细节，喜欢对对方言语进行分析，唯一不足就是做事时常半途而废，也因此难达愿望。但他们在手工艺、缝纫等技能方面很拿手，外语亦佳。

轻笑，在笑的程度上较微笑为深。它的主要特点是面容进一步有所变化：嘴巴微微张开一些，形状平坦，上齿显露在外，不过仍然不发出声响。它表示欣喜、愉快，多用于会见亲友、向熟人打招呼，或是遇上喜庆之事的时候。

浅笑，是轻笑的一种特殊情况。与轻笑稍有不同的是，浅笑表现为笑时抿嘴，下唇大多被含于牙齿之中且嘴角向上翘。中国传统文化中，美女是"笑不露齿"的，因此浅笑多见于年轻女性表示害羞之时，通常俗称为抿嘴而笑。

眯眼笑，笑时嘴两端向下，几乎不开口。这类人的性格倔强固执，对周围人不够坦诚，有时明知其事但假装不知而不予人语，也往往因为这个而吃亏。性情还算和气，一旦心情不好即大发脾气。他们多才多艺，有理想、抱负，但不愿与人合作行事，因此也就很难成功。

咧嘴笑，幅度比浅笑要深，嘴边大幅张开，露出上下牙齿。

这是社交场合常见的笑容，往往显得礼貌热情。在北京奥运会上，负责人认为礼仪小姐脸上"笑不露齿"的中国式笑容显得过于含蓄，不太符合西方友人的审美观念。为了适应这个全球性的盛会，就要求礼仪小姐们要露出前面完美的8颗牙齿。

大笑，是一种在笑的程度上又较轻笑为深的笑。其特点是：面容变化十分明显；嘴巴大张，两端成平，呈现为弧形嘴，上齿下齿都暴露在外，并且张开。因为口中发出"哈哈"的笑声，所以有"哈哈大笑"一词。但肢体动作不多。它多见于欣逢开心时刻，尽情欢乐，或是高兴万分。这类人的性格豪爽粗犷，不拘小节，行为大方。但缺乏一定的耐心，一遇到困难，就知难而退，容易让人产生做事虎头蛇尾的误解。这种人可能会在经商方面有所建树。另外，大笑中有时候会蕴含着压迫感，从而起到震慑他人的作用，因此是一种经常出现在领导身上的笑。开怀大笑的人，大多心胸开阔、真诚坦率。他们富有爱心和同情心，愿意尽可能的帮助别人，在生活上为人正直，不会妒忌他人，也十分幽默，与周围人相处十分的融洽。在工作上也从不拖拉，处事果断麻利。但他们其实并不坚强，有时内心十分的脆弱，容易受到伤害。

狂笑，是一种在程度上最高、最深的笑。它的特点是：面容变化甚大，嘴巴张开，嘴两端猛向上方翘，牙齿全部露出，上下齿分开，笑声连续不断，肢体动作很大，往往笑得前仰后合、手舞足蹈、泪水直流、上气不接下气。它出现在极度快乐、纵情大笑之时，一般不大多见。这类人精于社交、性情温和，能让对方感到亲切，具有冒险精神和积极的作风，乐于助人。最适合做秘书工作，善于处理繁杂事务，越繁杂反而越觉得有趣。

笑得全身乱晃的人，一般都比较单纯和真诚。这种人十分的招人喜欢，他们大多十分善良，不会为了利益出卖朋友。一旦朋友有难，就会尽自己最大努力去帮助。对待朋友的缺点，他们也会好言相劝，绝不会视而不见。所有的付出都会有所回报，他的人际关系也因此十分的出色，在他们陷入困难的时候，经常会有人出手相助。

笑出眼泪的人，他们通常感情十分的丰富，对于各种情绪都十分的敏感。笑起来不着边际，哭起来也同样惊天动地。他们内心坦荡，生活态度十分的积极乐观，有爱心也有进取心。帮助别人的时候，可以牺牲自我，并且不求回报。

不怀好意的笑

除了礼貌性的笑，还有一些失礼或病态的笑容。它们分别是：

1. 鼻笑

就是把笑声从鼻子里发出来。这通常是讥嘲或鄙视的表情。当人们在公共场合看到可笑的人或物，因为场合限制想笑而又不能笑时，只好强行忍住，把笑从鼻子里面发出。除此以外，这种笑容经常出现在性格内向的人身上。因为当他们担心自己的笑会引起其他人的注意时，通常会用鼻笑的方式来表达自己的感情。

2. 苦笑

常见于生活困苦的穷人或病人。他们明明心里难过，但表现出的是一张难看的笑脸，像是自嘲一样，自己嘲笑自己，想给别人安慰，就像自己不在乎导致苦笑的那件事。苦笑的人，通常脆弱而缺乏自信。这种笑包含了一种无可奈何而又十分复杂的情绪，很多时候算是一种自嘲。经常苦笑的人，让人感觉缺乏生气，貌似看透了世间的一切，有一股无力反抗而又身心俱疲的悲凉。他们是悲观主义者，缺乏自信，对待生活失去了本应有的热情，在怨天尤人中度日。

3. 冷笑

不是发自内心的笑，往往是对别人的观点表示不赞同和不屑时的表现。这是典型的不怀好意的笑容。冷笑的人，对他人有一种轻蔑和鄙视的态度。这种笑声出现，双方的交谈基本已经陷入僵局，气氛通常十分的尴尬。这种笑声带有攻击性，如果一个人经常冷笑，那么这个人大多十分骄傲自大，对待别人尖酸刻薄，很难获得别人的尊重与支持。

4. 傻笑

表现为特殊的憨里憨气的笑。多见于大脑发育不全和老年性痴呆等患者。有一位精神病专家指出:"傻笑是精神分裂的一个显著而具有特征性的症状。它是不能自制的,无须任何刺激就会在任何情况下出现,且不伴情绪特色。"所以,病人虽然经常乐哈哈的,但由于智能障碍的影响,面部表情却给人以呆傻的感觉。这种特殊的憨里憨气的笑,难以引起正常人的共鸣。傻笑的人通常十分幼稚,缺乏足够的社会经验。有的人往往遇见一些并不怎么好笑的事情就笑得前仰后合,并兴高采烈地给别人讲述,丝毫感觉不到对方毫无兴致。这种人大多涉世未深,心智很不成熟,非常容易落入别人的骗局。

5. 窃笑

顾名思义,就是偷偷地笑。当一个人看到别人遭到批评或身陷尴尬,身边的人又浑然不觉的时候,他往往会使用这种窃笑的方法。因此,窃笑又被称为"幸灾乐祸"的笑容。

6. 痴笑

见于精神分裂症病人。这类患者,由于大脑功能不全,笑时不分场合、地点、人员多寡,可以独自偷笑,亦可以是狂笑。对于青春型精神分裂症来说,痴笑是一项重要特征,仿佛有感染性,往往可以引起整个精神病病房在突然之间出现热闹的笑声。但是,这种情感并不稳定,有时可突然收敛笑容,表情严肃,有时又可变笑为涕,反复无常。

7. 怪笑

多见于面部神经麻痹、瘫痪的病人。由于神经支配作用减弱或丧失,造成患侧面部肌肉松弛,鼻唇沟变浅,笑时嘴角向健侧牵拉,口眼歪斜,表情怪异。

8. 假笑

多见于隐匿性忧郁症的病人。本来他们内心的感情是忧郁的,却常对人报以假笑。有经验的医生往往会注意到，这种病人仅仅是用嘴角在笑，眼睛毫无快乐的闪光。假笑的人，他们脸上在笑，但眼睛没有笑意，内心通常会是更负面的情绪。他们在笑的时候，通常音量很小，几乎无法让人听到。这种笑大多是一种孤独而冷漠的表达，在一群人欢天喜地时，如果一个人并不觉得这件事值得如此兴高采烈，那么在别人看他时，他就会用这种假笑来附和周围的人，以掩饰自己的紧张或不满。习惯假笑的人，通常观察力十分出众，他们知道别人在想什么，自己就不会陷于被动。

9. 强笑

就是强制性笑。它是一种无法克制的笑，多见于老年性弥漫性大脑动脉硬化和大脑变性等脑部器质性病变的患者。

10. 阴森的笑

眼睛睁得较大，嘴张开并且不对称。看起来很虚伪，但目光中明显地露出敌意。

11. 压抑的笑

眼睛轻轻皱起，眼角出现皱纹，嘴部的笑容明显受到抑制。

12. 神秘的笑

降低下颌，头偏向一侧，眼角上扬，嘴巴紧闭并撇向一方。有时候这个动作还有调情的意味。

13. 攻击性的笑

嘴唇向后咧，露出犬齿，有的人甚至可以露出白齿，表情看起来像狼一样。另一种攻击性的笑则是放低下颚，只露出下面的牙齿。

14. 阵发性的笑

表现为阵发性不由自主的笑。这是由疾病引起的发笑，虽形态各异，但他们的共同特征是，笑的发生及情绪刺激不协调，成为情不自禁、无法控制的笑。正常人的笑是感情的反映，是完全能够控制的，而这种笑的情形正好相反。

15. 沾沾自喜的笑

下巴向上倾斜，紧闭嘴唇，这种笑容并不常见，但做出这种笑容的人往往因为自己身上一些过人之处而自视甚高。

16. 自以为是的笑

嘴巴咧向一边，紧闭双唇，一侧的眉毛向上挑起。做出这种笑容的人往往自我感觉良好，认为自己高高在上。因此当对方出现这种表情时，如果不是调情，就一定是瞧不起你。

笑居然源于进攻姿态

人类的很多体语姿势及其含义，其演变都可以追溯到人类作为动物的蛮荒时代。比如，一个人对着别人用手拍打自己的胸部，意在表示自己有力量，不惧怕对方，而这一姿势就源于黑猩猩的拍胸动作；一个人双手握拳高举，意在恐吓对方这一姿势，也源于猴子和黑猩猩吓唬敌人或同伴的类似动作，类似这样源于动物的体语还有很多。那人类面部主要表情——表示愉快和高兴的笑起源于哪儿呢？

关于这个问题，科学界一直争论不休。有的科学家认为笑源于蛮荒时代早先人类的跌倒，如《澳大利亚人报》中的一篇文章报道，人类的笑起源于早前人类的跌倒。根据该理论，人类在数百万年前开始学习用双脚行走，但是经常会发生跌倒的情况。当有人看到其他同伴跌倒后，就会用笑声示警，表明有人出了差错，但问题并不严重。这个理论在一定程度上能够解释为什么直到今天，一些笨拙的步法仍然是很多喜剧中的主要元素。

也有的科学家认为笑起源于蛮荒时代早先人类捕获猎物时的一种喜悦心情，根据该理论，每当人们捕获到猎物时，整个部落中的人都会处于一种亢奋的状态之中，彼此之间经常大笑，以示相互祝贺。还有的科学家认为笑起源于蛮荒时代早先人类的进攻姿态，因为他们认为在原始时代，动物以及早先人类通常露出牙齿来对方示威或表示进攻。历经数百万年的演变后，露出牙齿这

—原本表示示威或进攻的姿势也就变成了笑。目前,这一观点得到世界上大多数科学家的赞同。

愤怒、悲伤的人也会笑

一般来说,笑往往是一个人心情愉快、高兴的反映,但这并不意味着凡是笑都是心情愉快、高兴的意思。在某些时候,笑也是一个人悲愤、愤怒、绝望、无可奈何等情绪的表现。

通常情况下,当一个人悲愤、哀伤的情绪到达顶点后,他不会表现出暴跳如雷的样子,相反,他的脸上还会露出几丝微笑,态度也表现得较为谦恭。这实际上表明此人已处于"火山爆发"的边缘,他心中的怒火随时可能喷涌而出,一泻千里。比如,两个年轻人因为某件小事吵了起来,双方谁也不肯让对方半点,于是吵得越来越凶,两人的情绪也越来越激动。当彼此的口角矛盾到达顶点后,一方脸上可能没有了怒气,代之而起的是满面笑容,以及较为谦恭的态度。如果你据此认为脸上出现笑容的一方是害怕了,那就大错而特错了。他脸上之所以会出现笑容,根本原因就在于他认为自己心中的愤怒快要出窍了,其对对方的敌意也到达了最高点。所以,他用自己的笑容来向对方暗示:你不要再说了,不然我对你不客气,因为我已对你忍无可忍!如果对方已依旧不依不饶地在那喋喋不休,那么他极有可能将雨点般的拳头"挥洒"在对方身上。

在熙熙攘攘的火车站,我们经常可以看见这样的情形:一个人肩背大包,手拉旅行箱,匆匆忙忙地向检票口走去。当他到达时,检票口的门已经紧紧关上了,此时他可谓是"喊天不应,叫地不灵"。于是他一边看着列车缓缓地从站台上驶出,一边懊恼地用手拍打着检票口的门和用脚跺着地,同时脸上还出现了几丝笑容。没有赶上自己的车,懊恼得用手拍门、用脚跺地,脸上却露出了几丝笑容,这当然不是愉快、高兴的意思。那如何来解释这种笑容呢?其实,这是一种无可奈何的笑,一种自嘲的笑,是掩饰自己内心的失望和窘态的一种手段。

很多人在遇到不高兴的事，或是遭遇某种重大的失败或挫折后，往往会到酒吧买醉。喝醉后，他们往往会在那大笑不已。这是否表明他们已经想明白了？或是已经相通了？非也，这个时候，他们的心情可能已经到了悲愤、失望，乃至绝望的巅峰。因而，他们此时的笑，是一种无比绝望、无比痛苦、无比伤心的笑。

由此可见，不仅笑的种类丰富而多彩，笑蕴含的具体含义往往也是意味深长的。所以，复杂多样的笑蕴含的众多信息，的确值得我们好好品味、分析、探索。

爱情中的笑声

爱默生曾说过这样一句话："爱情中若没有了笑声，就如同春天中没有了鲜花和绿叶一样。"这句话的意思非常明了，即爱情中不能没有笑声，一旦爱情失去了笑声，这样的爱情不仅非常沉闷、非常单调，而且会显得死气沉沉，毫无生气可言。

心理学家通过研究发现，笑在爱情中的作用是无法替代的，在某些情况下，笑甚至能决定恋人之间的关系，比如，一个喜欢笑的女性几乎不可能和一个试图限制她笑的男性在一起。一般来说，能经常让女性笑得"花枝乱颤"的男性最受女性欢迎，也最易"捕获"女性的芳心，因为女性通常会认为此类男性是最有魅力的。这就是为什么女性在寻找自己人生"另一半"的时候，往往会为"心中的白马王子"定下这样一条"硬规定"——他必须具有较强的幽默感。有些时候，我们经常可以听见热恋中的女性向她的朋友这样介绍她的男朋友，"他真是一个幽默的家伙，我们俩整个晚上都笑个不停"。朋友们听完如此介绍后，往往会露出羡慕的表情。不过，"我们俩整个晚上都笑个不停"可能说的不是实情，它通常是指她一晚上确实都笑个不停，而她的男友则一个晚上都在用自己的幽默、风趣逗她笑。这也难怪巴尔扎克会说："恋爱中的女性是她们一生中最幸福的时候，因为此阶段是她们一生中笑得最多的时候。"事实也的确如此，为了获得女友的欢心，男性通常会运用自己所有的幽默细胞来博得她们的一笑。

很多男性也似乎知道幽默能为自己增添魅力，所以他们经常会相约在一起来相互调侃，以增加自己脑内的"幽默细胞"，从而提升自己的男性魅力。有趣的是，如果其中的某位男性讲了很多极具喜剧性的故事或笑话，以致很多男性没有发言的机会，而恰恰又有不少女性在场。如果这些女性都被那位男士的故事或笑话逗得哈哈大笑，那么在场的其他男士，尤其是那些本想发言但又苦于没有插嘴机会的男士，肯定会对那位正在那大侃特侃的男士产生反感之情。他们不仅会觉得他非常厌恶，更会觉得他讲的笑话或故事一点儿也不好笑，更令人啼笑皆非的是，在场的女性笑得越夸张，他们对那位男士的厌恶之情就越强烈。这些没有发言的男性之所以会有如此心理，原因很简单，因为他们都知道幽默和风趣感能提高男性在女性心目中的魅力指数，而那个口若悬河、滔滔不绝的男性把在场的女性逗得合不拢嘴，肯定会大大提高他自己在在场女性心目中的魅力指数，但却大大降低了别人在那些女性心目中的魅力指数，让他们变得黯然失色。

第四章
言辞声调露心声，从语言中破译对方心态

从闲谈中破译对方心态

如何从一个人语言的密码中破译对方的心态呢？闲谈是一种比较好的方式。因为闲谈大多是在一种轻松愉快的氛围下进行的，这会使对方在心理上除去防线。

平时在与人谈话时，一些见识浅薄，没有心机的人就会很容易地把自己的不满情绪倾诉给你听。对于这种人，你不应和他保持更深更多的交往，只需当作一个普通朋友就行了。

假如和对方相识不久，交往一般，而对方就忙不迭地把心事一股脑儿地倾诉给你听，并且完全是一副苦口婆心的模样，这在表面上看来是很容易令人感动的。然而，转过头来他又向其他人做出了同样的表现，说出了同样的话，这表示他完全没有诚意，绝不是一个可以进行深交的人。

这种人对一切事物都没有什么深刻的印象，千万不要附和他所说的话，最好是不表示任何意见。

还有一类人，他们唯恐天下不乱，经常喜欢散布和传播一些所谓的内幕消息，让别人听了以后感到忐忑不安。其实，他们这样做的目的是为了引起别人的注意，满足一下他们不甘久居人下的虚荣心。他们并不是心地太坏的人，只要被压抑的虚荣心获得满足之后，他们也就消停无事了。

以倾听方式出现的人，其表现是支配者的形态。这种人的言语

从不涉及自己的事，或有关自己身边的人。他们的话题反而是涉及别人的一些琐事，或对方的隐事秘闻，甚至对对方的一举一动或每条花边新闻都捏着不放手。这是完全彻底地侵犯别人的隐私。

有些人很关注某些人，非常喜欢把话题的重点放在跟自己完全无关的人、名人、歌舞影星的花边新闻轶事方面，这说明他的内心存在一种起支配作用的欲望。

由此可见，他是个沉迷于闲谈名人或明星风流轶事的人，也说明他很难拥有真正的知心朋友。这类人或许是因为内心生活很孤独，没有生命的激情。一个人过于关心自己不太熟悉的事情，并且十分热心去谈论他们，都是表示他内心世界的孤独和空虚。

在现实生活中，还有这样的一类人，他们无论在何种场合与别人交谈时，都爱把话题引到自己的身上，吹嘘自己当年如何奋斗的经历，唯恐别人不知道他的光荣历史，而结果，并不像他想象得那样好。

其实，从某个方面来分析他，可以发现他是个对现实不满的人。虽然他没有用怨恨的语言倾诉他的想法，相反是用自我表现的方式表达出来。事实上，他还不知道这种自我吹嘘的言谈，很难适应时代的变化。或许他是个不折不扣的失败者，完全靠怀旧来过生活。不过可以看出他确实陷入某种欲求不满的环境中，可能他的升职途径遭受阻碍，或者无法适应目前所处的环境，所以他希望忘却现实，喜欢追寻往事。这是一种倒退的现象，从他的话题里，别人会发现他的内心深处正潜伏着一股无可救药的欲求和不满的情结。

分析一个人的内在表现时，他的潜在欲望不但隐藏在话题里，也存在于话题的展开方式上。在聚会上，大家彼此正在交谈时，有人竟然不顾别人的谈话，而突然插进毫不相干的话题，这是相当令人讨厌的行为。

有的人在和别人谈话时，经常把话题扯得很远，让你摸不着头绪，或者不断地变换话题，让别人觉得莫名其妙。这说明这种人有着极强的支配欲和自我表现意识，在他的意识中，很少把别人放在眼里，而完全摆出我行我素的模样，让别人都去听从他的主张，以他的意见为主导。

一般说来，政府官员或企业的领导，会有滔滔不绝谈话的习惯，其实，透过这种表面的现象，可以看出他担心大权旁落的心理状态。也可以说，他是一个喜欢占据优势地位的人。

话题的内容不断变化固然是个好现象，但谈得离谱，一切都显得毫无头绪的样子，那就会使听众感到索然无味。假如他是个普通人，总谈些没有头绪的话题，或者不断改变话题，东拉西扯，那就表示他思想不集中，给别人留下支离破碎的印象。这说明他是个缺乏理性思考的人。

一个优秀的谈话者，常将对方引出来的话题加以分析、整理，结果不断地从对方身上吸取许多知识和信息。在一般情况下，有的人将全部注意力放在倾听对方的谈话上，从性格上讲，这一类型的人很想理解别人的心思，而且具有宽容的心态，有真正的君子风度。

苏东坡是宋代文学家，他极具语言的天赋，长于雄辩的他，却非常注重别人的谈话。有时和朋友聚会，他总会静下心来，听他们高谈阔论。一次聚会中，米芾问苏东坡："别人都说我癫狂，你是怎么看的？"苏东坡诙谐地一笑："我随大流。"众友为之大笑。即使是朋友间的不同观点，他也以"姑妄言之，且姑妄听之"的态度对待。

经常使用如"嗯……还有……""这个……""那个……"等句式的人，表示他的话不能有条理地进行，思考无头绪，思绪无条理。但即使同样使用连接词，常用"但是……""不过……"的人，一般可以认为其思考力较强。当他们在讲话时，脑子里还会浮现相对语以资过滤求证。所谓能言善辩、头脑敏锐的人，就是指此类的人。但是如果此种语调反复出现多次，其理论也随之翻来覆去，迫使对方紧随不舍，不知不觉中被牵着鼻子走，失去了招架之力。

对经常使用这种表现手法的人大都比较慎重。也正是因为如此，说话难免时断时续，只好在重新整合之后才可以继续下去，这是一种缺乏自信心的表现。

从客套语看人心

在人际关系中，最容易被破译密码的语言就是客套语。客套语的存在，是社会发展的必然结果。但是客套语要运用恰当，如果过分牵强而显得不自然，可能此人别有用意。客套语的反面是粗俗语，一些人会对自己心仪之人说出随意的言语，以示双方的关系非同一般，给人以亲密感的误会。在毫无隔阂的人际关系中，并不需要使用客套话。不过，当在此种亲密的人际关系里，突如其来地加入客套话的时候，就必须格外小心。有时候，男女朋友之某一方，使用异乎寻常的客套话时，就很可能是心里有鬼的征兆。

用过分谦虚的言辞谈话时，可能在表示强烈的嫉妒、敌意、轻蔑、警戒，等等。语言是测量双方情感交流的心理距离的标准。客套话使用过多，并不见得完全表示尊敬，往往也可能含有轻蔑与嫉妒的因素。同时，在无意中会将他人与自己隔离，具有防范自己不被侵犯的防卫功能。

某些都市的人，对外乡人说话很客气。这从另一个角度看，或许是一种强烈的排他性表现。因此，往往无法与人熟识，往往给人以冷淡的印象。以此类推，假使交情深厚的朋友，仍不免使用客套话时，则很可能内心存有自卑感，或者已隐藏着敌意。

喜欢使用名人的用语和典故的人，一般来说大部分都属于权威主义者，他们经常使用别人的语言来表达自己的意思，以透露出自我扩张的表现欲。

假如他开口闭口就爱抬出一大堆晦涩难懂的语言或外国语，就会让听者有一种走错庙门的感觉。事实上，他这样做只是用语言掩饰自己的弱点。他这样做，无非是想加强说话的分量，同时也表示自己的见多识广，以此抬高身份和扩大自己的影响。

从语言风格识个性

我们不少人都难以避免出席会议或主持会议。有的人可以在规定的时间内完成会议内容,而且使与会者满意而归;也有的人长篇累牍、喋喋不休,直到把所有的与会者催睡着了。主持会议虽然与主持者的自身修养和知识程度有关,但性格所起到的作用也不能漠然视之。

1. 简捷明快、豁达干练的人

这种人快言快语、办事雷厉风行,对工作对生活都充满信心,做事必须精心准备。主持会议亦清晰明了,内容安排得当,讲话时条理清晰,言之有物,令与会者为之钦佩。此类人可以胜任重要岗位领导工作。

2. 说一不二的人

此类人有一定的身份、地位和手段,对自己目前所拥有的一切满怀信心,而且坚信自己会拥有更多更美好的东西。他们的发展通常是靠自己的真才实干,顽强的意志力是他们取得成功的保证。他们做事总是胸有成竹、遇惊不乱,很有大将风度,但极易固执己见,不容他人置疑,专断独行。

3. 把会场当课堂的人

这类人的名片上通常印有"专家"两个字,他们学有专长,往往是单位或公司某一项业务的权威。开会的时候,他们会以老师的姿态站在与会者面前,不厌其烦地讲解"学生们"不明白或懂得不彻底的理论和观念,常常忘记了时间、地点和自我,而被误认为学生的与会者则会哈欠连天,瞌睡连连。

说话方式与行为模式的关联

根据心理学家的研究证实,个人的说话方式反映了其内心深层的感受。

每一个人的说话习惯皆不尽相同,经过统计归纳结果发现,一个人的说话习惯与其行为模式有直接关联，有时可利用这种关联作为识人的基本资料。

在"称谓语"中习惯把"我"挂在嘴边的人，具有幼稚、软弱的性格。根据心理学家的研究，谈话中频频使用"我"的人，自我表现欲强烈，时时不忘强调自己，唯恐别人忽略。而习惯使用"我们"或"大家"来代替"我"的人，具有随声附和或依附团体的性格。喜欢在谈话中引用"名言"的人，大多属于权威主义者。不论场合、不分谈话对象和主题，在与别人的交谈当中，会使用名人的格言来驳斥对方或证明自己论调的人，往往缺乏自信，习惯借助他人之名来壮大自己的声势。说话时如此，在生活和工作中也有类似的"狐假虎威"现象。

说话时喜欢夹杂几句外语，令听者感到困惑和别扭。这种类型的人通常希望借着语言来掩饰自己的弱点，多半是对于自己的学问、能力缺乏自信所致。

谈话中喜欢引用长辈说过的话，比如，常将"我妈说"挂在嘴边的人，表示其在心理和精神上尚未独立。而有些女性喜欢借用母亲的话来表现自己的意志，如"我妈妈说你很有风度"等，表明此人心智尚未成熟，缺乏独立自主的个性。

下面的几点是告诉人们怎样通过观察说话方式而知其心的具体办法：

（1）在正式场合中发言或演讲的人，开始时就清喉咙者多数是由于紧张或不安。

（2）说话时不断清喉咙，改变声调的人，可能还有某种焦虑。

（3）有的人清嗓子，则是因为他对问题仍迟疑不决，需要继续考虑。一般有这种行为的男人比女人多，成人比儿童多。儿童紧张时一般是结结巴巴或吞吞吐吐地说："嗯""啊"，也有的总喜欢习惯性地反复说："你知道。"

（4）故意清喉咙则是对别人的警告，表达一种不满的情绪，意思是说："如果你再不听话，我可要不客气了。"

（5）吹口哨有时是一种潇洒或处之泰然的表现，但有的人会以此来虚张声势，掩饰内心的惴惴不安。

（6）内心不诚实的人，说话声音支支吾吾，这是心虚的表现。

（7）内心卑鄙乖张的人，心怀鬼胎，声音会阴阳怪气，非常刺耳。

（8）有叛逆企图的人说话时常有几分愧色。

（9）内心渐趋膨胀之时，就容易有言语过激之声。

（10）内心平静的人声音也会心平气和。

（11）心内清顺畅达之人，言谈自有清亮和平之音。

（12）诬蔑他人的人闪烁其词，丧失操守的人言谈吞吞吐吐。

（13）浮躁的人喋喋不休。

（14）善良温和的人话语总是不多。

（15）内心柔和平静的人，说话总是如小桥流水，平柔和缓，极富亲和力。

说话的速度和语气透露内心

说话的速度快慢与一个人的性格绝对有其关联，一个慢性子绝不会说出连珠炮般的话语来；而同样一句话，有可能因为语气不同，而使得意思完全走样。所以懂得从一个人谈话的速度和语气去了解对方的个性，无疑是掌握了一把开启对方心理状态的钥匙。

说话速度快的人，大多性子急躁；而那些说话慢条斯理的人，多是慢性子，不管遇到什么事情，总是不疾不徐，反应比别人慢半拍。另外，通常不满意对方或心怀敌意时，言谈的速度就会放慢；相反地，当心里有鬼或想欺骗他人时，说话的速度大多会不由自主地加快。一个平时沉默寡言的人，突然之间变得能言善辩、喋喋不休，表明其内心有不欲人知的秘密或心虚，想用快言快语作为掩饰。

充满自信的人，谈话时多用肯定语气；缺乏自信或性格软弱者，说话的节奏多半慢条斯理、有气无力。

喜欢低声说话的人，不是缺乏自信就是女性化的表现；而那些说起话来没完没了，希望话题无限延长的人，其内心潜藏着唯恐被别人打断和反驳的不安，这种人常以盛气凌人的架势一直说个不停。

喜欢用暧昧或不确定的语气、词汇作为结束话题的人，通常害怕承担责任。经常使用条件句的人，如"这只是我个人的看法""不能一概而论""在某种意义上"或"在某种情况下"，等等。

聆听他人讲话时，眼光始终无法集中，不是东张西望就是玩弄手指头，表示其对谈话者感到厌烦；而频频重复对方的话，表示其对此谈话内容具有高度的耐心与好奇心。

听话时不停地大幅度点头的人，表示他正认真地听对方讲话。而即使频频点头示意，但视线不集中于对方身上的人，表示对对方的话题并没有产生共鸣；点头次数过多，或者胡乱附和的人，多半不了解对方谈话的内容；一面讲话一面自我附和的人，大都不容许对方反驳，性情极为顽固。这种人往往无法与听者进行交流，总是一个人唱独角戏，唯我独尊。

从谈话主题透露人的内心

话题总是离不开自己的人，具有自我陶醉的倾向，属于以自我为中心的性格。那些言必谈己的人，事实上最关心的对象就是自己。这种心理除了是一种自我陶醉，也有任性的性格倾向。此外，不仅谈论自己，而且动不动就把话题集中在自己家人、工作、家庭等周边事物的人，也可以将之归类为以自我为中心的性格。

而爱发牢骚的人，多有压抑心理，属于否定型性格。牢骚是心理压抑的一种发泄，从发泄的牢骚里，可以发现一个人的心态和愿望。抱怨薪水太低的人当中，有不少是因为本身不喜欢这项工作，透过抱怨工资低而把不满的情绪表达出来。而贬低上级主管的人，大都具有希望出人头地的欲望却又不易达成。爱发牢骚成癖的人，除了心理压抑和心存不满之外，还出于一种虚荣心。

另外，还有一种好提当年勇的人，多在现职的表现上力不从心，无法适应眼前的工作，所以才喜欢在部属、同事，特别是比自己资历浅的人面前大谈过去的风光史。嘴边老挂着昔日丰功伟业的人，回忆起过去总是扬扬得意。这种现象说明了这个人工作能力衰退，落后于时代潮流且又难以赶上，以寻求解脱。

从说话韵律看他人

在言谈方式中，除了音感和音调之外，语言本身的韵律也是重要的因素。

充满自信的人，谈话的韵律为肯定语气；缺乏自信的人或性格软弱的人，讲话的韵律则慢慢吞吞。其中，也会有人在讲一半话之后说"不要告诉别人"而悄悄说话。此种情况多半是秘密谈论他人闲话或缺点，但是内心却又希望传遍天下的情形。

话题冗长，需相当时间才能告一段落，也说明谈论者心中必潜藏着唯恐被打断话题的不安。唯有这种人，才会以盛气凌人的方式谈个不休。至于希望尽快结束话题交谈的人，也有害怕受到反驳的心理，所以无奈听任对方。

另外，经常滔滔不绝谈个不休的人，一方面目中无人，另一方面好表现自己，并且，这种类型的人一般性格外向。

一个成功的人，在控制言谈的韵律方面有独到之处。这种细节性的处理方式，使自己赢得了社会或下属的认可与尊重。

说话比较缓慢的人，大都是性格沉稳之人，处事做人就是通常所说的慢性子。从言谈的韵律上可以看出一个人的性格特征。

五代时，冯道与和凝同在中书省任职，冯道说话做事都很缓慢，而他的同事和凝则是个性急的人，办事果断，做人颇为自信。由于性格上的差异，两人经常为一些小事而意见不合。有一天，和凝看到冯道买了一双鞋，认为款式不错，他很想也买一双，就问冯道："先生这双鞋多少钱？"冯道慢慢地举起右脚缓缓地对和凝说："这九百钱。"和凝素来性情急躁气量又小，听到这里，便对手下人大发脾气："你怎么不告诉我这种鞋子要用一千八百钱？"

正想继续责骂,这时,冯道又慢慢地抬起左脚说:"这只也九百钱。"和凝听后怒气才稍解。

口头语最能见个人本性

口头语言是人在日常生活当中由于习惯而逐渐形成的,具有鲜明的个人特色。在生活当中,绝大多数人都有使用口头语的习惯,一般来说,通过它可以对一个人进行观察和了解。

经常连续使用"果然"的人,多自以为是,强调个人主张,以自我为中心的倾向比较强烈。

经常使用"其实"的人,自我表现欲望强烈,希望能引起别人的注意,他们大多比较任性和倔强,并且多少还有点自负。

经常使用流行词汇的人,热衷于随大流,喜欢浮夸,缺少个人主见和独立性。

经常使用外来语言和外语的人,虚荣心强,爱卖弄和夸耀自己。

经常使用地方方言,并且还底气十足、理直气壮的人,自信心很强,有属于自己的独特的个性。

经常使用"这个……""那个……""啊……"的人,说话办事都比较小心谨慎,一般情况下不会招惹是非,是个好好先生。

经常使用"最后怎么样怎么样"之类词汇的人,大多是潜在欲望未能得到满足。

经常使用"确实如此"的人,多浅薄无知,自己却浑然不觉,还常常自以为是。

经常使用"我……"之类词汇的人,不是软弱无能想得到他人的帮助,就是虚荣浮夸,寻找各种机会强调自己,以引起他人的注意。

经常使用"真的"之类强调词汇的人,多缺乏自信,唯恐自己所言之事的可信度不高。可恰恰是这样,结果往往会起到欲盖弥彰的作用。

经常使用"你应该……""你不能……""你必须……"等命令式词语的人，多专制、固执、骄横，但对自己却充满了自信，有强烈的领导欲望。

经常使用"我个人的想法是……""是不是……""能不能……"之类词汇的人，一般较和蔼亲切，待人接物时，也能做到客观理智，冷静地思考，认真地分析，然后做出正确的判断和决定，不独断专行，能够给予他人足够的尊重，反过来也会得到他人的尊重和爱戴。

经常使用"我要……""我想……""我不知道……"的人，多数是思想比较单纯，爱意气用事，情绪不是特别稳定，有点让人捉摸不定。

经常使用"绝对"这个词语的人，武断的性格显而易见，他们不是太缺乏自知之明，就是自知之明太强烈了。

经常使用"我早就知道了"的人，有表现自己的强烈欲望，只能自己是主角，自己发挥。但对他人却缺少耐性，很难做一个合格的听众。

另外，口头语经常挂在嘴边的人，大多办事不干练，缺乏坚强的意志。有些人，说话时没有口头语，这并不代表他们从未有过，可能以前有，但后来逐渐地改掉了，这显示出一个人意志力的坚强和追求说话简洁、流畅的精神。

若想通过口头语言更好地观察、了解和判断一个人的性格如何，需要在生活和与人交往中仔细、认真地揣摩、分析，这样才会收到良好的效果。

从谈话特征中看他人心理

一个人的谈话特征在很大程度上体现了这个人的本性，因此，一个高明的人能够根据谈话的特征来识破不同人的不同心理：

1. 谈话时沮丧、疲累、精神不振

一看就知道面色不佳，说起话来唉声叹气，好像如临世界末日，一切希望都没了。

这种人外表上的特点是：沮丧疲累、精神不振。有这种表现的人，大可判定为对自己早就失去了信心。

进一步分析，他有下面的性格：

（1）自寻苦恼。常为不必要的事而终日忧愁。

（2）由于对自己失去了信心，并缺乏理智的判断力，工作生活一团糟。

（3）容易相信卜卦者之言。

这样的人对上司交代之事，总是无法如期完成，即使如期完成，也是缺陷繁多，还得大肆修改。

2. 谈话时不正视对方

相对而坐时，不注视对方，总是垂着头听，偶尔抬起眼睛看对方一眼，但是，很快就又垂下头来。

有这种现象的人，以女性职员居多。

据此来判断对方的个性：

（1）个性胆怯。

（2）缺少魄力，做事没有持久力。平时也显得死气沉沉毫无活力可言。

（3）意志不坚，容易随波逐流。

3. 不断地把视线移开

跟别人交谈时，摆出不大重视对方的态度，这是表示：

（1）暗中观察对方，盘算如何还击。

（2）不是方正之士，必有所防范。

假设这种移开视线的动作是发生在交谈之中，那就表示：

（3）感到疲倦，无意倾听，他心里想的只是"快一点结束该有多好"。

遇到这个情况，你就及早地结束谈话，定一个时间，下次再好好谈。

双方在交谈时，视线难免会相遇，如果对方在此时连忙移开视线，该做下面的判断：

（1）他的内心有某种苦衷，或是有意隐瞒什么。

（2）急急避开视线，表示担心你发觉到他的心事。

（3）再不就是性格懦弱，不敢直视对方。

视线相碰的时候，直视对方，绝不避开，这种人的性格，通常是方正之士，待人以诚，绝不耍弄什么诡计，是意志坚强、自尊心强的表现。

4. 下巴朝上

一般人谈话时绝少"下巴朝上"，因为这个动作有侮蔑、轻视人的意思。

下巴缩紧，给人的印象是：坚毅不屈。交谈中下巴经常朝上（没有缩紧），就表示有下面几种可能：

（1）情绪不宁，没有定力。

有意表示自己跟对方是处于平等的地位。

（2）全然瞧不起对方。

有这种习惯的人，往往能力泛泛。

如果偶尔有这种动作（不是次次如此），可以解释为"热衷于交谈"。

5. 不断地眨眼

交谈中不断地眨眼，这种人的性格如下：

（1）很有同情心。

（2）认真地听你说的话，有意尽其所能地帮你的忙。

如果在谈话中，眼珠骨碌碌地转个不停，而且成为一种习惯，这种人的性格是：

（1）无法集中精神听话。

（2）心情不定，听不出对方话中的意思。

交谈的时候，目不转睛地盯住对方，这种人当时的心情大致如下：

（1）急于要对方赞同他的主张、意见。

（2）对自己信心十足，对交谈的事也有莫大的意愿。

6. 出口无赘词

虽然每句出口成章，但是句句无赘词，交谈中始终掌握总的核心。这种人并不多见，他性格上的特点是：

（1）不会胡乱批评别人。

（2）出口无废词的人，一般而言，脑筋灵巧，工作能力强。

不说便罢，一说起话来就口若悬河，大有誓不罢休的感觉，这种人一般说来，善于卖弄三寸不烂之舌，论实力往往是微不足道，没什么大不了。

这一类型的人性格上的特点是：

（1）能力不怎么样，但是善于掩饰自己的无能。

（2）说得多，做得少。（有时候，做了也等于没做，效果很差或是错误百出。）

（3）推卸责任是他的看家本领。

相反，有一种人不善言辞，说起话来木木讷讷，光看外表，还以为是个无能之辈，实则不然。这一类型的人，性格上的特点是：

（1）善解人意，绝不让人难堪。

（2）实力之士颇多。

（3）个性正直，言行一致。

（4）少说多做，而且所做的事都有板有眼，绩效彰显。

7. 自说长短

一般人绝少把自己的长短毫不隐瞒地表现出来，说个不停。可是，世上就有冲着别人猛说自己长短的人。

依据心理学上的分析，一般的诚实之士，绝不会动不动就掀出自己的"底牌"让别人瞧个够。

自己的长处、短处，说来是一个人的内涵，把自己的内涵轻易公之于众人面前，是一般人不屑为之的。

碰到这种人你要知道他的本性是：

（1）没有准则，容易见异思迁。

（2）对上司、公司的忠诚度大有存疑的必要。

（3）气量太小，往往为薄物细故而与人闹翻。

8. 到处夸傲

完成一件并不怎么样的事，就以为功劳奇大，逢人便说，或是拿它来压人，摆出不可一世的傲态——这种人的性格是：

（1）若居于人之上，必大摆臭架子，因此，绝不能当管理干部。

（2）热衷于被人奉承，不会成大器。

（3）虚荣心很强，没有责任感。

9. 该惭愧时仍然嘻嘻哈哈

挨了骂，就一脸愧色；受到夸赞就喜形于色；受到讥讽，就怒形于色。这是一般人惯有的反应。有一种人，该惭愧时仍然嘻嘻哈哈，故意装作不当一回事。这种人的性格是：

（1）狡猾成性，脸皮厚。

（2）绝非干部之才。

（3）寡情寡义，可做得出一般人做不出的背叛、负恩的行为。

看准对方的幽默动机

幽默是聪明和智慧的体现，一个具有强烈幽默感的人，往往更容易取得成就、获得成功。

用幽默来打破某一个僵局，这样的人多随机应变能力比较强，反应快。因自己出色的表现，可能会成为受人关注的对象。这种人多有比较强烈的表现欲望，希望能够得到他人的注意与认可。

常常用幽默的方式来挖苦别人的人，多心胸比较狭窄，有强烈的嫉妒心理，有时甚至做一些落井下石的事情。他们多有较强的自卑心理，生活态度较消极，常常进行自我否定。他们最擅长于挑剔和嘲讽他人，整天地盘算他人，自己却从未真正地开心过。

善于说自嘲式幽默的人，首先应该具有一定的勇气，敢于进行自我嘲讽，这不是一般人能够做到的。他们的心胸多比较宽阔，能够接受他人的意见和建议，而且能够经常地反省自己，进行自我批评，寻找自身的错误，进行改正。

用幽默的方式嘲笑、讽刺他人，这一类型的人，给人的第一印象往往是相当机智、风趣的，对任何事物都有细致入微的观察，能够关心和体谅他人，但实际上这种人多是自私的，他们在乎的可能只是自己。他们在为人处世各个方面总是非常小心和谨慎，凡事总是赶着要比别人快一步。他们疾恶如仇，有谁伤害过自己，一定会想方设法让对方付出代价。这种人多有较强的嫉妒心理，当他人取得了成就的时候，会进行故意的贬低。

喜欢制造一些恶作剧似的幽默的人，他们多是活泼开朗、热情大方的人，活得很轻松，即使有压力，自己也会想办法缓解这种压力。他们在言谈举止等各方面表现得都相当自然和随便，不喜欢受到拘束。他们比较顽皮，爱和人开玩笑，他们在这个过程中进行自我愉悦，同时也希望能够将这份快乐带给他人。

有些人为了向他人表现自己的幽默感，常常会事先准备一些幽默，然后在许多不同的场合不厌其烦地说。这一类型的人多比较热衷于追求一些形式化的东西，而且很在乎他人对自己持什么样的态度。生活态度比较严肃、拘谨，能够控制自己的感情。现实生活中还有另外一种人，他们思维活跃、有很强的想象力和创造力，许多幽默是自然的流露，他们的生活始终处在发掘新鲜事物的过程中，他们需要利用别人来发掘和增强自己的构想。

从交谈中看准对方的真面目

通过交谈去直接了解人是最重要的方式。要注意在交谈中不能有任何不适合的气氛和环境。应当创造一个自然的、愉快的、轻松自如的谈话气氛。不一定要有目的地提什么关键问题，可以随心所欲地谈些无关紧要的话题。在谈话中，通过对方发表的对各种各样问题的看法和采取的态度，去把握他的心理、个性和胸怀，要善于区分对方的话语中哪些是真实的、能够体现其个性的语言，哪些是信口开河、不表示任何意义的语言。

通过交谈你可以认清哪些人最可能骗你。例如，某人可以从你这里得到不少好处；某人窥视你的某样东西；某人一定要你接受他的建议，等等。这些人都有可能骗你。

不迷信一个人的过去。一个人过去从来没骗过你，并不能肯定他现在不骗你。

不受外表的蒙蔽。一个人诚实与否，是不能用眼睛看出来的。

揭露骗子。如果你发现了一个骗子，不能睁一眼闭一眼就算了。这样他会继续行骗。要揭露他的行径。

听到不愉快的事，不要紧张、生气，否则，下次别人只好无恶意地骗你了。人的思想来源于对事物的认识，再加上主观因素的影响，就产生了许许多多的理。在这里把"理"归结为四种：道理、事理、义理、情理。

道理指天地万物自然生化之理，也就是自然界的规律。

事理指社会事务运作的理，比如政治、军事、交通等方面的法则和规律。

义理指人伦道理、礼仪教化之理，相当于道德礼仪学说。

情理指人的性情之理。

西汉杨雄《法言·问神》云："故言，心声也，书，心画也。声画形，君子小人见矣。"清人龚自珍《别辛丈人文》云："我思孔烦，言为心声。"这两句话的意思都是说言语是表露心迹的声音，闻其言，就能知道他的德行。孔子在《责曰》篇中也说过："不知言，无以知人也。"如果不善于分析别人的言论，辨其是非善恶，也是无法正确考察一个人的。

古人的名言，对我们很有启示。我们可以通过辨析考察对象的言语来了解和掌握对方的德才行为。因此，言语辨析法不失为识人的有效方法。

言语谈吐可以反映一个人的才能学识，这是许多实践所证明了的真理。如古代的"诸葛亮舌战群儒"，苏秦靠游说获五国相印。有的还可以从一句话中识别其才能学识的优劣。

三国时期，钟会七岁时，其父带着他和他哥哥去见魏文帝曹丕。他哥哥见到皇帝很惶恐，汗流满面，而钟会却从容镇定。曹丕问他哥哥为什么出汗，他哥哥答道："战战惶恐，汗出如浆。"又问钟会为什么不出汗，钟会回答道："战战栗栗，汗不敢出。"于是曹丕从钟会一句话中发现他有胆智、有奇才。

更有意思的是有的领导者还以对方说话声音的大小来鉴别选拔人才。如日本永守重信在选用人才上，利用"说话听声"的办法来鉴别对方是否有朝气、有魄力。其方法是：首先，准备一篇文章。让受测对象挨个读，或让他们到大街上，站在过往行人很多的车站前为公司宣传。这两项，不仅要听其声音大小，而且观察其是害羞，还是满怀信心地读、讲。另外，有时还让他打一个电话，观察其挂电话的方式，如何措辞、声音大小、说话态度等。永守重信的依据是：对事物有信心的人，在谈话时总是能发挥主动性去吸引别人。他的看法是，说话声音大的人能干事。他还称，按这种方法选中的人，干得都不错。

应当注意的是：无论从洋洋万言或一句话中，还是从声音大小中来识别人的才能学识，都离不开国情、地情、时情和人情等客观环境，离开了这些环境，就无法做出正确的鉴别。另外，要特别注意鉴别那种嘴尖皮厚腹中空的夸夸其谈者，不要把夸夸其谈误认为是才能学识的表现。如果不注意这一点，就要吃大亏。这在历史上也有教训。成语"纸上谈兵"，讲的是赵国名将赵奢之子赵括的故事。赵括其人，夸夸其谈，本是缺少实际作战经验之辈。听了秦国反间计的赵孝成王，不听赵奢对赵括的评价，把一个只会饶舌的假人才委以重兵，结果40万赵军全部覆灭，赵括也中箭身亡。

从言语中观察对方的德才行为，看起来很简单，事实上却不是件容易的事。

因此，我们在进行言语识看时，还要辅之以实际的考察，这样才能更准确地识别真假人才。

第五章
人身向来随心动，从行为举止知其心

爱幻想：双手托腮

以手托腮的动作，是一种替代的行为，是在用自己的手代替母亲或是情人的手，来拥抱自己或安慰自己。

在精神抖擞毫无烦恼的人身上，是不经常看见这样的行为，只有在他心中不满、心事重重时，才会托着腮沉浸于自己的思绪中，借此填补心中的空虚与打发烦恼。

如果你眼前的人，正用手托腮听你说话时，那就表示他觉得话题很无聊，你的谈话内容无法吸引他，或者他正在思考自己的事，希望你听他说话。而如果你的恋人出现这样的举动，也许他正厌倦于沉闷的聊天，希望你给他一个热情的拥抱呢！

倘若平日就习惯以手托腮的话，表示此人经常心不在焉，对现实生活感到不满、空虚，期待新鲜的事物，梦想着在某处找到幸福。想抓住幸福的话，不能只是用手托着腮幻想而什么都不做。"守株待兔"便是这类型的人最佳的描写。

有这种个性的人在谈恋爱时，会强烈渴望被爱，总是祈求得到更多的爱，很难得到满足，处于欲求不满的状态。

从另一个角度来看，这种人因为觉得日常生活了无创意，而习惯于沉浸在自己编织的世界中，偏离了现实世界，脑中净是浪漫的情怀，与之交谈，往往会有一些意想不到的有趣话题出现。

这种人就像一个爱撒娇的孩子一样，随时需要呵护，但太过于溺爱也不是好事。拿捏好尺度，适当地满足他的需求才是上策。而经常做出托腮动作的人，除了要自我检讨这种行为是否是因内心空虚产生的反射动作外，也应尽量充实自己，减轻内心的痛苦，试着通过心态的调整，改善表露在外的肢体动作。

挑战之意：双手叉腰

孩子与父母争吵、运动员对待自己的对手、拳击手在更衣室等待开战的锣声、两个吵红了眼的冤家……在上述情形中，经常看到的姿势是双手叉在腰间，这是表示抗议、进攻的一种常见动作。有些观察家把这种举动称之为"一切就绪"，但"挑战"才是其最基本的实际含义。

这种姿势还被认为是成功者所特有的姿势，它可使人想到那些雄心勃勃、不达目的誓不罢休的人。这些人在向自己的奋斗目标进发时，都爱采用这种姿势。含有挑战、奋勇向前趋势的男士们也常常在女士面前采用这种姿势，来表现他们男性的好战以及男子汉形象；但女人如果用这一姿势，给人的感觉则是不温柔，有母夜叉、河东狮吼的感觉。

在生活中，大家应该多些友爱和阳光，我们可以向困难挑战，可以向远大目标挑战，但不可以向同伴挑战，不可以用双手叉腰增添剑拔弩张的气氛。

意见不同：十指交叉

有一些人在谈话时，常常会将双手在胸前无意识地交叉在一起。最常见的姿势是把交叉着十指的双手放在桌面上，面带微笑地看着对方。这种动作，常见于发言人，这个动作出现的时候，常常使谈话处于一种平和的氛围之中。

通常，这种姿势常常也被女性拿来使用。当一个女子摆出这种姿势的时候，如果能够了解其中所代表的意思，就可以适时而动，接近她。

女性十指交叉的方法不同所代表的含义也不同：喜欢十指交叉的女性往往可能是在谈恋爱的时候曾经受过伤害，其内心对别人有一种戒备心理，以避免自己再一次受到伤害，可以说是一种很明显的本能防卫。如果一个女子用双肘支撑着交叉双手，或者把下巴放在交叉的双手上面，那就表明她是一个特别有自信的女性，或者是说她对自己的某些诱惑力相当自信。而把十指相对，将手势摆成尖塔形的女性，则是非常理性的女子，如果她们摆出这种姿势的话，一般表示她只对男子说的话感兴趣而不是对男子本身感兴趣。

防卫心重：双臂交叉

将双臂交叉抱于胸前，是一种防御性的姿势，是防御来自眼前人的威胁感，使自己不产生恐惧。这是一种心理上的防卫，也说明对眼前人的排斥感。

这个动作似乎正传达着"我不赞成你的意见""嗯……你所说的我完全不懂""我就是不欣赏你这个人"等。当对方将双臂交叉抱于胸前与你谈话时，即使不断点头，其内心也可能对你的意见并不表示赞同。

也有一些人在思考事情时，习惯将双臂交叉抱于胸前，一般而言，有这种习惯的人，基本上属于防卫心强的类型，在自己与他人之间画下一道防线，不习惯对别人敞开心胸，永远和对方保持适当的距离，冷漠地观察对方。

这种人是戒备心理强的人，大多数在幼儿时期没有得到父母充分的爱，例如：母亲没有亲自喂母乳、总是被寄放在托儿所、缺乏一些温暖的身体接触等。在这种环境之下长大的人，特别容易体现出此种习惯。

著名的日本演员田村正和，在电视剧中常摆出双臂交叉抱于胸前的姿势，因此他给观众的感觉，绝不是亲切坦率的邻家大哥，而是高不可攀的绅士。他不是那种会把感情投入对方所说的话题中，陪着流泪或开怀大笑的类型。他心中似乎永远都藏有心事，在自己与别人之间筑起一道看不见的屏障。这种形象和他习惯将双臂交叉抱于胸前的姿势似乎非常符合。

个性直率的人通常肢体语言也较为自然、放得开。当父母对孩子说"到这儿来"，想给孩子一个拥抱时，一定会张开双臂，拥他入怀。试试看将双臂交叉抱于胸前对孩子说"到这儿来"，孩子们绝不会认为你要拥抱他，而是担心自己是否惹你生气，准备挨骂了。

显示威慑力：拍案而起

拍案而起，是形容一件事情重大而令人激动甚至愤怒的一个形容词。这个词现在屡屡见诸报端，一般都是形容一些领导人对某些大事件、突发事件以及民愤极大又没有得到良好解决的事件的愤怒心情和行为，也体现了这些领导亲民、爱民的作风和疾恶如仇的性格。

左宗棠曾三次拍案而起，义正词严，维护中华民族大义，在近代史上留下了光辉的一笔。

左宗棠，清代"同治中兴"名臣，一生很有成就。熟悉或研究过左宗棠的人，无不对他的为人处世、为官之道赞不绝口。他在事关中华民族利益的大是大非面前三次"拍案而起，挺身而出"的故事，尤为后人称道。

其中一次是，当他还是一个平民百姓时，林则徐在广州禁烟，得罪了洋人，洋人便用武力相要挟。清政府害怕了，就把责任往林则徐身上推，并撤销了他的职务，启用了投降分子琦善之流，同时还与英帝国主义签订了中国历史上第一个不平等条约，又是割地又是赔款。此时的左宗棠虽然人微言轻，但依然拍案而起，说："英夷率数十艇之众竟战胜我，我如卑辞求和，遂使西人俱有轻中国之心，相率效尤而起，其将何以应之？须知夷性无厌，得一步又进一步。"他痛斥琦善"坚主和议，将恐国计遂坏伊手"，"一二庸臣一念比党阿顺之私，今天下事败至此"。他利用自己的朋友关系，四处联络，推动参劾投降派，让清政府重新启用林则徐。正是在舆论压力之下，朝廷不得不撤掉琦善，恢复林则徐的职位。

从上面左宗棠拍案而起，怒斥敌人的故事中，我们应该受到启发和教育。当一个人的人格和尊严受到侵犯时，不应该临阵退缩，而应该拍案而起，给敌人以迎头痛击。

力量的体现：紧握拳头

如果一个人在演讲或说话时，攥紧拳头向着听众说话，是在向他人表示："我是有力量的。"但如果是在有矛盾的人面前攥紧拳头，则表示："我不会怕你，要不要尝尝我拳头的滋味？"

林肯总统在一次著名的演讲中，就采用过这种手势。

"有只狮子深深地爱上了一个樵夫的女儿。这位美丽的少女让它去找自己的父亲求婚。狮子向樵夫说要娶他的女儿，樵夫说：'你的牙齿太长了。'狮子去看医生，把牙齿拔掉了。回过头来樵夫又说：'不行，你的爪子太长了。'狮子又去找医生，把爪子也拔掉了。樵夫看到狮子已经解除了'武装'，就用枪把它的脑袋打开了花。"林肯最后说："如果别人让我怎么样我就怎么样，那我会不会也是这样的下场呢？"林肯说完这些话，攥紧拳头，加重语气说道："我绝不会受任何人摆布！"

林肯在这儿攥紧拳头，表现出的是果断、坚决、自信和力量。平时我们听人演讲见人讲话时攥紧拳头，证明这个人很自信，很有感召力。但在日常生活中，我们与人发生不愉快时，请把你的拳头藏起来，不要攥起拳头在对方面前晃动，那样做的结果，势必会引起一场打架，这是不可取的。

果断的印象：手势下劈

手势下劈，给人一种泰山压顶、不容置疑之感。使用这种手势的人，一般都高高在上，高傲自负，喜欢以自我为中心，他的观点，不会轻易容许人反驳。这个动作伴随着的意思是"就这么办""这事情就这样决定了""不行，我不同意"等话语。

日常生活中，大家常遇到一些上司在讲话时，为了强调自己的观点，把手势往下劈。每当这个时候，听者最好不要轻易提出相悖的观点，对方一般也是不会轻易采纳的。平常与同事或朋友三五成群地争论问题，有人为了证明自己的观点而否定别人的观点，也常用这种手势来否定别人的观点，打断别人的话。善于识别这种手势语言，有助于我们为人处世采取适当的姿态。

坐姿与生理、心理反应

在公交车或是普通座椅上，常将左脚放在右脚之上者，有可能是患有脑溢血的人，而且他们的脸色比常人要红，这是由于右脚的关节不能自由活动而导致的现象。由于右脚有毛病，很难将其置放在左脚之上。

不论哪只脚在上，大凡摆在上面的那只脚易于疲劳。当脚部出现疲劳现象时，可做脚踝部位的上下运动及扇形运动，促使毛细血管扩张，促进血液循环，将会大大有益于缓解病症。

坐稳后两腿张开、姿态懒散者，通常说来都比较胖。这种人由于腿部的肉过多，行动也不是十分方便，说得比较多而做得相对要少。这类人属于豪言壮语型，头脑中想的事情经常是被夸张了的。

坐下时左肩上耸，膝部紧靠，致使双腿呈 X 字形的人，一般均比较谨慎。但他的决断力比较差，即使是一个男性，也缺少男子汉的气魄，是比较女性化的男性。如果你对他有过多希望的话，其结果多为失望。

坐下手臂曲起，两脚向外伸的人，其决断力十分缓慢。每天他都在不断地计划些事物，但却什么也实现不了。这种人的理想与行动特别不协调，喜欢做白日梦。如果与这种人共事，相信一年中会出现不间断的纠纷。

坐下时两脚自然外伸，给人以一种十分沉着稳重印象的人，属性格直爽类型。这些人大都身体健康，对疾病的抵抗力很强。就命运而言，他也是十分幸运的。

坐下时，一只手撑着下巴，另一只手搭在撑着下巴的那只手的手肘之上，且架着"二郎腿"的人，大都不拘小节，面对失败亦能泰然自若。不过，如果你被这种人迷惑住，他会厚颜无耻地去逃避责任，甚至对你使出各种利己而卑鄙的手段。

双肩耸起，一腿架放在另一只腿之上，做出庄重堂皇之态的人，虽然志向远大，但却缺乏具体计划，致使他的志向如空中楼阁一般，无法实现。

坐在车上两脚长伸在外，阻碍通道，同时将双手插在口袋里的人，大多是贫困潦倒之人。如果其相貌长得不好，可能做出恐吓或威胁他人的行为。对这种人，最好采取避而远之的态度。

两脚弯曲，两手架在桌上伏身看书的人，容易患甲状腺异常及筋肿等疾病。如果是近视眼的人，他也可能会稍稍抬起屁股看书。

坐着看书时，脚尖竖起，同时眼睛不断向上翻的人，肯定是个急性子。这是一种天生的个性。即使他有很多看书的时间，但他还是显得非常繁忙，无法平心静气地看书。

在读书时，用手撑着下巴且姿势不良的人，其读书效率不高，同时此种姿态也是理解及记忆均有困难的人的象征。一个真正学习的人，是不会用这种不良姿态读书的。

古板型的坐姿

坐着时两腿及两脚跟并拢靠在一起，双手交叉放于大腿两侧的人为人古板，从不愿接受他人的意见，有时候明知别人说的是对的，他们仍然不肯低下自己的脑袋来接受。

他们明显缺乏耐心，哪怕只有几分钟的会面，他们也时常显得极度厌烦，甚至反感。

这种人凡事都想做得尽善尽美，定的却又是一些可望而不可即的目标。他们爱夸夸其谈，而缺少实干的精神，所以，他们总是失败。虽然这种人为人执拗,不过他们大多具有丰富的想象力。如果他们在艺术领域里发挥自己的潜能,或许会做得更好。

对于爱情和婚姻,他们也都比较挑剔,人们会认为这种人考虑慎重,但事实不然。应该说是他们的性格决定了一切,他们找"对象"是用自己构想的"模型"如"郑人买履"般寻觅,这肯定是不现实的做法。而一旦谈成恋爱,则大多数都属于"速战速决"类型,因为他们的理念是中国传统型的"早结婚,早生子,早享福"。

悠闲型的坐姿

这种人半躺而坐,双手抱于脑后,一看就是一种怡然自得的样子。这种人性情温和,与任何人都相处得来,也善于控制自己的情绪,因此能得到大家的信赖。

他们的适应能力很强,对生活也充满朝气,干任何职业好像都能得心应手,加之他们的毅力也都非常坚强,往往都能达到某种程度的成功。这种人喜欢学习但不求甚解,可能他们要求的仅是"学习"而已。

他们的另一个特点是挥金如土。如果让他们去买东西,很多时候他们是凭直觉选择。对于钱财他们从来就是把它看作身外之物,"生不带来,死不带去",以至于他们时常不得不承受因处理钱财鲁莽而带来的后果,尽管他们挣的钱不少。

他们的爱情生活总的来说是较快乐的,虽然时不时会被点缀上一些小小的烦恼。这种人的雄辩能力都很强,但他们并不是在任何场合都会表现自己,这完全取决于他们当时面对的对象。

自信型的坐姿

这种人通常将左腿叠放在右腿上,双手交叉放在腿跟儿两侧。他们具有较强的自信心,特别坚信自己对某件事情的看法。如果他们与别人发生争论,可能他们并没有在意别人的观点和内容。

他们天资聪颖，总是能想尽一切办法并尽自己的最大努力去实现自己的梦想。虽然也有"胜不骄，败不馁"的品性，但当他们完全沉浸在幸福之中时，也会有些得意忘形。

这种人很有才气，而且协调能力很强。在他们的生活圈子里，他们总是充当着领导的角色，而他们周围的人对此也都心甘情愿。

不过这种人有一个不好的习性，就是喜欢见异思迁，常常是"这山看着那山高"。

腼腆羞怯型的坐姿

把两膝盖并在一起，小腿随着脚跟分开成一个"八"字样，两手掌相对，放于两膝盖中间，这种人特别害羞，多说一两句话就会脸红。他们害怕的就是让他们出入于社交场合。这类人感情非常细腻，但并不温柔，因此这种类型的人经常使人觉得很奇怪。

这种人可以做保守型的代表，他们的观点一般不会有太大的变化，他们对许多问题的看法或许在几十年前比较流行。在工作中他们习惯于用过去陈旧的经验做依据，这本身并不是错，但在新世纪到来的今天，因循守旧肯定会被这个社会淘汰。不过他们对朋友的感情是相当诚恳的，每当别人有求于他们的时候，只需打个电话他们就肯定会效劳。

他们的爱情观也常常受着传统思想的束缚，经常被家庭和社会的压力压得喘不过气来，而自己仍要遵循那传统的"东方美德"、"三从四德"等旧观念。

谦逊温柔型的坐姿

温顺型的人坐着时喜欢将两腿和两脚跟紧紧地并拢，两手放于两膝盖上，端端正正。这种人一般性格内向，为人谦虚，对于自己的情感世界很封闭，哪怕与自己特别倾慕的爱人在一起，也听不到他们一句暧昧的语言，更看不到一丝亲热的举动。对于感情奔放的人来说，这样的人实在是欲拒难舍，欲舍难离。

这种坐姿的人常常喜欢替他人着想，他们的很多朋友对此总是感动不已。正因为如此，他们虽然性格内向，但朋友却不少，因为大家尊重他们的"为人"，此所谓"你敬别人一尺，别人敬你一丈"。

在工作中，这种人虽然行动不多，但却踏实努力，他们能够埋头为实现自己的梦想而奋斗。犹如他们的坐姿一样，他们不会去花天酒地，他们很珍惜自己用辛勤劳动换来的成果，他们坚信的原则是"一分耕耘，一分收获"，也因此极端讨厌那种只知道夸夸其谈的人。在他们周围，想吃"白食"是不行的。

坚毅果断型的坐姿

这类人喜欢将大腿分开，两脚跟儿并拢，两手习惯于放在肚脐部位。

这种人有勇气，也有决断力。他们一旦考虑了某件事情，就会立即去采取行动。自然在爱情方面，他们一旦对某人产生好感，就会去积极主动地说明自己的意向。不过他们的独占欲望相当强，动不动就会干涉自己恋人的生活，所以时常遭到自己恋人的白眼。

他们属于好战类型的人，敢于不断追求新生事物，也敢于承担社会责任。这类人当领导的权威来自于他们的气魄。其实很多人并不是真心地尊重他们，只是被他们那种无形的力量震慑而已。从另一个角度来说，他们不会成为处理人际关系的"老手"。当他们遇到比较棘手的人际关系问题时，他们多半会求助于自己的老婆。但是如果生活给他们带来什么压力的话，他们一定能够泰然处之。

投机冷漠型的坐姿

这种人通常将右腿叠放在左腿上，两小腿靠拢，双手交叉放在腿上。

这种人看起来觉得非常温和可亲，状如菩萨，很容易让人亲近，但事实却恰恰相反，别人找他谈话或办事，一副爱答不理的举动让你不由得不反思："我是否花了眼？"你没有花眼，你的感觉很正确，他们不仅个性冷漠，而且性格中还有一种"狐狸作风"，对亲人、对朋友，他们总要向人炫耀他那自以为是的各种心计，以致周围的人不得不把他们打入心理不健全的类型。

这种人做事总是三心二意，并且还经常向人宣传他们的"一心二用"理论。

放荡不羁型的坐姿

放荡型的人坐着时常常将两腿分开距离较宽，两手没有固定的放处，这是一种开放的姿势。

这种人喜欢追求新意，偶尔成为引导都市消费潮流的"先驱"。他们对于普通人做的事不会满足，总是想做一些别人不能做的事，或者不如说他们更喜欢标新立异。

这种人平常总是笑容可掬，最喜欢和他人接触，而他们的人缘也确实颇佳，因为他们不在乎别人对他们的批评，这是其他人很难做到的。从这方面来说，他们很适合做一个社会活动家或从事类似的职业。

坐着时动作的变化

坐这个动作，也因人的不同而产生了各式各样的坐法。有的人是猛然地坐下，有的人则慢慢坐下，也有些人小心翼翼地坐在椅子前部，还有些人将身体深深沉下似的坐着。种种行为，无不坦白地表现出了各人的心理状态。

当大家看见某人猛然坐下的行为，一定视为不拘小节的样子，其实，完全出乎你所料的情形很多。换句话说，在其所表现出来的似乎极端随意的态度里，其实是在隐藏内心极大的不安。这是由于人具有不愿被对方识破自己真正心情的抑制心理，尤其在与他人的初次会面时，这一心理更加强烈。此种人坐下后，往往便表现出有些不安、心不在焉的态度，因此更可立即看出其心情。

当然，知心朋友之间，则不能一概而论，而视为与其态度一致的心情表现。

那么，坐下之后怎么样呢？舒适而深深地坐入椅内的人，可视为在向对方表现处于心理优势的行为。因为本来所谓坐的姿势，是人类活动上的不自然状态，坐着的人必然在潜意识中想着立即可以站起来，心理学上，称它为"觉醒水准"的高度状态。随着紧张程度的解除，该"觉醒水准"也会因而降低。因此腰部是逐渐向后拉动的，变成身体靠在椅背、两脚伸出的姿势。此种并非发生何事都可以立即起立的姿势，是认为跟对方不必过分紧张之人常采取的姿势。

可是，与此相对的，始终浅坐在椅子上的人无意识地表现着比对方居于心理劣势，且欠缺精神上的安定感。因此，对于持这种姿势而坐的客人，如果同他谈论要事，或托办什么事，还为时过早，因为他还没有定下心来。

锁腿和锁脚

正如前面所说的，交叉双臂或双腿是一个人表示对对方持有的否定或防御的态度。锁定脚踝这一姿势也是这样。不同于交叉双臂或双腿动作的同一性和单一性，由于性别的不同，男性和女性在做这一姿势时，在具体方式上存在一定的差异性。男性在锁定脚踝时，通常还

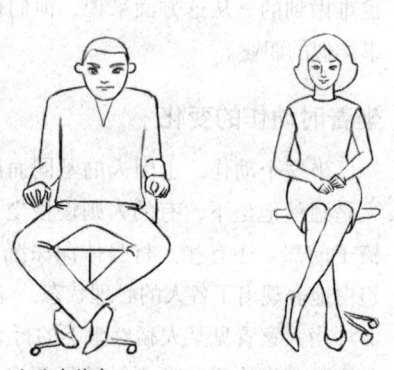

这种姿势表示极力控制和压抑心中的某种情绪。

会双手握拳，并将其放在膝盖上。有时，一些男性则用双手紧紧抓住椅子或沙发两边的扶手。女性的这个姿势则有些不同，她们会将两膝紧紧靠在一起，两脚分别在左右两边，两手并排摆放在

大腿上，要么就是一只手放在大腿上，然后再把另一只手放在这只手上。

　　大量的研究证实，这是一种努力控制和压抑消极、否定、紧张、恐惧，或是不安情绪的人体姿势。如果一个人做出此种姿势，则表明他在心里极力克制、压抑着自己的某种情绪。比如在法庭上，开庭之前，几乎所有的涉案人员就坐在各自位置上，他们通常会双腿交叉，双脚相别。而在审判的过程中，被审人员为了减轻心中的压力和消除自己心头的恐惧、恐慌情绪，更会紧紧地将脚踝紧紧地靠在一起。这就无疑显示了他们紧张、恐慌的心理。再如，面试时，如果你留心一下参加面试人员的脚部情况，你就会发现，很多人几乎都会做同样的姿势——把踝骨紧紧锁在一起。这个姿势就泄露了面试者心理情绪状态，即他们在努力克制自己心头的紧张、压抑、恐慌等情绪。此种情况下，为了帮助面试者控制好情绪，面试官就会暂时岔开主要话题，或者直接走到面试者旁边坐下，以拉近彼此间的距离，从而让其消除心头的压抑和紧张。如此一来，双方就能在一个相对轻松、友好的氛围中进行交流了。

　　锁住脚踝除了表示一个人在心里进行自我克制以外，它有时也是一种踌躇不决的信号。比如，在谈判的过程中，经验丰富的谈判专家在看见对方做出踝部交叉的姿势后，其心里往往会暗自窃喜，为什么会这样呢？因为这个姿势表明对方心里可能隐藏一个重大的让步，只是他现在心里摇摆不定，究竟要做多大的让步才合时宜。此种情况下，那些经验丰富的谈判专家会立即向对方提出一系列试探性问题，并采取一切可能的措施，让对方尽快改变这种犹豫不决的体式，以便促使对方最终做出较大的让步。

"数字4"型坐姿

　　坐在椅子上时，一条腿规矩地放在另一条腿上，通常是右腿放在左腿之上，让身体和椅子成为一个"数字4"型坐姿。这是美

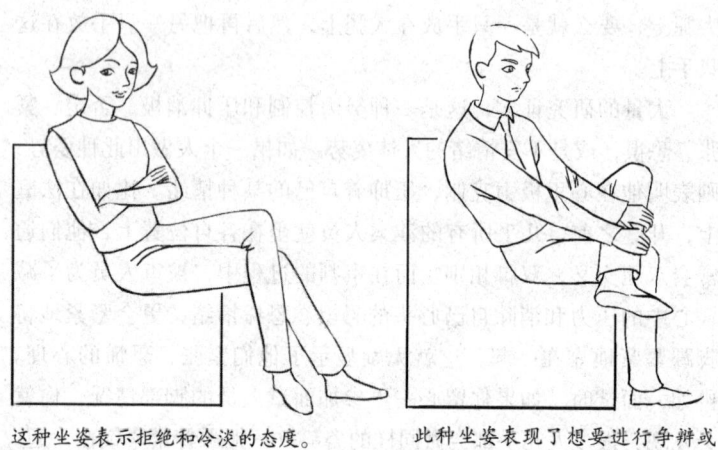

这种坐姿表示拒绝和冷淡的态度。　　此种坐姿表现了想要进行争辩或竞争的态度。

国人最喜欢采用的坐姿之一。

一般来说，此种姿势表现了想要进行争辩或是竞争的态度。在动物界的灵长类动物中，如黑猩猩和猴子在试图攻击对方时，为了避免让自己遭受伤害，往往就会采用此种姿势（站立）。那些采取此种姿势坐下的男性，从表面上看去，他们就更具一种控制力和霸气，因而，有时他们又显得有点桀骜不驯。这也是为什么很多美国人会给人留下骄傲自大印象的原因之一。

当然，此种姿势并不是美国男性特有的，有些时候，很多穿牛仔裤的美国女性在就座时也才采取"数字4"型坐姿。不过，她们采取此种坐姿往往是在和同性在一起的时候，因为她们不想让自己在男性眼中过于男性化或者看上去很轻浮。

需要注意的是，在亚洲的一些国家中，"数字4"型坐姿被认为是非常不雅或是非常不尊重对方的姿势，因为此种坐姿会让就座者鞋子的底部完全暴露出来，而鞋子的底部通常是在泥土里走的。对方就会据此认为你视他如地上的泥土一样，这当然会让他心里产生不愉快的感觉。

正如上文所说，一个人保持防御或否定的姿势可能会在不知不觉中延长他的防御或否定态度。心理学家研究发现，一个人在两腿着地的时候，才容易做出决定。因而，在劝说某人或是与人谈判时，如果一个人长时间保持"数字4"型坐姿，且没有丝毫改变的意思，这就表明，你对他的劝解或你和他谈判可能进入僵局了，除非你做出一定的让步。因为，对方的坐姿已经明白地告诉了你："我是不会改变我的决定的，你看着办吧。"

腿的作用

从数百万年前到现在，人类的双腿主要有两大作用，其一是帮助身体前行，进而获得食物；其二是帮助我们在遇到危险时，可以迅速跑开。人的腿之所以有如此两大主要功能，归根到底，还是与人类的大脑有关。行为学家通过研究发现，人类大脑天生就有两种功能，即指挥身体去获取可以维持生存的物品和命令身体迅速离开它不想要的东西，而能帮助大脑实现这两大功能的就是人类的腿（这当然包括脚）。

正是因为如此，很多时候我们可以通过观察一个人使用腿脚的方式，就能知晓他现在的心理活动状况，也即他是要想离开呢，还是想留下来继续交谈，再或是有其他想法。把腿张开就暗示此人在心理上自认有优越感或是胸怀坦荡；而若是双腿交叉则表明此人具有较强的排外心理或者较强的戒备心理。

一个人腿的习惯性姿势除了可以反映他的心理情绪以外，还可以反映他对别人的态度。比如，当某个人犯了错误以后，其朋友、亲人或是长辈就会劝其尽快改正自己的错误。在劝说的过程中，如果犯错误的人坐在椅子上双腿交叉，两只手紧紧扳起其中的一只腿，极有可能其朋友、亲人或是长辈的苦口婆心是瞎子点灯——白费油，为什么这样说呢？因为被劝者坐在椅子上用腿摆放出来的是一种典型的拒绝劝说的姿势，其意思就是：你们尽管说吧，我的态度与我的身体一样，固定在这儿，不会改变一丝一毫。再如，在宴会上，当某位女士与某位男士交谈一会儿后，发现和对方并没有什么共同语言，于是打算结束和此人的谈话。想想她会怎样做呢？一般来说，她会这样做，首先她会把双手交叉抱于胸前，再把双腿交叉在一起，同时把脚尖指向对方身体的左侧或右侧，然后似笑非笑地看着对方。此种情况下，那位男士多半会识趣地主动结束谈话。如果对方没有察觉到自己的这一举动，这位女士就会马上采取进一步的行动，把一只腿夹在另一只腿上，身体侧向一方，以此向对方表明：你想说就尽管说吧，我可不想听！看见如此明显的"体语"，那位滔滔不绝的男士肯定会安静地、悄悄地离开了。

站姿与心理反应

除了坐姿，站立的姿势也可反映一个人的性格特征。

有的人站姿是抬头、挺胸、收腹，两腿分开直立，两脚掌呈正步，像一棵松树般挺拔。这种人是健康自信的人，因为自信，所以这种人做事雷厉风行，十分具有魄力；其次，这种男人有正直感、责任感，是大多女孩子追寻的对象。

而那种站立时弯弯曲曲、头部下垂、胸不挺、眼不平的人，则是缺乏自信，做事畏缩不前，不敢承担风险和责任的人；除此之外，这种人可能就是那种专做偷鸡摸狗之事的人，因为做贼心虚，所以头抬不起，胸不敢挺；还有一种人也如此，那就是一辈子与药罐子为伍的人，当然，这种人不是他们不想挺直腰做人，而是因为有病毒时刻在侵扰着他们的身体。

对于那种站立姿势不倾不斜的人，则是前面两种人的一个折中。此种人遇着南风往北边倒，遇着北风往南边倒，但此类人就有大法术，那就是：不倒翁。为了不倾不斜，这种人极尽阿谀奉承、拍马钻营之能事，这种人还善于伪装。因此，这种人一般城府很深、深藏不露，甚至心肠歹毒、阴险狡猾，不得不小心。当然，那种做事缺乏主见、优柔寡断之人也在此列。

从站立的姿势看，一般提倡丁字步：两腿略微分开，前后略有交叉，身体的重心放在一只腿上，另一只则起平衡作用。这样不显得呆板，既便于站稳，也便于移动。站立的姿势适当，你就会觉得呼吸自然、发音畅快、全身轻松自如，特别有助于提高音量。只有好的站姿，才能使身姿、手势自由地活动，才能把自己的形象充分地表现出来。无论男性还是女性，站立姿势应给人以挺、直、高的美感。

就男性来说，站立时身体各主要部位舒展，头不下垂，颈不扭曲，肩不耸，胸不含，背不驼，髋、膝不弯，这样就能做到"挺"。站立时脊柱与地面保持垂直，在颈、胸、腰等处保持正常的生理弯曲，颈、腰、背后肌群保持一定紧张度，这样就能做到"直"。站立时身体重心提高，并且重点放在两腿中间，这样就能做到"高"。

就女性来说，站立时头部可微低，这样有利于显露女性柔和之美；挺胸，这样不仅能显得朝气蓬勃，而且是自信的象征；腹部宜微收，臀部放松后突，这样则能增加女性曲线美。

在正式场合站立，不能双手交叉、双臂抱在胸前或者两手插入口袋，不能身体东倒西歪或依靠其他物体。另外不要离人太近，因为每个人在下意识里都有一个私人空间，如果离得太近会使对方被侵犯的感觉。所以在正式场合与人交谈时，不要与对方站得太近，而要尽量与他人保持一定的距离。

有人说："站姿是性格的一面镜子。"此话一点不假。我们只要细心观察周围的人，从他们站立的姿势语言去探知其性格心理，也许会有收益。

4种主要的站立姿势

当人们处于站立状态时，通常会采取4种姿势，即交叉双腿的姿势、双腿张开的姿势、立正的姿势，以及一只脚指向前方的姿势。一般来说，通过观察一个人站立时的姿势，可以大概了解他的心理活动状况以及他与别人的关系。

交叉双腿的姿势。当你参加有男士和女士共同出席的会议或宴会的时候,如果你稍微留心观察一下就会发现,总有一些人在站立的时候始终让自己的双臂和双腿保持交叉的姿势。如果你再进一步观察,就会发现,这些保持站立姿势的人彼此之间的距离都比较大。如果他们都穿着外套或者夹克,他们通常是将纽扣扣上的。如果你主动走上前去和他们聊聊,你就会发现,这些保持双腿交叉站立姿势的人几乎都是互不认识的。这就是为什么大多数人在陌生人中间总是站立的原因。

在陌生人中人们常常采用这种站立姿势,表示防御和封闭的心理状态。

再来看另一个会议或是宴会场合,几乎每个人在站立的时候,都是双臂张开,手掌伸开,外衣敞开(如果穿着外套或夹克),身体重心落在一只脚上,另一脚则指向交谈对象,看上去非常的轻松、惬意。他们不断地进入或是走出他人的个人空间。如果你主动走过去和他们聊聊,你就会发现他们全都是非常熟悉的朋友。

正如前面所提到的,张开双腿表示坦率、真诚,并有一种优越感,而交叉双腿则意味着封闭、消极,或是带有自卑倾向的防御性态度。一般来说,如果一位女性做出"剪刀"样式的站立姿势,则说明她可能向对方传达了两种意思:其一,她不是想离开她现在所处的场所,而是想留下来;其二她想与其他人保持一段距离,不想任何人靠近自己。当一个男性做出此种姿势,其所表达的意思就较为明

女性的剪刀式站立姿势表示想留下来或不想让任何人靠近。

显——"我想留下来"。很多时候，男性张开自己的双腿代表着他想显示自己的男性气概，而交叉双腿则表示他想保护自己的男性气概不受外界的影响。因而，当他发现站在自己面前的某位男士比自己的地位低时，他就会有意识地展开自己的双腿，以此显示自己的男性气概和优越感，反之，当他觉得站在自己面前的男性的地位高于自己时，他就会有意识地将双腿交叉在一起，以免使自己显得气势过盛，处于易受攻击的地位。

双腿张开的姿势，此种站立姿势男性使用得最多，相对来说女性使用此种站立姿势的时候较少。一般来说，男性做出此种姿势，则在向对方表示：我是不会离开的！并以此来显示自己的支配、决定地位，以及他的男子汉气概。很多时候，竞技场上的男性选手们在比赛开始或是终场的时候，通常就会摆出此种站立姿势，以此向对方显示自己的男子汉气概和战无不胜的力量。

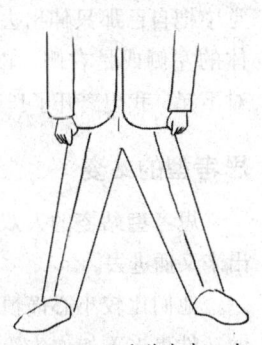

男性用这种姿势来表示自己的男子汉气概和战无不胜的力量。

立正的姿势在日常生活中最为常见，无论是男性抑或是女性，都会广泛使用此种站立姿势。一般来说，此种站姿较为正式，表明了一种不温不火或是中立的态度。在陌生男女第一次见面时，女性尤喜欢采用此种站立姿势，因为这样能使她们的双腿保持并拢，从而能给对方一种矜持、含蓄的美好印象。除此以外，晚辈见长辈的时候、学生见老师的时候、下属见老板的时候，以及地位低的人见地位高的人的时候，往往也会采用此种站立姿势，以示他们对对方的尊敬之情。

一只脚指向前方的站立姿势在很多聚

立正的姿势表明一种中立的态度或对对方的尊敬之情。

会场所较为常见，此种姿势最能揭示一个人的心理活动状态，因为一个人脚指向的方向，往往就是一个人心里所渴望去的地方或者是自己最感兴趣的地方。比如，当一个人和某一人群交谈时，他通常会将自己一只脚的脚尖指向与他说话最投机的那个人。如果他与对方交谈一定时间后，发现他和对方并没有太多的共同语言，于是打算离开。此种情况下，他就会在不知不觉中把自己那只伸出去的脚的脚尖指向身体的左侧或是右侧，以此来向对方暗示：对不起，我想离开了！

脚所指的方向往往是最渴望去或最感兴趣的地方。

思考型的站姿

思考型站姿的人双脚自然站立，双手插在裤兜里，时不时抽出来又插进去。

他们比较小心谨慎，凡事喜欢三思而后行，如果让他们决定做一件事，不如你先给他们一份计划。在工作中他们最缺乏主动性和灵活性，往往生硬地解决很多问题，事后又常常后悔，这不能不说是其悲哀之处。

他们的姿势给人的感觉是好像总有很多忙碌的事情等着他们去做，其实是因为他们经常觉得不知如何是好。这种人的伟大之处是他们把爱情看得异常神圣，从不轻易玷污，以致在西方人的眼中，总是认为不可理喻，或许，这种人只应该出生在东方。他们既不轻易喜欢上一个人，更不会轻易向人表达他们对爱情的忠贞。

他们常把自己关在一个小屋子里，冥思苦想，构筑自己梦想的殿堂。正因为如此，他们大都经受不起失败的打击，在逆境中更多的是垂头丧气，正所谓：希望越大，失望也越大。

服从型的站姿

服从型站姿的人一般是两脚并拢或自然站立,双手背在身后。他们大多在感情上比较急躁,经常看到他们一个人猛追紧缠,也经常听到他们发誓不娶不嫁,如果让他们去经受爱情的长期考验,他们中的大多数要成为爱情的逃避者。

这种类型的人与别人相处一般都比较融洽,可能很大的原因是他们很少对别人说"不"。人的感情往往会受着一种潜意识的控制,都愿意听到别人对自己的赞美,而这种人生来就是学这套的。

他们在工作中不会有什么开拓和创新的精神,但能踏实到毫无反对意见的地步,作为下属也会很有用场。

他们的快乐来源于他们对生活的满足。而不愿与人争斗的个性既带给他们美好的心情,也带给他们愤怒。

攻击型的站姿

攻击型站姿的人常常将双手交叉抱于胸前,两脚平行站立。他们的叛逆性很强,时常忽略对方的存在,具有强烈的挑战和攻击意识。

在工作中,他们不会因传统的束缚而放不开手脚,即使偶尔被绑,他们也会用牙齿咬断这根绳索;如果嘴也被封住,他们会不断地用鼻孔出粗气,显露他们的存在。这种人的创造能力也就比其他类型的人发挥得更淋漓尽致,并不是因为他们比别人聪明,而是他们比他人更敢于表现自己。

古怪型的站姿

古怪型站姿的人常常将双腿自然站立,偶尔抖动一下双腿,双手十指相扣在胸前,大拇指相互来回搓动。这种人的表现欲望十分强烈,喜欢在公共场合大出风头。若什么地方要举行游行示威,走在最前面的,扛着大旗的大多是这种人。

他们喜欢争强好胜,容不下别人。如果大家都说太阳是圆的,他们一定会说是方的；若大家都说是方的，这种人肯定会问大家："太阳怎会是方的呢？"他们不是愚蠢，而是十分聪明，大家都不能把井里的月亮捞出来，他们就行，不信？他们用一个洗脸盆就办到了。

抑郁型的站姿

抑郁型站姿的人通常是两脚交叉并拢，一手托着下巴，另一只手托着这只手臂的肘关节；这种人多数为工作狂，他们对自己的事业很有自信，工作起来十分投入。废寝忘食地工作对他们来说是家常便饭，自己的另一半更是经常被冷落在家，幸亏他们的伴侣多是善解人意的。

这种人更为引人注目的是他们的多愁善感，从他们丰富的面部表情就可以看出，他们是那么容易喜怒无常。甚至在他们的言行中也表露无遗，刚才还在与你喜笑颜开、夸夸其谈，突然脸色沉了下来，一句话也不说，最多时不时地在你们的谈话中苦笑一下，显得很深沉的样子，谁也不知道他们是因为读小学时失恋了还是刚才在办公室走廊里被上司训了一顿，或者昨天看电影迟到了，没有看到故事的开头。

他们对这个世界倒是很具有爱心，可以经常看到他们的奉献精神。

这种人很坚强，他们一般不会向人屈服，也不会由于重重摔了一跤，就不再继续在充满泥泞和荆棘的道路上前行。

社会型的站姿

社会型站姿的人双脚自然站立，左脚在前，左手习惯于放在裤兜里。这种人的人际关系处理得很协调，他们从来不给别人出什么难题，为人敦厚笃实。

如果让这类人去与客户建立关系，他们通常是先站在客户的立场替客户着想，帮助他们分析利弊，这在人情味重的东方国度里,往往会收到神奇的效果。

这种人平常喜欢安静的环境,找一二知己叙旧或者摆弄一下棋盘,给人的第一印象总是文质彬彬的,不过一旦碰上比较让人愤怒的事,他们也会暴跳如雷。

对于男女关系的问题他们有一种大彻大悟的体会,"男人不必为女人活着,女人也不必为男人活着",他们最讨厌把感情建立在金钱上,也最不愿听到别人说他们是为了怎样怎样而与某人交往。

不同的人有不同的走路姿势

正如世界上没有相同的两片树叶,全世界虽然有近60亿人,却找不出两个人的走路姿势完全一样,不同的人有不同的走路姿势。虽然世界上没有两个人走路的姿势完全一样,但在某些具体姿势上,还是存在趋同性。

近来,行为学家通过研究发现,通过观察一个人走路姿势不仅能大致知晓他的身体健康状况,还能大致了解他的性格特征。

如果一个人走路时"脚踏实地",一步一个脚印,则说明其性格较为稳重,在做任何事情时都喜欢三思而后行,即使遇到非常紧急的事情,他也会对其进行有条不紊的处理,而不会出现手忙脚乱的情形。一般来说,此种人也比较重承诺、讲信义,答应别人的事都会尽自己最大努力去办。

如果一个人走路时高抬起自己的下巴,左右双臂做着较为夸张的来回摆动动作,脚也显得较为僵硬,则说明其较为清高,有时还显得有点自命不凡。在与人交往时,他总喜欢摆出一副高不可攀的样子,以此来满足自己那点可怜的骄傲感。

如果一个人在走路时喜欢双手叉腰,身体前倾,就像一个蓄势待发的短跑运动员,则说明其性格较为急躁,总希望在最短的时间内做尽可能多的事情。一般来说,经常保持此种走路姿势的人往往具有较强的爆发力和雄心壮志。有些时候,他可能会默默、急速地做着某件大事情,以此来向周围的人证明自己不是一个"莽张飞"。在与人交往时，他非常喜欢直来直去，也正是因为这个原因，他会经常得罪一些朋友。但总的来说，他的人缘还是相当不错的。

如果一个人在走路时经常低着头，双手放于衣袋之中，则说明其性格较为内向，不太喜欢与人交流，尤其是与陌生人交流。在做事时，他喜欢安安静静地做；与人交往时，他更倾向于同自己性格相似的人交往，但也不会排斥那些性格外向的人。

如果一个人走路时风风火火，大步向前，双臂还不由自主地前后摆动，则说明其性格非常外向，心直口快。与人交往时，他最不喜欢的就是那种"小肚鸡肠"的人，而倾向于与活泼开朗的人来往。有些时候，他做事时可能显得非常豪放、洒脱，但实际上他有自己严密的计划和规划。

如果一个人走路时身体前倾，则说明他性格较为内敛、温和，无论是学习还是工作，他都会严格要求自己。与人交往时，他往往显得非常谦逊，但能做到不卑不亢，因而很得朋友的尊重。

此外，当年轻、健康、充满活力的人走路时候，他们的步速要大大快于老年人，其手臂前后甩动的幅度都较大，以致看起来像行军一样。部队行军时往往就会采取此种姿势，以显示出士兵们的蓬勃朝气与活力。不少政治家和公众人物在走路时也会采用此种大步流星的姿势，以此来显示自己的干练和魄力。

走姿与心理反映

人们行走的姿态，即步态，是千姿百态、变化万千的，有节奏均匀的慢跑、大摇大摆的阔步、老态龙钟的蹒跚、偷偷摸摸的蹑行、故作姿态的扭摆、兴高采烈的蹦跳、摇摇摆摆的跛行、无精打采的漫步、急促小跑的碎步、闲庭自得时的信步、消磨时间的散步、夸张行进的正步、风驰电掣的疾奔、犹豫不决的徘徊、姿态优雅的滑行、心焦气躁的急走等。这些步态，每个人在日常生活中都会用到其中的一部分。

每个人具有不同的走路姿势，能使他的熟人哪怕相隔较远也能认出来。至少有一些特征，是因为身体的结构而有所不同，但是步法、跨步的大小和姿势，似乎是随着情绪变化而改变的。如果一个人很快乐，他会走得比较快、脚步也轻快；反之，他的双肩会下垂，脚像灌了铅似的很难迈动。通常来说，走路快且双臂自在摆动的人，往往有坚定的目标而准备积极地加以追求；习惯双手半插在口袋中，即使天气暖和时也不例外的人，喜欢挑战而颇具神秘感。

一个自视傲慢的人走路时，他的下巴通常会抬起，手臂夸张地摆动，腿是僵直的，步伐是沉重而迟缓，似是故意引起他人的注意。

一个人在郁闷时，往往拖着步子将两手插入口袋中，很少抬头注意到自己往何处走。

走起路来双手叉腰像个短跑者的人，往往想在最少的时间内跑最短的距离，以达到自己的目标。他突然爆发的精力，常是在他计划下一步决定性的行动时看似沉静的一段时间内所产生的。

适当的步态可以表现出一个人积极向上、朝气蓬勃的精神状态，呈现出一种健美的姿态，正如古人所说的"行如风"，会给人留下良好的印象。

男子走路贵稳健、迅捷；女子走路贵婀娜、轻盈，但以自然明快为好。

另外，男女行走时，步态要求也不一样。男子走路时，头要端正，两眼向前平视，挺胸收腹，两肩不要晃动，步伐要稳健、有力。女子走路，头也要端正，不过目光宜温和平静，两手前后摇动幅度不要太大，步伐以飘逸、轻盈为佳。另外，不管男女，走路时，行走路线都应尽可能保持平直。不要两手插入衣袋、裤袋，也不要躬腰弯背，东张西望，边走边对他人品头论足；不要东摇西摆，有气没力，抢先或拖后，双手叉腰和倒背手；不要拖泥带水，重如打锤，砸得地板咚咚直响。

昂首挺胸的走姿

有些人走路时抬头挺胸，大踏步地向前，充分表现出自己的气魄和力量，当然也难免给旁人一种骄傲的感觉。

这类人爱以自我为中心，淡于人际交往，不轻易投靠和求助别人，哪怕碰到自己根本就无法解决的事情时也是这样。他们思维敏捷，做事逻辑思维清晰，考虑问题比较全面。对于不是很复杂的事情，他们也时常为自己拟订一份计划。

他们习惯于修整仪容，衣履整洁，时刻使自己保持着美好的形象。无论是逛街还是访友，出门前他们总喜欢在镜子前端详一下自己："头发凌乱否？衣服平整否？皮鞋光亮否？"

这类人的最大弱点是羞怯和没有坚强的毅力。时常看到他们有很多伟大的计划，却很难发现他们有成功的事业，加之个性羞涩，难以主动与人交往，时常不能充分发挥自己的能力，所以他们时常有一种"黄金埋土"的感觉。这种人还极富组织力和判断力，可惜他们时常说得多做得少。"说话的巨人，行动的矮子"也许是这种人的真实写照。

摇摆不定的走姿

这种人看似行为放荡，但对人热情诚恳，即使是女性也有一股侠义之气。处事坦荡无私，对电视台"露脸"等活动情有独钟。他们乐意帮人解决各种问题和困难，而且不需要别人的感激。需提醒他们的是：切勿锋芒太露，也不要有轻浮的举动。

步伐整齐的走姿

走路如同上军操，步伐齐整，双手有规则地摆动，在人们看来非常不自然，但他们却感觉那样协调。这种人意志力很强，对自己的信念十分专注，他们选定的目标一般不会因外在环境和事物的变化而改变。

行动急促的走姿

大部分人遇到紧急情况都会不顾一切地疾行,如果任何时候都显得来也匆匆,去也匆匆,好像屁股后面着了火似的就另当别论了。这种人办事比较急躁,虽然明快而又有效率,但缺少必要的细致,有时会草率行事,缺少足够的耐性。他们遇事从不推诿搪塞,勇敢正直,精力充沛,喜欢迎接各种挑战。

微倾式的走姿

有的人走路时习惯于身体向前倾斜,甚至看上去像弯着腰,倒并不是因为他们走得较快需用身体来平衡,与之相反他们大多数步伐还非常平稳。

这类人性格内向,而且有一颗关爱之心;害羞腼腆,见到异性常会红脸;具有较好修养,为人谦虚,从不花言巧语;注重感情,一旦成为至交则情深似海、痴心不改。但这种人常常对生活感到厌烦,这是由于他们受伤害多,又不愿向人倾诉,独自生闷气造成的。

他们从不欺骗他人,非常珍惜友谊和感情,只是平常不苟言笑,与人相处也是一副"借他米还他糠"的冷漠样,很难与人相处。但一旦成为知交则至死不渝,尤其在恋爱或婚姻出现分歧、决裂时,他们总是抱着"宁肯人负我,我绝不负人"的观念。

八字式的走姿

内八字式走路的人,表现得滑稽可笑。他们永远是副憨实厚道的样子。但这种人在厚道的外表下,并不显得沉静。他们平常留意生活中的细节,事事喜欢按部就班地进行,如果有突发事件发生,他们就会大乱阵脚,而显得手足无措。

这种人的形象注定了他们不会创新,情愿跟着潮流走。当别人把一定的权力交给他们,而使其成众人注目的焦点时,他们就会浑身不自在而烦躁不安,因为他们只追求平淡的生活。

其他的走姿

1. 手足协调的人

这种人对待自己十分严厉,不允许出现半点的差错和放松,希望自己的一举一动都可以成为他人的榜样,具有相当坚强的意志力和高度的组织能力。但他们容易走向武断独裁,让周围人产生畏惧,对生命及信念专注固执,不易为别人和外部环境所动,为实现目的会不惜一切代价。

2. 手足不协调的人

这种人走路姿势是双足行进与双手摆动极不协调,而且步伐忽长忽短,让人看了极为不自在。这种人生性多疑,对什么事都是小心翼翼、瞻前顾后;责任感不强,做事往往有头无尾,甚至溜之大吉。

3. 步调混乱的人

因为心不在焉,所以这样的人走路步调混乱,没有固定习惯可言,或是双手放进裤袋,双臂夹紧;或是双臂摆动,挺胸阔步。他们一般豁达大方、不拘小节。

4. 落地有声的人

这种人双足落地的时候发出清晰的响声,行进迅速,昂首挺胸,一副精神焕发的样子。他们志向远大,积极进取,精心设计和打造自己的未来和生活,期望一天比一天过得更好。他们是理性成分超过感性成分的人,做事有条不紊、规规矩矩,同时注重感情,热烈似火,是个好的情人或伴侣。

5. 走路文质彬彬的人

这种人走起路来不疾不缓,双手轻松摆动,富有教养。但是这种人胆小怕事,没有远大的理想,而且不思进取,喜欢平静和一成不变,所以总是原地踏步和维持现状。他们遇事冷静沉着,不轻易动怒。以这种姿态走路的女人多属于贤妻良母型。

6. 走路横冲直撞的人

这种人走路迅疾,不管是在拥挤的人群当中还是在人迹罕至之地，一律横冲直撞、长驱直入，而且从来不顾及他人的感受。他们性情急躁，办事风风火火；坦诚率真，喜欢结交五湖四海的朋友，讲义气，不会轻易做出对不起朋友的事。

7. 走路犹疑缓慢的人

这种人走路时仿佛身处沼泽地，行进艰难。他们大多性格较软弱，容易知难而退，不喜欢张扬和出风头；遇事总是三思后而行，绝不轻易冒险迈出第一步，结果往往错失良机；憨直可爱，胸无城府，重视感情，交友谨慎小心。

8. 慢悠悠走路的人

这类人平时总是慢慢悠悠走路，说明此人无所事事，游手好闲，不务正业。他们大多性格迟缓，对自己放任自流，凡事得过且过，顺其自然，没有过高的追求，缺乏进取心。

9. 走路故弄玄虚的人

这种人走路左晃右摆，一副弱不禁风的样子。好像在故弄玄虚，明明一无所有却要摆出一副卓尔不凡的架势。这种人遇到难题不是推卸转移就是不了了之，不允许别人有半点对不起他们，奸诈虚伪，善于阿谀奉承，往往导致事业、爱情和生活上的失败。

10. 走路连蹦带跳的人

这种人手舞足蹈、一步三跳且喜形于色，一定是听到了某种极好的消息，或得到了意想不到的、盼望已久的东西。他们城府不深，不会隐藏自己的心思。此类人往往人际关系良好，朋友也不少。

11. 走路不安静的人

这种人除了睡觉以外，没有片刻安静的时候，喜欢东窜西窜，以引起他人的注意。他们做事粗心大意，丢三落四，但慷慨好施，不求名利与享受，安分守己，认真经营自己所热衷的事业；喜欢凑热闹，害怕孤独；健谈，常常口若悬河，评古论今；思想单纯，喜欢户外活动，特别是徜徉在大自然当中。

第六章
装扮折射心理,从衣着打扮上观其人

衣着与人的心理的关系

大文豪郭沫若曾说过:"衣服是文化的表征,衣服是思想的形象。"意思是说人可以通过衣着打扮来向外界展示自己。

随着人类社会的发展与进步,现在从衣着打扮上判断一个人的难度在无形之中增大了,因为现在的人们提倡张扬个性、不再拘泥于某一种形式,所以不能按照传统的一套进行观察和判断。但也正是由于张扬个性,不拘泥于形式,人可以更加充分地表现自己的心理状况、审美观点等,从而可由此把握其性格特征。

一般来说,喜欢穿简单朴素衣服的人,性格比较沉着、稳重,为人比较真诚和热情。这种人在工作、学习和生活当中,对任何一件事情都比较诚实、肯干、勤奋好学,而且还能够做到客观和理智。但是如果过分朴素就不太好了,这种情况表明人缺乏主体意识,软弱而容易屈服于别人。

喜欢穿单一色调服装的人,这种人是比较正直、刚强的,理性思维要优于感性思维。

喜欢穿淡色便服的人,大多比较活泼、健谈,并且喜欢结交朋友。

喜欢穿深色衣服的人,性格十分稳重,显得城府很深,一般比较沉默,凡事深谋远虑,常会有一些意外之举,让人捉摸不定。

喜欢穿式样繁杂、五颜六色、花里胡哨衣服的人,多是虚荣心比较强、爱表现自己而又乐于炫耀的人，他们任性甚至还有些飞扬跋扈。

喜欢穿过于华丽衣服的人，多为具有很强的虚荣心和自我显示欲、金钱欲的人。

喜欢穿流行时装的人，最大的特点就是没有自己的主见，不知道自己有什么样的审美观，他们多情绪不稳定，且无法安分守己。

喜欢根据自己的嗜好选择服装而不跟着流行走的人，一般是独立性比较强、有果断决策力的人。

喜爱穿同一款式衣服的人，性格大多比较直率和爽朗，他们有很强的自信心，爱憎、是非、对错往往都十分明确。他们的优点是行事果断，显得十分干脆利落，言必信，行必果。同时他们也有缺点，那就是清高自傲，自我意识比较浓，常常自以为是。

喜欢穿短袖衬衫的人，他们的性格是放荡不羁的，但为人却十分随和、亲切。他们热衷于享受，凡事率性而为，不墨守成规，喜欢有所创新和突破，自主意识比较强，常常是以个人的好恶来评判一切。他们虽然看起来有点表里不一，但实际上他们的心思还是比较缜密的，而且什么时候都知道自己是做什么的，所以他们能够做到三思而后行，小心谨慎，不至于任性妄为，而做出错事来。

喜欢穿长袖衣服的人，大多数人比较传统和保守，为人处世都循规蹈矩，而不敢有所推陈出新。他们的冒险意识在某一方面来讲是比较缺乏的，但他们又喜爱争名逐利，自己的人生理想定得也很高。这样的人最大的优点就是适应能力比较强，这得益于循规蹈矩的为人处世原则，把他们任意放在哪一个地方，他们都能迅速地融入其中，所以通常会营造出较好的人际关系。他们很重视自己在他人心目中的形象，希望得到注意、尊重和赞赏，从而在衣着打扮、言谈举止等各个方面都严格地要求自己。

喜爱宽松自然的打扮，不讲究剪裁合身、款式入时的衣着的人，多是内向型的。他们常常以自我为中心，而不能走进其他人的生活圈子里。他们有时候很孤独,也想和别人交往,但在与人交往中,又总会出现许多的不如意,所以到最后还是以失败而告终。他们多是没有什么朋友,可一旦有,就会是非常要好的。他们的性格中害羞、胆怯的成分比较多,不容易接近别人,也不易被人接近。他们对团体活动一般来说是没有兴趣的。

从衣服的选择判断人的性格

有句俗话叫"人在衣裳,马在鞍",可见衣着是人社会性的重要内容,不仅掩饰了人的动物性,更将人在社会中的地位区分得清楚明白,而且人们在选择衣着的时候,都会考虑到方方面面,如衣着款式、年龄、经济条件、用途等等。一件满意的衣服到底如何,其实都是由他们真实的性格勾勒出来的。

1. 以节约原则为主的人

以节约原则为主的人,购买衣物时,首先从价格上考虑,然后再全力以赴地讨价还价,寸步不让。他们珍惜每一分金钱,即使花一分钱也要计算它的价值;他们会用金钱衡量很多东西,处处考虑金钱利益的得失,所以显得有些势利。

2. 以讲究原则为主的人

以讲究原则为主的人,在购买衣服的时候,过度讲求衣物的质地面料、手工和美观大方。他们有求知的热情和自己的人生目标;他们非常清楚自己的价值,懂得为自己争取适合自己的东西;他们的享受是建立在辛勤付出的基础之上的,所以多能实现自己的目标和理想。

3. 以树立形象为主的人

以树立形象为主的人,选择衣服时,不以自己的好恶来决定,而是考虑能否给他人留下一个美好的印象。他们在乎自己的一举一动,而且努力实现完美,以求在公众心中树立起良好的形象,这是他们相当重视权势和声望所致。

4. 以思想愉悦为主的人

以思想愉悦为主的人，不喜欢时尚和流行，对商店橱窗中的展示往往不屑一顾，那些既简单而又保守的衣服才是他们的钟爱。他们不在乎物质上的享受，对旁人的评头论足也视若耳旁风，只重视精神上的富足，为了买到理想中的衣服也经常要耗费很多精力和时间。

5. 以唯美原则为主的人

以唯美原则为主的人，购买衣物时，只要求好看，其他的如价格、质地和面料都是次要的。他们对一切美的事物都有十分灵敏的感受，以视觉美为最高的目标；喜欢吹嘘，不注重实际，所付出的努力往往归于昙花一现，有所成就的机会很渺茫。

6. 以实用原则为主的人

对以实用原则为主的人来说，穿衣仅是为了保暖，款式与时尚都是次要或无关紧要的。他们的消费很低，会省下很多的钱，属于持家类型，性情忠厚，有着菩萨心肠，往往悲天悯人，乐善好施，乞丐上门也经常会受到款待。此类人以中老年居多。

从服装颜色的选择上看对方

服装在人们的日常生活中占有十分重要的地位。穿着打扮不仅反映一个人的修养、职业，同时也反映其个性与心理。心理学家从服装的颜色、款式等选择上，分析了人的不同个性与心理。

一般来说，在选择服装色彩的时候，人们多少会受到自己性格的影响。因为，每个人服装的色彩，总是和自己当时的心理活动状态有着一定的联系。所以，从每个人所喜爱的颜色上可多少看出他具有什么样的性格特征。

1. 喜欢穿白衬衫的人

喜欢穿白衬衫的人，他们的性格特征是缺乏主动性、判断力、羞耻之心。他们在色彩感觉上、在装扮上都非常优秀；与之相反，不论搭配什么服装，只要穿上白衬衫都能相得益彰。白色确实与任何颜色的衣服都能搭配组合，同时，白色是表示干净的颜色。

虽然白色与任何颜色都能搭配，也给人一种亲切感，但常穿白衬衫的人，也给人一种"穿什么都可以"的感觉，在性格方面是属于直爽派的。从事穿白衬衫职业的，例如裁判官、医生、护士、机关的职员等，当你看到对方的第一印象都是缺乏感性，尤其在感情方面和爱情方面。

2. 喜欢蓝色、蓝紫色服装的人

喜欢穿这种颜色服装的人，其性格主要缺乏决断力、实行力。这类人说话比较啰唆，是自尊心很强的人。

要想接近喜欢这类色彩服装的人，应逐渐按部就班，并投其所好。同时在这种人面前不能说别人的坏话。

3. 喜欢穿黑色服装的人

有的人说，穿黑色衣服使人精神紧张，黑色服装也是在丧葬及祭祀的仪式中穿着的服装。通常喜欢红、白明显色彩的人，同时也喜欢黑色系统的服装。

4. 喜欢红色服装的人

选择红色服装的人是冲动的、精神的、很坚强的生活者。红色是在增强声势时所选择的。

5. 喜欢紫红色服装的人

选择紫红色服装的人，一般是在无法冷静、无法客观分析自己的时候选择的。

6. 喜欢桃红色服装的人

喜欢桃红色服装的人，是追求漂亮时所选择的。这种人以举止优雅为特征。

7. 喜欢青绿色服装的人

这类人是在喜欢有纤细感觉的心理状态下选择的。

8. 喜欢紫色服装的人

这种人一般具有保持神秘、自我满足的艺术家的气质，喜欢别出心裁。

9. 喜欢褐色服装的人

这类人在选择褐色服装时，当时的心理状态很踏实。

10. 喜欢黄绿色服装的人

这类人是在缺乏兴趣、交际狭窄、缺乏纤细心情的选择的。

11. 喜欢灰色服装的人

这种人是在缺乏主动性的时候，自己没有勇气面对困难的心理状态下所选择的服饰颜色。

12. 喜欢浊紫红色、暗褐服装的人

这种人是在非社交场合的时候、不喜欢表露心情的时候所选择这样颜色衣服的。

13. 喜欢橄榄色服装的人

这种人在选择橄榄色时，当时的心理状态一般是处于被抑制的状态或歇斯底里的状态。

14. 喜欢绿色服装的人

这种人一般喜欢自由，有宽大的胸怀，绿色是其在抱有希望、没有偏见的心理状态下选择的。

15. 喜欢橙色服装的人

一般是在无法独居时，对人生意欲强烈的时候所选择的服装颜色，这种人雄辩、开朗、口才好，并喜欢幽默。

16. 喜欢黄色服装的人

这种人为使别人感觉自己有智慧、有纯粹高洁心灵时，选择黄颜色的服装。

从T恤的选择看对方

当今，T恤已经成了夏日里最普遍而且最受欢迎的服装，男女老少皆宜。在过去，T恤只是用来保暖和吸汗的内衣，可是现在，它已演变成了一面公众告示牌，自己可以任意在上面留下或记录各种情绪和想法。所以，选择什么样的T恤可以更直观地看出一个人具有什么样的性格。

习惯于选择没有花样的白色T恤的人，多是一些自己比较独立的人，他们不会轻易地向世俗潮流低头。他们一般都会具有一定程度的叛逆性，但表现的形式往往不是特别明显与恰当。

喜欢选择没有花样的彩色T恤的人，自我表现欲望并不是十分强烈，他们甚至可以甘于平庸和普通，做一个默默无闻的人。他们多数比较内向，不喜欢张扬，而且富有同情心，在自己能力许可的范围内，会去关心和帮助他人。

喜欢在T恤上印上自己名字的人，思想多数是比较开放和时尚前卫的，能够很轻松地接受一些新鲜的事物，他们对一些陈旧迂腐的老观念多持一种排斥的态度。他们的性格比较外向，喜欢结交朋友，为人比较真诚和热情，所以通常会有良好而又不错的人际关系。他们的自信心还是挺强的，有一定的随机应变能力，在不同的情况下，能够随机应变地做出应对策略。

喜欢T恤上印有各种明星的画像及与之有关的东西的人，多属于追星族，他们对那些人十分的崇拜，并且希望自己有朝一日能像他们一样。他们很乐于向别人表达自己的这种心理。

喜欢在T恤衫上印有一段幽默标语的人，多具有一定的幽默感，而且很聪慧。另外，他们也是具有很强的表现欲望的，希望能够引起别人的注意。

喜欢在T恤上印有学校名称或大企业的标志装饰的人，一般比较希望他人知道自己的身份，并且对自己所在的单位和企业具有一定的感情。他们希望能够以此为载体，吸引一些志同道合的人。

喜欢在T恤上印有著名景点的风景的人，对旅游总是很有兴趣的。他们的性格多是外向型的，对新鲜事物的接收能力很强，而且具有一定的冒险精神。自我表现欲很强，希望把自己所知道的一切都传达给他人。

从女人对内衣的喜好看对方

无论是在超市商场，还是在路边小店货摊，女人内衣已不像昔日那样养在深闺人不知了。它们无论在色彩、质地、做工，还是在塑体功能上，都呈现出千姿百态，满足了众多女人的不同需求，不仅让女人流连忘返，也让男人大饱眼福。

也许女人认为挑选内衣是自己的专利，购买和穿着内衣也是一件非常平常的生活小事。其实不然，一件经过千挑万选的内衣是她们爱好的体现，同时也暴露出她们的心理和性格特征。

1. 喜欢棉质内衣的女人

这种女人属于乳臭未干类型，总认为自己还没有长大，时不时地还表现出小女孩的顽皮，而此时的她们或许已经为人母了。她们热衷于运动，但不一定专指体育活动，而是展现活力的一种方式和要求。在对待情感方面，她们总是表现得很从容，只要有付出的机会、条件许可，不管对方是否死缠着自己，她们很少轻言放弃。

2. 喜欢整体搭配衣着的女人

这种女人属于协调类型，在任何方面都追求一种和谐与平衡，力求以一种完美的形象出现在人们面前。她们能把分内之事处理得有条不紊，不会出现偏袒情况；总是显得大公无私、沉着冷静，让大献殷勤的男人猜不出自己在她们心目中的位置。

3. 喜欢紧身尼龙内衣的女人

这种女人属于开放类型，喜欢暴露，希望情人会为她们迷人的身段而神魂颠倒，并对自己的身体和所持的开放性观念引以为荣，直言不讳；性格直率，有什么就说什么，喜欢什么，不喜欢什么都被他人看得一清二楚，从而给他人提供可乘之机。

4. 喜欢透明睡衣的女人

这种女人外表虽然诱人，但骨子里依然保持着传统思想。找这样的女人做老婆或情人，男人可称得上是青春永驻，因为她们会用那件若隐若现的睡衣为平淡的生活增添一份恍惚迷离。受到诱惑的丈夫或情人如同喝下了兴奋剂，看到她们永远风采依旧，结果欲罢难休，增添出戏剧般的效果。

5. 喜欢黑色内衣的女人

这种女人是十足的享乐主义者，把卧室当成自己的娱乐场所，随心所欲，而且对自己的情人，没有丝毫隐瞒。她们最为性感和迷人，并以此为优势积极主动地寻找情感伴侣。她们在白天如同温顺的小羊羔一样惹人喜爱，但一到了晚上就会恢复"母夜叉"的形象。

6. 喜欢白色内衣的女人

白色代表纯洁，所以这种女人大多属于守身如玉的类型。她们不善于表露感情，懒于思想和追求目标。也许是怕玷污了自己的纯洁，哪怕是对于强烈的原始性欲，她们都采取相当保守的态度，结果生命过程中的满足次数寥寥无几，她们最在行的是恪守道德准则，贤淑是对她们最恰当的形容。

透过鞋子观察对方的性格

鞋子，并不是像人们所想象的那样，单纯地起到保护脚的作用，这只是一方面。在观察他人的鞋子的时候，人们除了注意其美观大方外，还可以通过它对一个人的性格进行观察。

1. 始终穿着自己最喜爱的一款鞋

始终穿着自己最喜爱的一款鞋子，这一双穿坏了，会再去买另外一双，这样的人思想属于相当独立的。他们知道自己喜欢什么、不喜欢什么，他们十分重视自己的感觉，而不会过多地在意他人怎样看。他们做事一般比较小心和谨慎，在经过仔细认真地考虑以后，要么不做，要做就会全身心地投入，把它做得很好。他们很重视感情，对自己的亲人、朋友、爱人的感情都是相当忠诚的，不会轻易背叛。

2. 喜欢穿没有鞋带的鞋子的人

喜欢穿没有鞋带的鞋子的人，并没有多少特别之处，穿着打扮和思想意识都和绝大多数人差不多。但他们比较传统和保守，中规中矩，追求整洁，表现欲望不强。

3. 喜欢穿细高跟鞋的人

穿细高跟鞋，脚在一定程度上是要受些折磨的，但爱美的女性是不会在意这些的。这样的女性，表现欲望是很强的，她们希望能引起他人和异性的注意力。

4. 喜欢穿时髦鞋子的人

喜欢追着流行走、穿时髦鞋子的人，有一种观念，那就是只要是流行的，就全部是好的，但没有考虑到自身的条件是否与流行相符合，有点不切合实际。这种人做事时常缺少周全的考虑，所以会顾此失彼。他们对新鲜事物的接受能力比较强，表现欲望和虚荣心也强。

5. 喜欢穿运动鞋的人

喜欢穿运动鞋说明这是一个对生活持积极乐观态度的人，他们为人较亲切和自然，生活规律性不强，比较随便。

6. 喜欢穿靴子的人

喜欢穿靴子的人，自信心并不是特别强，而靴子却在一定程度上能为他们带来一些自信。另外，他们很有安全意识，懂得在适当的场合和时机将自己很好掩蔽起来。

7. 喜欢穿拖鞋的人

喜欢穿拖鞋的人是轻松随意型人的最佳代表，他们只追求自己的感觉和感受，并不会为了别人而轻易地改变自己。他们很会享受生活，绝对不会苛求自己。

8. 喜欢穿远足靴的人

热衷于远足靴的人，会在工作上投入充足的时间和精力，他们有很强烈的危机感，并且时刻做好了准备，准备迎接一些可能突然发生的事情。他们有较强的挑战性和创新意识。敢于冒险，喜欢向自己不熟悉的领域挺进，并且有较强的自信心，相信自己能够成功。

9. 喜欢穿露出脚趾的鞋子的人

喜欢穿露出脚趾的鞋子，这样的人多是外向型的人，而且思想意识比较先进和前卫，浑身上下充满了朝气和自由的味道。他们很乐于与人结交，并且能做到拿得起放得下，比较洒脱。

不同的装扮折射出不同的心理

1. 异国妆和怪妆

异国妆是外国流行的妆；怪妆则是没有一定模式和规范，甚至与化妆的本意相悖的妆。这两种化妆者化妆的目的是不同的，因而化妆所起到的效果也就有了很大的差异。

（1）异国妆。喜欢化异国色彩比较浓重的妆的人，多是有比较丰富的想象力的，身体内有很多艺术细胞，希望自己将来能够成为一个艺术家。她们向往自由，渴望过一种完全无拘无束的生活。她们常常会有许多独特的、让人诧异的想法，是个完美主义者。

（2）怪妆。眼皮周围或是黑乎乎的，或是蓝幽幽的；嘴唇也是有时紫有时红，有时大嘴巴有时小嘴巴；脸颊涂得红红的。喜欢化如此怪妆的人也清楚自己并没有追求什么美丽，她们只把这种妆当成宣泄的一种方式。她们通常具有强烈的反抗心理，主要是自小受到家庭的溺爱，总是要求说一不二，但现实生活只会使她们失望,所以用一些非常规的思想和行为与社会分庭抗礼,但往往是失败多于成功。

2. 怀旧妆和完美妆

怀旧妆是指某些人将自小形成的那套化妆理论和方法延续到成年,甚至中年和老年。其实是对美好过去的一种回忆,以期忘记现实中的不愉快和不如意,但她们依然保持头脑清醒,不会沉迷其中而忘记现实。她们讲究实际,会极力把握住现在的所有。她们热情善良,善解人意,拥有很多可以推心置腹的朋友。由于容易满足,她们难以享受时代发展带来的刺激和美好。

与化怀旧妆的人不同的是,完美妆的人追求的是尽善尽美。她们为了完成自己的目标不惜花费巨大代价,任何事情都会追求尽善尽美,属于典型的完美主义者。这种类型的人甚至倾尽所有也要使自己的容貌达到自己满意的程度。之所以如此,最主要的是她们对自己的才智和财力都有充足的把握,而唯一放心不下的是自己的外貌。为了成为一块无瑕美玉,只好不停地审视自己,用化妆来掩饰不足,结果却让别人感到不自在。

淡妆与浓妆,表现不同的欲望

有的人喜欢淡妆,此类人大多没有太强的表现欲望,希望最好谁也别注意她们。她们只要求能过得去,简单地涂抹一下使自己不至于特别难看就行。她们大多属于聪明和智慧的类型,不会将时间和精力都耗费在梳妆台前;往往有着自己的想法与思考,而且敢打敢拼,所以较多人能获得成功;拥有秘而不宣的秘密,甚至珍藏一生也不会向他人透露;最希望得到别人的尊重,对她们的难言之隐给予支持和理解。

与之相反,有的人则喜欢浓妆。与喜欢淡妆的人相比较,这样的人表现欲望十分强烈。她们不辞辛苦地将各种化学药剂喷洒在自己的脸上,并忍受痛苦用各式工具修饰五官,为的是用一种极端的方式引起他人的注意,而异性的欣赏往往使她们心甜如蜜。

前卫和开放是她们的思想特征，她们对一些大胆和偏激的行为大多保持赞赏的态度。她们真诚、热忱，一些恶意的指责并不能使她们受多大的伤害，但她们对他人依然会很尊重。

口红显示女性的性格和职业

中国有句古话："女人心，海底针。"这句话蕴含的意思非常简单，即女人的心理是很难猜测的。但是，近来心理学家通过"投射"方式发现，很多女性总会无意识地将自己的心理特征"投射"在自己的日常生活用品，尤其是一些化妆品上。

就拿口红来说，现在全世界几乎有一半的女性每天都会用口红。对那些习惯于每天用口红的女性来说，如果那一天忽然不让她们用口红，她们就会感到如同没穿好衣服一样别扭。口红作为女性增添自己魅力的手段之一，其颜色种类可谓是五花八门，既有红色、粉色、橙色，还有珍珠色、褐色、紫色等。通过观察一个女性对口红颜色的喜好，往往就能知晓她的性格特征和职业。

一般来说，红色的口红会使女性的嘴唇显得更为突出。所以，如果一个女性喜欢红色的口红，则说明其性格外向、活泼好动、乐观、崇尚自由、具有独立的个性。她的社交能力非常的强，对人真诚有礼，喜欢与人分享美好的事物，因而其人际关系处理得非常好，朋友很多。通常情况下，涂有这种口红的女性往往是从事销售、公关，或是美容、美发等行业。

粉红是一种代表纯情和女性本色美的颜色。所以，很多女孩子和男孩第一次约会时最喜欢使用此种颜色的口红。通常情况下，如果一个女性喜欢使用此种颜色的口红，则说明其性格较为温柔、和善、思想较为单纯、富有同情心和爱心。但是她的心理承受能力较弱，在挫折和失败面前常常会表现出很委屈、很受伤的样子。她很信任爱情，对恋爱抱有很大的期待。虽然她平时表现得温柔贤淑，但一旦知道冒险的乐趣，很可能会发生大胆的变化。在与人交往时，她可能显得有点矜持，但其内心却是火热的。一旦你成了她的朋友，往往会得到她无微不至的关怀。一般来说，涂着这种颜色口红的女性往往从事教师、医生等行业。

橙色往往能给人亲切、温柔、温馨的感觉。所以，喜欢这种颜色口红的女性，其性格较为稳重、和蔼，具有较强的自我控制能力和判断力，无论是对人还是对事，都有自己的观点和看法，从不会人云亦云。她的口才较好，但不会强词夺理，喜欢以理服人，同时，她还具有较强的幽默感。在爱情方面，她往往愿意为对方付出自己的一切，是典型的贤妻良母型女性，她坚信"爱情的眼里容不得半粒沙子"。一旦恋人背叛了自己，她极有可能会报复对方。不过，她对朋友是非常坦荡和大度的，如果朋友不小心伤害了她，她往往会一笑而过。所以，她的人缘很是不错。通常情况下，涂着这种颜色口红的女性往往从事各种商业活动，如一些店铺的老板，或是大公司的高级职员。

珍珠色是一种代表纯洁、高洁的颜色。喜欢这种颜色口红的女性，其性格文静、庄重，聪颖谨慎，心思细腻且喜欢追求完美。她具有较强的个性，自我主张非常明确，从不掩饰自己的追求和欲望，喜欢自由地享受生活。一旦她确定了自己的追求目标，她就会全力以赴，从不会在乎别人的眼光。在爱情方面，不喜欢受到对方的约束，要求对方尊重自己的个人空间。在与人交往时，她也不喜欢别人干预自己的事情，同时她也不会干预对方的事。通常情况下，涂着这种颜色口红的女性往往是一些自由职业者。

紫色是一种代表高贵和典雅的颜色。喜欢这种颜色口红的女性，其性格较为外向，具有较强的表现欲望和优越感，虽然喜欢在别人面前展示自己的魅力，但从不虚伪。有些时候，她很爱幻想，喜欢追求不平凡的生活方式。在与人交往时，她往往会给人，尤其是给男性，一种高高在上、难以接近，不易被诱惑的感觉，但她恰恰具有让男性痴迷的不可思议的魅力和个性。通常情况下，涂着这种颜色口红的女性往往从事音乐、艺术等行业。

从头发的质地与发型观察你的对手

在足球场上,大家时常可以看到运动员各种各样稀奇古怪的头发,并为此津津乐道。不同的发型往往表现人的不同个性。

1. 女士的头发

与男士相比,女士的发型若要详细分析起来,则显得较为复杂。

女性若留着飘逸的披肩发,则说明她比较清纯、浪漫;若留的是齐眉的短发,则这类人显得天真活泼、无忧无虑;烫成满头卷发,代表这个人较有青春的活力,或多或少地充满些野性。

女性把头发梳得很整齐,并让它保持顺其自然的状态,说明这个人比较安分守己,甚至是封闭保守的;如果她把头发打理得很整齐,但并不追求某种流行的款式,则表明她可能是比较含蓄,但有较强烈的自主意识的一个人。在自己的发型上投入很多的精力,力争达到尽善尽美的程度,说明这是一个自尊心比较强、追求完美、爱挑剔的人。

(1)头发像钢丝,又粗又硬,而且浓密。这样的人疑心多且重,不会轻而易举地相信别人。她们最信任的就是自己,所以凡事都要自己动手,操纵和掌握一切,才觉得放心。她们做事很有魅力,而且组织能力也比较强,具有一定的领导才能。这一类型的人,理性的成分要大大地多于感性,所以遇到涉及感情方面的问题时,往往会显得十分笨拙。

(2)头发很粗,但色泽很淡、很稀疏,而且质地坚硬。这一类型的人自我意识极强,刚愎自用,往往不听别人的劝告。她们不甘心被人领导,但却渴望能够驾驭别人。她们多较自私,缺乏容人的度量。但这一类型的人,一般来说头脑还算比较聪明,可是她们的目光又比较短浅和狭窄,只专注于眼前,看不到长远的利益,所以以多不会有多大的成就。

(3)头发柔软,却又稀疏。这一类型的人,自我表现欲望一般来说比较强,她们喜欢出风头,更爱与人辩论,以吸引他人的注意,获得他人的关注。在她们的性格中,自负的成分占了很多,她们妄自尊大,很少把他人放在眼里,尽管自己在某些方面表现得的确很糟糕。她们做事的时候,缺少必要的思考,所以常会作出错误的判断,而且还容易疏忽和健忘。

(4)头发浓密粗硬,却自然下垂。头发浓密粗硬,却能自然下垂,这种人从外形上来看,多半身体比较胖,而且也显得比较慵懒,不喜欢运动,但是她们的心思多比较缜密,往往能够观察到特别细微的地方。她们的感情较为丰富,易动情,对感情不专一。

2. 男士的头发

男士不管是留长发、剃光头,或是其他各种各样比较特别的发型,其都有一个普遍的共同点,那就是标新立异,想别出心裁地突出自己,增加自身的魅力。

(1)头发淡疏,粗硬而卷曲。这一类型的人,多思维比较敏捷,而且善于思考,有很好的口才,能够很容易地说服别人。他们的性格弹性比较大,可以说得上是能屈能伸,适应性很好。但他们的屈和伸,又是在坚守一定的原则和基础之上进行的,所以无论他们外在的东西怎样多种形式地不断变化,其内在还有一些稳定不变的东西。

(2)头发浓密柔软,自然下垂。这种类型的人,大多性格比较内向,沉默不语,善于思考。从某种程度上说,他们具有很强的耐性和韧性,这一类型人所从事的事业多是和艺术方面有关的。

(3)头发自然向内卷曲,如烫过一样。这一类型的人,脾气大多比较暴躁,而且疑心比较重,总是患得患失地在犹豫和矛盾中挣扎,除此之外,嫉妒心还比较重。

(4)发根弯曲,发梢平直。这一类型的人多自我意识比较强,讨厌被人约束和限制,不会轻易地向他人妥协。

(5)让自然来决定自己的发型,并且长时间地保持。这一类型的人总喜欢怨天尤人,但却从来不从自己身上寻找原因,更不会付诸行动努力去寻求改变。他们很多时候容易向别人妥协,所以很多行动并不是真正地发自内心真实想做的。

(6)头发长长的、直直的,看起来显得非常飘逸和流畅。这种人的性格大多界于传统与现代之间,他们既精明世故,又大胆前卫,只是要视情况而定。他们通常有很强的自信心,对成功的渴望很迫切。

(7)头发很短,看起来很简洁,而且也极为方便。这一类型的人,大多是野心勃勃,他们的生活总是被各种各样的事情占据着。他们在内心很想把这些事情做好,但实际上却往往什么也做不好,因为他们缺少必要的责任心,在遭遇困难和面对挫折的时候,往往是选择逃避现实。

帽子:盖不住思维的大脑

帽子不仅有御寒遮阳的功能,它还是一种增加美观、给人树立某种形象的装饰物。世界各地都在生产各式各样的帽子,出入任何一家娱乐场所、大型酒楼餐馆,都会看到"衣帽间"的牌子,这说明帽子对于一个人来说,有着十分重要的用途,它可以帮人们建立某种形象,使其个性在众人面前得以展现。

1. 爱戴礼帽的人

戴礼帽的人都自认为自己稳重而具有绅士风度。这种人的愿望是让人觉得他有沉稳和成熟的风格,在别人面前,经常表现得非常热爱传统。除帽子外,这种人所穿的皮鞋任何时候都擦得锃亮,而且所穿的袜子也一定会给人以厚实的感觉,即使是炎热的夏季,他们也会拒绝穿丝袜,同时也讨厌穿着凉鞋和拖鞋走路。由于他们看不惯很多东西,所以他们的心底很清高,有些自命不凡,认为自己是个干大事的人,进入任何一个行业都应该是主管级的人物。

2. 爱戴旅游帽的人

旅游帽既不能御寒也不能抵挡太阳的照射,纯粹是作为装饰之用。用这种帽子来装扮自己，可用以折射某种气质或形象，或者另有一些企图，用来掩饰一些自己认为不理想或者有缺陷的东西。

从这些表现出来的特点看，爱戴旅游帽的人并不是一个心地诚实的人，而是个善于投机取巧的人，因此真正了解他的人少之又少，而一般人所看到的只是他的外表。

3. **爱戴鸭舌帽的人**

一般有点年纪的人才戴鸭舌帽，鸭舌帽表现出稳重、办事踏实的形象。如果男人戴这种帽子，那么他会认为自己是个客观的人，从不虚华，面对问题时，能从大局着想，不会因为一些细枝末节而影响整个大局。有时候他自以是个老练的人，在与别人交往时，就算对方胸无城府，他还是喜欢与别人兜着圈子，直到把对方搞得晕头转向，也不直接说出自己的心思。

4. **爱戴彩色帽的人**

爱戴彩色帽的人非常清楚在不同的场合，不同颜色的服装，应该佩戴不同色彩的帽子，说明他是个天生会搭配且衣着入时的人。

这种人喜欢彩色鲜艳的东西，对时下流行的东西非常敏锐。每当出现新鲜玩意，他总是最先尝试，希望人家说他的生活过得多姿多彩，懂得享受快乐人生，并且总是以弄潮儿的身份走在时代前列。

同时，这种类型的人也是个害怕寂寞的人，因为他精力旺盛、朝气蓬勃，那颗不甘寂寞的心，总是使他躁动不安，他会经常邀请伙伴们一起到歌舞升平之地尽情玩耍。当最后一支舞跳完后，曲终人散的那种寂寞滋味也会油然而生。

5. **爱戴圆顶毡帽的人**

爱戴圆顶毡帽的人对任何事情都产生兴趣，但从不表达自己的看法，即使有看法也是附和别人的论点，好像自己没有什么主见似的。但他们并不是没有主张，只不过是个老好人，不愿随便得罪一个人，哪怕是个最不起眼的人。

从本质上讲，这种类型的人是个忠实肯干的，他们相信只有付出才有收获的道理。在他们平和的外表下，有自己执着的观点，他们相当痛恨不劳而获的人，相信君子爱财取之有道，从来不让不义之财玷污自己的手指。

眼镜：心灵窗户的另一种显示

眼镜最初是为了矫正近视或为了保护眼睛而使用的工具，但今天它早已超出了其原本的使用概念，成了具有多种功能且很有装饰意义的大众用品。它除了具有矫正视力、过滤阳光、阻挡风沙等使用价值外，有的人佩戴眼镜，甚至就是为了美观或制造一种气质。下面针对佩戴不同形式眼镜的情况谈谈不同人的性格特点。

1. 戴黑胶边眼镜者

戴黑胶边眼镜的人希望表现出稳重及成熟的风格。在他人面前，这种人通常表现得热爱传统。通常他们自视很高，可惜他们保守且缺乏冒险精神，因此成就不大。这种人对朋友彬彬有礼，但是这样形成的友谊没有深度。

2. 戴金丝边眼镜者

戴着金丝边眼镜的人希望当他人看他们的时候，认为他们除斯文之余，还有着学者的风范。这种人喜欢追赶潮流，给人一种很现代的感觉。

这种人十分注重自己的外表，尤其是当他们与朋友约会时，必定穿着光彩，同时在言语之间，还会暗示自己是个有身份的人。在跟人家讨论问题的时候，这种人喜欢发表一些独特的见解，以表示自己与众不同。

3. 戴无边眼镜者

常戴无边眼镜的人认为自己是个客观的人，在面对所有问题的时候，都能够从大体着想，不会因为一些细节而影响大局。

这种人总觉得自己善于用计，因此与人交往时，他们喜欢兜着圈子跟人沟通。其实他们害怕被人伤害，所以千方百计不让别人接触他们的真实的内心世界。

领带：男人个性的表现

西服，自诞生那日起就成为男人服饰中的佼佼者，而且这个地位直到今天也没有动摇。正式的西装有单排扣和双排扣之分，每一个男人都可以依据自己的喜好进行选择，而且不用花太多的精力。但是有一件辅助饰物却让男人大伤脑筋，那就是领带的打法和色彩的搭配。领带的作用类似于女士们的丝巾作用，但男人的行事原则和人品秉性却可以完完全全地展现在领带打法及颜色的搭配上。若仔细观察周围的男人，便不难发现他们"本色"的蛛丝马迹！

1. 领带结又小又紧的人

有这种喜好的男人若身材瘦小，则说明他们是有意凭借小而紧的领带结，让自己在他人匆忙的一瞥时显得"高大"一些。如果他们并无体形之忧，则说明是在暗示别人最好别惹他们，他们不会容忍别人对自己有半点的轻视和怠慢，这是气量狭小的表现。由于生活和工作中谨言慎行，疑心甚重，他们养成了孤独的性格。他们凡事大多先想到自己，热衷于物质享受，对金钱很吝啬，一毛不拔，几乎没有什么人愿意和他们交朋友，他们也乐于一个人守着自己的阵地，孤军奋战。

2. 领带结不大不小的人

先不考虑领带的色彩和样式，也不管长相和体形如何，男人配上这种领带结，大都会容光焕发，精神抖擞。他们可以获得心灵上的鼓舞，会在交往过程中注重自己的言谈举止，所以不管本性如何，都显得彬彬有礼，不敢轻举妄动。由于认识到领带的作用，他们在打领带结的时候常常一丝不苟，把领带打得恰到好处，给人以美感。他们安分守己，把大部分的时间放到工作当中，勤奋上进。

3. 领带结既大又松的人

领带的作用是使男人更加温文尔雅，但打这种领带结的男人所展现的风度翩翩绝不是矫揉造作出来的，而是货真价实的，是他们丰富的感情所展现出的风采。他们不喜欢拘束，积极拓展自己的生活空间，主动与他人交往，练就高超的交往艺术，在社交场合深得女人的欢心和青睐。

4. 领带绿色、衬衫黄色的人

绿色象征生命和活力，是点缀大自然最美妙的颜色；黄色代表收获和金钱，是财富与权势的徽章。这样搭配领带和衬衫的男人富有青春活力与朝气，想什么就做什么，不喜欢拖泥带水，对于事业充满信心。不过他们有时鲁莽冲动，自控能力比较差。

5. 领带深蓝色、衬衫白色的人

"蓝领"代表职工阶层，"白领"代表管理阶层，他们将两者融合到一起，上下兼顾，少年老成，同时不乏风度翩翩。由于视野宽阔，白领的诱惑远远超过蓝领，所以他们对工作十分专注，事业心极重，结果在奋斗过程中常常出现急功近利的表现。

6. 领带多色、衬衫浅蓝色的人

五彩缤纷是人们对美好事物的形容，充满了迷离和诱惑，普通人和勤奋的人往往对此敬而远之。所以选择这种领带和衬衫的人拥有一股市井气息，热衷于名利；路边的野花繁多美丽，常常使他心猿意马，见异思迁的他们对爱情往往不能用情专一，追逐的目标总是换了一个又一个。

7. 领带黑色、衬衫白色的人

黑白分明是对于阅历丰富之人的形容，所以喜欢这种打扮的人多为稳健老成之士。由于看得多，感悟也会多，他们懂得什么是人生的追求，善于明辨是非，相信"善有善报、恶有恶报"，正义在他们身上得到了最大的展现。

8. 领带黑色、衬衫灰色的人

不用看他们的表情如何，仅这种打扮就让人有种不舒畅的感觉。他们在穿着之时必先照镜子，能够接受镜中的压抑则说明他们有很深的忧郁，而这份忧郁是气量狭小所致，他们选择这身打扮。在工作当中，老板考虑到其他员工的情绪，常常请他们卷铺盖回家，所以他们也经常变换工作。

9. 领带红色、衬衫白色的人

红色象征火焰，代表奔放的热情，更是一种积极和主动的表现，所以男人选择红色领带，无异于想追逐太阳的光辉，以使自己成为注意的焦点。他们本应该属于充满野心的类型，但白色代表纯洁，是和平与祥和的象征，白色衬衫让别人对他们刮目相看，见到他们如火一样的热情和纯洁的心灵。

10. 领带黄色、衬衫绿色的人

用辛勤的耕耘换取丰硕的收获，按照理想设计自己生活和人生，并勇于实施，他们流露出的是诗人或艺术家的气质。他们相信付出就会有回报，所以不会杞人忧天地担心秋后是否会因为意外的暴风雨而颗粒无收。他们与世无争，保持柔顺的性情，对人非常和蔼可亲。

11. 不会系领带的人

连系领带这种小事都要人代劳的人，大都心胸豁达而不拘小节。他们或是有某种常人没有的绝技在身，或是先天具有领袖才能，使他们不屑将精力消耗在系领带这样的细节问题上。他们性情随和，有同情心，朋友甚多，口碑亦好，且夫妻情笃、家庭祥和。

手表：对待时间的态度

"一寸光阴一寸金，寸金难买寸光阴。"这是在说时间的宝贵。时间在不知不觉、悄无声息中流逝，不同的人对此会有不同的感受。有的人视若无睹，而有的人则表示深深的惋惜，然后，抓紧利用每一分钟去做一些有意义的事情。一个人对待时间的看法，很大程度上是由人的性格决定的，而时间对人具有什么样的影响，很多时候又能通过所戴的手表传达出来。这两者之间有着非同一般的关系，下面就针对这一点进行说明和介绍。

1. 喜欢戴电子表的人

有一种新型的电子表，只要按一下显示时间的键，就会出现红色的数字，如果不按，则表面上一片漆黑，什么也看不见。喜欢戴这一类型手表的人多是有些与众不同的特别之处的。他们独立意识非常强烈，从来不希望受到他人的控制和约束，而喜欢自由自在、无拘无束地去做自己想做并且也愿意去做的事情。他们善于掩饰自己的真实情感，所以一般人不能轻易走近去了解他们。在别人看来，他们是特别神秘的，而他们自己也非常喜欢这种神秘感，乐于让他人对自己进行各种猜测。

2. 喜欢液晶显示型手表的人

喜欢液晶显示型手表的人在生活中多为比较节俭，知道如何精打细算。而且他们的思维比较单纯，对简捷方便的各种事物比较热衷，而对于太抽象的概念则难以理解。他们在为人处世各方面多持比较认真的态度，不会显得特别随便。

3. 喜欢戴闹钟型手表的人

喜欢戴闹钟型手表的人大多对自己要求特别严格，总是把神经绷得紧紧的，一刻也不能放松。这一类型的人虽算不上传统和保守，但他们习惯于按一定的规律和规定办事，他们在争取成功的过程中任何一件事都是以相当直接而又有计划的方式完成的。他们非常具有责任心，有时候会刻意地培养和锻炼自己在这一方面的能力。除此之外，他们还有一定的组织和领导才能。

4. 喜欢戴具有几个时区手表的人

戴具有几个时区手表的人多是有些不现实的。他们有一定的聪明和智慧，但一切都止于想象而已，不会努力付诸实践。做事常三心二意，这山望着那山高。在一些责任面前，常以逃避现实的方式面对。

5. 喜欢戴古典金表的人

戴古典金表的人多是具有发展眼光和长远打算的人，他们绝对不会为了眼前一些既得的利益而放弃一些更有发展前途的事业。他们心思缜密，头脑灵活，往往有很好的预见力。他们的思想境界比较高，而且非常成熟，凡事看得清楚透彻。他们有宽容力和忍耐力，又很重义气，能够与家人朋友同甘共苦、生死与共。他们有坚强的意志力，从来不会轻易向外界的一些困难和压力低头。

6. 喜欢怀表的人

喜欢怀表的人多对时间具有很好的控制能力，虽然他们每天的生活都是忙忙碌碌的，但是却并不是时间的奴隶，而懂得如何在有限的时间里让自己放松并且寻找快乐。他们善于把握和控制自己，适应能力非常强，能够很好地调整自己的心态。他们多有比较强的怀旧心理，乐于收集一些过去的东西。他们言谈举止高雅，表现出一定的文化修养。他们有比较浓厚的浪漫思想，常会制造一些出人意料的惊喜。他们为人处世具有耐心，很看重人与人之间的友情。

7. 喜欢戴上发条的表的人

喜欢戴上发条的表的人独立意识比较强。他们自给自足，很多事情都坚持一定要自己动手。他们乐于做那些可以马上见到成果的工作，如干一次体力活。他们最看重的是自己所获得的那种成就感，但在这个过程中，他们又不希望一切都是轻而易举就获得的，这样反而没有了意义和价值。此外他们还并不希望得到他人过多的关心和宠爱。

8. 喜欢戴没有数字的表的人

戴没有数字的表的人抽象化的理念较为强烈，他们擅长于观念的表达，而不希望什么事情都说得十分明白。他们很在意对一个人智力的锻炼和考验，他们认为把一切都说得太明白就没有任何意义了。他们很喜欢玩益智游戏,因为他们本身就是相当聪明和智慧的,他们对一切实际的事物似乎并不是特别在乎。

9. 喜欢戴由设计师为自己设计的手表的人

喜欢戴由设计师特别为自己设计的手表的人,大多非常在乎自己在他人心目中的形象和地位,并且可以为了迎合他人而改变自己。他们时常会大肆渲染而夸张一些事情,以证明和表现自己,吸引别人的注意。

10. 不戴手表的人

不戴手表的人,大多有比较独立自主的性格,他们不会轻而易举地被他人支配,而只喜欢做自己想做并且也愿意去做的事情。他们的随机应变能力比较强,能够及时地想出应对的策略,而且非常乐于与人结识和交往。

戒指:展示自己的内心世界

人的一双手在生活中常是起着至关重要的作用的,它在无形之中会向人泄露许多的秘密,这除了手的形状、特质外,还与佩戴的饰物有着密切的关系。

戒指是手上最常见的一种饰物,下面就介绍一下戒指与人性格之间的关系。

1. 戴结婚戒指的人

一个人戴的如果是结婚戒指,那么这枚戒指越大越华丽,则表明这个人的自我膨胀感和表现欲望越强烈。如果戒指是紧紧地套在手指上,则表明他对人非常忠诚。

2. 戴刻有家庭标志的戒指的人

戴刻有家庭标志的戒指的人对家庭是特别重视的,而且也有表现、证明是这一家族成员的心理。

3. 戴代表自己生辰标志的戒指的人

戴代表自己生辰标志的戒指的人多很想让他人了解和注意自

己，同时也非常想去了解他人，并且会给予他人一定的关注。

4. 戴钻石戒指的人

喜欢戴钻石戒指的人愿以此引起他人的注意，他们常会为自己所取得的成就沾沾自喜，而且还有一点骄傲自满，常常陶醉在过去的美好意境当中。

5. 戴风信子玉的人

喜欢戴风信子玉的人大多非常在乎自己外在的形象，却忽略了内在的修养，所以虽然外表看起来他们很有魅力，但实质则是腹中空空。他们多有较丰富的想象力，而行动的指导则常是一时的心血来潮。

6. 戴小戒指的人

乐于戴一枚小戒指的人大多都有比较丰富的想象力和突出的创造力，只是这些东西时常不适合生活，他们常怀着非常迫切的心情想向他人说明自己的想法。他们的生活态度相对比较积极，在很多时候知道该如何适当地表现自己。

7. 戴手工戒指的人

手工戒指多是非常独特和复杂的，对这种戒指情有独钟的人的性格大多也是如此。他们也有较强烈的表现欲望，为了让他人认识和注意自己，他们可能会花费很大一番心思。他们喜欢标新立异，树立自己独特的风格，并且有十足的信心认为一定会成功。

8. 从来不戴戒指的人

从来不戴戒指的人并不喜欢杂乱和烦扰的感觉。他们在生活中凡事总是力求自然舒适，这样他们才会感到自由，可以无拘无束地表达自己的各种思想和情绪。

手提包：身份的见证物

提包在人们的工作、生活和学习中是非常重要的一件必需品，很多时候它几乎与人形影不离，人走到哪里，它们也随之被带到哪里。正是因为提包具有如此特殊的作用，所以，它们在一定程度上可以向外界表达一定的信息，让外界通过提包来认识提包的主人。

提包的样式是众多的，人们可以根据自己的喜好进行选择。一般来说，选择的提包比较大众化的人，他们的性格也比较大众化，或者是说没有什么特别鲜明的、属于自己的个性。他们在很多时候都是随大流，大家都这样选择，所以他也这样选择，没有自己的看法，目光和思想都比较平庸和狭窄。人生中或许多少有所收获，但不会有大的成就和发展。

1. 喜欢休闲式提包的人

选择的提包多是休闲式的人，工作具有很大的伸缩性，自由活动的空间也非常大。正是由于这样的条件，再加上先天的性格，这类人大多很懂得享受生活。他们对生活的态度比较随意，不会过分苛刻地要求自己。他们比较积极和乐观，也有一定程度的进取心，能很好地安排工作、学习和生活，做到劳逸结合，在比较轻松惬意的环境中把属于自己的事情做好，并取得一定的成就。

2. 喜欢公文包的人

选择的提包多是公文包的人可能是某个企事业单位的总经理，如果是普通职员，也是在比较正规的单位。选择公文包是出于工作的一种需要，但在其中多少也能表现此种人的性格特征。这样的人大多数办事较小心和谨慎，他们不一定非得要不苟言笑，即使是有说有笑，对人也会相当严厉。当然，他们对自己的要求往往更高。

3. 喜欢方形提包的人

有小把手的方形或长方形的手提包，在有些时候可以当成是一件饰品。这种手提包外形和体积都相对比较小，所以使用起来并不是特别的方便。喜爱这一款式手提包的人，多是没有经历过什么磨难的人。他们比较脆弱和不堪一击，遇到挫折，容易退缩和妥协。

4. 喜欢肩带式手提包的人

喜欢中型肩带式手提包的人，在性格上相对比较独立，但在言行举止等各个方面却是相对较传统和保守的。他们有一定相对自由的空间，但不是特别的大，交际圈子比较狭窄，朋友也不是很多。

5. 喜欢小巧精致的手提包的人

非常小巧精致，但不实用，装不了什么东西的手提包，一般来说，是年纪比较轻、涉世也不深、比较单纯的女孩子的最好选择。但如果已经过了这样的年纪，步入成年，非常成熟了，还热衷于这样的选择，说明这个人对生活的态度是非常积极而又乐观的，对未来充满了美好的期待。

6. 喜欢浓郁的民族风味手提包的人

比较喜欢具有浓郁的民族风味、地方特色的小提包的人，自主意识比较强，是个人主义者。他们个性突出，往往有着与别人截然不同的衣着打扮、思维方式等等。有些时候他们表现得与他人格格不入，所以说，营造出良好的人际关系存在着一定的困难。

7. 喜欢超大型手提包的人

喜欢超大型手提包的人，性格多是那种自由自在、无拘无束的，他们很容易与他人建立某种特殊的关系，但是关系一旦建立以后，也会很容易就破裂，这也是由他们的性格所决定的，因为他们的生活态度太散漫，缺乏必要的责任感。虽然他们自己感觉无所谓，但并不是其他所有人都能接受和容忍的。

8. 喜欢金属制手提包的人

喜欢金属制手提包的人，多是比较敏感的，能够很快跟上时代的脚步，他们对新鲜事物的接受能力是很强的。但是这一类型的人，在很多时候自己并不肯轻易地付出，而总是希望别人能够付出。

9. 喜欢中性色系手提包的人

喜欢中性色系手提包的人表现欲望并不是很强烈，他们不希望被人注意，目的是缓减压力。他们凡事多持得过且过的态度，比较懒散。在对待别人方面，也喜欢保持相对中立的立场。

10. 不习惯于带手提包的人

不习惯于带手提包的人，他们这类人的性格要分几种情况来说，有可能是因为他们比较懒惰，觉得带一个包是一种负担，太麻烦了；还有一种可能是他们的自主意识比较强，希望能够独立，而手提包会在无形当中造成一些障碍。两种情况都是把手提包当成一种负担，可以表现出这种人的责任心并不是特别强，他们不希望对任何人、任何事负责任。

11. 喜欢男性化皮包的人

喜欢男性化皮包的人（这里理所当然是针对女性而言，因为男性本应该选择男性化皮包），一般来说都是比较坚强、剽悍、能干的，并且趋于外向化的。

喜欢以上那些提包的人中，有的人包内摆放整齐，有的人包内乱七八糟。提包里的东西摆放得非常零散，没有一点规则，要找一件东西，需要把提包内的所有东西全部拿出来，这样的人可以看出他们的生活是杂乱无章的，奉行的是"无所谓"的随便态度。这一类型的人做事多比较模糊，目的性也不是很明确，但对人通常都比较热情和亲切。可是由于他们的生活态度有些过于随便和无所谓，所以常常会导致使自己陷入比较难堪的境地。

提包内的各种东西摆放得层次分明，想要什么伸手就可以拿到，这说明提包的主人是一个很有原则性的人，他们大多具有很强的进取心，办事认真可靠，待人也很有礼貌。一般说来，这一类型的人有很强的自信心，且组织能力突出。但缺点是他们大多比较严肃、呆板，会过多地拘泥于生活中的某些细节。

耳环：透视性格的物品

经过长期观察、研究，心理学家终于发现，不同性格的人喜好不同形状的耳环，这其实反映出人们希望借此寻求一种内心世界与外在表现的和谐。例如，活泼好动的女性通常会选择小巧的、呈几何图案的明快型耳环；而温顺柔和的女性则偏爱富于曲线美的流线型的耳环。

1. 圆形

喜欢圆形款式耳环的女性比较传统，家庭观念强，有一定的依赖性，但比较知足，性格恬静。她们性情温和、亲切、平易近人，具强烈的责任感。

2. 椭圆形

钟情于椭圆形款式耳环的女性，具较强的独立性和创造性，不论在生活还是在事业上，都显得与众不同，往往能得到上司的欣赏和重用。

3. 心形

这种女性性情细致，体贴入微，而且浪漫活泼，感情丰富，富于女人味。同时也热情大方，乐于助人，对爱情执着，具很强的社交能力。

4. 方形

偏爱长方形或方形款式耳环的女性，生活严肃认真，做事井井有条，坦诚、坚强。她们处事也很沉稳，具很强的洞悉能力，理智行事，精力充沛。

5. 梨形

选择此款式耳环的女性，多为追求时尚的现代女性，容易接受新鲜事物，勇于探索，具较强的适应能力，禀性坦诚、外向，能尊重他人。

6. 橄榄形

偏爱橄榄形款式耳环的女性具很强的事业心，雄心万丈，大胆外向，喜欢接受挑战。她们具有独创性，喜欢标新立异，追求刺激，不易受人影响。

美国纽约的著名心理学家伊莉尼医生认为，通过女性佩戴的耳环不仅能看出她的爱好和眼光，还可以反映出她的性格。

喜欢戴金耳环的人，往往是一个颇有自信心、性格外向并对人友善的人。她们有欣赏好东西的口味，但性格不太外向，注意约束自己，不是一个态度随便的人。

喜欢戴银耳环的是一个有秩序的人，做事喜欢遵循事先制订好的规则，尤其是每天的例行工作，而不喜欢突然使人惊奇。

有些女性喜欢戴家传耳环、旧式耳环，而不去买现代的耳环，身上绝无新潮的耳环。这类人是热衷家庭、忠于家人的，对朋友也非常忠诚。

喜欢戴很大的耳环的人，大多是无忧无虑的人，很有幽默感，喜欢在众人中突出自己。受人欢迎，也乐于助人，能与人善处。

有人喜欢买手工做的耳环，或是自制的耳环，每件都是与众不同的，这类人是有创造性的人，如果向文艺或戏剧方面发展或搞建筑工作，肯定会有成就。

有人爱戴一个小十字架或其他宗教意味的小耳环，这类人有深切的内在力量，对自己的素质引以为荣。为人是实际的，绝无花架子，不希望有炫耀成分的耳环在身上，更不戴假耳环。

有些人耳朵上戴着成串的红宝石、绿翡翠，其实全是赝品。这种人把自己的外貌放在非常重要的地位，也可能生活上要求甚高，喜爱精品，哪怕是假的。

有些人任何耳环也不戴，并不在乎别人满身珠宝。这种人很实际，并不准备在他人心目中建立自己的形象。她可能是个注意内在的人，并不留心外表，也并非无钱购买耳环。

第七章
兴趣爱好有玄机,观察内心世界的丰富多彩

喜欢暖色的人行动力强,喜欢冷色的人性格内向

色彩是物质反射出来的光线在大脑中的反映,不同的色彩带给人不同的感受。例如白色让人感觉冰冷,而蓝色能够使人镇静,由于不同颜色带来的视觉效果是不同的,因此,每个人都有自己偏爱的颜色,而人们偏爱的颜色和他们本身的性格密切相关。

各种不同的颜色大致可以分成暖色和冷色。暖色,例如红色、橙色、粉色等,可以使人联想到火焰和太阳等事物,让人感觉温暖。冷色,例如蓝色、绿色、紫色等,这些颜色能让人联想到水和冰,使人感觉寒冷。暖色和冷色给人带来两种截然不同的心理效果,喜欢暖色的人和喜欢冷色的人当然也有不同的性格。

总体来说,喜欢暖色的人行动力强,而喜欢冷色的人安静内向。前者就像他们喜爱的颜色一样充满热情和活力,喜欢和人分享自己的见闻和经历,常常在很短的时间内和人成为好朋友。他们好奇心强,乐于接受新鲜事物,但有时也会"三分钟热度",缺乏持久性。工作上,一旦下定决心就着手实施,做事情干净利落,很少优柔寡断。他们虽然也有情绪化的一面,但是不会把不开心的事情一直放在心上,总是相信明天会更好。

相比之下,喜欢冷色的人的性格偏内向,喜欢独自一人思考而不是与人交谈。朋友聚会时,他们总是安静地坐在一边,偶尔和一两个朋友攀谈一番,但如果你想把他们拉到舞池中间去动起

来，绝对需要花一番工夫。他们的生活中不会有太多新鲜刺激的事情发生，而且他们也很害怕遭遇各种临时状况，安静而平稳的生活比较合适。工作之外的时间他们通常都自己待在家里看书或者看电影，如果你想引起他们的注意，千万不要炫耀你的最新款手机或者名牌包，这只会让他们觉得你很俗气。

仅仅把颜色分成冷色和暖色似乎有些笼统，让我们来看看具体喜欢每种颜色的人都有哪些性格特点。

喜欢白色的人是态度认真的完美主义者。白色被认为是完美无瑕的，白色在全世界都被视为崇高、神圣的颜色，喜欢白色的人对白色的纯粹和美感十分向往，他们偏爱白色的衣服、白色的家具和白色的装饰品。无论对于工作还是生活都有比较高的追求，特别对于细节十分重视，容不得半点疏忽和差错，对自己要求严格，对别人则显得有些吹毛求疵，因此常常引起不愉快，然而他们严格的自律精神和认真的工作态度总是能够得到欣赏。

喜欢灰色的人善于平衡局面，追求稳定感。灰色是黑色与白色的混合色，给人暗淡、消沉之感，因此年轻人中很少有喜欢灰色的。喜欢灰色的人通常比较稳重，不会过度兴奋，彬彬有礼而又不失分寸，善于掌控局面协调人际关系。

喜欢黄色的人是上进心强的挑战者。黄色很容易让人联想到太阳的颜色，因此黄色也总是和阳光、温暖、希望这些词联系在一起。喜欢黄色的人理性而上进心强，在工作中总是有独树一帜的想法，喜欢挑战新鲜事物，具备走向成功的能力和推动力。

喜欢粉色的人温柔敏感、依赖心强。粉色是温柔的象征，让人感觉幸福和甜蜜。很多从小生长在富裕家庭中的人都喜欢粉色，尤其是女性。喜欢粉色的人多半性格温和，敏感而容易受到伤害，他们多半习惯了别人的照顾，因此依赖性也比较强，同时也有很多浪漫的幻想，向往完美的爱情和人生。

喜欢红色的人热情健谈、行动力强。红色具有让人神经兴奋的作用，可以激发人的竞争意识和战斗力。喜欢红色的人活泼好动,运动神经发达,说话有时口无遮拦,很容易感情用事。当然他们的热情和健谈也增加了许多魅力,身边总是有很多朋友。

喜欢蓝色的人谦虚谨慎、爱好和平。蓝色让人想起纯净的天空和湖水,喜欢蓝色的人为人谦逊,十分有礼貌,凡事都会做周全的考虑,绝不是头脑冲动的人,工作中喜欢制订周密的计划然后严格执行。他们爱好和平、不好斗,有时显得有些懦弱。

从宠物的身上可以看到主人的性格

宠物可以说是现代人生活中很重要的一部分,我们身边总是不乏爱猫爱狗人士,如果仔细观察会发现,性格不同的人所选择的宠物也不太一样。心理学研究表明,每个人都喜欢与自己相似的人,每个人也都喜欢与自己相似的动物。人们倾向于喜爱与自己长得相像或者和自己共有某种性格气质的动物。过去,大多数人家里养狗,如今养猫的人也越来越多,我们可以从不同的宠物身上知道主人的心理特点。

喜欢猫的人内心向往慵懒而高贵的生活。猫和狗不同,它不会主动讨好你,如果你想逗它玩还得看它心情如何,它也不负责看家,偶尔捉捉老鼠,白天就在外面悠闲地散步或者干脆趴下来晒太阳,俨然一位骄傲的公主或者王子。喜欢猫的人也具有类似的性格特质。他们不喜欢奉承讨好别人、言不由衷,说话总是直来直去,不太懂得照顾别人的感受,带有几分忧郁的气质。与人交往时,他们表现得比较内向安静,不太善于和陌生人打交道,如果你对他们太热情,他们反而会讨厌你。他们对朋友的选择也很挑剔,他们的戒备心很强,很少有人能够走进他们的内心世界,因此,他们身边的朋友不是很多,在他们看来,只要有一两个知心好友足矣。

生活方式上,他们希望拥有一份体面而轻松的工作,那种经常需要讨好别人、低声下气的工作,或者常常加班没有周末的工作都绝不是他们可以接受的。他们非常重视休闲生活和发展业余爱好，工作只是生活的一部分，为工作牺牲掉难得的周末时光是违背他们内心原则的事情。

与喜欢猫的人相比，喜欢狗的人通常性格外向，对待他人亲切热情。他们常常都很快乐，和同事朋友相处融洽，也善于和人打交道，他们喜欢去热闹的地方，一个人孤单地度日是他们最不能忍受的。

如今也有很多人喜欢养鱼，喜欢鱼的人也有独特的一面。大多数的鱼的记忆很短，只有几秒钟，当他们从鱼缸的一头游到另一头时，大概已经忘记自己曾经到过这个地方，一切又是崭新的。喜欢鱼的人也总是无忧无虑的样子，他们活在自己的世界里，不容易受外界的刺激和诱惑，世俗的名利对他们来说并不重要，不会因为别人的大房子、进口轿车而眼红。有时他们显得有些缺乏进取心，不喜欢竞争，但是如果你有这样的朋友，也千万别拿他和别人的成就作比较。他们通常安静而内向，或许不爱运动，但是有着天马行空的想象力。同样，他们不喜欢太热情的交往方式，但是他们会很真诚、很用心地对待朋友。

还有人喜欢养乌龟、蜥蜴等小动物。这类动物大多温驯可爱，总是慢吞吞的，常常在一个地方可以待上一两个小时，它们的身上有很厚的外壳。喜欢这类动物的人戒备心比较强，对别人的看法比较敏感，因此，身边的朋友不是很多，和他们打交道要循序渐进，注意说话的分寸并且不要太热情。

喜爱的童话人物影射内心

不只是孩子，也有很多成年人喜欢读童话，因为他们喜欢童话中的某个或某些人物。其实，我们可以从一个人喜欢的童话故事来把握其性格。毫无疑问，童话故事中的角色和情境充其量只是一种幻想和创作，但是每一个故事当中所蕴含的人生道德、价值观都可以融入一个成年人的思想体系中去。所以，喜欢什么样的童话可以在一定程度上反映出一个人的性格特质。

有很多人都喜欢灰姑娘，尤其是那些不算特别漂亮的女孩。这是因为，这样的人多缺乏安全感。他们时常会自怨自艾，感到自己一无是处，不知道自己的明天在哪里。他们经常会处于孤独与无助之中，所以一旦有人走近他们，对他们表示出友好和热情，他们就会与之真心相对。其实，从某种程度上来讲，他们也是聪明、智慧和漂亮的，但是他们自己却看不到，而是盲目的自卑。而他们这些优点常会使他们在与别人的竞争中不费什么力气就会轻易获胜，所以会时常遭到嫉妒。他们总是幻想着有朝一日能够摇身一变，成为公主或者王子，所以他们对现实生活没有准确地把握，而是沉浸于幻想之中。

有人喜欢小红帽。这样的人大多缺乏一定的忧患意识，对一些人和事物从来都没有戒心。而且他们很固执，轻易不听别人的劝告，把一切都想得很美好、很和善，到最后自己真正吃亏上当受骗以后，可能还在为他人着想。所以，这样的人非常单纯，但是又有自己的想法，比较顽固。

有的人喜欢白雪公主与七个小矮人。这样的人大多虚荣心比较强。他们喜欢听到赞美的声音，喜欢让许多人巴结和奉承自己。从某一种程度来讲，他们非常在意那些巴结和奉承自己的人，可他们从内心深处却一点也不赏识他们，甚至还有些讨厌。他们多是比较孤独和无助的，没有几个真正的朋友。

有的人喜欢睡美人。这样的人，生活大多是相当郁闷和乏味的，他们迫切希望得到解脱，但他们并不寄希望于自己，而是指望别人。实际上，这种期待是完全不切合实际的。他们不相信自己，软弱而无助。所以他们大部分是空想家，一方面对现状不满，另一方面又不知道该怎么改变。

有的人喜欢杰克和姬儿。这样的人多具有一定的责任感，一旦做出承诺，就会想方设法去实现。而且他们对人比较亲切和热情，能够给予别人一定的关心和帮助，同时能够与人同甘共苦而毫无怨言。他们也很坚强，不会轻易退缩，而是努力地奋斗。

有的人喜欢美女和野兽,这样的人多颇有同情心和爱心,喜欢帮助他人取得进步和成功,有大公无私的精神。他们本身具有强烈的自信,所以也会不断地帮助别人树立自信。在他们看来,一个人如果有了自信心,就没有什么是不可以完成的。

有的人喜欢墨菲小姐。这样的人多缺乏冒险精神,喜欢安于现状,原地踏步且不想做什么改变。但他们还是有一定实力和能力的,当外界环境迫使他们不得不改变时,他们往往会做出一番成绩。

总之,一个人喜欢什么样的童话人物可以反映出这个人的性格特征,所以我们可以观察他人喜欢什么样的童话或者童话人物,来判断此人的性格。

热爱园艺的多是勤劳踏实的人

在都市生活中,人们远离了生长的泥土,只好在阳台上养花,或者周末去踏青来寻找泥土的气息。但是有一些人,是真正喜欢园艺的,即使没有条件,他们也会尽可能地创造条件伺候自己的花草,这样的人多是勤劳踏实的。

伺候那些花草树木,并不是件轻松的事。为了能使幼苗茁壮成长,它们的主人是怎样在多雨的季节培土排水;在干旱缺水时又是怎样顶着炎炎烈日一瓢瓢地为其浇灌。待到小树苗长成大树,树枝上挂满果实时,他们的辛勤劳动终于有了回报,务实的他们一定会发出会心的微笑。所以,喜欢园艺的人,一定是勤劳的,他们用自己的勤劳换来花草树木的茂盛。当你走近一个喜欢园艺的人的家,他侍弄的花草果树,硕果累累的枝条,扑鼻而来的花香,生机勃勃、郁郁葱葱的景象,无不向前来拜访的人很好地昭示了主人的勤劳。而整齐的规划,精巧的布置,又表明了主人的踏实。当我们身处其中时,总会陶醉不已。而这美妙的环境都是爱好园艺者用辛勤劳动换来的,园艺的各个环节,从选苗到栽种,从浇水、施肥到除草打药,再到剪枝护苗,这和主人的辛劳是分不开的。

喜欢园艺的人，不只是在他的花草树木上下功夫，他们平时也不肯闲待着，手边从来不曾断了活计。喜欢园艺的人，做起事来往往也是寡言少语、勤勤恳恳的。他们做的永远比说的多，干活的时间远远多于闲聊的时间。工作的时候，他们会尽心尽力干好自己的本职工作。平时在家里见到的也总是他们忙碌的身影。干活的时候，总是一副默默无闻的模样，很少说话，可手里的活儿一刻也不曾间断。

喜欢园艺的人们，喜欢用行动说话，以行动来表示自己的好恶，但是他们并不善于言辞。即便是在恋爱这件事上，他们跟别人也不同。如果喜欢一个人，他们会默默地对那个人好，在那个人背后悄无声息地奉献，直到那个人有所觉察，直至被打动。即使对方一时不知道他们的心思，他们也不会轻易放弃，继续以诚心和实际行动来感化对方。

所以，喜欢园艺的人，一般不是那些夸夸其谈的人。他们虽然寡言少语，却可以凭借自己的勤劳踏实开拓美好的生活。

和他们相反，有些人热爱表演，心中多有不切实际的想法。他们喜欢在人前表演，老是揣测别人的心思，揣摩别人的心理，幻想着如何在人前表现得得体。因此，他们善于察言观色，想象别人的兴趣爱好，言谈举止处处讨好人家，往往丧失自我，丢掉了最本真的东西。而且，他们把生活当成戏剧，想象着如何通过表演博得人们的满堂彩，而且满脑子都是幻想。他们也不考虑实际情况和周围的实际环境，在与人说话或闲聊时，要么装腔作势，要么故作深沉，极尽表演之能事，常常招来人们的厌烦。

在当今传媒发达的情况下，明星头上的光环时时浮现于无数少男少女的心头，再加上报纸电视上铺天盖地对成功人士的报道，刺激着普通大众，所以，很多人幻想能够成为一名演员，进而成为明星。于是，他们每天耽于幻想，沉溺于对未来成功的描绘中，却很少付诸实际行动，只是在人前表现出一种名利双收的样子，恍若自己已经笼罩于成功炫目的光环之中。而这样的人，就是真正空虚而不实际的。他们不知道成功要靠自己的努力，没有那些爱好园艺者的勤奋和踏实，最后只能在现实中庸庸碌碌地生活。

喜欢垂钓者，具有欣赏美的眼睛

在现实生活中，许多人都喜欢钓鱼。他们在河边，一坐就是一下午，纹丝不动，还乐在其中，让人很是不解。其实，喜欢钓鱼的人，在乎的也许不是鱼，而是享受垂钓的过程。而且，他们重视的也不是鱼，而是在钓鱼时的风景和感受。他们能够用自己独特的眼睛，来欣赏钓鱼时的风景。

喜欢钓鱼的人在闲暇时往往带着渔具，自己划着小船到湖中央，待到把一切准备好以后不自觉地沉浸在垂钓的乐趣之中，或者在钓鱼的过程中充分领略湖光山色。诚如欧阳修所描述：醉翁之意不在酒，在乎山水之间也。喜欢钓鱼的人总是被四周的美景所吸引，眼睛盯着鱼漂时会忍不住朝远处阳光照耀下的粼粼波光望去。这时的垂钓者也许已忘记了自己来此的真正目的，完全融入这美景中。比起钓鱼这件事本身，他们也许更喜欢在芦苇间穿梭的鸟儿和在芦苇根处嬉戏的鱼儿，垂钓者即使拿着钓竿，也会被这四周美景吸引，忘记了钓鱼，专注于鱼儿的嬉戏。而此时的鱼儿早已成为美好画面不可或缺的点缀，谁还想得起将其据为己有，有此念者简直大煞风景。所以，垂钓者将垂钓变成欣赏美景的过程，唯有他们才懂得人生的真谛。

这样的人，多是与世无争的。他们的个性很随和，对名利看得也比较淡，注重自己的内心平和。当然，喜欢垂钓的人也有理想。理想对于他们有如鱼之于垂钓者，为了理想，他们苦苦追求，不管能否实现，他们总不会忽略追求过程中的亲人朋友给予的深情厚爱，就像他们不会为了水中鱼而放弃包括鱼在内的整个大自然。他们在钓鱼的过程中，投入自然的怀抱。而深情厚爱与大自然不是他们追求的结果，但有时候远远比结果更重要，甚至是人生的根本。在他们追求的过程中,他们可以用自己欣赏美的眼睛欣赏沿途的风光,这就已经足够了。因为喜欢钓鱼的人也深深懂得:人生苦短,岁月催人老,人活一世何必非要得出个结果。人们往往在对结果的望眼欲穿中,忽略了人生沿途的美景,错过了人生的美好。因此,喜欢垂钓的人,就不会为了完美的结果而忽略更加完美的人生过程。他们是懂得生活的人,懂得欣赏的人,他们也懂得在人生旅途中充分领略无数美景,享受生活带来的无限快乐。

总之,喜欢钓鱼的人,具有欣赏美的眼睛,而且较之其他人,他们更知道什么是人生。

爱车识人

从现代经济水平来看,每一个人、每一个家庭都拥有一部汽车,这几乎是不可能的。但无法拥有并不代表着人们对汽车没有了解。虽然没有汽车,但对汽车津津乐道,甚至达到痴迷程度的人也比比皆是。喜欢、痴迷于什么样的车子,往往是个人品味的浓缩,由此也可对一个人的性格有个大致的了解和把握。

比如,有的人喜欢双门车的人。这样的人一般而言,控制欲和占有欲望是很强烈的。他们希望自己能够领导别人而不是被别人领导。某一事物,一旦进入他们的视线,他们就会尽一切努力去争取,有股不达目的誓不罢休的劲头。在为人处世方面,他们更在乎的是自己的感受,而很少顾及别人的心理,而对于别人有什么样的心理,也是持一副毫不在乎的态度。而且,在需要做出决断的时候,他们往往不会听从旁人的意见,而是自己作决定,并且要求别人听从自己的安排。他们希望将一切都掌握在自己手中。如果有什么事脱离了他们的控制,就会使他们的情绪受到很大的影响。因此,这样的人,比较独断专行,还有强烈的控制欲和占有欲,不是容易相处的人。

有的人喜爱四门车。这样的人,多有自己较独特的个性,他们讨厌被人所左右。因为自己有过深刻的受人限制的感受，所以他们从来不会去束缚别人。他们一般会尊重别人的意见和看法，给别人更多的自由选择的余地，哪怕这种选择对他们来说可能是一种伤害，他们也还会抱着一种理解和支持的态度。因为这一类型的人不过多地控制和限制别人，所以会赢得更多人的依赖和尊重，为自己营造出良好的人际关系。

有的人喜欢豪华车。豪华车不仅仅只是富人的标志，穷人也可以拥有喜欢的权利。对豪华车情有独钟的人，他们多希望自己的表现是与众不同的，并且具有一定的影响力，能够吸引别人的目光。他们时常有成功的感觉，这种感觉多来自别人的赞美，可这又不是完全发自内心的肯定。

有的人喜欢轿车。轿车有时候可能比豪华车更胜一筹。喜欢这一类型车的人大多自我感觉良好，他们总是乐于向别人炫耀自己，从而想证明一些什么。他们渴望自己能够得到别人更多的尊重和爱戴。

有的人喜欢吉普车。这样的人多有很强的好胜欲望，希望别人远远地落在自己的后边，自己永远保持第一名的优势。而且他们有较强烈的自主意识，希望走一条完全属于自己的路。喜欢吉普车的人的性格往往就像吉普车一样，能够不辞劳苦地进驻许多交通工具无法到达的地区。

有的人喜欢旅游车。这样的人，多是比较节约、勤俭，能够精打细算过日子的人。他们总是能利用有限的时间、精力和金钱做出与之不等量的事情来。他们在很多时候会赢得别人的尊敬和赞扬。

有的人喜欢敞篷车。这样的人，大多是属于外向型的人，他们喜欢与外界进行各种接触，而厌恶死气沉沉的生活。他们喜欢热闹，对色彩鲜艳的事物情有独钟。他们对人有热情，富有同情心，能够给予别人关心和帮助。这一类型的人，对新鲜事物的接受能力也是很强的。

物价上涨，汽油自然也不例外，所以有很多人把目光盯在了节油型的汽车上面。这一类型的人多是非常现实的，是能够脚踏实地生活的人。他们虽然时常也有幻想，但从来不会让自己在其中驻足过长的时间。他们不怀念过去，也不寄希望于未来，只是着眼于现在，把握现在所拥有的一切，然后在适当的时机寻求突破和发展。他们大都很注意自己的外在形象，穿着非常体面，举止也相当优雅。

爱车的颜色也能透露个性

我们经常说，一个人的车就是这个人的履历表。这是因为，各种各样的车在一定程度上，代表着车主的身份、财力与性格爱好。

因此，当你评价一个人时，可以先审阅他的汽车。具体地说，你要考虑这部车对车主的工作、家庭的实用性，以及车主的兴趣和个性。你要看，这部车是轿车、敞篷车、房车还是小巴士？都是什么价位的？维修保养费高不高？比如，拥有昂贵跑车的人，往往很重视自己的社会地位，很看重自己在别人面前的形象，个性色彩也比较浓厚。而选择小巴士的人，通常是注重实用性，比较务实，也比较节约。而且，从一个人的车，很容易看出车主的家庭状况或者职业特点。

不过，比较容易判断出来的就是车的颜色和车主性格的关系。因为色彩是五彩斑斓的，而性格也是一个缤纷的世界。所以心理学家说，不同的颜色，或独立，或交错，编织着人们的个性。因此，选购某种颜色的汽车，往往泄露一个人的性格类型。

比如，有人喜欢白色的车。白色代表着清新和纯洁，并且很容易与外界环境相吻合。所以，选择白色车身的人，性格温和，容易与人沟通，有较好的人际关系。不过，他们通常有一点洁癖，并且志向高远，不论是恋爱还是事业，都抱有较高的理想和追求，有时候会把别人吓跑的。

与白色相对，有人喜欢黑色的车。黑色代表着沉稳和性感。

首先，沉稳是被大家公认的，许多大中型汽车都偏爱使用黑色，尤其对于定位公商务的轿车，绝大多数都是庄重、尊贵、典雅的黑色车身。而且，在时装界黑色被称为永恒的流行色，所以在汽车界也不例外，黑色是最常见的。不过黑色还有另一种截然相反的个性，那就是性感和狂野。因此，近年来不少小型车喜欢用黑色，因为看起来更紧凑，有种酷酷的与众不同的感觉。

有的人喜欢绿色的车。绿色代表生动、活泼与宽容，是大自然中草原的颜色，给人以生机勃勃的感觉。因此，喜欢这个颜色车身的人，通常比较友善，而且宽容，是很好的倾听者。不过，由于绿色汽车的核心本质是对和谐与稳定的追求，所以有的时候，选择绿色汽车的人，缺乏锋芒与棱角。也因为绿色与生命的关系，喜欢绿色车身的人，爱好运动，富有活力。

有的人喜欢红色的车。红色代表着积极、乐观与热情。因此，选择红色的购车者属于积极主动的类型，他们的性格外向而乐观，对别人热情似火，而且容易给人留下敏捷、充满活力和动感的印象。

有的人喜欢黄色的车。黄色代表着自信、独立与温暖。黄色是属于太阳的颜色，因此，喜欢黄色汽车的人，天生有着温暖、活泼且勇于接受挑战的个性。他们也同样具备了乐观进取的特征。而且，他们很自信，想拥有不一样的人生，拒绝平庸。

有的人喜欢蓝色的车。蓝色代表着敏感、冷静与深邃。喜欢蓝色车的人，有一种理智而又保守的智慧。如果是浅蓝色的汽车，则表达了一种富有想象力的特征。所以拥有蓝色汽车的车主，有着较强的自我意识。他们的性格敏感而内敛，有时给人冰冷的不易接触的感觉，但事实上，他们喜欢与朋友在思想上进行深层次交流。

还有的人喜欢银色的车。银色代表大方与柔和，银色也是全球汽车市场最受欢迎的颜色。喜欢银色汽车的人，个性大方，不张狂、不呆板，又富有亲和力，不管是谁都会对其有好感。并且，在各种车身颜色中，银色也是最耐脏的，有较强的使用性。喜欢银色车身的消费者在各个年龄段都有不小的比重，这大概也体现了多数人的中庸之道。

登山爱好者大多是内向型的人

当你问一个将要去度假的人，希望从事何种消遣时，如果他以登山回答的话，那么，你就可以判断他是个内向型的人。

内向型的登山爱好者，经常组队向岩壁挑战，以攀登、征服人烟稀少、人力难及的险峻高峰为目标。他们对大自然的态度也不同于外向型的人，对于大自然的险峻、壮观以及美丽，他们又爱又恐惧，虽然敢于向它挑战，但是，始终不把它当成享乐的休闲对象，他们一向以真挚的态度对待那些他们想要征服的高山大川。

一般来说，内向型的人比较能够适应大自然严酷的环境，探险家就不用说，就是登山者也几乎都是内向型的人。真正名副其实的爱好登山之人，不仅抵制不了山峰险峻的诱惑，他们也热爱各种自然景观。当他背着沉重的行囊，当被问及"你到底要爬几次才过瘾"时，他只会回答，"因为那儿有我喜欢的一座山呀……"这一类人几乎毫无例外地，都属于对自己也相当苛求的内向型之人。而外向型的人说"我也喜欢大山"，这时你不妨认为，他只喜欢去那种能够吃野餐的小山丘罢了。

除了登山以外，还有很多旅行的人喜欢欣赏沿途的风景。这样的人，往往喜欢新鲜事物，对外界有强烈的好奇心。喜欢欣赏沿途风景的人，大多是渴望无拘无束、自由自在的生活。他们讨厌被人管制，他们对刻板的、乏味的、一成不变的生活充满了厌倦，而希望能有一些新鲜、刺激的东西注入生活中。因此，生活中任何新的体验或新的责任都能让他们精神焕发，使他们看上去特别兴奋。他们也不想被局限在斗室之内做呆板无味的工作，喜欢时常来点儿刺激，在灰色生活的底蕴上加点色彩，来点儿小点缀，由此给乏味的生活增添些乐趣，使疲倦的神经得到放松。尤其是在初次去某地的途中，车窗外的景色都是生平所未见，那份惊喜、那份快乐简直无法用语言来形容。待到终于到达目的地，再与周围的一切来个亲密接触，感受当地的风，看看天边的云，就连晚上的星星也是亲切的。抚摸山脚的石头，摘一朵路边的野花放到鼻子边闻闻，然后戴在头上，从未有过的感觉让人从心底发出一片感激之情。

除了登山和欣赏旅途的风景，还可以从旅游偏好来窥探人的性格。心理学家认为，了解一个人的旅游方式，可以推测出一个人的潜在性格。

比如，如果在旅行时，有的人喜欢欣赏风景。喜欢欣赏风景的人是不想被局限于室内，呆板的工作往往令他们感到烦躁，他们是精力充沛的人，而且很有幻想，生活中的一切都会让他们大为兴奋。

有的人喜欢出国旅行。这样的人，追求潮流和时尚。生活中的变化，会让他们觉得很刺激。此外，他们还充满幽默的个性，不容易被生活的重担压倒，总是过着自由自在、毫无拘束的生活。

有的人喜欢漫步海滩。这样的人，个性略带保守与传统，爱好孤独，有一种离群索居的欲望。不过，由于这种人对朋友和人际关系都很冷漠，所以他们会是个好父母，因为他们会把所有心思都放在孩子身上。

有的人喜欢到各地去探访朋友。忠诚是他到各地去探访朋友的最大优点，也是他们做任何事情的最大动力。在探访朋友或亲戚时，会让他们有踏实感。他们是实事求是的人。

有的人喜欢露营。喜欢露营的人是传统思想的拥护者，拥有崇高的道德标准，个性独立，富于创造性。这种人的人生观是讲究实际、讲究客观的。

有的人喜欢参加旅行团。喜欢参加旅行团的人是很理性的人，做什么事情都喜欢计划得井井有条，不期待任何惊奇的意外之旅。此外，他们个性豪爽，喜欢与别人分享一切，而且，当别人懂得欣赏他们的时候，他们会格外高兴。

总之，不同的旅游方式和在旅行途中的侧重点，可以反映出旅行者不同的性格。

通过喜欢的音乐看人

音乐是所有人类的共通语言之一，有位知名的艺术家曾经说过："音乐是没有国境线的。"在我们的生活中，音乐是必不可少的，离开了音乐，生活也将变得枯燥乏味。

也许每个人都曾被某些音乐所感动过，对人们来说，音乐是一种感觉层面上的东西，它可以彰显出人的个性来，不同的人喜欢听不同的音乐。反之，从音乐中，我们也可以判断出一个人的性格来。就让我们一起随着音乐品评人的性格。

有些人喜欢听乡村音乐。这样的人性格都十分成熟老练，一般不会做出什么损害自己利益的事情。他们喜欢自然的安静和恬然，不喜欢大城市的喧嚣和纷繁，所以这样的人最向往的生活是"纯绿色"的田园生活。他们有时也会变得非常的细心和敏感，在意一些细枝末节的问题。他们经常关注社会，同情备受欺凌的弱者，总是和社会中的弱势群体站在同一条战线上。

有些人喜欢听古典音乐。这样的人往往理性胜过感性，他们的性格成熟而内敛。对于他们来说，能触动内心情感的东西已经不多了，所以他们都很孤独，音乐对他们来说是一种"知己"般的存在。他们希望自己的人生能够尽善尽美，所以对这样的人来说，身份、地位、金钱都是十分重要的。有些时候看起来，似乎他们不太在乎物质上的享受，但是一旦他们有了那个能力，无论什么，他们都会要求享受最好的和最高级的。

有些人喜欢爵士乐。这样的人与之前喜欢古典音乐的人正好相反，他们的感性多于理性，做事也总是跟着自己的感觉走。这样的人喜欢自由自在、无拘无束的生活，所以有些人会觉得他们有些放荡不羁。他们喜欢丰富多彩的生活，追求一些新奇的事物，讨厌任何一成不变的东西，所以，他们很喜欢色彩斑斓的夜生活。

他们非常关怀他人,懂得为他人着想,对自己的另一半来说,他们永远都是最浪漫的。

歌剧是一种融入了诸多元素的高雅艺术。即使在现代,也深得人们喜爱。一般来说,喜欢听歌剧的人性格都比较保守、传统,这类人比较情绪化,有的时候会显得有些偏激。但他们做起事情来却非常的认真负责,认真到近乎苛求的地步,他们不管做什么都会努力地做到完美,一点儿瑕疵都会让他们的心情受到影响。

喜欢听爵士乐的人内心向往自由

现在很多年轻人都喜欢听流行音乐,因为流行音乐都非常的简单易懂,表达感情也非常的直白。喜欢流行音乐的人正如流行音乐本身一样,是非常简单的人,这些人喜欢用简单直接的方法来解决问题,在对待事情时,不会想一些拐弯抹角的办法。这样的人做事喜欢采取中庸之道,从来不会剑走偏锋,属于非常平凡的"随波逐流"型。在性格方面,这样的人都比较单纯、直爽。

喜欢摇滚音乐的人无法忍受寂寞,喜欢人多的场合。他们非常自信,但却喜欢四处炫耀,以求引人注目。这样的人大多数都有一些愤世嫉俗,对现实社会十分不满,所以宣泄情绪的摇滚音乐成了他们的最爱。

有一些人很喜欢背景音乐,他们的想象力都特别丰富,甚至丰富到超脱现实的程度,所以这样的人多少会对现实社会感到失望。但所幸的是,他们懂得自我调节,不会表现得太过火。他们感觉都非常敏锐,能够捕捉到他人所没注意到的东西。而且他们非常有口才，不管是熟悉的人还是陌生人，都能很快的与对方搭上话。

有的人很喜欢蓝调，并常常听着这种忧郁的音乐陷入一个"自我沉醉"的状态里去。他们看起来永远都显得十分低沉和落寞。这些人把人生所经历的事情看成是一部充满悲情的戏剧，所以说他们的情绪经常是时好时坏的，不容易稳定下来，这样的人不但会伤害自己，而且周围的人也会被他们感染到。

有的人喜欢听一些凄婉哀凉的音乐，这样的人往往非常多愁善感，而且很有同情心。之所以喜欢听这样的音乐，是因为他们的人生经历充满了曲折，这样的音乐常常让他们想起曾经那些难忘的日子。

喜欢民族音乐的人非常孝顺，如果是女人，那她一定是一个贤妻良母；如果是男人，那一定是一个贴心听话的好丈夫好儿子。这样的人都非常有人情味，但这种好脾气总是会被人误认为是软弱。

有些人喜欢听高昂激进的进行曲，一般人都认为，这样的人一定非常富有激情。其实不然，喜欢听进行曲的人做事墨守成规，不知道变通，性格非常的刻板。他们对自己的要求非常高，不允许自己犯半点错误，但现实社会却常常让他们感到疲惫和失望。但这样的人有一个非常好的优点就是他们懂得知足，不管面临怎样的环境都可以安于现状，泰然处之。

同样是激昂的音乐，有些人更喜欢交响乐那种宏大的气势。喜欢交响乐的人总是一副干劲十足的样子，而且十分有信心，因为他们凡事都只会去想积极的一面。这样的人能够迅速地和周围的人打成一片，但是他们对他人却缺少一种"警戒"心理，总是盲目地相信别人经常会让他们受到损失。喜欢听交响乐的人非常喜欢表现自己，总是在他人面前显示自己的不平凡，他们希望能够挤入到上流社会中，但不务实的性格总是让他们离梦想越来越远。

还有些人喜欢节奏感十足的打击音乐。喜欢这种音乐的人性格都非常耿直、爽快，他们为人处事的原则是"以和为贵"，从来都不挑剔自己的朋友。这种人社交能力都非常强,不管是什么场合下都能够谈笑风生,所以这样的人一般都非常受周围人的欢迎。

听音乐是人类生活当中的一种非常常见的娱乐活动,音乐的历史可以追溯到远古时代,某位考古学家发现的原始古笛就是最好的证明。当今社会,乐器的种类更是五花八门,人们也越来越喜欢用听音乐的方式来放松自己。有的人把音乐当成自己的知己,因为音乐中有他们难以倾诉的情感;有的人把音乐当成理想,终其一生来追求音乐的真谛;还有的人会借用音乐的力量来激发自己的灵感,创作出一些传世佳作。但不要忘记,通过他人喜爱的音乐类型也可以窥探出人的性格来。

通过喜欢的舞蹈看人

跳舞是人类最古老的一种沟通方式之一,舞蹈甚至比音乐还要古老得多。在人们还在茹毛饮血的时候,舞蹈已经成了人类最重要的庆祝方式,而随着人类社会的进步和发展,舞蹈也逐渐演变成了一种重要的社交礼仪。在大型酒会中,男人常常会以请女士跳舞的方式来显示自己的绅士风度。一个人的跳舞方式和喜欢的舞蹈,往往比说话更能体现出一个人的性格来。因为,言语可以掩饰很多东西,而跳舞却不能。

有些人喜欢跳探戈。这样的人大多都非常注意个人素质的培养,因为在他们看来,一个人的情商和智商是同等重要的,在一定的情况下,情商还会更重要一些。他们不甘平凡,喜欢刺激而又神秘的生活,对他们而言,这种生活正如探戈一样,让他们心醉。

还有些人特别喜欢跳交际舞。他们的交友圈子十分广阔,因为这样的人总是会参加一些社交活动,他们对人与人之间的关系也非常重视,喜欢结交朋友。这种人的创造能力和组织能力都非常强,但他们在为人处世方面却十分小心谨慎。

华尔兹是一种非常优雅的舞蹈。喜欢华尔兹的人,往往性格都非常的沉着稳重。他们的社会阅历都十分丰富,社交能力也特别强。在为人处世方面，他们待人十分亲切、随和，也精通各种绅士礼仪，再加上他们举手投足间流露出的高贵气质，会令大多数人不知不觉地开始欣赏他，这种人在任何场合都很吃得开，深得他人的尊重。

爵士舞是一种即兴的舞蹈，它并没有那么多优美高雅的舞姿，更多的是一种自由和随兴的动作。喜欢跳爵士的人都非常的聪明，应变能力也非常强。这种人心胸宽广、不拘小节，而且非常幽默。他们喜欢享受朋友之间的聚会，但是这并不代表他们害怕孤独，这样的人就算只有一个人，他们也会想办法让自己快乐起来。

芭蕾是技巧性最强的一种舞蹈，想要学会芭蕾就要付出很大的努力才行。喜欢芭蕾的人往往都具有非常强的忍耐力，在面临困难时会尽自己最大的努力去解决，在追求自己的理想时，他们也会先给自己设下一个短期的目标，然后尽全力地完成它们。这样的人从不怨天尤人、自怨自艾。他们非常遵守纪律，而且还具有一定的组织性和团队合作精神。此外，他们的创造力也不容忽视，经常会创作出一些让人眼前一亮的作品来。

众所周知，拉丁舞是热情的代表，它包括桑巴、恰恰、伦巴，等等。喜欢这些舞蹈的人就如舞蹈本身一样，非常热情，有活力，而且精力充沛，魅力十足。这种人的表现欲望十分强烈，总希望自己能在众人之中脱颖而出，希望能够得到他人欣赏的目光。但其实，即使他们不这样表现，也是人们的焦点，毕竟热情和活力是会感染周围人的。

踢踏舞是一种非常欢快的舞蹈。像打击乐一样，踢踏舞的节奏感也非常强。喜欢踢踏舞的人，精力都十分充沛，表现欲望也很强烈。这种人性格坚毅，做事不会虎头蛇尾，即使是面对挫折打击也不会轻易低头。另外，他们很会随机应变，不管面对多么复杂棘手的问题，都能保持冷静，并最终找到解决的办法。喜欢踢踏舞的人还有一个可贵的品质就是十分珍惜时间，他们认为，浪费时间就是浪费生命。

有一些年轻人，十分喜欢跳摇滚舞，这是一种很消耗体力的舞蹈，上了年纪的人就算喜欢可能也无法跳。但不管是喜欢跳的人还是仅仅喜欢摇滚舞的人，他们的思想都非常前卫，而且性格叛逆。因为摇滚舞更能发泄出心中的不满情绪，所以对于经常感到烦闷的年轻人来说是最好的宣泄工具。总的来说，喜欢摇滚舞的人性格都略为孤僻，而且经常会产生压力感和焦躁感。

舞蹈和音乐一样，是人类古老的艺术形式。在人类还处在部落时代时，就有围着篝火跳舞来表现喜悦心情的记录。在当代社会，舞蹈的种类已经变得非常丰富，有热情奔放的拉丁，有增加互动性的交际，有轻松欢快的踢踏，也有技巧丰富的芭蕾。不同的舞蹈折射出人们不同的心理状态，不同的舞蹈同样也能够反映出人们不同的性格。经过以上分析，相信大家已经对此有了一定的了解。

通过喜欢绘画的内容看人

在现代，有很多家长都会培养自己的孩子一门艺术类爱好，有的让孩子学弹琴，有的让孩子学跳舞，还有的让孩子学绘画，等等。其实，这些并不一定是孩子们的爱好，但家长一直逼迫，也只能硬着头皮去学了。实际上，在生活中有很多人非常喜欢涂鸦，但他们并没有接受过什么绘画培训，也没有拜访过什么名师。一般这些人都是在感到无聊或是苦闷时才会开始信手涂鸦，借此来发泄心中的情绪。有的人会即兴地画一些山水风景，有的人会画一些人物或是动物，还有的人只是乱涂乱画而已，并没有什么特别规则的画。心理学家研究发现，喜欢画不同东西的人，他们的性格也是千差万别的。特别是无意识的涂鸦，最能反映出一个人的真实性格。

有的人在无聊时会喜欢不断地画圆形，就像当年达·芬奇画鸡蛋一样。这样的人往往都非常有远见，他们能够冷静地分析出事态的发展和走向，然后极其隐忍低调地等待机会，一旦发现有好的机会,他们会毫不犹豫地抓住,然后走向成功。在其他人眼中,这样的人像是有些书中所提到过的"世外高人"一样,因为他们好像对生活中所有的事情都不太关心,甚至看起来还有一些大大咧咧,但他们却能够把握住很多他人所注意不到的机会,洞悉很多他人所忽略的信息。由于他们对未来的计划十分周密,所以他们的生活水平总是在不断提高着。

有的人在无聊时喜欢拿着笔在纸上画连续的环形。这样的人非常善解人意,往往他们通过他人的细微小动作就能够了解到对方的心中所想。在交际圈内,他们总是设身处地地为自己的朋友着想,所以深受人们的信赖。这样的人性格都非常善良,而且并不贪图富贵享受。不管什么样的环境他们都能够很快地适应,算是个很典型的随遇而安的人。

还有人喜欢在纸上不断的画直线,或者画交叉线。这样的人都充满了活力,给人一种随时都能爆发的感觉。他们非常喜欢热闹的环境,也喜欢不停地做事,对他们而言,安安静静地待着不动简直是一种折磨。他们没有特别喜欢或是讨厌的东西,对他们而言,只要是环境热闹就可以了,有的时候自己还会制造出一些"热闹"来活跃气氛,让大家开怀一笑。

有的人喜欢在纸上画波浪或是小锯齿。这样的人头脑都非常灵活,反映也非常快速。他们不会迷信什么权威说法或是什么经验学说,而是会自己一遍一遍地分析和实践。他们都非常有才华,而且分析推理能力都非常强,能够在众多繁杂的线索中抓住最关键的一条。这类人的性格非常刚直,敢作敢当,而且非常富有冒险精神。在工作中,对于上司的不当说法他们也会直言不讳。

同样是画锯齿和线条,有些人喜欢在纸上画一些非常不规则的线条和锯齿类图案。这些图案就像是信手乱涂的一样。这样的人一般都非常不满于现状,他们总是站在山腰看山峰,总觉得另一座山好像更高一样。他们争强好胜,不允许别人走在自己的前面,就算明知自己不是对手,他们也会向他人宣战,争夺第一。

在大多数情况下，这样的人心情都是非常烦躁的，因为他们总是想要更进一步，摆脱如今的状态。他们不知道如何去摆脱这种令人焦躁的现状，所以只能通过这种乱涂鸦来舒缓自己的情绪。

还有些人比较另类，他们喜欢不断地在纸上画三角形，不清楚状况的人可能会误会他们在做几何推理或是在设计什么东西。喜欢在纸上乱画三角形的人反映都非常敏捷，而且理解能力强。如果有人向他和他周围的人灌输某些新的思想，那他一定会是最先理解融会贯通的。同他们的理解能力一样，他们对新事物的接受能力也非常强。他们喜欢思考，喜欢自己研究出解决的办法，如果有人将问题的解决方法直接给他们，他们是绝对不屑使用的。对他们来说，只有自己思考，才能把握好细节，才能精益求精，最终将事情做得完美。在有些人眼中，他们的这种精益求精的做法非常好，但他们钻牛角尖的毛病却让人十分难以接受。

通过喜欢的运动项目看人

相信在当今时代，"运动"这个词每个人都不陌生，那么提起运动，我们首先会想到什么？球类？竞技项目？还是其他的什么？不管我们想到的是什么，运动的目的都是想要锻炼身体，获得一个强健的体魄。那么同样是锻炼身体，为什么不同的人会选择不同的运动呢？其实只要细致观察我们就会发现，人们在选择运动时会不自觉地透露出自己的心理需求，同时，运动也可以反映出他们的个性来。

有的人喜欢打篮球，这样的人一般都有非常远大的理想，为自己定下的目标也非常高，他们非常自信，所以对自身也抱有很高的期望。他们希望领导他人，始终保持领先，希望自己能够比别人强，比别人出色。为了成为人上人，他们会非常努力，甚至做出一些牺牲。当然，任何事情都不可能百分之百成功，但这样的人在遭遇失败后，并不会像大多数人那样一蹶不振，灰心丧气，而是会越挫越勇，付出更多的精力来迎难而上。这样的人，心理素质都非常好，性格也非常开朗自信。

有的人喜欢打排球，这样的人性格豪爽，不拘小节，在做一件事的时候会很享受过程，而并不在意结果如何。这些人认为，只要努力过了，就算失败也已经对得起自己了，所以他们不会去计较什么得失、成败。在很多人眼中，这样的人有些不负责任，甚至很多人都觉得这样的人没能力，因为大部分人都只看中结果而不问过程。但其实，这样的人非常有办事能力，一旦决定，就会不遗余力地去做，只是比起结果，他们更看重过程罢了。

有的人喜欢打网球，这类人多半都是文化涵养比较高的人。网球是一种具有贵族气息的运动，它的格调非常高，所以一般人根本没法加入到这项运动中来。所以说，参加网球运动的大多都是些文化素养很高的群体。这种人平时对自己的要求非常严格，不管是做事还是做人，都力求完美。可以说，喜欢网球运动的人，都是一些完美主义者。

足球是一种非常刺激的，竞技性非常强的运动，它会让人在进球的那一瞬间热血沸腾。所以说喜欢足球运动的人，都是一些富有激情、对生活抱有非常积极态度的人。这样的人工作起来干劲儿十足，非常有"战斗"的欲望。喜欢足球运动的人非常富有正义感，喜欢帮助别人，但有些时候会显得非常冲动。这样的人大多都属于"热血"型性格。

人们都知道，高尔夫球是一种"高级"运动，有些人即使喜欢可能也玩不起。它不仅仅是一种运动，也是一种象征，象征着一个人的地位、财富以及身份。高尔夫是一种"贵族"运动，能够玩得起的人往往都有很强大的经济实力，所以他们本身也可以称得上是成功者。喜欢玩高尔夫球的人都有一个非常广阔的胸襟和非常远大的理想，他们的毅力非常强，而且有一股不达目的誓不罢休的精神。高尔夫运动需要相当程度的技术和专注力。喜欢高尔夫的人，性格沉稳，处理事情耐得住性子，不急于求成，着眼实际，努力认真地做好眼前工作。这种人乐于交际，善于沟通与合作，人脉广泛。

有的人喜欢慢跑，一般而言，这样的人性情都比较温和、亲切，对他人也比较热情。这些人的心态比较平和，在很多时候都能够保持冷静。他们没有什么野心，也没有什么远大的抱负，比较安于现状。

有的人喜欢自行车运动，这样的人做事非常灵活，讨厌麻烦。在面临选择时，他们往往会选择最快捷的办法来解决问题。他们的好奇心非常强，喜欢去探索一些未知的东西，对新事物的接受速度也很快。喜欢骑自行车的人，性格活泼开朗，充满动力。他们乐于尝试，积极进取，勇于挑战困难，热爱生活，拥有爱心，很多情况下，他们都是受人喜欢的。当然，这种人也有很多小脾气，倔强、执拗，因此偶尔也会显得不可理喻。

还有些人喜欢体操运动，喜欢这种运动的人性格都不是特别坚强，而且自我约束能力非常差。这种人在面临困难时经常会妥协而无法坚持下去，他们的生活也没有什么规律性可言。因为他们的软弱，所以他们经常会面临各种各样的失败，如果想要改善这种生活，只能找一个约束力很强而且很严厉的人一直督促鞭策才行。

一般而言，喜欢游泳的人，缺乏解决问题的信心和勇气，游泳只不过是他们逃避现实、摆脱苦恼的一种方式而已，这种人容易产生压迫感，缺乏反抗精神和勇气，尝试改变自我，以及发表个人的意见和主张，能够让他们逐渐摆脱消极悲观的人生态度。

冬泳是一项非常"刺激"和考验意志力的运动。喜欢这种运动的人都是意志力超强的人，尤其是在冬天时，跑到江河里面进行长距离游泳的人，他们的意志力更是让人惊叹。喜欢冬泳的人往往都非常冷静，在处理事情时，从不会冲动行事。就算是面临险境，他们也不会被强烈的情绪所左右，仍然能持冷静的头脑和清晰的判断能力。这样的人非常例行，逻辑性也非常强，但性格上有一些高傲。

喜欢冬泳的人在公众场合下一般不会去指责别人，但是在私下，他们则会非常果断地说出自己的见解，并毫不留情地指出对方的不足之处。喜欢冬泳的人分析能力也非常出色。他们的知识都非常丰富，特别是各种专业领域的知识都非常精通，他们非常渴望得到别人的认

喜欢冬泳的人有超强的意志力

可和赏识，所以他们经常参加一些社交活动。在很多人眼中，这种人非常不容易亲近，因为他们总是冷着一张脸，从不会和大多数人一样，在公共场合表达自己的感受，抒发自己的感情。

有些人喜欢散步，并把它当成一种运动。喜欢散步的人性格都非常沉着、稳重。他们知道什么事自己能做，什么事情自己不该做。他们做事非常有耐心，从来都不会半途而废。他们认为，为人处世就应该像是散步一样，不快也不慢，该转弯的地方转弯，该直走的地方直走。所以他们从来都不会去赶什么时髦，也没有太强烈的表现欲望。对他们来说，做好自己才是最重要的。

同样是散步，有些中年人只喜欢在黄昏时，踏着夕阳的余晖缓缓地踱着方步。这样的人做事不拘小节，甚至连自己的外表和个人卫生都不管。大多数人都觉得他们十分的邋遢、懒散。的确，这样的人不管做什么都不紧不慢的，属于火不烧到眉毛都不着急的类型。如果有人托这样的人办事那就要看运气了，因为他心情好的时候会把一件事情办得非常顺利、妥当；而心情不好时，不管多小的事都会搞砸。所以几乎没有什么人托他们办事。

相较于短跑和漫步，长跑更考验一个人的毅力和耐性。喜欢

长跑的人，往往具有较强的自我控制能力，他们轻易不会因为外部因素的影响动摇决心，能够沉着冷静地处理遇到的困难，从不轻言放弃。

喜欢举重的人，更加看重外在的东西。在他们看来，举重可以让自己拥有傲人的肌肉和身板，这将使他们在别人面前显得极其魁梧，进而让他们赢得褒奖和赞叹。这种人性格直爽，豪放洒脱，缺乏深入透彻的分析能力。他们习惯通过表面的东西判断事物，对事物的理解和认知流于肤浅。

瑜伽是近年才流行起来的一项运动，起源于印度，讲求肢体动作和身体器官的协调，通过一些舒缓地动作，调养身心，最终使人获得精神和肉体的和谐统一。喜欢瑜伽的人，性情温和，能够理性安然地面对周遭事物，他们善于控制和调节自我，处变不惊，不为世俗困扰，远离争斗。

有的人运动时不喜欢在室外，而是喜欢去一些体育馆或者健身俱乐部进行运动。这样的人大多数性格都非常外向，喜欢很多人聚在一起，不喜欢独处。他们经常会参加一些有组织性的活动，而且在活动过程中他们非常遵守纪律。这样的人好奇心非常强，甚至连他人的隐私都想要窥探。这种人追求高效和程式化的生活。在他们看来，包括运动健身在内的许多活动，都只是一种维持自身健康和活力的手段，目的在于使他们更高效地投入到学习和生活中去。他们更看重结果，而不关心过程，这让他们的生活失去了许多趣味。很多时候，他们都疲于奔波，无暇享受生活。

有些人，则迷信于家庭运动器材。这种人会买一堆运动器材放到家里，以期花费最短的时间，获得最理想的运动效果。这样的人一般性格都非常冲动，经常是头脑一热就决定了什么事情，往往急于求成，缺乏耐心和毅力，他们总是在不停地寻求捷径，而不去关心方法的可行性。这种人容易丧失判断力，容易受到别人的蛊惑和误导。通常，过不了多长时间，他们那些在广告里被形容的神乎其神的健身器材，就都被他们堆到仓库里不见天日了。

人之所以被称为一种动物，关键就在于一个"动"字。运动对于人们来说是一种非常重要的生活方式，有句话说得非常正确："生命在于运动"。不管什么年龄的人，都喜欢做一做运动，借此来锻炼自己的身体。不同的人会选择不同的运动方式，不同的运动爱好也是人们性格层面的流露。

通过喜欢的游戏看人

人的兴趣有很多种，每一种性格的兴趣爱好都有着明显的差异。想要了解一个人的爱好，可以以这个人的性格作为依据，因为兴趣的背后，隐藏着他人的另一面，也就是所谓的内在的性格。

有些人喜欢玩游戏。所以人们很自然地认为，这样的人性格非常天真、单纯，非常喜欢赶时髦，容易被他人的思想左右。其实不然，游戏分为很多种类，不同性格的人所喜欢的游戏也不尽相同。就拿益智游戏来说，它是一种运用知识来解决问题的一种非常富有智慧性的游戏。经常接触这样的游戏可以让人变得越来越聪明，越来越有智慧。但益智游戏也有很多种，比如魔方、拼图、填字，等等。通过不同游戏的选择，我们同样可以观察出他人不同的性格来。

首先我们来谈一谈拼图游戏。相信这个游戏大家都不陌生，顾名思义，拼图就是将杂乱的图案拼凑成一副完整的画面来。喜欢这类游戏的人，他们的生活也像是拼图一样，拼好一块，转眼又会被打乱。这些人经常会被各种各样的事情所干扰、所左右。有些时候甚至会在一夕间所有的努力都付诸东流。可以说这样的人生活中充满了各种各样的不如意。但所幸的是，他们的信心和忍耐力都非常地强，一旦遇到挫折，就会迎难而上，直到解决为止。就算遭到失败，这样的人也不会放弃，而是会收拾心情，重新再来。

接下来我们再看一个比较热门的益智游戏，叫作"纵横字谜"，其实就是填字谜。在限定的格子里留下几个字，然后给予玩家提示，由玩家最后填上，这种游戏最后的结果往往都非常出乎意料，深受人们喜爱。喜欢这种游戏的人，往往非常看中做事的效率。他们喜欢花最少的精力去最大限度地完成一件事情。虽然这有些不现实，但他们一直这样的努力着。他们非常有修养、有礼貌，在待人处世方面，他们非常有绅士风度。他们也非常有责任心，意志力也非常强。在面对灾难时，这样的人不会一个人逃走，而是会尽可能地保护周围的人，勇敢地面对灾难。

然后我们再看看喜欢玩魔方的人。众所周知，魔方是一个非常精巧且复杂的游戏道具，会玩的人可以很快地完成一个侧面，而不懂得法门的人却很难将它们扭回原来的样子。喜欢玩魔方的人往往头脑都非常聪明，具有很丰富的想象力和很强的创造力。他们总是能手动制作出很

喜欢玩魔方的人想象力丰富

多小玩意儿。他们的自主意识也非常强，喜欢独自去钻研一些复杂的问题，而不喜欢他人插手。就算是这其中要付出很大的代价他们也不在乎。这样的人做事非常有耐性，大有不达目的誓不罢休的魄力。

喜欢玩几何图形排列的人性格都非常独立，他们对待问题时，不会人云亦云、随波逐流，而是有自己的独到见解。这样的人多数都非常聪明，富有智慧，思想也很成熟，他们做事非常有条理、有计划，每一件事都会经过自己的深思熟虑后才做决定。他们非常自信，即使是计划中出了偏差，他们也会很快地找到应对办法，所以总是一副胸有成竹的模样。由于他们深沉内敛的气质，使得他们非常受异性的欢迎。

有一种文字游戏特别锻炼人的英文水平，就是将某个单词的字母随意地颠倒次序，然后再组合成新的单词。喜欢玩这类文字游戏的人头脑都非常灵活，反映也很敏捷。他们适应环境的能力非常强，由于他们很善于同周围人协调，所以总是能很快地融入群体中。他们的观察力都十分敏锐，能够很快而且很准确地洞悉他人内心的想法，所以有些时候，并不需要对方开口，他就能提前满足对方。这样的人在为人处世方面可以说是左右逢源，非常受周围人们的欢迎。

有些人喜欢做数字类的游戏。这种游戏非常锻炼人的逻辑思维能力，所以喜欢玩这类游戏的人逻辑思维能力都不弱。他们的生活非常有规律，什么时间做什么事情都非常固定，基本不会改变。所以在外人眼中，这样的人有些刻板。他们非常不擅长人际交往，因为他们的要求总是十分死板，条条框框的约束很多，甚至到了不近人情的地步。所以说，他们总是不知不觉地就得罪了很多人，而自己还浑然不知。

智力测验是一个比较放松休闲的游戏，一般女人都很喜欢这种小游戏。喜欢玩智力测验的人性格都有一些散漫，他们虽然对生活充满热情，但是他们的生活却十分没有规律，常常是不分事情的轻重缓急，想做什么就做什么，十分任性。这样的人总是将大量的时间和精力浪费到一些琐事上，结果影响了自己的正业。

近几年有一个游戏风靡了大江南北，无论是网络上还是杂志报刊上都有这样的游戏，这个游戏叫作"找茬"，即拿出两幅非常相近的图片，让玩家来寻找不同的地方。喜欢玩这种游戏的人性格都有一些多愁善感，他们总是自寻烦恼，总是将事情想到不好的方面。而且这样的人心胸也十分狭窄，经常以偏概全，他们总是只看到对方的缺点，而且一旦抓住对方的缺点，就会咬死不放，至于他人的优点，这种人是绝对看不到的。

电子游戏机是现代年轻人们的新宠，繁杂多样的游戏、复杂的关卡以及华丽可爱的人物都深受当代年轻人的喜爱。喜欢玩电子游戏的人往往对新鲜事物的接受能力都很强,在面对一个新环境时,也能很快地融入其中。但他们却有一些缺少主见,在面临重大的决定时,总是会被他人的意见所左右。

每个人的兴趣爱好都与他们的性格有着深刻的联系,不同的游戏也反映了人们不同的性格,了解对方在游戏方面的爱好,将是认识对方性格的一个非常有力的线索。所以在生活中我们不妨多留意一下,看看你身边的人都喜欢玩哪些游戏。

通过喜欢的棋类游戏看人

棋是一种非常考验智力的娱乐休闲活动。很多人都会在闲暇时拿出棋盘"排兵布阵",和自己的棋友一起感受这种"驰骋沙场"的感觉。下棋所模拟的也正是两军对垒的场景,这种棋盘上的厮杀蕴含了很多智慧,棋也算得上古代人智慧的结晶了。棋道贯穿始终的三个字就是"平常心",只有心平气和才能最终取得胜利。其实人生也正如棋局一样,在为人处世方面,如果能保证一颗"平常心",那一定会无往不利。同时人的一生也是风云变幻、胜负无常的,这也正如高手对弈一般,一子落错,满盘皆输。关于棋,有很多格言,这些棋类格言经常会给我们很多启示。比如说之前说过的"一子落错,满盘皆输",再比如说"举手无悔,落地生根",等等。

棋局不但可以带给我们很多哲理性的感悟,从一个人下棋的习惯我们也可以看出一个人的性格来。有些人下棋喜欢屡出奇招,以奇袭获胜;有的人喜欢据守稳打,步步为营;有些人则喜欢将"杀棋"隐藏到平常的棋着中,趁人不备狠狠地撕开对方的棋阵;有的人总是举棋不定,落子后也经常悔棋;还有的人进攻非常犀利,但随着棋局的发展,他的劣势就越来越明显了。总的来说,爱好下棋的人在智力上一般是强于他人的,但这些人往往都有一个缺点,就是喜欢咄咄逼人,像下棋一样,他们总喜欢将人逼入死角,走投无路,借此来满足自己的虚荣感。喜欢下棋的人逻辑能力和思考能力非常强，他们也比一般人更容易全身心地投入到某些事情当中去，所以他们做事的成功率都很高。

接下来我们就上述所说的那几种下棋习惯来分析一下个人的性格。

首先是下棋时喜欢出奇招获胜的人。这样的人行事风格也正如他的棋路一样，喜欢剑走偏锋，也许运用得当是个好方法，但稍有偏差就可能将事情搞砸。这类人的思维都非常灵活，总是能从很多角度来考虑问题。但这样的人性格有些乖张，而且非常容易钻牛角尖。

其次是下棋时步步为营的人。这样的人性格比较谨慎小心，心理抗压能力非常强。做起事来非常稳重，甚至有一些慢性子，常常会让周围的人感到焦急。这类人的脾气都非常倔强，一旦有所决定，就会立即实施，就算是碰壁他们也不会轻易放弃。虽然在某些场合这种一往无前的精神非常可贵，但在社交场合中，他们直来直去的性格经常会让周围的人感到尴尬，最后敬而远之。

再次是下棋时喜欢隐藏杀棋的人。这样的人性格大多都有些孤僻、极端，他们不喜欢人多的社交活动，而更喜欢闲暇时品品茶，和朋友一起下下棋，等等。有共同爱好的人可以很迅速地和这样的人成为朋友，但如果这个人与他并没有共同爱好，那么就算带足礼品，做出"杨时程门立雪"的姿态，他们也未必肯去理会。他们这样的性格和为人处世方式使得他们并没有多少朋友，即使是在一个集体中，这样的人也像是单独孤立出来的一部分一样。他们做事之前总是会将可能发生的情况细细地考虑一遍，然后思考出几种办法，再分步骤地将办法排列在一起，最后一气呵成地将事情做完，有些时候，他们计划的时间甚至要比做事的时间长得多。

接下来是下棋时经常悔棋的人。这些人性格大多都非常软弱，而且做事也总是犹豫不决。也许很多人认为，这样的人一定很容易被他人左右。其实完全相反，这样的人虽然软弱，但是却非常相信自己的想法和看法，即使对方的道理比他正确，经验比他丰富，他也不会听取对方的好言相劝。而是在事后才会后悔"哎呀，当时听你的好了"。他们并不是反应迟钝，下棋的人反应都非常快，他们只是刚愎自用、不听人言而已。在为人处世方面，他们总是想要证明自己，但其软弱的性格和刚愎自用的习惯让他们经常成为被忽略的对象。

最后是下棋时只顾一路冲杀的人。这样的人都非常豪爽热情，性格有些冲动，常常是脑子一热就答应了对方的事情，或是做出了某些决定。他们非常开朗，因为他们性格非常直爽，所以很容易就可以和周围的人打成一片，成为一个团体的中心。总的来说，他们的人际关系处理得都非常不错。

一般来说，不同年龄的人下棋风格也都是不同的。年轻人下棋的时候总是风风火火、大拼大杀的，基本上几分钟就可以下完一局棋；而中老年人则不同，他们每一步棋都是经过算计的，看起来好像是很普通的棋步，但里面隐藏了很多杀棋，一般来说岁数越大的人，下一局棋所用的时间也就越长。

有的人下棋单纯是为了消遣，而有的人下棋则是出于对生活的补充。在生活中，人与人之间的钩心斗角是我们常常都会见到的。有的人被他人伤害了，无从发泄；或是有些人想要"练习"一下如何在心智的比拼中战胜对方，他们就会用下棋的方式锻炼自己。这些下棋时气势凌人、战法凶猛的人也许在现实中是个非常温和的人，他们之所以会采取这种攻势强烈的下法，很可能是因为在现实中受到了委屈，想要在棋盘中寻求一些安慰。

如果一个年轻人每天都很沉迷于和他人下棋的话，那很可能是因为他的生活压力太大了，想要通过下棋来转换一下自己的思想，而且顺便可以将在工作中所受的气全都发泄在棋局上。这样的人往往下棋时和社交时的状态是截然相反的。下棋时他们会显得非常疯狂；而在为人处世方面却非常恬然，让人觉得他们无时无刻心情都很平和。

有的年轻人平时不太喜欢下棋，只是在假期时才会偶尔找人杀上两局。这样的人往往都有较强的斗志，无论做什么都会一鼓作气地做到底，从来不会因为遭受一点挫折就轻言放弃，所以说这样的人在事业上往往成就都非常高。

通过喜欢的收藏品看人

在现实生活中，有很多人都有收藏的爱好，有的喜欢收藏钱币，有的喜欢集邮，有的喜欢古董字画，还有的喜欢收藏些类似指南针、罗盘、刀具等奇奇怪怪的东西。不管人们收藏的是什么，他们的目的都是为了提高个人的修养，或是陶冶自己的情操。当然，也有一些人单纯是为了炫耀而已。可以说，收藏领域中的收藏品五花八门，各式各样的都有。同样地，收藏者的性格也是各具特色的，据专家分析，从一个人的收藏品中，可以了解到这个人的性格、心理等很多方面的信息。这一节，我们就一起来聊一聊收藏的话题。

提起收藏，相信大家都不陌生，因为当今社会有很多人有这个爱好，有一些电视节目就以鉴定这些收藏品的价值为看点，而且有很多人都非常关注这样的节目。一般而言，一个人的地位一旦达到了一定高度，他们就会渐渐地爱上收藏。好了，说了这么多，下面我们就来看看，通过收藏品能看出人们性格的哪些蛛丝马迹吧。

一般来说，一旦提起收藏，人们首先就会想到鉴宝节目中所说的那些古董、字画或是一些其他艺术品。首先来说，古董或是艺术品所代表的是一种高雅、博学以及财富。因为想要收藏这些价值不菲的古玩，第一个条件就是要有钱，然后还要有一定的文化素养才行。从这点上看，喜欢收藏古董、字画以及高雅艺术品的人，往往社会地位都比较高。而收藏品都是有"档次"之分的，不一定花高价购入的收藏品档次就高，所以这又关系到一个眼光问题。综合上述的两点来看，喜欢收藏爱好的人，都是地位比较高的，文化程度也大多都不低，而且非常有眼光，另外就是，这些人的好胜心理都非常强。因为他们都不想自己的收藏品被他人的藏品所比下去。

仅次于古董、字画和艺术品的是钱币收藏。相信大家都对电视广告中介绍钱币的那种广告印象颇深。什么连号的钱币怎样怎样值钱，第几套的人民币价值多少，等等。可以说钱币的升值潜力还是很大的，而且自古以来，人们都对钱情有独钟，毕竟钱币也是曾经的流行货币。用它可以买来很多东西。一般来说，喜欢收藏钱币的人性格都非常传统，他们不善于冒险，对新事物的接受能力也略差一些。但这种人的责任感非常强，对自己的家人都非常关爱，特别是对待自己的子女更是宠溺得过分。这样的人无论做什么事情都力求尽善尽美，为了达到这个目的，即使非常困难他们也会坚持下去，可以说他们是天生的完美主义者。另外，这样的人韧性和毅力都很强，一旦开了个头，就会一直坚持不懈地努力下去，他们的这种性格经常受到周围人们的赞赏。也正是这种韧性强的特性，使得他们的性格都有一些偏执。

有一些人，他们并不像我们前面所说的第一类人一样有很高的地位，他们也没有什么连号或是什么经典的钱币。但他们爱好收藏，他们收藏什么呢？——邮票。各个时期，或是各个国家的邮票都是他们涉猎的对象。邮票既不像古董那么贵重，又不像古人真迹那么珍奇。虽然好的邮票价钱也不低，但比起之前我们谈到的那两种收藏品实在是小巫见大巫，根本不值一提。喜欢收藏邮票的人，往往都比较爱面子，用北京话说就是喜欢"摆阔"。他们几乎不拒绝他人，即使有时候做不到，但碍于面子也要硬着头皮应下来。他们的自我调节能力都很强，即使是碰到一些自己难以接受的事情，他们也会迅速地调整好自己的情绪，然后再冷静地解决问题。

还有些人，他们并不像前面说的那几种人那样，讲究收藏的"品位"，他们并没有什么特定的收藏品，而是喜欢收藏一些很不起眼的小东西。比如，各种各样的纽扣，各种各样的打火机，各种品牌、各种样式的钢笔，甚至是各种样式的酒瓶子，等等。这样的人大多数都非常有进取心，在其他人眼里，他们无时无刻都在忙碌，好像事情永远都做不完一样。他们都非常重感情，也有一定的怀旧心理，对过去的事情总是难以忘怀。另外，他们都非常懂得节约，对金钱和权力的欲望也没有那么强烈。他们的自信心都非常强，虽然他们会为了自己获得的成绩感到骄傲，但他们不会因为这种骄傲和自豪而过分地放纵自己，而是非常懂得节制。因为这些性格中的优点，使得他们在任何社交场合中都能游刃有余，获得大多数人的赞赏。

通过喜欢的旧物看人

相信在生活中，很多人都有收藏旧东西的爱好，这些珍藏的东西对个人而言有非常重要的意义和作用，它代表着人们的一些珍贵的回忆。当然，这不是说，每当我们经历一些事都要找一些物品收藏起来纪念这件事，这几乎是不可能的事情。一般值得珍藏和保存的，都是对个人影响比较深刻的回忆。也许有些收藏品在外人眼中一文不值，但对于收藏的人来说，是非常重要的。一般而言，不同性格的人会珍藏不同的东西。这节我们一起来看一下，这些"旧东西"能传递给我们哪些信息吧。

有些人喜欢珍藏年少时代的旧情书，对他们来说，少年时代青涩的爱情是最珍贵的回忆。这样的人大多都有非常严重的怀旧情结，过去的那些事情，不管是开心的还是难过的，对他们而言都非常重要。他们会花很多时间来追忆过去，相应地，他们会渐渐地开始厌恶眼前的生活。虽说这并不算是什么坏事，但长期下去对心理的影响也是很大的。这样的人，想象力都十分丰富，而且非常富有浪漫情调。他们的性格是多愁善感的，所以大多时候，他们给人的感觉并不是十分坚强。的确，这样的人总是很喜欢依赖他人，希望自己能够得到大家的关心和爱护。

有些人喜欢将写满电话号码的旧电话簿珍藏起来。这样的人非常看重同他人之间的友情，对待自己的朋友也十分忠诚。在为人处世方面，这样的人非常的大方、热情，而且待人十分诚恳。他们大多都有非常不错的人际关系，周围的人都非常乐意与他们交往。他们的性格非常开朗、直率，做事光明磊落，说一不二。作为领导，他们深受下属的尊敬和爱戴。

有些人非常喜欢收藏旅游的纪念品，对这些人来说，每一件小物品都记录着他们的足迹。他们对自己过去的经历非常珍视，同喜欢收藏旧情书的人类似，这种人也会经常回忆，不过区别是，他们回忆的是自己在旅游途中的那些趣事。这样的人非常执着，对自己的理想和目标总是有着非常强烈的执念。即使是理想实现的过程中要经过非常严峻的挑战他们也会顽强地全部毫无怨言地接下。虽然他们的顽强拼搏精神值得人们赞扬，但不得不说的是，这样的人做事往往缺乏周密的思考，所以经常会有忙到最后一场空的情况发生。

有些人喜欢珍藏儿时的旧玩具或者是旧电子游戏卡带。这样的人玩心比较重，他们的性格都非常积极乐观，就算遇到挫折也能够很好地调节自己，坦然面对逆境。他们向往自由自在的生活，不喜欢过多地拘束。在为人处世方面，他们待人热情，幽默感十足，虽然有时他们会搞一些恶作剧，但这只会让周围的人开怀一笑而已。他们很喜欢四处交朋友，周围的人也非常喜欢同他们交往，所以这样的人大多数都有非常好的关系网。

有些中年人喜欢收集一些老旧的器具，比如说旧钉子、生锈了的螺丝钉，等等。这样的人忍耐力都非常强，而且对待他人十分宽容。在很多时候，即使他人犯了很大的错误他们都不会露出厌恶或是唾弃的表情，而是会耐心地进行劝解和开导。这样的人经常受到他人的赞赏，因为他们大公无私的处事原则。他们总是会因为其他人的事情而忽略了自己亲近的人，所以这样的人并不算是个好的家庭成员。

有的人喜欢珍藏一些旧的书刊杂志或者珍藏一些老旧的报纸。这样的人大多数知识都十分渊博，有随时读书的习惯。他们的性格都很自负，总是一副自命清高的样子。对他们来说，同上司走得太近的人都是"攀权附贵"的人，所以他们十分看不起。这样的人总是很自以为是，觉得自己两袖清风、淡泊名利，做事时也不会轻易接受他人的意见和看法。

有的人喜欢将已经注销了的支票或是收据当成宝贝一样的珍藏起来。这样的人在为人处世等一些方面比较谨慎，做事也非常脚踏实地，从不好高骛远。他们的组织能力都非常强，非常适合成为一个团体的核心人物。但这样的人太过重视一些细枝末梢的东西，做起事来会让人觉得太过优柔寡断。他们的防御心理都非常强，虽然说他们总是能分析出事情的很多方面，但正是由于这样，使得他们不敢轻易地做出决定，从而浪费了很多好机会。

有一些人比较怪异，他们喜欢将穿过的旧衣服珍藏起来。这样的人都有很浓厚的怀旧情结，对他们来说，过去的一些观念、想法、做法都比如今要好得多，所以他们时常沉浸在过去中。这些人性格有一些自负，总认为自己的想法才是正确的，所以他们一般情况下不会听取他人的意见，常常一意孤行。

还有些人喜欢将一些老旧照片夹在书页或是笔记本中珍藏起来。大多数人都觉得，这样的人一定非常怀旧，喜欢沉浸在过去的生活中。但实际上，这样的人非常现实，他们虽然喜欢回忆，但是他们能够很好地调节自己，正视现实。他们的表现欲望都非常强，但这并不是因为他们喜欢炫耀，而是希望周围的人能够更多地了解他们。这类人的自我安慰能力比较强，遇到挫折能够很快地让自己平静下来。另外他们对新事物拥有很强的接受适应能力。

相信很多人都知道一种铜制的婴儿鞋，在晚清时期，这个鞋子和铜锁一样，是祝福孩子健康成长的一个小物件儿。有些人喜欢将自己孩子或者是自己儿时的那种铜制婴儿鞋珍藏起来。这样的人都非常恋家，不管走多远都会记挂着自己的家人。同样，他们的亲情意识也十分强烈，他们爱自己的家人，也希望自己的家人能够一样爱自己。这样的人轻易不会改变自己的态度和观念，所以很多新生事物他们接受起来显得十分困难。他们喜欢非常具体的、非常简单直接的事情，而不喜欢模糊抽象的一些概念性的东西。他们非常在乎自己在别人心中的位置，对于这件事情，他们甚至显得有些偏执。

通过喜欢的书籍看人

有位哲学家说，书是人类最伟大的朋友，它无时无刻不在更新着人们的思想，让人们变得高尚。它传递着人类的文明，世界日新月异的变化就是书的功劳。总而言之，书本已经成为人类提高修养的重要方式。差不多每个人都有读书的习惯，只不过是读书的种类不同，读书的方式不同而已。比如，有的人喜欢观其大略；有的人喜欢仔细推敲，等等。通过不同的阅读爱好我们可以判断出一个人的性格如何。通过每个人的阅读方式，我们一样可以看出他人很多信息。这一节，我们就一起来以书识人，品读他人的性格。

有的人喜欢看言情小说，大多数女人都喜欢这种类型的小说。这样的人性格都十分敏感，直觉非常准确，而且很重感情。大多数人都认为，喜欢读言情小说的人都情感细腻，很多愁善感。其实不然，这样的人性格都非常乐观，即使是遭遇打击，他们也能很快地调整好自己，以便迎接新的挑战。

有的人喜欢看一些人物的传记。这样的人野心都非常强，不甘心久居人下。虽然他们的好奇心非常强，但他们无论做什么事情都非常小心谨慎，总是会细心地将事情的利弊都分析一遍，确保万无一失后才会实行。

还有的人喜欢看一些通俗读物。比如街头小报、娱乐周刊、八卦杂志，等等。这样的人性格都非常开朗阳光，言谈也非常幽默，总是会给周围的人带来欢笑。由于这样的性格，他们的人际关系都会处理得非常好，不管在什么场合都很受周围人的欢迎。

另外他们还非常富有同情心,经常会热心帮助弱势群体。

如果说有什么读物不分年龄段,什么样的人都读的话,那一定是报纸无疑。不管是老人、成年人或是小孩子,他们读报纸大多数都是为了看新闻。当然,也有一些娱乐性的报纸,但这算不上是报纸的主流。喜欢读报纸的人性格都比较现实,无论你对他们说得多么天花乱坠,他们也不会相信一丁点。对他们而言,行动永远更加实际可信。他们的意志都非常坚强,有一种不达目的誓不罢休的精神。

有些人,他们并不是宗教信仰者,但他们十分喜欢宗教读物。比如说佛经、《圣经》,等等。这样的人权力意识都非常强,为了获得权力他们会非常奋进努力。同时他们并不像其他向往权力的那些人一样不择手段,而是非常体谅别人,从不会将他人逼入死角。

有的人非常喜欢读侦探推理小说,认为那是最奇妙的心智冒险。这样的人逻辑能力都非常强,而且非常睿智。他们非常喜欢挑战性强的事情,也喜欢解决各种困难的问题。有的难题对别人来说可能不敢挑战,甚至是根本不敢去面对。但对这类人来说,这些挑战都是一种有趣的事情,他们认为,这样的事情才有趣,解决这些事情也能显示出他们聪明的头脑。所以某种程度上来说,这样的人性格都有些自大。

有很多人都喜欢读恐怖小说和科幻小说。他们觉得生活非常沉闷,读这样的小说能给他们一些刺激和紧张感。这样的人想象力和创造力都非常强,而且无论做什么事情,都会定一个非常周密的计划,所以周围的人都会认为他们很刻板。但实际上,他们的性格非常古灵精怪,对待事情时总会想到一些古灵精怪但非常有效的办法。

有些人喜欢在闲暇时翻一翻财经杂志。这样的人好胜心理都非常强,总是喜欢和他人一较高下。所以在大多数人眼中,他们都有一些尖刻。

还有的人喜欢读时尚杂志。这样的人都非常好面子,非常重视表面功夫。他们总是希望能够给他人留下一个好的印象,但他们只重表象而忽略内在的性格往往令他们得不到真心的朋友。

还有些人并不喜欢读这些通俗读物，而是喜欢读一些有关历史的书籍。这样的人创造力都非常强，他们喜欢将精力投入到自己认为非常有建设性的工作中，对于没有意义的社交活动他们从来都不会出席。由于他们几乎从来不和别人闲谈，说话也欠缺幽默感，使得周围的人对他们的印象都非常差。

也有的人不喜欢这些大众读物，他们觉得这样的文字并不能够感动他们的内心，所以他们在闲暇时，多会读一些优美的诗歌。这样的人都非常热爱生活，他们对人世间的一切都非常钟爱。他们认为，大自然所创造出的高山、流水、飞禽、走兽都充满着神奇，任何生命都是美好的富有朝气的，能令人感到心旷神怡。这样的人是不折不扣的理想主义者，他们非常努力地将自己变得完美，事情也会做得尽善尽美，甚至他们希望自己的朋友也是完美的。

有些人在阅读报纸或是杂志时，只读自己感兴趣的内容，而对于其他内容他们一概不理。这样的人性格都非常活泼，而且十分外向。他们喜欢热闹的环境，由于他们谈吐非常幽默，所以他们在很多场合都非常受众人的欢迎。这样的人领导能力也很强，唯一不足的就是做事马马虎虎，从来不会精益求精。

有些人在阅读报纸或者杂志时，速度非常的快，好像一目十行一样。这样的人都非常开朗大方，对生活充满着热情，而且非常有活力。在人际交往方面，他们待人非常真诚，所以朋友也非常多。这样的人思想也非常前卫，敢于创新，但他们好动的性格总是会惹出很大的麻烦来。

书是人类最好的朋友，有的人非常喜欢读书，甚至达到了如痴如醉的地步，人们将这样的人称作"书虫"。过去大家都认为喜欢读书的人都是书呆子，而在现代社会，书报已经成了人类文化中不可或缺的一部分。美国的某位心理学家曾经指出，读书与人类性格之间有着密不可分的关系。所以如果想要了解一个人的性格，多观察一下他阅读的兴趣是一个非常不错的办法。

第八章
餐桌上流露真性情，看人性百态

不停换座位的人是挑剔的完美主义者

我们经常会和家人、朋友或者同事去餐厅吃饭，这时候，就会涉及找座位的问题。通过观察一个人找座位的方式，可以看出这个人的性格及判断能力。

比如，有的人一进餐厅，就迅速地环顾一周，然后找一个位置坐下了。但是，没坐多久，觉得这个位置不好，太靠外了，周围都是人，有点嘈杂。于是，就换了座位，坐到了里面一个角落的座位上。但是，刚坐一会儿，又觉得这个角落显得太拥挤了，而且闭塞，感觉很压抑。而靠窗的那个位置好像很好，能看到外面的风景，周围又没有多少人。于是，又赶紧坐到了靠窗的位置。就这样，他从进餐厅起，就一直不停换座位。只有他一个人还好，有的时候，会让和他一起吃饭的朋友不堪其苦。其实，这样的人，是十分挑剔的。他们无论买什么，都想要最好的。他们对自己的要求也很高，无论做什么，都想达到最好的程度，是个完美主义者。可是，世界上本没有什么是十全十美的，所以这样的人不仅自己活的辛苦，也会让身边的人很累。而且，他们一再地换座位，说明他们的想法很不成熟，做决定也很少深思熟虑，而总是有点苗头就去做，觉得不对了再改。这样的人，很难使别人信赖。

与不停换座位的人相似，有的人也总会找错座位。但是他们不是因为觉得自己的座位不好而换，而是缺乏判断力。比如，当他带着大家去就坐的时候，走到跟前才发现位子不够。这样的人，通常是缺乏判断力的。他们常常想帮大家做些事，但是，总是会做出一些错误的判断，或者导致一些失误。不过，他们那种有点傻的诚实的性格，也会非常受大家欢迎。

和找错位子的人类似，有一种人，也喜欢为大家找位子，但是他们很少像上面那种人一样迷糊。这种人到了餐厅，通常会先环顾一下，然后指着一个饭桌对大家说，就坐那里吧。这样的人和找错座位的人相反，是非常有判断力的，并且他们非常自信，也有领导能力。不过有的时候，也会因有点独断专行让别人反感。但是他们有什么想法会直接表达出来，比较坦率。

有些人与主动给别人找座位的人正好相反，有的人喜欢跟在大家后面。当大家去吃饭时，他们从不说自己想坐在哪里，也不会带领大家就座，而是跟着大家，当有人指定好位置后再和大家一起坐过去。这样的人依赖性很强，没有主见，他们习惯于接受别人的指导和照顾。在做事的时候，他们也很少积极主动地去做，而是配合别人，或者被别人指挥着去工作。

还有一种人，当进入餐厅后，会首先问店员有没有座位。他们不会主动找位子坐下，而是让店员给自己安排一个座位。这样的人，很少考虑别人的想法，做事过于理智，干什么都以最合理的方式进行，有点不近人情。

只有你用心观察，从生活中处处都能发现人们的性格特点。当你和他人一起进餐时，不妨多观察一下，判断他们都是怎样的人。

坐在固定座位的人，渴望安全感

在日常生活中，吃饭是免不了的。无论是在餐厅吃饭还是在家里吃饭，选择座位也是必需的。因此，座位的选择可以看出很多问题。

比如，在吃饭的时候，通常座位都是不固定的，大家可以随便坐。但是有的人，却一定要选择固定的座位。如果这个位置是空的,他们会直接坐过去,如果这个位置被别人坐了,他们还会想办法让别人起来,自己去坐。像这样的人,有很强的防卫心理。他们对于处理人与人之间的关系时非常苦恼,他们也不知道怎么和人打交道。他们常常有不安的感觉,对自己在一个团队或者群体中的存在价值感到迷茫。他们也不自信,觉得别人会轻视自己。所以,他们选择固定的座位,想创造出一个自己熟悉的小环境,以便使自己的心情平静下来,使自己有安全感。而且,这样的人个性比较认真,做什么事都容易较真。如果是固定的工作,他们就能完成得很好。但是,他们不懂得变通,所以不适合创造性的工作。总之,他们防卫心很强,正是来自于他们缺乏安全感,觉得别人会伤害自己。

其实,选择固定座位,也是一种划分势力范围的表现。比如,在家里坐固定的座位,就划分了在家里的势力范围;在公司坐固定的座位,也是在公司里划出自己的空间。哪怕是一些常去的餐厅或商店,都可以通过坐固定的座位,划分出属于自己的势力范围。他们之所以这样做,是因为只要在自己的势力范围里,他们就会觉得轻松、自在,而且很放心,不用担心别人伤害自己、轻视自己,这是防卫心理很强的原因。

不过,固定座位也有它的好处。大学教授们总结,固定的座位可以给人留下深刻的印象,也可以调动人们的积极性。因为大学课堂是不会规定座位的,所以很多学生会每回上课都变换位置。而这些学生难以令人留下深刻印象。相反,总坐在固定座位的学生常会留给教授们深刻的印象,自然而然便会不时地加以注意。

比如,去参加一次会议,尤其是例会,有的人总比别人早一步进入会场,挑选面对主持者的位置或是主持视线容易看见的位置,并且每次开会都坐在同样的位置上,经过一段时间之后,大家会在心里默认那是这个人的位置,于是他的存在便被大家肯定。同时,更奇妙的是,如果他有固定不变的位置,往往也能加强他参加会议讨论的意愿,并能变为积极讨论者之一,要求发言的次数也会增多。所以，大学教授们才说，固定的座位可以给人留下深刻的印象，也可以调动学生发言的积极性。

家庭餐桌上也同样遵循这个道理。如果仔细观察你会发现，各个家庭餐桌的形状是经过深思熟虑才选择出来的。而且，不同的饭桌形状可以显示出家中各成员权力的分配情况：家长拥有绝对权威的家庭多会选择长方形桌子；观念封闭、地位分明的家庭会选择正方形桌子；而民主开放式家庭则钟爱圆桌。

在家长拥有绝对权威的家庭，家长肯定坐在长方形桌子的一端，并且是离门最远，背靠着墙壁的那个位置。这个位置足以显示他的地位，并能突现他的权威。而坐在他对面的，背对门的肯定是最没地位的家庭成员；圆桌的各个位置几乎都是平等的，圆桌会议往往具有平等协商的意味。使用圆桌的家庭，往往会用民主的方式解决问题。

选择固定座位的人，都有特定的心理和性格。只要我们多分析，就可以推测出这个人的性格。

吃饭速度快的人，做决定的速度也很快

吃饭，是我们每天都会做的。但是，大家可能不知道，从一个人进食的习惯也可以推断出这个人的性格特点。

比如，有的人吃饭速度很快。快速进食的人，一般都是精力充沛的工作狂。而且，他们下决定的速度也很快，他们不会听你啰啰唆唆地说一堆废话，而会直截了当地根据自己的判断下决定了。迅速地吃饭，迅速地下决定，说明他们很珍惜自己的时间，追求高效率。有的人吃饭，更是风卷残云似的，甚至有点狼吞虎咽。这样的人，一般情况下都是个性豪放、精力旺盛的。他们办事干脆果断，待人真诚友善，并具有强烈的进取精神和奋斗精神。在购买物品时，他们也喜欢实用性的。还有一些人吃饭的时候，对食物不加节制，一遇到自己喜欢的食物就暴饮暴食。这样的人性格比较直爽，不善于隐藏自己的情绪，喜怒全写在脸上。

而有的人吃东西就比较慢。这样的人在思索问题时会花上许多时间，反复斟酌，直到自己认为无懈可击了，才会做出决定。他们吃东西很慢，也是因为他们有点挑食，因此，在待人接物方面都是比较挑剔的。和他们相似，有的人在进食时，把食物分割成若干小块，再逐一食用。他们一点儿也不着急，慢慢地享受嘴里的食物。这样的人，做什么事都小心、谨慎，为人也很细心、认真，但是会给人一种保守、顽固的印象。如果你和这样的人交往，注意不要用太激烈的言辞，否则可能会激怒他们。

还有的人，吃东西的时候细嚼慢咽。他们吃饭的时候，已经不止是慢了，而是极慢。他们会细细地咀嚼和品味嘴里的食物。这样的人，办事周全、严密，没有把握的事从来不做。他们的为人也比较冷漠，对什么事都比较挑剔。但是，他们一旦把你当成朋友，也会真诚地与你交往。

有的人吃饭的时候喜欢一个人。他们愿意单独进食，不喜欢与人共餐。这样的人，性格比较冷淡，不愿与人分享。他们还会孤芳自赏，有自恋情结。不过，他们的性格也比较坚毅沉稳，对自己要求很高，责任心也很强。他们很信守承诺，言行一致，答应别人的事再难也会做到。

有的人对食物来者不拒，不管点什么菜，他们都能吃得津津有味，从来不挑食。这样的人，对食物不加选择，所以在与人交往时也很少挑剔，个性很随和，不拘小节。他们的心态比较阳光，生命力很旺盛。同时，他们还多才多艺，应对能力也很强，无论是什么工作，都能处理得游刃有余。而有的人和他们相反，对食物浅尝辄止，他们的食量比较小。这样的人，大部分个性保守，做事谨慎沉稳。他们缺乏创新和进取的冲力，并且习惯于墨守成规。

总之，观察一个人吃饭的习惯、吃饭速度的快慢和方式，都可以判断出这个人的性格特征。

吃东西时默不作声的人，比较内向害羞

平时吃饭的时候，有人喜欢边吃边兴高采烈地说话，有人却是默不作声，一声不吭，只是一个劲地低头专心吃饭。

吃饭时闷声不响的人，一般都是性格比较内向、比较害羞的人。他们性格内向，平时已经养成了不爱说话的习惯，跟别人说话时要么不敢正眼去注视对方、脸红，要么一开口结结巴巴，要么显出一副不知所措的样子，这些都是他们害羞的表现。因此，即使别人主动与他们说话，他们也不肯多说。他们一般不会主动与别人讲话，上台发言时也不敢抬头，声音语气也常常显得极为不自信，或许他们心里并没有什么自卑的地方，也没有感觉自己是一个不自信的人，但他的举动在别人的眼里就是一种不自信的表现。他们的表现欲不强，不会动不动就和别人抢风头、争先进，更多的时候他们会默默无闻地跟在别人的身后，直到自己的实力被证明。其实，这都是因为内向的原因，而害羞又是性格内向的人所共同具备的特点。

不过，也有这样的情况，你看他们进餐时一声不响，他们心里可能正在琢磨这盘菜的做法呢，他们可能是个美食家，一心一意放在食物上，顾不上跟别人说话了。又或者是他在考虑其他的事，对你们现在正在说的话题一点儿兴趣都没有，甚至觉得很无聊。不过大多数人都是因为害羞或孤僻，才会在进餐时不说话。

因此，当我们聚餐时兴高采烈地和朋友们聊着天时，突然发现有一个人总是一言不发，或许他就是这种内向型害羞型的人。所以，不要武断地以为他是在生谁的气，也不要埋怨他破坏聚餐的气氛。

有些人却正好相反，有的人在吃饭时，一面吃饭一面说个不停。这样的人性格通常比较急。他们有的时候，甚至等不及把食物吃完就迫不及待地要说话。

这样的人，一般处理事情时也比较性急，他们总是急于求成，急功近利，对什么事情都没有耐性，总希望一下子完成或一下子

做好，甚至没做完一件事情，就迫不及待地要做下一件事情了，以至于常常连一件事情也做不好。而且，他们无论做什么都匆匆忙忙，在别人眼里总是有点冒失。吃饭也不闲着，边吃边干着其他事。这都是性急的人养成的生活节奏，改也改不过来，你让他慢下来，他便不能适应，甚至不知道该怎么生活。

因为他们的性格很急，所以脾气也比较容易暴躁。他们的忍耐力极差，而且从他们的内心来讲，他们并不愿让自己忍耐，这跟他们直率的性情有很大的关系，他们有了委屈或不满，不会憋在自己的肚子里，而是一刻也不停地发泄出来。从他们边吃饭、边唠叨上也能发现这一点。他们甚至都不能先忍一会儿，忍到吃完饭再唠叨。当然这种性格不仅体现在吃饭中，即便是在做其他事情的时候遇到一些令自己不愉快的事，也会忍不住边做事情边唠叨。

因此，当我们遇到有人边吃饭边唠叨个不停时，我们就可以初步判断这是一个性格急躁的人。而吃东西时默不作声，则是内向型的人，容易害羞。

喜欢独自吃饭的人，性格比较清高

在吃饭的时候，有的人喜欢和一堆朋友一起，他们认为大家在一起说说笑笑、打打闹闹地吃饭才有意思。而有的人喜欢两个人一起，这样，既不会孤单，又不会太吵闹。还有的人则不喜欢和别人在一起进餐，他们更喜欢独自一个人安静地进餐。他们觉得一个人安静地吃饭很好，和别人在一起还要说话，太累，而吵吵闹闹的气氛也会令他们心烦。

一般情况下，喜欢独自吃饭的人，性格比较孤僻。他们常常形单影只，在集体中显得很不合群。他们无论做什么都不喜欢一群人在一起，他们宁愿一个人独守一份安宁。当然，他们并不觉得这样有什么不好，或许在别人眼里，他有点孤单甚至可怜，但在他自己心里，他早已习惯并认可了这样的生活，他觉得这样就挺好的，吵吵闹闹的生活才令人烦躁。也因为这样，他们被人们认为是孤僻的人，也就没有人愿意和他们交往，而他们自己，当然不会主动与别人交往。所以，久而久之，他们的一些想法可能无法对别人说明，他们也就不愿意与别人说明，就真的比较孤僻了。

喜欢独自吃饭的人，不仅性格孤傲，还有些清高和孤芳自赏。因为他们常常都是一个人，有时候难免会和众人的想法不一致，这时，他们的骨子里是不认同大家的。所以，他们有清高的性格特点。而且，长久的独来独往，早已培养了他们独立的精神和坚强的品性，他们不会轻易地被挫折和失败打倒，相反，挫折和失败反而可能激起他们更强烈的上进心。可是，他们的这些优秀品质，可能并不为外人所知，所以，他们就难免孤芳自赏。

不过，他们做事也很稳重踏实，具有一定的责任心，能保持言行的相对一致，做到言必信、行必果。尽管他们喜欢独来独往，但是他们在很多时候都能让自己的上司和亲人、朋友感到满意。所以，他们在自己的心目中通常是一个比较优秀的人，时不时地也会有些自恋的情结和孤芳自赏的感觉。而且，因为在别人眼里他太"酷"了，想与他沟通与交流都是一件难事，所以他们的朋友很少。但是，如果他们一旦交下了朋友，那么这个朋友必定是那种可以推心置腹，肝胆相照的朋友。因为他们对不喜欢的人，连一起吃饭都不愿意，那么，既然认定了你是他的朋友，就一定会从心底里接受你。

当你遇到了这样一位喜欢独自吃饭的人，你就可以初步推断出，他是一个性格比较孤僻，而且有点清高和孤芳自赏，不过却是十分真诚、十分够朋友的人。

总是吃个不停的人，内心比较空虚

在吃饭的时候，有的人吃得很少，可能是为了减肥。有的人则是定时定量地吃饭，生活很规律。还有的人，整天不停地吃东西，就好像永远也吃不饱一样。这样的人，很可能是内心比较空虚，他们要靠吃东西来消除内心的烦躁和焦虑。

整天抱着东西吃个不停的人，往往是内心空虚无聊的人，他们的空虚已经到了无法消遣的地步，只好通过吃来消遣。有时候，可能我们自己也会有这样的情况，一个人在家里看电视或是做别的什么事时，只要看到面前摆着吃的东西，就忍不住要去吃，但另一方面自己其实并不是太想吃，因为自己根本不饿，只是感觉手本能地放在了食物上，然后本能地又放到了嘴里。这其实就是一种内心空虚的征兆。内心空虚时就会总觉得无所事事，总想为自己找点事做，可是又不知道找什么事情好，所以只好看到什么可做的就去做了。比如，看到面前有吃的东西，立刻就去吃了，而并非要等饿了或是到开饭的时候才吃。不过，可惜的是，吃并不是消遣空虚的出路，吃过之后可能才会发现，空虚不但没有被消遣掉，反而越演越烈了。因为用错误的方法做错误的事情自然不会得到正确的结果。这样下去必然是恶性循环，于是到了在不饿的情况下，抱着食物吃一整天的程度。

因此，我们如果发现有人每天抱着食物不停地吃，就可以推断出，这是一个内心比较空虚的人，有的时候，甚至连他自己都不知道自己内心的空虚。而有的人，则很少这样，他们总是按时按量吃饭，这样的人，原则性很强。

这些吃饭时定时定量的人，往往是那种生活十分有规律、有节奏、原则性很强的人。如果没有特别意外的事情发生，他的这些生活规律、生活节奏、生活原则是绝不会轻易改变的。就连吃饭，他们每天都安排着固定的时间，不到那个时间说什么也不吃，就是吃也咽不下去。而一旦到了吃饭时间，无论发生什么天大的事情也不能阻挡他。而且，他们每天每顿饭就吃那么多，再多一点都吃不下或者拒绝吃，也不会少吃一点。因为吃饭都这样讲原则，所以他们在做其他的事情上也表现出了很强的原则性。在他们的生命里，原则是最重要、最不可或缺的东西之一。这样的人做什么事情都会讲原则，会坚持原则，一旦有人提出的要求超出了他的原则底线,那他说什么都不会答应。

其实,有原则是一件好事,它意味着无论什么事情,到了他们那里都会事先有个尺度,而对没有原则的人来说,他们就会失去这个尺度,所以他们常常会办一些事后令自己后悔不已的事情,原因就在于他们办事时没有尺度。而且,讲究原则的人,并不一定就是那种为人处世很呆板的人,有时他们在办事时也会非常灵活,只要别触犯原则性的问题。

对酒的不同的偏好反映不同的心理

饮酒是人们在社交场合最为常见的应酬方式,它是人们沟通和联络感情以及解决问题的最好方式。通过饮酒可以了解对方的性格,或作为把握理解对方心态的参考,多半也是解决问题的较好时机。

比如,有的人喜欢喝威士忌。这样的人,适应能力强,能充分采纳别人的意见,出人头地的愿望非常强,只要有机会即希望从中赚大钱或期待上司的认可。对待女性非常重视礼仪并表现亲切,会明确表达自己的心意。不过,具体饮用的方法不同,还有不同的性格。喜欢喝纯威士忌的人,具有男性气概、冒险心强,拒绝受形式束缚,对强权势力带有叛逆性。富有创造力、独创性又极具正义感。外表上对女性表示冷漠的态度,内心却是温柔的;喜欢喝稀释的威士忌的人,这是最为普通的男性性格,渴望能充分把自己的观念传达给对方,适应能力非常强;喜欢加冰块喝的人,无法确切地用词语或表情传达自己的心意。仔细观察周围的情况,易被别人的意见所左右。但是,在公司里通常是平步青云,平常会隐藏自己的感情。

有的人喜欢喝中国的白酒。这种人,如果餐桌上没有白酒便索然无味。喜爱白酒者一般能适应社会而又乐善好施。也有好好先生的一面,很在意对方的感受,易受吹捧,受人所托无法拒绝。对女性尤其表现得亲切,即使被对方为难也不在意。在公司或职场中由于关照部属而深受部属们的爱戴,却很难获得领导的认可。在混乱的局面中能发挥卓越的能力。这种男性多半为了认同自己而愿意为对自己的能力有极大期待的人奉献心力。虽然失败多,却也有大成就。

有的人喜欢喝洋酒。年轻男子中喝洋酒的人已经越来越多。商店到处都有洋酒的陈列。用餐必定有洋酒,或约会中必喝洋酒的男性是极具个性的。这类男性喜欢追求豪华的生活,喜爱从事辉煌的工作,在服饰等方面却比较挑剔。他们中的许多人有国外生活经验,也有些人则是崇尚新潮。

有的人喜欢喝鸡尾酒。喜好带点甜味的鸡尾酒者很少有豪饮型。与其说是喝鸡尾酒,不如说是感受那种气氛,或渴望与女性对谈。如果喜好辣味而非调味的鸡尾酒(如马丁尼酒),是具有男性气质的表现,在工作上能充分发挥自己的才能与个性,值得信赖。同时具有责任感,举止行为有分寸。而喝甘甜的鸡尾酒是不太喜爱酒精的男性,或渴望邀约女性感受饮酒的气氛,或期待借酒精缓和对方的情绪。如果向女性劝喝酒精度高或较为特殊的鸡尾酒,乃是暗自期待利用酒精使女性无法做冷静的判断。跳舞前劝女方喝鸡尾酒的男性,通常希望和该女性有更深层次的交往。

有的人喜欢喝啤酒。根据美国社会调查研究所的调查显示,喝啤酒是表现轻松愉快的心情,渴望从苦闷的环境中获得释放。约会时喝啤酒的男性,通常想要表现最原始、最自然的自己。如果向同行的女性劝喝啤酒,是希望对方和自己有同样的心情,或内心期待愉快的交谈。既不矫揉造作也不爱慕虚荣,可称为安全型。如果喝特别指定品牌的啤酒,这种男性可要警戒。有些人会选择和其公司系统相关的啤酒,而有些人也会在啤酒的品牌上表现个人的特性。事实上各品牌的啤酒味道相差无几,特别指定品牌只是心理上的作用。选购外国啤酒的人性格上和喜爱洋酒派类似。特别喜好喝德国啤酒的男性,只是想向女性表现自己异于一般男性。喜好喝黑啤酒的男性,通常对强壮的体魄向往不已。

边看书边吃饭的人，争分夺秒

吃饭是我们生活中不可缺少的一项重要内容，因此，人们就会在不经意间养成一定的饮食习惯，而这些习惯又可体现出一个人的性格。

比如，有的人喜欢边看书边吃饭。这类人是非常珍惜时间的人。对他们来说，吃饭只是为了满足身体的需要，如果不吃饭也仍旧可以活着，他们极有可能会放弃这一件既耽误时间又浪费精力的事情。因此，他们是争分夺秒的人，他们会珍惜点点滴滴的时间，并利用这些时间做一些对自己有益的事。所以，这类人有坚定的目标，并且雄心勃勃。他们也会制订具体的计划，以便使自己的梦想变成现实。总之，边看书边吃饭的人，拥有积极向上的乐观精神，会争分夺秒地利用时间，把自己的想法付诸行动。

也有的人喜欢边走路边吃东西，这样的人也是非常珍惜时间的。他们认为吃饭简直是浪费时间，所以才会在走路的时候吃饭，这样就可以把吃饭的时间省下来了。不过，虽然他们经常给人以来也匆匆、去也匆匆的感觉，像是永远时间紧迫的大忙人的样子，但实际不一定如此。这样紧张的生活状态很有可能是由于他们自己缺少组织性和纪律性造成的。他们以为边走路，边吃东西是在节省时间，事实上，很可能是他们对自己的时间没有安排好。因此，这样的人大多比较容易冲动，经常会意气用事，最终使事情发展到不可收拾的地步。

还有的人喜欢一边看电视一边吃饭。这样的人，多是比较孤独的，电视或许是他们消除内心孤独的最好方式之一。他们可以把自己的感情寄托在故事的喜怒哀乐里。

有的人喜欢在餐桌旁站着吃饭。这种人并不是特别讲究吃，他们会尽力讲求方便、简单，只要能填饱肚子就可以。所以，他们在生活中，并没有太大的理想和追求，很容易获得满足，也很容易开心。他们的性格很温和，懂得关心别人，为人也很慷慨、大方，会为了朋友和家人付出。

有的人喜欢边做饭边吃。这类人一般情况下生活节奏快，因为有许多事情要做，他们表现得也比较繁忙。所以，他们更多的时候只能一边做饭一边吃。但他们并不以此作为自己的烦恼，甚至还觉得很高兴，能够自得其乐。

有的人喜欢在餐厅里吃饭。他们觉得在家里吃饭，既要做饭，吃完还要收拾，太麻烦，不如在餐厅里，简单又方便。这样的人，多是比较懒惰而又喜欢享受的。他们不善于照顾自己，但希望别人能够体谅他们，然后来关心和照顾他们。他们不太愿意轻易付出，往往会在别人付出以后自己才行动。

有的人吃饭定时定量。这类人生活十分有规律，而这些规律如果没有特别意外的事情发生，是不会轻易改变的。但这并不意味着他们为人处世呆板迟钝，相反，却可能很灵活，只是无论在什么时候，都具有一定的原则性。

有的人不喜欢吃早餐。这样的人分为两种，一种是非常热爱丰富多彩的生活，他们不想因为要吃早餐而浪费自己的时间，使自己的生活暂停片刻。另外一种，肯定是有一份自己非常厌恶的工作，想吃早餐却又要上班，就不想吃早餐了。而有的人不喜欢吃正餐，很喜欢吃零食。这样的人，把零食当成自己的知己，在压力很大，内心很焦虑的时候，他们会通过吃东西来缓解。因此，他们喜欢不停地吃，即使肚子不饿，也会以吃零食来放松自己的心情。

不同的人有不同的吃饭方式，通过观察他们的吃饭方式也可以判断出他们是怎样的人。

喝醉酒猛打电话的人渴望关怀

在现代生活中，无论是聚会还是谈生意，人们总是免不了喝酒，尤其是男性。如果一个喝醉酒的人，不老实回家睡觉，而是猛给别人打电话，这说明什么问题呢？

比如，喝醉酒的人，自以为想起了一件重要的事情，而打电话给别人，但是接电话的人，却常常会被他所谓的理由弄得哭笑不得，尤其是半夜三更接到电话，更往往让人在困得要命的时候还听得莫名其妙。

其实，喝醉酒打电话是一种"非常识的行为"，因为他们已经不具备人与人交往应有的常识。例如，深夜一两点时，毫不顾虑别人的休息时间打电话给别人，而对方听到的只是醉汉的喊叫声或音乐声。"我现在正在喝酒，你给我马上过来，我会一直等到你来陪我为止。"当你接到这种电话时，即使置之不理将之挂断，对方也还是会再打来，并且说一些"你真是太不够意思了，对朋友一点都不关心"等令人讨厌的话，如果再加上电话中夹杂着吵闹、酒醉的杂乱声，更会让人心情不爽。而仔细分析这些人的举动，就可知道在喝醉酒时打电话的人，完全是因为孤独，需要他人的关怀。比如，我们常常在夜晚的街道上，看到一些醉汉漫无目的地晃荡，有时也会看到他们无缘无故地骚扰行人。他们的这些行为，无非是想诉说自己的孤独，渴望他人的关怀而已。

由于日积月累的心理紧张，当他们脱离群体时，就会想方设法地释放。而这种感觉，平常是被压抑的，所以借着酒醉，就可挣脱束缚。因此，他们为了使自己身心获得解脱，所以才会出现醉酒后，深夜打电话来博取他人注意的行为。所以，在这种情形下，他们只是为了解除平常内心的不满，或者借机发泄和领导、同事间的不愉快情绪，并渴望得到朋友的理解和关怀。这样的无礼举动，多半都是以较亲密的友人为对象。

喝醉酒的人，心态已脱离现实，和接电话的人的想法有很大的差别，两人当然话不投机。如果有人认为，对方既然已经喝醉了，只要随便说些应付他的话敷衍过去就算了（这通常是一般人的处理方式），其实这样是不行的。虽然他们现在喝醉了，但是他们的大脑还是很清醒的。这样做会让他们觉得更加孤独。因此，如果他们采取宽大容忍的态度，照顾和宽慰他们，会让他们从心底里感到温暖。

事实上，人们在喝醉酒以后不只是猛打电话的，他们还会有各种各样的反应。通过观察喝醉酒以后人们的不同反应，可以判断出这是一个怎样的人。

比如，有的人会在喝醉后倒头就睡。他们在喝醉后很困很困，只想睡觉。这样的人是非常理智的。他们在平时就很注意自己的言行，哪怕是喝醉了，也是安静地睡觉。他们的品行一般很好。

有的人喝醉后却很快乐，甚至会大声唱歌。这样的人天生乐观，为人豁达。他们平时的生活也很规律，没有不良嗜好，也是属于理智型的。

而有的人喝醉后会哭泣。这样的人生性消极、悲观，并且平时有可能经常受到轻视和忽略。他们的内心很自卑，却无法调节、无处排解。因此，当他们喝醉后，会忍不住地哭泣。而与之相反，有的人会在喝醉后一直笑。这样的人为人随和、不拘小节，乐观且富有幽默感。

还有的人喝醉后会变得很爱说话，一直唠叨不停，甚至想找人打架。这样的人，情绪非常不稳定，他们平时虽然表面平静，只是在克制而已。有的时候，他们还会信口开河。这样的人，大多经常受到压制，有怀才不遇的忧愁，所以在喝醉的时候，就会忍不住说出心中的不满。

总之，喝醉酒后猛给朋友打电话的人，是希望能和更多的人交往、沟通，借以解除心中的不满。通过醉酒后的其他表现，也可以推断出这个人的性格。

喜欢乱加调味品的人比较有想象力

在吃饭的时候，每个人都有自己不同的口味。比如，有的人喜欢辣，有人喜欢酸，有人喜欢甜。所以，我们经常会听到有人在点完菜后说，"多放点辣椒""少放点醋"等。还有人口味重，喜欢多加盐，有人口味轻点，尽量少放盐等。总之，不同的人，有不同的口味。因此，在我们日常烹饪时，我们会根据自己的口味，选择不同的调味品。而且，无论是谁，无论是哪一种口味，在烹饪时都难免会用到油盐酱醋等常用的调味品，许多人还喜欢用一些家庭烹饪不太常用的调味品。因此，从对调味品的使用和添加方式上也可以看出一个人的个性特征。

比如，有的人喜欢乱加调味品。这样的人，具有丰富的想象力。他们在使用调味品上不固定，经常会换口味。他们可以发动自己发达的想象力，尝试各种不同的味道。这样的人，一般比较多变。而且，他们做起事情来显得比较灵活，敢于突破，不墨守成规，但有时也会弄巧成拙。而且，喜欢在烹饪时乱加调味品的人，多是做起事情来比较轻率的人，他们往往不考虑后果，想到哪里做到哪里，一冲动起来就什么都不顾了。他们的性子也比较急，受不了"三思而后行"这种行为准则，所以常常在轻率之下匆忙做出错误的决定。他们冲动，做事情不经过大脑，经常会做出一些常人无法预料的事情。因此，他们有时像天才，有时像疯子。于是，在别人眼里，他们可算是一种比较另类的人，但在做事情上往往无法得到别人的信任，因为他们做起事情及做出的决定都显得很轻率。他们发达的想象力也得不到认可。

另外，喜欢乱加调味品的人，性格之中也有一种不安定因素。他们喜欢尝试，不停地尝试，并不考虑是否合适之类的问题。这种人比较适合从事一些创意性的工作，比如，文学、艺术类的工作。他们充满了各种新鲜的奇怪的常人无法理解的想法，这种思维是需要经常做创意工作的人所需要的。这也是他们想象力丰富的产物。

而有的人和他们恰恰相反，在使用调味品上比较固定，经常使用的就那么几种，没有使用过的，就从来不用。这样不喜欢乱换的人，一般都是比较稳重可靠的人，他们做事情一般不冒险，没有十足的把握是不会放手去做的，所以他们做事情往往让人比较放心。而且，他们不喜欢轻易尝试新事物，有的时候，难免被人说成是墨守成规的人。

总之，如果你有机会去别人家做客，发现自己吃的菜里充满了各种各样的味道，那一定是主人添加了不同的调味品。你也可以就此推断出，这家的主人是一个充满想象力、敢于去尝试新事物的人。

主动给人倒酒的人心中有个小算盘

小言是入职不久的新员工，这个季度由于她所在的部门业绩优秀，部门主管决定举行一场庆功宴。在庆功宴上，小言通过细心观察，发现了一个非常有趣的现象。有两个人，一个人平时就很机灵，非常会来事儿，看到谁的杯子空了就马上过去给他倒酒，礼数非常周到。还有一个人呢，和刚才那位同年进入公司，但一到酒桌上，除了上厕所外，屁股就没有离开过椅子，而且都是别人给他斟酒。小言琢磨着这两个有什么差别呢？

在公司的聚会上，我们常常会碰到小言所见的情形。有的人不管是上司还是同事，都会主动帮他们倒酒，还是一种人呢，只等着别人来给自己倒酒。

心理学家发现，一般来说主动给他人倒酒的人都属于能够关心他人的类型，但是他们心中也会有个小算盘，即"我不想因为喝醉酒而失去理性"。比如，有可能他非常讨厌本部门的某人，害怕自己醉酒后借着酒劲把抱怨和不满发泄出来，那样就要得罪人了，而且在部门里恐怕也很难混下去了。也就是说，他们不想把内心某种感情意识化，只想把它埋在内心。从这个角度来看，这样的人冷静而富于心计。

与之相反，等着别人来给自己倒酒的人往往以自我为中心，他们的思想和行为都以满足自己的欲求作为第一出发点。他们喜欢周围的人照顾自己、奉承自己、围着自己转，喜欢通过这种方式赶走内心的孤独感，而他们对别人的关心也就没那么多了。在酒桌上，他们从没想到通过给他人倒酒来增进或改善人际关系，恐怕在那样的场合，他们想着只要自己开心就好了。由此看来，这类型的人不善于有计划地行动。

还有一类型的人喜欢自斟自饮,这样的人一般不喜欢他人对自己指手画脚,讨厌自己的步调被打乱,是属于个性比较强的人。

点菜犹豫不决的人缺乏决断力

很多单位也常常会有聚餐,其实这不仅仅是一次聚餐,也是一个窥见对方性格的好时机,因为从一个人点菜的方式也可以看出其性格。

点菜时会大声地叫服务员的人是自我表现欲强,对周围的人大声喧嚷以表示自我存在的类型。同席的人虽然觉得丢脸,但当事者为了表现自己,不在乎会对他人造成干扰。如果还叫了好几次,也能看出性急的一面。

对服务员用命令口吻说话,老是摆出"我是客人"这种态度的人,会对地位与身份的上下关系斤斤计较(在不自觉的状况下),别人对自己带有(自己认为的)诬蔑态度时,会出现说出脏话等激烈反应。

点菜时打手势招呼服务员过来的人,心理学家认为这种人会去考虑周围环境,设想到别人的立场。不喜欢出风头,但另一方面却拥有"为所应为"的执行力。在机会来临之前,会一直蛰伏等待。

会等服务员拿菜单过来的人耐性很强,是天生的乐天派,稳重自得。虽然从"怎么还没拿菜单来"的反应多少看得出急躁的一面,但却不招摇,自我主张不强烈,因此也容易累积压力。

上了菜单,开始浏览店里的菜色。接下来,就来看看哪种人会用哪种方式来点菜。

点菜犹豫不决、无法下决定的人。心理学家认为这种人太在乎别人了,缺乏决断力。会因为胃口太大,对各种不同事物都会转移焦点而极度迷失。

速战速决点菜的人性子急,却也有想法太过天真、缺乏深思熟虑的一面。这种人拥有领导者的特质,但过于独断,并且不相信别人，且有"凡事求快""不想落于人后"的竞争心。

"跟大家一样就好"的人是没有主见的人，总是左思右想而失去主见，对自己缺乏自信。跟别人步调一致，行动积极主动，会掉进死胡同里。

点菜时会提示别人点菜的人，很有礼貌，个性亲切。心理学家认为这类型的人虽然计划周详，却不会有更深入的想法。与总是跟随他人点同样的菜的人相同，是"同调性"很高的人。而一边问别人，却点了跟对方不同的菜色，印象中是那种不在乎别人而自行其道的人。

最后还是跟别人点一样菜色的人喜欢遵从多数意见，希望与别人一样的倾向很强。不会坚持己见，经常会因为配合别人而改变自己的意见，是难以信赖的人。对自己所属的团体归属意识强烈，不喜欢离开集团或让集团产生混乱。

点菜时一次点了一大堆的人，心理学家认为这类型的人往往心浮气躁。想法与需求非得直接表达才甘心，有点孩子气。不照顺序来，一次全包、浮躁的态度，可说是对于失败（点太多而吃不完）的可能性缺乏慎重考虑的人，也欠缺"随机应变"的弹性。

下次，当你与他们一起进餐时，不妨观察对方点菜时的态度，你也可以看出对方的性格。

付账时速度很快的人怕被人看不起

心理学家发现，从一个人掏钱的方式和他拿钱的习惯可以推断出他的性格。因为从一个人掏钱的方式或拿钱的习惯，我们可以推出金钱在他心中的地位，从而判断出他是怎样的人。

比如，有的人掏钱速度很快。不管是吃饭还是买什么东西，刚吃完或者拿到东西，就立马掏钱付账，这样的人其实最怕被人看不起。他们怕掏钱慢了对方会认为自己没钱，会看不起自己。因此，他们通常会在口袋里放一叠厚厚的钞票，目的是为了显示自己很有钱。他们认为钱是最好的身份象征。为了让别人知道自己有钱，他们有时还会把整叠的钞票拿出来张扬。在整理钱包时，也会把面值大的钞票放在外面，把小额钞票夹在里面。当你和这样的人接触时，应该要注意自己的语言，因为他们比较容易受到刺激。

有的人对钱比较粗心大意，喜欢把钱随处乱塞。如果你到他们家去，会发现到处都是他们随便乱放的零钱或者整钱。他们也很少把钱整整齐齐地放进钱包里，而是胡乱塞在钱包、手提袋、衣服口袋里。心理学家认为这类型的人一般对创作比较感兴趣，能够欣赏艺术与大自然的优美，把宇宙视为乐趣的源泉，而不认为金钱最重要。

有的人非常省吃俭用，用钱时十分谨慎。心理学家发现这类型的人的成长经历通常比较坎坷，所以对没有钱的体会非常深刻。这样的人大多工作都很努力，因为他们知道只有努力工作才能摆脱贫困。但是，他们虽然知道勤奋工作，却不知道怎样与人相处，而且，由于他们把钱看得太重，也没有什么真心的朋友。

有的人非常喜欢把钱藏起来，因为他们经常担心被小偷光顾。这样的人一般很难相信别人，总是怀疑对方，严重者精神会有点不正常。他们对什么都不确定，买东西也没有明确的目标。甚至会出现因为到处藏钱最后藏得自己都找不到了的尴尬情况。

有的人会对钱斤斤计较。这种人一般分两种情况：第一种情况是，对任何金钱交易都十分小心，不管是零钱还是大钱，不管是钞票还是硬币，在付钱找钱时都会清点得十分仔细。这类人一般都有很重的猜忌心理。在他们看来，世界上到处充满欺诈，所有的人都不可信。另一种情况就是，他们可能会因为一块钱和别人争吵得面红耳赤，却肯花几万块去国外旅游。此类人没有什么金钱的概念，喜欢享受，比较任性。

有的男性在掏钱的时候要求女方付钱。心理学家认为这样的男人是严重缺乏安全感，他们总是希望别人能够帮助自己。在买东西时，他们也总是挑那些有保修的商品。

前面说了掏钱速度快的人，还有一种类型是摊账时结算速度特别快的人。在中国，人们总是习惯于请客。我们总是觉得AA有点伤和气，也显得太小气。不过，近些年来，我们也开始学着摊账了，因为这样可以避免浪费，也有利于长远交往。摊账，简单地说，就是单纯地以人数平均分摊所消费的数额。

比如，酒足饭饱的时候，大家都还在想着这顿饭谁请客的时候，就会有一个人站出来宣布"一人收多少多少钱"。很容易看出，这个人对金钱和摊账方面的执着。心理学家认为这类型的人多半性格容易紧张，做事情非常认真，并且有自己的原则，所以对人对己都会严格要求，态度比较强硬。他们总是在准确地计算着每个人应该摊账的份额，因此玩的时候总是不能放开心情好好享受。不过，他们重视礼仪秩序，对于那些随便的人会感到厌恶，并且总想改变对方，强迫对方接受自己的想法。

有的时候，在喝酒的场合，摊账的时候会有很大的价差，因为这时会因各自所喝的量而定。这些会以喝酒的分量决定摊账多少的人，考虑非常周详，连最细微的环节也会注意到，并有将其具体实行的能力。而大多情况下，女士是不喝酒的，因此这种因为各自喝酒的量而摊账的方式会使女士比较高兴。并且，女士对连这个都能算出来的细心人士会有好感。由此可以看出，能够这样付账的男士，也是很有心机的。他们在避免自己多花钱的同时还能够取悦女士。

总之，心理学家认为通过一个人掏钱和拿钱的方式和习惯，或者这个人摊账的方式，都可以推断出这个人的性格。从一个人对待金钱的态度，最能看出这个人的内心。

通过喝茶看人

茶叶作为中国乃至世界最著名的饮品之一,历来深受世界各国人民的喜爱。茶叶中富含多种维生素以及抗氧化物质,是不可多得的健康饮品,经常饮用的人,能够减缓细胞衰老速度,消除疲劳,延年益寿。通过喝茶这样一个行为,我们可以发觉很多有价值的信息,而这些信息对于我们了解一个人,具有很大的参考价值。

喜欢喝普洱的人,非常注重规矩和原则。这种人信奉"无规矩,不成方圆",在他们眼里,万事都有其原则和处理套路,在做从事每一件事情之前,他们都会制作详细的行动计划,让所有的工作流程一目了然。这种人最讨厌散漫无度的人,对粗心大意的处事方式十分排斥,他们无法容忍一团糟的工作生活环境,即使是自己的衣着打扮,也要显得干净利落、平整自然。

喝英国红茶的人,情感细腻而脆弱,他们就像一个孩子一样,期待别人的关心和了解。这种人的内心十分敏感,能够通过别人一些细微的表情和动作,判断他人的情感变化。他们渴望呵护和认同,希望别人能够了解自己的真实心理。这种人任性而天真,对自己信任或者喜欢的人,会投入自己全部的情感。

有的人对花茶情有独钟。这种人能够克制自己的感情,很少出现大喊大叫、失声痛哭等极端情绪,他们处事沉着,待人平和,谈吐大方自然,他们总是能够让交流变得轻松和睦,即使是面对一些敏感或者容易产生分歧和争执的话题时。但是,这种人对于突发状况缺乏经验和必要的心理准备,在面对狂躁不安或者激愤的人时,常常感到手足无措,心神不宁。

绿茶口味清淡,茶香淡雅,饮来只觉神清气爽,满口留香。喜欢绿茶的人,胸襟坦荡,志向高远,他们更注重一个人的内在修养,而不会过于关注一个人的外貌长相,他们最讨厌的就是那些浮华、虚伪的人。这种人排斥华而不实的东西,不喜欢打扮自己。在他们看来，衣物只是御寒遮羞的工具而已，只要穿得干净整洁就够了，通过衣着打扮炫耀和表现自己，是非常幼稚和可笑的。

喜欢喝热茶的人，性格开朗活泼，热情好动，他们思维敏捷，善于交际，富有创造力；另一方面，他们也是冲动的、疯狂的，时常带些小情绪，也时常与人发生摩擦和口角，让人又爱又恨。

喜欢凉茶的人，处事冷静果敢，他们往往是有一定专长和天赋的人，拥有自信，敢于挑战自我；同时，这种人善妒多疑，充满幻想，行为怪异，表情冷漠，给人一种距离感，难以接近和了解。因此，这种人的社交圈较小，没有多少人真正地了解他们。

当然，也有一些人，天生就对茶叶不感冒，他们解决饥渴的途径很直接，可能就是倒一杯白开水。这种人的想法非常单纯和简单，即使面对一个错综复杂的问题，他们也能够将它们进行合理的拆分和归类，各个击破。这种人专注力强，任性而固执，对于新生事物缺乏认同感，比较封闭和保守。

喝茶的场所有很多，你可以一个人，在家里独自泡上一壶茶；也可以和几个人一起，去茶楼里坐一坐。通过不同的场所，我们同样可以了解一个人的性格特征。

一般而言，喜欢在家里品茶的人，追求清静自然的生活，拥有个人的节操和坚守，他们安心地生活在个人的世界里，不受外界喧嚣和嘈杂的干扰，安静本分；另一方面，这种人缺乏进取心，甚至有些懒惰，他们处事比较消极保守，安于现状，甘于平庸。在当今这个竞争激烈的社会里，这种人很难取得显著的成就。

喜欢去茶楼消费的人，懂得享受生活，他们不会整日为了生计东奔西走，以致忘记了生活本身所应有的快乐和消遣。这种人具有一定的能力和地位，居功自傲，争强好胜，他们迷信于自己的能力和才华，总是以为只有自己才是最出色、最不可或缺的人。由于不善吸取别人的想法和意见，这种人显得十分专横和跋扈。

通过一个人放置茶杯的位置，我们也可以获得一些潜在的信息。在喝完一口茶之后，有人会将茶杯放在身体的一侧，同时用手扶着或握着茶杯的边缘，使得手臂横亘在谈话双方的中间。这是一种典型的防御姿势，说明他对你还有些排斥和抵抗，或者在意见上和你有分歧，但又不能直接说出来。而如果一个人把茶杯放在一个相对靠前的位置，自然地摊开双手，这说明他赞同你的观点和态度，你们之间的交流是诚恳有效的。

通过喝咖啡看人

咖啡作为一种常见的饮料，直到晚清时期才传入我国，但其优雅醇厚的口感，略苦还甜的味道，像中国的茶叶一样，带给人意境悠远的回味，很快就在神州大地传播开来。现在去星巴克喝一杯咖啡，度过这个周末的最后一个下午，似乎早已不再是欧美人的专利了。

通过人们喝咖啡时选择的咖啡品种、煮咖啡的方式等，我们可以了解一个人的性格特征和喜好，为什么有些人喜欢喝蓝山，而另一些人酷爱卡布奇诺？有些人喜欢速溶咖啡，另一些人却坚持自己磨咖啡豆？让我们一起探个究竟吧。

性情浓烈、贪图刺激的人，对非洲出产的咖啡豆兴趣浓厚，那里的咖啡，经过深度炒制和烘焙，色泽黝黑，仅仅闻起来就一股浓烈的咖啡香，非常符合他们的追求；性格平和的人，则喜欢口感中性的黑咖啡，不酸亦不苦的味道，能够让他们享受宁静和安详。对于一个清新寡欲的人，微微泛酸的哥伦比亚咖啡，无疑是他们的不二之选，单纯的味觉，能够让他们徜徉在简单自由的世界里，无拘无束。

蓝山咖啡，向来以其险峻的生长环境、艰难的采摘过程以及复杂地加工技巧，而显得稀有，昂贵的价格使其成为咖啡中的奢侈品。喜欢喝蓝山的人，追求物质享受和地位，他们向往奢华富裕的生活，对金钱和权势充满渴望。这种人，喜欢依仗奢侈的生活品和消费方式展现自己的价值，他们物质生活丰富，但与之对应的精神世界却相对贫瘠。

作为一款经典的混合饮料,卡布奇诺向来深受众人尤其是年轻人的喜爱。它是混合了咖啡和牛奶之后的产物,充满气泡,口感润滑。品尝它的时候,你可以明显感觉气泡在你口中破灭消融的过程,就像生命中的躁动和轻浮一样,带着酸苦的回味,消失在脑海里。喜欢卡布奇诺的人,懂得享受生活,他们会在静谧的午后,放下手中的所有琐事,安静地享受十几分钟的欢愉和平静,他们不会将生活过得狼狈不堪,追求宁静和自由,倾听内心的声音,把每一天过得像一篇清新自然的散文,而不是烦冗拖沓的命题作文。

意大利咖啡,因为特殊的加工工艺,口味强烈,苦味十分明显。热衷意大利咖啡的人,生活节奏紧张,在他们眼里,每天都有新的任务等待解决,他们像拧足了发条的钟表一样,一刻不停地保持着战斗状态,他们专注力极强,总是想方设法地谋取最高利益。意大利咖啡浓郁的口味,能够让他们时刻保持清醒。

有的人,喜欢喝速溶咖啡。速溶咖啡能够省掉磨咖啡以及煮咖啡的时间,因而这种人的时间观念很强烈,能够最大限度地利用时间。但过于紧张的时间观念,也让他们变得心浮气躁,无法全身心地投入到一份工作中去,常常这件事情还没处理好,一掐时间,感觉浪费了太多精力,马上开始另一件事情,最终一事无成。

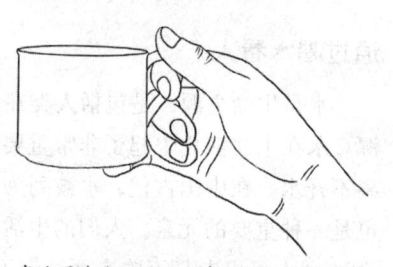

喜欢喝速溶咖啡的人有极强的时间观念

如果一个人喜欢亲自磨咖啡豆,他会让自己参与到制作咖啡的过程中去,并从中获得乐趣和满足感。这种人充满求知欲和好奇心,喜欢亲自尝试一些新鲜事物,他们对于固有的想法和经验具有抵触心理,想法激进,敢于颠覆传统、挑战权威。

如果一个人肯花大量的时间过滤咖啡,这说明他具有比较优越的物质生活,自由的时间安排。这种人追求完美,他们愿意为了喜欢的事物，经受考验和磨砺，付出超出常人的精力和时间，只为达成更美好的结果。

有些人，喜欢自己尝试混合若干种咖啡，以期获得意想不到的口感。这种人不甘于平庸，追求个性与时尚，为了取得别人的关注，不惜花费时间和金钱，他们的想法无可厚非，可惜这种人常常脱离实际，在一些没有意义的事情上耗费了过多的精力，阻碍了自己的发展和进步。

一般而言，相较于喝茶、喝牛奶，喝咖啡的人往往自信心过剩。他们拥有突出的能力，但往往过于自高自大，目中无人，这种人无论是肢体动作还是言谈中，都透着一股"神圣不可侵犯"的疏离感——能力让他们比常人更接近成功，但性格却让他们与很多机会擦肩而过。要想摆脱"怀才不遇"的境遇，他们需要放下身板，尊重他人，打破身边的藩篱，亲近他人，这样自然会使局面好转起来。

通过喝水看人

水是生命之源，是包括人类在内所有生命存在的最重要的资源。水在生命演化中起了非常重要的作用。可以说，世间万物都离不开水。在中国古代，水被列为"五行"之一，在西方国家水也是一种重要的元素。人们的生活都离不开水。有位科学家曾经说过："人可以七日不吃东西，但不能一天不喝水。"由此可见水对于人类来说是非常重要的。其实不必多说人们也知道水的重要性，但是人们却并不完全知道，每个人的喝水方式是不同的。比如说有的人喜欢牛饮，一口气喝光一瓶水；有的人喜欢小口喝水，以求充分吸收；还有的人喜欢用吸管喝水，等等。一般来说，喝水的习惯和方式也和其他动作一样可以透露出人们的很多信息来。下面我们就具体看一下，简单的喝水动作暗藏了哪些玄机。

有的人在喝水时，喜欢握住水杯的上部分，而且喜欢一边喝水一边说话。这样的人性格大多数都非常地爽朗，甚至是有些粗犷。他们一般不会去在乎那些鸡毛蒜皮的小事,所以周围的人都非常乐于和他们交往。他们大多数都非常乐观,有一种"天塌下来还有个高的顶着"的豪迈感。这类人的感染力都非常强,他的气质会不知不觉地感染到他周围的人。他们说话的声音都非常洪亮,在宣布事情时会给人一种不怒自威的感觉,这样的人具有领导者的气质,非常适合成为一个团队中的核心人物。

有的人在喝水时,喜欢握住杯子的中间部分。从安全的角度上来说,这样握住杯子是最安全的,因为杯子不会轻易地从手上滑落下去。从这里我们所能看出的第一个信息就是,这一定是一个严谨的人,做什么事情都会将失败的可能性降至最低。这样的人适应能力都非常强,而且非常随和。他们非常有信用,一旦答应了他人就一定会做到,但他们却经常因为答应了什么棘手的事情而感到困扰。在社交场合中,他们总是表现得非常睿智,懂得利用对方的话题来逐渐引导对方,获得他人好感,所以说这样的人交际手段都特别高超。

还有的人在喝水时,喜欢握住杯子的下半部分。这样的人一般都非常敏感,他们总是很缺乏安全感,做事情也总是害怕有什么纰漏。这类人一般都非常缺乏自己的主见,而总是认为他人说的才是正确的,有一些盲从的感觉。如果说握住水杯的那只手小拇指有些微微翘起的话,那则说明这个人有一些神经质,而且心理特别脆弱,受不了打击。一旦在做事时受到了挫折就会很轻易地灰心丧气,认为自己不是那块料。这样的人心里始终是焦虑不安的,因为他们太不自信,无时无刻不在担心着自己会犯错。但这也并不是说这样的人浑身都是缺点,他们的理想都非常远大,而且都很有艺术天分,同时品位也比一般的人高出很多。

有的人喝水时喜欢用两只手握着杯子。这个动作看上去有一些滑稽,好像生怕杯子从手中自己飞到地上摔破一样。这样的人一般感情都比较脆弱,内心空虚,总是需要别人安慰才行。他们时常会觉得自己非常孤独,但又不想开口与人倾诉,有些热心的人想要缓解他们心中压抑的情绪过来聊天，往往是没说几句话就终止了话题，所以这样的人大多人际关系处理得都非常糟糕。他们在谈话时总是喜欢一边触摸对方一边谈，这算是一个不好的习惯，有些人非常反感这样。这类的人性格都有些孤僻，不易相处，但对于异性他们却经常会滔滔不绝地说个不停，所以这样的人大多比较受异性的欢迎。

有些人在喝东西时有这样的习惯，就是不管杯子里放的是酒还是普通的水，他们都习惯先摇晃一下杯子才慢慢地喝下去，似乎是很喜欢听冰块敲击杯子时的响声一样。这样的人一般都非常缺乏安全感，他们总是觉得自身情绪的稳定只是暂时性的，所以他们需要找一些小动作来缓解自己紧张的情绪。想要这种人定下心来去安安稳稳地做事几乎是不可能的，他们就像多动的孩子一样，喜欢到处走动，连安静地坐在椅子上都不太可能。这些人的好奇心非常强，总是喜欢去尝试做一些新鲜的事情，但由于心性不够沉稳，他们很少会坚持到最后。

有的人喜欢在吸烟时拿起水杯，先吸几口烟，然后喝一口水。这样的人都非常自信，他们的精神一直都非常放松，除非是面临真正棘手的事情时才会紧绷起来。在社交场合中，他们优雅的谈吐很容易就能赢得他人的好感，是一个不可多得的交际人才。这些人的交际手段都十分纯熟，判断力也非常强，而且他们能够将对方说得心服口服。可以说这类人是个天生的优秀营销员或是公关人员。

通过吃饭习惯看人

中国有一句俗话，叫作"民以食为天"。人只要活着就离不开食物，食物对于人来说，是除空气和水之外最重要的，我们甚至可以说，人这一辈子，就是为了"吃"而努力着的。我们可以从一个人喜欢吃什么样的东西来观察这个人的性格。同样地，通过一个人吃东西的方式，我们也可以观察出这个人的性格特征来。

接下来，就让我们来简单了解一下。

有些人吃东西时，喜欢将食物分割成一个一个的小块，然后再一点一点慢慢地吃下去。这样的人，性格都非常的传统和保守，他们做事非常小心谨慎，生怕得罪他人。在为人处事方面，他们无时无刻不在扮演着好好先生的角色，在面临抉择时，他们也大多都会保持中立。由于他们从来不会冒险，所以他们在事业上取得的成就都很小。虽然他们在某些场合会表现得比较有主张，不去理会他人的意见，但由于他们天生"老好人"的性格，这些想法并不会表露得那么明显，而是会以非常隐晦的方式传递给对方。

有些人吃东西时非常程式化。他们总是喜欢将所有事情都一步到位地做好之后，再坐下来慢慢享用面前的美食。喜欢这样吃东西的人，思维都非常缜密，他们在对待事情时，总是思前想后，花很多的时间将所有可能出现的意外都考虑周全之后，才会放手去做。这样的人一般都很挑食，所以他们的身体一般都比较瘦弱，但他们的头脑却比大多数人都要聪明。他们喜欢在事前做好充足的准备，然后再摆出一副运筹帷幄的样子，顺利地解决事情。如果事情突然发生了意外，超出了他们的估计，他们就会感到茫然无措，不知如何是好。

有的人饭量很小，他们在吃饭时，只吃一点点就放下筷子不吃了。这样的人性格一般都比较传统和保守，他们在做事时，总是十分的小心谨慎，生怕出一点问题。在人际关系方面，他们也都尽量地拉近自己与他人之间的距离，努力地处理好双方的关系。他们做事非常墨守成规，喜欢以老方法解决问题，因为他们觉得只有这样，才能将事情的风险降至最低。由于他们不敢承担风险，做事的思维也略显僵化，所以他们将是一个非常优秀的守业者，而并不适合去创业。这类人做事非常沉稳，但却缺乏冲劲，所以在上司看来，他是一个非常敬业的好员工。而在下属眼里，这样的上司却显得有些刻板、严肃。

有的人吃饭很快，总是一副狼吞虎咽、风卷残云的样子。这样的人精力都非常旺盛，性格也非常的直率、豪爽。他们对待他人十分的真诚、热情，属于可以为朋友"两肋插刀"的类型。这样的人做事也非常干脆、果断，从不会前怕狼后怕虎，一副犹豫不决的样子。但他们却经常自以为是，不听他人的劝告或建议。这种人的自我意识也比较强，有很强的竞争心理和进取精神，不管面对多困难的事，他们总是会拼搏一番，绝不会轻易地妥协和认输。

与前一种类型的人正好相反，有些人吃饭的速度非常慢，总是细嚼慢咽，好像很享受每一口食物所带来的充实感一样。这样的人在做事时，很喜欢享受事情慢慢完成的过程，但这并不是说这样的人不看重结果，相反，他们非常喜欢结果所带给他们的满足感和愉悦感。这种人做事非常周密，思维也十分严谨，可以说他们从不会打没有把握的仗。在为人处事方面，这种人不管对自己还是对别人的要求都十分严格，有时甚至显得有些苛刻，所以在很多人眼里，他们十分的挑剔和残酷。

有的人在吃东西时，不懂得讲究"度"，一旦碰到自己喜欢的东西，就非要吃到够、吃到不能再吃了才会罢休。这样的人性格一般都十分直率和豪爽，所以很多人都喜欢同他们交往，在社交场合，这种人也十分吃得开。他们的组织能力比较强，所以周围的人总是会以这样的人为中心，拧成一股绳。直爽的他们并不懂得掩饰自己的情绪，不管是开心还是愤怒都会清晰地表现在脸上，很容易让人明白。

还有些人，他们在吃东西时，不喜欢同他人一起，而是喜欢单独一人静静地品尝美食。这种人的性格往往都非常孤僻，甚至有些孤傲。他们自命清高，不喜欢同其他"俗人"们搅在一起，更多的时候他们都在欣赏自己，显得有些自恋。但这样的人做事非常稳重，韧性也非常强，而且十分有责任心。这样的人都非常重承诺，虽然他们不会轻易答应对方的要求，但只要他们答应，就一定会做到，是真正的"言必信，行必果"类型的人。虽然这样的人总是独来独往，但周围的人对他们的评价都非常高，无论是他们的上司还是他们的亲人、朋友，都对他们的能力和行事风格十分满意。

一般而言，每个人都会有喜欢吃的东西和不喜欢吃的东西。但有些人却不同，他们对食物几乎是来者不拒的，他们对食物从来都不挑剔，甚至可以说，只要是"能吃的"他们都吃。这样的人对待他人非常的亲切、随和，对待事情也不拘小节，从来不会为了一些鸡毛蒜皮的小事而斤斤计较。他们的头脑都非常聪明，非常富有才华，而且他们的精力十分旺盛，即使是同时做几件事也会十分游刃有余，不会手忙脚乱。

中国有一句俗话，叫作"饭前先喝汤，胜过良药方"。喝汤对人们的身体健康十分有好处，而随着减肥活动的流行，这句话又变成了"饭前先喝汤，苗条又健康"。可以说在当代，有很多人都喜欢在饭前或者是吃饭过程中喝一碗汤。有这样习惯的人，往往性格都非常腼腆、容易害羞，甚至显得有些自卑。由于这样的性格，他们往往会与机会擦肩而过，最终一事无成。在人际关系方面，这样的人经常显得十分被动，别人问一句，他就答一句。大多时候，这种人总是安静地待在一边，很容易被他人所冷落，甚至遗忘。

通过烹饪习惯看人

烹饪，也就是我们习惯上常说的"做饭""炒菜"。相信很多人都有几道自己的拿手菜，赶上家庭聚会的时候露上一手，做几道可口的饭菜，无疑是一件很不错的事情。你的朋友或者家人喜欢采取哪种制作方法？他们是通过什么渠道学习烹饪的？他们做菜有哪些与众不同的地方？通过观察与烹饪相关的一些细节，我们可以了解一个人的心理和性格特征。

烹饪正式开始之前，肯定有个准备的过程，包括对食材的洗、摘、切等初加工，以及相关作料的准备，等等。有一些人，喜欢独自完成所有的准备工作，仿佛只有这样，他们才会觉得菜品是自己制作的。这种人独立自主，充满自信，能够依仗个人能力完成一件事情。他们喜欢从事一些富于挑战性的工作，并通过最终的胜利谋求成就感和荣耀，证明自己的价值。这种人不会轻易地信赖任何人，偶尔也显得独断而高傲。

有的人在做饭时喜欢大火急炒，一副热火朝天的样子。这种人的性格，和他们炒菜时的情形颇为相似，火暴而急躁。他们处理问题干净利落，最讨厌拖沓和墨迹，豪放热情，心直口快。与此对应，也有一些人，炒菜时很少用高火，善于做一些焖煮为主的菜肴。这种人性情温顺，易于沟通和交流。他们善于听取不同的意见，能够平和冷静地处理身边的事情，易于亲近。

烹饪时善于采用剁、揉等制作工艺，这种人踏实能干，注重实际。他们总是寻求最直接有效的方法处理问题，务实高效，从来不在没有意义的事情上耽误时间。这种人不畏艰险，坚信所有的困难和挫折，都有合适的方法予以解决，他们充满斗志和自信心，时刻准备迎接未知的挑战和艰险。

有些人的烹调技艺可谓"无师自通"，他们不会专门地搜集一些烹饪类的书籍来学习，而是根据自己的理解和认识做饭，觉得怎样做菜好吃，或者哪种烹饪方法合理健康，就采取哪种方式。这种人不拘泥于形式，灵活多变，率性而为，活得洒脱而自然。他们富有激情，处事感性，发发脾气，抑或闹闹情绪是常有的事情。

另一些人，会找来烹饪方面的书籍，仔细学习一番，并且严格按照书本上食材、作料的用量和比例制作菜肴。这种人恪守理则，遵守秩序，习惯于在别人的安排下从事工作，一旦脱离集体独自行事，或者面对突发状况，他们会变得手足无措，焦躁不安。他们缺乏创新精神和勇气，谨小慎微。增强自信，勇于尝试和改变，能够让他们早日放下心理包袱，成为一个敢行动、敢担当的人。

有人喜欢在电视节目里，学习烹饪的技巧和方法。电视里的介绍，会比书本上的讲解直观很多，这可以让他们更准确地掌握烹饪技巧，从而能够灵活的变通。这种人善于发现和学习，主动寻求问题解决的方式，而不喜欢被人指使。他们积极主动，易于满足，行事简单而低调。这种人似乎总是生活在开心和快乐之中，无忧无虑。

你可能有这样的朋友，为了获得烹饪方面的经验和技巧，会找到美食专家探讨相关方面的问题。这一类的人，善于接受不同的观点和看法，能够对多种意见进行整理和加工，然后为己所用，并取得较为理想的效果。他们不会依附于任何人，虽然会认真考虑别人的建议，但最终还是会根据自己的经验下结论。

有的人，会在烹饪的时候用到一些有趣的小玩意儿，譬如精致的不锈钢勺，盛放盐和味精的玻璃罐，等等。这种人已经不再单单把烹饪当作一个事物的加工过程，他们更注重享受这个过程，并从中得到烹饪本身以外的乐趣。他们充满好奇心，乐于尝试和探索新鲜事物，对于喜欢的东西，能够锲而不舍地追寻下去。

当然，也有这么一些人，不喜欢烹饪。尤其是一个人在家的时候，他们可能只会煮些面条，甚至泡一桶方便面，这显然是一种不够健康的饮食习惯。这种人生性内向，容易满足，缺乏积极性和进取心，遇到困难容易退缩。他们拥有一定的才华和能力，但却不知道如何施展。

通过食物偏好看人

食物偏好因人而异，有人喜欢吃甜食，有人喜欢吃油炸食品，有的人喜欢酱菜，有的人则喜欢清淡的食物。西方谚语里说"你吃什么，就像什么"，和其他很多习惯和喜好一样，事物偏好的养成和一个人的性格有着密切的联系，因此，通过观察一个人的食物偏好，我们可以在较短的时间里，了解这个人的性格。

喜欢糖果、甜圈等甜食的人，生性活泼开朗，热情大方。生活中，喜欢甜食的人大多为女性，这种人性格温顺，平易近人，天真而纯洁，儿童自我心理状态明显。她们总是能够和朋友打成一片，对于自己信任的人，百依百顺，毫无距离感。这种人处事感性，从来不会隐瞒自己的情感，可以说想哭就哭、想闹就闹。她们对事物的认知不够深入，常常过于乐观和理想化，因此容易受挫和伤心。此外，她们的依赖感非常强烈，比较软弱和胆小，时刻需要呵护和关心。

喜欢甜食的男人相对较少。毕竟，甜食黏腻的口感，与男性阳刚果决的性格特征有一定的出入。本质上讲，嗜好甜食的男人，生性好色。在他们看来，咀嚼甜食就像和女性亲吻一样，令人迷醉。需要知道的是，甜食的摄入量是有一定合理范围的，过度食用甜食不仅容易发胖，而且容易导致心脑血管疾病等多种疾病的产生。

油炸食品非常常见，我们平时吃的麻花、油条、薯条等，都在油炸食品的范畴之内。喜欢这类食品的人，性情直爽，敢作敢为，富有责任心和事业心，渴望干出一番属于自己的事业来。他们富有冒险精神，不拘泥于细小的事物，能够将精力投放在最关键的事情上。不过，这种人处事不够谨慎，缺乏毅力和耐性，常常因为失败和挫折动摇决心，容易产生沮丧失望的情绪。油炸食品是十大垃圾食品之一，经常实用容易致癌，因此，和甜食类食品一样，合理地控制食用量，是保证身体健康的关键因素之一。

喜欢吃辣味或者其他刺激性口味食物的人，机智灵敏，能言善辩，思维活跃，富有创造力。他们善于思考和解决问题，遇事沉着冷静，不会轻易应和依附他人，坚持自己的观点和态度。但是，这种人生性执拗，固执己见，不愿妥协。他们的心胸也比较狭隘，喜欢计较是非，不够大度和宽容。

有的人口味清淡，忌讳过油、过辣的事物。这种人性格内向，处事沉稳，不善交际，是比较保守和自我的人。他们习惯于一个人行事，淡泊名利，不与人争。不过，他们缺乏进取心，安于现状，不愿做出改变和调整，生活方式单一沉闷。

腌制食品口味独特，品类繁多，适量食用可以提高食欲，增进胃口。喜欢食用腌制食品的人,踏实可靠,处事沉稳,具有大局意识。他们行事周密,部署严格,遵守规则和秩序,常常能够化繁为简,各个击破。这种人对人严苛,容不下半点的不足和过失,因此容易招惹麻烦。同时,他们功利心强,不相信纯粹的友谊和交往,很少和朋友开诚布公、真心相待,几乎没有所谓的知己。当然,也有些人不喜欢腌制食品。这样的人大都活泼开朗,热情大方,他们善解人意,体谅他人,很少与他人记仇,富有亲和力,因此朋友众多,社交面广。不过,他们不够沉稳,尤其是遇到一些新鲜的想法和观点时,容易动摇最初的信念,另起炉灶,结果使得过往的付出付诸东流,徒劳无功。

喜欢吃荤的人,充满占有欲和探索欲,是非常强势的人。他们勇于挑战,追求卓越,具有领导力。同时,他们善于交际,乐观大方,能够游刃有余地穿梭于职场之中。通常,这种人也是富有心计的,思维灵活,善于观察,总是能够在第一时间发现身边的变化。

除了一些笃信宗教的信徒,纯粹的素食主义者很少。但有一部分人,非常接近素食主义者,他们虽然不排斥荤类食物,但绝大多数时候都喜欢吃素食。这类人的性格与口味清淡者的类似,但显得更加遁世绝俗,他们安静沉稳,极少在别人面前展现自己。这种人很少扮演公众人物的角色,清心寡欲,处世安然。

有人喜欢吃熟透的事物,无法接受刺身、生鱼片等食物。这种人待人亲切友善,善于处理矛盾和争端,能够迅速地融入集体中去。他们充满志向,能够积极主动地设想自己的未来,但又缺乏耐心和毅力,因此变得耽于幻想,缺乏行动力。

也有人喜欢吃生食,生菜生蛋,生奶生肉,可谓无所不食。早在学会利用火之前,人类的祖先就过着茹毛饮血的生活,因此本质上讲,喜食生食是一种动物本能的体现。这种人质朴自然,热爱运动,喜欢大自然的风光,追去健康原始的生活方式。他们生性顽强,不惧艰险,时刻保持战斗力,常常在生活中处于主导地位。当然，生食类食物未经过烹煮等加热消毒过程，容易携带致病菌，因此，我们在食用该类食物时，尤其要注意食物的新鲜与安全。

中国素来有"北面南米"的说法，即受气候和地形的影响，北方以种植小麦为主，而南方则以稻米为主，因此在主食方面，北方多吃面食，南方多吃米食。但如今，便捷的物流交通使这种情况有了很大的改观，现在的很多家庭，已经不存在受制于地域的主食选择局限。一般而言，喜欢面食的人，性格开朗，善解人意，待人真诚，喜欢沟通和交流，朋友众多。他们直率坦诚，但也喜欢夸大其词，表现自我。喜欢米食的人，善于处理事情，常常能够圆满的化解矛盾，他们独立自主，喜欢一个人行事。通常，这类人骄傲自满，过于自信，妄自尊大，缺乏实践和动手能力。

喜欢喝汤的人，生性自卑。这种人并非没有能力，相反可能颇有才华。只是，他们缺乏自信心，总是觉得自己不够出色，有很多人比他们强。即使凭借实力赢得地位和金钱，他们也很少被人真正的理解，他们过于腼腆，喜欢将自己藏在最不起眼的角落里，错过了很多本属于自己的美好与幸福。

喜欢蒸制食物的人，善于控制自己的情感。多数情况下，他们能够理性地表达自己的主张和看法，即使存在愤怒或者厌烦等情绪，也很少流露出来。这种人性情安稳，很少与人发生争吵和纠纷。但是，这种相对软弱随和的性格，容易被人利用，合理地捍卫自己的权益，是他们需要学会的。

烧烤类的食物在大排档或者自助餐厅里非常多见。喜欢这类食物的人，乐观向上，待人真诚。他们爱好广泛，喜结朋友，充满求胜欲望。但是，他们处事浮躁，缺乏耐心，总是想着用最短的时间完成任务，却往往忽视了质量。此外，他们在处理一些有争议问题时，顾虑太多，不够果决，难以服众。

喜欢冷冻食物的人，精明干练，意志力顽强，一旦确立了奋斗目标，他们会矢志不渝地坚持下去。这种人不善交流，也不喜欢表露自己的情感,因此很多时候,他们都显得不够亲和,难于接近。但如果你有足够的耐心和热情,你会发现他是个值得信赖的人,他们虽然看起来冷漠孤僻,但内心善良,充满爱心。

有人喜欢干果、菜汤较少的菜肴等一些较干的食物。这种人性情孤僻,不善于沟通和交流,也不关心别人的感受与想法。他们习惯一个人解决问题,哪怕困难重重也极少寻求他人的帮助和支持。不要试图挑战他们的心理承受能力,他们的忍耐力非常有限,一旦激怒了他们,事情将变得非常棘手。

通过喜欢哪个国家的食物看人

德国的香肠,韩国的泡菜,意大利的披萨,日本的寿司……每个国家都有其独特的菜肴,这些菜肴和他们的文化传统有着密切的联系。一个人喜欢某个国家的菜肴,就表示认同该国的传统和习惯。因此,我们可以根据一个人对各国菜肴的喜好,了解他的性格特征。

法国菜向来以其丰富多样的选料、精湛的烹调技艺、奢华气派的就餐气氛著称于世。法国人对饮食非常的讲究,从厨房的配套设施,到食材的选择和加工,都非常地细致,同时,法国的就餐氛围也非常融洽,富有浪漫气息。喜欢吃法国菜的人,追求品位,富有涵养,待人接物彬彬有礼、仪表大方,懂得享受和品味人生。他们清楚自己的理想和追求,不懈地朝着既定的方向努力,直到成功。

中国是闻名世界的烹饪王国,不胜枚举的传统菜肴,花样繁多的烹调技艺,各具特色的流派和风味,让人目不暇接,垂涎三尺。众所周知,筷子是极富中国特色的一种就餐用具,轻便灵活,可以用来挑、夹、拌、拨,等等,功能多样,因此,喜欢中国菜的人,大都思维活跃,行动敏捷,处事高效。此外,中国菜讲究食材的创新和改良,常常利用相同的食材做出口味多变的各种美食,因此,喜欢中国菜的人,又是变通和机智的,善于观察和利用周边事物，处事灵活，随机应变。再有，中国的饮食文化素来讲究精致和细腻，从这个方面看，喜欢中国菜的人，处事严谨，责任心强。

德国的菜肴相对简单，至少和法国比起来显得单调很多。德国人素来讲求实用性，他们不追求菜肴的花样和多变性，只要好吃，能够填饱肚子就够了。喜欢德国菜的人，处事理性客观，追求实际，他们虽然追求美观和大方，但讨厌过于花哨或者不切实际的装潢和打扮。这种人严肃认真，处事沉着，面对问题时非常耐心，不喜欢表露自己的情感。他们非常有分寸，很少出现冒昧粗鲁的举动。生活中，他们不讲排场，不求奢华，只要过得安静舒适就好。

俄罗斯的菜肴口味较重，比较油腻，热量较高。喜欢吃俄罗斯菜的人，顽强而坚韧，性情豪放。他们处事认真，责任心强，凡是交给自己的任务，一定会竭尽全力地完成。这种人自尊心很强，富有主见，但也会显得高傲而固执。

印度人善用咖喱，他们通过使用各种不同的香料，使得菜肴味道丰富，营养美味，充满神秘感。喜欢吃印度菜的人，善于观察和发现，他们通常能够透过事物的表象看清真相，富有洞察力。这种人充满耐心和毅力，即使从事一件自己不感兴趣的事情，也会努力发掘其中的乐趣，乐于进取。

美国人钟情沙拉，喜欢将水果用于烹饪，他们喜好甜味食品，对辣味的菜品缺乏兴趣。喜欢吃美国菜的人，往往追求速度和效率，他们总是不断地赶进度、赶时间，时刻保持清醒的头脑和认识。这种人思维灵活，机动性强，对于突发事件能够迅速地采取措施。通常，这种人处事仓促，缺乏耐心，解决问题不够彻底和细致，容易留下漏洞。

西班牙人善用海鲜烹制菜肴，所做菜肴酥脆鲜香，口味浓郁。喜欢品尝西班牙菜肴的人，热情奔放，积极乐观。他们总是想着让自己的生活更富有激情和乐趣。这种人独立意识强烈，喜欢一个人完成任务，然而，他们非常喜欢交朋友，待人热情，不拘小节。此外，这种人自我约束能力较为突出，习惯依照规则行事，循规蹈矩。

披萨是最知名的意大利美食之一，除此之外，意大利的海鲜等菜肴也非常受人喜爱。喜欢意大利菜的人，富有主见，能动性强，非常喜欢搞一些装饰和小发明。他们善于交流，热情洋溢，言语亲切，富有感染力，善于调动氛围，总是能够让周围的人欢笑不断。

提到日本菜肴，我们首先想到的可能会是生鱼片和寿司。生吃是日本特色的饮食方式之一，喜欢生吃的人，追求刺激，乐于尝试和创新，他们激进而偏执，性情暴躁。此外，日本菜量小而精致，制作工艺讲究，往往需要较高的烹饪技巧，喜欢日本菜的人，大都富有耐心，处事谨慎甚至于挑剔。通常，钟情日本菜的人，认真刻板，缺乏变通，容易采取极端的方式处理问题。

英国菜一般采取蒸、煮等方式制作，制作过程中很少放调味品，烹饪结束后，食用者可以根据自己的喜好放入盐、黑醋等。喜欢吃英国菜的人，意志力顽强，坚忍不拔，不达目的不罢休。他们生性保守，很难从根本上改变自己。

通过吃水果看人

"长安回望绣成堆，山顶千门次第开。一骑红尘妃子笑，无人知是荔枝来"，杜牧的《过华清宫绝句》，揭示了唐明皇与杨贵妃的荒淫无度，也让我们了解到杨贵妃对荔枝的喜爱和偏好。每个人都有自己喜爱的水果，这些偏好和他们的性格颇有关联。

苹果中富含多种维生素以及抗氧化物质，适量食用能够有效降低癌症的发病率，有益健康。喜欢吃苹果的人，处事沉着冷静，讲求计划，凡事从实际出发，循序渐进，步步为营。他们意志力顽强，不畏艰险，常常能够克服重重困难并最终取得成功。这种人待人热情，谦虚谨慎，自尊心比较强，观点比较保守。

香蕉是一种热带水果，食用后可促进肠胃蠕动，并促使大脑分泌令人感到愉快的物质，颇为神奇。喜欢吃香蕉的人，行事果决，充满战斗力，能够以积极的心态投入到学习工作中去。但是，他们有时也会失之鲁莽，焦躁草率，无法平静客观地看待问题。表面上看，他们非常坚毅和勇敢，但实际上，他们的内心是十分柔软脆弱的，渴望人的理解和关怀，也很在意别人的想法和感受。

葡萄不仅可以直接食用，也可以通过发酵酿造等工艺，制成口感甘甜的葡萄酒。偏好葡萄的人，喜欢独处，个性十足。他们富有才思，充满想象力，对美和艺术有着超出常人的鉴赏力。但是，他们不善交流，也不喜欢和别人分享自己的心情与感受，遇到不开心的事情，常常一个人待在家里，闷闷不乐。这种人处事低调，不喜欢炫耀自我，但比较懒散，缺乏耐心。

樱桃色泽鲜亮，晶莹剔透，十分诱人。喜欢吃樱桃的人，对时尚和潮流有着敏锐的嗅觉和独到的见解。这种人举止优雅，谈吐自然，富有气质和涵养。但是，他们生性脆弱，缺乏安全感，虽然有很高的理想和追求，但缺乏行动力，耽于幻想。

菠萝又称凤梨，肉质鲜嫩，口感酸爽，是夏季水果中的上佳之选。喜欢吃菠萝的人，富有耐心和毅力，能够持之以恒地从事一件事情，专注力强。他们善于探索和发现，热衷创新，讨厌一成不变的生活状态，时刻想着改变自我，完善自我。有时候，他们也会显得偏执而固执，行事极端，难以通融。

草莓是深受人们喜爱的水果之一，它鲜美多汁，果香浓郁，富含营养，是不可多得的果中佳品。喜欢草莓的人，性格开朗活泼，善于交际，懂得享受生活的乐趣，活得洒脱而自然。他们做事积极主动，充满自信心。不足的是，他们无法长时间地专注于同一项工作，缺乏耐心和毅力。

西瓜含水丰富，脆爽多汁，夏季食用可起到消暑降温、解渴利尿的功效。喜欢吃西瓜的人，性情随和，待人真诚，善于听取别人的观点和意见。他们善解人意，忍耐力强，很少与人发生争吵和矛盾，因此很受人们的喜爱。不过，随和温顺的性格，也使得他们显得软弱平庸，没有主见，随波逐流。手段强硬一些，适时地表明自己的立场和决心，能够让他们显得成熟稳重，为他们赢得尊重和赞许。

梨具有生津止咳、消热解毒的功效，感冒或者嗓子不舒服的时候，吃一些梨是非常不错的选择。喜欢吃梨的人，意志力顽强，富有决心，一旦确立了奋斗目标，百折不挠，矢志不渝。他们善于控制情感，为人谦逊，诚实可靠，是本分踏实的一类人。偶尔，他们也会显得非常顽固和倔强，消极厌世。

喜欢吃柿子的人，淳朴自然，勤俭持家，善于理财，虽然不迷恋钱财，但也绝不乱花钱。他们行事拘谨，待人真挚，凡事从实际出发，踏实可靠。不过，这种人略显保守，不善变通，也不喜欢多变的生活环境。

李子是传统常见的水果之一，但过量食用容易引起虚热脑涨等症状，不宜多食。喜欢吃李子的人，心胸相对狭隘，他们容不得别人的诋毁和讽刺，即使是一个玩笑也会让他们大为恼火。这种人计较是非，为人挑剔，难以沟通。

桃子肉厚多汁，营养丰富，多产于我国的北方。喜欢吃桃的人，善于沟通和交流，与人为善，能够合理地处理与他们之间的分歧和矛盾，因此人缘很好，朋友众多。他们性情随和，处事平静，富有亲和力。不过，他们缺乏随机应变的能力，遇到突发状况，常常显得束手无策。

喜欢吃木瓜的人，喜新厌旧，猎奇心理明显，凡是新奇或者陌生的事物，都能抓住他们的眼球。他们追求刺激，酷爱冒险，讨厌拘束呆板的生活方式。这种人思维敏捷，善于沟通，情感飘忽不定，缺乏耐心和毅力。

柚子清香甜润，富含果胶，有益心脑血管健康，具有相当的药用价值。喜欢吃柚子的人，追求健康的生活方式，他们热爱运动，善于沟通情感，社交广泛。这种人生性好动，行动迅速而果决，毫不拖沓，他们富有热情，信心饱满，立志干出一番成就和事业。但是，他们过于自我，处事不够沉稳，容易变得急躁和不安。

哈密瓜盛产于我国新疆等地，甜脆可口，香味扑鼻。喜欢吃哈密瓜的人，富有内涵，他们不喜欢炫耀表现自己，也不在意别人对自己的非议，他们富有理想和远见，不拘泥于眼前的琐事，是能够成大事的一类人。他们讨厌附庸别人的观点，坚持自己的主张，充满自信。

橘子酸甜可口，止渴润肺，是最常见的水果之一。喜欢吃橘子的人，性情温和，善解人意。他们配合意识突出，愿意与众人一起完成某项任务，并分享由此带来的欢乐与喜悦。他们乐于沟通和交流，愿意成人之美，颇受他人的喜爱。

通过吃相看人

你吃饭的时候是什么样子？喜欢狼吞虎咽还是细嚼慢咽？喜欢不停地说话还是一声不吭？一个人的吃相，与他的性格有着密切的联系，他在吃饭时表现出来的方式和行为，往往也是他日常生活中的法则和习惯。

喜欢狼吞虎咽的人，处事果决，行动迅速，看重结果。他们拥有明确的目标，敢于挑战，积极进取。这种人精力旺盛，珍惜时间，别人放松休闲的时候，他们可能正在用功努力地加班或者学习，但有时也会显得过于亢奋或者投入。他们虽然能力不够突出，但大多可以通过后天的努力取得成功。

有的人在吃饭时速度很慢，喜欢细嚼慢咽。这种人思考缜密，在从事某一件事情或者下结论之前，会仔细考虑存在的隐患及不确定因素，努力将危险发生的可能性降到最低。他们缺乏应变能力，遇到突发状况时常常手足无措，紧张而慌乱。此外，这种人为人严苛、计较是非，常常因为一件小事和其他人争执不下，伤了友情。

遇到自己喜欢的食物时，有人会变得毫无节制，常常猛吃一顿，大快朵颐。这种人性格直爽，敢作敢为，颇有男子汉的气概。他们从来不掩饰自己的情感和想法，有一说一，有二说二。这种人对待朋友非常坦诚，胸襟广阔，不与人争。不做的事，他们缺乏耐心，遇到琐碎的小事时烦躁不安，静不下心来。

挑食是一种不良的饮食习惯，容易导致人体所需营养物质的匮乏，不宜健康。喜欢挑食的人，固执而任性，坚持自己的观点和看法，难于通融。他们情感细腻，分析问题细致入微，富有敏锐的洞察力，常常能够率先发现并解决问题。

有人在面对眼前的食物时，不管好吃与否，先把自己的饭碗里夹满再说。这种人是贪婪的，处事独断，固执己见。他们很少顾及他人的利益和感受，喜欢从个人的角度权衡利弊，比较自私。某种程度上讲，贪婪无节制的人是孤独的，他们希望通过不断地索取和占有，求得宽慰和充实感。

喜欢在吃饭时说话的人，思维敏捷，善于观察。这种人统筹协调能力较差，他们具有一定的能力，但常常以一种不够合理自然的方式表现出来，因此常常给人一种肤浅虚伪的感觉。通常，这种人缺乏专注力，他们处理其他事情的方式，和吃饭颇为相似，无法专心地投入其中，三心二意。

另有一些人，在吃饭时寡言少语，默不作声。这种人本分善良，性情随和，乐于听取别人的意见。他们性格内向，不喜欢展现自己，也不善于沟通和交流。他们拥有自己的想法和观点，但常常话到嘴边又说不出来，顾忌较多。通常，这种人处事冷静，稳扎稳打，能够一步一个脚印地走向成功。

在吃饭时发出明显的声响是一种很不礼貌的行为，譬如喝粥时的吸食声等。存在这种习惯的人，大部分生性粗鲁，反应木讷，他们意识不到这种行径给人带来的反感和厌倦，处事草率，马马虎虎。当然，也有一部分存在此类习惯的人，他们明明意识到了这种陋习给人带来的不快，但依旧我行我素，毫不在乎。这些人，高傲自大，充满攻击性，是比较蛮横的一类人。他们很少关心别人的感受，一旦感觉自己受到压迫和侵犯，会立即采取反击措施。

有人在吃饭时非常讲究礼节，彬彬有礼，举止大方。这种人，处事妥当，待人接物讲究分寸，颇受人们的喜爱。他们在从事一件事情之前，会事先制定好详细的计划，然后严格地按照计划行事，因此常常能够取得成功。当然，也有一部分人在吃饭时，故意摆出一副绅士的样子，不过，只要和他们接触稍长一点时间，这些人的伪装就会不攻自破了。

如果一个人对食物没有禁忌，有什么吃什么，这说明他是个随性的人。这种人处事灵活，适应性强，对待工作认真负责，颇受领导层的赏识。他们待人坦率，不拘小节，虽然偶尔显得有些大意，但总体上是个很不错的朋友。

一个人拿筷子的方式，也可以透露许多有用的信息。夹筷子时，喜欢将无名指和小指紧握起来的人，这种人比较保守，遵守传统观念，性格沉稳安详；喜欢将小指翘起的人，情感丰富而细腻，对异性颇有吸引力；如果他时不时地翘起自己的食指，这说明他善于控制自己的情绪，即使有一些焦躁不安的情绪，也不会当众展现出来。

第九章
身体会释放信号，
从小动作看出人的情绪状态

吐舌头是一种否定和拒绝的信号

午休的时候，几个学生凑在一起聊天。其中学生 A 提高声音说，"最近我妈妈从日本回来，给我带了岚的亲笔签名 CD 哦！她还说，如果我这个月的月考能进前十名，就带我去看岚的演唱会！"另一个学生问："岚的演唱会门票不是很难买吗？""我家亲戚有渠道可以弄到！连签名 CD 也是我家亲戚在中间牵线的！我跟你们哦，我还从我家亲戚那听到了不少关于岚的八卦哦……"其他几个学生听后频频伸出了舌头，有些隐忍的不耐烦，因为她们知道 A 又在吹牛了，根本就没有她口中所说的那位亲戚。

例子里，当其他学生听到 A 的吹牛后，频频伸出了舌头，但他们其实并没有爱伸舌头的毛病。那他们的这个动作代表什么意思呢？

心理学家认为，谈话过程中伸舌头是一种拒绝的信号。人在婴儿时期，还不能灵活地使用自己的手，更不会说话，都是由父

母喂食。当婴儿吃饱后不想吃时,就会把奶头或食物推出来。再大一点后,如果他们不喜欢某人,就会像那儿做鬼脸。此时,伸舌头也有拒绝、抵触的意思。

当成年人,人们当然不能对自己不喜欢的人做鬼脸了,但吐舌头的表情还是会经常出现。当人们遇到麻烦事,或者被迫和不喜欢的对象聊天时,人们常常会在无意中做出这个动作。例如,当人感到厌烦时,会敷衍地说一声"哎",然后伸伸舌头,或者仰仰头向前伸伸下巴。

有时候,在谈话的过程中一直沉默的人如果突然用舌头舔自己的嘴唇,这是发言前的一种准备,意思就是说,"该我说话了"。

此外,在从事某项工作时,有的人会一直张着嘴伸着舌头,这个动作是自己非常投入的一个信号,同时也是一种拒绝打扰的信号,"请不要打扰我!"也有的人在做这个动作时,拒绝的意味没那么强烈,仅仅只是"请不要管我"的意思。

人一害羞就挠头

在我们受到他人的表扬时,比如,"你这身衣服好可爱""你的字写得好漂亮""你真善良,如果是我估计就不会这么做了""你工作可真负责仔细",我们常会因为害羞不自觉地挠头,虽然我们的头并不痒。我们为什么会在害羞的时候做出如此动作呢?

这种行为在心理学上称为"自我接触"。所谓自我接触,就是当内心一直紧张不安时,通过接触自己身体的某一部分缓解紧张情绪的一种行为。也就是说,当我们受到他人的赞扬时,我们是很高兴的,但又担心如果表现

得过于明显，如果通过挠头等接触自己身体的动作让内心稍微平静下来。

也许有人会有疑问了，自我接触的定义中说的是"通过接触自己身体的某一部分"，为什么这部分一定是头呢？手或者脸不行吗？确实，按照定义所说，"自己身体的某一部分"应该是任何部位都可以，但在心理学家看来，"挠头代表害羞"很久以前就已经成了约定俗成的规定。所以，当人想向对方强调"我现在很害羞"的心情时，就会无意识采用挠头这种方式。

被他人表扬后，如果表现出一脸理所当然、当之无愧的神情，肯定会让他人觉得不满，觉得你太过狂妄。但是如果你把"我很害羞"的心情用语言表达出来，又不太妥当，所以这时大部分人就会采用挠头的方式，向周围的人表达自己的害羞、不好意思的心情，心理学家如此总结出。

鼻子的细微动作暗藏玄机

有经验的警察为了解读犯罪的肢体语言，常常会把目光放在犯罪分子鼻子的细微动作上。这是因为警察发现，虽然鼻子本身并不能表达感情，但是鼻子周围的神经组织却十分敏感，里面"隐藏"着很多人们内心深处的秘密。

一位对肢体语言有着颇深研究的警察发现：人们在感到愤怒和恐惧时，鼻子就会胀大。所以你在与他人的谈话中，看到对方的鼻子稍微胀大时，则多半表现对方对你的话不满或对自己的感觉有所控制。还有，如果一个人平时鼻子不会冒汗，在与你的谈话中鼻子突然开始冒汗了，则说明对方很紧张或十分焦躁。如果一个人在与你的谈话中突然捂住了鼻子，则说明对方对你的谈话十分反感。

这名警察的一位好友威廉最近喜欢上了一位漂亮的小姐，并对其展开了强烈的攻势。在无数的鲜花和情书的攻击后，这名小姐终于同意和他吃一次饭。

威廉为了展现自己独特的男人魅力,喷了不少名贵的香水,还特地带了几支名贵的雪茄。

在餐桌旁坐定后,威廉立即拿出自己的雪茄点上。在谈话过程中,他向这名小姐吐出了一个又一个美丽的烟圈,想通过这种方式打动小姐的心。

漂亮的小姐在闻到烟味后,并没有做出很强烈的抗议,而是用手捂住了自己的鼻子。但是威廉陷入在自己的爱情模式里,并没有发现这位小姐的动作。继续吞吐着烟雾,最终这名小姐捂着鼻子起身离开了。

当人们对周围的环境表示厌恶时,常常会通过捂住鼻子来表达这一点。例子里的美丽小姐想通过这种方式向威廉传达自己的拒绝,但是威廉没有读出该小姐的意思,依然继续做着不该做的举动,最终错过了把该小姐追到手的机会。

这位警察还发现,当人们在一个陌生的环境中时,往往会十分焦躁不分,这时他们的鼻孔就会变大,甚至还会有出汗的情况。在陌生的环境中,人们说话的声音也会不由自主地压低,让声音从鼻也发出来。这时因为这些人认为与陌生人大声说话会暴露自己的身份。另外,当人们想掩饰一件事的时候,也会让声音从鼻孔里发出来。体察细致入微的FBI人员就是通过这些反常的现象来判断人们内心的变化的。

20世纪90年代,一个配有武器的凶手在逃狱后的几天里就制造了一起重大的谋杀案,FBI人员奉命将其捉拿归案。

FBI人员根据各方资料的判断这名犯罪分子躲在其姐姐家。一天上午,FBI为到其姐姐家,出示证件后,开始询问一些问题。FBI问:"你弟弟这几天有来过吗?"犯罪分子姐姐压低声音,从鼻子里发音说:"没有。"敏感的FBI马上发现了她说话的异样。

FBI人员继续问道:"你弟弟有没有可能在你不在家时潜入你的房间?"犯罪分子的姐姐继续压低声音,从鼻子发音说:"应该不会。"FBI发现她的鼻音加重了,这些变化让FBI对她的回答产生了怀疑了。

在离开之前，FBI问了最后一个问题："那么，根据你的回答，我们可以总结出你弟弟不在你这儿，是吗？"这次，犯罪分子的姐姐仍然压低了声音从鼻子发音来回答，FBI由此确认她在说话。于是，FBI人员申请了搜查令，结果发现她弟弟就藏在她家密室里。

例子里的FBI人员就是通过犯罪分子的姐姐鼻音的变化以及其持续压低声音做出了"她在撒谎"的判断，事实证明果真如此。

此外，人们的鼻子有时会发生颜色的变化。例如，当一名男子向一名女子告白失败后，他的鼻子可能会出现泛白，这是因为其自尊心受挫了。所以，在谈话中，当你发现对方的鼻子泛白的话，那么对方的心情一定是畏缩不前的。

在我们的日常的生活中，鼻子的变化是极其少见的，而且是极不容易被发现的。但是只要我们用心观察，这些细小的变化也不会逃过我们的眼睛。

把头歪在一边表达顺从的态度

在日常生活中，我们会看到一些人习惯把头部歪在一边。心理学家认为这类型的人一般比较温顺、依赖他人。当他们把头歪在一边时，传达的是一种顺从的态度。因此习惯把头歪向一边的人往往能很快消除他人对自己的戒心，融入新的环境中去。此外，由于社会的男女分工不同，男女对把头歪向一边也有着不同看法。一些性格刚强的男人不愿意歪头，因为他们认为这是一种屈服，而一些女性则喜欢通过歪头来获得他人的帮助。

在第二次世界大战刚刚结束的时候，FBI抓到了一名德国女间

谍。这名女间谍受到专业的肢体训练。而且性格坚强，善于伪装，不是一个等闲之辈。

刚开始审讯不久，从美国FBI总部传来了一个新消息。这名女间谍通过袖珍型的微型摄像机，拍摄到了美国某重要军事基地的军事信息和秘密武器资料。FBI人员对这名女间谍进行了严格的审问，想从她的口中获得关于这些资料的信息。但三天三夜过去了，这名女间谍一口咬定袖珍型的摄影机不是自己的，自己也没有去过什么军事基地。

FBI发现这次自己遇到了难缠的对手。他们暂停了这样的审讯，开始投入大量的精力研究微型摄像机和秘密资料上留下的指纹。经过不断的分析和对比，FBI发现微型摄像机和上残留的指纹和女间谍的指纹完全吻合。

FBI对这名女间谍又展开了新的一轮指纹。虽然这名女间谍继续吻合，但是当她知道残留在微型摄像机和秘密资料上的指纹与自己的指纹完全重合时，她的头不由自主地偏向了一边。FBI捕捉到了这一细小动作，知道这间女间谍虽然表面平静，但是心理防线已经被攻破，开始表现顺从的态度。

正如FBI所料，在接下来的审讯中，这名女间谍没有再继续狡辩，而是把自己盗取美国秘密军事基地资料的计划全盘托出了。

例子里的FBI就是通过女间谍偏头这一细微的变化，读出了女间谍内心的心理变化，攻破了其心底的防线。

此外，心理学家还发现，当两个人处在交谈中时，如果一个人缓慢地点头，表示这个人对谈话的内容很感兴趣；如果一个人很快速地点头，则表示对方对谈话的内容感到不耐烦；当谈到一件事时，如果一个人配合地点头，则表示这个人同意你的意见。

一个人如果摇头的幅度过大，则表示这个人急于否定某些事，而这些事中肯定存在着某些隐情。而如果一个人摇头的频率和幅度很小，则表示这个人对看到的和听到的存有一些怀疑。

在生活中，我们有时候会看到有些人在他人面前把头低成垂下的姿势。这种姿势传达出的是一种缺乏自信、不好的信号。所以在公众面前,尤其是在正式场合或演讲的时候,要尽量出现这种动作,因为它表现了你的失败。心理学家还发现,当人们对听到的或看到的事情不满或持反对意见时,有时也会低下头。所以,当你在与他人的谈话中,不能轻易做这个动作,因为它会让对方误以为你不赞同谈话内容。

从小动作中看出放松的迹象

当人们处于感觉轻松而舒适的环境中时,与那些处于压力之中的人相比,他们的行为有很大的区别。如果他们是完全清醒的,他们的姿势和动作很有可能显得更加坦率,而且不会像焦虑或紧张的人那样充满防御性。当他们放松的时候,更有可能随意地坐着或躺着,"让自己尽情放松",不像那些感觉浑身不自在的人那般拘束和压抑。

1. 逐渐放松

一般来说,随着人们对彼此越来越了解,渐渐地,他们不会像起初那么害羞和不好意思。心理学家研究发现,当人们在社交场合中变得越来越放松的时候,他们会改变自己的姿势、手势和动作。据观察,在西方许多国家和地区,这种逐渐解冻融合的过

程可能会经历以下的这些阶段：

开始，两个陌生人面对面站立的时候，相互之间会隔开一段距离，并交叉双腿和双臂。如果他们穿着夹克或外套，上面的纽扣可能都会扣得严严整整的，即使天气不冷也会这样。

一会儿之后，这两个人可能会松开交叉的腿，双脚微微向外。他们的双臂可能仍然保持交叉，放在胸前。

每个人在说话的时候，可能都会开始用放在上面的那只手臂和手做手势。做完手势之后，说话的人可能会将这只手放在上面，而不是将手放在另一只手臂的下面。

随着紧张情绪越来越少，每个人在说话的时候可能都会松开交叉的手臂，将一只手插进口袋里，或者用手做手势来强调自己讲述的内容。

随后会解开夹克或外套最上面的纽扣。两个人可能都会向前伸出一只脚，指向他所关注的那个人，而后面那只脚承受着身体的大部分重量。

随着两个人从陌生到熟识，他们可能会向着彼此移得越来越近，直到他们最后刚好处于彼此私人空间的范围之内。

2. 放松的迹象

心理学家发现，人们在公司放松的方式可以显露出他们对身边同事的态度，以及彼此之间的关系。

在相识的人之间：

如果某个人呈现出非常放松的身体姿势——例如，懒散地伸开四肢躺在沙发上，与他不是非常了解的人交谈——这一姿势可能会被其他人认为是没礼貌、不够谦恭的表现，或者表明这个人对他人存有极度的支配欲。这两种可能性都是不好的，都有可能会发生。要避免这种不和谐的、容易引起冲突的互动，我们大多数人在社交场合中只能在一定程度上放松。我们选择让自己"看起来"机敏灵活、警觉，善于接纳周围的人。例如，聚会时，一个人在坐着的时候可能会保持身体笔直，跷着二郎腿，双手轻轻地放在大腿上。如

果是这样,他随后就会表现出适当的率真和开放。

当在亲密的朋友、亲人面前的时候,人们往往会觉得自己处于完全放松的状态。放松自在的姿势主要反映在开放式的身体语言中,其中可能包括放松地坐着或躺着的姿势,当人们躺在床上或懒散地躺在沙发上的时候,就可以看见这些姿势。

教你看清否定、怀疑和讽刺

心理学家发现身体语言包含许多种方式,可以用于表达否定、怀疑和讽刺。

1. 表示"不"的姿势

人们有许多表示"不"的姿势,比我们想象的要多得多。

(1)摇头:将头从一边转向另一边。这种说"不"的方式起源于婴幼儿时期,如果婴儿不想再继续吃奶,他就会将头转向一边,离开妈妈的乳房——这个姿势在全世界范围内都存在。然而,在埃塞俄比亚,这一姿势只是将头突然转向一边,然后再次面向前方。

(2)晃动脑袋:这个动作有些令人困惑,看起来像是摇头。但是,保加利亚人、印第安人和巴基斯坦人用这个姿势来表示

"是"。

（3）头猛然向后仰：头猛然向后仰。在意大利南部、希腊、土耳其和阿拉伯语国家，人们用这种方式表示"不"。然而，在埃塞俄比亚，同样是这一姿势，却表示"是"。

（4）轻抚下巴：头部向后倾，一只手指背面来回地轻抚下巴。这种说"不"的方式在意大利南部以及邻近的岛屿上非常普遍。

（5）摇手：一只手上举，手掌朝外，从一边迅速地向另一边摇动。在做这个手势的同时，人的脸上没有微笑，还可能会随之摇头。有的时候，人们在喧闹的房间里向对方做这个动作，是表示"我不要了，谢谢"的含义。在这一姿势的"夸张"版本中，双手交叉，掌心朝外，置于胸前。

（6）挥手：日本人表示"不"的时候会举起右手，将手向侧面转，放在脸部前方，同时，从一边向另一边挥动前臂和手。

（7）摇食指：伸出一只手，掌心朝外，拇指和其余3根手指蜷缩，竖起食指，从一边向另一边摇动。摇食指这种手势，在世界范围内为人们所普遍使用，用来表示否定的意思。它意味着"不要那么做"，父母通常用这种手势训斥和告诫孩子。

2. 拒绝、反对

在会议或聚会上，如果某个人被其想极力回避的人强拖住谈话而感到厌烦的话，他很可能会给出更加明显的拒绝信号，并非仅仅表现出没兴趣。而如果他做出下列动作和姿势，另一个人可能会意识到自己遭到了拒绝和反对：

（1）侧身，将头扭向一边。

（2）面无表情。

（3）目不转睛地凝视着中间距离的某个点，这样一来，另一个人就无法和他视线相对，也就难以将谈话继续下去。

（4）假装打哈欠或真正打哈欠。

（5）板着脸、撅着嘴，或者嗤之以鼻。

（6）坐立不安，拨弄手指，或剔指甲，或剔牙，或者将指关节弄得咔咔作响。

（7）厌烦地摇头，或公开地表示不同意。

（8）转身离去。

3. 耸肩

我们往往会用耸肩这一动作表示"我不知道""我不明白""我没有办法"或"这不关我的事"等意思。当某个人感受到自己处于某种威胁之下的时候，尽管他并没有表现出任何反抗意见，但是会缩成一团，完整的耸肩动作呈现出的就是这时候的样子。耸肩有好几个表现形式，下面的内容将描述其中的一些形式。

（1）将双肩缩在一起：这个猛然紧缩的动作非常常见，在缩紧双肩的同时，还会扬起眉毛，两边嘴角下拉，与此同时摊开双手，掌心向上。脑袋有可能会倾向某一侧。

（2）两边嘴角下拉：这个姿势是耸肩的简化版本，在法国比较常见。

（3）摊开两只手：掌心向上，手指微微弯曲，这种动作非常普遍。

（4）举起一只张开的手：举起的这只手掌心向外，与肩膀的高度齐平，两个肩膀微耸。

心理学家发现，当人们做出如下身体动作和表情时，常常表示怀疑和讽刺。

1. 不相信

在世界的不同地区，人们用各自的方式表明他们不相信某个人告诉他们的事情。

（1）抚摸喉咙：在南美洲，表示不相信的姿势是用食指上下反复抚摸喉咙。这个动作表明，来自于那个朋友喉咙的言辞都是废话，简直是在胡扯。

（2）用食指指着另一只手掌：将一只手展开，手掌向上，另一只手的食指指向掌心。这种姿势犹太人经常使用，意味着"如果你说的事情真的发生了，那么我的手就会长出草来"。

（3）提起一只裤腿：一个男人从大腿处抓住一只裤腿，然后小心翼翼地往上提，就好像刚刚踩了一堆粪便一样。美国男人可能会表现出这个动作，将之作为一种开玩笑的方式，表明别人刚刚告诉他的事情就好比一大堆粪便。

（4）拍打肘部：用一只手拍打另一只手臂的肘部，在荷兰，这个动作用于表达"不要相信或指望他"。

（5）转动眼珠：转动眼珠，露出大部分眼白，并扬起眉毛。这个动作意味着"你会相信这件事吗"，或者，当一个健忘的人又开始重复一个经常讲述的趣闻轶事的时候，这个动作表示"哦，瞧吧，他又开始了……"

（6）敲太阳穴：用手指轻轻叩击太阳穴，具体的位置各个国家有所不同，这个姿势意味着"他简直是疯了"。

2. 讥笑

讥笑是嘲弄性的方式之一，具体有以下几种类型：

（1）扭曲的微笑：一边的嘴角被强有力地拉伸，以至于脸颊缩拢产生折皱。这样一种不对称的微笑透露出一个人假装表示友好的赞同，事实上，当时他产生了敌意或在蔑视对方。在西方世界，人们会像这样表达自己的轻蔑。

（2）拇指指甲对拍：两个拇指的指甲相互轻轻碰撞，就好像拍手的微型缩影一样。在拉丁美洲、西班牙和荷兰，这是鼓掌喝彩嘲弄性的一种形式。当预期的事情在现实中正常发生时，人们往往会用这种姿势。

（3）缩拢的手：将缩拢的手降低，且仅降低一次，是马耳他人说"很好"的讽刺性方式，而这个人真正的意思是"你这个白痴、笨蛋"。

在平时的生活中，只要我们多多关注对方的是否有以上这些小动作，就可以知道对方是否有否定、怀疑和讽刺这些情绪了。

这些动作说明他情绪低落

沮丧和抑郁时人们的反应看上去可能并不十分激烈，但只要留心观察仍然可以察觉到。

1. 坏情绪的迹象

（1）感觉马马虎虎。在美国和欧洲，如果人们不是那么快乐，当其他人关心地询问"你最近怎么样"的时候，他们会伸出一只张开的手，掌心向下，并来回转动。这个姿势往往伴随着一句这样的话——"哦，马马虎虎吧。"

（2）感觉烦透了。当有人问及"最近怎么样"的时候，一位过度劳累的人可能会说"我已经受够了，都到这个限度了"，并且会举起一只手，掌心向下，举至前额，进一步阐明"这个限度"到了什么程度。在这个动作中，这只手象征着他们想象中的会让自己溺死的水位线的高度。

（3）自我批评或感觉尴尬。当人们意识到自己做了某件蠢事的时候，他们可能会声称自己非常笨，应该自己打自己。伴着类似的自责的话，他们同时还会做出假装打自己的动作，张开手拍打自己的头部，通常会打在身体的4个部位：脸颊、额头、头顶和脖子后部。

心理学家研究表明，拍打落在身体的哪个部位，显示出的不仅仅是自我批评，还涉及事情的严重性。如果一位员工因为自己的粗心大意而谴责自己，拍打自己的额头，那么老板的指责可能不是非常严厉。如果这位员工拍打的是脖子后部，那就说明他可能认为老板知道他的错误后会将他看作"眼中钉"。

（4）伸舌头。在中国的许多地方，如果某个人"多嘴"或说了不应该说的话,他可能会迅速地伸一下舌头,表现出自己感到非常尴尬。

(5)沮丧。沮丧气馁、情绪低落的人可能会拖着缓慢而费力的步伐前行;将两只手放在口袋里,并且/或者——低着头,欠着身。注意:某个正在沉思考的人也可能像这样走路。

2. 郁闷至极

如果人们感到自己在社交中失礼或出丑,或者他们生活中的所有事情都不顺,有的时候,他们可能声称自己几乎想要"自杀"。当他们这样说的时候,同时会做出自杀的姿势,这往往是在开玩笑的场合中。所使用的姿势和动作根据不同地区惯常使用的"自杀"方式而有所变化。

(1)在世界范围内:反映出想要自杀的情绪且遍及全球的一种姿势是将食指横放在喉部,就好像要用刀子割开喉咙一样,这种姿势也被广泛用来威胁和恐吓他人。

(2)在西方:在西方,想要自杀的动作是用食指对着脑袋,其余的手指团缩在手心,拇指朝上,就像一把左轮手枪上的枪栓一样,然后将拇指向下拉动。

(3)在新几内亚:在新几内亚的岛民可能会紧紧地握住脖子,模仿出勒脖子使人窒息的动作。

(4)在日本:日本人可能会将手放在腹部,掌心向上,用手的侧面在腹部"砍"自己。这个动作模仿的是日本式的切腹自杀,这是日本男性一种传统的自杀方式。

如果我们看见对方有以上这些小动作,就可以知道对方现在的情绪很低落了,所以说话行事的时候一定要更加小心,以免激怒对方。

边踱步边抽烟，内心一定在交战

心理学家研究发现，人们处理香烟的姿势包括抽烟、捻熄、夹烟等动作，都能显现出人的性格特点和处世态度。如果你的交流对象是个吸烟者，他吸烟时的姿势对于你了解他的内心世界有着很重要的参考价值。例如：

1. 边抽烟边踱步，内心在交战

如果你在劝服他人后，发现他一边抽烟一边踱步，心理学家发现这表明他的内心正在交战，你的话已经起了作用，只是他的内心还在挣扎。他自己倾向"可以下决心了"，但又怕遭到别人的反对，通常这样的人比较优柔寡断，他需要的是别人继续的说服鼓励和赞同支持。

2. 吸一口抖一次烟灰，内心焦虑不安

如果你和他谈话之后，发现他不停地弹落烟灰，甚至吸一口抖一次烟灰，这表明他的内心有冲突，忧虑不安。也可能是你的劝服条件不能打动他，他在极其焦虑的情绪里挣扎着。

3. 没抽几口就按熄香烟，想结束交谈或心有定数

如果你的交谈者，在点完香烟后，没有按照平常的习惯抽完整根烟就忽然熄灭，这是他想结束谈话，心里有了决定的标志。不过，如果你的谈话对象是在被你激怒的情况下熄灭香烟，这样的动作则表明他火气正旺，情绪很不好。

4. 抽烟时手掌朝外，外向而健谈

如果你的交谈者在抽烟时手掌朝外，那要恭喜你！这是一个跟谁都谈得来的人。你想让他安静一会儿，那是不可能的，他喜欢和你以及各色人等交谈。与他交流，点根烟的轻松闲聊比正襟危坐的交谈要收获更多。

5. 用指腹夹香烟，为人和善老实

交谈中，用指腹夹香烟的人颇为常见。看来你要好好感慨下，"天下还是好人多了"，没错，这样夹烟的动作，表明抽烟者是个真实、毫不含糊、值得信任的人。表面上看，这样的人老实低调，甚至有些保守。其实大多时候，这样的人都很有信心，能靠自己的力量按部就班地完成工作。

6. 喜欢将手夹在离烟头位置更近的人

这类人敏感细腻，注意细节，非常介意别人的看法和评价，因而会显得有点内向。但与小指伸向外侧的那类相比，他们更善于控制自己的情绪。如果自己不开心时，他们不会立刻表现在脸上和动作上，遇事能比较沉得住气，属于小心翼翼、对细微小事顾虑周全的慎重派。他们会压抑自己的感情，充分思考后再采取行动。

7. 喜欢将手夹在离烟嘴位置近的人

这类人大多自我意识较强，喜欢引人注目，我行我素。他们通常是活泼大方、不拘小节的乐天派。他们坦率直爽，行动迅速而敏捷。他们讨厌受周围人束缚，会明确地表示自己的喜、怒、哀、乐。他们热爱社交，又喜欢照顾人，因此在晚会上很受欢迎。

8. 习惯将手夹在烟中央位置的人

心理学家发现这类人适应能力颇佳，属安全型人物，待人和善。他们大多不太会拒绝别人的请求，有时心里虽不乐意，但不会表现出来。他们对人、对事都相当小心，不管做什么事情都小心翼翼，不太提自己的意见。常会在别人行动后，经过确认后才开始行动，是慎重派的类型。他们也很在乎别人对自己行动的看法，很在意周遭人的视线。因此，他们不会随意将自己的欲望和

欲求表现于外。

9. 经常用指尖夹烟的人

心理学家认为这类人性格较为温和、亲切，攻击欲望不是很强烈。他们对自己的信心不是很足，很多时候总喜欢用悲观的态度去看待一些事情，这往往使他们活得很累。他们的心地较为善良，做事总会为别人留下一定的余地，他们也不太喜欢冒险，一般不会去做风险性较高的事情。他们的生活态度较为严格，做任何一件事情都会认真地对待，并且喜欢追求高效率、高质量。

10. 抽烟时喜欢有一些身体轻轻摇晃、抖腿等下意识动作的人

一面抽着烟，一面喜欢有一些下意识动作，总是不安静、喜欢动个不停的女性，一般爱好广泛，属于只要我喜欢就好，不注重外观的类型。他们通常不太在意他人的看法，想怎样就怎样，但他们做事积极，待人热情。不过他们中很多人见异思迁，不喜欢也不习惯于单调、乏味的生活。

总之，抽烟的行为传达了微妙的信息，抽烟的动作也能体现出人的性格和情绪。要想了解他们，不妨从那些微小的习惯动作入手，点中他们的穴位。

边打电话边信手涂鸦是为了缓解心中的紧张感

打电话是最常见的行为，透过这一行为，我们往往可以看出动作实施者的内心世界。一般来说，大部分人都喜欢在通话时紧持听筒的下端。这种人外圆内方，表面看似怯懦温驯，实则个性坚毅，对事对人一旦下定决心，永不改变。他们一般很守信用，一旦答应你什么事，会尽力去做好，适合与之成为朋友。打电话时做这样的动作，在男性中较多见，心理学家认为他们大都性格干脆、做事爽快；这样握听筒的女性，往往对事物的好恶十分明显，且固执到底。遇事爱凭自己的好恶，一点也没有通融的余地，因而不大讨男性的喜欢。

通过观察可以发现，人在打电话时，还有一些其他的手上动

作，如：

1. 边打边信手涂鸦的人

打电话时，对方有时因为愤怒而不停地向我们咆哮，我们恨不得马上把电话挂断，但有时又不敢这么做，于是便会产生精神压力。为了减轻自己的精神压力，我们的手会无意地动起来，边打边信手涂鸦，以便给大脑一些刺激。

2. 用双手握住话筒的人

这样的人很感性，易受外界的影响。这样握听筒的女性，一谈起恋爱来，很容易受爱人的影响，性格也会随之一起变化。这样握听筒的男性，大多会有一些女性气质，对于一些细微的事情，往往也会左思右想，优柔寡断，不知如何是好。

3. 用手轻柔地握住话筒，并使话筒与耳朵保持一定距离的人

这样的人，其行动力和社交活动能力往往是相当强的，并且有很强的自信心，十分好胜，也很希望周围的人能够注意他。如果是女性，这样的人一旦遇到她所倾爱的男性时，则会一改以往任性的性格。这样握听筒的男性则比较少见。

4. 边通话边用手玩弄电话线的人

心理学家观察发现，做这样动作的多

见于女性，她们比较喜欢空想，一方面多愁善感，另一方面又有倔强的脾性，她们在电话中一说起来常常会没完没了。同样，做这样动作的男性较少见。

5. 用手抓握话筒上端的人

做这样动作的女性较多，她们通常有一种歇斯底里的特征，只要有一点小事不合心意，就会大发脾气，情绪改变非常快，所以与周围人的关系常常很紧张。这种女性与异性相处时，爱怎么样就怎么样，往往使对方束手无策，陷入困难的处境；而这样握听筒的男性，常常头脑灵活。

打电话这个看似很平常的动作，心理学家告诉我们也可以从中看出对方的心绪状态。

爱用手捂嘴巴的人性格内向

你的周围一定有这样的人，他们笑起来总习惯用手捂住嘴巴。这样的人性格大多比较内向，属于十分安静的人，他们大多有自闭心理。同样，捂住嘴巴笑的女孩，她们往往也是容易害羞的人，她们性格会很温和。这类人一般不会轻易向他人吐露自己内心的真实想法，包括亲朋好友。

平时不笑都喜欢用手捂嘴的这种行为在女性身上比较常见，此类人性格较内向、保守，甚至有点自闭，她们严重自卑，不敢过多暴露自己。如果你是她不熟悉的人，那她会对你"戒"心百倍，一直竭力隐藏自己，试图做某种掩饰。即使是在网上，她也不会多透露给别人一点关于自己的信息。

一般来说，我们在谈话的过程中，我们都不会非常直观地谈论自己，但在不知不觉、有意无意当中总有透露自己的时候。一般我们多留心谈论内容，多观察谈话者的神态和动作，细心一点，都会获得一些有益的东西。可是如果你遇到一个在说话时爱用手捂嘴巴的人,你想了解他就困难得多了。他一般拒绝谈论自己,包括曾有的经历、自我的性格以及对外界事物的态度和看法等,他的性格比较内向,甚至很自卑,没有特别喜欢、特别厌恶的东西,主观意识比较淡薄,不太爱表现和公开自己。对于这样的人,即使在你的反复启发下,他勉强谈论了自己,也只是在单纯地叙述,他不会加入过多修饰成分,而是习惯将自己置于事外,仿佛在谈论一个外人,这样的人比较客观、理智,情绪也比较沉着和稳定,一般不会有过激的行为。

与此相反,如果你遇到一个在说话过程中习惯性做捂嘴动作的人,他却不回避和你讨论自己。甚至对自己曾有的经历、个性特点等夸夸其谈。则表明这是个主观意识较浓厚、爱表现和公开自己、多少有点虚荣的人,而且他有很深的城府。做出捂嘴的动作无非是在影响你的判断力,这样的人特别喜欢表达对外界一些事物的看法、态度和意见等,一般来说,这样的人性格大多外向,感情色彩鲜明而且强烈,特别注意细节。

此外,爱用手捂嘴巴的人在恋爱的时候不够大方,如果他对一个人有好感,不会很明白地表示出来。如果你约这样的人出去,他会连笑都加以掩饰,到底答不答应你的示好,他会纠结上一段时间。在态度方面也表现得不够大方,因为他天生就不够自信,甚至有些自闭。如果你和这样的人起争执,他一般会选择顺从你。长期捂嘴笑的人,一旦结了婚的话,男的会惧内,女的会怕老公。

总是把发票揉成一团的人心中压力过大

付款的时候,我们一般都会收到购物小票或发票,有的人会不在经意间把购物小票或发票揉成一团,这是为什么呢?心理学家认为,总是把发票揉成一团的人心中压力过大,或存在着某种欲求不满,他们通过这种行为来让情绪平静一些。这种通过其他方式来发泄情绪的行为,心理学中被称为"转移行为"。心理学家分析出，在日常生活中经常难以自制地做出转移行为的人，一般性格敏感，他们容易积压精神压力，也很容易忧虑。

转移行为的具体形式因人而异，有时即使是同一人，在同一情况下发泄的方式也会不同。而且转移行为随处可见，比如影视作品中常见的夫妻吵架时，经常会摔碎杯子和盘子，这也是转移行为的一种。虽然把情绪发泄到小纸条或杯子盘子上不能从根本上解决问题，甚至也不会带来多大的快感，但人们还是会忍不住这样做。而且因为发泄对象完全是没有关系的事物，也可以说这是一种乱发泄。

细心观察，在人们面对紧张和压力的时候，总会通过一些小动作将情绪透露给你。让我们看看其他的一些体现出紧张和内心压力的小动作：

1. 不停地清嗓子

你会发现，很多人原本嗓子没有不舒服的感觉，可是在准备比较正式的演讲前，他会不停地清嗓子。这不是怪癖，只是紧张的缘故。不安或焦虑的情绪会使喉头有发紧的感觉，甚至发不出声音。为了使声音正常，他就必须清嗓子。这也是有的人说的"紧张得连声音都变了"的原因。如果你遇到说话不断清嗓子、变声调的人，这表示他们非常紧张、不安和焦虑。

2. 狠狠掐烟或任烟自燃

抽烟有时会被认为是缓解紧张、压力的方法。生活中，你常常可以看到这样的动作，有人在烟没有抽完的时候，忽然把烟狠狠掐灭或是把它搁在烟灰缸上任其燃烧。其实这样动作的潜台词常常也是压力、紧张、焦虑。

3. 屁股底下像坐了球儿

每个人在当学生的时候大概都被老师说过："你能不能好好坐着？你屁股底下坐球啦？"当你和别人聊天时。如果发现他坐立不安，那就表明他感到压力或不安，有时候无聊也会有这样的动作。

很多动作看起来很平常，实际上也是紧张不安的表现。比如撕纸、捏皱纸张、紧握易拉罐让它变形，等等。并且你可以发现，当一个人的紧张感、不安感严重的时候，这样的动作出现的概率更大。人们似乎希望借这些动作来缓解，同时稳定情绪。

但是，为什么会发生这种乱发泄的行为呢？心理学家认为这是因为人们并没有了解自身精神压力的真正原因。如果能在了解自身精神压力原因的基础上，通过转移行为很好地发泄负面情绪，那么这样的转移行为就是一种健全的精神压力消除法。比如，心存不满的时候可以去搏击俱乐部用力打沙袋，这样既锻炼了身体又宣泄了情绪；再比如，心里很焦虑的话，可以拿抹布把家里地板或家具都擦一遍，也有助于让内心平静下来，还可以让家里变得更干净。

预示冲突的信号

如果意见不一致发展演变成个人之间的厌恶、敌意与不和，在不知不觉中表现出来的不满的姿势和动作就会变成有意地侮辱，继而发展为公开威胁的行为，最后逐渐变成表示冲突的姿势，可能最终会导致暴力。

1. 隐藏式表示不赞成

某个人如果反对他人的观点，但是又不方便说出来，作为替代，他可能用沉默或看起来与手头事情毫无干系且没有意义的动作泄露出这种消极否定的情绪和感受。心理学家总结出如下几个常见动作：

（1）低头。一个爱挑剔或不满的倾听者很有可能低着头，这个看起来像是无意间做出来的动作，却表明倾听者不喜欢或不同意说话者所说的内容。

（2）封闭式姿势。某个人不同意讲话者的观点，如果这个人是坐着的，他很有可能呈现出所谓的"封闭式姿势"——双臂交叉，跷着二郎腿，身体保持直挺。

（3）揉眼睛。当一个人百无聊赖地坐着时，他可能会频繁地揉眼睛，或者揪拉眼皮。可以说，这些不满的姿势给予大脑反馈，强化并延长了爱挑剔和不满的情绪状态。

（4）摘线头。当倾听者不赞成或不同意的时候，他可能会在衣服上轻轻地撕拉，就好像要消除微小的线头一样。摘线头的人可能会盯着地板看，而不是注视着说话的人。这些细微的动作，揭示出他有许多没有说出来的反对意见和理由。

2. 开放式表示不赞成

某个人如果厌恶他人的想法和态度，并且认为自己没有必要掩饰这种情绪和感受的时候，他可能会以很明显的动作表现出来。

（1）翻白眼。心理学家发现，某个人如果对另一个人翻白眼，嘴角会降低，额头产生皱纹，眉毛向下，他可能正在思考对那个人感到不满的某些事情。比如，那个人支持的事情，或那个人所说的内容。

（2）嗤之以鼻。某个人如果不相信或不喜欢另一个人所说的内容，他可能会表现出这个动作和姿势——抽动肌肉，鼻子会斜向一边，就好像要让鼻子远离令人讨厌的气

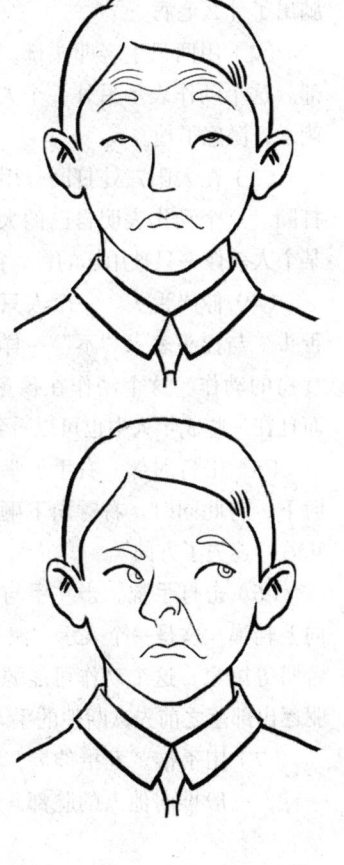

味一样。

（3）食指互指。伸出两只手的食指，指尖相互对指，接着向彼此移动，然后再分开。在西班牙和拉丁美洲，这个动作表示不同意。

3. 侮辱性的姿势

心理学家研究发现，侮辱性的姿势主要涉及头和手。这里给出了几种姿势和动作。

（1）轻叩头部。一个人用他的食指反复轻叩头部。尽管这个人轻叩的是他自己的额头或太阳穴，但是这表明他认为别人的大脑出了什么毛病。

（2）用两只手轻叩头部。在这个动作中，两只手同时轻叩头部。这个动作表示另外一个人做出的蠢事或蠢主意给了他强烈的刺激，激怒了他。

（3）在太阳穴处打圈。用食指指着太阳穴，并进行小范围的打圈。这个动作表明自己的大脑处于紊乱无序的状态，或者表明某个人就像一只被用坏的钟，需要上发条。

（4）伸出舌头。一个人只是面对着他想要羞辱的那个人伸出舌头。与摇头表示"不"一样，这个动作起源于婴幼儿时期拒绝食物的动作。这个动作在孩童中非常普遍，受到了广泛的运用，而且在一些成年人中也可以看到。

（5）击打肘部。右手上举，掌心向前。左手握拳放在右臂的肘下，与此同时，右臂向下砸左手的手背。在荷兰，这个姿势意味着"迷失了方向"。

（6）击打手腕。当左手与右手腕做出劈砍动作的时候，右手向上轻弹。这是一个表示"滚开"的姿势，主要被使用于突尼斯、希腊等国家。这个动作可能源于一种惩罚性的动作——在将小偷驱逐出部落之前先砍断他的手。

（7）用手推。五指伸展，掌心向前，好像要把什么东西推开一样，一般推向他人的脸部。在希腊，这是一种古老的表示侮辱的方式，意思是说"去死吧""见鬼去吧""下地狱吧"。这种方式源于战争时期的拜占庭人，他们会从大街上舀出一堆淤泥或粪便，胡乱涂到俘虏或囚犯的脸上，以示侮辱。

（8）字形手势。掌心向内的V字形手势在英国有"走开"的意思。大多数人认为这个姿势具有性侮辱的含义。

4. 表示敌意的姿势

有的时候，厌恶情绪变得越来越强烈，足以演变成公开的冲突。一般事先会有一些警示性的迹象，表明可能会出现打斗。这主要表现在男性之间，心理学家给出了如下几个例子判断彼此的性格。

如果两个陌生男人感觉对他们自己缺乏信心，则可能会设法表明他们的男子气概。他们站立着，手叉腰，或者将手指卡在腰带处，这个姿势是为了吸引别人注意自己的身体。一些研究人员认为，这个姿势意味着"我比你拥有压倒性的优势，因为我很强壮"。如果两个男人仅仅是在友好的谈话中判断彼此的性格，那么他们可能半侧着身体，半面对着彼此。

（1）准备打斗。如果他们面对面地站着，两脚分开，手叉腰，或者将手指卡在腰带处，表明他们可能非常讨厌对方，并且可能准备开始一场打斗。

（2）突然停止打斗。敌对双方可能做出进攻性的姿势，而不是真正袭击对方。其中一方可能会针对另一方或某个人或某件东西，呈现出这些威胁性的姿势和动作。

（3）晃动拳头。这个动作是在对手面前用拳猛击空气。

（4）抬起手臂。这个动作就是抬起一只手臂，好像要袭击对手一样，但是却突然停止。

其他的动作还包括一个人猛击自己的拳头，或者猛击桌子。

当你看见对方有以上这些小动作时，就可以知道这是冲突的预警了。这时候你行事应该更加小心。

第十章
社交表现露品性，从社交场合识人

初次见面就喜欢身体接触的人自信心强

在生活中，我们经常会遇到这样的情况：你的上司，或者资历比你深的同事，在你加班到很晚时，会拍拍你的肩膀，并说些鼓励的话。或者，你要进行一项比较重要的任务时，会拍拍你的后背，说："加油！"还有的时候，老板在听完某位员工的述职报告后，简单地轻拍一下该员工的背部。在他们接触我们的身体时，我们会感到很踏实，有被信任和重视的感觉。

为什么我们会有那样的感觉呢？这是因为，一般情况下，人会根据对象的不同来调整自己的位置。当我们和喜欢的人说话时，会不自觉地靠得很近，而和不喜欢的人说话就会保持一定距离。当我们的上司或者资历比较深的同事拍我们的肩膀时，已经不止是靠得很近，而是有了身体接触，这是一种亲近和信任的表现，他们的这些身体接触往往就是表示对我们工作的肯定和鼓励，所以我们能愉快地接受。

但是，有的人初次见面，也会触碰对方的身体，行为学家认为这就是过于自信的表现了。因为一般情况下，人们都会觉得和自己不熟的人有身体接触会令对方厌恶，所以初次见面时会保持一定的距离。但是，这些初次见面就触碰对方身体的人不会这样认为，他们会有一种居高临下的优越感，觉得自己拍对方的肩膀或者后背对方会很高兴。所以说，在他们的潜意识里，是认为自己很了不起的,这类人是过度自信的。

因此,当你和对方初次见面,对方就与你有身体接触,说明对方是一个过于自信的人。不过,不同的身体接触部位,也可以说明不同的含义。

1. 对方轻轻触碰你的手,是想给你留下好印象

行为学家近来研究发现,有意识地轻轻触碰一下对方的手可能会让自己给别人留下很好的印象。因此,当有人轻轻触碰你的手时,很可能是想给你留下美好印象。而且,如果对方从事的是服务行业工作,那他的这一举动就可能是想博取你的好感,从而使自己获得更多的小费。因为,心理学家专门做过一个小测验。他们让一家饭店的部分服务员在客人结账时有意识地轻轻触碰一下客人的手肘或是手。结果发现,这样做的女性服务员从客人那里得到的小费要比没有这样做的女性服务员多40%左右,而男性服务员也这样做时,其所得小费也要比没有这样做的男性服务员多30%左右。

2. 对方接触你的手肘,是想拉近你们之间的距离

因为大多数人不把手肘当作个人的私密空间,所以选择这个部位碰触通常不会让人感觉到被侵犯。而且因为大部分人并没有和陌生人身体接触的习惯,这样短而轻的碰触刚好给对方留下了印象。因此,如果对方轻轻地、短短地碰触你的手肘,是想拉近你们之间的距离。

因此,当你与对方初次见面时,对方在与你进行握手的同时能用自己的另一只手去轻轻触碰一下你的手或手肘,是想获得你的好感或拉近你们之间的距离,从而使你更加认真地倾听对方,并加深了他在你心目中的良好印象。所以说,初次见面就有合适的身体接触,可以给别人留下好感,也难怪会自信满满了。

总之,如果是初次见面或者在双方不熟悉的时候就和对方有身体接触的人,是过于自信的。如果运用得当的话,会取得良好的效果,这样的人也比较容易在管理层或政界获得成功。

握手时一直盯着你的人,心里想要战胜你

西班牙斗牛的节目中,那些被激怒的公牛会在进行角斗之前把眼睛瞪圆了一直盯着对方。在这点上,人类也是一样。世界上大多数国家的人都不会对不熟悉的人进行直视,一直盯着对方会被认为是没有教养的表现,甚至被看成是一种故意挑衅的行为。心理学家分析发现,当某人和你握手时,一直直视你,甚至盯住你不放,这其实是对你的挑衅,他的心里是想要战胜你。

如果遇到和你握手时一直盯着你的人,并且他对你的注视时间超过5秒,这人除了想在心里战胜你之外,往往还对你有一种威胁。这种盯视还会被用到其他场合,例如,警察在审讯犯人的时候通常对他怒目而视,这种长时间的对视对于拒不交代罪行的犯罪者来说有着无声的压力和威胁。有经验的警察常常用目光战胜罪犯。

可见,即使是罪犯也不喜欢别人用眼睛紧紧盯住自己。因为被人死盯住之后,心里就会产生威胁和不安全感。事实上,在你和对方握手、交谈时,如果遇到长时间盯着你的人,由于他眼神传递出来的信息产生了副作用,你从他的视线中是感受不到真诚、友善、信任和尊重的。

在生活中,人的角色是多样的,眼神之间可以传递不同含义的讯息。心理学家发现,影响一个人注视对方时间长短的因素主要有三点:

1. 文化背景

文化背景不同的人注视对方的时间可能存在很大的差异。在西方,当人们谈话的时候,彼此注视对方的平均时间约为双方交流总时间的55%。其中当一个人说话时,他注视对方的时间约为他说话总时间的40%,而倾听的一方注视发言一方的时间约为对方发言总时间的75%;他们彼此总共相互对视的时间约为35%。所以,在西方国家中,当一个人说话时,对方若能较长时间看着对方的眼

神,这会让说话的人感到非常高兴。因为他认为对方这样做,说明对方很在意他的讲话,或者是很尊重他。但是,在一些亚洲和拉美国家中,如果一个人说话时,对方长时间盯着他看,这会让他感到不舒服,并认为对方很不尊重他。比如,在日本,当一个人说话时,如果你想表示对他的尊敬之情,那么你就应该在他发言时尽量减少和他眼神的交流,最好能保持适度的鞠躬姿势。

2. 情感状态

一个人对他人的情感状态(比如喜爱或是厌恶),也会影响到他/她注视对方时间的长短。比如,当甲喜欢乙时,通常情况下,甲就会一直看着乙,这引起乙意识到甲可能喜欢他/她,因此乙也就可能会喜欢甲。如此一来,双方眼神接触的时间就会大大增加。换言之,若想和别人建立良好关系的话,你应有60%~70%的时间注视对方,这就可能使对方也开始逐渐喜欢上你。所以,你就不难理解那些紧张、胆怯的人为什么总是得不到对方信任的原因了。因为他们和对方对视的时间不到双方交流总时间的1/3,与这样的人交流,对方当然会产生戒备心理。这也是在谈判时,为什么应该尽量避免戴深色眼镜或是墨镜的原因。因为一旦戴上这些眼镜,就会让对方觉得你在一直盯着他,或是试图避开他的眼神。

3. 社会地位和彼此熟悉程度

很多情况下,社会地位和彼此熟悉程度也会影响一个人注视对方时间的长短。比如,当董事长和一个普通员工谈话时,普通员工就不应该在董事长发言时长时间盯着他,如果那样的话,他就会认为你在挑战他的权威,或是你对他说的某些话持有异议。这样一来,肯定会在他心里留下不好的印象。心理学家提醒我们,和领导或上级谈话时,最好不要长时间盯着对方,你可以采取微微低头的姿势,同时每隔10秒左右和他进行一次视线接触。不太熟悉的两人初次见面时,彼此间眼神交流的时间也不宜太长,如果一方说话时,另一方紧紧盯着对方,这肯定也会让对方感到非常不舒服。

目光接触是非语言沟通的主渠道,是获取信息的主要来源。人们对目光的感觉是非常敏感、深刻的。通过目光的接触来洞察对方心理活动的方法,我们称之为"睛探"。目光接触可以促进双方谈话同步化。在对方和你交谈时,如果他用眼睛正视你,你可以更有效的理解他的思想感情、性格、态度。同时,通过"睛探",可以更好地从对方的眼神中获得反馈信息,及时对你的说话进行必要的调整,通过这样的审时度势,一旦发现问题,可以随机应变,采取应急措施。

从握手方式就能看出对方对你的态度

握手是在相见、离别、恭贺或致谢时相互表示情谊、致意的一种礼节,双方往往是先打招呼,后握手致意。据说握手最早发生在人类"刀耕火种"的年代。那时人们手上经常拿着石块或棍棒等武器。他们遇见陌生人时,如果大家都无恶意,就要放下手中的东西,并伸开手掌,让对方抚摸手掌心,表示手中没有藏武器。这种习惯逐渐演变成今天的"握手"礼节。而现在,握手已经逐渐演变为人们用来维系业务关系的一种沟通方法。但就是这样一个小小的握手礼,其中却暗藏着不少玄机。

莫里斯与女友在餐馆就餐时,遇到了女友的前任情人比尔。女友尴尬地为两人介绍,莫里斯与比尔握手致意。两只手紧紧地握在一起,莫里斯感觉到对方的力度越来越大,并且扳着他的手,想让自己的手心朝下。莫里斯暗想:这可真是个厉害人物。

从上面的例子来看,简单的握手动作就可以接收到对方传递过来的信号:他是否喜欢你?是不是心理很强势,想打压你?比如比尔与莫里斯握手时将手掌翻转,使自己的手心朝下,就给对方制造出一种强势的感觉,这种不喜欢是不加掩饰的。

这种凌驾于人的握手方式并不少见,心理学家曾对350位高级行政主管开展了一项关于握手的调查研究,这群研究对象89%为男性。结果显示,在各种面对面的会谈中,88%的男性主管和

31%的女性主管在握手时都会采用这种能够制造强势效果的握手方法。而且这种握手的力度也会相对较大，甚至会令对方有轻微疼痛感。

通常情况下，握手只是人们见面时表示问候、离别时表示再见的一种礼仪。但是，你可以从握手这一细节动作上预见对方是否喜欢你，了解他想表达控制还是顺从的意思，了解他的个性特点。一般来说，性格温和、内向的人在与人握手时通常会采取顺从的姿势，这也表示他比较崇敬你。而性格外向、脾气火爆、霸道的人与人握手时，通常会采取控制性的握手姿势，这表示他不是十分喜欢你，或者是想让你感受到他对你的震慑力。有趣的是，当两个性格温和、彼此有好感的人握手时，他们通常会表现得温文尔雅、谦卑有礼。如此一来，双方便形成了一种平等、融洽的关系。

心理学家分析出，初次见面的双方握手致意，通过这一动作，你可以感受到对方传递过来的一些微小的信号，这些信号可能是无心，也可能是有意。而你也可以因此构建对对方的初步评价。一般来说会有这样三种评价：一是认为对方很强势，觉得对方并不喜欢你，他甚至想控制你；或者觉得对方比较弱势，你认为自己可以掌控对方；或者感受到彼此的平等地位，能够感受到对方很喜欢你，你也觉得和他在一起很舒服。

著名的盲人作家海伦·凯勒曾经这样写道："我接触过的手，虽然无声，却极有表现性……我握着他们冷冰冰的指尖，就像和凛冽的北风握手一样。也有些人的手充满了阳光，他们握住你的手，使你感到温暖。"海伦·凯勒虽然不能用眼睛观察到对方，但她的触感是极其敏锐的，她关于握手的描写也极其精彩地展现了握手能带给人的不同感觉。可以说，要知道对方是否喜欢你，握手便知分晓。

打招呼的用语也能表现性格

在和陌生人接触时,一个比较关键的细节就是该如何称呼对方。心理学家研究发现,称呼得好,就可以迅速拉近彼此之间的心理距离,使双方很快建立友好关系;称呼得不到位,双方还是会形同陌路,关系难以发展,生意也就比较难做了。对于一些比较大众化的称呼来说,一般也不要使用,这会使对方感觉你和别人完全一样,没什么特别的,你们之间的关系也是一般而已。所以你应该使用一些比较特别的、让别人感觉亲近的称呼,来迅速改变你们的关系。

在平常生活中,你可能听到这样的话,也可能对别人说这样的话:不用称我老师,叫我名字就行了。听了这话或说了这话,你或他(她)便感觉彼此的关系进了一步。在爱情片中,我们常常看到男女主人公这样的对白:不要叫我××,叫我阿×吧。看到这,你就知道,两人的关系发生了变化,至少某一方希望另一方认为两人的关系发生了变化。为什么会这样呢?因为彼此的称呼与彼此的心理距离有关。也就是说,两个人称呼的改变,通常意味着两个人心理距离的变化。

众所周知,对初次见面的人,一般会以对方的姓加上头衔,如×经理、×大夫、×老师等,而不直接以名字相称。时间长了,相处久了,熟悉了,才会直呼其名。也就是说,以名字相称是建立在两个人相对亲密的关系上的。当两个人心理上的距离愈来愈靠近时,他们的称呼法也会从姓加头衔,然后到名,再到昵称。

我们也常常看到,某个人与另一个人虽然见面不久,关系不算是亲密,但他也以名字或昵称来称呼对方。这意味着什么?意味着他希望尽快拉近与对方的关系。这也是政治家们将对手"化敌为友"的惯用手法。面对一个从未谋面的人,他们也能够用一种非常自然亲切的口吻喊出对方的名字。例如,美国的总统里根和日本的前首相中曾根康弘在初次会面时,对中曾根康弘,里根总统直呼其名,叫他"康弘";对里根总统,中曾根康弘也同样直呼其名。其实，日本人并没有直呼其名的习惯，中曾根康弘之所以违背自己的民族习惯，无非是想强调两国的友好，希望会谈能在亲密友好的气氛中进行。

这种通过改变称呼来拉近彼此间心理距离的方法，在销售行业也广为利用。

有一个业务推销员，一次要去拜访一位房地产公司的老总。房地产公司有位前台小姐叫钟晓慧。钟晓慧作为一位接待小姐，每天都要接触到不少的访客，她可以清楚地区分哪些人亲切或哪些人不亲切。推销员要想见到老总，必须先过了她这一关。

第一次拜访时，推销员以锐利的眼神专注地看着她胸前的名牌标志，然后神采奕奕地和她打招呼："钟小姐，我是李总的朋友，我有很重要的私人事情要和他谈。""对不起，今天李总吩咐不见客。"钟晓慧一点儿都不给他面子。

第二天，推销员又来了。他这次改变了风格，在彼此熟悉之后，他说道："呀，改变发型了，很配合你的风格嘛，以后就叫你'晓慧'好了。晓慧，我今天有重要的事情得跟李总谈，请转告一声。"他说完后热切地看着钟晓慧。钟晓慧这次变得非常爽快，立刻带他去见李总。

一般而言，"×小姐"是比较正式的称呼，如果总是运用这样的称呼，给对方的感觉是你始终和她保持着一段距离，她自然就要和你也保持距离了。但是，直接称呼对方的名字，是关系很好的朋友之间才用的，推销员很自然地改变称呼，便会迅速拉近彼此之间的距离，加深双方之间的感情。可见，如果总是局限于陌生人的礼仪，你是根本无法再进一步加强两个人的感情的。要想与陌生人迅速建立关系，或者改变你与朋友、顾客、客户之间的关系，就要改变你对他们的称呼，用一些亲切的称呼来拉近彼此的距离。

心理学家提醒我们，就一般的生意场合而言，如何改变称呼还是要看具体情况，并不是越早改变称呼就越好，也不是一上来就直接称呼对方名字就好,你应该根据双方关系的进展情况来随机应变。有时你必须让出一段时间让对方慢慢习惯,不要太过急躁,否则会显得轻浮。在改变称呼时要不留痕迹,尽显自然。例如胡雪岩在初次拜见嵇鹤龄时,先是称对方为"嵇大哥",然后称"老兄",最后又改为"鹤龄兄",在不露声色中就将彼此的关系加深,并且不着一丝痕迹,这种高超的交际手腕和生意手段着实令神鬼感叹。

在生活中,这种交际方法也常为我们所用。比如:遇到一个难以接近的朋友,你试图接近他(她),不妨直呼其名或者请他(她)直接叫你的名字。面对你的同事,你希望与他(她)走得更近,不妨偶尔称呼他(她)的昵称或让他(她)称呼你的昵称。当然,你要表现得尽可能的自然,不要让对方感觉你是在装腔作势。如果真能那样你们的距离就能因此而拉近,事情便很容易解决。

与不同人的交往方式暴露他的性格

在我们的生活中,我们不仅会遇到新人,也会遇到旧人,为了了解这些人,心理学家建议可以通过观察其对待他人的方式来探测其性格。心理学家认为,有三种人最能反映出对方的个性:小孩、同事以及日常往来的人。

有的人可以很容易的和小孩打成一片,有的人却即使已为父母依旧抓不到和小孩交往的诀窍。大部分情况下,一个人与小孩的关系具有非选择性的物质。心理学家研究发现,一个人对待及训练小孩的方式可以反映出他的价值观和对待他人的态度。

一名著名的心理学家和一位好朋友应邀去参加一个晚宴。他的这名好朋友有两个活泼好动的女儿,这名好友她常常带女儿出席晚宴,而且会把他们介绍给每一位客人认识,他的两个女儿会彬彬有礼地和每一位客人打招呼。但是当大人们都坐到餐桌旁前时,小孩会离开大人到一旁去玩,这样大人才能进行不受打扰的对话。心理学家的这位好友很为自己的两个女儿自豪,他知道她

们有被重视的需要，同时也知道如果身边没有坐立不安、总出乱子的小孩，大人们会玩得更尽兴。

　　这名心理学家的另一名好友也应邀去参加了这个晚宴，同时也带上了自己的孩子。但是与上述好友不同的是，这名好友允许自己的孩子在晚宴时可以四处狂奔。而这些不受管教的孩子总出乱子，或打破玻璃杯或弄翻了菜，不仅给晚宴的工作人员带来了麻烦，也给参加宴会的客人带来了不少困扰。

　　这名心理学家认为，他的第二位朋友不懂得体贴宾客和主人，反映了他以自我为中心的观念以及未尽教养之责的缺失。

　　你是否曾警告孩子让他别碰某样东西？是否要求他们在电影院中要保持安静？是否会让小孩加入谈话而不是只有在他人问话时才可以说话？你会和孩子一起玩吗？若这些问题的答案都是肯定的，则说明你是一个体贴、细心、有耐心、有幽默感的人。如果答案是否定的，则显示了相反的特质。

　　我们的工作场所就像一个小王国，每天我们都得应对上司、同事和下属。从一个人对待这些人的态度，也可以看出其性格。

　　一个对员工尊重、仁慈、友善的主管，通常都是有自信、慈悲、积极并关心自己形象的人。如果主管对下属有如对奴隶，说明此主管通常缺乏安全感、跋扈、迟钝、粗心，在工作中如此，在生活场合中也如此。

员工对主管的态度也能反映其部分性格。有些员工愤世嫉俗，有些员工逢迎谄媚，这些反映出虚伪做作的性格，渴望得到他人的认同。有些员工则是谦恭有礼、敬业乐群，这表明他对自己所扮演的角色游刃有余且高度自重。

有些人乐意帮助同事，有些人却认为自己的成就是建立在同事的失败上的。后一种类型的人喜欢自扫门前雪，不与同事交际。一般来说，与同事关系越好的人，对自己越有信心，对生活也就越满意。

观察一个人如何对待日常往来的人，也可以给你一个很好的借镜。如果他在对待你的时候体贴得体，但对餐厅老板却鲁莽，对倒开水不小心碰到他的侍者却怒目圆睁，那么这种人绝不是真正的有涵养，他是那种有选择性的目的才会对别人好，而显然不会注意那些微不足道的小人物。

所以，心理学家认为，当我们在评估一个人时，应该仔细注意他如何对待杂货店店员、银行人员、快餐店的侍者以及加油站的服务员等。当收款机有问题时，会生气地瞪着店员，还是会安慰对方？经过自食其力的残障者，是会嗤之以鼻还是掏钱买幅字画？

心理学家总结道，真正仁慈、体贴、有自信的人，对待别人的方式不会依自己的心情或对方的价值而异。而我们若想了解一个人，只要观察他对他人的态度就可以察觉其一二。

常常与人靠得很近的人性格外向

我们走在街上常常可以看到这样的情景：两个好朋友走在一起，其中一个人把手臂搭在另一个人的肩膀上，两个人距离很近。这种看似亲密的举动其实默默传达着非语言的信息。心理学家就曾指出，喜欢和别人靠得很近的人性格大多外向。

一般来说，当你与他人交谈时，对方碰触你的方式和碰触你的位置不同，会呈现出不同的心态。轻拍肩膀的动作可以给对方打气，仿佛通过肩膀传递了力量，但是有事没事总喜欢搭别人肩膀的人往往喜欢当老大，这类型的人多半比较以自我为中心，虽然看似想和你做朋友，心里却希望你臣服于他们。

一位心理学家就曾在法国进行了一个有趣实验，找几个有型男士，走访不同的消遣胜地，与百余个女性搭讪。实验结果显示，被俊男轻轻搭过肩膀的女性当中，有高达65%的人同意与俊男共舞。而与俊男没有任何身体接触的女性当中，就只有43%同意跳舞。

专家研究发现，在男士追求心仪的女性时候，搭肩膀比眼神交流、语言调情、用手指轻撩对方的掌心更容易点燃爱的火花。能够手搭肩膀的男士往往比较自信，喜欢当老大，更能显现出男士魅力。而肩膀被男士轻触的女性，会更倾向于臣服男人的老大魅力之下。

通常碰触点越往上，表示对方越喜欢自己占有一定的优势地位。因此，我们可以根据对方碰触你的位置来观察、分析他人的潜藏心态。

1. 碰触前额以上的部位

我们经常可以看到妈妈轻抚孩子的头顶、轻拍后脑、摸摸额头等，做这些碰触通常都是表示安慰、爱抚、鼓励或者激励。因此，在生活中，能对你做这些动作的多半都是长者，他们喜欢以老师自居，觉得自己社会经验丰富可以帮助你，这些均是一种信任的表达。

2. 碰触胳膊或拉手

碰触你胳膊或拉你手的人，往往比较内向，骨子里有退缩的成分。但是他们希望与你有更多的交流，于是会透过蜻蜓点水的碰触来表达友好。

3. 碰触腰部

这种碰触方式除了在情侣之间外是比较少见的。有些人可能在某些突发状况来临时，扶住你的腰部。这多半出于一种保护的心态。

总体来说，对于男性，如果想俘获某位女士的芳心，或者是在女友面前展现自己大男子汉的气概，可以把手臂搭在她们的肩膀上，当然，要做得温柔得体才能增加自己的魅力。如果对象换成了男性，就要斟酌一番了，若是关系很好的兄弟，靠得近一点很正常，如果是不熟悉的朋友还是稳重一些好。

爱打断别人说话的人爱自我表现

试想一下，现在我们正与某人谈话，向他阐述自己的观点。如果对方在我们说话的过程中，毫无征兆地不停打断，拼命说他自己的观点，或者拼命否定，"你这样想完全不对""我是这样想的"，这类话语连珠炮似的吐出来，是不是会让我们火冒三丈？说起来，这样的人还真不少呢。

正因为这样做让人讨厌，所以我们从小就被教育别人说话时不要随便打断，这是一种非常没礼貌的行为。可是，还是有那么一些人做着这种没礼貌的事。他们热衷于交谈，并且特别喜欢在别人话音未落，甚至正说到重点时打断别人，迫不及待地倒出自己的看法。这样的"插话党"，非但不会被赞有想法，反而让大家厌恶，不愿意跟他们交流。而且，这些"插话党"，自己还没有意识到自己的行为有哪些不妥呢。"我只是想说自己的想法而已呀，用得着那么小气嘛！"你越是想躲开他们，避免跟他们交谈，他们越是喜欢加入你们的谈话。

心理学家认为，从心理学角度说，"插话党"的行为泄露了他们想要表现自己的内心。

我们常常讽刺那些以自我为中心的人有"中二病"，就是说他们处于青春期，妄想什么都得顺着自己的心意。每个人都经历过从青春期到成人期的过渡。与青春期不同的是，成人期是一个自我互动的阶段。而在自我中心阶段的青春期，我们会感觉自己是世界上独一无二的，总是在观察自己的表演，自己的感受永远放在第一位，认为没人比自己更值得被围观了。他们因为过分关注自己，所以误认为周围人都不理解自己，一副众人皆醉我独醒的高贵冷艳的调调，自然不会去照顾别人的感受。而且，他们往往比较容易曲解别人的意思，认为他们都在对自己指手画脚，在背后对自己品头评足。以上种种，使他们把自我中心的交流方式变成一种自我防御的机制。等到了自我互动的成人阶段，表现日渐符合社会规范要求，言行变得成熟稳重，注重他人的感受，在交往中受到欢迎，也乐于与人交往。

那些喜欢打断别人讲话的人，心理学家认为，很可能没有很好地完成青春期——自我中心到成人期——自我互动的过渡。他们的心理成长未能跟上胜利的成长，导致他们不能准确找到自我定位，只有不断重复那种自我防御机制。

心理学家分析说，打断别人说话对健康不利。喜欢打断别人讲话，喜欢表现自己，实际上就是一种爱表现心理的外在体现。爱表现心理是一种消极的情感类型，如果任其发展，会产生不好的后果。比如，遇到需要团队合作的时候，如果有那么一个听不见别人的意见、高傲自大的人存在，对整个团队而言都是悲剧。过于高估自己的能力，对他人的观点和才能不能做出客观的评价，久而久之就会变得自私自利，做出损害整体的行为。带来的后果就是整个团队都讨厌那个人，人际关系变得很差。在这种压抑的气氛和心理状态下长久地生活，当然不会快乐。

对陌生人微笑的人多是开朗大方的社交专家

我们从小接受的教育是尽量不要跟陌生人说话，更别说是微笑。因此，如果有人能够对陌生人微笑，说明他是一个开朗大方的人。心理学家认为，一般这样的人多是一些接受过一些高等教育、思维更加开阔、思想更加开放的人。

能够向陌生人微笑的人，在性格特征上比较开朗大方。在朋友中，他们往往是最热情的。他们通常不会想太多，不怕遭到冷遇或白眼，或者说他们心里已经提前做好了遭到冷遇或白眼的准备。而一般人在面对陌生人时心里想法就复杂得多了,他们轻易不主动向陌生人微笑或开口,一是戒备心理比较强,二则是怕遭到对方的冷遇或白眼甚至辱骂,实际上通常不会有这样的情况发生。他们在对待陌生人的态度上也常常竭力表现出友善的一面,因为他们喜欢结交朋友,他们把"多一个朋友多一条路"当作信条,他们热衷于社交活动,所以他们愿意向陌生人微笑,并且希望把一个个的陌生人发展为自己的朋友,发展为自己的人脉关系。

心理学家认为,能够向陌生人微笑的人都是开朗大方的社交专家,他们的脑子里埋藏着深厚的社交意识,他们懂得怎样去与人打交道,怎样跟人沟通。所以,当你在路上或是在地铁上或是在公园里,有陌生人对你微笑时,你不用怀疑他们是不是认错了人,也不用太过担心你是不是被坏人盯上了,或许,你遇到的只是一位喜欢对人微笑、喜欢交朋友的人。

和能够向陌生人微笑的人相似,有的人在交往中会主动向人打招呼。这样的人,是想在人际关系中占主动。

在交往中,有人把先后打招呼也当作身份的象征——碰见比自己职位高、混得好的人就主动打招呼,碰见不如自己的人就昂着脸等着别人先打招呼。有些碰到熟人不愿主动打招呼的人会想:大家都走在路上,凭什么他(对方)不先打招呼,而要我先打招

呼呢？而能够主动打招呼的人心里都不会这样想，他们甚至根本就不会想太多，开朗热情的天性让他们来不及多想就已经开了口问了好。心理学家研究发现，这样的人在人际关系方面总是占据主动地位，能够协调好复杂的人际关系，能够成为朋友当中的人际枢纽。所以，这些喜欢主动打招呼的人，见了熟人往往远远地就笑脸相迎，他们能够主动与他人沟通交流，主动去结交一些朋友，主动邀请他人一起出去游玩。这样的人心胸也比较开阔，他不会斤斤计较。

因此，在人际交往中，有的人特别热心，通常他远远地看到你就会跟你打招呼或挥手致意。这些人多为热情大方的人，他们在人际关系中常能占据主动。当你下次走在路上时你可以观察一下，那些主动和你打招呼的人，多是平时性格开朗、心胸开阔、很有交际能力，且在人际关系中占据主动地位的人。

喜欢和老实人为伍的人性格多愁善感

有的人在交朋友时喜欢找老实巴交的人。他们觉得与那些精明强干的人为伍，可能有一天会遭到背叛，做出一些伤害自己的事情。而与老实的人交朋友不用担心这一点。他们觉得这些老实人一旦与自己成为真心的朋友，便会对自己推心置腹，还有特别的关心照顾，常常会在自己需要帮助的时候出来帮助自己，甚至自己背叛了他们，他们也无怨无悔。而且，跟老实人在一起永远都不会吃亏，还永远不用担心他们会背叛自己。

这些人之所以有这样的想法，心理学家认为他们可能是在交友的路上受到过什么伤害，以至于一朝被蛇咬十年怕井绳，让他们不敢再去结交那些比自己聪明强干的人，因为害怕再受伤。他们觉得太聪明能干的人会欺骗自己、背叛自己，而老实巴交的人则不会。就算是和那些平时比较老实的人交往，他们也要通过长期的观察才会决定自己是不是要交这个朋友，因为有些人只是表面上比较老实，而心里却很狡猾，如果不经过长时间的观察，可能就无法发现一个人的真面貌。所以，这些人活得比较累，他们总是担心遭到背叛，在交友的时候小心翼翼。也同样是因为他们害怕别人的背叛，所以他们选择一个永远不会背叛友情的人，这样他们便不会在友情中受到伤害。

心理学家研究还发现，喜欢与老实巴交者为伍的人性格比较多愁善感，他们的感情比较细腻，对待友情与爱情都十分的认真，是重情谊的人，他们也比较敏感，常常朋友一两句无心的话，都会触动他那敏感的神经。敏感而重感情的人，本身就容易受到伤害，因为一些在别人眼里无足轻重的事情和无足轻重的话，在他们眼里可能有着不同的重量，别人不会在意的东西，他们可能会去在意。

喜欢与老实人交朋友的人，也都是比较率真的人。他们不喜欢那些虚假的客套，希望人与人之间能开诚布公地交流。而与精明者在一起有时会被利用，可能自己将对方当朋友对待了，而对方只把自己当成了实现他的某种目的的一个工具。所以，他们在择友时会选择与老实巴交者、不会欺骗他们、不会利用他们的人为伍。

因此，当我们碰到一个喜欢与老实人交朋友的人，可以初步推断出，他可能是害怕别人的背叛，而且，他也是一个性格率真、多愁善感的人。而有的人恰恰相反，不喜欢和老实巴交的人交朋友，而是喜欢跟有权势者交朋友。这样的人多半有势利心理。

在交朋友的时候，是应该以自己的内心为取舍标准的。但是有些人，却喜欢结交位高权重者。他们只看得起这些比自己强或者跟自己职位一样高的人，他们只希望和这样的人交朋友，他们看不起那些比他们职位或收入低的人，因为在他们心里，这样的人帮不了他什么忙。这样的人多半有些势利，他交朋友的原则是要能从朋友身上获得利益，而不能让他获得利益的人则不能成为朋友。

这些只喜欢结交位高权重者的人，心理学家发现他们总希望靠别人的职权来为自己铺路。他们的交友并不是真心的，里面埋藏更多的是利益关系。所以，这样的人交朋友不是以心换心，因此他一般没有什么真正的知心好友。而且在现实中，对待比自己地位低的人，他甚至都不会去多看一眼，更不会去主动交朋友，即使别人主动与他交朋友，他也会表现出爱理不理、不耐烦的样子。但对待比他地位高的人，他马上就转变了态度，他的热情、大方、亲切都会表现得淋漓尽致，当然，并不一定是真心的。不熟悉他的人肯定会被他这种表面流露出的假象所蒙蔽。他还很看重利益的交换，比如，我帮你一次，你也帮我一次，如果我帮了你一次，而你没有能力帮我，他们就会觉得吃了亏。

所以，当我们在生活中遇到只喜欢结交位高权重者的人时，我们就主动离他远点，因为连交朋友都十分势利的人，也不值得我们去结交。

喜欢讨论他人隐私的人容易感到孤单和寂寞

在很多场合，为了让彼此交流更顺畅轻松，人们会寻找一些言语话题，以引发对方的兴趣。尤其是非正式的地点，如果缺乏这样的佐料，直入主题，会令彼此都感觉到不自然。所以，社交言语是商务交谈中必不可少的。同时心理学家指出，它们对自然展示每个人的品性也有着重要的意义。

有些人就喜欢在社交言谈中讨论他人的隐私，并借题发挥。心理学家发现这样的人很容易感到孤单和寂寞，他们希望通过发现和讨论他人的隐私来满足好奇心和引起别人的回应。尽管一次两次能够带动一些人的情绪，轻松气氛，但若时常如此，反而让人感到讨厌。想显示优越感和亲切感的意图反而带来相反的效果。

在社交中，有一些人喜欢替人介绍朋友，比如，明天你即将出差，恰巧今天的晚宴上碰到一位仁兄说他在外地有很多朋友，可以为你推荐，并能为你提供帮助。

假如事情的确如此，那工作能顺利地进行，但很多情况是，被推荐的人并没有仁兄介绍的那样可靠，甚至没有任何关系。像这位仁兄这样，喜欢为他人介绍的人，一方面是单纯的出于好意，另一方面则是希望能向朋友们展示自己的能力。只是，他们将问题想得比较简单，或者没有真的想要负起介绍人的责任。心理学家发现这类人渴望在朋友面前表现，并得到更多人的认可。

两人并排走路时，不同的步伐能折射两人的亲密程度

在生活中，心理学家发现当两个人并肩走在一起的时候，任何人都会有意无意地配合对方的速度或步调，即非常小心地走在一起，也会看一下对方的步调是否和自己的速度一致。从这一小小的细节中，也会观察出许多信息。

不自然地在旁边并肩走的人，心理学家认为这类人十分害怕自己跟其他人不同。因为对自己的判断没有信心，所以特意跟他人采取同样的行动。

细心注意配合你的人，心理学家认为这类人是对你有好感的人。如果你是"主"，对方是"从"，这种行走关系也许有"采取谦逊的态度来获得你的好感""引起你的注意"这种心理的存在。

在并排走路的过程中，通过若无其事地或是有意地接触你的身体，这是表明对方想让你加深对其的亲密感。一般来说，在并排走的过程中，如果和对方的身体碰到一次后，会把距离拉开，调整步调以免再次碰撞。因为有时候这样的碰撞是因为节奏感不佳，或走路的平衡感不佳等身体上的因素导致的。但对方如果对于身体的碰撞并没有嫌恶感，可以得知他对你有好感。

会不知不觉容易走到你前面去的人，一般性子急而竞争心强，在生活中是"向前倾"者。即使他配合你的步调，也只证明了他具有自我压抑

的自制力和相当强的耐性。如果他走到你前面去后,用不耐烦的表情看着你,你的步伐就会变急。如果你对这个人曾有好感,好感度会因为他的这个动作而下降,甚至还有可能转变成厌恶。

如果慢慢走的话,这其实是一个信号,表明对方对你有好感,想多花点时间和你在一起,有诸如"再多说点话""想变得更亲密一些"的意思。而要不要配合对方,完全在于你。

从对方等你时的姿态看出他对你的态度

心理学家"测试"对方对自己的态度最常用的伎俩就是约会迟到。通过对方等自己的神态、姿势和动作,他们就可以看出此人对自己的态度。

你可以在与他进行某次约会时故意迟到一会儿,躲在一旁观看他等你时的表现。具体来说,如果他提前很久(20分钟左右)在你们约好的地点等你,到约定的时间后,却没看见你的踪影。

此时，他脸上露出了焦急、不安的神情，并不停在那儿走来走去。他的这些神情、动作表现了他内心的焦虑、担心，他极有可能会想你可能遇到了什么紧急事情，或是出了什么意外。但是，随着你的出现，他脸上不安的神情顿时消失得无影无踪。这就说明，他很在乎你，并能真正理解、相信、原谅你的迟到的理由（当然，你这次的理由是编造的）。能交到这样的朋友，一定要好好珍惜。

如果他在你们约定的时间准时到达了约会地点，但他发现你却没有到达，于是他把胳膊交叉抱于胸前。此时，他极有可能这样想："我今天就要看看你什么时候才到，真是讨厌，居然还要我等！"当你出现后，他要么是对你大发牢骚，要么就是横眉冷对。这就表明他在和你赌气。在他内心深处，极有可能有要主宰和支配你的想法。

如果他在等你的过程中，用一只手紧握另一只手，则说明他在努力控制自己的情绪。虽然他此时心里可能是怒火万丈，但他绝不会将怒火烧到你身上。一旦你出现后，他心中的怒火便会悄然熄灭。因为在他心中，你是值得交往的朋友，体谅朋友你是天经地义的事。

如果他在等你的时候，把手插在自己的衣袋或是裤带之中，并在那儿悠闲地走来走去，则说明他此刻正在享受等你的感觉，他也相信你不会迟到太久。面对姗姗来迟的你，他依然会笑脸相迎。

如果他在等你的时候紧闭着嘴，满脸怒色，并且紧紧抱住胳膊，这是一种强硬的表示拒绝的动作姿势。当你出现后，不管你如何解释，他依然满面怒色，对你不理不睬。这种情况下，你最为明智的做法是不必和此人深交。

当然，以上情况并不是判定一个朋友对你友情深浅的"金科玉律"。在某些人身上，虽然可能出现了上述某些动作、神情，但这并不意味着他一定很喜欢或是讨厌你。

强求别人应邀的人自私而虚荣

在社交场合,有很多人喜欢用强迫的方式邀请别人,别人明明是不愿意,他们仍然坚持要求别人应邀,其实,他们是忽略了拒绝者的想法和立场。

这种人面临对方拒绝时,会一再重申自己的意见,以为如此对方就不会再拒绝。观察这些不顾对方推却仍勉强邀请的人,可推测其大概有四种想法。

第一种是把对方的拒绝看成客套。这时,邀请人就会继续对对方说:"你不必这么客气嘛!"但对方如果再次拒绝,他仍要求:"我看你真是太客气了,现在都已经下班了,你就轻松一点,不必这么认真嘛!"一再发挥他推己及人之心。

第二种是主观地以为对方如果拒绝,就等于断绝了他们的关系。所以当对方推辞时,他们会觉得很失望,认为对方太不给面子。这种人遭对方拒绝时,则会表示:"我诚心地邀请你,你却一再拒绝,真是太不够意思了!"

这种人试图勉强对方,当对方推托说:"你实在有所不知,因为我已经和太太约好了,所以真的没空来!"邀请人仍不放弃,还故意刺激他:"我看你是怕太太吧!"以话中有话的方式来激将。甚至邀请者还会联想:就是他太太在破坏我们两人之间的友情。

第三种和第二种类似。邀请人一个人玩乐时,会觉得寂寞而缺乏勇气,所以邀请的对象都是固定的。由于邀请人和被邀请人有共同玩乐的经验,且认为两人搭档得天衣无缝,所以就想强迫对方同乐借以壮胆。换句话说,其实邀请人根本是依赖对方,因无法独自取乐而勉强对方。

第四种,邀请人希望对方满足其虚荣心,听他炫耀,或让他宣泄心中不满和恼怒的情绪。只要仔细分析这些邀请人的动机,就可以了解对方为什么会有这种强迫行为。心理学家认为这类人希望自己依赖的对象能满足自己的倾诉欲望,所以完全忽略别人的权利和心理动机,勉强别人来满足自己的欲望。

讲冷笑话是为了引人注意

某公司最近新进了一名职员叫贾斯汀。贾斯汀初来乍到,想与大家熟络起来,于是经常会讲一些冷笑话想引起大家的注意。可是这样的策略并没有起多少作用,大家往往礼貌性地笑笑后,又继续着手自己的工作。这名新晋职员就不懂了,为什么会这样呢?一名资深的公司人员一针见血地指出道:"你之所以爱讲冷笑话,是因为你觉得被同事和领导冷落了。所以,与其通过讲冷笑话来引起大家的注意,倒不如通过提升自身的工作能力来获得钦佩。"贾斯汀听取这名老职员的建议后,关注于自身能力的提高,果然获得了同事和领导的重视。

正如上述例子,在我们身边总会发现有那么一两个喜欢讲冷笑话来逗大家发笑的人。有的人可能真的只是想制造一种轻松的氛围,逗他人开心。可是有的人像例子里的贾斯汀可能有着更深的目的,那就是想与众不同、引人注目。这样的人虽然不至于一直被同事和领导冷落,但是也会受到他们的特别的喜爱或关照。心理学家认为这样的人会一直成绩平平,难有大的成功。他们在公司的存在感很薄弱,他们也深知自己的处境,所以才想要通过讲冷笑话改善这个局面。

然而这样的举动并没有取得多少效果。周围的人在发笑后可

能只会冷冷地觉得，有讲笑话的时间和精力，还不如多花点时间在工作上。从这方面来说，靠讲冷笑话来引得他人注目的人其实也可以算是不懂得感觉周围气氛的人。

开场白太长的人缺乏自信

为促进相互之间的人际关系，大部分人交谈前都会准备一段开场白。的确，和对方见面时，如果不先说点引言，就直接切入重点，可能会令人对自己的意图产生误解，从而产生戒心而不容易沟通。所以在商业交谈中，开场白是不可少的。

一个人说的开场白过长，听者不容易抓到说话的重点，不过是浪费时间，徒增焦急，但还是有人喜欢把开场白说得很长。

首先，可能是说话者对听者的一种体贴。假如对方是个敏感、仔细易受伤害的人，直接谈到问题重点，可能会对对方造成冲击，所以说话的人就刻意拖长开场白，以缓和对方的反应。

另一种人则考虑若开场白太过简短，可能导致对方误会或不悦，因而留下不好的印象。基于这种不安，所以延长开场白。

由此可知，说话者无非是为了更详细地表达自己的意思，所以才有很长的开场白。

此外，有人应邀演讲时，也难免会把开场白拖得很长，这则是缺乏自信的一种表现。通常说来是为了隐藏自己的不安，有些人就会借很长的开场白来为自己的演讲做铺垫，所以，这种人应是小心翼翼型的人。

喜欢请客的人自我满足欲望强

每个人都希望自己拥有请客的经济实力，因为只要自己有钱请客，就可以不必担心自己不如人。不过自己不可能永远都做东，总有被人请的时候，有时让别人请客的原因，并不是因为自己忘了带钱或没钱，而可能因为顾虑对方的地位，或不忍辜负对方的一番好意，所以只好让对方请客，让对方达到目的而得到满足。

所谓满足，可能是一种优越感；可能是为了表示谢意；可能是有事相求；也可能纯粹是为了增进相互之间的感情。对方借着种种理由请客，使自己获得满足感；甚至有时根本没有请客的理由，明明可以大家分摊，但有人就是喜欢付钱时拼命制止别人，而自掏腰包。这时如果你坚持拒绝，对方还会露出不高兴的神情，并责备说："你真是太见外了，我们都是自己人啊！"从表情看来，他们真的不是装模作样，简直是沉浸于请客所带给他的满足感中。

反观被请的一方，别人请客，自己不必付钱，固然也有好处，但是让对方出钱，很容易形成自卑感，反而不能痛快地享受。

还有另一种被请人的心理，认为别人请客让自己快活是理所当然的。这种人大多都是不愿自掏腰包的小气鬼，不过除此之外，他们还有另一种用意。人最早接触的人际关系，是从与母亲间的关系开始的，每个人都有向母亲撒娇的经验和权利，而这种依赖、撒娇的态度一旦固定成型，长大成人后在现实生活中也容易出现，有时就体现在让他人请客的满足感中。

至于喜欢请客的人，虽然他们的立场是把东西送给对方，但其心态和接受自己好意的对方是一样的，这与过度保护孩子的母亲的心理非常类似。喜欢请客的人，表面看来虽然古道热肠，但其实只是以这种形式来满足自己。所以喜欢请客的人和喜欢被人请客的人凑在一起，彼此就各得其所，分别得到满足。

所以当大家看到那些即使没有多少钱却总想办法请客的人，应了解他们的心态，只要他们不是另有所求，大可接受他们的好意。

主动当介绍人的人喜欢自我表现

"听说你明天要到外地出差，那儿正好有很多我的好朋友，你只要向他们报上我的名字，保证你办事会很顺利。"有的人就是如此，别人还未请他帮忙，就主动为人介绍朋友。

如果这位出差的人士靠这位朋友的介绍，得到当地朋友的特别照顾，同时借着这些人的面子和信用，工作确实开展得很顺利，甚至他们还体念你刚到陌生的地方，晚上带你四处玩耍，那么这种人的好意实在不错。但多半情形都是尽管你按地址找到了其人，情况却与预期的不同。

其中原因可能是因为被推荐人并不像介绍人所说的可以值得信赖，而且两人也没什么特别亲密的关系，所以才会得到冷漠的待遇。

如果出差的地点是在外国的话，这个介绍人想发挥自己影响力的欲望就更强烈，所以我们可听到他说："喂！你这次是不是要到伦敦？你可以拿我的介绍信去拜访这个人，或者你到了纽约去找这个人……"如此一一介绍。

而当事人信以为真，拿着那封信拜访被推荐人，结果可能又和前述境遇相同，不但自己的希望破灭，对方也许根本不知道介绍人为何许人也。

这些人为什么如此热衷于帮别人介绍朋友？原因就是这些介绍人可以通过为人介绍这一行为，来满足自己爱管闲事的冲动。

当然，他们一方面是出于好意，理解朋友的人地生疏；另一方面，也是向朋友表示他有不少知心好友，他很有办法。但这些人的想法未免太单纯，因为他们既然要替人介绍，至少应该知道必须对当事人双方负责任。这些介绍人，表面上看来似乎很乐意照顾他人，本着"助人为快乐之本"之心，事实上他们并未尽到介绍人的责任，只是以此满足自己而已。

总之，喜欢替人介绍的人，往往是渴望表现自己的能力却并未真正替被推荐人或第三者考虑。所以各位不要把他们的行为和真正喜欢照顾别人混为一谈。

商务谈判中需要掌握识人技巧

生意人每天都要与各种各样的人打交道，生意人的成功离不开一定的社会环境，换而言之，离不开你每天所要打交道的这些人。生意人的成功就取决于你每天要交往的这些人。一个生活在

"真空"里不和人交际的人，既算不上生意人，更谈不上什么成功不成功。因此，我们完全有理由这样说：生意人的成功取决于其识人、处世水平的高低。

"知己知彼，百战不殆"，如何与人打交道，如何了解对方的心理活动，是生意人掌握处世技巧的第一课。掌握一些识人技巧，是生意人建立成功人际关系的秘诀。

1. 根据话题了解说话者的内心

（1）有些人非常想要打听对方的真相，这是有意明白对方的缺点、期待能进一步掌握对方的心理反应。

（2）有些人对于他人的消息传闻特别感兴趣，这种人很难获得真正的友谊，所以，他的内心是非常孤独的。

（3）有些人不断谴责领导的过错和无能，事实上是表示他自己想要出人头地的意思。

（4）有人借着开玩笑，常常破口大骂或者是指桑骂槐，这是有意将积压在内心的欲求不满设法爆发出来的心声。

（5）喜欢在年轻人或部属面前自吹自擂的人，乃是不能胜任职务，或者赶不上时代潮流。

（6）有人根本不在乎他人的谈话，而喜欢扯出与主题毫不相干的话题，这种人怀有极强的支配欲与自我显示欲。

2. 根据说话方式了解说话者的心理

（1）对方说话的速度忽然变得比平常缓慢，那就表示对对方怀有不满或敌意的意思。

（2）说话的速度忽然变得比平时快，那就表示对方有弱点存在，或者表示说话的内容不属实。

（3）凡平时沉默少话的人忽然变得能说会道，那就表示他内心含有一种想被人知道的秘密。有人常喜欢采用限定句的说话方式，很显然他是一个神经质的人。

（4）说话声调很高的人，说明他有任性的性格。有人说话的抑扬程度非常激烈，大部分都属于自我显示欲很旺盛的人。

（5）一面仔细倾听，一面点头称是，这是认真听话的人。一面听话，一面点头，但不把视线集中于说话者的身上，那就体现他对谈论的话题不感兴趣。

（6）表示太多不必要的点头，或者胡乱答话的人，其实是对对方谈话的内容不太明白。一面听话，一面称是者，大部分是不愿对方提出反对论调的顽固家伙。

（7）无缘无故小声说话的人，主要是对于事情缺乏足够的信心，所以显得有点胆怯。

（8）把一个话题拉得很长，故意说个没完没了，这是害怕别人提出反驳的根据。有人喜欢在语句末尾补添暧昧或含糊的词语，这是逃避责任的心理在作祟。

（9）说话很有决断的人，对于谈论的内容满怀坚定的信心。有意立刻得出结论来的人，也是害怕别人提出反对意见的表示。

（10）有人不断把视线脱离说话者，或拨动手指，这说明对话题已感到厌烦了。反复探询对方所说的话题，这是很有耐心，而且也是好奇心旺盛的人。

从名片偏好分析对方的性格

差不多每一个社会中的人，都会有一张印满自己头衔的名片。名片的种类各式各样，有的内容非常复杂，职衔颇多；有些像艺术家的手笔，构思新颖；而有些就特别简单，只是打上自己的名字和电话，连地址也没有一个，似乎仅仅是告诉别人有这么一个人存在。

一个人所制作的名片既反映了自己在别人面前所展示的形象，又反映出他的内心想法和个性。

1. 使用黑白名片的人

使用白底黑字名片的人所透露出来的性格，给人一种踏实、勤勤恳恳的感觉，对新奇的东西没有感觉，做事情时照本宣科。

这种人是从接受正统教育圈子里走出来的人，很少受到世俗观念的影响。在小时候家人就觉得他是个听话的好孩子，从不违背大人的意愿。在学校里，老师也会认为他是好学生，从不调皮捣蛋，一直是品学兼优的好孩子。刚走出象牙塔迈入社会，任何一个部门都喜欢任用这样的人，因为这种人是勤奋办事而从不过问与自己无关事情的人。

这种人也希望自己所树立的形象让别人觉得他是个循规蹈矩、遵纪守法的人，而他本身也害怕惹麻烦，小心翼翼地为人处世。

在这种人所经历的人生之路中，他们会觉得所走过的路大多数是正确的，也是人们认同的。而他们曾经所想象的东西，已经被消磨得无影无踪，目前他们只是为自己每天的生活奔忙而已。

至于在人际关系方面，这种人属于慢性子的人，在短时间内，他们很难与一个人关系十分紧密，也不愿跟别人发展深层次的关系。

2.使用压膜名片的人

如果一个人在印制名片时，要求印制价格较高的压膜名片，这说明他是个讲究的人，有着华丽的外表和虚荣的内心，所以这种人经常表现出自己大方的一面，特别是对这种能体现自己个性的东西，他会毫不吝啬的。

无论是在聚会场所还是在家里，这种人都想突出自己的存在，经常以特别的言行举止吸引别人的注意力，一般情况下都比较含蓄而得体，让他人看不出他是在故弄玄虚。这表现他具有一定的真才实学，而且在他人眼里也是个不错的人。

在实际工作中，这种人也是聪明好学、勤奋工作的人，如果他的领导不是个嫉贤妒能的人，那他肯定会有机会展示他的才华和创意，但如果他的领导是个保守的人，就会觉得这种人是在过分炫耀自己。

这种人的朋友都觉得他是个有情趣和才华的人，当然有时也会觉得他太喜欢表现自己。

这种人同时也是个爱情上比较顺利的人，由于他喜欢展露自己和有较广泛的情趣，他很容易吸引异性的注意，但这种人又是个洁身自好的人，很少出去乱玩爱情游戏，使自己陷入困境而不能自拔。

3. 使用镶金边名片的人

喜欢金色东西的人在印制名片时，会选择镶金边的名片，这表明其毫不掩饰自己的拜金心态，也不介意他人知道自己具有见钱眼开、唯利是图的本性。

在任何时候，这种人都懂得替自己争取利益，以极小的代价换取成倍的回报。这种人是从不放过任何赚钱机会的人，而且可能很小的时候就是生意人，所以有着生意人所具备的一切素质。

与人打交道时，这种人或许是比较势利的人，但其很可能做得不太过分，一般人不会轻易察觉这点。

在这种人的心目中，相信钱可以改变一切，所以信奉金钱至上的原则，拼命努力去赚钱，希望用钱包装扮自己，以赢得别人的尊重。不过，这种人是聪明人，随着社会经验的增长，他知道钱是身外之物，如此获得的尊重是极不可靠和缺乏实质内容的。

4. 使用只印有姓名电话名片的人

一纸简单的名片上，只有姓名和电话，而其他一切资料无可奉告。

拥有此种名片的人不外乎有两种：一是此人已有一定的知名度，不必借此名片去作自我宣传；另一种就显得有些不可理喻，是故作神秘以引起人们的注意，还是不愿透露自己的实际情况？

无论哪一类人，他的本性都是不喜欢开放自己。他总是觉得没有安全感，恐怕别人知道太多关于他的事情会来对付他，甚至伤害他。

这种人是胆子不大但心细的人，在与别人打交道时，他会不露声色地观察别人的谈话和各种动作，悄无声息套取对方的资料，但是极力回避谈论自己的情况。因此他很难与人建立深厚的友谊和感情。

由于这种人不肯轻易敞开自己的内心世界，所以很难获得上司和同事们的信任，也极难得到提拔。在择业的时候，他可能选择自由职业这一行，或者自己开公司当老板。

5. 使用印有很多头衔名片的人

喜欢使用这种名片的人是虚荣心很强的人，害怕别人小看自己，所以写出许多头衔去说服别人，以证明自己不是一般老百姓，而是举足轻重、有社会地位的人物。其实当别人接过这类名片时，都会暗地里笑他，认为其爱面子和无聊。

当然，这种人并不是吝啬鬼，如跟别人在饭店吃饭时，他会抢着付账，让别人觉得自己是个大方之人。不过别人有时也会认为他是在别有用心，利用机会去占人家的便宜。

从回答问题的习惯探察对方的性格

大家经常会遇到这样的情况：碰巧自己忘记戴表，也没带其他的现代通信工具比如手机之类，在这种情况下，我们要想知道时间，一个有效便捷的方法是向周围的人询问。实际上，从回答问题上也可以观察你周围的人，虽然你可能从未意识到这一点。

1. 回答时间准确的人

回答时间准确的人性格内向，实事求是，踏实肯干，做事认真，积极上进，遇逆境能忍受，具有持之以恒的精神，事业很容易成功。但此种人因事业心强，一般不愿主动接近别人，也使人不易接近，待人不热情，爱好不广泛。

2. 回答的是大约时间的人

回答的是大约时间，最多相差几分钟，这种人不拘谨，不计较个人得失，性格温和，不嫉妒人。

3. 回答的时间误差极大的人

这种人办事马马虎虎，处世不够机灵，嘴尖皮厚腹中空。这种人头脑反应比较慢，看问题只看表面，但他们干活迅速而果断，能面对现实。

4. 回答时，故意夸大或缩小时间值的人

回答时，故意夸大或缩小时间值，这种人虚伪、表里不一，往往能把芝麻说成是绿豆大，考虑问题不周全，办事持无所谓的态度，不能承担责任。

在社交活动中，每个人都要面临各种各样的挑战，其中最普遍、最重要的，就是回答各种各样的问题，包括直接的提问、间接的提问，还有许许多多用意不明的询问、质问、探问等。因此，要学会社交，学会应酬，就一定要从学会回答问题入手。

一些关于"如何提高社交应酬能力"的书中，对社交应酬中如何提问和答问进行了系统的阐述。综观各方面的介绍，回答问题的方式大致有三种：

一是直接回答。即从正面直接回答问话者提出的问题，怎么问就怎么答。如日常生活中经常碰到的，问："你吃了吗？"答："吃了。"

二是间接回答。即避开问话者的具体问题，从侧面采取迂回隐蔽、委婉含蓄的方式回答问题。如有人问："湖里的水有多少桶？"回答："如果这只桶的体积是湖水的一半，那么湖水就有两桶，如果是湖水的十分之一，就有十桶。"又如有人问："假如一只黑猫跟着你，这是不是凶兆？"答："那要看你是人还是老鼠。"又如有家长问老师："我孩子的成绩怎么样？"老师答："要是能抓紧一点，他的成绩不会太差。"间接回答的特点之一，就是在答话前假定一个条件，要满足这个条件，答话才能成立，这样就把答话正确与否的"责任"推给了"第三者"。

三是无效回答。就是用一些没有实际意义的话去做非实质性的回答。它不是一般的答非所问，而是一种比较巧妙的避而不答，产生的效果是，答了，却等于没答。如一位美国人曾经问作家王蒙："50年代和70年代的王蒙，哪些地方相同，哪些地方不同？"王蒙答道："50年代我叫王蒙，70年代我还叫王蒙，这是相同的地方；50年代我20多岁，70年代我40多岁，这是不同的地方。"美国人的问话是别有用心的，王蒙看破了他的用意，便以这种看似绝对正确，也很"切题"的大实话作答，其实说了等于没说，美国人在王蒙从容而巧妙的答话中什么信息也没有得到。

在现实生活中，问话的目的和意图是多种多样的，有的是善意的，有的是恶意的，有的是非善非恶而带有戏谑性的，还有的可能一个问题就是一个陷阱，一个"笼子"。因此面对各种各样的问题，我们首先要明白他的用意，了解他的意图，然后再选择适当的回答方式。一般来说，对于那些出自内心的、真诚的、善意的提问，应以直接回答为主，可以有点幽默，但答问不宜太过隐晦、曲折；对于那些不怀好意的、嘲弄性的甚至是挑衅性的问话，则尽量不要直接回答，要以迂回的、委婉的、含蓄的回答为主，必要时还可以用一些无效回答来应付。特别是对于那些在问话中设置了陷阱，试图引你上钩，带有"笼子"的问话，一定要特别注意，千万不能上当，要尽快识破他的圈套，并在答话中突破他的圈套，针锋相对地以委婉、含蓄的答话回应对方，使自己立于不败之地。

所谓"把戏人人会耍，手法各不相同"，在社交活动中，问话的方式是多种多样的，答话的方式也是多种多样的，没有统一的标准，也没有固定的模式，全靠当事人明察细究，灵活机变，巧妙应付。不过，就总的来说，回答问题一般还是要尽量地少直接回答，而以多采取委婉的、迂回的、含蓄的间接回答为好。因为这样便于掌握答话的主动权，不仅能给自己留下回旋的余地，而且还能避免陷入别人的圈套，做到制人而不制于人。同时，这种回答方式还能增加答话的幽默感，体现答话的水平。

总之，要想在职场上立足，就要学会交际；要学会交际，就要学会答问；要学会答问，就要学会间接的答话技巧。

从握手观察对方的性格

握手是见面时最简单常见的一种礼节。美国有位心理学家指出，一个人握手时所采用的方式很能表现出他的个性，一些下意识动作能够表示他的思想。例如说，如果掌心向下，表示此人心高气傲，喜欢高高在上，其支配别人的意识非常强；如果掌心向上，则表示握手者性格温顺，乐于服从，而且为人谦虚恭顺；如果两人都垂直手掌相握，即表示两者都愿以彼此平等的地位相交。商务交际时，若对手是属于平等型，则交往时可以较为开放地表达自己的意见；如对手属于支配型，则应采取"顺毛摸"的办法，哄着对方就范；如对方是温顺型，则应实实在在和对方打交道，否则有可能"吓"跑对方，生意也肯定就会告吹。

现在，让我们再来看看握手的类型，看一看由美国心理学家列举的不同的握手方式及它们所流露的心迹。

1. 摧筋袭骨式

握手时，他紧抓你的手掌，大力挤握，令你痛楚难忍。这类人精力充沛，自信心强，为人则偏于独断专行，但组织能力及领导才能都很突出。

2. 沉稳专注型

他握手时力度适可，动作稳重，双目注视你。这种人个性坚毅坦率，有责任感而且可靠，思想缜密，善于推理，经常能为人提供建设性的意见。每当遇到困难时，他总是能迅速地提出可行的应付方案，很得他人的信赖。

3. 漫不经心型

他握手时只轻柔地握一握。此类人为人随和豁达，绝不偏执，颇有游戏人间的洒脱，谦和从众。虽然别人把他的手握得很紧，但他只握一下便把手拿开。在社交场合上，他表现得轻松自在，但内心却是实际而多疑，他不吃任何人的亏，如果对方突然变得很友善，他脑中便立即闪出小小的红色警告。他当然会和对方周旋一会儿。但这一会儿的时间，不过是用来发现对方真正的企图和动机。

4. 双手并用型

他握手时习惯双手握住你的手。这种类型的人热情忠厚，心地善良，对朋友最能推心置腹，喜怒形于色而爱憎分明。

当别人把他介绍给你时，他用双手握着你的手，有些人不太习惯他的开放作风，可能会抱怨他太过热情。但最后，这些人都大吃一惊，因为他们发现自己居然也用同样热情的态度来对待他。

5. 长握不舍型

握手时他握住你的手久久不放。此类人情感比较丰富，喜欢结交朋友，一旦建立友谊，则忠贞不渝。当他握着你的手，握了很长一段时间，看看谁先把手抽回来。这是一种测验支配力的方法。假使对方比他先抽手，那他便晓得可以比对方更有耐力，与对方交涉时可以有较大的把握。他经常使用这种方式，也因此获得对方重大的让步。

6. 用指抓握型

握手时他只用手指抓握住你的手，而掌心不与你接触。这种人生性平和而敏感，情绪容易激动。不过，是心地善良而富有同情心的人。

7. 上下摇摆型

握手时他紧抓你的手，不断上下摇动。此类人十分乐观，对人生充满希望，他们以积极热诚而成为受人爱戴倾慕的对象。

8. 在手掌搔痒型

这是一种偷偷摸摸的行为，当男人和刚刚认识的女人握手时，可能用食指去搔对方的手掌，这种方式很直接，不过令人讨厌。目的在于告诉那位女士，他对她有性爱方面的幻想，而又希望得到她立即的回应，一般人通常看不到他的做法。

9. 手掌微湿型

手掌微湿说明他表面上平静、泰然自若，但内心却是个极度紧张的人。不过，他要隐藏任何会暴露自己缺点或心中恐惧的姿态、言语或举动。

10. 握手无力型

他和你握手就像想从湿拖把上挤出一丝丝水。他像典型的受害者，最大的特色就是软弱和犹豫不决。人们经常在认识他5秒钟后，就会把他给忘到九霄云外。

11. 规避握手型

有些人从不愿意与人握手。他们个性内向羞怯，保守但却真挚。他避免和别人有身体上的接触，好像别人染上瘟疫或得了疱疹。总而言之，他喜欢自己过生活，自己睡一张床。

第十一章
求人办事有方法，看被求者反应获帮助

洞察所求人内心才能找到办事的突破口

办事的学问非常深。试问，你不会办事，怎么可以成事？当然，办事首先要洞察你面前的人的性格。

对一些特殊人物，比如十分聪明的人或十分虚伪高傲的人，要想找他办事，首先必须探明他的特点，以此找到突破口。

勃伦狄斯曾向我们讲过芝加哥巨商费尔特测验他的情形：

为了找到一份称心如意的工作，年轻的勃伦狄斯向费尔特自荐。费尔特有一种习惯，就是对所有求职自荐的人都亲自接待，一一面谈。

后来勃伦狄斯惊讶地说："我从未见过像费尔特这样细心的人，他问出的那些细小的问题简直令人难以置信。费尔特知道我曾在家乡的小镇当过骡夫，于是他连我饲养过的骡子的名字也细细过问。"

费尔特如此细心地去品评他人，主要是了解他所雇用的人特点。正如他本人所说："如果我不亲自去品评、了解、认识他的性格、特点及能力，我将把何种事情交给他做呢？我又怎样去借助他们为我的公司效力呢？"

大凡伟人或名人，都常使用许多很巧妙的方法，去测量、洞察别人的性情和能力。

在此我们所要了解的是领袖人物们究竟凭借着何种证据以确

定他对人的判断？

　　伟人或一般的精明强干的人，只不过对别人常常忽略的琐碎处都非常留心与注意罢了。而事后他们所依据的，便是人们性情中表现出的这人过去做什么、现在做什么、将来会做什么，以便做出相应的对策，制胜于他人。

　　总而言之，他们要把他人在一定环境之下的行为细心地观察出来。这种对细微之处的特别留神，用心之苦，用力之勤，是一般常人难以做到或者不愿去做的。

　　当我们观察一个人时，应当留心：他全神贯注的是什么？他常常忽略是什么？他喜怒忧虑的是什么？什么事情能使他震惊？他骄纵或发脾气又是为了什么？倘若我们能将他人上述的这些特点觉察出来，那么我们就能了解这个人，明了在某种环境之下，这个人估计会出现怎样的感觉和行动。

　　比如说，某人有了困难，他害怕吗？他会战胜它吗？他想把责任推到别人身上吗？他的名誉观念会让他勇于承担责任并想方设法来保护与此事有关的旁人吗？所以，这人究竟如何去做，我们一下子是很难断定的。但是，如果我们事先对此人就有所观察和了解，那么至少可以在他以往的情形之下，根据他所经历的或者干过的那些事情中寻找线索，找出他有可能对此类问题的反应。

　　一般的人都有某种程度上的相似之处，他的动作、表情以及情感已形成某种特殊场合下的固定习惯，这些习惯还可能是控制他的为人的条件。这些习惯可以说是一个人的特性，而这种特性常常包含在他的动作、姿势、变化的面部表情以及语言与声调里。有的时候人们虽然没有明显的动作，但他们常在不知不觉中把真正的情感流露出来。

　　有这样一个人，每当他恼怒动气时，总是张口打呵欠，或者假装打呵欠，而旁人一见他这个样子便大笑或微笑起来，因为人家早已知道他在恼怒动气了。还有些人，每逢烦闷或不顺心时，总喜欢将手放在衣袋里，旁人一见此情景，便知道了他此刻的心境，也避免与他有更多的谈话，以免他烦中生烦。

还有些聪明的人，常常将他的天性和情感藏而不露，可是有时候当他们自己还未意识到的时候，早已被细心的观察者看得一清二楚了，人们也从中找到了突破口。

了解对方内心的方法

了解对方内心，特别是识别初次相识的陌生人，说难也不难。再高明的人，也会在不知不觉中把自己的内心世界暴露出来，只不过暴露的程度、方式有所不同罢了。因此，你应当学会利用自己的眼睛和大脑，通过观察、分析形形色色的表象，抓住问题的实质。

下面介绍几种在第一次见面时如何了解对方内心的方法。

1. 从他打招呼的方式看他的内心

即使是一个看似简单的打招呼，也能给你制造了解对方内心的机会。你可以看看，以下列举的外在表现与所分析的内心世界是否一致。这种分析只能参考。

一面注视对方，一面行礼的人，对对方怀有警戒之心，同时也怀有想占尽优势的欲望。

凡是不敢抬头仰视对方的人，大部分都是内心怀有自卑感的。

使劲儿与对方握手的人，具有主动的性格和信心。

握手的时候，无力地握住对方的手，表示有气无力，是性格脆弱的人。

握手的时候，手掌心冒汗的人，大多数是由于情绪激动，内心失去平衡。

握手的时候，如果目不转睛地注视着对方，其目的是使对方在心理上屈居下风。

虽然不是初次见面，但始终都用老套的话向人们打招呼或问候。这种人具有自我防卫的心理。

2. 从他的眼睛窥视他的内心

初次见面的时候，首先将视线朝左右瞄射者，表示他已经占据优势。

有些人一旦被别人注视的时候，会忽然将视线躲开。这些人大体上都有自卑感，或有相形见绌的感受。

抬起眼皮仰视对方的人，无疑是怀有尊敬或信赖对方的意思。

将视线落下来看着对方，乃表示他有意对对方保持自己的威严。

无法将视线集中于对方身上，很快地收回自己视线的人，大多属于内向性格者。

视线朝左右活动得很厉害，这表示他还在展开频繁的思考活动。

3. 从他的癖习看他的特性

搔弄头发的癖习，是一种神经质。凡是涉及有关自己的事情时，他们马上会显得特别敏感。

一面说话，一面拉着头发的女性，大体上是很任性的女人。

说话时常常用手掩住自己嘴巴的女人，是有意吸引对方。

用手托腮成癖的人，即表示要掩盖自己的弱点。

不断摇晃身体，乃是焦灼的表现，这是为了要解除紧张而表现出来的动作。

双足不断交叉后分开，这种癖习表示不稳定。如果女性具有这一癖习时，就表示她对某位男性怀有强烈的关心之意。

从所求人的眼神观察其内心

深层心理中的欲望和感情，首先反映在视线上，视线的移动、方向、集中程度等都表达不同的心理状态。一个人的性情表现最显著、最难掩的部分，不是语言，不是动作，也不是态度，而是眼睛。言语、动作、态度都可以用假装来掩盖，而眼睛是无法伪装的。通过所求人的眼睛观察他的性格尤重眼神。

第一，眼神沉静：说明对于你着急的问题成竹在胸。一定会得偿所愿。如果他不肯明白说出方法，这可能是因为事关机密或有其他隐情，不必要多问，只静待他的发落便是。

第二，眼神散乱：说明他毫无办法，向他请教也是没用。

第三，眼神横射，仿佛有刺：便可明白他异常冷淡，如有请求，暂且不必向他陈说，应该从速借机退出，即使多逗留一会儿也是不适的，退而研究他对你冷淡的原因，再谋求恢复感情的途径。

第四，眼神阴沉：应该明白这是凶狠的信号，你与他交涉，须得小心一点。他那一只毒辣的手，正放在他的背后伺机而出。如果你不是早有准备想和他见个高低，那么最好从速鸣金收兵。

第五，眼神流动异于平时：对方可能是胸怀诡计，想给你苦头尝尝。这时应步步为营，不要亲近，前后左右都可能是他安排的陷阱，一失足便跌翻在他的手里。不要过分相信他的甜言蜜语，这是钩上的饵，要格外小心。

第六，眼神呆滞，唇皮泛白：对方对于当前的问题惶恐万分，尽管口中说不要紧，他虽未绝望，也的确还在想办法，但却一点也想不出所以然来。你不必再多问，应该退去考虑应付办法，如果你已有办法，应该向他提出，并表示有十成把握。

第七，眼神似在发火：他此刻是怒火中烧，意气极盛，如果不打算与他决裂，应该表示可以妥协，速谋转机。否则，再逼紧一步，势必引起正面的激烈冲突了。

第八，眼神恬静，面有笑意：你要明白他对于某事非常满意。你可讨他的欢喜，不妨多说几句恭维话，你要有所求，这也是个好机会，相信一定比平时更容易满足的希望。

第九，眼神四射，神不守舍：便可明白他对于你的话已经感到厌倦，再说下去必无效果，你不如赶紧告一段落，或借机告退，或者寻找新话题，谈谈他所愿听的事。

第十，眼神凝定：便可明白他认为你的话有听的必要，应该照你预定的计划，婉转陈说，只要你的见解不差，你的办法可行，他必然是乐于接受的。

第十一，眼神下垂，连头都向下倾了：便可明白他是心有重忧，万分苦恼。你不要向他说得意事，那反而会加重他的苦痛，你也不要向他说苦痛事，因为同病相怜越发难忍，你只好说些安慰的话，并且从速告退，多说也是无趣的。

第十二，眼神上扬：便可明白他是不屑听你的话，无论你的理由如何充分，你的说法如何巧妙，都不会有高明的结果，不如戛然而止，退而求接近之道。

运用"钓语"开启被求人的话题

用"钓语"打开被求人的话题，是求人成功的一种有效方式。

战国期间，赵太后刚刚主持国政，秦国就加紧攻赵。赵国向齐国请求救援。齐国说："必须让长安君来做人质，我们才会出兵。"赵太后不肯，大臣们都极力劝谏。赵太后明确地告诫左右大臣们："谁要是再提起叫长安君做人质的事，我一定吐他一脸唾沫。"

左师触龙说自己想拜见太后，太后怒气冲冲地等待着他。触龙进宫后慢慢走上前去，走到太后跟前就向她谢罪，说："老臣的脚有毛病，一直无法正常行走，很久没有拜见太后您了。虽然自己原谅自己，但仍然担心太后您的身体欠安，所以希望能拜见一下太后。"赵太后说："我只能靠车子行动了。"触龙问："每天饮食该不会减少吧？"太后说："靠喝点粥维持。"触龙说："老臣最近很不想吃东西，就勉强散散步，每天走上三四里，渐渐地喜欢吃东西了，身体也舒服了。"太后说："我可做不到这点啊。"太后的脸色稍微缓和了些。

左师触龙说："老臣我有个儿子叫舒祺，年龄最小，没什么出息。我已经年老体衰了，私下里很疼爱他。我希望他能充当一名王宫卫士，来保卫王宫，因此我冒死来向太后提出这一请求。"太后说："好吧。他今年多大了？"触龙答道："十五岁了。虽然年纪尚小，老臣还是想趁着自己没死之前把他托付给您。"太后说："男子汉也疼爱自己的小儿子吧？"触龙答道："比妇人家还厉害。"太后笑着说："妇人家疼爱小儿子才特别厉害呢。"触龙说："老臣私下里还认为您疼爱燕后要超过长安君呢。"太后说："你错了，我疼爱燕后远不如疼爱长安君厉害。"触龙说："为人父母的疼爱子女，就应该替他们做长远打算。您送别燕后时，在车下握着她的脚后跟，为她掉泪，因为您想到她要离家远嫁。这就是爱她啊？燕后走了以后，您并不是不想念她，祭礼时总是要替她祷告说：'千万别叫她回来。'这难道不是替她做长远打算，希望她的子孙世代为王吗？"太后说："正是这样。"

左师触龙问："从现在起，上推到三代以前，甚至推到赵氏立国的时候，赵王子孙被封侯的，他们的后代还有在侯位的吗？"太后答道："没有。"触龙又问："不只是赵国，就是其他诸侯的子孙，他们的后代还有在侯位的吗？"太后答道："没有听说过。"触龙就说："这些国君们，有些是自己取祸而亡，有些是祸患延及子孙而亡。难道说国君的子孙们都不会有好结果吗？只是因为他们地位尊贵却无功于国，俸禄丰厚但没有为国出力，只是拥有大量的金玉珍玩而已。现在您使长安君的地位很尊贵，又封给他肥沃的土地，给他很贵重的金玉珍玩，却不让他趁现在为国立功。有朝一日太后您不幸去世，长安君将依仗什么在赵国安身立命呢？老臣认为您替长安君打算得不够长远，所以说疼爱长安君不如疼爱燕后。"太后说："好吧，那就任凭您怎样安排他吧？"

于是，触龙为长安君准备一百辆随行的车辆，送他到齐国充当人质，齐国这才出兵援救赵国。

《鬼谷子》一书曾讲"钓语"，"其钓语合事得人实也……常持其网驱之，其不言无比，乃为之变。以象动之，以报其心，见其情，随而牧之。"

钓语是言谈开始时的导引性、启发性言语，以便引出对方的话头以及对方不愿外露的思想情感。清人俞樾释曰："钓语谓人所隐藏不出之言，以术钓而出之。"就像钓鱼投饵一般，用简单而富有指引力的话语引导、开启对方，使得对方非得开口说话不可。

从小节看被求人性格

（1）常常低头：讨厌过分激烈、轻浮的事，孜孜勤劳型，交朋友也很慎重。

（2）托腮：服务精神旺盛、讨厌错误的事情，对松懈型的对象会很生气。

（3）两手腕交叉：抱持着独特的看法。给人冷漠的感觉，属于吃亏型的人，稍微有些自我主义。

（4）摸弄头发：情绪化，常常感到郁闷焦躁的人，对流行很敏感但忽冷忽热。

（5）把手放在嘴上：属于敏感型，是秘密主义者，常常嘴上逞强但内心却很温柔。

（6）到处张望：具有社交性格的乐天派，有顺应性，对什么事都有兴趣，对朋友有好恶感。

（7）摇头晃脑：日常生活中常见有人用摇头或点头以示自己对某事某物的看法，这种人往往特别自信，以至于唯我独尊。他们在社交场合很会表现自己，对事业一往无前的精神常受人赞叹。

（8）边说边笑：这种人与你交谈时你会觉得非常轻松愉快，他们大都性格开朗，对生活要求从不苛刻，很注意"知足常乐"，富有人情味。感情专一，对友情、亲情特别珍惜。人缘较好，喜爱平静的生活。

（9）掰手指节：这种人习惯于把自己的手指掰得"咯嗒咯嗒"地响。他们通常精力旺盛，非常健谈，喜欢钻"牛角尖"。对事业、工作环境比较挑剔，如果是他喜欢干的事，他会不计任何代价而踏实努力地去干。

（10）腿脚抖动：总是喜欢用脚或脚尖使整个腿部抖动，这类人往往自私，少考虑别人，凡事从利己出发，对别人很吝啬，对自己却很知足，但是很善于思考。

（11）摆弄饰物：有这种习惯的人多数是女性，而且一般都比较内向，不轻易使感情外露。他们的另一个特点是做事认真踏实。大凡有座谈会、晚会或舞会，人们都散了，但最后收拾打扫会场的总是他们。

（12）耸肩摊手：习惯于这种动作的人，通常是摊开双手，耸耸肩膀，表示自己无所谓的样子。他们大都为人热情，而且诚恳，富有想象力。会创造生活，也会享受生活，他们追求的最大幸福是生活在和睦、舒畅的环境中。

（13）抹嘴捏鼻：习惯于抹嘴捏鼻的人，大都喜欢捉弄别人，却又不"敢做敢当"，爱好哗众取宠。这种人最终是被人支配的人，别人要他做什么，他就可能做什么，购物时常拿不定主意。

当然，对拜托对象的了解，不能停留在静观默察上，还应主动"侦察"，采用一定的对策，去激发对方的情绪，才能够迅速准确地把握对方的思想脉络和动态，从而顺其思路进行引导，这样的求人办事才易于成功。

针对不同的办事对象谈话，应注意以下差异：

1. **性别差异**

男性需要采取较强有力的劝说语言；女性则可以温和一些。

2. **年龄差异**

对年轻人应采用煽动的语言；对中年人应讲明利害，供他们斟酌；对老年人应以商量的口吻，尽量表示尊重的态度。

3. **地域差异**

生活在不同地域的人，所采用的劝说方式也应有所差别。如对我国北方人，可采用较粗犷的态度；对南方人，则应细腻一些。

4. **职业差异**

要运用与对方所掌握的专业知识关联较紧密语言与之交谈，对方对你的信任感就会大大增强。

此外，求对手办事要看对方的层次。埋头做事者常常是事业心很强或对某事很感兴趣的人，一旦开始做事，使全身心投入不愿再见他人。这种人往往惜时如金，爱时如命，铁面无情。要敲开这种人的门，首先不要怕碰"钉子"，还要有足够的耐性，并且要善于区分不同情况，或硬缠或软磨，直至达到目的。

拜访被求人应注意的礼仪细节

在求人办事过程中，少不了探访这种形式。因而，搞好探访前的礼仪工作就显得很必要。

1. 约会礼节

社交活动中，自己主动提出拜访，必须事先把预约的时间、地点和活动内容考虑周到，用电话或书信告之被拜访者，有时如能口头告之就更好了。约会的提出者不管用哪种形式提出约会，都要用客气、商量的语气，不能用强迫或命令的口气说话。关于约会时间、地点及活动内容，要主动征求对方意见，以取得对方的理解与支持。如果对方因各种原因拒绝约会时不要生气或抱怨，而要大度地、轻松地处理，可用"等你方便的时候再说"等话来缓解遭到拒绝的尴尬局面。

2. 服饰仪表礼仪

去探访之前，要做好服饰、仪表及个人卫生准备。穿着不必奢华，只要整洁、大方、得体、适合身份便是上乘的了。仪表及个人卫生也应注意修整一番，有口腔疾病的人，在赴约前要注意刷牙漱口，消除异味。

3. 备好个人日常用品及礼品

赴约前，应仔细检查自己的日常用品，如手绢、手表、香烟、火柴、笔、记事本、卫生纸、小刀、传呼机、手袋等是否备好，不要丢三落四、临阵受憋。另外，去拜访者那里，如果主人家有老人或小孩，要考虑带点适当的礼物，以示敬重与友好，以利于增进彼此感情，完成使命。

4. 了解对方生活习惯及个性特点

要多了解这些被求者的生活习惯、生活方式及个性特征，以便有针对性地做好"入乡随俗"工作和与对方友好相处。

5. 叩门按铃礼节

到达被访者的单位或家庭，要擦好脚上的泥巴或尘土，如果是雨天，更要把雨伞或雨衣上的水珠甩掉并要整理一下衣冠。待停当后，再去叩门或按门铃，叩门要注意用力和节奏，切忌用脚踹门或大声喊叫。按门铃也不能过急过长。即或被拜访者门开着，也不宜长驱直入，还应叩门通知一下，听到"请进"声后方可入内。

6. 握手礼节

握手礼不仅是相见问候的礼节，而其含义异常丰富：致敬、鼓励、感谢、慰问、祝贺、友好、告别……都可以用握手传递人们之间的信息、思想和感情。握手时，如无特殊原因，应用右手。握手前如戴手套，男子要脱掉手套再握手，女子可不必去掉手套。军人可以不脱掉手套去握手，但军人应先行举手礼，再行握手礼。握手时要面露笑容，身体稍前倾斜，双目注视对方，不可漫不经心，不可用力过大，也不要抓住对方手后乱摇晃，时间不宜过短或过长。行握手礼时要讲究先后顺序，男女握手，宾客不必主动；长幼握手，长辈若不伸手，晚辈不必主动；上下级握手，上级若不伸，下级不必主动。

7. 进门礼节

到达被拜访者室内后，要向被拜访者及其他在场人士问候、寒暄，对长辈及儿童要表现出尊敬与爱抚的行为。待被访者安排座位后才能就座，没有听请坐的礼貌用语，自己大大咧咧地坐下来是很不礼貌的做法。坐时的姿势也要端正，坐要有个坐相。如果是到被访者的家里去拜访，而主人的房子装修得很漂亮，自己进门后要脱掉鞋子，换上拖鞋，要把外衣、雨具、礼物等交给主人安排，保持主人家的清洁卫生。主人递上烟茶，不管用与不用，都要站起来接着或说明情况，并要道谢。抽的烟灰、吃的果皮要放到烟缸或垃圾篓内，不要乱丢。

8. 谈话主题要简单明确

不论是私人拜访还是公务拜访抑或是请教拜访，交谈的问题要简单明确，使对方一下子就能抓住要领，然后才能深谈和交换意见。不要海阔天空、漫无边际地说些无关痛痒的问题，以免使对方不知所云。

9. 告辞时的礼节

找人办事，如果事情已得到许诺，应尽快起身告辞。在握别时，应伴之以"麻烦您了""拜托了""留步"等寒暄语。

通过双手看识被求者

手在人们的生活中的用处可谓大矣，我们做许多事情都离不开双手。我们也可以通过双手来看识对方。

习惯于用右手做事的人，左半脑多比较发达，大多做事有条理，逻辑性强。他们的优势在于处理有关数学方面的问题，但在美学、文学等方面则要相对逊色。

习惯于用左手做事的人，右半脑多比较发达，大多具有丰富的想象力和创造力，感觉比较灵敏和准确，一些人往往有时不能与社会合拍而陷于苦闷。

修长纤细的手指是敏感的象征，有修长纤细手指的人大多敏感，他们会对一些事情进行无端的猜疑和想象而自我苦恼。

具有短且粗的手指的人，多积极、肯负责任，他们对一件事情，常常是打算要做，就会全身心投入，有始有终地把它完成。他们的性格比较固执和顽强。

总是紧握着拳头的人，可能是比较缺乏安全感，所以防御意识比较强，他们并不在意要去攻击别人，可能只是提防别人的攻击。他们做人的信条很可能就是人不犯我我不犯人，人若犯我我必犯人。除了缺乏安全感以外，经常握着拳头的人，能够关心体贴别人，富有同情心而又善解人意。

喜欢留长指甲的人，大多占有欲望强，并且随时做好了争取的准备，只要时机一到，就会立即付诸行动。

老是把手指合在一起的人，会经常处在一种非常矛盾的状态当中，理智和情感总是在不停地交战。这种人多能很好地掩饰自己，虽然他们的内心非常不平静，但常常表现得泰然自若。

用手指扭头发，这一肢体语言，也要分两种情况来讨论：一种是表示这个人很紧张，缺乏必要的安全感。另一种是展现自我，想吸引他人的注意力。

喜欢用手对所说的话进行补充、解释和说明的人，常常对一些事物进行夸张，以增强所说的话的效果。他们的性格中感性成分往往要丰富一些，有一些多愁善感，很能引起其他人的注意。

涂着不花哨的指甲油的人，说明她爱漂亮，但不喜欢张扬。而涂着非常性感、能吸引人心动的指甲油的人，则说明她在爱美的同时，还有着很强烈的表现欲望，希望能够引起他人的兴趣，并给予过多的关注。

喜欢把双手放在背后的人，多比较沉着和老练，他们为人十分谨慎和小心，自我防卫意识比较强，时刻做好了准备，以防别人的偷袭。

经常把指关节弄得嘎嘎响的人，其脾气多急躁，易坐卧不安。这一类型的人的表现欲望也较强，他们希望别人能够给予自己一些关注的目光。

第十二章
物以类聚、人以群分，
通过朋友来判断一个人

气味相投的朋友是一个人的底牌

我们经常说："物以类聚，人以群分。"这句话是非常有道理的。无论是生活中，还是工作中，气味相投、志同道合，都是我们择友的基本标准。反过来讲，一个人有什么样的朋友，也代表了这个人是什么样的。所以，我们也可以通过观察对方的朋友来判断对方是怎样的人。

一位心理学家曾做过一个实验：要求一些年轻人回忆他们结交的一位最亲密的朋友，并请列举这位朋友与他们自己的相似之处与不同之处。出人意料的是，大多数人列举的尽是朋友与他的相似之处，什么"我们性格内向、诚实，都喜欢欣赏古典音乐"，什么"我们都很开朗、好交际，还常常在一起搞体育活动"，等等。因此，也进一步证明了，人们都是喜欢和自己性格相似的人交往，通过观察一个人周围都是一些什么样的朋友，可以看出这个人是怎样的人。交往的双方若能意识到彼此的相似性，则更容易相互吸引，两者越相似则越能相互吸引，产生亲密感。一般来说，同年龄、同性别、同学历和相同经历的人容易相处；行为动机、立场观点、处世态度、追求目标一致的人更容易相互扶持。相似的范围也很广，包括态度、信念、兴趣、爱好和价值观等。

因此，当我们观察这些人的朋友时，可以从这些方面着手。而且，人们对和自己相似的人容易看着顺眼，相似的两个人容易成为朋友。所以，气味相投的朋友是一个人的底牌，通过观察他的朋友，就可以判断出他的性格。

乐于和优秀者交朋友的人，上进心强

在我们的身边经常会有很优秀的人。对于这些人，有的人会敬而远之，有的人是暗暗嫉妒，还有的人则是希望和他们成为朋友。有些人很喜欢与比自己优秀的人交朋友，因为在优秀者那里总能学到更多的东西，通常，这样的人有很强的上进心。

希望与优秀的人交朋友的人，有很强的上进心，因为他们在一起接触，本身就可以激发自己的上进心。比如，当你的朋友获得很高的学历时，你是否也希望自己获得同样的甚至更高的学历呢？当你的朋友领到很丰厚的月薪时，你是否希望自己也领到同样丰厚甚至更丰厚的月薪呢？当你的朋友得到领导的肯定时，你是否希望自己也同样可以得到领导的认同呢？答案是肯定的。所以，跟一个优秀的人在一起，他的进步同样也可以成为你的动力，也能激发你的上进心。俗话说，近朱者赤，跟一个优秀的人在一起，自己也会变得越来越优秀。喜欢和优秀的人交朋友，在交朋友的同时还抱着向对方学习的目的。他们也想成为一个优秀的人，也希望自己像别人一样获得成功，于是他们就不断地为自己创造向别人学习的机会。

与优秀的人交朋友，可以从他那里学到许多对自己有用的东西。比如，他的学识、他的经验、他面对问题时的态度、他解决困难时的办法等，这样的人通常可以在生活与工作的好多方面做你的老师，这是提高自己能力的一条途径。所以，许多人都希望自己多结交一些可以当自己老师的朋友，亦师亦友的关系可以让自己更快地得到进步，这是一种有很强的上进心的体现。

因此，当我们的在工作或生活中遇到喜欢与优秀者结交朋友的人，基本上可以断定他是一个上进心很强的人。而有些人恰恰相反，他们喜欢与不如自己的人交朋友。一般情况下，这样的人虚荣心很强。

人们在选择朋友时，通常会选择与自己志同道合的，或者比自己优秀的，以便提升自己。可是有些人，却偏偏喜欢和不如自己的人在一起，这样他就会有一种优越感。因为自己无论什么方面都强于对方，对方在自己面前只有点头哈腰的份儿，而自己站在对方的面前，则显得高高在上。其实，这是一种虚荣心过强的表现。而且，这种对比很不公平，不具备可比性，但有的人就是喜欢找一些不如自己的人来衬托自己的高大，以满足自己的虚荣心。所以，喜欢和不如自己的人交朋友的人，通常是那种虚荣心特别强烈的人。因为在比自己优秀的人面前他找不到自信，总是有压抑的感觉，不但虚荣心满足不了，还常常无端地郁闷生气。所以，他们必须要找一些不如自己的人做朋友，在这些人面前，他们总是显得很厉害、很有办法、很精明强干，实际上他的任何能力都没有得到提升，但他们仍然很高兴，因为他们的虚荣心得到了满足。

其实，每个人都有虚荣心，有时候，适当的虚荣心也是我们前进的动力。但虚荣心太强也不是一件好事，虚荣心太强的人做事情往往首先想的是要如何满足自己的虚荣，而不去想什么是自己真正想要的。而且，如果虚荣心得不到满足，即使他们做出了什么成绩也不会高兴。这样的人，往往为自己的虚荣付出痛苦的代价。所以，如果有谁喜欢与不如自己的人结为朋友时，那么这个人可能是个很虚荣的人。如果你不是过度谦虚的人，最好不要尝试与这样的人交朋友。

总之，在现实生活中，看他们和什么样的人交往，身边的朋友圈是什么样的，也可以推断出他们的性格。

喜欢和长辈交朋友的人，心智比较成熟

在交友时，一般人都习惯于和自己的同龄人交朋友。但是，有的人却喜欢与比自己年长的人交往。他们觉得跟同龄人在一起没有什么话说，而且觉得同龄人的思想太简单，而跟比他们年长的人在一起，反而有更多的共同语言。

喜欢与长辈交朋友的人，一般都是心智比较成熟的人。比起同龄人，他们显得更有远见，在处理事情上更有大局观，能够比较理智地去对待一些事情，所以，他们的思想要比同龄人成熟。而且，他们跟同龄人在一起时，总会感觉同龄人的想法与他们不一致，或者会认为同龄人现在的想法他很早前就有了。还有的时候，感觉同龄人的想法很幼稚，完全没有可实施性。所以他们与同龄人在一起时，很难有共同的语言，因为他们的思想已经不在一个层次上了，看问题的立场与观点也都改变了。

这样时间久了，当他们和同龄人谈到某个问题时，同龄人常常不能理解他们的想法，渐渐地便孤立了他们。和这样的情况在和长辈交谈时则没有。他们与比自己年长的人在一起时，往往能够在想法上达成一致，因为那些比较成熟的想法正好与年长者的想法不谋而合，所以与年长者在一起时不仅常常能聊得很投机，还能得到年长者的赞扬和赏识。比较起和同龄人在一起时他们对自己的想法的怀疑、不理解或者不赞同，这些赞扬和赏识也让他们更加愿意与年长者接触，更加疏远同龄人。而他们经常和长辈在一起，交流越多，思想就越成熟。良性循环，久而久之，他们就成了心智上比较成熟的人。

心智成熟的人，虽然并没有处理过一些问题，但他们却在年长者那里学到了足够多的经验，因此他们一般在接受新事物上显得比别人更快，在处理问题上也显得比别人更稳重、更有经验。这也是与年长者在一起的好处，毕竟是过来人，你可以从年长者那里学到许多在同龄人身上学不到的东西。所以他们愿意与年长者交往。而本身，这些想法也只有心智比较成熟的人才会有。因

为他们知道和年长者交往的好处，本身心智就比较成熟。

总之，当我们身边有比自己年龄小的人很喜欢与自己交往时，我们可以判断这个比自己年龄小的朋友很可能是个心智十分成熟的人，不要小看了他。或者，当我们身边有些同龄人，不喜欢和我们交往，却喜欢和年龄比我们大的人交往时，也不要用自己的想法揣摩他，因为他很可能比我们的想法要成熟许多。而还有一些人恰恰相反，他们不仅不喜欢与比自己年长的人交往，还喜欢与年幼者交友。这样的人，多半是对现状不满的人，比较"愤青"。

喜欢与比自己年幼者交往的人，往往讨厌自己身边的年长者或者同龄人，那些年长者和同龄人对事物的观点和想法不能和他达成一致，也不能令他满意。因此，喜欢比自己年幼的人交往，从另一个角度而言，他排斥比自己年长者或者同龄者，在年长者或者同龄者那里，他们不能找到自己的知己。他们需要的朋友是那种比较纯粹的真挚的朋友，而不是成人间的那种表面一套背后一套的交往。而且，他们对年长者和同龄人的不满实际上就是对现状的不满。所以，在年长者和同龄人面前他总是一副"愤青"的样子，对什么都看不惯，对什么都不满意。

而且，因为他们对什么都看不惯，还会把本来没有那么严重的问题严重化。特别是对成人间那些虚伪的客套的关系感到恶心，对那些尔虞我诈的交往感到失望。所以他们常和年幼者交往，他们觉得比自己小的人，思想还单纯些。因此，他们愿意和那些心灵比较纯洁的年幼者交往。所以，他们总是在同龄人中显得很激进。

不过，这样的人性格也非常直率、真诚。他们敢于大胆地去戳穿别人不愿戳穿的谎言，有什么就说什么，不怕得罪人，无论在什么时候他都敢于仗义执言。虽然他们说话有些偏激，做事也有些容易冲动，但是他们不虚伪，也很真诚。

因此，通过观察身边的人都喜欢和什么年龄段的人交往，就可以初步判断他们的思想是否成熟。

朋友多的人，多半热情开朗

有些人，非常喜欢交朋友。不管对方是怎么样的性格，也不管对方的年龄身份如何，只要是能谈得来，就会交了对方这个朋友。而且，对他们来说，也很少有谈不来的。因此，他们的朋友很多，三教九流，什么样的朋友都有。他们在生活中喜欢与各种职业、各种性格的人交朋友，所以他们的朋友常常遍布在城市的各个角落。

这些喜欢结交不同性格朋友的人，大多是热情开朗的。他们能接受、能容纳不同性格的人，他们对任何人、任何事都很热情，没有这份热情，相信也很难有不同性格的人愿意与他为伍。另外，他们不仅自己热情开朗，对别人的事也很热心。因为他们要交到不同性格的朋友，就要和不同的人接触，只有先接触才能找到朋友。所以，他们必须对别人的事情热心，他们甚至要去参与别人的事情，因为这样他们就能跳出自己的局限，接触更多的人，认识更多的人，为自己的下一步交友做准备。所以，喜欢结交不同朋友的人，性格比较开朗热情，对别人的事也很热心。

而且，这些人往往是重视社交的人，他们不仅在自己熟悉的场合展开自己的交际攻势，往往在不熟悉的场合，也敢于施展自己的交际才能，他们有那种能很快把陌生人变为朋友的本领，在他的朋友中，至少有一半是完全通过无意间的一次交流而转化为朋友的。他们重视社交，一方面是为了给自己铺路，另一方面，他们本身就热衷于交朋友。

另外，他们的性格也是多元的。他们对朋友的事情很关心、很热心，有需要帮助的地方，一定会尽力去帮忙。所以，朋友们遇到问题和麻烦时也常常能想起他，而当他遇到困难和麻烦时也会得到八方支援。不过，他们有时虽然会跟着感性的朋友一起把酒畅聊到天明，但是，有时也会跟着理性的朋友计算股票基金的收益，或者想想和这样的人交往能够给自己带来什么好处。总之，当我们在生活中遇到这种喜欢交朋友的人时，我们就可以大致判断出，他是一个比较开朗热情的人。

而有些人却刚好相反，他们很少主动结交朋友，有的甚至从来没有主动结交过朋友。这样的人，通常比较孤傲，比较清高自负。

与喜欢交朋友的人相反，有的人很少主动去结交朋友。他们根本不喜欢交际。不过，如果有人愿意跟他们交朋友，他们也不介意。但是他们在交际上一般比较被动。

这样的人，性格一般都比较孤傲。更多的时候，他们都愿意一个人待着，而不是跟朋友在一起。他们往往具备一些过人的能力，但又不喜欢外露，不喜欢刻意地去表现自己，当别人发现不了他时，他便一个人孤芳自赏，而不是毛遂自荐。而且，从不主动结交朋友的人，一般都是比较清高自负的人。他们骨子里有一股傲气，谁也不服的傲气。所以他不会主动去跟谁好，因为在他眼里世上大多数人都不如他。所以这样的人也常常为自己的清高付出昂贵的代价，这代价就是失去一些很好的机遇。失去后他们也会觉得有些遗憾，但也并不会太在意，更不会去因此改变自己。

不过，他们孤傲、清高自负，却并不冷漠。一旦有人愿意跟他们交往时，他们不会像那些势利的人对朋友挑挑拣拣，他们会表现出自己的热情与真诚，当然，前提是这些想与他交朋友的人必须也是真诚的。而且，一旦交往起来，你就会发现，他们是值得深交的朋友。

总之，无论是喜欢交朋友的人也好，还是不喜欢主动交朋友的人也好，都是值得我们交往的朋友。因为前者是热心开朗的好朋友，而后者是外表清高、内心真诚的好知己。能够和这样的人成为朋友的人，本身也是热情而宽容的。他们能够用他们广阔的胸怀包容不同的人。

只和身边的人交朋友的人比较内向

在交朋友时，有些人只喜欢与自己身边熟悉的人接触，而很少主动与人接触。这样的人大多性格比较内向。

只喜欢与身边的人交朋友，性格比较内向，因为他们在社交上一般比较被动，他们不喜欢主动去结交很多陌生人，也不喜欢与太多的人交往。他们喜欢安静、默契的朋友，所以他们只喜欢和平时经常在身边的一些朋友在一起活动。而且，即使在自己身边的这群朋友中，他也表现得不是太活跃，只是会自由地做自己想做的事。肯定不是那种能带动气氛的人，也不是那种能推波助澜的人，他更多地扮演的是"观众"的角色。在适当的时候，他们也会加入到朋友的谈话之中，但是很少主动发起谈话。所以，这样的人，更不要说是主动和陌生人交朋友了。因此，他们的性格有点内向，他们是不太活跃的人。而且，他们只喜欢与身边的人来往，对社交也没什么兴趣，说明他们又有些慵懒。对他们来说，交朋友是一件费力的事情，也很麻烦。而且，他们认为朋友不在多而在精，有几个特别好的朋友就够了，不用刻意地结交其他人了。这样的人，往往是活得比较轻松的，他们会对自己认为值得交的朋友很真心，也不会为了别的原因去刻意交朋友。当然，这也可能是他们为自己内向的性格找的借口。不过，这样的人总是比较坦率的，虽然偏内向，但是值得与之交往。

而且，因为他们比较内向，性格也不活跃，所以一般都没有特别多的朋友，平时休息也不会主动去找朋友玩，即便找也是找经常在身边的那几个人。而更多的时候，他们就是一个人在家休息，看看电影、看看书，等等。久而久之，他们也爱上了这种宁静随性的生活。于是，益发不愿意去为了交朋友而交朋友。他们的这种想法和性格也限制了他们交更多的朋友。

因此，当某个人只与你或少数几个人来往，很少与别人交往时，可以知道这个人就是那种性格有点内向、不够活跃的人，但是，他们是真的把你当朋友的。可有的人却不一样，他们不管是谁，甚至是陌生人都能交上朋友，这样的人，很显然是性格偏外向的。

可以和陌生人交上朋友的人，性格外向。这些人是天生的社交专家，他们对社交很在行，他们和陌生人在一起也能一见如故地交谈，直至把陌生人发展为朋友。而这些能与陌生人一见如故的人，性格通常十分外向。他们无论在什么时候、无论遇见谁，都能保持十分的热情，总是远远地就对你打招呼，或是微笑摆手。他们因此也通常拥有许多朋友，这些朋友的性格、职业、年龄各不相同，这些都是他的交际能力的体现。而且，他们敢于与陌生人打交道，不怕被拒绝，也不怕受到冷落。这本身也说明他们的心理十分健康，一点都不自卑，反而自我感觉良好。另外，他们通常还有很好的口才，他们的口才足以吸引陌生人，令人无法拒绝他。他们在交际上也十分的主动。他们常常会主动与人搭讪，无论是熟人还是陌生人。或许，在他们心里，根本就没有熟人和陌生人的概念，他们认为这都是可以互相转变的，熟人不都是由陌生人转变而来的吗？所以，他们总是试图交到更多的朋友，总是试图把更多的陌生人转变为熟人。

而且，当他们与陌生人接触时，他们也常常没有丝毫的紧张羞怯。他们会很轻松地与对方交谈沟通，如果碰到性格比较内向的人，他们反而会把对方搞得很紧张、很羞怯。而有时如果碰到的陌生人也是一个性格十分外向的人，两人则能一见如故，像老朋友一样谈笑风生。这样的人心态非常好，遇事也能灵活地采取相应的对策，他们觉得多一个朋友多一条路，多一个朋友总比多一个敌人好。

总之，如果我们碰到一个不爱主动和周围的人交往、只喜欢和身边的人交朋友的人，说明他是一个比较内向的人。而当我们在街头碰到主动与我们交谈示好又别无所图的人，我们就知道自己是碰上了一个性格十分外向的人。这两种人都值得我们交往。

可以和反对自己的人成为朋友，是心胸宽广的人

在日常生活中，我们都会喜欢那些喜欢我们的人，讨厌那些讨厌我们的人，这是人之常情。如果说，对方反对我们，我们还能够和他成为朋友，这是很难得的。一旦能够做到，必定是心胸宽广的

人。在对待反对自己的人的态度上，有的人很反感，有的人则很包容，有的人甚至会跟反对自己的人老死不相往来，但是，有的人则能够与反对自己的人交往，成为朋友。这样的人，必然心胸宽广。

　　胸怀宽广意味着他能包容更多的东西，包括别人的反面意见。他不会像那些心胸狭隘的人，听了反对自己的意见就暴跳如雷，甚至不允许别人发表与他不同的意见。而胸怀宽广的人则会耐心地听别人的反对意见，如果别人反对的有错，他会尽力去向别人解释自己的意思，澄清其中的误会，如果别人反对的没有错，他则会尽力地去修正自己的观点。因此，他们不会斤斤计较，在他们心里，观点是观点，朋友是朋友，你可以不同意我的观点，但这并不妨碍我们做朋友。所以，他们对于常常反对自己的人，并没有什么反感，有时甚至希望找一个人来与自己辩驳，这样可能有助于自己的观点更加地完善，自己也能进步得更快。而且，他们认为，如果自己能够容得下别人的意见或是批评，也能真正得到别人的尊敬。

　　不过，无论心胸多么宽广的人，遇到特别反对自己的人，都不会微笑面对。但是，他们不会将这些带到人际关系中，不会因为别人有了反对的意见就不与别人往来。他们认为这样做只是一种小家子气的做法，而且对自己也无益。兼听则明，偏信则暗，他们深深懂得这个道理。为了完善自己，他们也会和反对自己的人成为朋友。所以，这样的人，是真正会审时度势的人。

　　因此，当我们在生活中遇到那些与反对自己的人还能成为朋友的人，我们就可以初步肯定，这是个心胸宽广的人。

　　而有的人却不是这样，他们偏偏喜欢和传播是非的人交朋友，和他们一起议论别人，打听别人的隐私，会让他们感觉很愉快。这样的人，一般情况下嫉妒心比较强。

　　我们都知道，传播他人的是非是一种很不好的行为。但偏偏有人热衷于此，他们在传播他人是非的时候，往往还会添油加醋。这样的人，通常是些胸怀狭窄、爱看热闹的人。可是，却有人喜欢与这种人交朋友，可见，愿意与他们交朋友的人，本身的心理也不是很健康，尤其是嫉妒心比较强。

喜欢和传播是非的人交朋友的人，嫉妒心强。他们不希望看到别人比自己好，容不得别人比自己好，因此，当他们听到别人的坏消息时，就会有一种说不出的愉悦，即便自己并不能从别人的坏消息中获得什么利益。而当他们听到别人的好消息时，心里就会很酸，就会嫉妒。所以他们喜欢与传播是非的人交朋友，热衷于从传播是非者口中听到别人的坏消息，或者是听到一些花边新闻。他们不希望好的事情发生在别人的身上，总希望坏的事情发生在别人的身上，他们容不得一起毕业的同学比他们混得好。而喜欢传播是非的人也非常需要一个听众，来听自己散布的小道消息，所以两人在一起往往能够一拍即合，相见恨晚。不过，他们往往喜欢在传播是非的人口中听到别人的坏消息，当他们偶尔从传播是非者嘴里听到别人的好消息时，他们的心情就会变差，这都是因为嫉妒心强烈的原因。

如果你见到一个人，可以和反对自己的人成为朋友，这个人是个心胸宽广的人。而如果一个人喜欢和传播是非的人交朋友，那么这是一个嫉妒心比较强的人。前者当然值得我们结交，后者，我们还是敬而远之比较好。

从鞋子看朋友

朋友们并不喜欢大谈特谈自己的性格喜好，大部分时间，朋友喜欢将自己隐藏起来。好在想要了解一个朋友的途径并不只限于他们的主动敞开心扉，每一个朋友都不自觉地有自己生活上的"惯性"，而这些习惯就成为他们和你平常相处的关键。所以，朋友最不经意的"鞋子"和"穿鞋习惯"就能透露出他们内在的一些信息。

1. 喜欢穿休闲鞋的朋友

这种类型的朋友是注重休闲生活和生活品位的人，对于鞋子要求很高，不但要舒适，而且更注重鞋子款式，并一定要搭配好衣服。在个性上，他们喜欢掌握主动权、主观意识强，对自己的要求很严格，对异性的要求也很高。在生活上，是个注重生活规律的人，但是偶尔会在圣诞夜或生日舞会中狂欢。

2. 喜欢穿正式皮鞋的朋友

这种类型的朋友习惯穿正式皮鞋，并且把鞋子擦得亮亮光光，绝对不能忍受自己穿双脏鞋子或旧鞋子出门的朋友。这种类型的朋友，若是连休假或约会时，都习惯穿他们那正式的皮鞋，你可要有心理准备，他们可是个非常传统的人。

3. 喜欢节俭穿鞋的朋友

买一双鞋之后，他们就非常珍视它，希望鞋子能穿久一点，可以节省一笔置装预算，而他鞋柜中的鞋子，"鞋龄"都很长，让你印象深刻。在个性上，他们属于拘谨、放不开的保守型朋友；在为人处事上不够圆滑，常常会得罪人而不自知；在人际关系上的格局较小；在专业领域中，他们会默默努力，从而有成功机会。

4. 重复购买固定鞋子式样的朋友

这种类型的朋友是很念旧的人。对于自己习惯的人、事、物，总有一份深深的依恋，就算他们的情人无理取闹、任性孩子气，他们也会以一种包容的心去待她、爱她，直到她渐渐成熟明理。而他的"老朋友"很多，对朋友十分讲义气，让老朋友觉得他是个值得信赖的靠山，他会为朋友出头且适时伸出援手。

从外观上识别有教养的朋友

在古希腊时代人们就发现，文明的人不会高声讲话，高声讲话令人厌烦，会影响周围的人，甚至使人烦躁。

有教养的人从不生硬地、断断续续地回答别人的问题。

一般说来，有教养的人往往具有以下优良的个性：

1. 诚意

诚意一般是指由热心、兴奋和热情等糅合而成的感情状态，一个对工作、学习和别人抱有诚意的人，往往能弥补个性上的一些缺点。

2. 理智

这就要开动人的思维机器，要多想、多看、多听，凡事都能以明确而理智的行为来进行。有教养的人在处理事情的过程中，不随意轻视、埋怨别人，即使发生在面前的是重大事件，也能冷静理性地应变，渡过难关。

3. 友爱

友爱可以使人交友广阔，建立充满体贴和关心的人际关系。友爱是一种互助的关系，它能激发朋友之间相互尊重。

4. 潇洒、有魅力

魅力的要素是神秘。魅力的神秘感体现在言语未到之时，也许是一个眼神，也许只要手轻轻地一触……魅力是一种内在的吸引力，是教养、举止以及气质的综合。容颜的美丑是由先天条件决定的，人力没有改变的可能，但是魅力必须经由后天的努力去加以培养营造。心理学家提供的几种提升魅力的方式值得参考：

（1）注重礼貌仪态。在任何场合中，要以礼待人、举止温雅。

（2）性格开朗、态度和蔼可亲，特别是应该具有接受批评的胆量和自嘲的勇气。

（3）对别人表现出浓厚的兴趣和关心。大多数人都喜欢谈自己，因此在与人交往时应该懂得如何引发对方表露自己。

（4）与人交往时，经常和他们的目光相接触，使对方产生知己之感。

（5）博览群书，使自己不致言谈无味。

（6）慷慨大度，这样才能获得他人的欣赏。

使人愉快的态度，是在与人交往中尊重对方，不向对方夸耀自己见多识广。交往中多表现富有建议性的态度，多提具体有效的办法，不吹牛，不空谈。

慧眼识人，结交挚友

人往往最容易在自己最好最亲密的朋友身上吃亏。

正如在安全的地方，人的思想总是松弛一样，在与好友交往时，你可能只注意到了你们亲密的关系在不断成长，每天在一起无话不谈。对旁人你可以骄傲地说："我们之间没有秘密可言。"但这一切往往会对你造成伤害。

玛莉亚上大学后便违背了父母的意愿，放弃了计算机专业，专心于创作。值得庆幸的是，偶然的机会她遇到了知名的专栏作家陈王美，她们成了知心朋友，无所不谈。陈王美悉心指教，玛莉亚不久便寄给了父母一张刊登自己文章的报纸。一个人在挫折时受到的帮助是很难忘的，更何况是朋友，玛莉亚与陈王美几乎形影不离了，一同参加晚会，一同去图书馆查阅资料。玛莉亚把陈王美介绍给她所有认识的人。

但这时陈王美面临着不为人知的困难，她已经拿不出与名声相当的作品了，创作几乎枯竭了源泉。

玛莉亚把她最新的创作计划毫无保留地讲给陈王美听时，陈王美心里闪过了一丝灵感。她端着酒杯仔细听完，不住地点头，坏主意就产生了。

不久，玛莉亚在报纸上看到了她构思的创作，文笔清新优美，署名是"陈王美"。玛莉亚谈到她当时的心情时说："我痛苦极了，其实，如果她当时给我打一个电话，解释一下，我是能够原谅她的，但我面对报纸整整等了几天，也没有任何音讯。"

半年之后，她在图书馆遇到了陈王美，她们互相询问了对方的生活，以免造成尴尬，然后，很有礼貌地握手告别。

自那件事以后，她们两个人全都停止了创作。

好友亲密要有度，切不可自恃关系密切而无所顾忌，正如中国一句古话："见面只说三分话，未可全抛一片心。"亲密过度，就可能发生质变，好比站得越高摔得越重。过密的关系一旦破裂，裂缝就会越来越大，好友势必变成冤家仇敌。

也许有一天，你高高兴兴地闯进了朋友的家里，一见面甩着自己头发上的汗珠，一面高声喊叫，而你的朋友却慌慌张张地藏着什么东西。此时，请你不要追问，因为这是他独有的秘密，你更不要因此而认为他有意疏远你、不相信你。

心中藏着属于自己秘密的人会认为，这是他们的权利，朋友没有必要占有它。

朋友要保守秘密并不是对你的不信任，而是对自己负责。你同样也需要保守自己的秘密，这一切并不证明你和好友之间的疏远；与之相反，明智的人会认为，如此对方的友谊更加可靠。斤斤计较，你一定会失去好友。同样，在你朋友觉得难为情或不愿公开某些私人秘密时，你也不应强行追问，更不能私自以你们的关系好而去偷看偷听或悄悄地打听朋友的秘密，因为保守秘密是他的权利。一般情况下，凡属朋友的一些敏感性、刺激性大的事情，其公开权利应留给朋友自己。擅自公开或偷听朋友的秘密，是交友之大忌。

从各种细微之处识人

在现实生活中，每个人总是无时无刻不在承受着来自各方面的威胁。这些绝大多数是隐性的，都是你很难体察到的，而且多数来自于你的朋友。许多朋友对你的态度很和顺，有说有笑，你甚至把他们当作了自己最亲近的人，把自己的所有情况，包括喜欢和憎恶、欢乐和悲伤，都毫无保留地告诉了他们。但是，有一些人并不会对你抱以真心，反而透彻明晰地了解你，而后把握你的弱点并作为打垮你的利器，从而把作为他们的潜在威胁的你清除掉，这才是他们的目的。所有的一切都是一个圈套，直到你被他们打得落花流水、地位全无，一直沉浸在幻想之中的你才会如梦初醒。

围绕在你周围的有很多朋友，都表现得对你非常友善，肝胆相照，并且信誓旦旦地要和你一起合作，共同创造一片新天地。面对这种情况，你也许会无所适从，因为你无法确定哪一个是真的，哪一个是假的。但是，如果你真正地观察体验，真假还是很容易辨别出来的。

（1）在倾听你诉说的时候是报以真诚的感慨和同情呢，还是目光闪烁，有时出现若有所思的样子？如果是后者，那么你的朋友很可能是一个居心叵测的人。当然，这需要你去仔细观察他的言行并注视他的眼睛。

（2）仔细地想想，当你有意无意地想结束自己倾诉的时候，你的朋友是不是很巧妙地利用一些隐蔽性极强的问题重新打开你的话匣子呢？而且，你随后所说的内容又恰恰是容易被朋友利用的东西。

（3）如果你偶然得知有些朋友总是在不经意间向你所亲近的人打听一些有关于你的消息，那么你最好疏远这些朋友。

（4）有些笑容并不是很自然，而像是从脸皮上挤出来的。有时你觉得并没有丝毫可笑的地方，而你的朋友却能够笑起来，这种朋友也要适当地多加小心、注意。

（5）如果有些东西你觉得实在忍不住，不吐不快，那么你要尽量找一个自己亲近的人诉说一番，例如你的父母、妻子甚至孩子。这会缓解你心中的郁结，减少情绪上的大起大落。

结交几个忘年知己

与朋友相交，可以丰富我们的精神生活，摆脱日常事务的枯燥与单调，赋予平凡的生活以意义。

朋友之间的交往并不局限于同时代、同年龄段的人，虽然这些人相对来讲与你更加接近，但是，与你的前辈相处时，你会发现他们更加能够吸引你。虽然存在代沟，但是一旦形成忘年交，就会发出耀眼的光芒。

罗曼·罗兰23岁时在罗马同70岁的梅森堡相识，后来梅森堡在她的一本书中对这段忘年交做了深情的描述："要知道，在垂暮之年，最大的满足莫过于在青年心灵中发现和你一样向理想、向更高目标的突进，对低级庸俗趣味的蔑视……多亏这位青年的来临，两年来我同他进行最高水平的精神交流，通过这样不断地激励,我又获得了思想的青春和对一切美好事物的强烈兴趣……"

忘年交一方面是一种心灵相通,另一方面也具有现实的意义。往往老年人非常喜欢与人交往,获得尊重,同时,老年人也希望通过帮助别人来获得自我价值的体现。

崔明明一人独自来到北京,到北京大学作家班学习。通过上课,认识了一位老教授,两人通过彼此的老乡关系慢慢熟起来。崔明明独特而新颖的思路吸引了老教授,使他们成了忘年交。等到作家班结束后,老教授通过关系将他介绍到了一家效益好的出版社。从此,崔明明打开了社会关系,也在北京站稳了脚跟。

通过忘年交这种方式,我们也可以结识到优势互补的朋友。

很简单,年轻人有年轻人的优势,而老年人则有老年人的优势。年轻人有激情、有创造性,而老年人有经验、有方法。年轻人要想在事业上获得迅速发展肯定离不开老年人的提携和帮助。然而,由于年轻人与中老年人在思想、感情、思维方法和心理品质上存在较大差异,因此,年轻人与老年人在交往方面容易产生"代沟"。

但是我们不能因为这种代沟的存在而阻断与老年人的交往,这种代沟是必须要填平的。因为任何社会阶段都要靠各个年龄层次的人的相互作用来发展,这种作用既有选择性的继承,也有创造性的发挥和扬弃。加强年轻人与老年人之间的交流与沟通,对双方乃至对整个社会的发展都具有十分重要的意义。

要加强双方之间的沟通,年轻人必须客观地、辩证地认识老年人与年轻人各自的长短优劣,看到这种沟通所带来的优势互补的作用。

培根就曾这样论述过:"青年的性格如同一匹不羁的野马,藐视既往,目空一切,好走极端,勇于改革而不去估量实际的条件和可能性,结果常常因浮躁而冒险。老年人则比较沉稳。最好的办法是把两者的特点结合起来。"这样,年轻人就可以从老年人身上学到坚定的志向、丰富的经验、深远的谋略和深沉的感情。而且,老年人丰厚的人际关系资源,可以为年轻人提供广泛的门路。

第十三章
道不同不相为谋，明察秋毫结知己

分清朋友的类型

每个人都需要朋友，但是朋友是分为很多类型的，每个人在交结朋友时都应分清朋友的类型，以便达到自己的目的。下面是朋友的几种主要类型。

1. 诤友型

诤，直言规谏。即在朋友之间敢于直陈人过，积极开展批评的人。奥斯特洛夫斯基说："所谓友谊，这首先是诚恳，是批评同志的错误。"交诤友是正确选择朋友的一个重要方面。诤友，像一面镜子，能照出每个人身上的污点。

《三国志·吕岱》篇中有这样一个故事，吕岱有个好友徐原，"性忠壮，好直言。"每当吕岱有什么过失，徐原总是公正无私地批评规劝。徐原的这种做法受到了一些人的非议，吕岱却赞叹说："我所以看中徐原，正由于他有这个长处啊！"直言敢谏，言所欲言，指出朋友的过失或错误，这样才是对朋友真正的爱护。陈毅曾写过两句诗："难得是友，当面敢批评。"《诗经》上"如切如磋，如琢如磨"的诗句，也是说朋友之间要互相帮助，互相批评。人非圣贤，孰能无过？有了过失，在别人的帮助下，则可以及时发现并得到改正。诤友是少不了的。

2. 导师型

在人生的道路上，如果得到导师型朋友的指点和帮助，就能使你少走弯路。历史上不乏这样的例子，有的人竭尽平生之力，但在事业上一筹莫展，结果朋友的一句话，却使他顿开茅塞。"与君一席话，胜读十年书"就是这意思。导师型的朋友往往在某一领域有着丰富的经验。科学史上戴维和法拉第的友谊，一直被人传为佳话。当法拉第成为近代电磁学的奠基人，誉满全欧洲时，他还是常对人说："是戴维把我领进科学殿堂大门的！"可见，导师型的朋友常为困境中的友人指点光明的所在，常为在事业上做最后冲刺的友人送去呐喊和力量。

3. 异性型

古今中外，都流传着许多男女之间友谊的动人故事。俄国音乐大师柴可夫斯基和梅克夫人之间的友谊，便是其中一例。有一次，梅克夫人在听完柴可夫斯基的《第四交响乐》后，回家马上写信给柴可夫斯基，"在你的音乐中，我听到了我自己……我们简直是一个人。"

由于性别上的差别，一般来讲，男性刚强，勇敢，女性心细，富有同情心。在困难和挫折面前，女性需要男性的保护和帮助，男性则需要女性的安慰和体贴。因此，异性之间的友谊也可以像同性友谊一样的密切，并可产生特殊的力量。

4. 患难型

顾名思义，患难之交对人生的重要性丝毫不亚于经久的交往，尽管事过境迁，但友谊却与日俱增。他们相逢于危难之中，相助于困难之时。相同的命运和遭遇铸造了强有力的友谊的链节，使友谊牢不可破。因为他们相交于人生的十字路口，即使在一起的时间十分短暂，但毕竟相互分享了忧愁和困苦，这会使友谊因基础牢固而地久天长。

5. 娱乐型

人，除了工作、学习之外，还需娱乐、休息。而且许多娱乐活动需要两人以上才能开展；于是，便产生了娱乐型朋友。

德国近代蜚声文坛的大诗人歌德和席勒，他们的友谊历来为人们称颂。他们俩经历不同，性格各异，但从 1794 年开始初交，直至 1805 年席勒去世，十载春秋，俩人情同手足，正是因为他们的友谊植根于兴趣和爱好相同。正如歌德所说："像席勒和我这样两个朋友，多年结合在一起，兴趣相同，朝夕晤谈，互相切磋，互相影响，俩人如同一人……这里怎么能有你我之分呢？"

人的生活岁月，主要由劳动时间和闲暇时间组成，兴趣和娱乐可以给事业增辉。值得一提的是，过去我们常把娱乐型朋友看成是吃喝玩乐的酒肉朋友。其实，这是一种偏见。健康的娱乐活动能陶冶人们的性情，娱乐型朋友之间同样能建立真挚的友谊，随着人们物质文化生活水平的迅速提高，生活内容将变得更加丰富多彩，社交范围也势必随之扩大，娱乐型朋友必然会成为朋友中的一个重要类型。

6. 信息型

这类朋友交友甚广，或从事新闻、资料和某种社会性工作，他们对新鲜事物有一种特殊的敏感，常被人称作"消息灵通人士"。在当今社会，信息已成为不可缺少的宝贵财富，众多信息报刊和沙龙的出现，就很能说明问题。据说有一位科研工作者花了近十年的时间，搞出了一项发明，后来才知道类似的产品早在十多年以前别人就已发明了，并申了专利。这位科研工作者白白浪费了这么多时间和精力，如果当时有一位这方面信息灵通的朋友事先把消息告诉他，就不会有这样的遗憾事了。

"气质"与朋友

气质是人的学识、修养和内心世界综合的反映。一个人的气质和他的行为有着密切的关系，气质常常决定一个人行为的方式，而行为又表现为与气质相吻合的特征。辨别一个人的气质，对于合理调配人的行为规范是有重要影响的。

人不是生而知之的，但人确实与先天气质有关系。要了解那些从娘胎里给我们带来的气质特征，对照下列内容可以有一个大体的了解：

1. 躁郁型

能与性格古怪、思维方法不一样的人轻松往来；乐意为他人服务；听到悲哀的话，立即为之感动；做事冲动，常办错事；常被他人称为好好先生；遇事不冷静思考，就立即采取行动；服从分配，领导叫干啥就干啥；对初次见面的人很容易亲近；能轻松地与人谈笑，开玩笑；不古怪，不别扭。

2. 积极型

刚毅勇敢，不输他人；在别人的眼里，他是一个有作为的人；不重利，认为得利必有失；坚信自己的信念；善于自我解释；经常积极、活跃地活动，与自己的心情好坏无关；动手能力强，自我倾向性强；不易接受他人意见；做事有恒心，失败了不灰心，顽强奋斗，坚持到底；不受他人情绪好坏的影响。

3. 分裂型

不善交际，独自一个也不寂寞；宁愿多思考，也不轻易采取行动；呆呆的，好像在想什么问题；对他人的喜怒哀乐并不介意；人家都娱乐时，他会为自己的某一件事而忧虑；有点神经质，对世俗的反映显得迟钝；给人的印象是冷淡，不易亲近；并非恶意，但有时会挖苦人家；进入新环境中，不容易与他人亲近；对任何事物总是从广泛的角度去深思理由，不喜欢在某一规定范围内行动。

4. 黏着型

做任何事一开始就孜孜不倦，有耐心；常被人指责为不通融合群；做事毫不马虎；与人交往中绝不缺情，正义感很强；处理事物时，原则性很强，但方法不太漂亮；常勃然大怒；专心处理一件事时，未做完之前，其他事一概不管；心情好时，动作也来得慢；一方面积极，一方面保守；喜好洁静。

5. 否定型

内心烦恼，但表情上不表露；自卑感强；做什么事都犹豫不决，没有决心做下去；不希望想的事，偏偏要留在脑子里想；即使是微不足道的小事，也表现出恐惧之感；自己做过的事，时常挂念在心里；对做过的什么事都没有满意的时候；已经过去的不顺利的事，还永远记在心里，闷闷不乐；意志消沉，没有耐心；应该说的，不敢说出来。

6. 折中型

有时带着微笑讲话，有时却冷淡对人；时常无缘无故地不耐烦、大发雷霆；平时心情悲观，但有人安慰时显得高兴、愉快、任性，说话表情过分；相信道听途说，容易接受他人暗示；喜欢华丽，好摆阔气；有时显得撒娇；多嘴多舌，但感情冷淡；喜好炫耀自己。

除人的类型之外，血型也是影响气质的重要因素。我们知道，每个人都有自己的血型特征，气质特征和性格特征。血型特征与气质特征都以遗传因素为主，绝大多数成分产生于先天。

西方传统的心理学把人的气质分为四种类型，即多血质、黏液质、胆汁质、抑郁质。

多血质的人优点是：姿态活泼、热情、语言富有表现力和感染力，善于交际，行动敏捷，很容易适应变化着的生活条件；缺点是注意力易分散，做事易轻率，兴趣广泛但不稳定，缺乏耐力和毅力。多血质的人比较适合做社交性、文艺性、多样化、要求反应敏捷且均衡的工作，而不太适应做研究性的工作。他们可从事广泛的职业，如医生、律师、运动员、新闻记者、外交人员、管理人员、驾驶员、冒险家、服务员、侦察员、干警、演员等。

黏液质的人优点是：安静、稳重、沉着，善于忍耐；缺点是沉默寡言，情绪体验深刻不易外露，行动迟缓，遇事谨慎，不够灵活的一面。黏液质的人较适应做刻板平静、有条不紊、耐受性较高的工作，而不适宜从事激烈多变的工作。这种人可从事的职业有：外科医生、管理人员、出纳员、播音员、法官、会计、调解员。

胆汁质的人优点是：热情、直率、精力旺盛、言语明确、富有表情，具有坚忍不拔的毅力；缺点是脾气暴躁、性急，情绪易冲动，表情外露。胆汁质的人比较适合做动作有力、反应敏捷、应急性强、危险性较大、难度较高而费力的工作，但不适合从事稳重、细致的工作。这种人可从事的职业有：导游员、演讲者、勘探工作者、节目主持人、外事接待人员等。

抑郁质的人优点表现为：谨慎、细心、体验深刻、智力透彻、想象丰富，善于觉察别人不易觉察的细节；缺点是孤僻、多愁善感、行动迟缓、优柔寡断。抑郁质的人能够兢兢业业地干工作，适合从事持久细致的工作，如打字员、技术员、排版工、检查员、登录员、化验员、机要秘书、保管员，但不适合反应灵敏、处事果断的工作。

注意朋友的日常习惯动作

在日常生活当中，人们仅仅依靠一张嘴是很难完成交际沟通以及真实全面地传达出自己的感情的，于是便要采用一些辅助手段。手舞足蹈说的是人高兴时的手足动作，抓耳挠腮说的是人着急时候的样子，张牙舞爪说的是人凶恶时的表现。

从中不难看出身体的动作可以作为表达情感的辅助工具，也可从中窥出一个人的性格特征。所以要想深入了解周围人的真情实感，可以从细心留意他们的一举一动入手。

习惯性点头的人，往往比较关心他人和体贴别人，知道给予配合的重要性。及时表达自己的认同，可以使说话者增强自信和对谈论话题深入思考，并得以充分发挥，有利于找出最好的解决问题方法，于人于己都有好处。在生活和工作当中，他们同时也是愿意向他人伸出援手的人，能够尊重对方的弱点，在力所能及的范围内寻求解决方案，具有热心助人的性格特征。能够聆听对方的全部说话内容，并给予认真的思考，让说话者会有被认可的感受，所以会认可和欣赏他们，把他们当成可以深交的伙伴。他们也是一些爱交朋友的人，这不仅表现在能够给予朋友力所能及的帮助，而且还在内心深处关怀和体贴朋友，处处为朋友着想，时时想着为他们排忧解难，准备随时帮助朋友，最为难得的是经常在尚未得到别人请求协助的时候便伸出了援手。

东拉西扯，频频打断别人话题的人，倾向于冒进，欠缺稳重，给人一种毛头小子的感觉。很少有人会和他们长时间地交流，更别提促膝而谈，所以他们很少有真正的朋友和可以依靠的人。除非有求于他们，但必须提防的是他们做事往往虎头蛇尾，雷声大，雨点小，所以千万不要把全部的希望都寄托到他们身上，否则定会吃大亏。

心不在焉的人，属于精神涣散者。他们不重视谈话过程，自然不会在意谈话内容。假设用心听了，那也是粗枝大叶，丢三落四。这种结果的外在表现是他们办事容易拖拉，一延再延，因为他们根本就不知道对方让自己做什么，而且得过且过；如果目标已经明确，条件也具备和成熟，他们却又往往无法把精力集中起来，或是一心二用，或是驰心旁骛，接到手中的任务往往不了了之，毫无责任感，终身都难以有所成就。

乘人不注意窥视他人的人，属于心术不正类型。自身根本就没有什么特长或惊人之处，但却总是想着能够"不鸣则已，一鸣惊人"。他们不知如何才能实现这个愿望，而现实当中又很少有人愿意理会这些空想家，结果使他们的自尊心受到很大的伤害。为了实现自己的白日梦，向世人证明自己的存在价值，他们学会了工于心计，善使机关。

凝视对方的人，凝视是一种意志力坚定的表现，他们往往不用过多言语和动作就已经显得咄咄逼人，而且不管是男人还是女人，都表明他或她现在是充满力量的强者。如果眼光真的可以杀人，他们的凝视肯定可以成为致命武器，因为与这种目光接触，难免会有受到攻击的恐慌。其实，大多数人之所以凝视他人，只是为了想看穿对方的性格而已，并无实际攻击意图。

喜欢目光接触的人，表明既希望能够深入了解对方，也为对方了解自己敞开了大门。与别人目光接触，无疑是主动向对方展示自己的内心：他们充满了自信和直爽，从不怀疑自己的动作会给他人带来不愉快。他们懂得为他人着想，所以做事专心，尽量满足大家的要求，希望做出好的成绩让公众认可自己、接纳自己；懂得礼貌在交际中的作用，能够把握分寸，非常适合需要面对面进行交流的工作。

动作夸张的人，哪怕是鸡毛蒜皮大的小事，他们也要蹿上蹿下，扰得周围的人不得安宁。但他们的本质是好的，并不是存心想要别人不舒服，之所以会这样，其实是按捺不住热情和好强，认为光靠言语不足以表达心中炽热的感情，所以必须加进一些夸张的动作来表达自己的内心想法，以引起他人的注意和进行思考。可是在他们的内心深处，通常存在着极度的敏感和不安，他们无法确定自己的这种方式能否被别人认可和喜欢。

坐立不安、手足无措的人，精力充沛，给人一种事业型的感觉，而他们也正是按照事业类型打造自己的。由于身边的工作机会很多，为了早日实现自己的目标，他们不允许自己错过任何机会，积极投入身边的所有事情当中，忙完这个忙那个，放下一头又抓起另一头，结果是疲于奔命，造成极度的紧张，无法专心致志于分内工作，得不偿失。

放松方式见朋友心态

现代社会，竞争越来越激烈，人的压力也越来越大。为了保持身体和心理的健康，更好地加入到竞争之中，就要进行很好的自我调节，找到一种放松的方式。用什么样的方法放松要根据自己的实际情况和需要来决定，这可以反映出一个人的性格。

以形态心理疗法来放松自己的人，多是完美主义者，他们凡事总要尽力追求完整，形成一个整体形象，否则的话，就会感到不安。他们自身从整体来看，也是不错的，但却并不能如他们自己所预料的那样，被他人注意。

用运动的方式来放松自己，这是一种很有效的方式，在运动的疲惫中可以暂时忘记一切。这一类型的人多比较内向，缺少朋友，轻易也不会向他人倾诉自己的心事，尤其是比较熟悉的人，不过陌生人倒还是可以考虑一下。他们意志坚强，在挫折和困难面前，虽然有时也会表现得失望和颓废，但却是暂时的。他们多还能够勇敢地站起来，去面对一切。他们是做得比说得要多的人。

采用自然疗法放松自己的人，他们多是比较开朗和乐观的，很得周围人的喜欢。他们待人真诚、朴实，说话直截了当，有什么说什么，凭着自己的感觉走，不会遮遮掩掩。但这是在工作之外，他们厌恶工作，所以很难以单纯、自然、放松的心情投入到工作当中。在工作中，什么事也没有，他们就会突然间感到特别烦躁。采用行为治疗法放松自己，这一类型的人有很多并没有什么主张，他们很容易向他人妥协，听从他人的安排和调度，他们是乐于被他人领导的一群人。不愿意自己动脑筋思考，而是喜欢他人把一切都安排得好好的，自己只要按着去做就可以了。他们对自己的要求比较严格，会尽力把每一件事情做好。

采用睡觉放松自己的人多是很聪明而且实际的，他们无论什么时候都知道自己的目标，并且会努力寻找一种最简单最快捷的方法去实现它。他们有一些固执，并不会轻易地接受他人的意见和建议，但如果请一位权威性的人物对其进行说服，也许会起到一定的作用。他们对一些原则和理论上的东西并不十分看重，而是着眼于非常具体的、看得见摸得着的实例。

不接受任何治疗方法，只是任之顺其自然，这一类型的人，多有较强的独立自主观念。无论发生什么事情，在绝大多数时候，他们并不企图依靠外界的力量来解决，而只是寄希望于自己，并且也对自己充满了信心。他们并不相信谁，尤其是那些被绝大多数人视若神明的，更有点不屑一顾。他们自给自足，很容易满足，而且不希望现状被改变。

从刷牙方式观察朋友

我们每天都会刷牙，不同刷牙姿势的人在性格上也有细微的差别，下面对此进行一下简单的介绍：

有的人在刷牙的时候采取的是上下刷的方式，这样的人一般自主意识比较强，不喜欢受他人的限制和约束。生活的态度比较积极，即使遇到一些挫折和磨难，也能够以一种相对比较乐观的态度去面对，所以在他人看来，这样的人是能够给别人带来欢乐的，并且是可值得依赖的。他们通常能够营造出比较和谐的人际关系。

有的人在刷牙的时候采取的是左右刷的方式。这样的刷牙方式一般来说是不太正确的，但既然已经习惯了这样，形成了习惯，可能也就感觉不出错误来了。这种人身体内往往有很多的不安分子，他们非常叛逆，缺乏宽容心和忍耐力，经常会因一些小事而和人闹得不愉快。这样的人由于其性格注定很难营造出相对良好的人际关系。他们在人际交往中容易钻牛角尖，常常跟人家过不去。

有的人只是在早晨起来的时候才刷牙，这样的人一般来说是相对比较注意自己在他人眼中的形象的，同时他们尽力把自己最好的那一面呈现在他人面前。

与上一种人恰恰相反，有的人只是在晚上临睡前的时候才刷牙。这样的人多比较缺乏安全感，所以凡事总是要做得妥妥当当的，以使自己安心和放心。这样的人为人处世多比较干脆和利索，没有过多庞杂的而又没有具体意义的琐事。他们多追求在最短的时间内以最小的精力来完成一件事。他们对结果不要求尽善尽美，说得过去就可以了。

有的人使用冲牙机清洁牙齿，这样的人对于接受新鲜事物的能力一般来说是很强的，但有喜新厌旧的倾向，接受容易，放弃也比较容易。他们大多内心不安分，喜欢猎奇，追求新潮、刺激。

有的人使用电动刷牙机清洁牙齿，这样的人多是一个很懂得享受的人，他们乐于凡事不用自己动手就可以达到目的。在自身条件达到可以使自己很好地享受的，自然不必说，对于无法达到的，常通过幻想来满足。

也有的人使用牙线清洁牙齿，这样的人在为人处世方面多是谨慎小心的。他们多有很强的自信心和责任心，能够很出色地完成一件工作，而且由于他们很讲信誉，多会得到他人的信任和肯定。

还有的人采用橡皮制品的尖端来剔牙，这样的人的预防意识多不是太强，他们很少会事先做一些必要的准备，以免有突然性的事情发生，而导致措手不及。但这种人往往思维周密，即使发生突发事件，他们也能很快镇定，并积极化解。

此外，挤牙膏其中也有一定的学问。心理学家发现，通过挤牙膏也可以观察出一个人的性格。有的人把牙膏盖弄得不知去向，这样人的行为并不是我们通常所认为的这个人太粗心大意了。相反，这表明了这种人有很强的进取心，还有一定的胆识和魄力。在面临比较重大的事情时，一般不会临阵退缩，做逃兵。

有的人使用牙膏时非常谨慎。通常情况下，他们会轻轻地挤压。这样人的感情多比较丰富和细腻，温柔随和，比较浪漫，不轻易发怒，能体谅和宽容别人。但作为长辈，多会对小辈表现得过分溺爱。

有的人在使用牙膏时一次会挤出很多很多，这样的人通常大手大脚，在各方面一点也不懂得节俭。

有的人在使用牙膏的时候特别节省，这样的人在生活中知道节俭，但有些保守，中规中矩，显得死板，缺乏生机。除此以外，这种人多比较理智，不会有过激行为。

有的人把牙膏用到连牙膏管都卷起来了，这样的人多是具有勤俭的美德的，轻易不肯浪费任何东西，一旦浪费了，心里就会感到特别不舒服。这样的人在生活中多是一本正经，中规中矩。

有的人在刷牙的时候习惯于从牙膏管中间挤牙膏，这样的人目光多是不太长远，他们对现在的关注程度要远远超过未来，可以算得上是一个及时行乐者。

从洗澡的方式观察朋友

洗澡是日常生活中一件非常重要的事，有很多人甚至将沐浴视为重生的象征，洗掉每日的污秽，然后再以全新的自我迎接世界。因此，当一个人脱下衣服、卸下扮演的角色时，便还原成真正的自己。

1. 热水浴

有些人喜欢热水浴。热水使人的感情胜过理智。从淋热水浴所得到的热血沸腾感反映出：他偏好"热情"的风格、"热烈"的罗曼史和"辛辣"的食物。他处理每一件事都可能感情用事，如果被对方拒绝，他可能很快面红耳赤，无地自容。

2. 冷水浴

他喜欢保持理性。合乎逻辑的情绪，不让外界的东西强烈影响他的判断。他头脑清楚，而且非常专业，是个冷静的人，总是隐藏自己内心的真实情感。

3. 泡泡浴

他对自己很放纵，他喜欢享受长时间的美容浴。每次他会修一次指甲，做一次面部护理或修一次脚趾甲。因为他很在意外表的吸引力，总是在周末做些按摩和有益健康的活动，必要时，还会做美容手术消除鱼尾纹、双下巴或凸出的小腹。

4. 热水盆浴

如果他喜欢赤裸裸地和一群人一块儿洗澡，那他是一个追求自然主义的人，不受一般社会常规或旧式道德规范约束。他极端前卫，尤其在自我意识抬头时更是如此。

5. 海绵浴

科学研究证明，怕水是害怕回到母亲的子宫里，因为在水和母亲的子宫中，都同样有全身被浸湿的无助感。他曾有过精神受创的童年，创痛至今仍深深影响他的行为。他害怕放松自己，对他而言，甚至连轻松一分钟，都是一件很困难的事。

6. 蒸气浴

如果他觉得蒸气浴对他来说必不可少的话，那他总是坚持由内向外发掘问题。他深信，只要彻底流一身汗，没有治不好的病症。蒸气浴是一种放松的方式，好让他把体内的污秽排除掉。

从睡床的样式选择看识朋友

人的一生中有三分之一的时间都是在床上度过的，由此可见，床在我们的生活、生命中有非常重要的作用。从选择床的差别中也可以看准对方。

选择单人床的人多对自己的要求严格。他们并不算是特别灵活的人，有时候甚至显得有些木讷，但他们在为人处世各个方面都比较小心和谨慎，对工作能够认真负责，有坚强的意志力，最后也多会取得一定的成功。

喜欢比单人床大一点，但又比双人床小一点的床的人，他们的性格多是双重的，并且在大多数时候处在一种矛盾当中。他们喜欢变化，很难满足于某一固定的生活形态。为人多比较亲切和热情，而且也希望能够从他人那里获得关心和温暖。

喜欢特大型号床的人，他们希望有可以让自己伸展拳脚的空间，并一直在为此而进行努力争取。他们并不太想有人能非常彻底地了解自己。相比较，他们更愿意与他人保持一定的距离和神秘感。

喜欢旧式床且可以折叠的人，多是比较传统和保守的，而且生活十分节俭、朴素。为人处世方面比较小心和谨慎，他们从来不会轻而易举地就把真实的自己展示给他人看。他们的感情中，理性成分比较多，懂得控制自己的感情，喜欢与人保持一定的距离。

喜欢圆头床的人，有时反传统，叛逆性很强，既定的规则根本无法局限住他们。他们有时做事马马虎虎，喜欢我行我素而又随心所欲。

喜欢折叠床的人，多具有双重的性格，他们有时候会深深地压抑自己的某种情感，有时候又会无节制地放纵自己。这一类型的人有时缺乏责任心，在该负的责任面前，常常会选择逃避。他们多会把大部分的时间和精力投入到工作当中去，属于事业型的人。而在这个过程中，他们更有时会将自己的各种情感深深地掩藏起来。

喜欢睡日式垫子的人，多对自我要求严格，时常会将非常沉重的负担压在自己的肩上，并命令自己努力去完成。他们为人比较耿直和坦诚，崇尚自由和平等。

喜爱罩篷床的人，多是具有十分强烈的浪漫主义色彩的人，他们常常放纵自己，让自己生活在一个虚幻的、美妙的世界里，借以逃避现实生活中的许多不如意。他们多性情温和，但意志力不强，非常脆弱，容易受到伤害，而且时常有受挫败感。

喜欢床带有镜子的人，具有自恋情结，但有些时候，他们又会不太信任自己的感觉，而从自我的圈子里跳出来，以一个旁观者的眼光来观察和打量自己。

喜欢水床的人，他们多敏感，往往能够很快地就抓住社会发展的趋势，然后快速地调整自己，使自己顺应潮流，然后投入其中。在绝大多数时候，他们都会使自己处于主动地位，这为他们带来了很多的成功。

铜床四周有精巧的金属架，四角有四根柱子，喜欢这一类型的床的人，多缺乏安全感，他们总是在努力寻找一种东西来保护自己，这种铜床成了最好的选择。他们往往疑心重，不会轻易相信任何一个人。因此,与这样的人进行交往,常常会产生强烈的受挫感。这一类型的人做事很讲究原则性,总是要什么都分得一清二楚。

只要轻轻按一下按钮,就可以抬高或放低床,喜欢这种自动调试床的人,多是一个完美主义者。他们为人多比较严厉和苛刻,难以取悦,同时人际关系也不是特别良好。他们经常会刻意营造某种环境来迎合自己的需要和想法,并且坚持到底而不会轻易改变。他们很少主动去顺应别人,但却希望并且也要求他人适应自己。

喜欢阁楼床的人多非常在乎自己站在阁楼上,高高在上的感觉。这样,他们可以很清楚地看到一些景象,可是实质上,他们的根本意义则是站在高处俯瞰全局。这一类型的人更适合做一个管理者。在很多时候,他们会采用一些有效的、新的方法来客观地处理和解决各种问题,并且能够起到非常好的效果,从而赢得他人的依赖和尊敬。

第十四章
你的身体在坦白，解读撒谎时的行为信号

欺骗的信号

达尔文曾经说过这样一句话："大自然一有机会就要撒谎的。"自然界的很多动物为了生存也具有很多"弄虚作假"的本领。人类，作为地球的主宰者，在弄虚作假方面，丝毫不逊色那些会"弄虚作假"的动物。相比于动物们的欺骗伎俩，人类撒谎的伎俩显得更为隐蔽，也更具有欺骗性。不过，正如一句谚语所说，"再狡猾的狐狸也会露出它的尾巴"。一个人撒谎时，他可以把谎言说得完美无缺、天衣无缝，但是，他的身体语言会悄无声息地告诉对方："我在撒谎！"具体来说，应该如何识别一个人在撒谎呢？很简单，仅需识别对方非语言的欺骗姿势即可。那么，欺骗姿势是如何暴露一个人在撒谎的呢？

通常情况下，当一个人撒谎、欺骗别人时，他往往会不由自主地用手捂住自己的嘴、眼睛、耳朵，或是做出一些其他较为隐蔽的动作，比如用手摸鼻子、把手放进嘴里，以及挠脖子（这些姿势多见于一个人欺骗另一个人时）等。其中，用手捂住自己的嘴、眼睛、耳朵，是最常见、最明显的欺骗姿势。这些姿势是一个人从儿时就开始使用的，并且经常公然地采取这些姿势。

捂嘴是一种很孩子气的动作。当一个孩子撒谎之后，他常常会马上用右手捂住自己的嘴。小孩为什么在撒谎之后，会做出捂嘴的动作，至今科学界也没有给出一个令人完全信服的答案，不

少心理学家认为,或许是孩子大脑中的潜意识使他想停止说谎话,而导致了捂嘴这一动作。随着年龄的增长,孩子用手捂嘴的动作会越来越隐蔽,当他们成人后,就会用手摸鼻子或是假装咳嗽来掩饰其捂嘴的动作。所以,当一个人和你谈话时,尤其是一个小孩和你谈话时,如果他在说完话后,常常有用手捂嘴的动作,你就得留意他说话的内容了,极有可能他在向你撒谎。同理,当你向别人撒谎时,如果对方用手掩住自己的嘴,则说明他可能已察觉出你在撒谎了。

当一个孩子看到他非常不愿意看到的东西时,通常会用手把眼睛捂起来。同用手捂嘴一样,这一姿势会随着孩子年龄的增大而变得日趋精炼和隐蔽。但是当他们一旦撒谎,就会原形毕露,只不过不是用手捂眼睛,而是用手揉眼睛。一般来说,成年男性在说谎时,他们中的很多人会用揉眼睛的姿势来掩盖自己的谎言。如果他撒的谎特别大,还会东张西望,眼神也游离不定,经常看着地板。当一个成年女性说谎时,她会用手轻揉眼部的下方。她之所以不会像男性那样较为用力地揉自己的眼睛,原因有两个,其一,不想让自己显得太粗鲁;其二,不想弄花眼睛上的妆。如果她说的谎较大,其眼神也会游离不定,但与男性不同的是,她更喜欢仰起头看天花板,以避免和对方的眼神接触。

此外,用手搓耳朵也是欺骗的信号,它往往暗示听者没有察觉到说话者在撒谎。搓耳朵的另一表现形式为拉耳朵,这是小孩双手掩耳动作在成人动作中的一种重现。除此之外,搓耳的说谎者有时还会用指尖来回钻耳孔、揉耳朵的背面,或是用手拉耳垂,再或就是将整个耳朵向前弯曲在耳孔上。所有这些都是撒谎的信号。

对说谎的研究

美国的行为学家研究发现,当一个人撒谎时,他所发出的各种信号中,最不可靠的就是那些能够人为控制的东西,比如他所说的话,因为当一个人决定对某人撒谎时,尤其是撒一个较大谎的时候，他往往会事先排练他的谎言，以便他在对人撒谎时面不红，心不跳，表现出一副心安理得的样子，从而得到别人的信任。所以，仅仅凭借一个人的话，很难断定他是否在撒谎。那有没有一种简单易行，且能较为准确地判断他人是否撒谎的方法呢？可以肯定地说，有！

德国心理学家通过对100名经常撒谎的人进行研究后发现，要想较为准确地判断一个人是否在撒谎，最可行，也是最简单的方法就是观察对方说话时不自觉所做的一些动作，因为一个人虽然可以控制、编排他的有声语言，但却很难控制、编排自己的身体语言。正如前面所说，当一个人撒谎时，他的瞳孔会变大，嘴角会出现歪斜，以及用手捂嘴、揉眼睛、搓耳朵等。这些表示说谎的动作信号，任何一个说谎者都很难避免它们在自己说谎的时候出现。而这些动作姿势，恰恰是他们心底最真实情感的流露。所以，要想正确判断一个人是否对自己撒谎，最好的方法就是"听其言，观其行"。

脸部表情是怎样揭露事实的

通常情况下，当一个人企图掩盖自己的谎言时，他使用最多的身体语言就是伪装自己脸部表情。比如，在撒谎的时候，面带微笑地看着对方，或是用点头、皱眉、眨眼等来掩盖自己的谎言。不过，有趣的是，微笑、点头、眨眼等脸部表情很多时候不仅不能帮助撒谎者掩盖谎言，反而会向对方揭露事实。因为当一个人撒谎时，他的有声语言和面部表情并不一致。他内心的真实情感和态度会不断出现在他的脸上，而很多时候，相当一部分撒谎者对此却浑然不觉。比如，当一名推销员向某位顾客撒谎说某种产品非常好时，他想方设法压抑一切暴露他正在撒谎的身体姿势，不让它们表现出来，以免顾客发现自己在撒谎。然而，即使他控制了重大的身体姿势，可是，许多微小的脸部表情仍然表现了出来：瞳孔在扩大，面部肌肉扭曲，脸颊发红，眉毛渗出了汗珠，不断地眨眼等。毫无疑问，顾客看见推销员脸上的这些表情后，肯定不会相信他所说的话了，即使那位推销员在那说得口沫横飞。

很多时候，当一个人想要欺骗他人的时候，或是有某种想法在其大脑里一闪而过的时候，其相应的表情会在他的脸上一闪而过。很多时候，当我们在那喋喋不休时，常常认为听者将自己的整个耳朵朝前弯曲在耳孔上或是对方用手托起自己脸的时候，表示他们正在认真听我们说话，殊不知，恰恰相反，他们这些姿势是在向我们暗示，"你快停下吧，我们已经听厌烦了！"再如，当一个员工向朋友吹嘘自己和单位领导关系很好，可是，每当他提起领导名字的时候，他就会稍稍抬起自己的左脸，脸上露出一丝轻蔑的表情，有时还伴有几声冷笑。这种情况下，即使他说得天花乱坠，其朋友可能也不太会相信他和单位领导的关系很好了。

女性更擅长说谎

女性的感情要比男性丰富得多，她们不仅擅长察言观色，也更善于运用各种肢体语言表情达意。作为男性，很多时候，对女人复杂多变的动作和语言不甚了了。因此，女人很容易就能将男人骗住，如此一来，女人也更喜欢通过巧妙说谎来操纵他人。

女人也许是天生的表演家，或者不客气地说是天生的说谎者。这种特质，在女婴身上就充分表现出来。看到别的孩子难过，她们会因为同情而哭泣；为了某种要求，她们能够随时随地放声大哭；也许仅仅是为了得到大人的关注，她们也能毫无征兆地眼泪汪汪……

说起谎来，女性要比男性厉害得多。在她们口中，不仅谎言被说得比真事还真，还能环环扣扣，不露痕迹。此外，女人的谎言也比男性说的谎言要复杂得多，话语、眼神乃至一个不起眼的动作，都是她们说谎的道具。相对而言，男性仅仅能说一些简单的谎言，比如，晚回家的男人只会说"堵车了"或"公司有点事要加班"之类的话；要是与其他女人约会，没有给女友或妻子联系，也只会说"我的电话没有电了——所以没法给你打电话"这样简单的谎话。

为什么说谎很难

可能很多人都会认为说谎是一件很容易的事，其实并不是这样。说谎，尤其是想成功地说一次谎，是一件非常困难的事。为什么说谎就这么困难呢？主要原因在于当一个人撒谎时，他的潜意识不会听从他的"指挥"，而会独自行动。如此一来，他的身体语言就会使他的谎言不攻自破。这就是为什么那些平常很少说谎的人，一旦说谎，无论其谎言多么完美，显得多么真实可信，都会很容易被对方识破。因为从他开始说谎的那一刻起，他的身体就会发出一些自相矛盾的信号（身体语言和有声语言处于相互矛盾的状态之中），这就会让对方觉得他一定在撒谎。而那些职业说谎家，比如某些骗子，他们之所以说谎时不容易被别人识穿，关键就在于他们能够有意识地将自己的身体语言和有声语言协调到较为完美的境界。故而，当他们向人撒谎时，人们往往会深信不疑。

看到这儿，有些读者可能会好奇地问，那些职业骗子是如何让自己的身体语言和有声语言达到较为完美境界的？一般来说，他们常用以下两种方法来实现这一目的。其一，平日反复练习说谎的时候做出正确的身体姿势，长时间的反复练习是必不可少的，一般为2～3年。其二，尽可能减少身体语言，尤其是自己潜意识不能控制的身体语言，这样，他们在说谎的时候，就会很少做出一些负面动作了。不过，要想做到这一点，往往是非常困难的。下面的这个实验也证明了这一点。实验中，心理学家让参加实验的人故意向他撒谎，并让他们尽量压抑一切身体姿势，不管是正面的抑或是负面的。然而，那些故意撒谎的人虽然控制住了主要身体语言，但仍有不少的细微动作表现了出来。比如，瞳孔缩小、用手触摸鼻子、拽衣领、脸色潮红、鼻子出汗，以及其他许多的细微动作，而它们都意味着一个人在撒谎。

由此可见，要想成功地欺骗他人，最好的办法就是将自己的身体隐藏起来，让别人只能"闻其声，而不能见其人"。也正是因为这个原因，审问嫌疑犯时，审讯人员往往会将疑犯置于一个空旷屋子的中间，或是置于较为强烈的灯光之下，以便让他们的全身都暴露在自己的视线之中。这种情况下，嫌疑犯任何一个细微动作都逃不过审讯人员眼睛，如果他们一旦说谎，就会非常容易地被揭穿。

一般来说，当你坐在桌子的后面，并借用桌子部分抵挡住自己的身体，或是从关着的门后面露出脑袋对人撒谎就较为容易成功了。当然，辅助撒谎的最好工具还是电话，或者是QQ等聊天工具。

7种最常见的说谎姿势

世界上的谎言可谓是千千万万、形形色色，以至让人有点目不暇接，掩饰谎言的姿势也是林林总总、不可胜数。一般来说，在日常生活中，下列7种姿势是最为常见的说谎姿势。

1. 用手捂嘴

这是一种明显未成熟，略带孩子气的动作，很多小孩尤其喜欢使用此种姿势，当然，一些成年人偶尔也会使用此种姿势。一般来说，使用此种姿势的人会在自己说完谎话后，迅速用手捂住嘴，同时用拇指顶住下巴，让大脑命令嘴不要再说谎话。有些时候，某些人在做这一姿势时，仅会用几根手指捂住嘴，或是将手握成拳头状，放在嘴上，但其蕴含的基本意义是不变的。还有一些人

孩提时代的一种明显的撒谎姿势。

则会借咳嗽的动作来掩饰其捂嘴的动作，以分散别人对自己的注意力。所以，如果你和某人谈话时，发现对方老是伴有捂嘴的动作，很有可能，他在对你撒谎。如果当你和别人谈话时，发现在你说话时，别人老是捂嘴，说明对方可能觉得你在对他撒谎。最令演讲者或是会议发言人感到不安或心虚的场景就是当他发言时，台下的听众几乎都捂住了嘴。出现此种情况，如果台下的听众较多，演讲者或是会议发言人最明智的做法就是赶紧结束自己的发言，因为听众已经用姿势向你表明："你是一个骗子，我们才不会相信你说的话呢！"如果你死撑下去，肯定最终会让自己陷入进退两难的尴尬境地之中。如果台下的听众不多，演讲者或是会议发言人应该马上停下自己的发言，向听众这样问道："有没有人要提问的？"或是"我看得出，诸位中肯定有不少人不太赞成我刚才说的一些话，让我们一起来开诚布公地讨论讨论吧。"这样，演讲者或是会议发言人就可以吸引那些心存疑问的人自由发表他们的意见、观点，演讲者或是会议发言人也就有机会来解答听众心中的疑惑、证明自己的观点了。

当然，有些时候捂嘴的动作也可能是无伤大雅的"嘘嘘嘘"动作，即把一根或两根指头竖着放在嘴上。通常情况下，经常做出此动作的人，很可能在小的时候，父母就会对他们使用此种姿势。当他们长大成人后，他们也就用这种姿势来示意自己或对方不要说出真实想法。

2. 把手放进嘴里

一般来说，一个人做出此种动作往往是下意识的，因为他可能正面临着巨大的压力。他之所以会做出这个动作，最主要的目的是想重新获得自己幼儿时期吮吸妈妈乳汁的安全感，因为在一个人的潜意识深处，吮吸妈妈乳汁是最有安全感的。所以，很多

把手放进嘴里的动作通常是在缓和撒谎时的内心不安全感。

孩子在成年以前会用自己的指头或者衣领来替代妈妈的乳头，成年以后，他们则会用口香糖、烟斗等来代替。由此可见，虽然一个人把手放进自己的嘴里往往与欺骗有关，不过有些时候，把手放在嘴里的姿势是一个人内心需要安全感的外在表现。

3. 揉眼睛

当一个小孩不想看到某些人或某些事情的时候，他可能会用一只或两只手来揉自己的眼睛，成人也一样，当他们看到某些不愉快的东西时，也可能会用手揉自己的眼睛。揉眼睛这个动作是大脑不想让眼睛看到欺骗、疑惑或是其他不好的东西，或者是不想让自己在说谎时与别人发生眼神接触，以免自己因心虚而露馅。一般来说，当一个男性撒谎时，

揉眼睛可以避免撒谎时和对方发生眼神接触。

他可能会用力揉自己的眼睛。如果谎撒得较大，他会转移视线，通常是将眼睛朝下。当一个女性撒谎时，她不会像男性那样用力揉自己的眼睛，相反，她仅会轻揉几下眼部下方，同时将头上仰，以免和对方发生眼神接触。

4. 拽耳朵

想象一下你告诉别人："这只需要花你 500 块钱。"而对方听了却拽着自己的耳朵，望着别处说道："听起来很划算嘛！"这种情况下，如果你真以为对方很满意你所说的价格，那你就大错特错了。因为对方拽耳朵的姿势已经告诉了你他心底真实的想法——"你要的

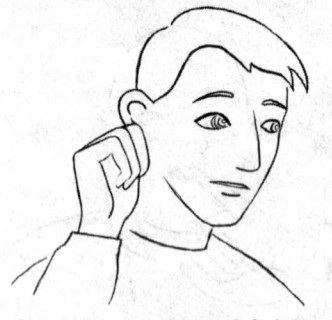

拽耳朵是小孩子被父母训斥时用双手捂住耳朵这一动作的成人版。

价格太高了，我可不会接受！"其实，把手放在耳边或是耳朵上，或者拉着耳垂，从而阻止对方的话进入自己的耳朵，这实际上是小孩子被父母训斥时用双手捂住耳朵这一动作的成人版。拽耳朵动作的其他变体还包括：用手摩擦耳背，用手指掏耳朵，把整只耳朵往前折叠，来遮住耳孔。其中，把整只耳朵往前折叠，来遮住耳孔这一姿势，还可以用来表示听者已经对对方的喋喋不休感到厌烦了，或是自己也想来发发言。

5. 触摸鼻子

触摸鼻子是用手捂嘴这一姿势的"变异"，相比于用手捂嘴，它更具隐匿性。有些时候，它可能是在鼻子下面轻轻地抚摸几下，也可能是很快、几乎不易察觉地触摸鼻子一下。一般来说，女性在完成这一姿势时，其动作幅度要比男性轻柔、谨慎得多，这可能是为了避免弄花她们的妆容吧。关于触摸鼻子的起源，有这样两种较为流行的说法，其一，当负面或不好的思想进入人

说谎者会用手快速地触摸鼻子，为鼻子止痒。

的大脑后，大脑就会下意识地指示手赶紧去遮住嘴，但是，在最后一刻，又怕这一动作太过于明显，因此手迅速离开脸部，去轻轻触摸一下鼻子。其二，心理学家研究发现，当一个人说谎的时候，其身体会释放出一种叫作"儿茶酚胺"的化学物质，这种物质会使说谎者鼻子的内部组织发生膨胀。与此同时，一个人撒谎的时候，其心理压力会陡然增大，血压也会迅速升高，这样鼻子就会随着血压的上升而增大，这就是所谓的"皮诺曹的大鼻子效应"。血压的上升使得鼻子开始膨胀，鼻子的神经末梢就会感到轻微的刺痛。说谎者就会不由自主地用手快速地触摸鼻子，为鼻子

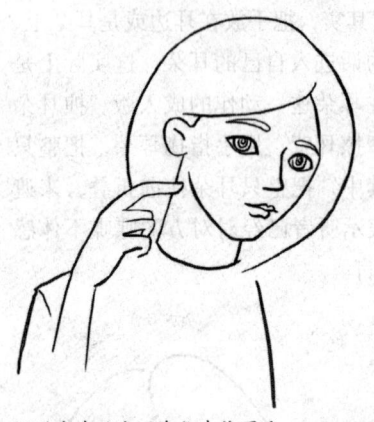

"止痒"。此外，当一个人感到紧张、焦虑，或是生气的时候，这种情况也会发生。

看到这里，可能有读者朋友会问，现实生活中的确存在鼻子真正发痒的情况啊，那该如何去区别两者呢？很简单，当一个人鼻子真正发痒时，他通常会用手揉鼻子或是用手挠来止痒，这和说谎是用手轻轻、快速地触摸一下鼻子是不同的。同用手捂嘴的姿势一样，说话的人可以用触摸鼻子来掩饰他的谎言，听话者也可以用触摸鼻子来表示对说话者的怀疑。

撒谎者有时会用食指来挠耳垂以下的脖子部位。

6. 抓挠脖子

有些时候，一些人在撒谎时会用食指来挠耳垂以下的脖子部位。如果仔细观察一下，你就会发现撒谎者通常会挠5次左右，很少会出现少于4次或多于8次的情况。一般来说，挠脖子这一姿势代表不安、疑惑，或是"我也不确定我会同意"，"应该不会那样吧"等意思。如果一个人说的话与这一动作相矛盾的话，就会表现得非常明显。比如，一个人说，"我比较同意你的看法"，与此同时，他又用手挠着自己的脖子，这就表明他心里其实并不是真正同意你的看法。

7. 拉衣领

身体语言学家通过实验发现了这样一个有趣的现象：当一个人撒谎时，会导致面部和颈部的一些敏感组织产生轻微的刺痛感，为了缓解或消除这种刺痛感，撒谎者往往会用手去挠或搓那些产生刺痛的部位。这就不仅说明了为什么人们在感到不确定的时候会用手挠脖子，也很好地解释了为什么一个人在说谎并怀疑自己的谎言已经露馅时，会不由自主拉自己的衣领。

需要注意的是，上述7种姿势虽然是一个人说谎时最可能用到的姿势，但这绝不意味着只要一个人做出了上述7种姿势的一种，我们就可以立即断定他一定在撒谎。比如，某人说话时，之所以会捂住自己的嘴，是因为他有口臭，如果我们据此就认为他在撒谎，肯定会伤害到对方的。所以，要想判断一个人是否在撒谎，除了看他有没有上述7种常见姿

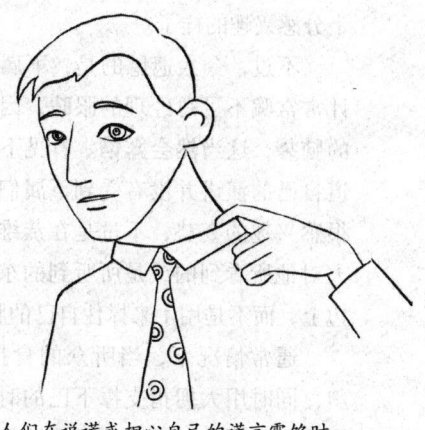

人们在说谎或担心自己的谎言露馅时，会不由自主地拉自己的衣领。

势以外，还应结合其他的姿势动作和一些特殊情况，只有这样，才可能得出一个较为正确的判断结果。

在做估量时的姿势

当人们估量他人的时候，通常会做出这样的姿势：把握着的手放在下巴或是脸颊边上，同时，食指指向上方，眼睛看着对方。当人们开始对所看或所听的对象逐渐失去兴趣时，但出于礼貌或是其他目的，又不得不表现出很感兴趣的样子时，他们就会对自己的这一姿势（估量性姿势）进行调整，即用手掌的圆形位置托着自己的头。这在现实生活中十分常见，比如，当公司总经理在台上发表冗长、无聊、没有任何实际意义演说的时候，坐在台下的下属常常就会使用此种姿势来装出一副

这是估量他人时常常做出的姿势。

十分感兴趣的样子。

不过，令人遗憾的是，下属们这个自以为高明的瞒天过海之计常常骗不了总经理的眼睛，因为他们仅仅用一只手来支撑自己的脑袋，这当然会露馅。看见下属们的这个动作后，总经理就知道自己的演讲并没有受到下属们的欢迎，下属们做出的那些看似很感兴趣的姿势，不过是在恭维自己罢了。一般来说，如果一个人对他所看到的或是所听到的东西很感兴趣，他会把手放在脸颊边上，而不是用手来撑住自己的脑袋。

通常情况下，当听众的食指垂直地向上指，眼睛视线向下斜，同时用大拇指支撑下巴的时候，这就说明他对正在发言的人或是对他所说的话感到疑惑不解或是强烈不满。有些时候，如果人们的这种负面情绪一直持续下去，他们可能还出做出这样一些动作——拽眼皮、搓揉眼睛，或者是把头转向一边等。不可否认，这些动作姿势有时很容易被误认为是感兴趣的象征，但是撑着下巴的大拇指却透露了疑惑、否定、批判等真实态度。很多时候，一个人做出的姿势动作会在很大程度上影响他的态度。所以，一个人做出的疑惑、否定、批判等姿势的时间越长，其最后做出疑惑、否定、批判等决定的可能性就越大。因而，一旦看见自己的听众做出了疑惑、否定、批判等姿势的时候，演讲或发言者应该立即采取相关措施，"解除"他们这些姿势。其中最有效，也是最简单的一个办法就是把一些东西分发给听众，从而改变他们的姿势，最终达到改变他们态度的目的。如果这一方法不奏效的话，演讲或发言者最明智的做法就是赶紧结束自己的发言了。

抚摸下巴的姿势

当你向一群人或朋友发表自己的意见时，如果你留心观察一下他们，可能会发现这样一个有趣现象：在你发言的过程中，他们中的很多人会把手放在脸颊上，摆出一副估量的姿势。当你的发言接近尾声，你让他们对你刚才的发言发表一些意见或是看法

时，有趣的现象便开始出现了，他们会迅速结束自己原先的估量姿势，将手移到下巴处，并轻轻地抚摸下巴。这种抚摸下巴的姿势就表明他们在对你刚才所讲的话进行思考、分析、判断了。

当你要求听众做出决定时，他们便会把轻轻地抚摸下巴这一表示思考、分析、判断的姿势变为做出决定的姿势了。其接下来的姿势就会表明他们的决定是积极的还是消极的。这种情况下，你大可不必匆忙要求他们迅速给出答案，你的最佳策略就是冷静地观察他们的下一个动作。

抚摸下巴的姿势表示对对方的话进行思考、分析、判断。

如果他们在抚摸下巴之后，将自己的手臂和腿交叉起来，并将身体后仰在椅子上，这种情况下，他们的最终决定可能是否定的。一旦出现此种情况，你大可不必惊慌，因为事情还没有到完全无法挽回的地步。此时你应迅速征求一下他们的意见，请他们说出心中的疑惑、不满，然后对其进行一一解答。这样一来，那些原来心存疑惑、不满情绪的听众很可能会改变他们的决定了。

如果他们在轻轻抚摸自己的下巴后，身体后靠，同时手臂张开，这就表明他们的决定很可能是肯定的。一旦出现此种情况，你就可以接着在台上尽情地"纵横驰骋"了。

需要注意的是，当一个人陷入深深思考之中时，往往也会做出抚摸下巴的姿势。另外，根据《辞海》的注释，"抚摸下巴"是形容得意容貌的姿势。因此，"抚摸下巴"这一姿势，根据具体情况的不同，其表示的意义也是大相径庭的。比如，从身体学的角度上来说,"抚摸下巴"这一姿势主要偏向于自我亲密性的意义,也即当一个人失去自信,感到不安、恐惧、焦虑、孤独,或是处于进退两难的尴尬情景之中时,借触摸自己的身体,以掩饰自己的上述心态,进而起到安慰自己的目的。再如,当一个人听见对方不停地恭维自己后,他不由自由地伸手去抚摸自己的下巴,这就表明他现在正处于洋洋自得的情绪状态之中。

拖延、敷衍的姿势

作为下属,当你把做好的方案交给主管请他批准时,也许会遇到这种情况:这位戴眼镜的领导先是伏下身来,好像是在认真阅读,然后分析判断。但当你请他签字时,他却摘下眼镜,一边摆弄,还有可能把眼镜的一只脚放在嘴里。此时,他并没有摸下巴的动作。

作为推销人员,当你带着合同请同意合作的客户签约时,也许那位客户没有立即说话,而是长长地吸上一口烟。而你再催促,他又把一支钢笔或是一只手指放到嘴里。

上面的这些情况中,主管或客户的肢体语言所表达的内容是:我感到不确信。因为这种把东西放到嘴里的做法,实际上是他阻断自己的表达渠道,尽可能地拖延时间。此时,他可不想马上做出决定。

这时,要是想使自己的方案获得通过,或是使客户决心签约,你就得想办法增强他的信心,让他感到安心。

挠头和拍打的姿势

挠头和拍打的姿势是揪衣领姿势的"升级版"。这种姿势就是用手掌使劲儿挠脖子后面,似乎觉得脖子里面有刺痛之感。有些时候,当一个人撒谎时,为了避免与对方发生眼神交流而故意将视线向下时,就会采用此种姿势。当然,有些时候,这种姿势也被用来表示失望、愤怒等情绪。由此我们也就可以解释,当你说:"某某让我感觉很不舒服,听他说话感觉自己的脖子在被针扎一样。"你的脖子上之所以会出现针扎般的刺痛感,根本原因就是你现在处于失望或愤怒的情绪状态之中，从而使得你脖子上的一些敏感的肌肉——鸡皮疙瘩鼓了起来。正是这些"鸡皮疙瘩"使你觉得自己的脖子后面有此痛感。

一般来说，当一个人处于失望，或是愤怒的情绪状态时，他往往会先做出拍打头的动作，然后再做出拍打前额或挠脖子的动作。比如，某个人向你借一笔钱，并向你许诺一个月后肯定还你，看见他信誓旦旦的样子，你毫不犹豫地把钱借给了他。一晃一个月就过去了，但借钱的人并没有如约将钱还给你。你于是想，再等等吧，可能他忘了，说不定他明天就记起来了。一晃一个月又过完了，但对方还是没有将钱还给你。事实上，对方的确忘了。迫不得已，你找到了向你借钱的人。当你委婉向他提起上次借钱的事时，他第一个动作肯定是拍打自己的头，以示遗憾和自责。虽然一个人拍打自己的脑袋表示遗憾和自责，但此时若留心一下，你就会发现他会接着拍打自己的前额或是挠自己脖子的后面。如果他拍打自己前额的话，这就表明他并没有因为你提起他的健忘而感到害羞、不安，或是害怕。可能在他看来，不就是忘了还你的钱嘛，没什么大不了的，自己又不是没钱还不起。如果他拍打自己脖子的后部来减轻"鸡皮疙瘩"所带来的刺痛感的话，这就表示你提及他的健忘让他很没面子，也很不开心。

此外，通过观察一个人是习惯于触摸自己脖子的后面，还是习惯于拍打自己的前额，还可以大致推断他的性格特征。如果一个人惯于触摸自己脖子的后面，则说明其性格较为内向，但其思想却有较强的批判性，不过有些时候，其消极情绪较为严重；如果一个人惯于拍打自己的前额，则说明其性格较为开放，心胸也较为开阔，对别人的错误，常常会一笑而过。

双重说谎者

通过人的身体语言我们能否判断一个人在说谎？这是不绝对的，因为有的时候我们会错误理解一个人的身体语言，并且有的时候，有的人也会通过身体语言来撒谎，也就是说人是双重说谎着，所展示出的身体语言并不是他的真实感受或想法。

在一次特定角色扮演的录像面试中就遇到过这样的问题。当面试官提出一个问题时，面试对象忽然用手捂住嘴，并开始抚摸鼻子。这样的动作持续了好几秒后，面试对象才开始回答面试官的问题。回答完毕后，他又恢复了原来的放开姿势：大衣敞开着，双手平摊，回答问题时点头并身体前倾。

面试官认为他后来的姿势很可能是受当时的场景所迫做出的，所以，再次观看录像时，面试官问面试者为什么做出这个姿势？

面试对象说："当考官问起我那个问题时，我想自己可以做出两种回答，消极的回答和积极的回答。当我想到消极的回答面试官会做出什么反应时，我就用手捂住了自己的嘴。先前，之所以捂住嘴是因为无法确定考官到底会对他的消极回答做出什么反应。"

由这个事例可以看出，人是有思想的，会根据具体的情况调整自己的身体语言，这样势必会影响身体语言的真实性，势必将想通过身体语言获得准确信息的人引入错误的判断中，从而得出错误的结论。

假表情总是慢半拍、持续时间长

人的面部表情可以说实话也可以说谎话，而且常常是在同一时间内既说实话又说谎话。在现实生活中，人们时常利用面部表情来作为掩饰和伪装其真实思想感情的"面具"。例如，因违章而受到交警训斥的司机为了避免把事情搞得更糟，往往故作笑脸，表现得服服帖帖；一对正在家中赌气的夫妻，一旦有贵客来访，便会装出没事的样子，笑脸相迎。当人们撒谎时，也会制造虚假的表情来掩盖真相，为了识别谎言，我们必须学会如何识别虚假表情。

虚假表情包括两种，伪装的表情和克制的表情。伪装，即假装出一种与自己真情实感相反的情感。例如小学生假装肚子疼请假回家时脸上装出的表情。克制，即为了不让别人发现我们真实的情感，努力控制自己的脸部肌肉，故作镇定。善于撒谎的人往往会小心翼翼，不让他们真实的情感以这种方式偷偷显露出来。无论是伪装还是克制，虚假表情的表现方式毕竟与自然流露的表情有所不同，最重要的区别即虚假表情总是慢半拍，而且持续时间长。情绪出现的时间快慢是很难人为控制的，由于刻意制造的假情绪不是自然发生的，因此它出现的时间总是会稍微延后，持续时间也会比真实的表情要久，然后就"突然"消失了。

1. 假表情总是慢半拍

反映内心真实感受的表情被称为"最初的反应表情"，会在情感产生的一秒钟之内立刻流露出来，之后才能进行人为的掩饰或伪装。因此，如果对方话还没说出口，或者刚开始说话时看起来就很生气，那么他可能确实被激怒了。相反，如果他说完之后才开始表现出很生气的样子，撇着嘴、瞪大了眼睛，这就是刻意加上的表情，并非出于内心的真实情感，对方只是想表现出很生气的样子。

2. 假表情持续时间长

表情持续的时间长短也可反映出说谎的印迹。停顿时间长的表情通常是假的，比如10秒钟或10秒钟以上的时间，甚至停顿5秒钟的表情也可能是不真实的。除了那种极其强烈的情绪感受，比如欣喜若狂、勃然大怒、悲痛欲绝等，自然的表情都不会超过4~5秒钟。而且，即使是非常激动的情绪，其表情也不可能持续太久，而是一阵阵地短暂地出现。只有象征性表情和嘲弄式表情是长时间存在的。例如，真正的惊讶表情从形成到消失不到1秒钟，如果有人对你说的话展现出长达3秒的惊讶表情，他多半是在故意假装自己不知道这件事。

面部表情是说谎者最容易作伪的部位，这给判断一个人是否在撒谎带来了麻烦。好消息是，面部表情中总有一部分是人为无法控制的情不自禁流露出来的，因此，我们可以通过识别对方脸上掩饰不住的真实表情来揭穿谎言。面颊肤色变化就是典型的紧张征兆。面颊的颜色会随着情绪的变化而发生相应的变化。面颊肤色的变化是由自主神经系统造成的，是难以人为控制或掩饰的。最明显的是变红和变白。人们最常见的面颊变红经常出现在害羞、羞愧和尴尬等情形中，脸红也是愤怒的表现，愤怒时，面颊瞬时转为通红而不是由面颊中心慢慢扩散开来。当愤怒中的人们想极力抑制自己的怒气和克制自己的攻击性冲动时，其面颊肤色会变得苍白，当人们处于惊骇的情绪状态下，面颊肤色也会变得苍白。可见，由面颊肤色的变化我们可以观察到对方真实的情感。类似的线索还有很多，只要在生活中留心观察，定能有所收获。

动作和语言不一致，嘴上说的不能信

人类大脑的边缘系统是非常诚实的，由边缘系统掌控的肢体行为会如实地反映我们的想法，这些动作是我们的主观意识无法控制的下意识的动作。我们之所以可以通过身体语言来识别谎言，原因就在于说谎行为本身的复杂性。看似漫不经心的一句谎言，想要做到滴水不漏不被人怀疑，其实是一件需要动员全身器官共同参与的庞大工程。因此，无论一个人的口才多么好、说谎技术如何高明，他的肢体都会"出卖"他。

人们在说话时，实际上同时在意识和无意识两种层面上进行交流，说谎者把精力集中在编造谎言、如何应答上面，因而很难控制自己的身体语言。由于人们在交流中同时传递这两种信息，因此说谎能否成功关键就在于对意识和无意识两种信息表达的控制。讲真话的人，意识表达和无意识表达总会保持一致，而一旦语言和动作之间出现不一致，我们就有理由表示怀疑。在这种情况下，我们难以控制的无意识信号，即动作和姿势，往往才是真情实感的表达，也就是说，当动作和语言自相矛盾时，所说的话就很有可能是假的。

生活中经常可以见到这样的例子，例如，抱怨感冒头疼向领导请假，却以轻快的步伐走下楼梯；嘴上明明说"不是"，同时却在点头；再如嘴上正在说好话，两个拳头却紧紧地握在一起，那分明就是讨厌你的表现。

动作和语言不一致还有另一种情况，就是时间点不对，这和假装的表情是一个道理。例如一个人在假装生气地说话之后，会故意用拳头捶桌子或者挥舞手臂作为强调，以此来让自己看起来真的很生气。这种事后追加的动作都是刻意为之，并非发自内心。

因此，我们听别人说话时，要同时注意他的肢体语言，拿肢体语言、表情和说话内容作比较，才能看出一个人的真实情绪和动机，除非动作、声音和说话内容彼此符合，否则就一定有所掩饰，那就需要我们仔细观察去找出线索。一旦认清了一个人的习惯做法，也就很容易推测他的其他行为。

手脚蜷缩贴近身体，因为缺乏安全感

心理学家指出，手势在很多时候是一种无意识的动作，能较为真实地反映说话人的心理状态。由于人们经常使用手势，而且手部的动作比腿部的动作更容易观察到，因而手势是识别谎言的绝佳突破口。不过，只要我们仔细观察，就会发现手和脚的动作都传递着信息。

汽车销售员小陈最近业绩明显下滑，经理问他："你这个月怎么回事，业绩还赶不上上个月的一半？"

原来小陈最近迷上了网游，每天玩游戏到凌晨两三点，早上起不来，工作也提不起精神。被经理这么一问，不由得僵住了身子，把双手贴在大腿两侧，低着头小声说："最近我父亲身体不好，需要人照顾。"

像小陈这样，手脚贴近身体，身体缺乏动感，是明显的说谎特征。为了更好地识别人们在说谎时的状态，我们先来回想一下正常情况下的动作和姿势。当一个人充满自信、自由自在的时候，手和脚会自然地向外延伸。当他对自己所说的话深信不疑、感到兴奋时，会不自觉地运用各种手势来强调自己的观点，例如用手指指着别人或指向空中,表达坚定的观点。

反过来,当人们说谎时,由于集中精力在编造谎言上,身体语言会缺乏动感,明显的区别就是手和脚的动作会减少。如果是坐着,他可能会把双手放在大腿上,双腿交叠在一起;如果是站着,他可能会把手完全插在口袋里,或者双手紧握,手指蜷向掌心,这是出于防卫心态。说谎者缺乏安全感,因此会做出这些手脚蜷缩、贴近身体的姿势。其他典型的还有把手指放在嘴里、抓挠脖子以及拉扯衣领。

不安的双脚泄露紧张情绪

英国的一名心理学家通过实验发现了一个有趣现象:人体中离大脑越远的部位,越有可能反映一个人内心的真实感情。脸离大脑最近,因此人们常常伪装出各种表情来撒谎,可信度最低;手位于人体的中间偏下部位,可信度中等,一个人会或多或少地利用手势来撒谎;而腿和脚离大脑最远,相对于人体其他部位,它的可信度最高,一个人脚上的动作往往会泄露其内心的真实情感,当你怀疑一个人在说谎,但却看不出什么破绽时,不妨多加注意他的腿和脚的动作。

在某次会议上,总经理要求各部门经理汇报近半年以来的工作情况。很快,就轮到陈经理发言了。他整理了一下自己的衣领以后,便面带微笑地开始总结自己部门的工作情况。在他发言的过程中,总经理觉得陈经理今天有点不对劲,虽然他面带微笑,但嘴角总会偶尔歪斜一下,拿文件的手也在微微地颤抖着,更为奇怪的是,他的双脚在那不停地滑来滑去。稍微想了一下,总经理顿时明白了其中的原因。会议结束后,总经理让陈经理留了下来,说有事要单独和他谈谈。待陈经理坐下后,总经理单刀直入地问道:"你为什么要在总结工作时撒谎?"一听这话,陈经理顿时满脸通红,连忙向总经理道歉,并请求其原谅自己。

为什么总经理知道那位陈经理在撒谎呢?很简单,因为陈经理在说谎的时候，尽管他做出了一些虚假表情，如面带微笑，并且努力控制自己的手部动作（其实还是没有完全控制住，仍旧在微微颤抖），但是他没有意识到在自己的发言中嘴角出现了歪斜，更为重要的是，他没有意识到自己下半身的动作增多了，如双脚在那"滑来滑去"，这些恰恰是一个人说谎时的动作。而他的这一切，正被总经理尽收眼底。这也是为什么很多企业的总裁总是喜欢坐在不透明的办公桌后面，让桌子遮住自己的下半身，他们才感到舒适自在。因为一个人在撒谎时，他虽然可以控制上半身的动作、表情，但却无法有效控制下半身，尤其是腿和脚部的一些动作。

因此，当我们看到一个人双脚处于一种不安的状态，不停抖动或者移来移去，说明这个人的情绪也处于一种比较紧张的状态，或者在撒谎，或者内心处于一种不安定的状态。

把头撇开是因为想要逃避话题

我们已经知道，人们说谎时，会下意识地避免与对方对视，例如低着头或者移开视线。如果此时说谎者内心十分紧张不安，他就会做出进一步的防卫动作，例如把头撇开，就好像在说："别再问了，我不想谈这个话题。"

把头撇开是人们说谎时的一种典型的防卫动作。如果仔细观察正在谈话的两个人就会发现，如果一个人对话题感到轻松自在有兴趣，会不自觉地把头靠向对方，仿佛希望进行更深入的交流。反过来，如果一个人身体后侧，把头撇开不看对方，说明正在谈论的事情令他感到不安，想要停止谈话。清白诚实的人面对别人的责问时，会积极地展开攻势，他之所以激动是因为不想被人冤枉。而心虚的人则会因为不安而做出防卫性的姿势和动作。

例如，乔安娜和约翰为一件事情大吵了起来，乔安娜认定约翰做了什么，如果约翰把头撇开，却不作辩解，那么看来确实有什么事情发生了。相反，如果约翰十分激动地立刻辩解澄清自己，他很有可能就是无辜的。

把头撇开已经显露出内心的紧张和不安，如果说谎者面对提问极度不安，就会想要逃避，但他不会拔腿就跑，而是寻求空间的庇护。就好像我们受到威胁时想要躲避逃走一样，人们在说谎时，心理上处于劣势，担心谎言被识破，会不自觉地移开身体，他绝对不会主动靠前，而是退后或者转身，以此躲避直面指控的威胁。例如，把身体转向门口的方向、背靠墙壁，而不是坐在屋子中间，因为这样他看不见背后发生的情况会更加不安。另一种方式是直接寻找"盾牌"来保护自己。例如紧紧地抱着一个抱枕、书包挡在自己的胸前，或者把酒杯放在身前，这些都是在两人之间制造一种障碍物，好像士兵举着盾牌来保护自己免受伤害，说谎的人利用这些物体挡在两人之间，免受言辞的威胁。

换句话说，人们交谈时，身体姿势和动作的开放程度和他的可信度成正比。一个人的姿势动作越舒适自在，就越说明心中坦荡无欺，因为他知道自己是清白的，所以没必要紧张不安。而对方如果不敢看你、不敢正面对着你、不敢接近你，那就是说谎的征兆。

说谎者无法倒着叙述事情

从谎言的形式上我们可以把谎言分为两种，一种是掩盖事实，另一种是编造或者篡改事实。掩盖事实比较容易，而编造和篡改相对来说需要比较高明的说谎技巧，因为它需要说谎者无中生有，而既然是无中生有，就很容易露出破绽。当说谎者不断重复谎言时，难免会出现自相矛盾的地方，只要我们留心观察和分析，就很容易识破谎言。

美剧《别对我说谎》中有这样一个情节，识谎专家Gillian负责调查一位国会议员，当Gillian询问议员："你上周五晚上是怎么度过的？"议员为了掩盖自己经常出入俱乐部的事实，于是开始编造所谓的"不在场证明"，他说："我去国会的健身房游泳，然后回家看文件，吃过晚饭之后，我出席了一场社交活动。"这位议员的表述十分平静自然，似乎看不出什么破绽，然而Gillian要求他倒着再描述一次,即从他做的最后一件事开始往回说。议员立刻显示出来不安和惊慌,他开始语无伦次,完全不符合之前所描述的情形。

这是因为,当人们编造谎言时,倒着时间顺序来描述会非常困难,因为他先前编造出来的情形并不是真正的记忆,虽然说谎者会实现准备好要怎么回答,却几乎从来不会想过还要倒着顺序准备一遍,因此会显得惊慌失措,立刻就暴露了自己。我国历史上也有类似的事例可供参考。

唐朝初年,有一位刺史叫李靖,被人诬告意欲谋反,唐高祖指派一名御史调查此事。恰巧这位御史是李靖的故交,他知道李靖做人正派、为官清廉,绝不会做出大逆不道之事,一定是遭人陷害。这位御史左思右想,想到一条妙计。他向皇帝请旨,请告密者共同前去查办此案。皇帝欣然应允。途中,御史假装丢失了告密者的检举信件,四处寻找,假装非常害怕的样子对告密者说:"这下完了,重要的证据被我弄丢了,不过还好,有您在,劳烦您再写一份就是了。"

那告密者无从推脱,只好硬着头皮,凭着记忆,又编造一份假证据。御史将这份新检举信与原件一比较,除了告李靖密谋造反的罪名一样,所列举的证据大相径庭,时间、人物都难以对上号,显然是恶意编造的诬告信。

御史巧妙地引出告密者自相矛盾、前后不一致的证据,揭穿了诬告谎言,使案件水落石出。

与前面倒着叙述的方法相类似,要求说谎者在不同的时间重复自己所编造的谎言同样可以让对方大乱阵脚。因为临时遗忘而编造另外的谎言能使人抓住自相矛盾的地方,即使事先有很充裕的时间来准备,说谎的人很谨慎地编造了台词,但假如他不够机灵的话,他也无法预期对方反问的所有问题,仔细想好所有的答案;而且,就算说谎的人很机警,当时的情况也会引出突发事件,本来说词是可以骗到别人的,但是一旦发生这种突然的改变,就会出现漏洞。

用暗示的方法回应，不作正面回答

文学作品的描写方式有正面描写和侧面描写之分，谎言也是如此。说谎的人通常不愿意正面回答你的问题，他们既不想承认事实，又不想撒谎，所以往往采取一种折中的办法来应付你的提问，那就是暗示性的回答。

老师问小玉："我发现最近你的作业和小芳很相像，她做对的你也做对，她做错的你也做错，你们俩是不是互相抄袭作业了？"

小玉低声说："我和小芳平时都不在一起玩，我妈妈每天都守着我写作业呢。"

像小玉这样的回答等于根本没有回答，面对老师的问话，她不能不回答，但又害怕被老师责骂，所以只能用"妈妈守着我写作业"来暗示自己是诚实的。暗示性的回答一方面避免了承认错误的麻烦，另一方面又可以减轻自己说谎的内疚感。除了暗示的回答方式之外，说谎者惯用的答话方式有下面5种：

1. 套用你的话回应你，拖延时间

说谎的人在面对突如其来的盘问时，一时间来不及编造好答案，往往套用对方的问话来回应，以此拖延时间，来准备好一套说辞，对于说谎的人来说，一秒钟比一分钟还长，这个时间足以做好准备。

妻子问丈夫："你是不是偷看我手机短信了？"丈夫有些慌张地反问道："谁偷看你手机短信了？"妻子又问："那你刚才拿我手机干吗？"丈夫说："我拿你手机干吗？我以为有电话就帮你看了一下。"

套用你的话作为回应，不需要进行思考而且显得反应迅速，这就像早上上班时同事之间互道"早安"一样自然，根本不需要用大脑思考，就按照对方的话进行回应。除了反问和重复对方的话之外，另一种套用方式就是把肯定句换成否定句作为回答，如果对方说："你撒谎了。"心虚的人会回答："我没有撒谎。"而清白

的人会回答:"我说的是实话。"

2. 利用反问来拖延时间

就像套用你的话来回应一样,反问也是故意拖延时间编造谎言的手段。反问对方有时比套用对方的话更有效,因为反问过后对方还需要时间回答,反问使说谎者进一步争取到了编造说辞的时间。常见的反问伎俩例如:"你这是什么意思?""你怎么会问我这种问题?""你听谁说的?""你觉得呢?"

说谎者不但利用反问来争取思考的时间,还可以突现自己的气势,一副理直气壮的样子,有时甚至会以此震慑对方,不敢再多问。

3. 主动提供更多的"信息"

说谎的人知道,如果自己什么都不说,正是心虚的表现。因此,他们可能反其道而行之,不但大大方方地回答你的问题,而且还主动提供更多的相关信息,一直到对方相信了为止。

妈妈盘问儿子周六一整天都去了哪里,儿子撒谎说去市图书馆看书了。见妈妈一脸的怀疑,儿子又接着说:"我还在图书馆遇见小明了,他说他每个周六都去那儿看书。"妈妈没说话,转身接着切菜。儿子赶紧又说:"小明还让我下周五去他家给他过生日,他还请了好多同学。"

就像这样,说谎的人急于确认你理解了他的意思,如果你表现出怀疑的神情,他就会继续提供更多的"信息"作为证据,可能会牵涉到更多的人物和事件,因为人们往往相信,描述得越具体的事情越有可能是真的。

4. 说漏了嘴

很多说谎者都是由于言辞方面的失误而露馅的,他们没能仔细地编造好想说的话。即使是十分谨慎的说谎者,也会有失口露馅的时候,弗洛伊德将之称为口误。人们常会在言辞中违逆自己意思,同时在内心中潜藏着矛盾,以致稍一大意就会说出本不想说的或相反的话，从而在口误之中暴露了内心的不诚实。因此，口误的必然情形便是说话者要抑制自己不提到某件事或不说出自己所不愿说的东西，但又因某种原因而"说走了样"。因此，偶然出现的口误有时恰恰就是真相所在。

5. 漫不经心地描述一件重要的事

当我们不希望某件事情引起别人的注意时，我们会尽量使用平淡的语气来叙述，最好是轻描淡写地一笔带过，这也是说谎者常用的手段，他们对那些可能引起你怀疑的事情进行淡化处理。例如，你和妻子一边吃饭一边聊天，她忽然说："哦，对了，我明天晚上要去参加一个朋友的生日聚会。咱爸的生日也快到了，我们想想准备什么礼物吧。"如果你的妻子平时除了工作以外很少出门，更不喜欢去人多闹腾的地方凑热闹，而朋友的生日聚会她却一点儿也不重视，那么明天的活动就疑点重重。快速地转移到父亲的生日话题上，表明她企图转移你的注意力，可见事情一定有蹊跷。

说话声音高而缺乏变化，是明显紧张的表现

人们说话时，不仅说话的内容在传达信息，说话的声音也能表达含义。我们可以有意识地控制自己说什么，但很难控制自己的声音，特别是在说谎时情绪紧张的状态下，即使能够毫不费力地控制措辞，也很难掩饰自己声音的变化。情绪会影响我们说话的音调、音质和音量。例如，人们生气时，说话声音会变大、语速加快，音调提高。而当人们情绪低落时，说话比平时更慢，而且声音低沉、音量小。

人们在说谎时声音会变高，而且声调平平、缺乏抑扬顿挫，这是因为说谎者的声带像身体其他部位的肌肉一样，因压力而紧绷，所以音调变高，带有欺骗性质的陈述不会像发自内心的坚定观点那样带有抑扬顿挫，而是缺乏变化的平淡无味的声调。

说谎者的情绪差别也会导致不同的声调变化。有研究发现，当说谎者觉得自己有罪时，声音会变得像愤怒的时候一样，更快、

更高、更大声；当说谎者觉得非常羞愧时，声音会变得像忧伤的时候一样，更慢、更低、更平缓。

通过语速也可以判断一个人是否在说谎。平时少言寡语的人突然间高谈阔论起来，我们就可以据此推测这个人有可能藏有不可告人的秘密。平时快人快语的人突然变得沉默寡言，我们就可以据此推测这个人很可能想要回避正在谈论的话题，或者对谈话对象怀有敌意和不满之情。回答问题的速度也是重要的线索，特别是关于价值观和信仰方面的问题，作答并不需要时间考虑，但是如何回答会影响别人对自己的看法。因此，说谎的人需要较长的时间考虑之后才会说出符合主流价值观的答案。同样，反应的速度过快也很蹊跷，就好像是事先已经准备好了答案等着你问他了，如果他平时说话都慢腾腾的，却突然不假思索地给出一个答案，那么这个说法绝对不可信。

除了声音的变化和语速之外，人们在说谎时还会有其他一些典型的语言特点。例如在谈话中停顿的时间过长或过于频繁，会延长用来停顿的语气词，如"嗯……""哦……"，说谎者利用停顿的时间来想好下一步应该怎么说，或者直接因为紧张而变得结结巴巴。

根据有关研究，人们说谎时流露出的各种信号的发生率，如下所示：

（1）过多地说些拖延时间的词汇，比如"啊""那"等词占到40%。

（2）转换话题率为25%，比如，"因为临时有事情，那天去不了。"

（3）语言反复率为20%，例如，"本周的星期天吗？星期天要加班？"

（4）口吃现象为9%，例如，"什、什么？"

（5）省略讲话内容，欲言又止占5%。

（6）说些摸不着头脑的话。

（7）说话内容自相矛盾。

（8）偷换概念。

以上信号中，如果在对方讲话时有好几处得以验证的话，那就表明他是在说谎或者是有难言之隐。当然，这只是研究得出概率统计，仅供大家参考。总的来说，声音变化是判断一个人说谎与否的重要线索，当我们听别人说什么的时候，也要留心他是如何说的，这样才能有效地识别谎言。

提到的数字都是同一个数或是它的倍数

前面提到过，说谎大王通常都是"记忆专家"，他们能够清楚地"记得"很久以前的某一天自己去了哪里、干了什么，事先编造好的说辞可以一遍又一遍地重复一字不差。但是，一旦事情涉及数字，就没那么简单了。编造出来的数字会呈现出一定的规律，说谎者为了让自己的说辞显得流利顺畅，通常会落入数字的陷阱中，为了不出错，他们总是使用相同的数字或者同一个数的倍数。

在一次面试中，面试官询问应聘者过去的工作经验。

面试官："你做过几年的销售工作？"

应聘者："我做过6年销售工作，分别在3家不同的家电公司。"

面试官："谈谈你在上一家公司工作的情况。"

应聘者："我负责一个6人的销售团队，曾经连续3个月获得'最佳销售团队'的称号。"

应聘者在回答问题时反复提到3和6这两个数字，如果面试官足够聪明，应该知道这意味着什么。当数字信息重复出现时，往往并不是"纯属巧合"。

可见，虚构的情节总会显现出一些特征，除了重复出现的数字之外，事事完美的情节也是虚构事件的典型特征。诚实的回答通常同时包括正面和负面的情节，例如对方告诉你今天虽然路上堵车，但是他见到了多年的老同学，俩人聊得很开心。而虚构的情节总是事事完美。人们在撒谎时总是会忽略掉那些负面的东西，好让别人听起来更容易相信，而这恰恰就是谎言的破绽之一，把手机忘在出租车上、飞机晚点等信息是不会出现在虚构的情节中的。另外，如果你要求对方解释约会迟到的原因，他会告诉你路上塞车、出门忘带东西又返回去取等理由，在对这类问题撒谎时，大多数人则会编造一些令人头疼的负面的情节，这就要另当别论。

虚构情节的第三个特征是不涉及他人的观点，即第三人的想法和态度。尽管人们说谎时会非常谨慎地编造故事情节，但是他们通常只能够顾及自己的思维层面，要把其他人的观点加进来不是件容易的事，谎言被识破的风险会立刻增加一倍。因此，虽然人们的谎言中常常涉及他人，但是几乎不会把他人的观点纳入其中。

例如，你问女友周日的行踪，她说和朋友出去逛街了，具体又可能有两种不同的描述：

（1）"我和娟姐去西单逛街了，她买了两条裙子，我本来看上一双高跟凉鞋，可惜没有我的尺码。"

（2）"我和娟姐去西单逛街了，她买了两条裙子，她说我的眼光真好，帮她挑的裙子都特别适合她。我本来也看上一双鞋子，可惜没有我的尺码。"

乍看之下，这两个回答是一样的，唯一的差别在于第二个回答包含了第三人的观点，即娟姐对"我"挑衣服眼光的评价，这样的回答更可信。而如果女朋友的回答是第一种，那么你或许应该在多问几个问题来试探真假。虽然不涉及他人观点的回答未必一定是假的，但包含了他人观点的回答，通常是值得相信的。

总之，当提到的数字都是相似的，或者是这个数字的倍数，或者不涉及第三者的评价时，有可能是在说谎。

谎言往往这样开始

经验丰富的撒谎者经过长期的摸索和总结，形成了比较完整的说谎套路，他们知道怎样说谎更容易取得他人的信任。识破说谎者惯用的伎俩可以帮助我们迅速地辨别谎言，一般来说，说谎者往往会运用下面这几种方式：

1. 半真半假，真话假话混着说

自然界的许多动物都有保护色，不容易被自己的天敌发现。谎言也往往有"保护色"，那就是谎话里面穿插的真话。高明的说谎者惯用的伎俩之一就是用真话来掩饰谎话，说话时半真半假，真真假假的成分掺杂其中，让人难以分辨，从而达到迷惑人心的目的。例如，有些医德败坏的医生明明知道病人得的是无药可治的绝症，在讲了一些病人的真实病况后，却引出一个闻所未闻的进口药，声称此"药"可治此病。这种真真假假、假假真真的话语，让人辨认起来更难分清哪句是真，哪句是假。

2. 主动亮出自己的"私心"

精于撒谎的人通常也是洞悉人性的高手，懂得利用对方的心理。例如说谎者常常会主动亮出自己的"私心"，但他亮出的只是一个假的"私心"或小的"私心"，是为了掩饰自己内心真实的想法，而真的"私心"或大的"私心"，他是不会说的。例如，导游在带领游客到商场购物时，会事先主动告诉游客，自己可以从中拿到回扣，但是只有5%而已。比起那些拒绝承认回扣一事的导游来说，游客们觉得这位导游很实在，因此不会有抵触的情绪，反而会多买一些商品。其实这位导游拿到的真正的回扣可能超过了20%。这种谎言利用的是人们"以诚相待"的心理，即用"小诚"来换你的"大诚"。

3. 贬低自己

人们往往以为那些自吹自擂、夸夸其谈的人更容易撒谎，其实高明的撒谎者反而会做出谦虚谨慎的样子，故意贬低自己，从而降低对方的防范意识，容易获得对方的信任，待取得对方的信任后再开始"大动作"。

总的来说，如果人们开始出现以上几种行为时，他们有可能要说谎了。

第十五章
判断真实意图，
解读老板微行为理解其心理状态

老板的手势有何含义

当你同老板交谈时，他说话的内容有时可能不会表达出他内心的真实想法或意图。这种情况下，就需要你对老板的手势加以观察和分析，进而了解、判断他的真实想法或意图。

正如前面所说，手势主要包括手掌姿势、握手姿势。因此，具体来说，你可以通过观察老板的手掌姿势和握手姿势来了解他的真实想法或意图。

手掌姿势是一个人向对方表达自己诚意的重要方式。它主要包括这样两种姿势，即掌心朝上，或是掌心朝下。如果老板掌心向上向你伸出手掌，表示他对你坦诚开放或是信任，有"实话实说"的意义；如果老板向你伸手时掌心向上，则意味着他想向你显示他的权威，或是你必须服从他，再或是他想压制你。

握手的姿势主要分为平等式、顺从式和支配式 3 种。一般来说，老板在和下属握手时，不会采用顺从式。如果老板和你握手时，他主动采取平等式握手姿势，则表明他很在意你，更多是把你当成他的一个朋友，而不是下属。如果老板采取支配式姿势与你握手，则表明他想控制你，同时想向你显示他的主宰地位和尊严。如果老板和你握手时仅是象征性地轻轻触一下你的手，则表示他不太重视你,或是不太相信你的能力。

　　双手交叉相握和塔尖形的手势也是很多老板喜欢用的,如果他双手交握,则表示他正试图压抑负面、否定的态度,而其双手交叉的高度和其负面情绪密切相关,双手交叉的高度越大,其负面情绪就越强。这种情况下,你可以采取某种措施让他放开紧握的双手,以减轻敌对情绪。如果他做出指头重叠的塔尖形手势,则表示他充满自信和优越感。

　　有些时候,老板喜欢把手放在背后以此来表现自己的威严,但是如果他说谎或者有所隐瞒,也会不由自主地把手放在背后或者兜里。尽管以他的身份和地位没有必要因为欺骗你而感觉惊慌,但他还是会情不自禁地做出这种略显幼稚的动作。

　　与前面提到的令人很不舒服的用食指表达命令一样,有很多霸道的老板也喜欢用食指来表明自己的意图,尽管这一姿势带有极强的攻击色彩,他也从来不会管下属对这个手势是否觉得舒服。一般来说,如果老板在讲话时用食指指着你,表示他在命令、指责你,或者是想控制你。如果他对你竖起大拇指,虽然对你有赞赏之意,但更多还是在表现他的控制权、优越感和自信。

老板身体语言中的不寻常

　　老板或领导们在日常生活中很多看似寻常的姿势,往往深藏着许多不寻常的信息,而我们经常将这些看似寻常姿势的含义给忽略了。那老板和领导们在日常生活中究竟会做出哪些看似寻常但实际上却不寻常的动作姿势呢?具体来说,这些动作姿势主要有:

1. 头部姿势

　　持中立态度的人一般会把头部抬高,并静止不动。如果老板或领导们把头倾向一边,则表示他对目前的事很感兴趣,情绪状态也较好;如果老板或领导们把头低下,则表示他此时的情绪状态较为低落,或是烦躁,对面前的事更多的是持否定、批评态度。如果老板或领导们一边轻微摇头一边口头称是,那么他一定是在伪装，你也最好不要相信他此刻所说的话。

2. 腿部姿势

如果老板或领导们在与你谈话的同时，跷起了二郎腿，则说明他此刻对你说的话题不太感兴趣，或者是他对你有所保留和提防，即使你没有对他们的地位、尊严，或是权势造成任何威胁。如果老板或领导们在与你谈话的同时，做出了"T"字形动作，则表示他在向你炫耀他的地位、权势、尊严，以及自信和支配权。这时，他们嘴上可能在赞扬你是多么的出色，但实际上他们心里却在这样嘀咕："你还差得很远呢""你比我当年差远了"，等等。

3. 手臂姿势

心理学家研究发现，手臂交叉一般带有负面、紧张或防卫的色彩。如果老板或领导们对你做出此种姿势，则表明他们对你存有戒心，不会轻易相信你说的话，更不会把一些重要的任务派发给你。因为，在他们潜意识里，你已经威胁到他们的地位、尊严和权势。有些时候，当老板和领导们彼此见面时，他们也会将手臂交叉起来。他们之所以会这样做，最主要的目的就是将自己的身体和对方隔离开来，进行自我防卫。

勿闯老板的禁区

生活中有很多禁区，如私人住宅、公共区域里面的花园以及军事禁区等。同样，在与老板相处的时候，也存在种种"禁区"，虽然它没有明确规定员工不得入内，但实际上却是绝不允许下属越权随意进入的。一旦你越权进入，不但加薪升职的愿望会化为泡影，更为严重的是，你的"饭碗"可能会因此不保。那老板究竟有哪些"禁区"是绝不容许员工随便进入的呢？具体来说，有这样一些"禁区"员工不得入内。

1. 不介入老板的家事

正所谓"家家有本难念的经"，老板的家同样也不例外，很多时候可能老板家的"经"还特别难"念"。作为员工,在任何时候都不可插手老板的家事,因为家事在某种程度上说就是私事。没有哪个人喜欢让自己的私事大白于天下,不然人们也不会说"家丑不可外扬"了。如果老板向你倾诉他的家事,你最好是左耳进右耳出,不发表任何评论。切忌不可将老板的家事当成茶余饭后的谈资,如果他一旦发现你这样做了,毫无疑问,你的结局只有一个——让你马上离开公司。

2. 不评论老板的感情生活

在职场上,老板的感情生活一直是个敏感话题。对于那些道听途说的关于老板的"艳事",你最好能一笑了之,切不可"添油加醋",或是大肆传播,更不可去老板那儿探听口风。一旦那样的话,你很可能会马上收到一封辞退信。遇到这种事情,你最好三缄其口,不发表任何评论,好好干自己的工作。

3. 不代做决策

某些时候,老板可能会让你在办公室做一些案头工作,比如说起草文件,收发文件、合同等。这时你可不能"飘"起来,俨然自己成了老板。任何时候都要清楚知道谁是老板,谁是员工。因此,即使老板不在办公室,有关公司决策的事,你也无权代做任何决策,哪怕仅是一个很小的决策,否则就是越权。

4. 不能用命令的口气对老板说话

虽然我们一直强调,人都是平等的,但在职场上老板就是老板,员工就是员工,两者之间有一条鲜明的界限。老板用命令的口吻对员工说话那是正常的,如果员工也对老板采取命令的口吻与老板说话,通常情况下,老板是不能接受的。因为这样会让他觉得自己的尊严、地位、权力受到了你的严重挑战。这种情况下,他很可能会让你走人。

5. 不与老板发生恋情

这主要是针对女性来说,女秘书与老板相处的时间自然要比其他人多，当然也就容易成为老板倾吐压力与挫折的对象，两人之间因此产生男女私情。但这种恋情的成功率并不高，绝大多数的情况是老板"深思熟虑"后，找一个借口将"已具危险"的女秘书扫地出门。

可见，我们都能由表及里从表情中读懂老板的内心世界，甚至能探知这个心灵世界的演化过程。

从办公桌的状态看老板

每个人在工作的时候都会有一张办公桌，就在这一张桌子上，如果够仔细的话，也可以发现许多的秘密，了解一个人到底是什么样的性格。

不管是办公桌的桌面上还是抽屉里都是整整齐齐的，各种物品都放在该放的位置上，让人看起来有一种舒服的感觉，这表明老板办事是很有效率的，他们的生活也很有规律，该做什么事情，总会在事先拟定一个计划，这样不至于有措手不及的难堪。他们很懂得珍惜时间，能够精打细算地用不同的时间来做更有意义的事情，而不是浪费掉。他们多有一些崇高的理想和追求，并且一直在为此而努力。但是他们习惯了依照计划做事，所以，一些出乎意料的事情常常会令他们感到不知所措。在这一方面，他们的应变能力显得稍微差一些。

在抽屉里习惯放一些具有纪念意义物品的老板大多是比较内向的。他们不太善于交际，所以朋友不多，但仅有的几个却是非常要好的。他们很看重和朋友之间的感情，所以会分外珍惜。他们有一些怀旧情结，总是希望珍藏一些美好的回忆。但他们比较脆弱，容易受到伤害，而且做事也缺少足够的恒心和毅力，常常会在挫折和困难面前不战而退。

抽屉和桌面全都是乱糟糟的老板，他们多待人相当亲切和热情，性格也很随和，做事通常只凭自己的爱好和一时的冲动，三分钟热情过后，可能就会自然而然地放弃。他们缺少深谋远虑的智慧，不会把事情考虑得太周密，也没有什么长远的计划。他们生活态度虽积极乐观，但太过于随便，不拘小节，经常是马马虎虎、得过且过，但是他们的适应能力比一般人要强一些。

桌面上收拾得很干净、很整洁，但抽屉内却是乱七八糟，这样的老板虽然有足够的智慧，但往往不能脚踏实地地做事，喜欢耍一些小聪明，做表面文章。他们性格大多比较散漫、懒惰，为人处世并不是十分让人信任。在表面上看来，他们有比较不错的人际关系，但事实上，却没有几个人是可以真正交心的，他们也是很孤独的一群人。

各种文件资料总是这里放一些、那里也放一些，没有一点规则，而且轻重缓急不分，这样的老板大多做起事来有头无尾，总也理不出个头绪来。他们的注意力常被一些其他的事情分散，从而无法集中在工作上，自然也很难做出优异的成绩。他们也想改变自己目前的这种状况，但是自我控制能力很差，总是向自我妥协，过后又后悔不迭，可紧接着又会找各种理由来安慰自己。

桌子和抽屉里都像是垃圾堆，找一样东西，往往要把所有的东西全部翻个遍，到最后可能还是找不到，这样的老板工作能力差，效率也极低，他们的逻辑思辨能力非常糟糕，大多也缺乏足够的责任心。

从"气"上看老板

观察老板的"气"，可以发现他的沉浮静躁，这是衡量一个人是否能做大事的必备素质。气沉者稳，气浮者躁，气虚者漂。

沉得住气，临危不乱，这样的老板可担当大任；浮躁不安，毛手毛脚，这样的老板难以集中全部力量去工作，做事往往知难而退、半途而废。但要注意：活泼好动与文静安详不是沉浮静躁的区别。

底气足，干劲足，做事易集中精力，能持久；底气虚，精神容易涣散，多半途而废。文静的老板也能动若脱兔，活泼的老板也能静若处子。

心浮气躁的老板,做什么事都精力涣散,小事聪明,大事糊涂,该粗心时粗心,该细心时也粗心,不能真正静下心来思考问题,而且遇事慌张,稍有风吹草动就气浮神惊起来。

战国时有一个故事也表现了观"气"识人心的重要性和可行性:

齐桓公上朝与管仲商讨伐卫国的事,退朝后回后宫。卫姬一望见国君,立刻走下堂一再跪拜,替卫君请罪。桓公问她为何请罪,她说:"妾看见君王进来时,步伐高迈、神气豪强,有讨伐他国的心志。看见妾后,脸色改变,一定是要讨伐卫国。"

第二天桓公上朝,谦让地接见管仲。管仲说:"君王取消伐卫的计划了吗?"桓公说:"仲公怎么知道的?"管仲说:"君王上朝时,态度谦让,语气缓慢,看见微臣时面露惭愧,微臣因此知道。"

齐桓公与管仲商讨伐莒,计划尚未发布却已举国皆知。桓公觉得奇怪,就问管仲。管仲说:"国内必定有圣人。"桓公叹息说:"白天工作的役夫中,有位拿着木杵而向上看的,想必就是此人。"于是命令役夫再回来工作,而且不可找人顶替。

不久,拿着木杵向上看的人到来了,管仲说:"一定是这个人了。"就命令傧者带他来晋见,分级站立。管仲说:"是你说我国要伐莒的吗?"

他回答:"是的。"

管仲说:"我不曾说要伐莒,你为什么说我国要伐莒呢?"

他回答:"君子善于策谋,小人善于臆测,所以小民猜测。"

管仲问:"我不曾说要伐莒,你从哪里猜测的?"

他回答:"小民听说君子有三种脸色:悠然喜乐、是享受音乐的脸色;忧愁沉静,是有丧事的脸色;生气充沛,这就是将用兵的脸色。前些日子里小民望见君王站在台上,生气充沛,这就是将用兵的脸色。君王所有说的都与莒有关。小民猜测,尚未归顺的小诸侯国惟有莒国,所以说这种话。"

通过这个故事我们知道,观"气"识人心可以做到未雨绸缪。

从工作的习惯观察你的老板

古人云:"良禽择木而栖,良臣择主而事。"而作为一个现代人,如何识别一个老板是优秀的还是拙劣的,与自身的前途休戚相关。这里向你推荐一套识别老板能力的自测法,请参考使用。

1. 专业知识转化能力的识别法

他是否研究过本领域中已经做出或正在做出优异成绩者的方法和想法?他是否能跟上其他地方的发展趋势?他是否经常尝试由调查研究得出新的方法?

2. 对公司政策理解能力的识别法

他是否能彻底理解目前公司的全部政策?他是否能辨别重要战略与例行政策?他是否真诚地用恰当的方式向有关人员解释所有的政策?他是否预见到对新政策的需要并提出相关的建议?

3. 计划能力的识别法

他在给下属分配任务时,是否在切实可行的基础上发挥了他们的最大才能?他在计划和组织方面是否显示出首创精神和才能?他是否预见到工作中的困难与变化并早做安排?他是否鼓励下属参与同他们的工作有关的计划和组织工作?

4. 指挥、协调和控制能力的识别法

他是否按时完成自己的计划和工作目标?他是否经常对自己的决定承担完全责任,而并不苛责他人?他对工作质量和精确性的控制是否一致并保持高标准?他是否经常注意改进方法并把全体有关人员协调成有效的整体?

5. 人员选拔和培训能力的识别法

他是否善于选拔和安置合适的人员?他发出的指示是否简洁明了?他是否是一个能干的在职指挥者?他在培训单位每一职位上的见习人员方面是否非常有效?他是否赏罚分明,向他们解释成果并帮助他们提高绩效。

6. 人际关系方面的能力的识别法

他是否总是体贴和关心下属？他是否有情绪上的稳定性和善于用高尚的人格赢得群体的信任，鼓舞下属的士气？他是否能明智而有效地维持纪律？他在处理困难问题时，是否机智、灵活、沉着、稳重？

7. 公共关系方面的能力的识别法

他是否在思想和行动上与同事们保持一致并良好地合作？他是否促使人们忠于组织而不是促使人们忠于他个人？他是否力图改进他自己的以及其下属的公众关系？他能否建设性地处理困难的公共关系问题？

如果在上述问题中，有一半以上回答是肯定的，作为一个老板，他的能力只是一般；如果有 2/3 以上回答是肯定的，作为老板，他的能力是合格的；超出以上比例的肯定答案，则为优秀老板。

从老板的个人素质识别他的领导能力

在领导活动中，老板的素质和性格存在于同一载体，既可以通过老板表现出来，同样可以通过员工、客户反映出来。正确认识和对待老板的素质，先要弄清素质与性格之间的区别和联系。

性格的主体是所有的人，人的性格没有高低、优劣之分。老板也是人，也有性格和脾气等问题，性格和脾气必然对老板的素质有影响。但性格并不等于老板素质，老板素质更不等于性格。

同样性格的老板可以表现出不同的老板素质，同样素质的老板也会表现为不同的性格，各种性格的人都有可能成为具备一定素质的老板。

老板素质是衡量老板优劣、成熟的尺度，反映了老板能力的高低。要正确认识和把握老板素质，得弄清楚它和老板技能的关系。

老板技能是指领导方法、领导手段和领导艺术等。老板技能和老板素质有时难以区别。人们说一个人具有老板素质并不是抽象的。实际上，老板素质所包含的老板技能，指的是比较成熟，已经被老板所运用的东西,并不是没有被老板吸收消化的东西。

当老板素质表现在老板技能方面时,老板处理问题就显得独放异彩,可见老板技能越高,老板素质就越高。在实践中,仅仅老板技能高明就能保证整个企业团结一致,排除困难取得成绩吗?这样还是不能的,还涉及老板的修养、胆识、度量等因素。

例如:如果老板仅仅注意生产,在这一方面方法得当,指挥有方,但是没有妥善对待员工,企业运行状况也是不佳的。

21世纪的老板依据原则创造文化或者价值体系,在新时代中,创造这样的企业文化是一项巨大且振奋人心的挑战。只有老板才能完成这些,然而老板必须有勇气和眼光,应该虚心请教。

那些积极学习的老板或企业会产生持续耐久的影响力,学习方式包括聆听、在市场中感觉和预测需求、评价以往的成功与失败、吸取教训等。

这种学习型老板不会抵制变化,他们欢迎变化的来临。

世界发生了深刻的变化,这种变化并没有停止,在人们周围不停息地发生着。而消费革命的步伐也加快了,人们比以前更加聪明,存在着相互竞争的力量。质量的标准不断提高,在全球市场上,使得企业没有办法掩饰自己质量上的缺点。在一个地方性市场上,若一个企业的产品达不到质量标准,还有可能生存,然而在全球市场上却无法生存。

因此,市场要求老板转换观念,企业必须以灵活、迅速的方式生产出商品并且发送出去,在满足顾客需求上要一视同仁。老板不仅要充分发挥员工的创新能力和才华,还要为员工创造有利的条件,鼓励并且奖赏员工的行为。

从老板的领导方式看他

1. 决策型领导方式

采用决策型领导方式的老板认为,他们的工作就是创立、设计和实施左右企业未来命运的战略。因为他们的位置能够俯瞰企业的各个角度，所以他们有能力去决定企业的资源分配和经营方向。

老板通过各种行为来明确企业的目的和出发点。老板把80%的时间用在和企业经营有关的外部事物上，例如顾客、竞争者、技术优势和市场趋势，而并非控制人力系统等内部机制。

这些老板看重的是他们能委派日常经营业务，拥有高度分析与计划能力的员工。

打开一个决策型老板的日程安排表，你能发现他的时间分配集中于同一主题：收集、总结和分析数据、这些老板们的主要工作就是为了制定下一步战略决策，收集和测试市场、经济趋势、顾客购买模式、竞争对手的生产能力等企业经营的外部因素信息，为了增加信息的来源，他们往往求助于公司的行动小组或者咨询专家，如饥似渴地从刊物、市场调查等信息途径获取需要的数据。

决策型老板想了解顾客的心理，尽量多搜集关于竞争对手的技术、竞争优势和客户集团的资料。决策型老板集中精力去了解企业的能力，企业决策的贯彻程度。企业擅长什么呢？企业的业务开展情况怎样？企业最低的成本、交货速度怎样呢？总之，决策型老板致力于判断企业的经营状况，选择企业的奋斗目标，制定连接二者之间的经营战略。

在许多成功的企业中，老板谨慎地分析经营环境，决定企业需要的管理特征，接着选择相应的领导方式。有时，老板所选择的领导方式和老板的性格相符，有时却又不相符。经研究得出，为了能成功地经营企业，一些出色的老板需要压抑其性格特点，或者培养自己所不具备的一些特性。

2. 以人为本型领导方式

与上一类领导方式不同，以人为本的老板们相信决策的制定，是接近市场的一线经营单位的责任。所以，他们的主要责任是，通过关注人才的成长和发展替企业灌输价值观和行为意识。他们经常出差，把大部分时间用在招聘、职业规划和工作检查等活动上。

他们的目标就是创建一个企业各级员工可以像经理一样制定

和实施企业的经营决策的管理模式。他们重视的是展现"公司行为方式"的长期员工，而不是无视规范独来独往的天才。

许多采用这一领导方式的老板都觉得，由老板制定长期经营决策是不明智的做法。反之，他们认为在独特的企业中，成功的关键依赖于间接控制，就是由企业员工来制定决策，让员工和顾客们打交道、开发新产品等。

他们能够赋予员工权力，使员工在未经公司许可的情况下快速而果断地采取措施。这种权力只交付给那些根据公司原则从事的员工，在一个以人为本的老板管理的公司中，这样的员工人数众多。

基于价值观和企业日常实施决策时所培养员工行为的等同性，是以人为本领导方式的主要思想。

3. 专业型领导方式

采用专业型领导方式的老板认为，他们的责任就是选择或在企业内部吸收专业知识，把它转化为企业的竞争优势。在他们的日程表上，主要工作与培养或发展专业技术有关。

例如，学习新的技术，分析竞争者的产品，接见工程师和顾客。他们往往集中精力于设计一些培训计划、提拔政策等程序，用于奖励拥有专业知识的专家并且把专业知识在企业内部传播。

他们比较倾向于雇佣接受过专业培训的员工，同时不断地寻求对专业知识能乐于接受、灵活掌握的人才。

在日常工作中，专业型老板的覆盖面大于其他任何类型的老板，他们不涉及企业经营的具体细节。与之相反，他们集中精力于企业政策的定型，以此来增加企业的竞争力。

专业型老板很少在分析和收集数据上花费时间，他们会指导专门员工去为他们收集信息，以使他们了解哪些技术或者竞争能力和消费者紧密相关，企业怎样才能做得更好。

一个专业型老板把大部分的时间用在调整企业的专业领域上，向外界传递企业的技术优势。比如，摩托罗拉公司的前任老板罗伯特·高尔文在质量问题讨论完毕后就离开了，由此可见，他知道什么是企业的唯一竞争优势，质量是他最关心的。

4.条框型领导方式

采取条框型领导方式的老板相信唯有通过建立一套能起传达和监督作用的明确的财政和控制体系，替顾客和员工保证经营行为的统一性，企业才会获得最大的利润和获得更大的发展。他们相信，企业的成功在于为顾客提供可靠的服务。

他们的主要工作时间用在解决控制体制的意外情况上，比如逾期没有完成的项目或者低于逾期目标的销售结果。

他们比其他类型的老板要花费更多的时间用在制定防范措施、政策程序和奖励方案上，以强化企业的经营行为。

条框型老板善于在一个管理严格的行业中经营企业，比如银行业，或者安全性是行业的首要关注焦点，比如航空业。

他们认为，企业的经营环境不允许出现半点差错，这一现实使得他们花许多时间建立和实施严格的控制体系。

条框型老板经常借助于内部检查、外部审计、员工表现衡量、管理措施和财政报告开展工作。他们常常在公司总部和部门经理进行长时间的商讨，认真研究新项目和资金的要求。他们研究一线员工的业务报告，要求额外的数据和认真查问经理们所了解的情况。

从老板的人际关系判断他

老板的环境，主要分为社会环境、组织群体环境和家庭环境三个方面。而三方面中又同时涉及人际关系问题，即与人打交道的问题。

据有关调查资料显示，在未来的所有行业中直接相关的行业将占总数的81%。因而，如何维系及营造有益于老板的良好人际关系，就显得十分重要。

石油大王洛克菲勒对此深有体会，他说："待人处世的本领，是无价之宝,我愿意牺牲太阳底下的任何东西去换取它。"

所谓人际关系,即表现在人与人之间相互交往及相互联系的心理关系,或者主要指个体在社会交往中形成的人与人之间的相互作用和相互影响,其含义包括个体在生活及其他社会活动中形成的一系列与他人之间的关系。

老板人际关系的好坏,直接影响到财富的创造和事业的发展。

人的成功绝非只靠一个人的努力,而要与机会和环境相配合,而这些就是我们所谓的"缘"。能结缘而进一步造缘者,才能真正得道多助。

在人生的旅途上,萍水相逢的因缘际会本是人间一大乐事,然而,很少有人能珍惜这些不平凡的际遇,甚至轻易作践它,以致彼此缘尽情了,未能共创美好的事业。"得道多助"来自"广结人缘"。常说历史上某人"得道多助",就因为他广结人缘,所以人人愿助其一臂之力,遂加速造就其辉煌的事业。

从上可知,人际关系对于一个人是十分重要的,对老板而言更是如此,良好的人缘能使老板的事业发展更快,相反,没有好的人缘,关门闭户的老板一般也不会成就较大的事业和财富。

观察上司对自己的信赖度

每个人在这个问题上都倾向于对自己有利的解释,因为谁都不愿意让上司不信赖自己。与上司相处,有些事情是需要说开的。

有一个二十多岁的销售员,一次他说:他的上司只比他大两岁,两人的关系处得很随便,甚至经常在一起打牌,彼此交情不错,他以为上司对他很信赖。但是有一次发年终奖时,他却发现并没有他想象的那么多,甚至一些表现不如他的同事都比他多。这位销售员因而百思不得其解,心想,都是铁哥们儿了,怎么这样对待我呢?为此,有一天下班后,他到上司家里去,一本正经地向上司说起奖金不相称的事。令人惊讶的事,上司对他的工作情况并不是很了解,甚至曾经向他说过的一些事,他也不记得了。

"自从那次谈话后,上司改变了对我的看法。说真的,有时候,事情还是谈开了好。"他深有感触地说。

平常如果该讲的话不讲,该争取的事情没有争取,所以,不要因为与上司很要好,就以为一定受信赖,这是一种很天真的想法,然而,如果上司对你说:"这一切全靠你了""委托给你了,好好干吧""对你有信心哟",你的想法如何呢?

说这种话的上司到底是何种人,这点很重要的。

假如上司不能信赖下属时,他一般不会率直地将前述的话说出口。假如他是一个工于心计的上司,他不但不会说出对你的真实看法,也不会表现在态度上,反而会装出信赖你的样子,那么他也会说出前述的话。

这时你如果不折不扣地相信这些话,而当有一天你识破是一句假话时,你所受到的打击将是沉重的。

为了验证上司说这种话的真假,你不妨对上司提出问题,看他采不采纳你的意见。说不定上司笑容满面的脸孔,会突然变得阴沉,或者不再说"一切全靠你了"的话,而说出"不能信任你所说的事情"。对此,也用不着用"原来这个人是这样"来责备上司,而应该更加努力充实自己,以逐渐增加上司对你的信任。

也有许多上司是为了鼓励下属,才经常说这种话,如果上司对下属说:"你到底会不会做?我不放心。"则有可能使软弱的下属不但失去工作干劲,甚至连不多的自信也一扫而光。稍微聪明一点的上司都不希望产生这种结果,所以才会说"我信任你""好好干"来激励下属。虽然没有必要产生自卑感,但也不必因上司说了"信任你"之类的话而沾沾自喜。宁可认为自己远未受到上司信赖,从而更加努力,以争取真正的信赖。

搞清上司为什么批评你

第一,要搞清楚上级批评你什么。

在追求晋升的过程中,有人充满信心,有人谨小慎微。但不管怎样，突然受到来自上级的批评或训斥，当然是一个重要的关节点，可能会造成很大的影响。而要想处理得好，首先要搞清楚上级批评你什么。

有人说得好：领导批评或训斥部下，有时是发现了问题，促进纠正；有时是出于一种调整关系的需要，告诉受批评者不要太自以为是，别把事情看得太简单；有时是为了显示自己的威信和尊严，与部下保持或拉开一定的距离；有时"杀一儆百""杀鸡吓猴"，不该受批评的人受批评，其实还有一层"代人受过"的意思。只有搞清楚了上级是为什么批评，你才会把握情况，从容应付。

第二，受到批评最忌满不在乎。

受到上级批评时，最需要表现出诚恳的态度，从批评中确实接受了什么，学到了什么。最让上级恼火的，就是他的话被你当成了"耳旁风"。很少有领导把批评、责训别人当成自己的嗜好。既然批评，尤其是训斥容易伤和气，因而他也是谨慎行事的。批评别人，往往显示了领导的权威、尊严。而如果你对批评置若罔闻，我行我素，这种效果也许比当面顶撞更糟。因为，你的眼里没有领导。

第三，对批评不要不服气和牢骚满腹。

批评有批评的道理，错误的批评往往也有其可接受的出发点，更何况，有些聪明的下级善于"利用"批评。也就是说，受批评才能了解上级，接受批评才能体现对上级的尊重。所以，批评的对与错本身有什么关系呢？比如说错误的批评吧，对你晋升来说，其影响本身是有限的。你处理得好，反而会变成有利因素。可是，如果你不服气，发牢骚，那么，你这种做法产生的负效应，足以使你和领导的感情拉大距离，关系恶化。当领导认为你"批评不起"、"批评不得"时，也就产生了相伴随的印象——认为你"用不起"、"提拔不得"。

第四，受到批评时，最忌当面顶撞。

当然，公开场合受到不公正的批评、错误的指责，会给自己造成被动。你可以一方面私下耐心做些解释，另一方面，用行动证明自己。当面顶撞是最不明智的做法。既然是公开场合，你下不了台，反过来也会使领导下不了台。其实，如果在领导一怒之下而发其威风时，你给了他面子，这本身就埋下了伏笔，设下了转机。你能坦然大度地接受其批评，他会在潜意识中产生歉疚之情或感激之情。

靠公开场合耍威风来显示自己的权威，换取别人的顺从，这样不聪明的领导是很少的。如果你遇到的是这样的领导，你当然可以在适当的机会给他以"反批评"。其实，你若真遇到这种领导，更需要大度从容，只要有两次这种情况发生，跌面子的就不再是你，而是他本人了。

和领导发生争论，要看是什么问题。比如你对自己的见解确认有把握时，对某个方案有不同意见时，你掌握的情况有较大出入时，对某人某事看法有较大差异时，等等。但是，切记：当领导批评你时，并不是要和你探讨什么，所以此刻绝不宜发生争执。

第五，不要把批评看得太重。

绝没有必要把一两次受到批评和自己整个前途命运联系起来，觉得一切都完了，天昏地暗，灰心丧气。如果领导批评了你，你就一蹶不振、打不起精神，这样会很让领导看不起。如果你是这样一种表现，以后领导可能再不会批评、指责你什么了。可是，他也就再不会信任和重用你了。

第六，受到批评不要过多解释。

受到上级批评时，反复纠缠、争辩，希望弄个一清二楚，这是很没有必要的。如确有冤情、确有误解怎么办？可找一两次机会表白一下，点到为止。即使领导没有为你"平反昭雪"，也完全用不着纠缠不休。这种斤斤计较型的部下，是很让领导头疼的。如果你的目的仅仅是为了不受批评，当然可以"寸土必争"、"寸理不让"。可是，一个把领导搞得筋疲力尽的人，又何谈晋升呢？

受批评，受训斥，甚至受到某种正式的处分，惩罚是很不同的。在正式的处分中，你的某种权利在一定程度上受到限制或剥夺。如果你是冤枉的，当然应认真地申辩或申诉，直到搞清楚为止，从而保护自己的正当权益。但是受批评则不同，即使是受到错误的批评，使你在情感上、自尊心上，在周围人们心目中受到一定影响，但你处理得好，不仅会得到补偿，甚至会收到更有利的效果。相反，过于追求弄清是非曲直，反而会使人们感到你心胸狭窄，经不起任何误解，人们对你只能戒备三分了。

第十六章
有业绩更要有人际，
解读同事微行为了解其为人

从对待工作的态度看人

人们在自然而然中都会将自己的性格特征表现在对工作的态度上，所以如果想了解和认识一个人的性格，可以从他对工作的态度上进行观察。

通常来说，外向型的人多勇于承担责任，在工作中，没有机会的时候会积极地寻找和创造机会，有机会的时候会牢牢地把握住机会，他们多很容易获得成功。

内向型的人在面对一件工作的时候，首先想到的是自己该负担的责任、后果等问题，总是担心失败了会怎样，所以时常会表现出摇摆不定的神态。因为顾虑的东西实在太多，他行动起来就会瞻前顾后、畏首畏尾，最后往往会以失败而告终。

工作失败了，不断地找一些客观的借口和理由为自己开脱，以设法推卸和逃避责任，这种人多半是自私而又爱慕虚荣的，他们常常以自我为中心。

工作上一旦出现问题，就责怪自己，把责任全部包在自己身上，这样的人多胆小。

失败以后能够实事求是地坦然面对，并且能够仔细、认真地分析失败的原因，进行总结和归纳，争取在以后的工作中不犯同样的错误,这样的人多是真正成熟的人。他们为人处世比较稳定和沉着,具有一定的进取心,经过自己的努力,多半会取得成功。

工作比较顺利,就特别高兴,但稍有挫折,就灰心丧气,甚至一蹶不振,这种人多属于性格脆弱、意志不坚强的类型。

从面部表情了解同事的心理

观色是指观察人的脸色,获悉对方的情绪。这与老猎人靠看云彩的变化推断阴晴雨雪是一个道理。

人类的心理活动非常微妙,但这种微妙常会从表情里流露出来。如果遇到高兴的事情,脸颊的肌肉会松弛,一旦遇到悲哀的情况,也自然会泪流满面。不过,也有些人不愿意将这些内心活动让别人看出来,单从表面上看,也许会让人判断失误。

1. 没表情不等于没感情

生活中,我们有时会看到有些人不管别人说了什么、做了什么,他都一副无表情的面孔。其实,没表情不等于没感情,因为内心的活动如果不呈现在脸部的肌肉上,那就显得很不自然,越是没有表情的时候,越可能使感情更为冲动。

2. 愤怒悲哀或憎恨至极点时也会微笑

这种情况眼光与面部表情不同,一般人们说脸上在笑、心里在哭的人正是这种类型。他们纵然满怀敌意,但表面上却要装出谈笑风生,行动也落落大方。

他们之所以要这样做,是觉得如果将自己内心的欲望或想法毫无保留地表现出来,无异于违反社会的规则,甚至会引起众叛亲离的现象,或者成为大众指责的罪魁祸首,恐怕受到社会的惩罚。

因此可见,观色常会产生误差。满天乌云不见得就会下雨,笑着的人未必就是高兴。很多时候人们把苦水往肚里咽着,脸上却是一副甜甜的样子;与之相反,脸拉沉下来时,说不定心里在笑呢!

关云长型的同事

关云长也就是《三国演义》里的关羽，关云长和刘备、张飞三人自从桃园结义以后，就始终忠贞不贰。

当他和刘备分散的时候，寄住在曹操处，曹操对关云长的才干和为人从心底里佩服，所以对他的照顾简直无微不至，而且还厚赏关云长，关云长那匹闻名天下的赤兔马就是曹操赠送的。

可是，关云长是一个威武不能屈、富贵不能淫的英雄豪杰，不管曹操对他多么深情厚谊，也没有为富贵所动，一心只想着去帮助自己的生死之交刘备。甚至刚一听见大哥刘备的消息以后，就什么都顾不上了，冒着过五关斩六将的巨大风险，投奔贫贱时的至交刘备。像这样的人怎能不被人们敬仰、崇拜呢？到了现在全国各地还保留着许多关帝庙。

而对于曹操的知遇之恩和深情厚谊，关云长也没有恩将仇报，在赤壁之战的时候，曹操处于生死危难的紧急关头，关云长没有忘记旧恩，顶着杀头的大罪，放曹操一条生路。

由此可见，像关云长那样的人，并非一直都非常聪明，脑子也有不灵活的时候。然而，关云长型的人重情感，只要认定了，一生都不会反悔，感情非常专一，可谓忠贞不贰。

关云长型的人不管对同性同事、对异性同事从来都不会轻浮，很少拿势利眼来看待同事。尽管关云长型的人有时也会注重外在形式，那是因为他们觉得为人应该举止稳重、端庄大方。

把剩下的话吞下去：没有自信的人

这类同事是属于对自己没有自信的人，对自己没有信心，对人际关系更没有信心。从他们的心态上来讲，话讲到一半就被人打断，甚至转移话题，这是非常不尊重他们的表现。他们觉得受这样的污辱是很见不得人的，所以尽可能地把话吞进去，而且还希望大家不会注意到他们，就当作没讲。这是一件很令他们难过的事，而他们是那种受气也不吭声的人。

等对方说完：沉得住气的人

这种同事是那种话不说完心里不舒服的人。一旦有人不尊重他们，打断他们的说话，他们就等对方讲完，再接下去讲。从这点可以看出，他们是一个很沉着稳重的人。虽然他们知道对方不尊重他的发言权，但他们又不便当面翻脸，只好耐心地等对方说完，再以很有君子风度的样子继续讲完。一来可以避免话没讲完的尴尬，二来可以给对方一个教训。

跟对方抢着讲：一触即发的人

他们是那种经不起侵犯，一触即发的人。他们的脾气不好，一旦有脾气上来，压也压不住，就会直接爆发出来。所以，如果对方恶意打断他们的话，他们会不甘示弱地扯高嗓门，要和对方拼一拼。他们的性格是一条肠子通到底的，凡事不三思而行，很容易闯祸，也很容易掉进敌人的圈套中。

马上要求对方尊重他：盛气凌人的人

这种同事气势凌人，颇有领导人的架势，在他们讲话的时候，不许别人插嘴或打断，否则他们不会坐视不管，会当面警告对方，要尊重他们的发言权。他们的性格是很主观的，而且是以自我为中心的人，他们想做的事，就会按照自己的意思来做，不容许别人干涉。一旦有人干涉，他们会毫不客气地提出纠正，这除了要有很大的自信外，也要有很大的勇气和实力，你这种直接响应对方的做法，很容易和对方起冲突。

识别职场中同事的类型

学会与人相处，可以让你少走弯路，尽早成功。其实，每一个人要取得成功，仅有很强的工作能力是不够的，你必须两条腿走路，既要努力做好自己分内的工作，又要处理好人际关系。

事实上，由于文化程度、兴趣爱好、家庭背景以及观念的差异，我们所遇到的人也就各种各样、形形色色。倘若你明白对方属于哪种类型的人，对症下药，见机行事，交流起来就容易多了。哈佛大学公关学教授史密斯·泰格总结了在职场与各种人相处的种种类型。

1. 无私好人型

这种同事因为他们确实是天底下最善良的人，所以也就往往容易被人忽略，他们不会坏你的事，所以你可能也会忽视或者拿他们不当一回事。如果那样的话你就错了，其实他们才是你可以真心相处的朋友。办公室里无友谊的论断，只有在这些人身上才会失去意义。

2. 固执己见型

这类同事一般观念陈旧，思想老化，但又坚决抵制外来的建议和意见，自以为是、刚愎自用。对待这种人，仅靠你三寸不烂之舌是难以说服他的。你不妨单刀直入，把他工作和生活中某些错误的做法一一扩大列举出来，再结合眼下需要解决的问题提醒他将会产生什么严重后果。这样一来，他即使当面抗拒你，内心也开始动摇，怀疑起自己决定的正确性。这时，你趁机摆出自己的观点，动之以情，晓之以理，那么，他接受的可能性就大多了。

3. 傲慢无礼型

这种同事一般以自我为中心，自高自大，常摆出一副盛气凌人、唯我独尊的架势，缺乏自知之明。和这种人打交道或共事，你千万不要低三下四，也不要以傲抗傲，你只需长话短说，把需要交代的事情简明交代完就行。如果求他办事，那就另当别论了。

4. 毫无表情型

这种同事就算你很客气地和他打招呼，他也不会做出相应的反应。按心理学中所说，叫无表情。无表情并不代表他没有喜怒哀乐，只是这种人压抑住了激情，不表露出来罢了。所以，对于这种人，你无须生气，只需把你想说的继续往下说，说到关键时刻，他自然会用言语代替表情。

5. 沉默寡言型

这种同事一般性格内向，不善言辞与交际，但并不代表他没话说。和他共处，你需要把谈话节奏放慢，多挖掘话题。一旦谈到他擅长或感兴趣的事，他马上会"解冻"，滔滔不绝地向你倾诉起来。

6. 自私自利型

这种同事一般缺少关爱，心里比较孤独。他永远把自己和自己的利益放在第一位，你要他做些于己不利的事，那你便难于和他沟通了。和这种同事相处，你必须从心灵上关注他，让他感受情感的温暖和可贵。

7. 生活散漫型

这种同事缺乏理想和积极上进的心，在生活中比较懒惰，工作上缺乏热情。和这种同事相处，你只有用激将法把他的斗志给挖掘出来。

8. 深藏不露型

这种同事自我防卫心理特强。害怕你窥视出他内心的秘密，其实，这是一种非常自卑的表现。你想了解他们的为人和心理，不妨和他们坐在一起多喝几次酒，他会酒后吐真言。

9. 行动迟缓型

这种同事一般思维缓慢，反应通常迟钝。他做朋友可以，和他共事，就不是理想的搭档了。

10. 草率决断型

这种同事乍看起来反应敏捷，常常在交涉进行到高潮时，忽然做出决断，缺乏深谋远虑，容易判断失误。和他相处最好的办法就是经常给他泼泼冷水，让他保持清醒的头脑，不能感情用事草率做决定。

11. 搬弄是非型

这种同事与前一种类型的人相比有质的不同。他们可能嘴也不愿闲着，到处打听其他人的隐私，并乐于制造、传播一些谣言，企图从中获得些什么。而且，在他们的心中，任何人都不在话下（领导除外），而他们自身却没有什么所长。这种人让你讨厌，但他们并不可怕。所以，你也不必如临大敌，与他们计较。只要他们说的构不成诽谤，又能伤着你什么呢？

提防职场中的几种人

你是否有过以下的经验？如果某一天，一位与你关系十分好的同事向你提出建议，一起合作帮助领导整理历年来的开会资料记录，虽然此举会增加工作负担，却不失为一个表现的好机会，可以博取升职与加薪的机会。你对于这样的提议大表欢迎，甘愿每天加班完成额外的工作，甚至没有发出丝毫怨言。可是，你怎么也想不到，对方竟然把全部功劳归为己有，在领导面前邀功，结果他获得领导的提拔，使你又惊又怒。

为免日后再次被对方所利用，你应该怎样应付呢？给你的建议如下。

（1）害人之心不可有，防人之心不可无。如果有这样一位同事，建议与你一起完成额外的工作，你可以接受提议，但应当把各人所负责完成的工作部分清楚记录下来，留待日后作为参考。

（2）假如有人给你戴高帽，赞扬你的工作能力如何惊人，无非想让你助他完成工作，你不要被对方的甜言蜜语所动，应当教导他如何处理工作上的难题，无须由你帮助他完成。

（3）你对于同事的行为与企图有所怀疑，可以直接找领导谈一谈，避免徒劳无功。

（4）同事始终是同事，他并非你最好的朋友，你应该与对方保持一定的距离。

由打电话方式分析同事

利用电信设备进行人际关系的交流,已经是现代人不可或缺的沟通方式。由于它与面对面的沟通不同,所以可以从一些打电话的小习惯中粗略地归纳出人的不同心理。

一心二用型:与人通电话的同时并进行一些琐碎的工作,如擦桌椅、整理文具等。这种人富有进取心,爱惜光阴,分秒必争。

悠闲舒适型:通电话时舒服地坐着或躺着,一派悠闲自得。这种人生性沉稳镇定,泰山崩于前而色不改。

以笔代指型:习惯用铅笔或圆珠笔代替手指去拨号码的人,性格急躁,经常处于紧张状态,不让自己有片刻的休息。

电线绕指型:打电话时不停地玩弄电话线的人,生性豁达,玩世不恭,天塌下来当棉被盖,知足地乐天知命。

边走边谈型:通电话时从不坐定在同一地方,喜欢绕着室内踱步的人,好奇心重,喜欢新鲜事物,讨厌任何刻板的工作。

以肩代手型:习惯把听筒夹在头和肩之间的人,生性谨慎,对任何事情必先考虑周详才做出决定,极少犯错。

信手涂鸦型:边与人讲电话边在纸张上信笔乱画的人,具有艺术才能和气质,想象力丰富但不切实际。天性乐观的个性,使他们经常可以轻易克服一切困难。

紧抓话筒型:通电话时紧紧握住话筒的人,生性外圆内方,表面看似怯懦温驯,实则个性坚毅,一旦下定决心,绝不轻易改变。

平淡无奇型:无特殊习惯,一切动作均出于自然,这种人生性友善,有自信心,对自己的生活操控自如,能屈能伸。

冷静对待同事的恭维

人们的天性是喜欢听赞美和夸奖,恭维赞美的话人人都喜欢听,就是你平时不喜欢的同事向你说好话时,你的心里也是由衷的喜悦,就会觉得他也变得不那么讨厌了。但当你受到别人的赞美时，不要忘乎所以、迷失方向，要小心同事不良的动机，小心他对你别有用心。

要分清赞美来自何方，欣赏者属于哪类。假如欣赏你的人是领导和资深的元老，这是非常令人高兴的。能够得到上司的欣赏，那将是你事业发展的开端，对你的日后发展起着很大的决定作用。如果赞美和欣赏的话语来自平时有过节的人口中，那就要认真仔细地品味和分析了，要提高警惕性，不要被你的对手当猴耍。

如果有一天某位同事对你非常信服，常常会当众给你戴高帽子，声称"在我们公司里只有你可以胜任这项工作。果然不出我的所料，你把事情做得太棒了"；或者说"你真有能力，无论什么事情交给你去做，里里外外的人都喜欢跟你合作，如果这件事交给别人去做，就不会有这样的好结果"。这些恭维的话不断向你飞来，这时你不要高兴得太早了。

即使你确实如他所说的那样有才华，但这些话听到别人的耳朵里，却是会对你产生反感的。这时你应该仔细想想，这位同事当众夸你的目的是什么，如果他居心叵测，故意抬高你的功绩，制造你高不可攀的形象，让其他人看不顺眼，你就要对这种人要小心提防。如果遇到这种情况，不妨公开说道："你过奖了，这件事让你去做，同样也可能干得非常出色，我跟你比，并没有太大区别。"或者是私下里告诫他："多谢你的夸奖，不过我不太喜欢这样，以后请不要公开说赞扬我的话。"

常常有同事喜欢捉弄别人，所以，遇到别人恭维你，千万不要认真，当面对他不加理会。你只要头脑冷静，不被夸奖冲昏头脑，他就不会对你构成威胁。

从接受表扬的态度观察同事内心世界

表扬是对成绩的肯定，表示大众接受你的行为或某种观点，是人人都渴求的一种外界反应，受到表扬往往会得到心灵上的愉悦和满足。有的人把表扬看得特别重，甚至胜过生命和财富；也有的人把表扬看得微不足道。因此，我们可以从同事看待表扬的态度来观察他的内心世界。

1. 受到表扬就面红耳赤

受到表扬的时候面红耳赤，显得很腼腆。他们温顺敏感、感情脆弱，他们不仅对表扬很敏感，对批评也很敏感，更经受不起意外的打击；富有同情心，关注他人的感受，不会用言语或行动主动攻击他人。

2. 受到表扬就以为自己听错了

听到赞扬的话，他们会用一副非常惊喜的样子来表达自己的喜悦。他们憨厚淳朴，不喜欢与别人产生矛盾，经常以忍让来换取安宁；喜欢参加群体活动，交往过程中的大度和慷慨让他们与别人建立起良好的人际关系，他们与他人能够相处得非常融洽。

3. 对表扬无动于衷

他们对表扬充耳不闻。他们在工作当中兢兢业业，不喜欢因为受到别人的注意而浪费时间和精力。他们顺其自然，不喜欢争强好胜；奉献是对他们的高度评价，他们宁愿独处一室进行研究和创造，也不愿加入烦乱的集体生活当中。

4. 听到表扬时也去表扬别人

听到别人的表扬，他们立刻会用相应的表扬话语回敬，让对方有被回报的感受。他们有自己的个性，不喜欢依附他人，对自己和生活充满了自信。在人际交往过程中，最讲究平等互利，不愿欠他人的情，和他们交往可以毫无后顾之忧，既不必担心吃亏，也不会产生占他们便宜的念头。

5. 听到表扬时极力否定

经常用诙谐的话语回敬别人的表扬，有时否定对自己的表扬。他们极其强调私人空间，不愿受到他人的干扰，将众多的精力和时间用于维护自己的独立空间，他们幽默含蓄，但又略显放荡不羁，其实这是他们故意封闭自己的一种手段，他们通常不会和别人建立起深厚的情谊。

6. 乐于接受各种表扬

乐于接受表扬，并且会在接受别人表扬的时候用适当的好话称颂对方。他们心地单纯，胸怀坦荡，好助人为乐，经常设身处地为他人着想，能够对别人的优点给予肯定，别人非常愿意和他们相处。他们慷慨大方，能够给予朋友及时有效的援助，和他们共渡难关。

7. 从来不把表扬放在心上

别人的表扬从不被他们放在心上，他们根本没有心情为表扬浪费过多的时间，所以总是找其他的话语来改变话题。他们反应灵活、机智聪明而且才华横溢，富有眼光，既现实又干练。自信和狂放不羁是他们最明显的性格特征，他们对名利不过度追求，容易成就伟大的事业。

8. 听到表扬时非常平和

对别人的褒扬，既不会沾沾自喜，也不会漠视不理，总是恰到好处地表达出由衷的感谢。他们稳重踏实，讲究实效，富有进取心，善于韬光养晦，经常出其不意地给人以惊喜；有独立的行事原则，能够按照预定的目标坚持不懈地努力，不受外界环境影响，更不会招摇过市、不可一世。

费心在办公室照顾花卉的人体贴而好客

对现代人来说，在紧张的工作之余，养些花卉不仅能调节生活，放松心情，还有助于调节人体生理功能，稳定情绪，有益于身心健康。因此，喜欢种植花卉的人，是热爱生活也注重自身健康的人。

如果是在办公室等公共场合费心照顾花卉的人，则是体贴而好客的。他们不仅在家里种植花卉，对于办公室的花卉也是悉心地照顾，说明他们内心是很善良的。对于一花一草都这么热心，对于人也是。所以，他们能够体贴别人，当对方遇到困难时，能够热心地帮助对方。他们也喜欢与人交往，会组织并参加集体活动，也欢迎别人到自己家里来做客。他们会热情地招待客人，给客人贴心的照顾，所以是真正好客的人。他们的心态也很好，遇到压力的时候，知道怎么排解，并且化压力为动力。他们内心也很阳光，凡事都看得比较开。他们还容易满足，就像花卉一样，有阳光有水，就能生机勃勃地开放。

美国旧金山有一家医院，专为一些慢性病人开辟了一片空地，让他们在此从事花草和蔬菜的种植。

澳大利亚的一家诊疗所，根据病人的不同症状，让他们分别在田野里拔草、剪枝、施肥、松土、浇水。结果，这些病人康复得很快。

正如上面的故事中所讲，种植花卉，是对美的向往和追求。各种花卉，不仅是美化生活的大使，给人以美和艺术的感受，更是改善环境、陶冶情操、增进健康的益友。所以，费心在办公室里照顾花卉的人，不仅注重自己的身心健康，还在帮助别人调节情绪，是善良而体贴的。

相反，如果一个人只喜欢鲜花而不去照顾花卉，则是非常冷漠的。他们只喜欢漂亮、灿烂的成果，而不去照顾和培养，说明他们很自私。他们对人也比较冷漠，不喜欢照顾别人。当别人有求于他们时，他们只想找借口推脱。而且，他们做事很急躁，不注重过程，只看重结果，而没有享受生活的心态。

总之，当人们置身于亲手种植的花草丛中时，看着绽开的朵朵鲜花，闻着沁人心脾的花香，在劳动中得到美的享受与喜悦，心情也会得到极大的安抚和放松。所以，那些不论是在家里还是在办公室都悉心照料花卉的人，是身心健康的人，也是体贴而好客的。

从下班后的桌子可以看出心情转换的能力

忙碌了一天，都很累了，下班后，大家都会比较迅速地收拾东西回家。因此，通过下班后的桌子，也可以看出桌子主人的性格以及心情转换的能力。

比如，下班后，一些人会把桌子整理得干干净净。这说明这些人心情转化的能力很强。他们的思想很清楚、很明快。下班了，就要把事情处理好，轻松地回家。也说明这样的人对于什么事都比较淡泊，对周围的环境能够迅速地适应以及应对。如果他们整理的速度还比较快，说明他们想早点脱离工作，想尽快放松一下自己。并且，不喜欢上班占用自己的私人时间，公私分明。上班，就会努力工作，争取效率；下班，就要迅速回家，和家人在一起。另外，能够把桌子收拾得干干净净，说明他们也有很好的生活习惯，喜欢干净、整洁，做事也比较干净利索。不过，他们比较在意别人的目光，不想给别人留下不好的印象，哪怕是以后再也不会见到的陌生人。他们也比较爱面子，如果你指出他们的缺点或错误，会使他们觉得非常丢脸，并且对你产生很深的成见。而且，让他们说出内心的想法也比较困难，他们不喜欢对别人敞开心扉。

有的人在下班后，只是把桌子简单地整理一下。他们觉得下班之后直接走人不太好，桌子应该整理一下，所以他们开始整理。但是他们又觉得整理干净很麻烦，于是只会大概整理一下。这样的人，也非常在意别人的目光。因为将桌子打扫得干干净净的人，有可能是因为自己内心非常爱整洁，并不是特别在乎别人的看法。但是，简单整理一下桌子的人，只是因为顾忌别人的目光。而且，他们也容易依照别人的意思做事，所以能和周围的人保持不错的人际关系。

不过，因为他虽然想整理桌子，但是整理得又不认真，说明他们有半途而废的性格。他们觉得彻底做一件事是很辛苦的，虽然开始会觉得这样做是对的，但是干一会儿就会坚持不下去，于是想，大概差不多就行了。所以这样的人，没有定性，对自己也太过纵容。也是因为做事的不彻底，让他们很难放开心胸与人交往。即便是他尽量放开心胸与人相处了，也会因此感到不安。

有的人在下班后，根本不整理桌子，而且进行到一半的工作也会放下来不做。这样的人，很讨厌整理桌子。如果他们的东西是应该整理的而他没有整理，说明他是一个不太爱整洁的人，并且比较健忘。如果你和他约好了见面时间，一定要不停催促他，否则他不会准时赴约。如果他是故意不整理的，把进行了一半的工作放在桌子上，这样明天来了就可以直接继续工作，说明他对工作很努力，而且不会在意别人的眼光，只做自己认为对的事。

办公桌上摆放家人照片的人，家庭观念较强

办公室是一个人每天办公的地方，我们每天至少有 8 个小时在这里度过。因此，我们办公桌上摆放的物品，就显得尤为重要。通过人们在办公桌上摆放的物品的不同，可以判断桌子的主人具有怎样的性格。

比如，有的人会在办公桌上摆放家人的照片，这说明他有极强的家庭观念。这里要区分，摆在家里的照片和摆在办公桌上的照片。家里的空间不受限制，人们想放多少放多少，也没有顾忌，什么样的照片都可以。但是在办公室里就不同了，位置有限，还要顾忌别人的目光。此时，能够有勇气将自己家人的照片放在办公桌上的人，一定是非常热爱自己的家庭的。他时时刻刻想着自己的家人，有着很强的家庭观念，所以，才会在办公桌上摆放家人的照片。

当然，除了摆放家人的照片，他们也可以摆放其他的照片。比如，他们可以摆放自己和某位知名人士的合影，这说明他们有很强的虚荣心，喜欢表现自己；他们也可以摆放自己的独照，这很容易看出来他们有强烈的自恋情结；他们可能还会摆放自然风景的照片，这说明他们很期待生活在风景优美的大自然中。

在办公桌上，当然不可能只摆放照片，所以人们也可以有不同的选择。通过不同的摆放物品，也可以看出这个人的性格。

比如，书籍是办公桌上少不了的物品。如果一个人的办公桌上没有一本书，只能说明这个人是非常不专业的。当然，大部分

的桌子上是有书的，那么，可以根据桌子上摆的是什么书，初步确定桌子的主人的爱好。简单地举例，如果他摆放的是专业书籍，证明他很热爱自己的工作，并且努力钻研，想在工作上有所突破；如果他的桌子上摆满了精装本的世界名著，而且基本上没有翻过，只能说明这个人是喜欢派头的人；如果他的桌子上摆放的是一些与工作和提高个人能力无关的书，只能说明此人不热爱自己的工作，心有旁骛。

当然，办公桌上肯定少不了办公用品。此时，你就要观察他的办公用品都是什么档次的，因为办公用品的档次，不仅可以说明公司的实力，也可以看出个人的品位。而且，他的办公用品摆放整齐吗？他的桌面是凌乱不堪，还是井然有序？如果他的办公用品都杂乱地放在一起，很容易看出这是一个在生活上比较散漫的人。

还有的人，会在办公桌上摆放日历。日历的摆放，很容易看出桌子的主人对时间很珍惜，而且，对自己的事很有计划性。并且，日历的材质和画面的背景，也可以从侧面推出一个人的性格。比如，是精致的材质，还是免费赠送的日历？画面的背景是美女还是风景？追求卓越的人，对细节也要求精美，因此，他们不会用赠送的附带广告的日历，而且，根据自己的喜好，购买他们喜好的日历。而用免费赠送的日历的人，很明显是大大咧咧的豪放派，不管好坏，能用就行了。

第十七章
品质比能力重要，
解读下属微行为见其性格

领导看识下属的三原则

用人的首要前提是一定要会"识人"。

中国自古以来就有识人之法，识人的基础是对人心理的判断，与现代的心理学研究的问题有相通之处。

汉高祖刘邦年轻时做客吕公家，吕公见刘邦相貌奇特，当时就决定将唯一的千金许配给他，那就是后来也闻名一时的吕后了。

三国时的桥玄，初见曹操便直断其有安百姓的才能。桥玄观察曹操的一言一行，心中便已明白此年轻人不简单，因而也就给了很高的评价："卿治世之能臣，乱世之奸雄也。"是说曹操在太平无事的时候可以当一个能干的大臣，而在生逢乱世的时候能成为世间的奸雄。据说曹操"闻言大喜"，认为桥玄是了解自己的人。而后来事情的发展也充分地证实了桥玄的预言。

三国时，魏国的刘邵写了一本《人物志》，这里边将人分了很多类型，并分别加以不同的分析，探测不同的实质，其中有一篇《八观》提供了识人的 8 种方法和观点，用以观察各种人的才性，颇有参考价值。

识人，不是一般的看人，要做好识人这一步，需要坚持一些原则和运用要领的。至少要掌握 3 个原则：

1. 从外部表现看内部实质

识人当然是从人的外部表现开始,但是却不能停留在外部表现,而要从一个人外在的表现来看出他(她)内在的品性,这样做方是正确的识人之道,然而这都实在不是一件简单的事情。

人的外在表现一般包括人的精神面貌、体格筋骨、气质色相、仪态容貌和言行举止等。《人物志》共列出了九征,分别为神、精、筋、骨、气、色、仪、容、言,根据这9种外在的表征,可以看出一个人所具有的性情,从而了解他(她)的陂平、明暗、勇怯、强弱、躁静、惨怿、衰正、态度、缓急,等等。

《人物志》所采用的十二分法,把形形色色的人,根据性情归纳成12种不同的类型,通过进一步分析其利弊,便可以为知人善任提供有力的参考。

2. 由显著表现看细微个性

我们做事情的原则,在于由小见大、由微见著。但是识人的要领,则正好相反,而在于由显见微。

有些人常常东张西望,心浮气躁,有些人则安如泰山,气定神闲。前者的表现,往往是拿不定主意、犹豫不决的人,而后者则很可能是临危不乱的高人。要从这些人所具有的明显特征中看出其细微的性格特征来,则并非是一件容易的事。这尤其需要领导有丰富的经验,广博的学识和敏锐的观察能力。要深入进行了解,从他(她)的一举一动,一言一行的细微动作方面来研究和考证他(她)的修为和言行。只有这样,老板识人才不至于犯错误而看错人。

3. 认识共同点,辨析不同处

人看来看去,似乎只有那么几种类型。然而只要再细加分析的话,那么也不难发现,其实同一类型的人,往往又具有各自不同的性情。从这些不同的差异中看出其共同的本质,还要从共同中发现各自的差异,也是极为必要的。

因为这种差异也往往不能忽视,甚至会造成不同的后果。例如,历史上的王莽和诸葛亮有很多相同的地方,但结果王莽篡位,而诸葛亮则为蜀国鞠躬尽瘁,死而后已。

同样都是干事积极,劲头十足,有些人只是在瞎胡闹,看上去忙忙碌碌,其实什么成结也没有。而有些人则卓有成效,一件一件的事情都安排得井然有序,成绩斐然。同样都是能言善道,有些人只是在空口说白话,虽然口若悬河,滔滔不绝,但只要真把什么事情交给他(她),则不会有什么好结果。而另一些人则说话算数,说到做到,办起事来相当的可靠。

有人往往缺乏定性,一会儿东,一会儿西,令人捉摸不透。对于这种人,最好不要信任他(她),否则也只能是自吞苦果。作为领导,千万不要期待完美无缺的人,这无论在理论上还是现实中都是行不通的。领导用人,贵在知人长短,取其所长,避其所短,这样才能让每个人都能够充分发挥他(她)的才能,为公司做出最大的贡献。

领导要学会看人之道

这里有一个典型的事例。

李德裕少时天资聪明,见识出众。他的父亲李吉甫常常向同行们夸奖李德裕。当朝宰相武元衡听说后,就把李德裕召来,问他在家时读些什么书?言外之意是要探一探他的心志。李德裕听了却闭口不答。武元衡把上述情况告诉李吉甫,李吉甫回家就责备李德裕。李德裕说:"武公身为皇帝辅佐,不问我治理国家和顺应阴阳变化的事,却问我读些什么书。管读书,是学校和礼部的职责。他的话问得不当,因此我不回答。"李吉甫将这些话转告给武元衡,武元衡十分惭愧。对此,便有人评论说:"从这件事便可知道李德裕是作三公和辅佐帝王的人才。"长大以后,李德裕真的做了唐武宗的宰相。

智慧之人会从扑朔迷离中判明真实情况,这种方向感有助于在实际的处事中保持清醒的头脑和敏锐的眼光,从而洞察事情的本质。这是领导者必具的才能,又是领导者选人应着重参照的一个重要因素。

有勇,诚是可嘉;有智,实也难得,但要有大智大勇之才,更是不易。领导者若能识出大智大勇之才并加以任用,必然会给自己的事业带来巨大的帮助。因为智勇双全之才,一方面有过人的谋略,在办事之前定经过一番周密的算计,对以后的行动有全面的指导;另一方面,还有敢于拼搏敢于进取创新的勇气,而这一方面往往又是许多人才所欠缺的。

南北朝时,北齐的奠基人高欢为测试他的几个儿子的志向与胆识,先是给他们每人一团乱麻,让他们各自整理好。别人都想法整理,唯独他的二儿子高洋抽出腰刀一刀斩断,并说:"乱者当斩。"高欢很赞赏他的这种做法。接着,又配士兵给几个儿子让他们四处出走,随后派一个部将带兵去假装攻击他们,其他几个儿子都吓得不知怎么办,只有高洋指挥所带的士兵与这个将军格斗。这个将军脱掉盔甲说明情况,但高洋还是把他捉住送给高欢。因此,高欢很是称赞高洋,对长史薛淑说:"这个儿子的见识和谋略都超过了我。"后来高洋果然继承高欢的事业,成为北齐的第一位皇帝。高欢以是非识人,确实成功,而高洋也以自己的大智大勇成就了一番霸业。

运用沟通的方式来了解下属

人与人之间、人与组织之间的冲突、矛盾既然不可避免,为了向有利的方面转化,领导就有必要学会协调的手段,而协调的基本途径是通过沟通去进行。一般而言,沟通主要有以下两种形式:

1. 正式沟通

正式沟通是通过组织明文规定的渠道进行的信息的传递和交流。如贯彻上级精神的会议,或者下级的情况逐级向上反映,等等,都属于正式的沟通。正式沟通的方式有很多,按沟通的流向来划分,有三种具体方式:上行沟通、下行沟通、平行沟通。

上行沟通,是指下级的意见向上级反映。其作用是将职工愿望反映给领导，获得心理上的满足，从而激发他们对组织的积极性和责任感；领导者可以通过这种沟通了解职工的一些情况，如对组织目标的看法、对领导的看法以及职工本身的工作情况和需要，等等，使领导工作做到有的放矢。职工直接和领导者说出他的意愿和想法，是对他精神上的一种满足，否则，就将怨气不宣，胸怀不满，或者满腹牢骚，自然会影响工作。

领导人应鼓励下属积极向上级反映情况，只有上行沟通渠道通畅，领导人才能做到掌握全面情况，做出符合实际情况的决策。要做到这一点，领导者要平易近人，给大家提供充分发表意见的机会。如经常召开职工座谈会、建立意见箱、实行定期的汇报制度等，都是保持上行沟通渠道畅通的方法。

下行沟通，主要是指上层领导者把部门的目标、规章制度、工作程序等向下传达。它的作用有三个，一是使职工了解领导意图，以达成目标的实现；二是减少消息的误传和曲解，消除领导与被领导者之间的隔阂，增强组织团结；三是协调企业各层活动，增强各级的联系，有助于决策的执行和对执行实行有效的控制。

为使下行沟通发挥效果，领导者必须了解下属的工作情况、个体兴趣和要求，以便决定沟通的内容、方式和时机，更主要的是，领导者要有主动沟通的态度，经常与下属接触，增强下属对领导者的信任感，使其容易接受意见。在下行沟通的同时，要听取下属的意见，必要时根据下属意见做出改正，以增强被领导者的参与感。

平行沟通，是指部门中各平行组织之间的信息交流。在单位中各部门之间经常发生矛盾和冲突，除其他因素以外，相互之间不通气是重要原因之一。平行沟通能够加强组织内部平行单位的了解与协调，减少相互推诿责任与扯皮，从而提高协调程度和工作效率，同时还可以弥补上行沟通与下行沟通的不足。因此，保证平行组织之间沟通渠道的畅通，是减少各部门之间冲突的一项重要工作。

2. 非正式沟通

非正式沟通是指在正式沟通渠道以外进行的信息传递和交流。如单位职工之间私下交换意见，议论某人某事以及传播小道消息等。

这种非正式沟通，是建立在组织成员个人的不同社会关系上。如几个人的年龄、地位、能力、工作地点、志趣、际遇以及利害关系的相同，等等，他们之间频繁地接触，交换各种信息，形成一个非正式团体。因此非正式沟通的表现方式和个人一样具有多变性和动态性。因为是个人关系，就常有感情交流，因此还表现为不稳定性。这种交流久而久之，就会产生非正式团体首领。从管理的角度看，这种非正式的意见沟通，乃是出于人本来就有的一种相互组合的需要，而这种需要若不能从组织或领导者那里获得满足，这种非正式的结合要求就将增多。

非正式沟通往往有这样几种倾向：容易变成一种抵抗力量；因其不负责任，往往捕风捉影，以讹传讹，产生谣言；有时会钳制舆论，再加之冷嘲热讽，歪曲真相，孤立先进，打击进步；往往因为众口铄金，甚至法不责众，因而影响工作；这种沟通的非正式领袖，往往利用其影响，操纵群众，制造分裂，影响组织团结。

由于非正式沟通多数是随时随地自由进行的，它的内容是不确定的，沟通的方法也就千变万化。它掺杂感情色彩或个人因素，或捕风捉影，或节外生枝，或望文生义，一传十，十传百，以讹传讹，正如通常所说："锣敲三锤必变音，话传三遍定走形。"

要想杜绝或堵塞这种非正式沟通是不可能的，只能尽量减少或巧妙地利用它，以达到以下目的：

预先做好某种舆论的准备，获得非正式组织的支持，促进任务的完成；

事先做好决策前的准备工作，征求下属的意见，即使是反面意见也好，借以纠正工作的偏向；

传递正式沟通所不愿传递的信息，如对某些恶意传言的警告等；

把领导的意志变为群众的语言，起到正式沟通的作用，实现领导的目的。

如何对待下属的来访

现实的社会是一个人情的社会，人们往往把人情看得过重，所以总有些人会不断登门拜访上司。当然，不可否认这里面有着某种不可告人的勾当，但是，是否全是如此呢？

有一位校长，为人正直善良，对社会上的"请客""送礼"之风深恶痛绝。一天，一位学生家长找上门来，想为自己的孩子开一张转学证明。因为他们老家在无锡市，孩子的户籍也在那里，夫妻两人都在外地工作，家中两位老人年岁已大，无人照料。所以他们想把孩子的学籍转回无锡，在爷爷奶奶身边做个伴。

校长一听，理由很合理也很充分，二话不说，立即给他们办了。

那名学生很顺利地转到了无锡。于是，这年中秋节，家长送来了两盒精致月饼外加一袋茶叶。校长一见，惊慌失措地说："都是熟人熟事的，不许来这个，再说我的禀性你又不是不知道。"

但家长再三解释："爷爷奶奶见孙子过去了都非常高兴，也要我们表示感谢。"

而校长坚决不收："你们的情我全领了，但是礼物我坚决不能收。"

"这算什么礼呀，这只不过是我们的一份心意罢了。"

家长执意要送，而校长呢，坚持不受。纠缠再三，最后还是没能拗过那位校长，家长只好把礼品带了回去。不久，校长发现：以前他们见面时说长道短，挺热乎的，但现在反而淡了，迎了面也只是做个程序性的对答。校长大惑不解，事后经过打听他才明白，错在没收下那份礼物。

那位家长事后对别人说："真没想到这么不给面子，不知道我那双脚当时是怎样跨出他家门槛的。"

这件事教育了那位校长。他终于明白了：有时候，人们以礼相赠并非有求于你，而是发自内心的一种感情，这种感情是人间最宝贵的。

时隔不久,还是这位校长,下班回到家正上楼梯时,楼下的大婶跑上来递给他一把青菜,热情地说:"我兄弟自己家种的,尝尝鲜吧!"这次,这位校长破例收下了,还不住地夸道:"多好的菜,真嫩!怎么种出来的,谢谢啦!"

事后几天,那位大婶看见校长老远就亲切地打招呼,两家之间的关系无形之中融洽了很多。

其实,在生活中,下属给上司送点小礼物,只要不是特别珍贵或价值特别大的东西,你就不妨收下。因为,在我们这个讲究礼仪的国度,你为他人出力了,他过意不去总想寻个方式表达一下,当他感觉用语言太苍白时,便会以物代情。你大可不必太敏感,并非每个人都存有非分之想。

但是对于那些不思进取指望靠讨好上司获得升迁的下属,管理者应该提高警惕。现实中也的确有不少被奉承得昏了头脑的领导,把升迁的制度变成了党派之分,谁对他毕恭毕敬、阿谀奉承,就等于佩服他,因而他就对这种人恩宠有加,大加赞赏和关爱。无疑,这种"领导人风范"更助长了阿谀之风的盛行。

但是,明智的领导则不会这样做,他不会中这种圈套,也许他反而会对喜欢拍马屁奉承的那些下属感到十分鄙视和厌恶。

管理者首先应当保持清醒的头脑。哪些是实事求是的评价之辞,哪些又是阿谀奉承之辞;在阿谀奉承之中,哪些人是出于真心而稍稍过分地赞美几句,哪些人又是企图通过奉承领导而达到自己的某种企图;哪些奉承之辞中含有可吸取的内容,哪些奉承话都是凭空捏造、子虚乌有,等等,诸如此类。对于这些绝不能糊涂。

领导者要对付阿谀奉承者,以下三方面权做参考。

(1)对待专门溜须拍马奉承领导而毫无能力可言的人,方法最简单——请君走人就是了。

(2)对于能力一般而有些奉承爱好的员工,最好给他找个合适的位子,让他闲待着。

这类人不好简单辞掉,因为他还有一定能力,可也不能委以重任,因为他不仅能力平庸,还爱溜须拍马,委以重任的话,迟早会坏了你的大事。在你的单位中要做到人尽其才,不光指有效地利用人才,也指使用这些能力一般而又有某些毛病的人。而且,这类人在有的时候还为数不少,是一支不可忽视的力量。

对于这类人应注意批评教育,并采用不同的方式、方法。要耐心,不能急于求成,因为他们这种毛病的养成也不是一朝一夕的事,改正起来也一定不容易。在这个时候,你要格外注重策略,注意态度,争取从根本上扭转他们的认识,改正他的毛病。

(3)对于那些确有较强能力却也喜好溜须拍马的人,你一定要小心对待,因为这些人可是些巨型"炸弹",弄不好会造成极大麻烦。

对待这种人,首先你要依据他们实际能力而委以相应的职务。起码在他们的眼中,你不能成为不识才的领导者。这影响着他们干工作的热情,而且也带动着一批人。

也许有些较有能力的人,他们看不到这类人的阿谀奉承,而只看到了他们的才华,并同时盯着你的行动。如果你不能给有奉承喜好的这类人以相应职务,其他那些持观望态度的有能力者就会离你而去。尽管这些人看问题不够全面,但他们确实走了,无可挽回。

巧妙应对"难缠"的下属

领导的下属绝不可能个个都讨领导喜欢,也决非个个下属都满意领导的决策、措施及领导风格。这是因为各个下属的个性不同、需要不同、思维的角度也不同。领导在处理与下属之间的交往时必须认真研究、分析各个下属的个性特点和需要,特别是对那种难缠的下属更需要下功夫。认真研究、分析难缠下属的类型及特点,有助于领导与下属之间的和谐交往,从而促进工作的顺利开展。难缠下属较为突出的类型有以下 6 种:

第一种为自私自利型。这种类型的下属总是以自我为中心,不顾及别人。一事当前,先替自己打算,往往因自私自利而损害别人,制造是非,稍有不如意,则怀恨在心,视他人为对头。第二种为争胜逞强型。这种类型的下属狂傲自负,自我表现的欲望很强,喜欢证明自己比领导有才能,经常会轻视领导,讥讽领导,设置让领导下不了台的场面。其目的是想炫耀自己高人一等,满足自己的虚荣心。第三种为性情暴躁型。这种类型的下属性情偏执,干事常出差错,对别人的合理建议总认为是批评,不虚心接受善意的规劝和指点,好冲动,稍有不如意就会发火。一般修养较差,蛮横无理。办事大多没有章法,喜欢胡乱应付了事。虽然虚荣心强,但讲信用。第四种为自我防卫型。这种类型的下属精神脆弱、敏感,疑心重,最怕领导对他有坏的看法。常常看领导的眼色行事,自主意识不强;处理事务时,谨小慎微,越怕出错越出错。

第五种为阴险狡诈的人,属于卑鄙之人,他为了自己的利益,什么损事都能做得出来。他采取各种手段,骗取上司的信任,逐步夺取上司的权力,最终完全取代上司。他们常想方设法骗取领导者的信任。小人为了骗取领导者的信任,可以不顾廉耻,不讲道德,不惜代价,不择手段。坑、蒙、拐、骗、吹、拍、抬、拉、吃、喝、嫖、赌、苦肉计、连环计、反间计、美人计,全都使得出来。

第六种为自作聪明型。这种类型的下属往往不能彻底贯彻领导的意图,老是帮一些倒忙。他总认为自己的主意要比领导的高明,在执行任务的过程中自作主张,改变领导的意图。对于这样的下属,领导虽然气愤,但又不好意思骂他。因为这会使他以后不帮你,并对你反感。

领导者遇上这6种类型的难缠下属就要视不同类型采取相应的方法对待。

1. 对待自私自利型下属

(1)满足其合理要求,让他认识到领导绝没有为难他,该办的事都竭力办了。这需要领导循循善诱,不断开导,讲清道理,让他在思想上有一个正确的认识。

（2）拒绝其不合理要求。领导者可借题发挥，委婉摆出各种困难来拒绝，或者拿出"原则"这张王牌给以拒绝，让他不存非分之想，切忌拖延轻诺。（3）办事公开。把工作计划、措施、分配方案等公之于众，让下属监督，充分利用制度管人，让制度去约束这种人。这样有益于避免他没完没了的纠缠。（4）对这种下属，作为领导应尽量在各方面做到仁至义尽，还可以带动他关心别人，从自私自利的狭小天地中走出来，不断陶冶情操。

2. 对待逞强好胜型下属

（1）领导遇上这种下属不必动怒，应把度量放大些，表现出宽广的胸怀，静静地倾听他们的心声，不能采用压制的方法对待。这种下属是越压越不服，反而会加深矛盾。（2）面对这种下属，领导不要因他的狂傲自负而显出自卑，应该泰然处之，做一个心里有数的领导。但确属领导的不是，领导应坦然承认，予以纠正、弥补，让领导的谦虚感动下属，让下属受到启迪。（3）领导应认真分析、研究这种下属的真正用意。如果下属是怀才不遇，那么作为领导，就应为之创造条件，让他的才能有施展的地方。可多安排些强度高、满负荷的工作给他去做，他的傲慢就会在工作中淡化。如果是那种爱吹毛求疵又无能的下属，就严肃地点破他，甚至可进行必要的批评，让他改变作风，尽心尽力地工作，心态平和地待人处事。

3. 对待性情暴躁型下属

（1）不要忘记随时赞扬，哪怕是微不足道的小事。通过赞扬会使这种下属的虚荣心得到满足，自大、过激的成分会慢慢地减少，便于开展工作，促进交往。（2）领导不要讥讽、挖苦这类下属，否则会引起"战火"。对其不良行为和缺点不宜直接否定，可委婉、幽默地谈出来，这样下属易接受，又会慢慢地吸取教训。（3）对这种下属，领导应多关心他，帮助他，既讲原则，又注重感情，让他从心底里敬佩领导，视领导为知己，忠于职守。

4. 对待自我防卫型下属

(1) 领导要尊重他的自尊心。在谈话时要慎重，谈话中不要随便夹杂有轻视他的才干之词，对他的努力和成绩多肯定，少否定；否则，就会伤害他的自尊心，从而产生灰心失意的情绪。领导与这种下属相处，更要显得和蔼可亲，保持平静的气氛。(2) 与这种下属在一起，领导不要轻易议论别人，指责别人。如果这样，他会认为领导也会在背后当着别人的面指责他，此心理一增强，会在与领导的交往上设下"安全带"。这样对开展工作和人际关系的发展都不利。(3) 当这种下属有困难时，领导应多帮助，少提建议。如果领导老是提建议，下属就会产生一种压迫感，会觉得自己什么都不行。

5. 对付阴险狡诈型下属

第一，应"防"。阴险狡诈的人，善于背后施坏、暗里插刀、放冷箭、打黑枪，让你拿不准他什么时候给你一脚，而且这样的人往往阴狠毒辣，上司若是防备不及，则必遭大劫，落得身败名裂，后悔莫及。作为上司，为了不至于遭阴险狡诈的下属暗算，还是首先防范一下为好。

第二，要明辨是非，不偏听偏信，这样的人皆是口蜜腹剑，嘴上甜甜蜜蜜，心里却暗藏祸心，这正是其阴险狡诈之处。对付这样的下属，要洗净耳根仔细听，要善于听，要善于抓住话的关键。认真思考分析他说话的目的。凡事应三思而后行，只要做到知己知彼，就能百战不殆。

第三，放长线，钓大鱼。这样的人一般都有得志便威风的毛病。有道是："子系中山狼，得志便猖狂。"所以，对付阴险狡诈的下属有时也可以用欲擒故纵的方法，"放长线，钓大鱼"：先假装不知，让其尽情表演，等他原形毕露时，再巧妙揭穿他罩在脸上的虚伪狡诈的面纱，不给他容身之地。

第四，以其人之道，还治其人之身。阴险狡诈之徒善于揭人伤疤，在你最怕尴尬或不应该丢人的时候，让你尴尬，让你出丑。你不要生气，你可以在适当的时机也揭他一把，把他丑恶的行径抖漏出来，让大家认清他的丑恶嘴脸，让他也尝尝难堪的滋味。

6. 对付自作聪明型下属

对付自作聪明的下属，不能直接骂他，只能采取"软招"的攻术。首先，多谢他们的诚意和帮忙，从正面肯定他们帮忙的价值；之后再从侧面解释一下他们犯的错误，最后再为他们的错误找个台阶下，甚至可以在最后把错误归在自己身上，是自己解释不全，才会累他白花精力，相信他也会十分轻松地接受意见。

其实，只要适当引导，自作聪明的员工不难训练为有用的员工，所以不要放弃他们，这些人可能是公司重要的资源。

管仲如何识得下属之心

管仲是齐桓公的宰相，他当宰相的期间，实行了一系列的强国政策，使齐国成为春秋时代最富足、最强盛的大国，称霸诸侯。

管仲死后约90年孔子才出生。管仲是思想家的大前辈，他跟其他思想家不同的地方，在于自己实际参与了政治，所言所行，无不合乎实际，绝非空言而已。

他在齐国，能够顺利推动强国政策，说穿了，是得力于他的"识人有方"。由于有了知人之明，用人得当，政治上的一切措施，都能按照他的道理想，逐一推展，齐国才能一跃成为当时的霸主。

管仲在《管子》一书里的"形势篇"中详述了他独特的人物鉴定法，他那一套"识人之法"，在数千年之后的现代企业里仍然可以适用，下面我们就逐一加以说明。

1. 訾之人，勿以与任大

"訾之人"，意思是妒心强烈的人。全句的意思是说，莫把大任交给妒心强烈的人。

为细小之事就妒意大起，绝对无法用公平的眼光观察对方，对部属也容易有所偏袒。

这是很严重的性格缺陷，因此，只要嫉妒心强烈的人，任他才高八斗，也不能让他处理要务、位居高位。

嫉妒心强烈的人，往往为了微不足道的事而怀恨在心，甚至伺机报复，或是背叛你，是属于不能不有所防备的人。

2. 巨者，可以远举

"巨者"，意思是说，会拟定远大的计划，把以后的发展看得清楚的人。

这种人，可以跟他共策大计或赋予重任。

只图近利的人，只能用他于不影响大局的事，有先见之明的人，就可以放心地举荐，让他独当一面，发挥他的长处。

3. 顾忧者，可与敬道

能够时常回顾过去，检讨自己所做的事到底是好或者坏，这么有责任感的人，可以让他担任要职。

对自己做过的事，从不回顾、反省，表示他是个对自己不负责任的人。把重要职位给这种人，一定会把整个单位弄垮。

4. 其计也速，而忧在近者，往而勿也

急功近利者，不管计策的可行与否，这种人必须疏远他。

时下的商场，多的是这种人。年轻员工之中，这种性格的人也愈来愈多。这是不堪重任的性格之一，有志于创大事业的人，应该及早改正这种坏习惯，否则前途多难有大成。

5. 学长者，可远见也

有先见之明、能追求长期利益的人，是属于大器晚成型。

从某个角度来看，这种人好像不够机灵，但是，这是稳健带来的结果，对这种人必须以长期的眼光看他。

一般看来机灵透顶，但是只知追逐近前之利的人，往往给人聪明至极的印象，一般求快速效果的老板，似乎也欣赏这种人才，其实，只求快速之利对一个企业并非好事，该重用的应该是重视长期利益的"晚成型"的人才。

6. 裁大者，众之所比也

能够实行大计的人物，必然受大众敬重。公司之行大计，国家之行大计，无不需要有识之士，所以，要实行大计就非重用勇于行事的人才不可。

7. 美人之怀，定服而勿厌也

意思是说，判断一个人是不是大人物，绝不能以眼前之功为依据。

好比说，派给一个部属做一件事，当他做好了，就此断定："他是个了不起的人才。"这么贸然下评语，未免太大意。

一个人才，必须长期观察他，才能透彻了解他真正的为人，真正的能力。

这句话是管仲"人物鉴定法"里的基本精神。他注重的是：不能只看表面，应该透视到一个人的里层。

鉴定人物不能只以长相、生辰月日来判定，它需要复眼式的长期观察。

在现代社会里，选择朋友也好，起用干部也好，这句话都该当做座右铭。

8. 必得之事，不足赖也

动不动就说"这种事太简单了"，对这么易下评语的人，不能寄予信赖。

企业里的员工（包括干部）中就有不少这样的人，愈容易轻下评语的人，愈容易把事情弄糟。相反的，慎重下评语的人，则大多思考周密，有责任感。赋予重任，当可不负所望。

9. 必诺之言，不足信也

"这种事交给我办，保证做得又快又好。"如此轻诺的人，绝不能随便相信。

现代社会里，就有不少这种"轻诺型"的人。当你听信其言，交给他办，八成都会一拖再拖，或是使计划胎死腹中。

如果你催他快点做完，他就搬出一大堆的理由为自己辩解。

这些人在事情无法如期完成，或是做得不顺利的时候，总是振振有词地叙说这类的理由，一副"错不在我的样子"。

10. 小谨者，不大立

拘泥细节的人，难有大成，因为，他只会钻牛角尖，忘了掌握大局。

韩非在《韩非子》这本书的"十过篇"中也提到类似的一句话，那就是："顾小利，则大利之残也。"（只顾小利的人，必定损失大利。）

11. 食者，不肥体

偏食的人，身体绝不会长得结实。同理，偏执一方的人，绝难成功。

从事任何工作，都不能偏执一方，有这种缺点的人，脑筋再好，也不能重用他。

12. 有无弃之言者，必参之于天地也

出语绝无废言的人，即使把天下交给他治理，仍可以放一百个心。

饶舌多嘴的人，即使自己很小心，也会在无意中泄露秘密。人最好是不多言，但一发言就一针见血。

跟任何人来往，都能谨言慎行，语无赘词，这样的人值得信赖，可以委以重任。

上面介绍的就是管仲"人物鉴定的评价标准"，虽然从他那个时代已历数千年，这些评价标准在现代企业里仍可以通用。

管仲特别强调：没有责任感、私人感情太强、轻诺、偏于细枝末节的人，绝不能置于重要职位。

时下的企业，在起用经理之类中坚干部的时候，都可以拿管仲的"鉴定标准"来衡量他们的统御能力，然后才决定起用与否。

管仲还说过这样的话："怠倦者不及。无广者疑神。不及者在门。在内者，将假；在门者，将待。"

把它翻成白话，意思是说："怠惰成性的人，策划任何事都会失败。一个人,如果能力之高有若神明,那也是孜孜努力的结果。这种有若神明的能力,是培养、贮存而来。那些从来不努力的人,只盼别人来支持,凡事有所依恃,处处赖人相助,做什么事都会忐忑不安。"

这就是说,怠惰之人不值得信赖,也不能起用。我们应该了解,有若神明的能力,也是一点一滴培养、蓄积下来的。

发现职场中的精英

耶稣曾对他的门徒说过:"你们是这世上的盐。"这有两层含义:一是为人类这碗高汤提味;二是清洗人类社会腐烂的伤口,让他感觉到痛,是消毒。精英,曾作为一个知识群体、一种思潮、一个努力方向,而让人仰止崇拜。

俗话说真人不露相,实在是因为那些有真才实学者,信奉"达则兼济天下,穷则独善其身"的主张,他们不愿在人前卖弄斯文,而是将满腹经纶化为谨慎谦恭。相反,那些人前显圣、恃才放荡者,往往不一定就是真正的人才,故察人者不可不知。

凡是要考查一个人,当他仕途顺利时,就看他所尊敬的是什么人,当他显贵时就看他所任用的是什么人,当他富有时就看他所养的是什么人,听了他的言论就看他怎么做,当他空闲时就看他的爱好是什么,当和他熟悉了之后就看他的言语是否端正,当他失意时就看他是否有所不受,当他贫贱时就看他是否有所不为。还要使他喜欢,以考验他是否能不失常态;使他快乐,以考验他是否放纵;使他发怒,以考验他是否能够自我约束;使他恐惧,以考验他是否不变而能够自持;使他悲哀,以考验他是否能够自制;使他困苦,以考验他是否能够坚韧,等等。在职场中,一双慧眼可使人才聚于麾下,无往而不胜。

"人是公司最好的产品。"这种说法来自于日本著名企业家松下幸之助,他可称为是第一个看透人才价值的人。一般产品,对于厂家来说不过是换取金钱,而人这种特殊商品对于公司来说,除了创造价值之外，还能够激发出企业团结协作的巨大潜能。所以，有人说，愚蠢的商人花钱，聪明的商人用人。

因此，在职场中，无论是作为同志还是同事或者是下属，都要具有一双识人的眼睛，看清自己生存奋斗的环境趋利而避害，摆好自己的位置，才能够直向人生的风雨，做一个成功人士。在生活中，考查一个人才能的大小，往往要看一个人的工作方面，而才气的大小则因人而异。虽然工作分量很重，但是，只要有这个能力，就能轻易地完成。如果不具备做这份工作的能力，则只会把事情弄砸。所以，过量的工作如果交给才能小的人，一旦失败并不是才能小的人的错，是错在领导用人不当。

对一个人了解越深刻，使用起来就越得当。

第一次世界大战结束后，在法国军事学院学习的戴高乐上尉就预见"下一次战争将是坦克战"。他于1934年出版的《职业军队》和《未来的陆军》两本书中，又明确地提出精良的装甲部队将是未来战场上的决定胜负的主要突击力量。当时，法国统帅部对此不予理睬，而德国将军们却很重视。当时德国装甲兵总监兼任陆军参谋长的古德里安等根据《职业军队》提出的见解，创建头三个师的坦克部队。接着在第二次世界大战开始不久的1940年5月，他们便运用集群坦克攻击法国。法国只支持一个半月就俯首结城下之盟。为此，法国人痛心地说，"德国人赢得胜利，只花了15个法郎（指戴高乐那本书的书价）"。

荷叶刚刚露出水面一个小小叶角，早有蜻蜓立在上边了。好的人才一出现，就会被目光敏锐者所发现。

鉴于同样的道理，一个人的价值也不可全凭相貌或年龄来判断，而应该视才能而定。因此，一个人究竟是能成事或者不能成事，只要看他的才能就知道了。

所谓的精英人物，一般都具有如下的特点：

这是胸怀天下一类的豪杰人物。他们不但胸怀奇谋，智慧超群，更可贵的是他们有敢于行动的勇气和策略，能够机敏灵活地应对各种突变，而不会惊慌失措。

新颖的见解表现在创新、探索上，是可贵的创造性品质，现代企业将敢于提出并善于提出新见解的人，看得比仅有勤奋品质的人更重要。

不因循守旧，不墨守成规的人是最富有魅力的。面对超速运行的信息社会，按照既定模式办事的人，只会适应平庸的领导。不墨守成规之人到新的环境，会努力开拓视野，以适应现代社会产业结构的不断变化。

这类人具有挑战精神，不怕挫折和失败，明确自己的目标和意愿，顽强地奋争，去争取目标的实现。他们还有强烈的主体意识和主人翁态度，不能安于在指令下做一些不需承担风险和责任的工作，要有独立思考能力，不怕孤军作战，能独当一面，并有总揽全局设想。

不是每一名精英都是成大功立大业的。但是，做人处事自有风格，不卑不亢、不急不躁是这类人的本色。

有了精英人才为部下，你应有自知之明。知道他终非池中之物，有朝一日定会超过你。这时你就要虚心地接纳他，给他有益的资助与肯定。这种做法在会计学上称之为"投资"，到时候一定会有利润的。

识别具有潜质的部下

具有潜质的人则犹如待琢之玉，似蒙土的黄金，没有引起世人的重视，没有得到公众的承认。若没有独具慧眼的识玉者卞和，和氏璧是难以被发现的。

有时，事情虽然还没真正发生，迹象其实已经显露。如果不能从初期的迹象去掌握即将发生的事实，这是非常危险的。有智慧的人则不然，只要见到一点迹象，就能判断出事情未来的发展，而采取合宜的行动。

日行千里的良马，如果没有善于驾驭的马夫，就会被牵去与驴骡一同拉车；价值千金的玉璧，如果没有善于鉴别的玉工，就会被混同于荒山乱石之中。人才如果不受他人赏识，就会被埋没。这充分说明识别人才至关重要。

　　唐朝诗人杨巨源《城东早春》写道："诗家清景在新春，绿柳才黄半未匀。若待上林花似锦，出门俱是看花人。"明末清初人王相评注道："此诗属比喻之体。言宰相求贤助国，识拔贤才当在位微卑贱之中，如初春柳色才黄而未匀也。若待其人功业显著，则人皆知之，如上林之花，似锦绣灿烂，谁不爱玩而羡慕之？比喻为君相者，当识才于未遇，而拔之于卑贱之时也。"这段评注启示人们：识才，不仅要看到那些功成名就者，更要注意寻找那些暂时不为人所知，而实则很有才华和发展前途的人。

　　由于人的灵性品质不一样，加上个人修养和环境、营养等因素的影响，精明往往在外部表现得并不十分明显，特别是人在失意落魄、沮丧颓废的时候，正如人们常说的落草的凤凰不如鸡。君子有落难而窘迫的时候，小人也有得志猖狂的那天，一般人是难对此一目了然、一洞澄明的，需要用经验和感觉去判断。许多人都有这种能力，一看某人就知道他聪不聪明，道理就在于此。

　　需要指出的是，看上去呆头呆脑的人往往是大智若愚的智者。智慧高、知识深的人外在表现是木讷的。丘吉尔和爱因斯坦小时候都被老师认为是劣等生，但他们以各自的非凡成就在几十年后反驳了老师的看法。

　　据《廉颇蔺相如列传》记载：

　　向赵惠文王推荐蔺相如的是赵宦者令缪贤。为了使赵王能够重用蔺相如，缪贤公开了一件隐私："我曾经犯过罪，私下商议想逃到燕国去。我的门客蔺相如阻止说：'你怎么结识燕王的呢？'我就告诉他，我曾经跟随大王与燕王在边境上相会，燕王私下握住我的手，对我说：'很愿意跟你交个朋友。'因此我想去投奔他。蔺相如劝我说：'当时赵国强大而燕国弱小，你又被赵王宠幸，燕王要巴结赵王，所以想同你结交。现在的情况是你要从赵国逃走投奔燕国,燕国惧怕赵国,必定不敢收留你,说不定还会把你捆绑起来送回原籍。你不如赤身伏在腰斩的刑具上向大王请罪,则侥幸可能免罪。'我听从了他的话,幸亏大王也赦了我的罪。因此,我认为他是个有勇有谋的人。"赵惠文王听了觉得有道理,于是召见蔺相如,随之,演出了千古传为佳话的那一段"完璧归赵"的故事。

缪贤这种勇当伯乐,举荐"千里马"的做法,是值得后人仿效的。

第二次世界大战期间的美国陆军参谋长乔治·马歇尔五星上将,亦有类似的经历:他在1919年还是个上尉时,曾被派往某地担任副官,负责训练新兵。他的上级约翰·哈古德上校写了一份关于马歇尔上尉的鉴定报告,其在回答"和平和战争时期你愿意留他在你的直接指挥下吗"的问题时,他径直写道:"我愿意,但我更愿意在他手下服役!"并说:"据我判断,在战争时期指挥一个师,能做得像他一样好的,在陆军中不超过5个人。他应被授予正规陆军准将头衔,这件事被延迟一天,都是国家和陆军的损失……如果我有这种权力,下次准将级中有空额时,我将任命他。"谁能想象得到,这竟是一名上校对他手下的一名上尉的评价,而事后的实际生活,又证明了这一评价具有何等超常的远见卓识!

才华锋芒外露的人如同上林之花,锦绣灿烂,人人赞赏,人人注目,都欲得而用之,社会上这种对待这类人物的现象,被称为"马太效应"。

具有潜质的人则犹如待琢之玉,似蒙土的黄金,没有引起世人的重视,没有得到公众的承认。若没有独具慧眼的识玉者卞和,和氏璧是难以发现的。千里马之所以能在穷乡僻壤、山路泥泞之中,盐车重载之下被发现,是因为幸遇善于相马的伯乐。千里马若不遇伯乐,恐怕要终身困守于槽枥之中,永不得向世人展示其"日行千里"的风采。许多具有潜质的人都是被"伯乐"相中,又为其提供了一个发展成长、施展才华的机会,才获得成功的。

当你发现下属中有这类人物时,应立刻善加运用,一刻的犹豫即是损失一刻利益；因妒忌而把他等同于平庸者看待，公司将由此遭受损失而最终走向下坡路。

你发现优秀的潜水艇一样的人后，注意做到下面几点：

鼓励他在公开场合阐明自己的观点和建议，这样做为的是增加他对你的信任，以及对公司的归宿感，表明他的建议受到你的重视，为了表现自己，他必更乐于创新。

视他为管理工作上的一项挑战，有些管理方法，对待水平较低的下属或许绰绰有余，甚至让人把你看成奋斗目标。而在优秀人才眼中，你只是代表一个职位、一个虚衔，并不表示你的才干胜过所有的人，要他们全听你的，并不是一件很容易的事。

适时地赞美他的表现，不要担心他会被宠坏，在他杰出表现之后，适时地加以称赞和鼓励。假如你对他冷漠，会使敏感的他以为你嫉妒他。因为卓越的人均懂得鉴貌辨色，为免功高盖主，招你猜忌，他宁愿把创造性的建议藏起来，待有机会即另谋高就。

给他明确的目标和富有挑战性的工作，卓越人才行事都异于常人，但又有出乎意料的成功；你给他们明确的目标和富有挑战性的工作，他定感到被看重而满怀工作激情。

对他突出的贡献给予特别的奖励，在你还没有给他更高的报酬时，一些特别的奖励是必要的。对于他对公司突出的贡献，如无特别待遇，动力就会减弱，但不表示他不再追求进步。

推荐一些对他有帮助的书籍，"学如逆水行舟，不进则退"。如果你将卓越人才的工作安排得密密麻麻，这样他就没有时间学习新事物，不断的工作将使他精神疲惫。卓越人才并不是万能的，他也有不懂得的事物。

辨别下属是否真心

忠心是下属对上司而言，当一个下属对上司毫无二心的时候，他的忠诚就表现无遗。确实，上司的能力、品性如何，在很大程度上决定着下属事业的成败。一个好的上司会及时地赞赏你工作中的一点成绩，并积极地为你创造成功的条件。此外，上司的成功也会在客观上给你提供新的机遇。假如你读过一些成功的传记，你会惊奇地发现，许多取得成功的人正是跟在别人的后面登上了成功的阶梯。但如果你的上司是个能力平平且嫉贤妒能的人，那么，他不仅不能有助于你的成功，还会成为你成功的障碍。可悲的是，你这个小人物又没有能力改变他是你的上司这一局面。这时，最聪明的办法便还是"跳槽"较好，惹不起还躲得起，不要无谓地浪费你的青春和才智。

有的上司评估员工的最佳办法是在观察他们工作以及收集有关你新工作领域的资料的同时附带进行，你的前任、上司和其他员工的评价也可做参考，当然，最直接的还是问员工本人。

有的上司十分多疑，他们总是对部下采取种种方法进行试探。

古代的一位官员在某一个寒冬的日子里，他对随侍身旁的一个下属说道："这么寒冷的天气，你的脚想必已经冻僵了，我原来想找我那双旧袜套送给你保暖，可是找来找去，只找到一只，虽然一只袜套没办法穿，不过为了表示我的一点诚意，希望你能收下这只单独的袜套。"

大约过了一个月以后，有一天官员忽然又把那位下属找来，告诉他说："我找到了另一只袜套，现在你把原来那只袜套拿出来，就可以凑成一双穿起来了。"

官员所以这样做，是要从下属对他所赏赐东西的收藏态度，来试探这个下属事主的忠诚如何。碰到这样的上司，你一定要搞清楚他每一次与你交谈的真实动机，以便采取相应的行动。

心理学家荣格认为，人格面具在整个人格中的作用既有可能是有利的，也可能是有害的。人格面具与演员戴的面具作用类似，它保证一个人能够扮演某种性格的角色，而这种性格却并不一定就是他本人的性格。一个人如果热衷和沉醉于受人格面具支配，就会逐渐异化于自己的天性。

显然，"人格面具"有抑制自我的作用。

对于领导人，辨别下属真假忠心是个难题。

我国宋代的名相王安石就曾为我们做出过表率。王安石在变法期间屡受非议，有一个叫李师中的小人乘机写了篇长长的《巷议》，说街头巷尾都在说新法好，宰相好，为王安石变法提供雪中送炭般的舆论支持。但王安石一眼就看出了《巷议》中的伪诈成分，于是开始提防这个姓李的人。

生活中往往有两面三刀者，就是采取各种欺骗方法，迷惑对方，使其落入陷阱，达到自己的企图。唐玄宗时的宰相李林甫，他陷害人时并不是一脸凶相，咄咄逼人，而是吹捧。李林甫"口有蜜，腹有剑"。在当代，也不乏口蜜腹剑者，他们就在我们的周围。有时，他们看到你身为领导直上青云就会逢迎拍马、专拣好听的话讲；有时，他们看到你事事顺心、进展神速而在背后造谣生事向你的上级进谗言，陷你于不利；有时欺骗、谎言、圈套从他们头脑中酝酿成"捆精绳"套在你身上，使你翻身落马；有时，他们看到你堕入困境则幸灾乐祸、趁机打劫。所有的这一切，每个人都应该有个清醒的认识。

从品德上看下属

品德是内在的结果在外部的表现，也是认识一个人内心世界的重要途径，从生活的实践中检验一个人的品德，是看人的标志。

何谓品德，它是人类充实内心世界的精神结晶。人的品德和人的命运一样，既不是天生的，也不是不可改变的。它是道德、诚信的总和，是修身养性的结果。人们对品格优秀的人，在思想中总有这样一个印象：他们在任何场合中，都会显示出与众不同的人格魅力，具有强烈的责任意识和行为约束力。

法国银行家莱菲斯特没有发迹时，因为没找到工作，只好赋闲在家。有一天，他鼓足勇气到一家大银行找董事长求职，可是一见面便被董事长拒绝了。

他的这种经历已经是第52次了。莱菲斯特沮丧地走出银行，不小心被地上的一根大头针扎伤了脚。"谁都跟我作对！"他愤愤地说道。转而他又想，不能再叫它扎伤别人了，就随手把大头针捡了起来。

谁想，莱菲斯特第二天竟收到了银行录用他的通知单。他在激动之余又有些迷惑：不是已被拒绝了吗？

原来，就在他蹲下拾起大头针的那3秒钟，董事长看在了眼里，董事长根据这件微不足道的小事认为他是个谨慎细致而能为他人着想的人，于是便改变主意雇用了他。

莱菲斯特就在这家银行起步，后来成了法国银行大王。

莱菲斯特的机遇表面上只因拾起一个大头针，看似偶然，但他能在自己落魄之时都保持良好的行为，说明品德情操十分高尚。

那位从细微处见精神的董事长更是一位看人高手，是他发现了莱菲斯特这匹千里马。莱菲斯特之所以能够成功，很大程度上得益于那位董事长看人的独到之处。日本一位著名的商店经理林江健雄曾经说："有些人生来就有与人交往的天性，他们无论对人对己，处世待人，举手投足与言谈行为都很自然得体，毫不费力便能获得他人的注意和喜爱。可有些人便没有这种天赋，他们必须加以努力，才能获得他人的注意和喜爱。但不论是天生的还是努力的，他们的结果无非是博得他人的善意，而那获得善意的种种途径和方法，便是'人格'的发展。"

只有健全的人格魅力，才能获得人们的喜爱和合作。因此，世间凡是智者贤人，常把人格的特征竭力地表现出来。

人都有优点和缺点，对世界上的任何事物也都要一分为二区别对待。但这绝不是说，人就没有差别，没有办法区分，因而也就没有办法区别对待使用了。恰恰相反，人的优点与缺点之大小多少实在有着极大的差别。有的人有大德有小过因而可谅可用；相反，有的人则是缺大德因而不可信、不可用而必须提防之压制之。看人就要从品德出发，认知他们优劣的所在。

如何调动下属的积极性

领导者要做的最重要的事就是有一颗关爱下属之心。

作为一个领导者，对下属的各种动态要了然于心。在同一个单位，每个人的性格都不一样，勤劳者有之，懒散者有之，活泼者有之，安静者有之，工作效率因人而异。但有几种人，并不因为做人的原因，也不是能力的原因，总之，他们得不到领导者的重用。

第一种人精于工作，也有知识、技术和才华，能得到一些同事的喜爱与尊重。但由于工作性质或人事关系，使他的知识、才能得不到发挥，他学的知识完全与工作挂不上号。

作为领导，就应当具体分析这种状况产生的根源，把他放到有利于施展才华的岗位上，并且鼓励他大胆陈词，为单位提出良好的建议，发挥他的积极性和能动性，最终能够才尽其用。

第二种人工作任劳任怨，认真负责。可是他的工作成绩很少有人知道。尤其他的上司。别人可以用他的成绩去报功、请赏，可他永远只是一个默默无闻的人，很难发展。他内心也想到荣誉、地位、薪水，但没有学会如何使人注意到自己，注意到自己的成绩、成就的办法。一些坐享其成的人在撷取他的才智成果，他只会面壁垂泣。成功的领导者，往往不会发现下属的"明珠暗投"。识辨下属是每个领导者的基本素质，当你的单位用人时出现这种情况时，当务之急是赶紧擦亮自己的双眼，别让"千里马"被别人牵走了。

第三种人不能说不自信，甚至是自信过了头。在工作上很能干，表现也很不错，但看不起同事，用不愉快、敌视的态度跟人相处，与每个人都有意见冲突。行为上有些放肆，常干涉扰乱别人。

一个具有一定能力的下属容易自视甚高，和同事之间的关系相处得不融洽，而领导者对这类优点、缺点都极明显的下属应当择其优而扬之，认同他的工作能力和才华，而对其缺点也不可放过，在疏与导之间，方能显出领导者知人善用的一面。

第四种人可能心不在焉地工作，时常迟到早退、拖延工作或者东游西荡打发工作时间。在用心时，他的工作是第一流的，只是因为心不在焉，所以他根本就没有发挥自己的潜能。由于自制能力出了问题，使他形成不良的工作习惯，阻碍了他的升迁晋级。知之工作能力的人，常怪他为何不能做得更好。

领导者的能力就体现在把有缺点的人才转变过来扬其长处。对于这类人，激其奋进、鼓其斗志、束其散漫、究其思想，然后与他倾心相谈，是可以收到治标兼治本之功效的。把一个有缺点的能人打发走或调至无足轻重的岗位，是领导者无能的表现。

第五种人一边埋头工作，一边对工作不满意；一边在完成任务，一边愁眉苦脸。让人总觉得他消极、被动，而上司认为他是个干扰工作、爱说牢骚话的人，只知道对工作环境和同事的工作发牢骚、泄怨愤。

其实这种人最好应付。领导者只要关心他的生活，对他动之以情，晓之以理，就断无牢骚可言。

第六种人对任何人的请求都笑脸迎纳。别人请他帮忙，他总是放下本分工作去支援，自己手头落下的工作只有另外加班。他为别人牺牲不少，但很少得到别人与上司的赏识，背后还说他是无用的"老实人"。对自己的权利、利益从来不知道去维护，也不敢去争辩，在领导和他人面前不会说"不"，把许许多多不能完成的工作都压到自己身上。到头来心中感到委屈，不好受，只能到家中向妻儿发"脾气"。

这类人是工薪阶层中的大多数，也是社会的中坚分子。领导者既要关心他的生活和内心的想法，又要鼓励他努力去争取自己应有的权利，活得顺心，家庭事业起发展。

要从大局考察下属

全面地看人，就是要对一个人的优点和缺点、成绩和错误、长处和短处做全面的考察。历史地看人，就是我们不能割断历史看人，不能只看一个人的现在，而不了解他的过去。具体地看人，就是看到这个人特有的个性，对具体的人作具体的分析。在我们看人的过程中，是以点概面从而影响对一个人总体的认识。"一俊遮百丑""情人眼里出西施"，这种以点概全，并不能真实地反映一个人的全貌，只有从整体来看人，才能对一个人有比较全面、深刻、真实的把握和认识。因此，评价一个人，要本着公平公正的原则。所谓知人善任，既要对优秀人才加以引导、提拔，也要对一般人才加以勉励和推荐。

《资治通鉴·汉纪》上载：东汉平敌将军庞萌，表面上，其人恭谨谦逊，常与刘秀共商国，光武帝对他非常信任。光武帝对别人说："可以抚六尺之孤，寄百命之者，庞萌是也。"由此可见，光武帝刘秀对庞萌的倚重。一次光武帝刘秀命他与虎牙大将军盖延一起攻击海西王董宪。因为诏书只颁给了盖延，庞萌陡生疑心而不自安，于是起兵反叛。刘秀得知后气得几乎发疯，亲统大军讨伐庞萌，于月旬城斩之。光武帝只凭通常的印象，在考查庞萌的为人上看走了眼。所以，作为一个领导，首先要看大局，而不能只凭一己的印象来考察人。

在如何选拔、爱惜人才问题上，民族英雄林则徐是位极具远见卓识的领导人。他几乎每经一地都要打听当地有什么人才，而且将各种人才的情况一一加以记录，以便量才选用。他从自己长期深刻的沉痛体验中，总结出选才用才的看法，至今读来，仍具有发人深思之力。他在答《邵懿辰书》中说："夫为国首以人才为重，然有才而不用与无才同，用之而不使之尽其才与不用同。且当其未用之先犹有所冀也，及用之不能尽其才，或且以文法绳之，猜忌谴之，则其人之志困而不能自伸，而天下之有才者闻之亦多自阻矣。"这就是韩愈说的："策之不以其道，食之不能尽其才，鸣之而不能通其意。"分明是不识其才，哪里是"天下无马"呢？

林则徐曾写过一副堂联："海纳百川，有容乃大；壁立千仞，无欲则刚。""有容"，即有宽广的胸怀，宽以待人；"乃大"指胸怀宽广之人，心如江海之大，容纳百川，成我大事。古今无论是卓越的政治家，还是杰出的企业家，都能既能用人之长，又能容人之短。用人处世倘若看不到别人长处,听不进不同意见,一有缺点就贬,一有过失就免,这样"则世无可用之才"。

做领导的只要德能和度量都具备,下属就没有不服从的。领导者如果能用德能招收人才,用度量容纳人才,那么事业就能蒸蒸日上。相反,如果领导者德能不宽广,又不能招引人才;度量不宏大,又不能使人安心,那么就必然招来灾祸。

人才自古以来多因识者而得到重用,所以古人说先有伯乐,后有千里马,这是因为识别千里马的本领只有伯乐才有。

古人有一个重金买马骨的故事:

说是齐王欲购天下的千里马,而让伯乐办这件事。伯乐先以重金购买了一堆千里马的骨头,齐王知道以后怪罪于他。伯乐说,千里马的骨头尚且能值重金,那么活着的千里马不久就会送到您的王宫。果不其然,有千里马的人后来都将千里马送到齐国。

这个故事说明,世上并不缺乏人才,缺乏的是能辨别人才的人。只要有心去发现,即使是在成堆的奴隶之中,也能发现治国的良臣。

要正确、科学地知人,就必须从整体知人。

一是要全面地看人,把人的各个方面的表现、情况联系起来。从整体上把握人的本质和主流。不可抓住一点,不顾其余,一叶障目,不见泰山。

二是要历史地看人,不但看人的一时一事,更要看人的全部历史和全部工作。

三是要发展地看人。人是在实践中不断发展变化的,不可能一成不变,绝不能把人"看死"。要注意人的各方面的动态变化和趋势,看到人的潜力及发展前途。

四是要在实践中看人,重在表现。要听其言而观其行,不能听其言而信其行。要特别注意人在关键时刻的表现,疾风如草,路遥知马力,烈火识真金。

在看人的问题上,为了避免疑心用人的错误,用人者一定要从客观实际出发，多层次、多侧面地去了解、考察识别对象，不能因为所识对象有小过而毫无根据地怀疑其有大问题，也不能因所用之人犯有前科而胡乱猜测。还有些人认为是耳闻目睹就千真万确了，其实有时亲眼所见、亲耳所闻的东西也不一定能反映本质。在特定环境下，人们的所言所行有可能是言不由衷、情非得已。"人在江湖，身不由己"这句话改为"人在特定的环境中，身不由己"应用的范围就更为广阔了。

有一群因重大变故不得不横穿一段荒芜地区的人们，他们只剩下了一袋大米，大家就推选了一个忠厚老实的人负责保管大米和烧水做饭。这群人的长者在活动筋骨的时候，发现做饭的小伙子正在偷吃米饭。长者有点难过，认为一向诚实的人也会因身处危难之中而失去本性。长者没有张扬此事，但心中对那小伙子的看法已有了彻底的转变。后来小伙子牺牲在了战场上，长者重提此事时，有一个曾随行的人告诉他，那个小伙子当时并非在偷吃米饭，而是灰掉在了锅里，他不忍浪费，悄悄地捡了那团米饭吃了。长者听了以后，呆呆地坐了良久。

还有伊伯奇，侍奉后母非常孝顺，常常在冬天里光着脚为后母拉车子。有一次，他后母的衣服上有一只毒蜂，伯奇见状，来不及打个招呼，就伸手想去帮后母拿掉。后母大叫："伯奇拉我的衣服！"于是伯奇被怀疑想对其继母非礼。伯奇没有办法洗刷耻辱，便自杀以表清白。

看人的经验告诉人们：眼见之不如足践之，这是千真万确的。因为用眼睛看人，因种种原因可能会产生某些错觉。所以，要从根本上知人，只有通过实践，实践出真知。既要看人，就要重在其实践，通过实践看其表现如何。日常生活中，一些人可以用花言巧语去骗人，但要用其实践去掩盖自己的虚伪面目却很难，虽然假动作也可以骗人于一时，但不可能骗人一世。随着事物的不断发展，其真面目终将暴露。

在历史上，不能够以上述方法去识别他人，而错误地以己心度他心，以个人的经历、常识、观点、内心思想为标准、为参照，来判断他人的思想活动，这样的教训也是很多的。

北魏节闵帝时期（公元531年），尔朱荣把持朝政，另一个大臣贺欢带兵攻打尔朱荣，以清理君侧为名，因此能得人心，聚集了正面力量，最后功成，杀了尔朱荣一家。

尔朱荣的弟弟尔朱世隆在外省为将，招兵买马，准备报仇雪恨。他的一个部将叫房弼，当时任青州刺史，是一员著名的猛将，对尔朱氏一家一向忠心耿耿。他召集部下，欲割手臂上的血为盟，以齐心协力、尽心尽力去帮助尔朱世隆。

都督冯绍基是房弼的助手，深得房弼的信任。他对房弼献计说："现在天下大乱，人心不齐，要表现真诚之心，如果冒着严寒，割心前之血为盟，岂不是更能得天下人之心？"房弼是个血性之人、直肠子，将心比心，认为这个主意很好，就召集所有部下和当地老百姓，当着众人的面，在冰天雪地里，赤裸着上身，气壮声雄地叫冯绍基动手。

看着冯绍基微微发抖的手，房弼禁不住笑了，骂道："抖个啥子！快动手，老子冷着呢！"冯绍基一鼓劲，举刀割房弼胸前时，出乎意料地轻轻一推，就把房弼杀死了，带着人马投奔节闵帝。

可见，对手下的人判断不准，把奸贼当忠臣，最后死于非命。

凡是有才能的贤人，常常遭到阴险浅薄之人的恶意中伤。起初被迷惑而遭冷落，最终而得不到使用。说明因奸险之人的无事生非造谣中伤，使得贤才难以被人识别而加以使用。

在当今社会，因错看人而丢命的可能性已小，但将公司的事业前程毁于一旦的事还经常发生，故用人者得千万小心。看人，要听其言，观其行。就是强调看人不仅要听其所说的如何，更重要的是要看其做得如何，做和行就是我们所讲的实践。

因此，看人要重在其实践，从其人实践中就可知其人如何，实践是看人的标准。

第十八章
用对人才能做对事，
解读合作伙伴微行为看其工作态度

有城府的人，需要你去试探

一个人的外部肢体形态到言谈举止，都可以精心"伪装"。当然，如果你的交流对象是个"老谋深算"的人，想摸清他，并非无计可施，你需要一些小技巧，悄悄地试探他，他很快就会"现出原形"来。

公司规定每三年评选一位优秀员工，奖励一套住房。老板的小舅子也在这家公司上班，虽然他平日里游手好闲，但是老板碍于他是自己的小舅子，也睁一只眼闭一只眼。小舅子很想知道姐夫的心思，想知道今年自己有没有资格获得奖励，又不好直接去问姐夫。他忐忑不安，心想："我到底有没有资格呢？如果我有资格，原来评给我的小房子一定会给别的员工，为什么姐夫一直没有表态呢？"他想了很久，最后终于想到了一个去试探姐夫心意的办法。他拜托一位跟姐夫很有交情的员工去办这事。员工见了老板就说："大家都说您的小舅子是今年的优秀员工，那么他原来的那套房子能不能奖励给我住呢？"老板摇摇头说："不！这幢房子今年不能给你啊，我小舅子今年不是优秀员工。"当那个人要离开的时候，老板暗叫一声："糟了！"肯定是那个浑小子让他来试探虚实的，老板连忙问那个员工，是不是受人之托来摸底的。员工佯装不知情，推说没有，但实际上，老板已经先输了一着，小舅子终于知道了姐夫的心事了。

从例子上可以看出，当遇到的对手善于隐藏内心时，你可以投石问路，甚至找第三者去帮你探听虚实。这样你很快就会知道他的真实想法了。在我国古代这样成功的例子也不胜枚举。

与此相类似的，汉景帝用一双筷子测试出了手下重臣的居功自傲之心。

周亚夫是汉景帝的心腹重臣，他城府很深，在平定七国之乱的时候屡立战功，后来又官至丞相，为汉景帝献言进策。可是最终汉景帝在选择辅佐少主的辅政大臣时，却放弃了他，究竟是什么原因呢？在古代，每个皇帝年老之后，皇位的继承问题就被提上了日程，宫里少不了明争暗斗，所以每个皇帝都不得不花费一番心血。汉景帝自然也碰到了这个难题，当时太子刚刚成年，需要辅政大臣的辅佐，汉景帝为此试探了一次周亚夫。

一天，汉景帝请周亚夫吃饭，给他准备了一大块肉，但是皮肉相连，没有切开。周亚夫见没有给他准备筷子，面色就有些难看，他很不高兴，就向主管筵席的官员要一双筷子。汉景帝微笑着说，给你这么大一块肉你还不满足吗？还要筷子啊。是不是有些贪心啊？周亚夫一听，立刻摘下帽子，赶紧向皇帝叩首谢罪，汉景帝说，起来吧，既然丞相不习惯这样的吃法，那就算了，今天的宴席就到此结束。周亚夫听了，连忙向皇帝告退，疾步走出了宫门。汉景帝目送他离开，并说，这点小事就如此闷闷不乐，看来确实不适合辅佐少主啊！

周亚夫也算是个经验老到、城府很深的人。但是在汉景帝巧妙的试探下，还是现出了原形。辅佐少主的重臣，一定要心态平稳、任劳任怨，倘若少主年轻气盛，有了不合礼数的行为，重臣要有长者风范，懂得包容这些过失，一心一意地敬忠职守，才能成为真正的贤臣。从周亚夫的表现来看，连老皇帝对他不周到的举动，他都不能接受，以后又怎么能辅佐好少主呢？赏赐他的肉，即使不方便食用，在汉景帝看来，他也应该把它吃下去，这体现着君臣礼数。他要筷子的举动，在汉景帝看来就是不成熟的做法。到辅佐少主的时候，是不是会有更多的矛盾？这令汉景帝非常担忧，所以他毅然地放弃了周亚夫。

总之，只要你去试探，就可以知道，谁是有城府的人。

危难面前，考察他的胆识

庄子说，"告之以危而观其节。"意思是，出现了危难的情况让他处理，通过处理危难来观察他的胆识与节操。俗话说，"路不险，无以知马之良；任不重，无以知人之才；岁不寒，无以知松柏；事不难，无以知君子；势不危，无以知英雄"。确定一个人是不是真的勇敢，是不是真是英雄，只有在最关键的时刻才能够检验出来。

一个人要面临大事，真正的品行才显露得出来。遇到大事和难事的时候，可以看出他的担当能力以及克服困难的力量。如果交流对象平时口口声声"遇事果断、果敢"，但是一遇到危机临身，他就不知所措，甚至还会满腹牢骚。这就表明他是个性软弱之辈。个性越是柔顺的人，遇到困难越是仓皇失色。因此，若要探究一个人的胆识、气魄，就得告之他可能面临的灾难和困境，并接连不断地交给他去处理，从中观察他的勇气和反应能力。

F公司是一家效益非常好的上市公司。公司董事长有两个儿子，大林和小林，这两个人都非常能干，依靠自己的实力和父亲的影响力创立了自己的公司，并且业绩不错。但是，大林和小林性格完全不同，大林外向，做事情麻利，小林则不爱说话，勤勤恳恳，一丝不苟地完成工作。董事长年纪越来越大，看着两个儿子都很有实力，发愁到底应该把公司交给哪个儿子打理，谁能真正扛得起这份责任呢？董事长助理小吴看出了董事长的心事，便对董事长说："我看大林和小林做事的能力都很强，您可以看看他们的胆识如何。"董事长若有所思地点了点头。

没过多久，两个儿子分别接到了父亲的电话，说由于账目操作失误，公司的几宗大笔生意没有做成，公司资金周转出现严重困难，可能面临破产，需要儿子们拿出资金帮忙解决。大林听到这个消息后，急忙将自己持有的F公司股份全部变卖，然后把所有的存款转移到国外的户头上，推说自己的公司也遇到了困难，资金周转不周，拿不出钱来。一向沉默寡言的小林则拿出了自己所有的积蓄，并且把自己公司的流动资金全部交给父亲。

一个月之后，F公司运行一切正常，丝毫没有破产的迹象。大林还在纳闷儿，突然接到消息，董事长任命小林为公司董事。原来，这是老董事长放出的假消息，就是为了看看哪个儿子能在危难面前扛住压力。大林由于在困难面前的自私胆小，失去了父亲的信任。

能力和胆识并不成正比。大林和小林的业务能力相差无几，但是在危机面前表现出来的胆识，小林却远强于大林。董事长考察的，正是一个人在关键时刻和重大原则问题上表现出来的立场和道德方面的坚定性。

一个人在危难的时候能够挺身而出、果敢坚毅地维护自己所在集体的利益，这充分体现了他的气节和能力，这样的人才就是被重用的对象。有专家曾根据人的胆识和气魄将人分为大器、中器、小气三种：

大器之才，即使工作繁重，也不会有怨言。他们勤勤恳恳，但不会拘泥于小事，该做的全力以赴，不该做的事也不会耿耿于怀。该说话时，勇于表达己见，不该说话时，就安心沉默。他们可以适时进退，这种人，他们已具备了领导的才华，一有机会便会成功。

中器之人，平日里的表现和大器之人好像差不多，可是一旦让他们面临抉择，就会左右摇摆，举棋不定，他们需要你能适时地给他一鞭子。

小气之人，为人处世多以自己为中心，这种人比较自私。一有不合自己意的事就牢骚满腹，甚至责备他人，听不得别人的忠告，最终也会失去别人的信任与帮助，只留下自己在一边孤芳自赏了。

现实生活中，有些人在平时的工作中能力平平，表现得很不起眼，但在关键时刻，却能力挽狂澜，表现出惊人的掌控局势的能力，这样的就是大器之才；而有些人在平时表现突出，处理事务有条不紊，有板有眼。但在关键时刻，他的能力往往没有"张力"，表现得畏首畏尾。如果要是遇到突发性的事件或棘手的问题时，更是表现得束手无策。凡此种种，都应该全面而又细致地观察，才能得出一个比较精准的结论。

换句话说，如果你作为领导，在考察下属是否有能力时，不但要看其平时的"能量"，还要看其在关键时刻的"质量"，即要看其平时的表现，还要看其"潜能"。只有这样，才能慧眼识英雄。

利益面前，看他是否清廉

《庄子》中提到："委之以财而观其人。"大意是，将钱财托付给他来看他是否清廉。"利"对于任何人来说都是必需的，都具有诱惑力，可放手让他掌管钱财来考查其是否贪财。当一个人无法接近财物时，都可轻易地标榜他是清廉之士，也无从了解他到底是贪是廉。只有让他接近钱财，才能考验他会不会损公肥私。假若他不贪，就是一个大仁大义之人；假若他很贪，就是一个不仁不义之人。只有为官清廉，才能取信于民。一个在利益面前伸出肮脏之手的人，怎么可以担当重任呢？

同样，在生活中，如果你是一家公司的主管，你把下属放在有利可图的工作岗位上，让他有机会得到财物。这样，你就可以看出他是否真正廉洁奉公，是否可以在利益面前面不改色，不为所动了。

A公司新招了一名仓库保管员王小姐，她身段苗条、聪明漂亮又会察言观色，因此深受公司所有员工的喜爱，大家都夸她正直无私。

"小王,你把这些洗面奶放到仓库保存,过几天送客户用得着。"领导将王小姐叫到办公室说。

"张总,一共有多少瓶洗面奶?"王小姐问。

"这是随产品一起运来的赠品,具体多少还不清楚,你搬过去数数就知道了。"

"好的!"

"希望我的考验失败!"张总心想。

其实,这批洗面奶不是随产品赠送的,而是张总派人采购的,数目清晰明了。10分钟之后,小王把洗面奶的数量报给了张总,竟差18个。当然,第二天仓库保管员就换了另外的人。

从例子可以看出,小王尽管在同事中的口碑很好,但是在利益面前,她却轻易地"漏了底"。因此,她属于明里正、暗里贪的人。这种人很厉害,在明处一副很正派的样子,表面上似乎很清正廉明。其实一到暗处,那双脏兮兮的手就伸出了,贪财求利。当然,那些真正廉洁的例子也不少,他们抗腐拒变能力较强。在明处和暗处,都能坚持原则,不贪不占。

伯颜,元朝人。他相貌堂堂,智勇双全,一次被派作西征军的使者向忽必烈奏事,忽必烈见他气度非凡,十分喜爱,就将他留在了身边。1274年,忽必烈有意攻打南宋,于是他任命年轻的伯颜为中书左丞相,与大将阿术率领二十万军队,水陆并进,一路所向披靡。

大军所过之处,正逢疫病流行,老百姓贫病交加,饥饿难耐。伯颜下令开仓赈粮,发药治病。老百姓们大为感激,都称颂伯颜的军队为王者之师。后来,伯颜率军攻入临安,南宋灭亡。

临安城是南宋的都城,繁华富足,金玉珍异,应有尽有,伯颜不为所动。进入临安后,他首先下令封存府库,登记钱谷;又命令将士一律不得擅自进城,敢于暴掠者,军法处置。因此,闹市商业区热闹如故,生意照常进行。两个月后,伯颜将宋皇宫中的祭器、仪仗、图书等全数北运，宋皇室成员押解至上都。忽必烈看到伯颜如此严于律己，很高兴，重赏伯颜。

伯颜身为元军重臣，完全可以借破城之机搜掠财宝，但他并没有贪图财富，而是将其如数封存，交给国家。面对如此大的诱惑仍能不为所动，这种清正廉洁之人，怎会不受忽必烈的青睐呢？话说"贪为私动，贿随权集"，对钱财看得太重的人，往往会想尽一切办法去拉拢贿赂一些有权有势的人来做他们的保护伞和摇钱树。从钱财来识别每个人是不是仁者，就是看他对钱财采取什么样的态度。为私而贪者为不仁，为公而见钱廉洁者为仁者。廉洁的人不追求不应有的财物，所以，古人云："廉者，民之表也；贪者，民之贼也。"即指官吏廉洁奉公，就是老百姓的表率；官吏贪赃枉法，就是残害老百姓的强盗。纵观古今中外仁者，他们共同的优点就是不贪不义之财。

总之，无论是毫无遮盖、明拿暗索、置人格和尊严于不顾的人，还是真正清正廉洁的人，利益面前人人平等，他们的灵魂最终都会显露出来。

任务面前，考察他的信用

在《庄子·列御寇篇》中，有这样一句话："急之与期而观其信。"即把某件事情交付给一个人去办，以考查他是否有信用。信用，是做人交友的基本准则。如果一个人不恪守信用，说了不算，定了不干，谁还能够对他有所依托呢？其实，听听一个人怎么说的，看看这件事他是怎么做的，就可以知道他有无信用。无信用之人，任何事情都不可托付。

如果你是公司的老板，交给手下人一件事情，让他在规定的时间内完成，通过他对这件事情的处理态度，你便可以了解他的诚信和忠心。具体的做法是：与他达成口头协议，约定某事，看他能否说到做到。如果约定期限来完成某件事情，看他是不是能信守承诺如期完成。

大街上，一个女孩在问男友："明天中午 11 点，我和妈妈在家等你，那天是她 50 周岁的生日，你能准时到吗？"

"必须的，我未来的丈母娘过生日，我能不准时到吗？"小伙子拍着胸脯保证。

"看得出你是个很稳重的人。虽然我们相亲没多久，但是我对你的印象不错呢！"女孩红着脸对男友说。

第二天中午 11 点整，小伙子没有如期到达。女孩和她妈在家等了他一个小时，然而他还是没有来。下午 4 点小伙子在没有事先通知女孩的前提下，竟按响了女孩家的门铃。

"对不起，小玉，今天中午我姑姑来了，在家忙着做饭，我没有脱开身来你家。"小伙子无奈地解释着失约的原因。

"对不起，李先生，我想我们不合适，我想找一个守时重信的人，我妈也希望我能找个重视我的人，是吧，妈妈？对不起，我们还是不要再见了。"

好好的姻缘因为失信而告吹，如果事先他打电话向女孩说明情况，或许结果就不同了。

从上面的故事可以看出，在现实生活中，"信"往往是说得容易做起来很难的，所以我们往往用"期之以事而观其信"来检验一个人。有的人对下属、朋友、同事甚至妻子轻易许下诺言，可是过一阵子就忘了。这样的人，若想把什么任务交给他们，那就做好被欺骗的准备吧！

考察一个人的途径很多，方法也很多，但是考察一个人应该首先考察他的"信"，这是最重要的。守信的人会得到大多数人很好的正面评价，反之，就会受到诋毁和抨击。有时候，领导者让下属在较短的时间内完成一件工作，就是考察下属是否言必信、行必果，是否具有办事高效率的好机会。在这一点上，古今的事例大致相仿。

太史慈，字子义，山东黄县东黄城集人，东汉末年著名的武将。起初，太史慈跟随刘繇，后来孙策亲自攻讨刘繇，生擒太史慈。孙策见太史慈作战勇敢，爱才心切，亲自为其松绑。太史慈见孙策如此爱惜良才，且有帝王之相，于是归顺了孙策。孙策当即拜太史慈为门下督，回到东吴之后，又拜其为中郎将，授予其兵权。后来，刘繇在豫章去世，其部下万余人无处可附，孙策便命令太史慈前往安抚兵众，想将这数万人收归自己的部下。孙策手下的人都说："太史慈这一去肯定不会回来了。"孙策却说："太史慈他舍弃了我，还可以投奔谁呢？"不仅如此，孙策还亲自送太史慈到昌门，临走的时候握着太史慈的手腕问："爱卿何时能够回来？"太史慈答道："过不了两个月我就能回来。"果然，不到两个月，太史慈如期回来，此后，孙策对太史慈愈加重用。

　　孙策派太史慈去劝降刘繇遗众，显然是想看一看太史慈是不是守信之人。如果太史慈不回来，那么这种不讲信用之人也没有留在身边的必要。事实证明，太史慈是守信之人，同时也赢得了孙策的信任。

　　如果你作为公司的领导者，想学学孙策，那么不妨也对下属提出任务，并要求他尽快完成。你可以不规定具体的期限或者为期指定日期。在这种情况下，特别能看出一个人的办事效率。工作责任心强的人，会把你任命的每一项任务都当作你对他的一种考验，会尽快完成。反之，责任心不强的人，则会拖拉。倘若这项任务有期限，在最后期限内，被委任人也不能履行承诺完成任务，就是言而无信。如果这样的事经常发生在一个人身上，就可断定此人不可大用。

　　不过，如有失约情况，也不可随意给人下结论，要弄清失约的具体原因，是客观的还是主观的，是值得原谅的还是不能谅解的。如果属实是无信之人，那就赶紧踢开他，别把任务交给他。

亲近面前，观察他的礼节

　　现实中，有些人在你面前客客气气，非常有礼节，尤其是有求于你时，或比你地位低的时候，我们往往很难辨别这种"客气"

究竟是来自对方对我们的尊敬之心,还是因为某种利益关系等其他原因。《庄子·列御寇篇》提过一个方法:"近使之而观其敬。"即安排他在你身边做事,整天与你形影不离。因为如果一个人对你客气不是出自真心,一旦他与你混熟了,便很容易无所顾忌,失去敬心,甚至表现出轻浮无礼。所以"近使之"是考察他人是否对你有尊敬之心的有效方式。

老刘是一家涂料公司的经理,主要负责联系客户和销售工作。在一次招聘会上,小张前来应聘,简单交谈后,老刘惊喜地发现小张和他竟然是同乡。虽然小张的学历不够,但是他的言谈举止幽默风趣且落落大方,很适合做销售工作。于是,经老刘提议,公司破格录取了小张,小张成为一名销售人员。经过两个月的锻炼,小张经手的订单数突飞猛涨,业绩十分喜人。老刘和小张的私交也越加亲密。

经过细致的观察后,老刘发现小张办事勤快、踏实肯干,又很谦虚谨慎,和同事的关系也十分融洽,公司员工对他的评价也很高。老刘想进一步提拔小张,就先把小张弄到自己身边,当经理助理,并把几个新产品的销售渠道全部交给小张去做,看看他做得怎么样,是否适合做高层管理人员。

几个月后,老刘渐渐发现小张好像变了一个人,并没有初到公司时那种勤奋和谦虚的劲头了,经常上班迟到,工作时间在办公室玩游戏,也不出去跑业务。公司员工也反映,小张的脾气比较暴躁,在主持销售会议的时候经常口出脏话,羞辱业绩不佳的工作人员。两个季度下来,小张负责的几个新产品的销售业绩惨不忍睹,许多老顾客也因为得不到相关的服务而转向对手公司订货。老刘不止一次找小张谈话,指出了他的问题所在,可是,小张总是用各种各样的理由搪塞过去,不思改过,反过来把责任推到其他员工身上。老刘忍无可忍,辞退了小张。

许多人的恭敬谦虚是功利性的。初次见面,因为不知道对方的底细,双方都尊敬有加,长期相处,慢慢就能看出对方的水平来了。如果在自己身边的人因相处比较熟了，而放松对自身的谨慎，这是会出问题的。如同在平坦的道路上行走的人放纵自己而脚下不留意，这样走快了就会摔跤；在艰险的道路上行走的人有所戒备而小心翼翼，因此走得很慢，反而平安无事。这就指出了越是平易的地方，越是要谨慎。

例如，你在领导身边工作，你就应该比他人更加谨慎。平时要自律、自重、自爱、自尊、自励、自强，严格要求自己，树立良好的形象，不做有损自己身份的事。

当然，如果你是管理者，也可以将所要识别的对象安排到自己身边工作，因为天天在一起相见容易相熟，久而久之就会没有拘束，这样就便于观察这个人在与人相交往的过程中是如何对待自己与他人的关系的，从而判断他的为人。

混杂面前，探察他的本性

关于鉴人本性方面，《庄子·列御寇篇》有言，"杂之以处而观其色"，意思是，将人放在混杂的环境里，看他的本性如何。很多实践证明，混杂的环境可以锻炼人，也容易改变人，使人丧失本性。

如果你想考查一个人，让他身处男女混杂的环境里，观察他是否好色，对待男女关系的态度，你就基本可以断定一个人。一般来说，爱美之心人皆有之，但深陷"温柔乡"不能自拔者，往往会造成于公于私都不利的局面。人生中总会要经过金钱关、权力关、美色关，等等，而美色关就是其中的代表。常言道，英雄难过美人关。能否把好这一关，就看一个人的素质及品性了。

公元前200年，刘邦御驾亲征匈奴，被冒顿单于困于单城白登山。虽然左右颇多谋臣勇将，却无奈孤军冒进。从战势看，匈奴军以四十万大军死围白登山城，而刘邦随军只数万人，援军尚远无法搭救，看来是难以逃脱了。

六天六夜过去了，白登山城已缺水断粮，加之天寒地冻，百苦皆至，众人心急如焚可又束手无策。最后刘邦找来足智多谋的陈平反复商量，拟以智取而期死里逃生的冒险办法对付匈奴大军。他们打听到冒顿单于最宠爱王后阏氏，且又喜欢美女，便从这方面用计。当天便安排画家李周，连夜画了张漂亮的美人图，并让人混入敌营，将一些珠宝和美人图献给阏氏，并说愿意献此美人给单于。阏氏见到珠宝立即目眩心迷，心动不已，可当听说汉朝皇帝要献画中美人给单于时，便又不高兴起来，要来人把画带走，至于解围之事让汉朝皇帝放心。是夜，阏氏果然说服单于，要他放走刘邦。可次日勾结匈奴一起反汉的韩王姬信又劝单于不能放走刘邦，并说出美人图的事来，单于一时动心，便传话要见美女后再作考虑。刘邦闻讯，立刻命令士兵将预先做好的十多个木偶美人推上山城城头，用扯线摆弄"美人"的动作。冒顿单于在城下一看，心中陶醉不已，随即下令让路，刘邦君臣打道回府了。汉军退兵后，单于守兵进山城取"美人"，却见到的是一些木偶倒在地上，才大呼上当，中了刘邦的"美人"计了。

　　从故事中可以看出，冒顿单于和王后阏氏都没有能在混杂的环境中把持住自己的原则，一个好色，一个贪财，结果丧失消灭对手的良机。可见，如果是意志薄弱、思想素质较差的人，一般来说是难以经受住金钱和美色的诱惑的。但也有一些品德高尚的素质较好的人，他们能在金钱、权力和美色的诱惑下，正确把握自己，掌控了方向。

　　关羽是中国历史上的著名武将。一次，刘备和张飞在外打仗，与关羽失去联系。关羽护送刘备的两位妻子守护下邳城。曹操突然引兵袭来，关羽兵少，败给了曹操。经过张辽的劝说，关羽暂时同意"降汉不降曹"，但同时也提出三个条件：第一，降汉不降曹；第二，确保两位皇嫂安全；第三，今后若探听到刘备的下落，当即辞别。曹操爱才心切，虽对第三条有所顾虑，还是满口答应。

　　曹操为了笼络关羽，想出了种种办法。他将关羽和刘备的妻子安排到一间屋子里休息，想让关羽乱了君臣之礼，无颜以对刘备。可是，关羽将屋子让给两位嫂子休息，自己手持大刀在外面站了一夜，毫无倦意。曹操得知，不禁暗自佩服。曹操又赠送给关羽大量的金银珠宝，想借此收买关羽，关羽却将财宝全部交由两位嫂子收藏，自己分文不取。曹操仍不死心，将自己的坐骑赤兔马赠给关羽，希望他能归顺自己，关羽仍不为所动，探听到刘备的消息后，义无反顾地回到刘备帐下。

关羽在财色的诱惑之下，不为所动，心中仍牢记忠、义二字，这才是真正的可靠之人。

人生在世，难的就是与人相处。观察一个人是忠良还是好色之徒，就要看他的意志是否坚定，看他在没有任何监督的情况下，特别是在男女混杂的环境里，能否与人融洽和谐地相处。同时，观察他在面对金钱和美色的诱惑时，会保持什么样的态度。如果他能一如既往地坚持自己的本色，说明他内心坚定，目标明确，不会轻易偏离行为的轨迹，这样的人往往拥有良好的道德品质和修养，成功也将指日可待。

好相处的人，能很快融入团队

一个小镇郊外的马路边，安静地坐着一位失明的老婆婆。一位中年妇女开着车来到这个小镇，她看到了老婆婆，停下车摇开车门，有些傲慢地对老人问道："老太太，这个城镇叫什么名字呀？怎么这么小呢？地图上都看不到啊！住在这里的人都怎么样啊？我正在寻找新的居住地！"

老婆婆回答说："那你能说说吗，你原来居住的地方，那里的人都怎么样呢？"

中年妇女说："他们都是一些没有礼貌、贪得无厌的人。而且他们各个都很脏，简直让人无法忍受，所以我才想搬出来。"

听了这话后，老婆婆说："女士，这里恐怕又要让你失望了，这个小镇上的人和他们完全一样。"

中年妇女听完撇撇嘴，开车离开了。

过了一段时间，一位女孩来到这个镇上，向老婆婆提出了同样的问题："婆婆，住在这里的都是什么类型的人呢？"

老婆婆也用同样的问题来反问她："你现在所居住的镇上的人怎么样呢？"

女孩笑着回答："哦！住在那里的人很善良，十分友好。我从出生一直住在那里，那是一段很美好的时光。唉，可惜，因为我要换工作，所以不得不离开那里，真希望能找到一个像那里一样好的小镇。"

老婆婆说："小姑娘你真幸运，居住在这儿的人，和你们那儿的人一样善良、友好，你会喜欢他们的，他们也会喜欢你的。"

从这个故事可以看出，与人相处，就好像是在照镜子，彼此友好才能共赢。如果你想考察一个人是不是好相处，那你就看他是否能与人真诚合作，是否有团队精神，是否有亲和力。最好的办法就是把他放到一个群体中去，看他是不是可以很快就能融入团队。

总之，好相处的人，能更快融入团队，他们做起事来往往事半功倍。当然，与人相融的程度不取决于语言的多少，而是取决于心灵的真诚相悦。因此与人相融的程度，相处的好坏，也能多多少少地折射出他们心灵的痕迹。

疏远面前，观察是否忠诚

判断一个人是否忠诚于你，可以派他到远离你、无人监督的地方做事，可以判断他是否忠诚于你。生活中，如果你是领导者，也可以采用这种方法，通过观察下属在远方的一些具体表现和侧面反映，进而探测他的本质是好是坏。为什么在远离你的地方工作，可以看出下属究竟是忠还是不忠呢？是一般性的忠诚抑或是绝对忠诚呢？这是因为相距很远而缺乏监督，无论他在远方是埋头苦干还是胡作非为，表现出来的都是最真实的东西。

由此我们可以说，放任的时候可以看出一个人检点自己的能力。一个人是否忠诚，只要将其指派到远方工作一段时间，就会从一些事实和侧面的反映中得以验证。当然，无论是下属、朋友和爱人，我们都希望对方对自己忠诚，所以在现实生活中，确实有"远使之而观其忠"这样的必要。因为在一些人看来，在"天高皇帝远"的地方工作、生活，可以随心所欲，想干什么就干什么。所以有很多原本感情很笃定的夫妻，在异地生活不久后，感情就破裂了，也是这个道理。"天高皇帝远"，确实给一些心存私欲的人提供了胡作非为的可能和机会。心存歪念的人目光在没人监管的情况下，总是为所欲为。如果给予其权力，一人在外独立工作、生活，总是飞扬跋扈，并美其名曰："将在外，军令有所不受。"一般这样的人比较虚伪，自制力很薄弱，对事业和爱情不忠诚。

当然，在现实生活中，也有很多人是无论何时何地都一样行事，这些人心中深深刻着"忠"字的烙印。

M公司的总部在北京。小李在这家公司的销售科负责客户资料管理已经有一段时间了，由于工作期间兢兢业业、勤于职守，小李深得公司董事长孙某的信任。孙某发现小李的业务能力很强，有意提拔他当部门经理，但是对于小李是否能够独当一面，负责好部门的整体运作，孙某无从考查。思来想去，孙某决定把小李派往公司新成立的成都办事处去做主任，看看小李是不是能够在远离总部的地方做好自己的工作，看他如何开拓当地市场、如何招聘员工、如何定任务标准、如何编织客户网。

过了半年时间，公司驻成都办事处在公司拨给的经费有限的情况下，不仅在短时间内在当地站稳了脚跟，而且树立了良好的信誉度，发展了大批的客户。小李本人也因为勤俭节约、能力卓绝、能与下属同甘共苦而被大家称赞。孙某借公司周年庆典之际，仔细视察了小李负责的办事处的业务，实地听闻了大家对小李的评价，发现小李确实是一个品德和能力都过硬的优秀人才。于是，孙某放心地把小李调回总部担任部门经理。

所以说，辨别忠奸最好的办法就是让他远离自己，这样可以识断一个人是否是真正忠实。

第十九章
慧眼识出千里马，
解读对方微行为选出英才

与下属面谈，了解他的性格特点

一个人的举手投足中，都很有可能包含着丰富的信息。作为领导者必须掌握善于同下属交谈、倾听下属意见的艺术。通过察言观色来揣摩对方的行为，捕捉其内心活动的蛛丝马迹，才能够使交流更加便利、更加有效。

领导人在实施指挥和协调的职能时，必须把自己的想法、感受和决策等信息传递给被领导者，才能影响被领导者的行为。同时，为了进行有效的领导，领导者也需了解被领导者的反应、感受和困难。这种双向的信息交流十分重要。交流信息可以通过正式的文件、报告、书信、会议、电话和非正式的面对面会谈。其中，面对面的个别交谈是深入了解下属的最好方式之一，因为通过交谈不仅可以了解到更多、更详细的情况，并且可以通过察言观色来了解对方心灵深处的想法。

善于同下级交谈是一种领导艺术。有些领导者在同下属谈话时，往往同时批阅文件，左顾右盼，精力不集中，不耐烦，其结果不仅不能了解对方的思想，反而会伤害对方的自尊，失去下属对自己的尊重和信任，甚至还会造成冲突和隔阂。所以，领导者必须掌握善于同下属交谈、倾听下属意见的艺术。

有一位将军，在一次战斗当中被对方擒获，然后被押回了对方大营。

这位将军也算得上是一位铮铮汉子。从被敌方擒获以后，就没有想过要投降敌人，抱着必死的决心，丝毫不肯向对方低头。不管是谁来劝他投降，他都怒目相视，绝不理睬。

敌方的国王也敬佩他是一个有骨气的大将，越发地盼望着这个将军能够投降自己，为自己所用。可惜的是，不管怎么劝说，这位将军还是毫不理会。国王为此感到无可奈何，但又很不甘心。这个时候，国王的一名随从过来说："国王请不用担心，依属下的看法，这位将军虽然现在表现得还很强硬，但是只要我们坚持劝说下去，他迟早会投降的。"国王将信将疑地说："我派人劝说了那么久都没有任何的效果。何以见得他定然会投降啊？"那个属下道："属下刚才去劝降的时候，见到有灰尘从天棚掉下，落在将军的袍袖上面，他居然能够察觉，并小心地把灰尘掸掉。试想，一个人若是早把生死置之度外，怎么还会顾得上吝惜身上的袍服呢？"国王听到后，觉得极有道理，于是坚持劝降。终于，在国王的努力之下，那个将军还是投降了国王，并成为国王手下的一个得力帮手。

故事中的那个属下通过将军掸掉身上的灰尘这一个细小的细节，就做出了精确的判断，为国王的劝降工作立下了大功。这名属下可称得上是真正的深谙察人交流之道。管理者应该像那名属下一样，通过察言观色来揣摩对方的行为，捕捉其内心活动的蛛丝马迹，探索引发这类行为的心理因素。要善于观察，才能够使交流更加便利、更加有效。

管理者在与下属的面对面交流当中能够得到他所希望得到的信息，通过对下属在交流过程中的习惯性动作当中，来判断出一个人所具有个性特征：

（1）手插裤兜者。双脚自然站立，双手插到裤兜里面，时不时拿出来又插进去，这种人性格比较胆小谨慎，凡事三思而后行。

在工作中他们最缺乏灵活性，往往用最呆板的办法来解决许多问题。他们对突如其来的打击或者失败心理承受能力比较低，在逆境中更多的是怨天尤人，垂头丧气。

（2）双手后背者。两脚自然并拢，双手背在后面。这种人大多数在情感上比较急躁，但他与他人交往的时候，关系处得比较融洽。其中最大的原因可能就是他很少对其他人说"不"。

（3）经常摇头者。经常以点头或者摇头表示自己对某件事情的看法的肯定或者否定的人，特别爱在社交场合上很喜欢表现自己，却遭到别人的厌恶，引起别人的不愉快。但是，经常摇头或者点头的人，自我意识强烈，工作意识强，看准一件事情就会积极地去做，不达目的绝不罢休。

（4）抖动脚跟者。喜欢用脚或者脚尖使整个腿部颤动，有时候还喜欢用脚尖磕打脚尖或者以脚掌拍打地面。这种人很喜欢自我欣赏，性格较为保守，很少考虑他人。然而在他人需要帮助的时候，他却往往能给一些意想不到的好的建议。

以上是一些从小动作中获取信息的小诀窍。总而言之，一个人的举手投足中。都很有可能包含着丰富的信息。因而，选择与下属面谈，不失为了解下属性格特点的一个好方法。

背后闲话能暴露真实想法

古人说："谁人背后不说人，谁人背后无人说。"也许你本人就经常在说别人的闲话。有关专家研究显示，常在背后说人闲话也是一种心理需求，这样也有助于减压。

一位小有名气的哲学家曾经说道：背后说他人闲话是人类的一种重要需求，排在吃饭、喝水之后。这说明背后议论他人是一种比较普遍的现象，但是这些闲话往往能够暴露皇帝新衣之下的真实情况。

什么样的人最容易被人议论？无非是优秀者和不幸者。优秀者通常先是被人艳羡，继而又掺杂着嫉妒。对不幸者大家于唏嘘感慨中带着同情，同时又带着庆幸"自己还不是最差的"，这就是现在网上非常流行的"把你的痛苦说出来，让大家高兴一下"的由来。

不过现实生活中，人们热衷于或嫉妒或艳羡的论人短长，其实也并非都出于恶意，大多只是一种心理转移，可能是为了排解自己的压力。有调查显示，朋友、亲戚等熟悉的人往往是自己议论得最多的人，而且许多是负面评价，但这不代表我们讨厌他们，相反我们却非常喜爱他们。但是，如果总是在背后说人长短，就是真有心理问题了。这类人的性格特点是抑郁、性格内向，天生猜疑、敏感、过分依赖别人，这种不健康的性格往往会形成人际交往障碍。

谁没有遇到这种爱说闲话的同事呢？尤其在办公室里，这种同事似乎很普遍。有些人酒足饭饱喜欢拿别人来开涮，有些人愤世嫉俗，看不惯就批评。后者固然要比前者来得友善，但无论是说哪种坏话的同事，当你知道坏话的对象就是你的时候，你该对他或她摊牌还是会一如既往地与他们相处下去呢？

杜宝琪是一家企业的新员工。他一毕业就进了这个知名的公司，羡煞了不少的同学，因此小杜觉得工作环境十分理想，同事都对他也很好。但后来，他发现办公室里那位漂亮的姐姐小丽总是在背后说他坏话。后来他打听得知，原来这位姐姐最大的爱好就是背后说人坏话，办公室里的每一个人几乎都被这位姐姐说遍了。但是不巧公司结构重组，杜宝琪还被分在了小丽的这一组。同事们都为杜宝琪捏一把汗，杜宝琪自己更加不知怎样应付这位爱说人坏话的同事。后来杜宝琪得知，原来他受到了这位姐姐的嫉妒，他年轻并且很受大家的喜欢，才引起了这位老员工的不满。

杜宝琪的例子说明了这样一个道理：办公室里被人"说闲话"的对象都是些"新丁"，他们或学历高，或技术好。一般这种人的出现，都会为办公室同事带来危机感。有人怕自己原来所处的位置可能就不再是先前的重要位置了。从闲话之中也可以得出真实的信息，不管是领导还是其他的员工都应该从中吸取教训。

从其背后透露出的信息来看,遭人说闲话不一定会是一件坏事。尽管遭人说闲话从感情上讲是件很痛苦的事情,但客观上讲,如果同事说的坏话,的确针对其工作上的不足,这是领导了解下属情况的一个窗口。而当事人除了反省还应感激。当然了,不能一听到别人说自己坏话,就只顾在自己身上乱找缺点,对号入座。其实,不幸被莫须有的坏话套上时,首先就得把自己的自卑心理压下去,分清坏话的实质面目,不能动不动就举白旗。

身体姿势反映内心世界

不同的文化不仅对于着装打扮有不同审美标准,身体语言在不同的文化背景中也有不同的含义。身体语言是表达一个人内心世界的无声而真实的语言,它在人际沟通中有着口头语言所无法替代的作用。我们通常可以从一个人的身体姿态来推断出其学识、性格、社会地位和职业等。

心理学研究发现:在两个人之间面对面的沟通过程中,50%以上的信息交流是通过无声的身体语言来实现的。相对于书面语言和口头语言来说,身体语言是国际性的,不同国家的人在语言不通的情况下借助身势语能够进行交际。有些时候,身体语言就足以表达所有的信息,语言反倒是多余的。其实有许多身体的姿势是世界性的,例如,西方人电影中常见身体姿势表示欣赏、理解、困惑、接纳、拒绝、傲视、防卫、敌对,在我国拍的电影之中也通用。例如卓别林的一些喜剧短片使用的全部是姿势、动作、表情等身体语言,照样被全世界接受。

当然,我们不能忽视文化对身体语言的影响,例如,不同的民族对同样的身体语言有不同的理解,比如说,当一个人表达同意对方的观点时,大多数欧洲人会采用点头微笑的方式,而不同意时则是摇头,但是在伊朗人们的表达方式中恰恰相反。

身体语言包括姿势、头部动作、面部表情、目光和其他用于交际中的身体动作。有专家提出,人能发出多达万种不同的身体信号，任何想将它们分门别类的企图也只是不自量力。所以我们只能从传递交际信息的常见姿势中诠释一些行为代码与文化含义。姿态动作的幅度和速度以及姿势和坐立习惯也能反映出不同的文化背景和心态。

第二次世界大战时期，德国人曾经组织过一群假的美国大兵以袭击盟军的后方。他们找了几个在美国生活多年的德国人，来训练和带领这些队伍。他们都能说漂亮的美式英语，几无破绽，队长特别提醒士兵们，要用英制单位、立正的时候千万不要磕脚跟，那是普鲁士风格的立正，美国人绝对不做。还有敬礼，一定要松松垮垮、吊儿郎当，不要太标准了。这些假大兵穿上美军制服，到盟军后方去搞乱交通、破坏铁轨和电线，袭击油库。这些假大兵初期取得了一些战果，不过很快就被美国人发觉。一位美国军官曾问过他警惕的手下："为什么你能发现这些人是德国人？"该军士非常得意地说："咱们美国大兵超过半英里就一定要坐吉普车的，他们说自己是从三英里外走过来的，肯定是德国人了。"

不同文化在姿态动作上的这些时而明显、时而微妙的差别常常容易导致交往失当，甚至会使交际完全中断。了解这些差异并采取必要的补偿手段，对于人们在跨文化交际中互相理解、避免误会，对于填平文化沟壑，无疑具有十分重要的意义。

有一个心理学家研究发现，人们通常使用的主要身体运动语言及其重要意义有：摆手，制止或否定；双手外推，拒绝；双手外摊，无可奈何；双臂外展，阻拦；搔头皮或脖颈，困惑；搓手和拽衣领，紧张；拍脑袋，自责；耸肩，不以为然或无可奈何。

在日常生活中，我们自己也在经常使用身姿来进行沟通。如与上级谈话，我们的坐姿自然就比较规范，腰板挺直、身体稍稍前倾。有些人则干脆"正襟危坐"。如果我们对别人的谈话表示不耐烦，则坐的姿势就会后仰，全身肌肉的紧张程度就会明显降低。无论什么人在讲话，只要看一眼听者姿势，就会明白他的讲话是否吸引听众。

心灵的窗户：眼神最是骗不过

俗话说："眼睛是心灵的窗户。"从一个人的眼睛中，可以读懂一个人的大概。从眼睛的窗户向内心深处张望，就可以了解一个人心理动向。所以眼睛在五官中是至关重要的。

心理学家的研究告诉我们，人内心的隐秘、心中的冲突，总是会不自觉地通过变化的眼神流露出来。泰戈尔说得好：任何人"一旦学会了眼睛的语言，表情的变化将是无穷无尽的"。

在人的一生中，应用得最出色的要数目光语了。更多的时候，人们能从眼睛中了解事物的大致面目来。因为，眼睛乃"五官之王"。从医学观点来看，眼睛是人类五官中最敏锐的器官，它的感觉领域几乎涵盖了所有感觉的一半以上，比如说，人们吃食物时绝不仅靠味觉，同时会注意食物的色、香以及装食物的器皿等。如果在阴暗的房间里用餐，即使有可能吃的是鱼翅熊掌、燕窝海参，也会产生不安的感觉。相反，如果在一流饭店或餐厅用餐，用精致的器皿装食物，并重视灯光的调配，定会增加饮食者的胃口，吃得津津有味。可见眼睛在生活中的作用。

有时，一个人的内心活动，从这个意义上来说，眼睛似乎也会说话。对于一个人来说，透过眼睛就能看出他心之所想。人的很多秘密往往都从眼睛之中泄露出来，这是每个人都很难隐瞒的事实。孟子也在他的书中说道："存乎人者，莫良于眸子。"他认为只要能够读懂人们眼睛中的秘密，就不会被人欺骗了。眼神有动有静，有散有聚，有流有凝，有上扬，有呆滞，有阴沉，有下垂，仔细参悟以后，通过眼神必可使人情毕露。所以对于一个领导者来说，留意下属的眼神，并对其眼神中所透露出的信息正确解读，将会大大有益于管理。

我国历史上也不乏成功地从眼睛识人的例子。曹操这个人在历史上的名声并不太好，是中国历史上著名的奸雄，但就他本人的才能而言，在当时也算得上是一个极其难得的人才。如果他不擅权弄政,不显露本性,仍像未夺得朝政大权之前那样勤奋忠心地工作,俭朴地生活,说不定会成为一个流芳百世的周公式的人物。

曾任太子少傅的彭光看到曹操之后,悄悄对大儿子说:"曹操神清而朗,气很足,但是眼神中带有邪狭的味道,专权后可能要坏事。我又不肯附庸他,这官不做也罢。"从眼神上来分析,"神清而朗",指人聪明俊逸,不会是一般的人;眼神有邪狭之色,说明为人不正,心中藏着奸诈意图。于是上书,称自己"昏乱遗忘,乞骸骨归乡里",曹操可能也感觉到了彭光看出一些什么,但抓不到把柄,恨恨地同意了他的辞官,却又不肯赏赐养老金。彭光通过归隐田里成功地避免了祸患。

一个成功的领导者,具有从眼睛中看心理活动的本领,在管理上往往能够事半功倍,无往而不胜。总体上来说,眼神清的人,通常表示此人清纯、澄明、无杂念、端正、开明。眼神浊的人,往往昭示此人昏沉、驳杂、粗鲁、庸俗和鄙陋。而生活中,常有那些仪表不俗、举止轩昂之辈,想一眼识破他的行径,就可能比较困难了。美国的一个著名的心理学家罗伯特针对这种情况给我们提出了不少的建议。在他的一本书中他分析道:

(1) 下属目光呆滞黯淡,通常说明他是个没有斗志而肃然无味的人,你可以努力地挑起他的工作欲望。

(2) 下属目光忽明忽暗,有可能说明他是工于心计的人,他很难接受语言的诱惑。

(3) 下属目光飘忽不定,通常表示这是个三心二意或拿不定主意、紧张不安的人。

(4) 下属眼睛闪闪发光,通常表明对方精神焕发,是个有精力的人,对会谈很感兴趣,同时也意味着他是很难应付的人。

(5) 下属目光炯炯有神,一般看来他是个有胆识的正直之人。

心理学家埃伯斯在《领导者如何了解下属的心理》一文中说道:"假如一个下属眼睛向下看,而脸转向旁边,表示你被拒绝了;如果他的嘴是放松的,没有机械式的笑容,下颚向前,他可能会考虑你的提议；假如他注视你的眼睛几秒钟，嘴角乃至鼻子的部位带着浅浅的笑意，笑意轻松，而且看起来很热心，那么这个下属就值得信赖。"从眼睛识人，是一种领导者判断下属的良策。

透过言谈举止识人

人的言辞往往流露了一个人的本性，通过言谈举止来透视下属是一个最直接也最经济的办法，但这也是一种复杂的艺术，因为每一个人都有言不由衷的时候，所以作为一个老板掌握从言辞判断下属的性格的方法是一项必备的管理技巧。

在日常生活当中，善于观察的人能从偏颇的语言中知道对方性格的特点，就像孟子所说：错误的言辞我知道它错在何处，不正当的话我知道它背离在何处，躲躲闪闪的话我知道它理屈何处。其实从其言辞分析其性格，说起来很简单，但是其中往往蕴含着很大的学问。

有的人言辞偏颇，这些不当或夸大的言辞常在忘乎所以时出现，例如不论在人们之间高兴或不高兴，人们都容易夸大了坏处的话。凡是夸张的话都好像是说谎，正因为如此人们都不大会相信，而传达这种不大令人相信的话的人往往要遭到祸殃。在我们的周围，有的人言辞锋锐，抓住对方弱点就不放手，看问题往往一针见血，往往能说到点子上，展现了其非凡的才能。领导在用人时，应考虑他在这方面的优点，这种人能够成为公司中难得的栋梁之材。

有的人侃侃而谈，宏阔高远却又粗枝大叶，不大理会细节问题，这种人往往志大才疏。优点是考虑问题志向远大，善从整体上把握事物，大局观良好，缺点是理论缺乏系统性和条理性，论述问题不能细致深入，做事往往不能考虑周全、面面俱到。

有的人不屈不挠、公正无私、原则性强、是非分明、立场坚定，缺点是处理问题不善变通、非常固执，但是如果巧妙地运用这种人，往往也能够发挥巨大的作用。

有的人知识面宽，随意漫谈也能旁征博引，各门各类都可指点一二，显得知识渊博，学问高深，正像古人所说的"才高八斗"。但是这种人的缺点是脑子里装的东西太多，系统性差，往往眼高手低，如能增强分析问题的深刻性，会成为优秀的、博而且精的全才。这种人也往往反应不够敏捷果断，转念不快，属于细心思考型人才，如能加强果敢之气，对新生事物持公正而非排斥态度，会变得从容平和，有长者风范。

有的人接受新生事物很快，听到新鲜言辞就能在日常工作中活学活用，而且往往都可以小试牛刀。缺点是没有主见，不能独立，如能沉下心来认真研究问题，形成自己的一套思路，无疑会成为业务高手。

有的人独立思维好，好奇心强，敢于向权威说不，敢于向传统挑战，开拓性强。缺点是冷静思考不够，易失于偏激，可利用他们做一些有开创性的事。

有的人用意温润，性格柔弱，不争强好胜，不轻易得罪人，可以说是一个老好人。缺点是意志软弱，胆小怕事，雄气不够，怕麻烦，如能增强毅力，知难而进，勇敢果决，会成为一个外有宽厚、内存刚强的人。

单单了解以上的这些语言跟性格之间的关联还是不够的，关键是对于这些东西活学活用，正如德国一个著名的哲学家说的："对于一个优秀的人才来说，单单掌握理论是不够的，重要的将这些理论化为现实的力量。"对于一个领导者来说，其在这方面首要的一个步骤是，学会如何从谎话中识别人。

小时候父母就教导我们，不要说谎，并反复告诫我们，说谎是人变坏的开始。但是不论是生活中还是工作中这种事都是很难避免的。这种说谎的艺术随着年龄的成长变本加厉，当我们小的时候说谎时明显地用手遮住嘴巴，并且脸会羞愧地变红，潜意识是想防止谎话从嘴里出来，长大后这种手势则变得精练而又隐蔽。许多成人会用假咳嗽来代替，还有的则是用大拇指按住面颊，或用手来回抹着额头。女性说谎最常见的是用手撩耳边的头发,似乎企图把不好的想法撇开。再如,你去同事家串门,尽管主人表示欢迎,但多次看表,那表明此时你的来访打扰了他;告别时,尽管他再三挽留,而身体准备从沙发上起来,眼光瞟向门边,则表明你的离开是时候了。

心理学家研究证明,一个人一开始说谎,身体就会呈现出矛盾的信号:面部肌肉的不自然,瞳孔的收缩与放大,面颊发红,额部出汗,眨眼次数增加,眼神飘忽不定。尽管说谎者总是企图把这些信号隐藏起来,但是往往很难如愿。而且一个人在电话里说谎比当面说谎要镇定从容。利用这一特点,老板在与下属谈话时应该尽量单面谈,与下属面对面,目光直视,这样就会让其体态语言暴露无遗。应该让下属背靠墙,从而解除他的防备心理,这样会使他谈话时候坦白一些。

有时,对方谈吐的速度、口气、声调、用字等,蕴藏着极为丰富的第二信息,撩开罩在表层的面纱,能探知一个人的内心真实想法。一般来说,如果对方开始讲话速度较慢,声音洪亮,但涉及核心问题,突然加快了速度,降低了音调,十有八九话中有诈。因为在潜意识里,任何说谎者多少有点心虚,如果他在某个问题上支吾其词,吞吞吐吐,可以断言他企图隐瞒什么。倘若你抓住关键的词语猛追不放,频频提问,说谎者就会露出马脚,败下阵来。

在这一方面我国晚清杰出的政治家和军事家曾国藩就是一个很好的例子。他指出:"观人之道,以朴实廉价为质。有其质而附以他长,斯为可贵。无其质,而长处亦不足恃。甘受和,白受采,古人所谓无本不立,义或在此。"可见曾国藩非常强调从言谈的举止之中去分辨一个人,他进一步分析道:"将领之浮滑者,一遇危险之际,其神情之飞越,足以摇惑军心;其言语之圆滑,足以淆乱是非,胡楚军历不喜用善说话之将。"

可见,曾国藩的观察人才的标准,以朴实廉正耿介为最本质的。有了根本再使其有其他特长，这是难能可贵的。没有根本，其他特长也不足倚重。甘甜的味道容易调和，洁白的底色容易着彩，古人所说的没有根本不能成器，就是说的这个意思。

作为一个领导更要认真学习曾国藩的用人识人的艺术，用真诚之心自我约束，虚心与人相处，公司的事业就会蒸蒸日上。

从眉毛读懂人的情绪波动

当你与下属做面对面的交谈时，可以通过眼眉的运动和前额皮肤的舒张，做出不同的表情，这些动作在传递情绪的变化时是非常重要的。每当我们的心情改变，眉毛的形状也会跟着改变，而产生许多不同的重要的信号。

前额、太阳穴、眉毛组成的额头，是人类智慧的象征，也是人类区别于其他动物的一个标志；而眉毛的活动，则是一个人情绪变化的反应。心理学家指出，眉毛有20多种动态，不同的动态可以表示不同的情绪。与眉毛动态相关的心理主要有：

（1）双眉上扬，表示非常欣喜或极度惊讶。

（2）单眉上扬，表示不理解、有疑问。

（3）皱起眉头，要么是对方陷入困境，要么是拒绝、不赞成。

（4）眉毛迅速上下活动，说明心情愉快，内心赞同或对你表示亲切。

（5）眉毛倒竖、眉脚上拉，说明对方极端愤怒或异常气恼。

（6）眉毛完全抬高表示"难以置信"。

（7）眉毛半抬高表示"大吃一惊"。

（8）眉毛正常表示"不做评论"。

（9）眉毛半放低表示"大感不解"。

（10）眉毛全部降下表示"怒不可遏"。

（11）眉头紧锁，表示内心忧虑或犹豫不决。

（12）眉梢上扬，表示喜形于色。

（13）眉心舒展，表示其人心情坦然、愉快。

每当我们的心情改变，眉毛的形状也会跟着改变，而产生许多不同的重要的信号，下面我们从7个方面来详细地分析。

（1）低眉。又称皱眉。眉毛并非垂直降低，同时也略微内向，使眉间距离更加接近。当感觉受到侵略、心感恐惧时，人们往往会皱眉。

在遭遇危险时，光是低眉不够保护眼睛，还得将眼睛下面的面颊往上挤，以尽可能提供最大的防护，这时眼睛仍保持睁开并注意外界动静，这就形成了皱眉的动作。这种上下压挤的形式，是面临外界攻击时典型的退避反应，眼睛突然见到强光照射时也会如此。当人们有强烈的情绪反应，如大哭大笑或感到极度恶心时，也会皱眉。

一般人常把一张皱眉的脸设为凶猛，而不会想到那其实和自卫有关。一个大笑而皱眉的人，其实心中也有轻微的惊讶成分。

皱眉有时还可代表诧异、怀疑。否定等。

（2）扬眉。眉毛不是垂直上升，当眉毛扬起时，会略微向外互相分开，而造成眉间皮肤的伸展，并使短而垂直的皱纹拉平。同时，整个前额的皮肤被压挤向上，造成水平方向的长条皱纹。

当人的某种冤仇得到伸张时，常会扬眉吐气。一个眉毛高挑的人，正是想逃离庸俗世事的人，通常有自炫高深的傲慢表现。双眉一起上扬，表示非常欣喜或极度惊讶；单眉上扬，表示对别人所说的话、做的事不理解。扬眉还可以表示危机减弱时，重新审视周围的环境。

眉毛打结，指眉毛同时上扬或相互趋近，和眉毛斜挑一样。

（3）眉毛斜挑。这是前述两种动作的混合，两条眉毛一条降低，一条上扬。它所传达的信息是介乎扬眉与低眉之间，半边脸显得激动，半边脸显得恐惧。这种动作的人，心情通常处于怀疑状态，扬起的那条眉毛就像是提出的一个问号。

（4）眉毛打结。眉毛同时上扬及相互趋近，和眉毛斜挑一样。这种表情通常表示严重的烦恼和忧郁，有些慢性疼痛的患者也会如此。急性的剧痛产生的是低眉而面孔扭曲的反应，较和缓的慢性疼痛才产生眉毛打结的现象。

在某些情况下，眉毛的内侧端会拉得比外侧端高，而形成吊梢眉似的夸张表情，一般人如果心中并不是那么悲痛的话，是很难做到的。

（5）眉毛闪动。眉毛先上扬，然后在几分之一秒瞬间内再下降，这是一种友善的行为。这种向上闪动的短捷动作，是全世界人类通见的重要欢迎信号，当两位久别的老朋友相见的一刹那，往往会出现这种动作，而且常会伴随着扬头和微笑。但在握手、亲吻和拥抱等亲密接触的时候很少出现。

眉毛闪动如果出现在对话里，则表示加强语气。每当一个人说话时要强调一个字时，眉毛就会扬起并瞬即落下，这是在表示："我说的这些你可要听清楚了！"

（6）眉毛连闪。即眉毛闪动动作在短时间内连续数次。这是一种丑角的表情，以夸张地表示欢迎。

（7）耸眉。眉毛先扬起，停留片刻后再降下，通常还伴有随着嘴角迅速往下一撇，而脸上其他部位却没有什么明显的动作。耸眉所牵动的嘴形是忧伤的，有时表示是一种不愉快的惊奇，有时则表示无可奈何。此外，人们在强调他所说的话时，也会不断地耸眉。

从脚就知道下属信不信任你

当我们和下属进行谈话，或与客户进行谈判时，如果对方对你不信任，即使他脸上堆满假笑，脚还是会呈现抗拒，甚至表现出想逃开的姿态。如果你发现对方口头上一路附和你，膝盖却愈来愈往旁边偏，就表示他是在随口敷衍你。

人类学家通常会告诉我们："脚是最诚实的传讯者。"因为多数的人都可以控制腰部以上的表情和动作，唯独这离大脑最远的肢体无法随心所欲。事实上，动物的双腿原本就是朝向"解除危机"而演化的，所以，当人们潜意识或生理上发现不对劲时，双腿的动作也会跟着紧绷，呈现随时离开的状态。

当我们和下属进行谈话，或与客户进行谈判时，如果对方对你不信任，即使他脸上堆满假笑，脚还是会呈现抗拒，甚至表现出想逃开的姿态。如果你发现对方口头上一路附和你，膝盖却愈来愈往旁边偏，就表示他是在随口敷衍你。

那么，对方的脚究竟说了什么？

两只脚踝相互交叠，你就应该注意此人是不是正在克制自己。因为，人们在克制强烈情绪时，会情不自禁地脚踝紧紧交叠，交易场上或其他社交场合中，当一个人处在紧张、惶恐的情况下，往往会做出这种姿态。

在谈判时，当对方身体坐在椅子前端，脚尖踮起，呈现一种殷切的姿态，就是愿意合作，产生了积极情绪的表示。这时，善加利用，双方就可能达成互惠的协议。

说话时，身体挺直，两腿交叉翘起，这一姿势表示怀疑与防范。所以，在谈判推销商品或个人交往中，要注意那些"跷二郎腿"的人。而对那些坐在椅子上而跷起一只脚来跨在椅臂上的人要引起警惕，因为这种人往往缺乏合作的诚意，对别人的需求漠不关心，甚至还会对你带有一定的敌意。

两手插入口袋、拖着脚步、很少抬头注意自己在往何处走的人，往往是心情沮丧的人。

双脚自然站立，左脚在前，左手习惯于放在裤兜里。这种人的人际关系较为协调，他们从来不给别人出什么难题，为人敦厚笃实。这种人平常喜欢安静的环境，给人的第一印象总是斯斯文文的，不过一旦碰上比较气愤的事，他们也会暴跳如雷。

双脚自然站立，双手插在裤兜里，时不时取出来又插进去，他们比较谨小慎微，凡事三思而后行。在工作中，他们最缺乏灵活性，往往生硬地解决很多问题。他们大都经受不起失败的打击，在逆境中更多的是垂头丧气。

两脚交叉并拢，一手托着下巴，另一手托着这只手臂的肘关节。这种人对自己的事业颇有自信，工作起来非常专心。

两脚并拢或自然站立，双手背在背后。他们大多在感情上比较急躁，这类型人与他人一般都相处比较融洽，可能很大的原因是他们很少对别人说"不"。

两脚平行站立，双手交于胸前。此类人具有强烈的挑战和攻击意识。

将双脚自然站立，偶尔抖动一下双腿，双手十指相扣在腹前，大拇指相互来回搓动。这种人表现欲望特别强，喜欢在公共场合大出风头。如果什么地方要举行游行示威，走在最前面的、扛着大旗的就是这种人。

喜欢用腿或脚尖使整个腿部颤动，有时候还用脚尖磕打脚尖或者以脚掌拍打地面，这种人最明显的表示是自私。他们很少考虑别人，凡事从利己主义出发，他们经常给周围的朋友提出一些意想不到的问题。

人的心理处于紧张状态时，两腿便会不停地抖动，或者用脚轻敲地面。

当人不感兴趣或感到厌烦时，会重复不断地跷腿，一会儿左腿放在右腿上，一会儿右腿放在左腿上，表示他不想谈下去了。

说话时的"小动作"比语言更说明问题

一个人不耐烦的时候，可以控制自己的声调和表情，让别人不会发现他的不耐烦。但是他的肢体在下意识中就会做出一些透露他心中讯息的动作，而这些是人无法去伪装的，就算他的肢体表演功力很高，也会不自觉地露出一些破绽。

在与朋友谈心事的时候，有些人往往会把一些下意识动作参与其中。这些不经意的动作可能常常被人们忽略，不过，通过它们也可以洞悉别人的内心深处。美国心理学家威廉·詹姆斯说：动作好像是跟着感觉的，但在实际上动作和感觉是同时发生的，所以我们直接用意志去纠正动作，也就是间接纠正了感觉。

通常情况下，人的下意识动作有下面四个：

1. 谈话时，手会不停地搓揉着耳朵

这种人要么自己无法安静下来，要么就是很喜欢讲话，不喜欢当听众。通常一个人不耐烦的时候，可以控制自己的声调和表情，让别人不会发现他的不耐烦。但是他的肢体在下意识中就会做出一些透露他心中讯息的动作，而这些是人无法去伪装的，就算他的肢体表演功力很高，也会不自觉地露出一些破绽。如果你发现你的听众一直地摸耳朵，这个时候，你最好停一下来征询对方的意见。不然，很有可能是你说你的，他烦他的，这样，你们的人际关系就不容易搞好了。

2. 谈话时，手会不停地触摸下巴

这种人是一个很喜欢思考却又很敏感的人，常常一个人陷入沉思中，连他在讲什么他都听不见。如果下次见到他，再提起上次聊天的事的时候，他一般都答不出来。这种人虽然是喜欢想东想西，但是还不至于会去算计别人，只是有时候会钻牛角尖，一个人陷入思考的迷宫中走不出来，在人际关系的表现上也是比较神经质一点。所以，对一些事情要给他一些暗示，不然，他就会一个人乱想。

3. 谈话时，一只手会不经意地撑着脸颊

这种人不会太爱冲动。这种人通常是整天懒懒散散地，做什么事都提不起劲，对于朋友的事也不会很热心，似乎一整天就想发呆。他会一只手撑着脸颊，表示他无法专心地听你讲话，只期待你快点结束话题，或者是轮到他发言。事实上，他也不是真有什么话要讲，只是觉得你的谈话很烦而已。如果你跟他不是很熟，你在讲话时看见他一只手撑着脸颊，那你最好就赶快结束话题，不然就是换一个他感兴趣的话题，才不会得罪对方。

4. 在和朋友谈话时，拇指托着下巴，其余手指遮着嘴巴或鼻子

这种人办事很有主见。因此他在讲话时，他总是以手捂住嘴

巴附近的部位，这就暗示他似乎不是很同意你的说法，只是他不好意思说出来，而这种动作就是潜意识怕一不小心说漏嘴的防卫姿势。

通常会以手遮住嘴巴或鼻子的人，在心理的反应上有两种可能，一个就是想反驳你，一个就是在说谎。你了解了这种肢体的反应之后，如再遇到他有这种姿态，就可更仔细地观察他是在听你讲话时遮嘴，还是说话时遮嘴。如果是说话时，那就很明显的是言不由衷；如果是听你说话时，那就是不同意你的说法，你说话时最好有所保留。

从语言习惯看人内心

习惯性语言的形成除了社会性、阶层性和区域性的语言差异外，还因为个人素养、气质的不同而不同。所以习惯性语言能表现自我个性，固有的语言习惯往往比说话的内容更能表现其深层心理。

人的动作表情中，最常被利用来捕捉对方特性的，是语言习惯，即一个人说话的腔调、声调的高低、音量的大小、声音的粗细等外部特征，以及遣词造句一类的语言表达方式的特征。语言的表达方式包括词的选择、句法语序的组织和如何措辞等。

1. 从话题上看人内心

在人际交往中，通过话题透视别人的深层心理，一是要从话题的内容去了解，二是从话题的展开方式去探索真意所在。

话题的选择因人而异，一般与说话者有切身关系。一种人总喜欢谈自己以及子女、配偶等的家事，他们做事以自己为中心，任性，难以顾全大局，是一种心理发育不成熟的表现，因为幼儿都喜欢说我怎么样怎么样。另一种人从不谈自己而专门谈别人的隐私，想了解对方的心理和弱点。如果是发生在男女之间，那就是一种深切的爱情或关心的表现。这两种类型的人都以女性居多。还有一种人喜欢谈新闻人物、演员、明星的隐私或丑闻，许多期刊都以此争取读者，最典型的代表就是少男少女中的"追星族"，如果是成人还迷恋此道的话，就是出于一些复杂的心理因素，有的是借此驱散寂寞无聊的心情，有的是借此表达是非观点，还有的是表现自己广见多闻。

从话题的展开方式上来看，话题不一定能直接表现人的爱好与关心。社会结构越复杂，人类意识越是压抑，而压抑的意识自然会以一种扭曲的形式表现出来。一位瑞典学者做过一项有趣的调查，以两百名女性员工为调查对象。结果，她们说是因工资低而不能安心工作，实则是对工作本身不感兴趣。有的人突然岔开话题，这是自我显示欲很强的表现，这种人蔑视他人，唯我独尊，不会顾全大局、关心他人。有的人善于追踪话题，使对方的话题扩展开来，能将对方的情况掏出来，这类谈话专家以记者居多，也是其职业需要。有的人善于倾听和开导，他们有着宽容而善良的心，能深入了解他人。有的人谈话没有中心，"下笔千言，离题万里"，如同写作毫无脉络，他们情绪不稳定，或逻辑思维能力弱，无法系统归纳，也许自以为内容丰富，而实际上支离破碎。

2. 习惯性语言

习惯性语言的形成除了社会性、阶层性和区域性的语言差异外，还因为个人素养、气质的不同而不同。所以习惯性语言能表现自我个性，固有的语言习惯往往比说话的内容更能表现其深层心理。

容易显示人的语言习惯，主要有以下几种：第一人称语；借用语；敬语；思考语；附会语；流行语。

（1）第一人称语。第一人称语就是有意识地强调自我，开口便是"我以为……""我说是……"等话语。这是自我意识很强且高度自信的表现，美国心理学家李彼得和怀特研究的结果表明：领导人为专制型的团体成员与领导人为平均主义者的团体成员在语言上的区别是后者一向使用复数人称，将"我"隐入"我们"之中。

（2）借用语。借用语就是用自己的语言说话时，特别喜欢借用警句名言、事例数据来表达意见。这种借名人的光来提高个人说话权威性的情况叫"背光效果"，这种人通常被认为缺乏自信心，或表达了对权威的憧憬。有些爱用生僻词，拗口语者则是炫耀自己知识面宽的表现。

（3）敬语。在人际关系中，最能表现心理的语言是敬语，它是心理的润滑剂。刻意堆砌敬语，此人心中必有某种企图。有时敬语是嫉妒、敌视、轻视或戒心的反向表现。本来是关系亲密的人，忽然使用敬语，则表示关系的冷漠与疏远。如果谈话当中一直使用敬语，则表明自卑或隐藏着戒心和敌意。

（4）思考语。思考语是表明人们思考动态的言辞，多属连接词。相当于英语中"and"，即"然后""接下来"等。常说思考语的人表示其思绪松懈、条理层次不清。还有使用"但是""然而"等表示连接的思考语，这种人常在说话时整理思绪，思考力强，是聪明的表现。使用"毕竟""果然"等思考语，说明其意志坚决，性格强硬，政治家常以此作为口头禅。还有常使用"呃""啊""唔"等词语来寻找和应接下面的话，表示其人缺乏信心，不敢说出己见。

（5）附会语。在对话中，听者可能不时插上一些附会言者的话，表示对其所言的赞同，这就是附会语。附会语有两种：一是重视对方所言，让对方了解自己在认真倾听，并附带着表情（如点头），表示肯定和接受对方的所言。由此消除对方心理障碍，以便探明真意。二是帮腔，帮腔者往往连对方说什么都不清楚，就假意附和。常用附会语者或没有主见，或心有所图，或为拍马屁者。

（6）流行语。使用流行语的往往是年轻人，喜欢赶时髦，缺乏自我主见，惯于不加分析地附和，追求统一步调，同时对权威表现出怯弱的服从性。

3. 从语气透视他人的内心

说话的语气就像表情一样，传达言外之意，还充分表达着言者的内心感情,以增强说话的感染力。语气的不同,可以使表达的意思完全相反,没有语气的语音不仅难听,往往使人不知所云。说话的语气,包括声调、速度、抑扬顿挫、感情修饰等,无不是在增强语言的内容和效果,好的播音员,不仅音色好,还善于调整语气,来拨动人们的心弦。

说话的特征之一是速度。速度快的人多半能言善道,但有时失之于轻浮;速度慢的人要么迟钝木讷,要么说话有分量,一句千金。如果速度快者突然变慢,是对谈话的人或话题不感兴趣。速度加快则往往是在说谎,比如男人在外面拈花惹草之后回家时往往话多,是因为内心有不安和愧疚的感觉。

声调是语气的又一特征,人在情绪激动时,声调往往会提高。人的话语与所表达的意图不一致时,声调就会异常,即常说的阴阳怪气。

节奏是另一个特征,节奏主要表现为抑扬顿挫。有人刻意做出抑扬顿挫,目的是要吸引他人的注意。人在理直气壮时,说话就有节奏感,没有自信、心怀鬼胎的时候,说话往往慢吞吞而无节奏。还有的语气暧昧,常使人不知所云。

4. 从谈话的姿势识人

说话的姿势与语气一样,表明了一个人对待对方的态度。如抱着两臂或将两手背到身后与人交谈,表现出一种自高自大的优越感。两手无力地吊在身旁,或坐着时手放在膝盖上,是谦逊客气的态度。以立正的姿势听人讲话,是畏怯、紧张和服从的表现。有人低着头、脸朝下,上半身松松垮垮的,无力耷拉着脑袋说话是羞怯、自卑或犯罪感的体现。在交谈时,不停地动手或动动脚,是情绪不安、脾气暴躁、容易发火的人的表现。

5. 讲话的方式与性格

讲话容易冲动,讲个没完的人,干其他事也和说话一样易冲动,拼命地去干。相反,说话犹豫不决,吞吞吐吐,咬文嚼字的人,干事瞻前顾后,踌躇不决。有一名叫亨特的心理学家,按照弗洛伊德性格检查法的方式,选择了二十几个性格最外向和最内向的高中生,让他们口头描述一件事物,然后再朗读一段文字材料。实验的结果是:外向者的语言表达能力要么非常好,要么非常糟;内向者没有两极分化,既无特别好的,也无特别差的。在朗读方面,外向者与内向者相比,语调的误差小,漏读的也少,声音的变化不大,数字也读得清楚快捷。在口述方面,外向者比内向者讲的时间长,且常使用语义含混的词句。这结果因为测试的人数少故不具代表性,仅供参考。

识别人才时不被假象迷惑

通过相貌、表情、表象来了解人,是"识人"的一种辅助手段。但是,把它绝对化,把"识人"变成以貌取人,就会错看人才,乃至失去人才。

在三国时,东吴的国君孙权号称是善识人才的明君,但却曾"相马失于瘦,遂遗千里足。"周瑜死后,鲁肃向孙权力荐庞统。孙权听后先是大喜,但见面后却心中不高兴。因为庞统生得浓眉掀鼻、黑面短髯、形容古怪,加之庞统不推崇孙权一向器重的周瑜,孙权便错误地认为庞统只不过是一介狂士,没什么大用。鲁肃见孙权看不中庞统,于是便提醒孙权,庞统在赤壁大战时曾献连环计,立下奇功,以此说服孙权。而孙权却顽固不化,最终把庞统从江南逼走。鲁肃见事已至此,转而把庞统推荐给刘备。谁知,爱才心切的刘备,也犯了同样的错误,他见庞统相貌丑陋,心中也不高兴,只让他当了个小小的县令。有旷世之才的庞统,只因相貌长得不俊,竟然几次遭到冷落,报国无门,不能得到重用。后来,还是张飞了解了他的真才后极力举荐,才委以副军师的职务。

晋代学者葛洪曾经深有感触地说:"看一个人的外表是无法识察其本质的,凭一个人的相貌是不可衡量其能力的。"有的人其貌不扬,甚至丑陋,但却是千古奇才;有的人虽堂堂仪表,却是

"金玉其外、败絮其中"的草包，如果以貌取人，就会造成取者非才或才者非取的后果。可见，相貌美丑与人的思想善恶和能力大小并没有必然的联系。人虽貌丑却有德有才，则不失为君子；人虽貌美而无德无才，却只能是小人。

不能以相貌论英雄的道理，主要是告诫领导者识才要注意透过表象看本质。下面的例子从另外的角度进一步说明了这个问题。

西汉时期，汉文帝曾问田叔："天下之士，谁是贤良忠臣？"田叔回答是云中郡守孟舒。文帝说："边敌入侵，孟舒没有坚守住城池，还战死了好几百士卒，我已经罢免了他的官职，他怎么能算是贤良忠臣呢？"田叔说："当时，孟舒率军已奋战几昼夜，疲惫不堪，故在敌军发起进攻时，孟舒不忍再令将士迎战。士兵见其如此宽厚仁爱，无不感动，争先恐后登城杀敌，奋不顾身，视死如归，所以，阵亡的人很多呀！"文帝听到这儿，不禁慨叹道："孟舒真乃贤臣！"于是重新委任孟舒为云中郡守。

古今中外有很多事例都告诉我们：善于知人用人者，都是从人才的本质特征中去考查，而不是只看表面现象。凡在知人用人上的失误，都是只注意人才的一些表面，对于其人的德才却没有深加考察，造成"草莹为火，荷露为珠"，而埋没甚至遗弃和伤害了真正的贤能之人。

分析员工的性格特征

天性、环境、教育的不同，使每个人都具有不同的脾气。有的人随着天性本能地发展，有的人则会自我调整，所以，没有两个人的脾气会完全一样，人的脾气分析起来错综复杂。性格是人们个性的重要组成部分和突出方面，这是指表现在人的态度和行为方面较稳定的心理特征，例如：开朗、文静、活泼、懦弱、孤僻、急躁、稳重、刚强等。

性格和能力是有相当密切关系的，一个非常有能力、非常有见解的人很少用模棱两可的语言去附和别人的意见，他说对或不，有他自己的一套理由。而一个没什么能力和见解的人对别人的意见根本不知道是怎么回事，所以只能进行言不由衷、有时甚至是风马牛不相及的附和。有能力的人性格特征一般比较突出，而无能的人大多没什么性格特点。

性格是人们心理因素的外在表现。心理学家把性格分为：内向型、外向型、混合型。下面具体介绍这3种性格的主要特点。

1. 性格外向人的主要特点

这种人时常开怀大笑、落落大方，动作敏捷迅速，说话流利，不在意小节，喜欢交朋友，而且朋友也愿意和他接近。他们气度比较宽大，有坚毅的判断力，一经决定，不会随便改变。这种人很少有忧愁，生活常常伴随着快乐，通常喜欢表现，爱好运动。

与外向的人结交，只要了解他的个性便容易同他交往。同外向人交往，切忌下面几点：不要在他面前表现出沮丧的神情；不可跟他迟疑不定；他有事请求你，你立刻就给答复，切莫支支吾吾；你不要表现出气度狭小让他感到不悦；谈话也要干脆爽快，避免唠唠叨叨。

这类人思维敏捷，精神饱满；感情丰富，喜怒哀乐溢于其表；动作迅速，好动不好静，有时带有盲目性；热情有余，冷静不够；容易接受新鲜事物，但钻研精神欠缺；

把责任摆在第二位，最要紧是要抓住工作机会，喜欢把失败的一切责任推之于另外的原因；在大庭广众面前工作效率倍增，这种人属于外向性。

据统计，这类性格的人占多数。外向型的人善于表现自己，长处、短处都较明朗，容易被人了解，长处易被人发现，可受到重用，但部分人容易引起争议。

2. 性格内向人的主要特点

内向人的特征是不爱多说话，即使是说起话来也从来不敷衍别人，说话常常得罪他人，容易受窘，行动往往不很矫健，写出来的东西比嘴里说出来的要流利。这种人意志容易动摇，而且时常一个人在踌躇。

明白了内向人的特征，对待这种类型的人就得迎合他的心理。比如他是不苟言笑的，不要经常和他说笑话，相反的，应该跟他说些正经的事。如果他是容易发窘的，你不必在大庭广众面前替他介绍。如果他是喜欢受人们鼓励和嘉奖的人，你对他说一些赞赏的话一定可以得到他的好感。如果他好静而不好动，那么不要时常劝他活跃。任何人都不喜欢听人指挥的，你也别用命令的口气去使唤他。

这类人肯动脑筋，善于思考；工作认真，吃苦耐劳，有时不够机灵；情绪稳定，热情不够；爱静不爱动，不活泼；不喜欢多讲话，不愿出头露面。

承担某种工作之前首先考虑责任问题，把工作失败的一切责任都归咎于自己，这种人属于内罚性反应型。失败了一次，就如同雪花被融化似的，自己的能力也开始逐渐减退，只要有人站在身边，他就无法安心工作，这种人也属于内向型。

内向型的人不善于表现自己，其长处、短处都不容易被人了解。因而，这类性格的人才往往不易被领导者发现，甚至会造成怀才不遇。这种人如果一旦被发现，便很快会表现出他们的聪明才智。

3. 混合型性格人的主要特点

具备内向型与外向型两类人的长处，有自己独特的聪明才智，并引人注目。这种人往往多数比较全面，其缺点也表现得不够明显，所以这一类型人中的强者，往往也是工作中的领导和骨干力量。

怎样对待不同性格的员工

1. 情绪不稳定的下属

有些员工工作情绪不稳定，忽冷忽热。"热"起来埋头苦干，废寝忘食，成绩也特别出色；但"冷"起来，散漫松懈，毫无斗志。

这种人大都视工作为磨难，在工作中寻找不到快乐，但他又不会轻易丢开工作，因为工作是他谋生的手段。

这种人往往没有吃苦耐劳的精神，没有挑战困难的勇气，而对享受垂涎三尺，并精通"玩"之道，凡能使他得到乐趣的地方，他都不惜代价，亲自去体验一番。

但这种人也有他的优点，比如性格开朗，惹人喜爱，并且重感情，善交际。

对于这样的人，领导该如何正确使用？

稍有头脑的领导就会这样做，这种人不能不用，但也不宜重用。理由很简单，这种人尽管略有才能，并且善于交际，但情绪不稳定，易受外界的影响。往往在很多关键时刻不能当机立断、勇往直前。在遇到困难时，他们往往束手无策、怨天尤人，不能坦然地直视困难。因此，委以重任，恐其也无力担当。

但这种人并非无用之才，假如能量体裁衣，给他选择一种适合他的岗位，挖掘他的潜力，他就能够做出成绩。

当然，事物也不能一概而论，有些情绪不稳定的人也确是可塑之才，如果领导开导、栽培得当，也能使其成为公司栋梁。

2. 善待"硬汉子"

这里说的"硬汉子"就是那些很有个人原则，不轻易接受失败的人。这种人才个性很强，有自己独立的见解，他们性格坦诚、直爽，说话从不拐弯抹角。

这种人一般不受领导喜欢，因为他爱当面提意见，并且毫不含蓄，批评领导也不避讳，常常使领导感到难堪。

这种人遇事果断、头脑清晰、思维敏捷。他从不会被困难吓倒，往往具有"明知山有虎，偏向虎山行"的精神，他相信人能克服一切艰难险阻。他不会因一时的挫折而情绪低落、一蹶不振，他相信乌云过后必是晴天。

这种人优点很多，但在公司内的日子并不好过，那些懒散员工憎恨他，那些无才无学的人妒忌他，那些阿谀奉承上司的人疏远他……遇到称职的领导还好，专制昏庸的领导还会给他穿小鞋，使他这匹"千里马"找不到用武之地。

所以，称职的领导不但会用这种人才，还会重点栽培他，给他一些私人辅导，使他在待人接物，应付人际关系时掌握一定的技巧。

并且有许多称职的领导，在选择自己的接班人时，往往把目标对准这种"硬汉子"。领导无论年龄大小，总有退位的那一天，如何选择、安排接班人，是判断一名领导人是成功还是失败的标志。

一个成功的领导，不但会识人，而且会正确地用人，他是绝对不会浪费一个人才的。对于那些有才有识但性格耿直的"硬汉子"，成功的领导是不会计较他的直言不逊的，因为这种下属的才识，才是他最器重的，"千军易得，一将难求"。

作为领导，一定要善待那些有才但也有缺点的人，这对你的事业发展非常有用。

3. 循规蹈矩的下属

有些下属天生缺乏创意，喜欢模仿别人，做人、处世的方法和语言都按照别人的样子，既没有自己的主见，也没有自己的风格。没有现成的规矩，他就不知该如何行事。这种人往往没有突破性的发现，对新观点、新事物接受较慢。

这种人墨守成规，实际情况发生变化时，他不知道灵活运用，只是搬出老套路，寻找依据。世界上的事物瞬息万变，但这种人不知以变应变，因此，他们难以应付新情况、新事物。

这种人缺乏远见，也没有多少潜力可挖，他的发展水平存在一个局限，他一生中难以超越这个局限。因此，这种人不宜委以重任。

但这种人也有他们的优点，他们做事认真负责，容易管理，虽没有什么创新，但把一般的事情交给他们去办，他们能够按照领导的意图和指示进行处理，往往还能把事情做得让领导万分满意，难以挑剔。

所以，领导如能把一些不同常规的琐事委任于这类人，他们能够按照领导的指示，模仿领导的做事风格，搬用领导的做事方法，把事情完成得非常符合要求，因而也就能令领导放心和满意。

4.勤奋而低效率的下属

有些员工非常勤奋地工作，仿佛时间从来都不够用一样，上班时最早到公司，而下班时，别人都走了，他们还埋头苦干。他们不知疲倦，如同蜜蜂采蜜一样，忙忙碌碌，丝毫不敢怠慢一点。但检查起他们的工作效率时，却令人吃惊，他们的工作效率极低。

对于这样的人，有的领导对之冷漠，但大部分领导还是喜欢他们的，确切地说是同情。对于一个如此为自己拼命卖力的人，领导如果不赏识器重，似乎从良心上感到有点过不去。

当然，这种人不能不用，因为他们废寝忘食、兢兢业业的工作精神可做大家的楷模，这种人应多给予表彰，精神上和物质上，都要给予奖励，但也仅仅是奖励而已，绝不可贸然提升他，他绝对不是做管理者的人才。

所以，领导一定要正确使用这类人，多多称赞他们的工作精神，把他们安置做一些烦琐但又无关紧要的工作，因为他们确是精神可嘉，除做这些琐碎事以外，别的他们也难以承担。

不能重用的员工

1.不忠诚于统帅的士兵

一个不忠诚的士兵如果在战场上遇到困难，往往会违背统帅的指挥而独立行动。同样，如果员工对企业不忠诚，就会处处为自己的利益着想而不顾企业的整体利益。对企业或公司不忠诚的员工，通常会有如下的表现：遇到困难往后退，犯了错误不承认，看见便宜就想占，别人晋升就眼红，一天到晚想辞职……

试想一下，如果公司里的多数员工都是骑驴找马的不忠诚者，公司还会有理想的效益和发展壮大的可能吗？没有哪个公司的老板是傻子，他们提拔员工的一个重要标准，就是看员工是否忠诚。

一个不忠诚的员工,是不可能得到老板或上司提拔的。

2. 业务不精,表现平庸

无论从事什么职业都应该精通它。精通自己工作领域中的所有问题,业务掌握得比别人更熟练、更精通,才会比别人有更多的机会获得晋升和更长远的发展。

而在职场中,恰恰就有很多业务不精、表现平庸的员工,每天都以混日子的态度在工作,他们不上进、不学习,自甘堕落,不敢改变自己,最终得不到上级的提拔,甚至会因此被辞退。

业务不精、表现平庸以及带来的连锁反应,的确让企业管理者头疼。一般来说,老板会从公司成本方面考虑,所以不会普遍使用优胜劣汰的办法,轻易否定某个员工。然而,老板在做出了相当的努力和鼓励后,对于那些确实工作态度差、主观不努力、品质低下、不够敬业、给公司造成不良影响的员工,就只好采取淘汰的手段了。

3. 怨天尤人,满腹牢骚

在现实生活中,由于各种纠缠不清的利益,各种压力和不公平的待遇在所难免,所以人们难免发发牢骚,让心理平衡一下,这有益于健康。但在工作中,常有一种员工,总认为做老板的只是用"忠诚"和"敬业"来蒙骗员工,这不过是老板剥削员工的一种手段。他们不管干大事小事,都怨天尤人,满腹牢骚。撇开那些工作和生活上无伤大局的鸡毛蒜皮不说,他们宁愿抱怨和发牢骚,也不愿将精力集中到工作上。他们对一切都采取"鸡蛋里面挑骨头"的态度,什么都行不通,处处泼冷水,常常以否定的语气来评论同事,以悲观的语气评价公司前景,仿佛大祸随时会来临。

很多员工在遭受不公平与挫折待遇时,往往会采取消极对抗的态度。他们一方面希望得到别人的同情与注意,另一方面又竭力掩饰自己的底气不足,于是,大发牢骚,以此来发泄不满。然而,这种举动不仅起不了什么作用,反而会失去很多,老板也很提防这样的人。大多数老板认为,这种员工不仅惹是生非,而且造成组织内彼此猜疑，影响团队建设。所以，要成为一个成熟的职场人士，必须克服爱发牢骚的毛病，停止计较过去的事，不要再对自己遭到的不公正待遇而耿耿于怀。

许多公司的老板深受抱怨和发牢骚者的困扰，有的员工会因此与老板争吵，使本来的好事情产生了坏结果。

4. 暗中陷害他人

正所谓"明枪易躲，暗箭难防"。这句话用在办公室里的那些为数不多而又事实上存在的暗中陷害他人的员工身上，再恰当不过。同时，对于老板而言，那些来自于"暗中"的消息，也往往容易迷惑人，也很"难防"。不过"暗箭"毕竟是"暗箭"，是职场中最不能接受的，当别人发现某些员工喜欢射"暗箭"时，这支"暗箭"将会射向他自己。

在企业中，偶尔会碰到以暗箭伤人的方式表示不满的员工。如果你是一家公司的老板，遇到这些情况，我想你也会快刀斩乱麻地解决这个问题。首先确定员工是否还可挽救，然后开始进行激励他们改变行为的工作。如果没有留下他们的必要，赶紧将他们辞退以解决问题。

暗中陷害别人的手段和做法很显然有损人际关系，降低公司效率，不过还是有很多员工这样做。他们所不了解的是这样做会让他们置于两败俱伤的境地，身为这种员工的上司，无疑会对他们失去信任。暗中陷害别人往往是由于同事间的冲突引发的，而向领导告状的人可能很少有或没有解决冲突的经验。在他的想法中，在老板或领导面前陷害对方是解决问题的一个可行的办法。

"林子大了，什么鸟都有。"职场中难免有暗中陷害别人的小人。办公室里因为这种人而乌烟瘴气、是非不断，严重影响员工合作和工作效率。

5. 喜欢越权

老板对权限的看重，绝不仅仅是因为个人感情上的优势，而是管理的一种需要。富于现代领导意识的老板，不仅懂得如何授权,有时还会下放自己的某些权限,把本属于自己做的一些工作交给他认为值得信赖的下属去做。此时,作为下属,一定要认真备至,全力以赴,发挥自己的极限水平去做好。替领导分担工作,排忧解难,是最及时,也是较难得的配合。但是,下属绝不能因它的难得而得意忘形,一不小心就超越了高于工作需要的权限,那将势必劳而无"功"。应当注意的是,这种授权必须是领导的主动委派,一般情况下员工最好不要主动要求,以免领导认为你插手太多,有越位之嫌,也避免因自己干不好而使上级产生反感,认为你不自量力,喜欢表现自己,争功买好等。对一些非常规性的、职责界限模糊的工作,最好请示领导自己是否该做。否则,往往会不自觉地造成越权行为,好心办错事。

在所有超越权限的行为中,最为老板所难以接受的,莫过于在决策上的越位了。因为决策是一个老板最本质的工作,连这个权限也要超越的员工,无疑就是"篡权夺位"。

6. 不敢承担责任

一个员工如果不能明确自己的责任,就不能认清失败的原因,当然也无法处理失败导致的后果。这样的员工非但不能促进自己改正错误,反而会落入一错再错、怪罪别人、不思进取、重蹈覆辙的恶性循环中去。

工作就意味着责任,就意味着既要有干好工作的责任心,也要有承担风险的责任心,更要敢于在工作出现失败的时候主动承担责任。工作中出现差错是常有的事,这总是与自己处事不当有关,不仅不可推卸责任,更不能说这是因为老板的指挥失误。

当然,我们并不提倡为了晋升而替领导背黑锅的做法,该是谁的责任,就应该由谁来承担,这是天经地义的事情,关键的问题是,如果属于有关你的责任,你就不应该推脱。一旦犯了错误,先别急着为自己找借口,这只能断送自己的前程,因为错误已经成了事实,最大的原因就是你的失误,其他借口都是次要的。

那些推卸责任的员工常常不能面对现实,或者扭曲现实。心智不成熟的人总是怪罪别人，包括老板、秘书、公司，甚至于命运、手气、星相、任何人、任何事，只除了他自己。心智比较成熟的人则会自问："我到底什么地方不对劲，出了这种差错？""我疏忽了哪一件事？"最后则思量："下次我要怎样做，才能避免失败，达到目的？"

7. 时间观念淡薄

时间观念薄弱往往是严重影响正常工作和公司效益的一个重要原因。那些时间观念淡薄的员工上班迟到后，理由还很多，甚至觉得自己常常超时工作，迟到也是应该的。这就不仅仅是一个迟到的问题，而是一个人工作态度和观念的问题。

有的员工会以塞车作为迟到的理由，实际上只要提前估计一下交通情况、选择适合的交通工具后，除非是遇上意外，不然的话你一定能准时抵达公司。何况，不论何种理由，迟到总是违反制度的，而超时工作是你有责任感的表现，但如果老是迟到的话，就等于打个平手，不管你工作是否到深夜，老板也会认定你迟到的事实，那就太不划算了。所以，不要为迟到寻找借口。

时间观念薄弱的人常常会感觉到空虚、无聊和心理不健康，这不单单是缺乏实际的生活目标，它的根本原因是个人时间的荒芜所导致的心灵虚弱和空洞化。他不是不愿意有目标，而是因为他不知道如何合理安排和利用时间，也就没有足够有意义的生活经验来发展良好的自我功能，去发现目标和生活的意义。一些成年人，他们荒废时间以后就变得消极颓废，有些人到了30岁出头，就开始沉溺在平淡舒适的平庸生活之中。他们将别人拼搏的时间花费在了看电视、看电影、打牌中，甚至不去工作。他们没有学习，没有充分运用时间来培养自己的心智，如果他们不觉醒并改变生活方式，就会一事无成。

8. 缺乏团队精神

在任何一个团队中，都可能存在一些缺乏团队精神的员工。一个没有团队精神的员工，也可能使整个团队毁于一旦，所以害群之马只能被淘汰出局。

那些接手工作后喜欢单独蛮干,从不和其他同事沟通交流,并且好大喜功,专做一些不在自己的能力范围内的事情而展现自己的员工,往往成为下岗、裁员中的"先行者"。

另外,团队与群体是不一样的,群体只是因为某一事项而聚集到一起,而团队则不仅有着共同的目标,而且还渗透着一种团队精神。因此,没有团队精神的人,到哪个企业都无法晋升,甚至无法立足。

我们都知道项羽和刘邦争霸天下的故事,其实项羽的失败就是因为自己太个人崇拜化了,以至于忘记了什么叫"团队精神",最终吞下了自己种下的恶果。

留意发现潜在的人才

识才,不仅要看到那些锋芒毕露者,更要注意寻找那些暂时默默无闻和表面上平淡无奇,而实则很有才华和发展前途者。

显露的人才如同人人关注的上林之花,锦绣灿烂,蜚声世间,都欲得而用之。潜在人才则有如待琢之玉,似尘土中的黄金,没有得到公众的认可,没有表现出自己的价值,如果不是独具慧眼的识才者是难以发现的。千里马之所以能在穷乡僻壤、山路泥泞之中、盐车重载之下被发现,是因为幸遇善于相马的伯乐。千里马如果没有遇伯乐,恐怕要终身固守在槽枥之中,永无出头之日。许多潜在人才都是在被"伯乐"相中,又为其创造了一个展示才华、发展成长的机会后,才获得成功的。

企业家欲想较多较好较快地识别和发现潜在人才,必须注意以下几点。

1. 听其言识其心志

潜在人才都是尚未得志,他们在公开场合说假话、官话的极少,他们的话绝大多数是在自由场合下直抒胸臆的肺腑之言,是不带"颜色"的本质之言,因而就更能真实地反映他们真实的思想感情。

2. 观其行察其追求

一个人的行为体现着一个人的追求。一个讲究吃喝打扮的人，所追求的是口舌之福和衣着之丽；一个善于请客送礼的人，所追求的是吃小亏占大便宜；一个干工作不认真，伺候领导却十分周到殷勤的人，所追求的是个人私利。任何一个人一旦进入了自己希望进入的角色，就会为了保住角色而多多少少带点"装扮相"。只有潜伏在一般人中的人才，才既无失去角色的担心，又不刻意寻找表现自己的机会，所以，他们一切言行都比较纯朴自然。企业家如果能在一个人才毫无装扮的情况下透视出他的"真迹"，而且这种"真迹"又包含和表现出某种可贵之处，那么大胆启用这种人才，是十分可靠的。

3. 据其征辨其才华

潜在人才虽处于成长发展阶段，有的甚至处在成才的初始时期，但既是人才就必然具有人才的先天素质。或有初生牛犊不怕虎的胆略，或有出淤泥而不染的可贵品格，或有"三年不鸣，一鸣惊人"之举，或有"雏凤清于老凤声"的过人之处。

总之，既是人才，就必然有不同常人之处，否则就称不上人才。一位善识人才的"伯乐"，正是要在"千里马"无处施展拳脚之时识别出他与一般"马匹"的不同，如果是"千里马"已在驰骋腾越之中表现出英姿，何用"伯乐"识别？

下属追随上司的4个心理需求

任何用人行为，要想顺顺利利进行下去，都必须同时具备两个条件：第一，领导者愿意使用下属；第二，下属愿意接受上级的使用。从某种意义上说，后者比前者显得更重要，难度也更大。因为居于被管辖地位的下属，心态一般都较为复杂。领导者不仅需要准确了解下属的内心世界，而且还要在此基础上，进一步征服下属的心，使下属从心里信你、敬你、服你、爱你，心甘情愿为你效劳。

而要做到这一点，就绝非易事了。

古代曹操利用徐庶孝敬母亲的弱点，设计将他弄到自己身边。然而，他并没有真正赢得徐庶的心，得到的只是一个对他离心离德、一言不发的"废才"。

刘备三顾茅庐，每次都遭到诸葛亮的怠慢，因为诸葛亮想以此考察刘备有无招贤纳士的诚意和虚怀若谷的美德。当刘备心志专一、谦恭下士的品德深深打动了诸葛亮的心之后，这位隐居山野的"卧龙"先生，便欣然接受了刘备的邀请，出山助他振兴汉室。

上述两则古代用人故事，从正反两个方面说明了征服人才之心在用人行为中所起的重要作用。

在一般情况下，一个心态正常的下属，希望遇到一个怎样的上级呢？换句话说，他对领导者抱有哪些期望和要求呢？

根据心理调查资料分析，下属对领导者的期望和要求，按照由低到高的排列顺序，主要有以下4个层次。

1. 追求安全

下属企望领导者光明磊落、公道正派，不整人、不害人，不落井下石、不嫉贤妒能、不栽赃陷害，当自己偶有差错时，不把自己当"替罪羊"抛出去。应该说，这是每个下属对领导者都会提出的起码的期望和要求，因而属于最低层次的心理追求。

2. 追求温暖

下属期望领导者能关心自己的疾苦，及时帮助自己解决生活上和工作上遇到的各种困难，为自己提供起码的工作条件和生活条件。有时候，由于受到本地区、本单位财力和物力的限制，一时难以解决自己遇到的有关困难，但只要领导者能够表示一下关心，自己也就感到公司上的温暖了。显然，这属于下属的较低层次的心理追求。

3. 追求信赖

下属期望领导者能够充分信任自己、十分放心地让自己参与各种重要的组织管理活动，把一些比较重要的工作交给自己，经常听取自己提出的合理化建议，并能够对自己说一些"知心话"。显然，下属对领导者提出的这些期望和要求，并非人人都能得到满足，它已经属于较高层次的心理追求了。

4. 追求事业

下属期望领导者和自己情趣相投，思想一致，能够为自己获取事业上的成功，提供一切方便条件，甚至希望领导者在必要的时候，为自己的尽快成才承担一定的决策风险。不难看出，这是少数雄心勃勃的下属对领导者提出的最高层次的心理追求。

一个老练的领导者，不仅对下属在4个层次上的共同心理追求了如指掌，而且还对各个下属在不同层次上的特殊心理追求知之甚细。针对这些不同类型的下属对领导者抱有的各种心理追求，领导者就能因人而异，分别采取不同的方法。例如：

在适当的时机、适当的场合，采用适当的方式方法，对某一偶犯过失的下属公开表示袒护和谅解，以此来满足多数下属追求"安全"的心理企望，增强大家的"安全感"。

在力所能及的范围内，尽可能帮助下属解决生活上和工作上遇到的各种困难，并使这一工作制度化、规范化，在必要的时候亲自出面，对重点下属表示一下"关心"，以此来满足多数下属追求温暖的心理要求，使大家感到组织上的温暖。

有意识地让一些素质较好的下属参与一些重要的管理工作，经常征求他们的意见和看法，并在不出大格的前提下，对他们说一些"知心话"，以此来满足部分下属追求信任的心理要求，有效激发他们的积极性和创造性。

为少数德才兼优、确有成才希望的下属开辟道路，甚至将自己的官位让给他们，以此来满足他们追求事业的心理要求，使他们尽快成才。

第二十章
是金子要及时发光，
解读面试官微行为了解其心思

给他人留下美好第一印象的十大金科玉律

让我们假设，你要前去参加一次面试，并希望自己能给面试官留下美好的第一印象。请务必记住，别人在见到你的前四分钟内就形成了对你的印象的90%，而你给他人留下印象中的60%~80%是通过身体语言传达的。所以，如何有效利用身体语言美化自己在面试官心目中的形象就成为每一个面试者应该掌握的技巧。简单地说，遵循以下10个步骤中的各个原则，你就能为自己树立良好的形象了。

1. 接待处

脱下你的外套，可能的话交给接待员，这样可以避免在进入办公室的时候手臂上挂满各种凌乱的东西或衣衫不整。如果那样的话，会使你看上去显得笨手笨脚。请站在接待处，切记不可随便坐下。接待员可能会坚持要你坐下，因为如果你坐下了他们就容易忽视你，他们就不用来应付你了。采取站立的姿势，把双手握在背后（表示自信），双脚稳站，缓慢向前后晃动身体（表示沉着自信），或者双手做出塔尖的姿势。这种身体语言是在提醒接待员你的存在，而且你正在等待着他的接待。

2. 入口

你进入办公室的姿态会无声地告诉别人你希望对方怎样接待你。当接待人员对你开了绿灯让你进去时,就请不要犹豫,更不要显得畏畏缩缩,径直走进去即可,切记不可表现得像个站在门口等着见校长的调皮学生一般。当你走进办公室时,请保持你走路的速度不变。有些人在走进办公室时会调整他们的步法,改变他们的速度,而这样往往会给人留下缺乏自信和沉稳气质的印象。

3. 接近对方

当你走进办公室后,如果发现对方正在接听电话,或正打开抽屉查找资料,请直接迈着稳定的步伐自信地走进门去,然后放下你的公事包、文件夹及任何拿在手上的东西,主动和对方握手(当然,如果对方是女性,而你是男性,切记不要先伸手),得到应允后沉稳落座,让对方看到你自信的仪态。

那些慢步走或踱着大步走进办公室的面试者,通常会给面试官留下这样一种印象:他们时间充裕,对自己所做的事情缺乏兴趣,或根本无事可做。当然,如果是退了休的百万富翁采取这种姿势,还是能被人们接受的。但是对于那些想表现出力量、威信、自信或想向异性表现出健康、优秀形象的人士,这些姿势还是收敛为妙。一般来说,那些富有影响力和取得卓越成就的人走路时,步伐轻快,速度中等,步伐大小适中。

4. 握手

当你与对方握手时,一定要把手掌伸直,并使用和对方相同的力量,让对方来决定何时结束握手。当你和面试官间隔着一张长方形的桌子时,你应该从桌子的左侧走到面试官的跟前和他握手,这样你就可以避免"手心向上"的劣势了。在任何情况下,都切忌隔着桌子和对方握手。在见面最初的15秒钟内,你应该两次提起对方的头衔,而且每次说话的时间不得超过30秒钟。

5. 坐下

如果你不得不面对着对方坐在一个较低的位置，那么请转向和对方成45度角的方向，这样就可以避免处于一种"受对方训斥"的不利位置。如果你无法转动椅子，那么请转动你的身体。

如果面试时可以自己选择座位，你最好选择坐在面试官办公桌的右侧，因为这样的位置可以让双方的目光无限制地接触，且可以运用许多姿势，你也可以清楚看到对方的姿势。若是一方感到有压力或受威胁，办公桌的角就起到了屏障作用，避免你们之间在尴尬时进行直接的目光交流。

6. 座位环境

如果对方邀请你坐在办公室里相对说来不很正式的地方，比如咖啡桌边，那么这就是一个积极的信号，因为在商务场合中，95%的拒绝都是隔着办公桌说出的。最好不要坐在较低的沙发上，因为当你坐下之后沙发会下陷，那么你看上去就像是一对巨大的腿上安着一颗小脑袋，这对树立你的形象可没有什么好处。如果你必须坐在沙发上的话，那么请在沙发边上坐直，这样你就可以控制自己的身体语言和姿势，同时让自己的身体朝向与对方成45度角的方向。

7. 坐姿

当你坐下后，最好不要将两腿和双脚跟并拢靠在一起，双手交叉放于大腿两侧，因为在面试官的心目中，采取这种姿势的人通常非常古板、顽固，不愿接受别人的意见；也不要将双膝并在一起，小腿随着脚跟分开呈一个八字形，两手掌相对，放于双膝之间，在面试官心目中，这种人特别害羞、性格内向、不善于交谈。你最应该采取的坐姿是将左腿交叠在右腿上，双手交叉放在左腿上，因为在面试官眼中，这种人具有较强的自信心和顽强的意志，且富有团队精神。

8. 保持微笑

两名刚毕业的大学生一同到一家公司应聘。面对发问，甲滔滔不绝地回答，甚至不等主考官说完就大谈意见，很有"英雄无用武之地"的感慨；而相貌平平的乙却始终面带微笑，平静而又不失机灵地陈述着自己的见解，结果乙被录用了。

究其原因，用主考官的话来说，就是他从乙的微笑中，看见了乙礼貌、自信和稳重的品质，看见了乙潜在的创造力。因此，无论你是生活上求助于他人，还是请求上司变换工作，只要你巧施微笑，你一定会万事皆顺。

9. 距离

尊重他人的个人空间是一个人给他人留下良好印象的必要条件之一。一般来说，当两个陌生人第一次见面时，他们之间的个人空间相对较大，如果你靠对方太近，他就会产生一种压迫感或紧张感。这样一来，他就会往后坐往后靠，或做一些重复的动作，比如敲击桌面。所以，首次和面试官见面时，不要急切靠近对方，而应该保持至少一米以上的距离，给双方留下一个自由的空间，以便双方轻松交谈。

10. 离开

当你结束和面试官交谈准备离开时，你应从容不迫地收拾自己的东西，而不要表现得匆忙或慌张，不然会让面试官觉得你缺乏自信、粗枝大叶，令你的形象大打折扣。如果可能的话，你应该先和对方握手再转身离开。如果当你进来时门是关着的，那么当你离开时请将门轻轻关上。人们总是喜欢在你离开时从后面观察你，所以如果你是一名男士，那么请务必将自己的鞋后跟擦干净。这个地方是许多男士所忽略的地方，但这却是许多女面试官所在意的地方。如果女士需要离开时，她们通常会把脚指向大门并开始整理自己衣服及头发，这样当她走出门后就能给人留下较好的印象。正如我们在前面所提到的，隐藏匣里的摄像机显示，如果你是一位女士，不管你喜欢与否，当你离开时，别人都会不自觉地观察你的臀部。所以在你走出门口时，请慢慢转过身来并笑一笑。

因为让别人记住你的笑脸当然比让别人记住你的臀部要好得多。

形象很重要，注意修饰自己的仪容

过去企业招人，看重的是学历和能力，而如今，形象已经成为企业更加看重的东西。因为从一个人的形象往往可以看出其生活态度、生活质量和个人素质、道德情操等，由此可以推测出其对事业的态度。因此在面试时，一定要注意修饰自己的仪容仪表，具体可以从以下几点入手：

1. 发型体现干练个性

发型要大方、高雅、得体、干练，以不遮眼遮脸为好，发丝要保持干净整洁。在染发风行的今天，为了追求个性而染发者甚众，但是为了和工作场合与工作性质相符，染发就不能随心所欲，发色要庄重和谐，不能太夸张。

2. 理净脸上的胡须

现代职场中，人际关系中第一印象往往很重要，若是胡子一大把，会让人觉得没有精神。胡须若没有理净，会给人留下办事不利索的印象。为了让合作对象对你有个好印象，为了不给竞争对手可以抓住的"把柄"，一定要让你的下巴干干净净。

3. 皮肤是最好的门面

皮肤是人的门面，也是保护人体的"第一道防线"。即便有花容月貌，也会美中不足，不妨锦上添花，化点淡妆。尤其是有品位、有气质、优雅又精致的职业女性，更不可以素面朝天。因此，职业女性要掌握好职业环境中的彩妆造型技巧，学会基本的职业彩妆的画法。

4. 衣着打扮

很多人可能认为面试时面试官不会在意面试者的衣着服饰打扮，因为这毕竟不是选美。事实上，这种想法是错误的。一份调查显示，98%以上的面试官都会注意面试者的衣着服饰打扮，尤其是那些女性面试官，几乎 100% 地会注意面试者的衣着服饰打扮。对于那些打扮比较马虎的应聘者，女性面试官会比男性面试官更为挑剔和苛刻。

女性面试官在对男性应聘者进行提问时，或是在面试的间隙，都会留意去观察他们的头发长短，衣服搭配、裤子上有无褶皱，以及鞋子是否干净等。可能很多男性应聘者都不知道在他们走出面试室的时候，女性面试官往往还会看他们鞋子后跟的情况。由此可见，每个应聘者在参见面试前都应注意自己的衣着服饰打扮，以便能给面试官留下一个好印象。

一般来说，应该这样做：衣着要整洁干净，头发要梳理整齐，指甲要干净；所穿衣服裤子应与所申请的职位及工作性质一致，比如应征广告或设计工作，则可以选一些图案特别、款色新颖的领带，以突显个性。女性则可以穿套装（颜色应浅），并可以略施脂粉，最好不要化浓妆；也不要穿太薄、紧身、性感的衣饰，以及太高或太窄的鞋。

面试不同阶段的身体语言

通常情况下，一个凭借自身实力踏上职业道路的人都会经历一系列大大小小的面试。只有通过了这些面试，你才能拿到职场的通行证。而即便是你已经踏上了职场，你还是要面临各种面试，比如升职面试等。面试通常都是短暂而正式的，面试官会从你的一举一动中阅读你的品质和能力，所以在这些面试中你必须要注意自己的身体语言。

1. 准备

给人的第一印象是极其重要的，而这个第一印象有很大程度上来自你的着装打扮。你可以考察一下你所应聘的公司，知晓它的职员平时是怎样穿着的，然后可以依葫芦画瓢。类似的着装风格可以让你们互相之间找到共融感。如果你没有这份闲情，准备一套简洁大方的套装应该是不错的选择，可以显示出你对面试的重视。

2. 面试中

一般情况下，面试人员会为你提供座位。因为面试本身就是一个关于领土和高低地位的周旋游戏，你的座位是对方确定好了的，你不要想着改变劣势地位而去调整自己的座位，遵循对方为你设定好的规则有时候是很有必要的。

在面试中，你要学会避免目光游离。因为游离、善变的目光会让面试官认为你比较不可信，或者感觉到你的不自信。当他提出一个问题时，你应该留意倾听，并将坚定的、自信的目光停留在问话人脸上 5～7 秒钟。目光的交流并不是让你直勾勾地盯着对方，有一个小秘诀是将目光集中在对方眼睛与鼻子之间的三角形位置上移动，这样会令人觉得你对他的话十分重视。

当你同面试官交谈时，你可以根据情况改变自己的面部表情。比如当面试官谈及某个观点时，你可以微微点头，表示附和。但不要太过火了，猛烈的点头和干涩的大笑都会让你看起来虚伪。

当你的双手要摆姿势时，将所有的手部动作都控制下巴和腰之间的范围内。移动双手时，确定手离开身体的距离不超过肘部的长度。拍掌、摆弄手指等不经意的小动作可能会使人觉得你很轻浮，不够稳重。所以你的手部动作不要太多。当然，也不要将双手握得太紧，否则会给人握紧拳头的感觉。

面对着面试官，我们前面章节曾谈到的交叉双腿等姿势，这时是绝不适宜的，并且在任何情况下都不要跷二郎腿，这看上去像你与主考官之间竖起了一道屏障。

我们通常都会要求应聘者在面试时不要过于紧张，但实际上适度的紧张感会让对方感到你的诚意，所以如果这个位子并不是非你不可，你就不要摆出一副轻松自如的样子。

3. 面试结束

面试结束的标志一般为面试官询问你是否有不清楚的地方，此时如果你没有一些的确很有意思的问题就应该识趣地结束。你可以稍作停顿，代表你在快速思考，然后微笑着告诉对方你觉得之前的问题已经覆盖了你想知道的事情。

当面试官正式宣告面试结束时，你不要急不可耐地离开。向他微笑几秒钟，让他感受到你的善意和诚意，然后向他表示感谢。做完了这些，你才可以离开。

同样，面试官也需要注重自己的身体语言。面试官的形象和气质通常会被面试官当作公司的整体形象，所以你的身体语言所流露出来的信号也要有所讲究。这里给出的建议是关于在评估面试官的过程中，怎样的身体语言比较恰当。

当你需要对面试官做出评价时，正面积极的反馈自然是愉快的，但也不能显得过于热情，这样会反而会降低对方的成就感，让他觉得太过轻松。而如果是负面的反馈，处理得不好就容易造成尴尬的局面。

通常情况下，不仅是接受消息的人感到尴尬，传达消息的人也会有些许尴尬和窘迫。但你不能让这些情绪在你的身体语言中表达出来，而应该以一种真诚而坦率的态度去面对。可以从肯定性的视觉交流开始，把双手放在对方可以看到的地方来表达你的坦诚。首先谈一些赞誉内容，比如"在哪……方面，你还是做得不错的"，有眼色的面试官会在此时就感知到负面的结局，从而为其准备好情绪应对。然后你再讲述负面的内容，身体语言要显得积极主动。身体向前微倾，同时保持开放型的姿势，不要交叉双臂，也不要做出头枕双手的动作。用手托着下巴的动作更会让对方觉得你在厌烦他，连一刻也不愿意浪费在他身上了。

如果对方过于沮丧，不要马上做出请他离开的手势。可以静待一会儿，让他情绪平静。然后站起身与他握手。在握手时，可以稍稍用力，让对方知道你对这次面试的态度是严肃的。

眼睛往哪儿看

面试时应聘者眼睛有四种活动会透露他的内心活动状况，如果应聘者眼睛正视前方，则表明他正在被动地听取信息；如果应聘者眼睛向上翻后再向右边转动，则表明他可能正在回忆自己最近的经历；如果应聘者眼睛向上翻后再向左运动，则表明他对正在进行的面试非常投入；如果应聘者眼睛向下看，则表明他对面试官提出的问题非常感兴趣，并在积极地进行思考。

很多面试官在对应聘者进行面试时，往往就会根据这四条标准来做出最后的取舍。面试开始后，如果他们发现应聘者在面试时眼睛一直盯着前方，一般来说，他们就会否定这个应聘者。因为他们会认为这个面试者仅是被动地在听他们说话，根本没有一点自己的想法；如果面试官发现应聘者的眼睛向上翻后再向右边转动，一般来说，他们会给这位应聘者高分。因为他们认为这个应聘者正在将他们所说的事情和自己的经历联系起来，这就说明他是一个善于思考的人，也很在意这份工作。如果面试官发现应聘者的眼睛向上翻后再向左边看，往往也会给他一个较高的分数。因为他们会认为应聘者正在分析他们说所的话，且是基于理性层面而不是基于感性层面的分析。如果面试官发现应聘者的眼睛向下看，一般来说，他们会谨慎为其打分。因为他们认为应聘者面试时如果眼睛向下看，往往含有这样两层意思：其一，他可能在想，这是个职位不错，我想得到它；其二，这个职位并没有我想象的那般好，我是不是该放弃呢？在这种情况下，面试官就会寻找其他较为明显的线索了，然后再为其打分。

需要注意的是，应聘时，应聘者与面试官进行适量的眼神接触是非常有必要的，同时还应在适当的时候对面试官所说的话用点头作为一种回应，这会给他们留下诚恳、认真的好印象。但切记不可点头太急或是过于频繁，否则会给人不耐烦或想插话的感觉。当然，在面试的过程中也不要东张西望，如果这样的话，面试官很可能会认为你对应聘职位或公司缺乏诚意。

路易走进面试间，三名面试官的目光齐刷刷地扫向他，令他紧张不已。他与面试官们隔着一个较宽的办公桌，但仍可感觉到他们灼人的目光。反倒是他自己不知道该望向哪里了，是直视面试官的眼镜,还是聚焦在他们的额头上,路易左瞄右瞄就是不知道该怎么为自己的视线找一个令人安心的"落脚点"。

一个视线左右游移的面试者恐怕是很难被录取的,因为这样的神态很难让人产生信任感。如果路易能够事先就练习一下控制自己视线,并且在面试官的脸上寻找到合适的落脚点,他看起来就不会显得那样的没有自信和慌乱不堪。事实上,在面对面的交流中,学会在什么情况下应该注视对方面部和身体的哪个部位,将会对最终的交流结果产生极大影响。

当应聘者参加面试时,进入房间用全景视野看一看有几名面试官,然后礼貌地跟他们一一握手,给他们提供两三秒钟的时间,使之可以从容地上下打量你,形成对你的总体印象。握手过程中用视线跟每一位面试官的眼睛接触一下。然后坐在自己的位置上,把视线投射在前面所说的第一个区域上。如果有几个面试官,则选择跟你正对的那一个。

视线的投射也需要经过长期的练习,当你明白了我们所说的面部地理学,在今后的生活中多加练习,这些技巧就能成为习惯,让你的视线轻松自如。

不同座位方式的应对策略

大多数面试都是坐着进行的,而面试官可能会根据自己的习惯或者具体的面试方式来决定座位的设置。你也许和面试官隔着桌子面对面而坐,或者在你和面试官之间没有任何遮挡。隔在你们中间的可能是一张长方形的大桌,也可能是一张小圆桌。你自己的座位可能会很正式,也有可能是沙发式的座位。你可能要接受单独面试,也可能是接受一个小组的面试。我们有必要根据面试官不同的座位安排做出调整。

1. 应聘者与面试官对坐在办公桌两端

这是一种标准的面试座位方式,大多数企业都在使用这种方式。在面试开始的时候,面试官会走到桌前与应聘者握手,并为他们指引座位。应聘者的椅子不应正对着桌子放置，而应该与桌子保持一个角度，并在椅子和桌子之间留下一定空间。

入座时，应聘者最好调整一下椅子，椅子和桌子之间保持一定的角度。在前面的章节提到过，当人们直接面对面谈话时，即身体角度为零度时，很容易形成对立的气氛，而当你把椅子的角度稍微调整，整个气氛就会缓和一些了。你的动作要表现得比较轻松，但同时要把椅背拉向自己并稍稍向边上挪一点，尽量避免当当正正地坐在椅子中央。这种"餐桌"边的坐姿在当前情况下是不适合的。面试官可能也愿意把双手和双臂放在桌上，但是你千万不要学他的样子。同时，不要贴着桌子边坐，最好在椅子和桌子之间保持一定的距离，这样你可以有一定的空间去地移动身体，保证舒适感，同时，也便于面试官观察你的身体语言。

有经验的面试官不会把桌子摆在房间的正中央，因为大多数的办公室都是长方形的，桌子也常常被放在房间中央，无形中形成一条房间的中间线。比较好的策略是把桌子和墙壁摆出一个角度来，这样面试官的身后就会有一个角落，应聘者面试时不会正对着墙壁，因此不会显得很有压迫感，让面试官和应聘者都有更大的放松空间，面试过程会更加愉快。

桌上的摆设也有讲究。如果办公桌上有计算机，那么在面试中它可能会成为一个额外的障碍物。因此，面试官应当适当调整自己的位置，确保你和面试官的视线交流不会被计算机妨碍，如果两个人不得不抬起头越过计算机的顶部才能看见对方，肯定会影响面试官的发挥。

对坐在办公桌两端的方式看上去非常正式而令人紧张不安，实际上，过于不正式的场合反而更具威胁性。因为当应聘者感觉面试官在跟你闲聊的时候，应聘者很容易会忘记自己身处险境进而放松警惕。很多面试官都喜欢采用这种方式，让应聘者放松警惕，进而说出真实的想法和情况，聪明的应聘者要多加小心。

然而桌子对于应聘者也不是完全没有益处。当双方面对面而坐时，中间的桌子可以被应聘者当作缓解紧张的安全屏障，只要不是透明的玻璃桌都有这个效果。

2. 应聘者与面试官分别坐在一张桌子成角度的两边

这个情景是不是很熟悉呢？当我们身体不适去医院看医院看病时，医生和病人之间的座位就是这样的，这样的作为方式显得比较亲切和体贴，因为不是直接面对面，不那么具有对抗性。

也许大多数面试者都不曾意识到，座位方式对面试的结果有多大的影响。实际上，很多情况下成功与否都依赖于桌子的摆放位置。如果桌子被靠墙放成一排，会感觉比较自然。如果是非常正式地摆放，就会给人留下人为做作的印象。即使桌子被靠墙摆放，你也应该保证双方坐的位置有一定的角度，这样双方的身后都会有一个活动空间。而如果应聘者坐在房间角落，椅背靠着墙壁，背后完全没有空间，当你面对面试官时，一定会感觉到巨大的压迫感，仿佛血压都在上升。

3. 多位面试官同时面试一位应聘者

在这种面试方式中，通常会安排一张长方形的桌子，若干位面试官并排坐在长桌的一边，应聘者独自坐在对面的位置，面试官的气势非常强，而应聘者就像是在接受审判。

面试开始，会有一位面试官将面试小组中的成员逐一地介绍给你，而你则要利用这个机会和每一个人握手并分别打招呼，握手时稍微用力，眼睛一定要看着对方，并且面带微笑。

入座时，为了缓解"大军压境"的压力，应聘者可以把座椅放得比一对一面试时稍微靠后一些，拉大你和面试官之间的空间距离。这样做还有另一个好处，因为你需要将自己的注意力在一组人当中来回转移，从而需要更大的掌控空间。

当某位面试官向你提问时，你要看着提问的这位面试官，而当你开始作答后，要将自己的视野范围扩大到整个面试小组成员，不要只盯着一位面试官而忽略了与其他面试官的眼神交流。

4. 在咖啡桌边的面试

一些外企会使用这种面试方式，看上去比较轻松自然，可是应聘者千万不要掉以轻心，越是在这种不那么正式的情况下，越要小心谨慎。

首先，是着装问题。如果不是面试官特别说明，多数情况下我们都会身着正装去面试，然而，咖啡桌的座椅会比较低，原本笔挺的正装在咖啡桌座椅上会变得非常糟糕，尤其是身着裙装的女应聘者，入座的时候很难保持优雅的仪态，大概需要事先专门练习一下，因此最保险还是穿长裤。

其次，是沙发的问题。柔软的沙发的确不适合面试，当你深深地陷进柔软的沙发里，不得不挣扎挺直身子，如果发现自己突然陷得太深有些失态，千万不要到处扭动，最好的策略是以开玩笑的口吻说这沙发非常舒服，然后趁机调整一下姿态，尽量坐得浅一些，以便于挺直身体。

最后，你需要记住的是，当臀部低于膝部的时候，如果想坐着交叉双腿是比较困难的。这样你可以坐在座位的中间，与面试官保持一定的角度，双腿稍稍地叉开，双手放在大腿上。

5. 座位对着座位

在少数情况下，应聘者和面试官会面对面而坐，中间没有桌子等障碍物，彼此都可以看到完整的对方，没有任何部分是被遮挡起来的，这种座位方式虽然看起来不那么正式，但是对于应聘者来说并不容易应对，因为当你和面试官之间完全没有障碍物时，意味着你们之间的距离很近，而且面试官可以看到你的全貌，可以观察到你的每一个细小的身体动作。因此，应聘者常常会非常不舒服。面试时，应聘者会时不时地意识到当你移动脚的时候可能会碰到对方的脚，动作也会因此变得拘谨起来。

为了消除这种弊端，在入座的时候最好把你的椅子往后拉，直到你获得一种安全感时为止。在面试的过程中，不动声色地调整自己的位置。可以尝试双腿交叉，但不要跷二郎腿，一方面这样很不礼貌，另一方面会很容易碰到面试官的腿。

站如松，坐如钟

有一位年轻人到一家大公司应聘，在自我介绍时，他身体松垮地斜立着，并且右腿还不停地抖动。面试官让他坐下后，他一会儿跷起二郎腿，一会儿又向前伸脚，身体后倾倚在椅背上。面试结束后，那位面试官告诉他很遗憾公司不能要他，因为他的这些"现场秀"无法让别人产生好感。

这个年轻人的教训是令人警惕的。一般说来，在应聘面谈中，你站立时要站得直——"立如松"，站立时不能下意识地抖动肩膀，或用手搓裤子。正确的站姿是：两脚自然分为两拳左右距离，身体重心聚在两脚上，双臂自然垂下，挺胸抬头，两眼平视，面带微笑。

男性和女性站立的姿势也是不同的。

男性：男性站立时应面带微笑，收小腹和下颌，两脚平均重心，自然微开成倒 V 字形；并且应抬头挺胸目视前方，给人稳重自信的感觉。

女性：女性站立时，除了抬头挺胸之外，应注意两脚的姿态是否美观。一般而言，一脚略前，一脚略后，两腿膝盖微微靠拢；双手可交叉于前方或后方。

站姿优美的秘诀在于双脚的位置，不论坐着或走路时，这个位置都是最基本的。优美的站姿需要全身协调，以下是站姿的练习动作：

（1）脚部。右脚的脚踝轻轻靠在左脚的内侧上，右脚是 45 度，重心放在左脚。

（2）膝盖。前后脚之间轻轻靠拢，不要有丝毫间隙，而且要用力伸直，不可以弯曲。

（3）臀部。双臀紧紧并拢，下半部稍微往前推，上半部稍微往后移。

（4）腰部。和臀部连成一体，从臀部开始用力，将腰部挺直缩紧小腹。

（5）手部。左脚在前时，左手也在前，两手垂放在臀部的两侧，手肘微弯，稍稍离开腹侧。

（6）胸部。从臀部到腰部如果姿势都非常正确的话，胸部的位置应该也很正确，不需要多费力气。

（7）肩部。从腰部开始，将背骨挺直，双肩自然地保持水平，绝不可以出现一肩高一肩低的现象。

（8）脖子。肩膀的位置固定了之后，往后面延伸，让耳朵与肩膀成一直线，最好放一面镜子在旁边检查。

面试时不仅要站得直，还要坐得端正——"坐如钟"。这就要求上身自然挺直，双膝、双腿要并拢，双手要自然垂放在双膝上。这种坐姿显示出的则是你的自信、自律与坚定。再次，还要坐得文雅、大方，这一点对女性更重要。那种"身体微微向前，双手自然地平放或叠放在双膝上，面带微笑，并不时地点头回应"——所表现出的礼貌与文雅一样能打动别人。相反，抖着腿、跷着腿、撇着V字腿的坐态不但有伤大雅，而且还会使你"坐失良机"。男性和女性的正确坐姿如下：

男性： 男性的正确坐姿是上半身成L型，双脚微开与肩同宽，双手握拳轻放于大腿上。

女性： 女性的坐姿应注意两膝盖随时都并拢，双脚侧放，双手轻放于腿上。

优美的坐姿，从走近椅子的动作开始。轻松地走近椅子，左脚放在椅前中央，向右半转身，屈膝慢慢坐在椅子上，两脚合起来往右边挪一挪，左脚置右脚后面，就是最优美的坐姿了。千万不要扑通一声就坐下，这样，除了显得体态笨拙以外，如果坐得不稳，往往使你跌在地上，就很失礼了。坐下时要安静，不可坐得过深。能够安详地坐下的人，给人一种潇洒自如的感觉，显示沉着、冷静。而有些人却不考虑这些，尤其在集会中常常可以看到人们站起坐下时，乒乒乓乓发出声响，一片混乱，这显得鲁莽、缺少修养。

面试官的暗示你懂吗

求职时，人们会遇到形形色色的面试官，自从进入办公室开始，你就将一直面对这个人。问题是，我们并不知道他们的性情，该如何同他们打交道。此时，不妨先观察一下面试官的身体动作，也许能为你提供些许有效的信息。

1. 严肃的面试官

当你走进面试的房间，发现面试官"铁面"的表情，似乎对你的出现没有任何反应。然后对你说："嗯，请坐。"等你坐好后，他开始提出问题。

一般遇到这样的面试官，新手会感到十分棘手。这类人就像是冷酷的"终结者"，很轻易就能把自己删掉。实际上，这类考官可能是较为保守的一类，不想听其他人的长篇大论，注重对方的实际能力，只要你能将自己突出的某方面能力展现出来即可。不要做过多的论述。或者，他内心也比较紧张，是个内冷外热的人，如果挑对谈论的话题，或者更有利于双方交谈。当然，他最感兴趣的还是你的实力和这种能力会为公司带来什么。

2. 热情的面试官

一见到面试者就非常主动热情，握手端茶。如此的举动让你感到受尊重，甚至有贵宾般的感受。甚至，他们还会不停地赞赏你，让你更放松警惕。除非你非常有能力，让这类面试官仰慕你的才华，否则，他们就是在"做戏"。这样做的目的无非是想让你"小看"了面试的严肃性，然后充分表达，暴露自己的缺点。

3. 礼貌的面试官

对待面试者，他们客气有礼，很注意双方之间相处的距离。就像正式场合中的外交代表一样。既不过分热情也不让人感到冷漠。他们给人的感觉是礼貌的疏远，不会主动挑起话题，只会安静地听你陈述。这类人多心思缜密、城府深，不容易洞察他们的内心。所以，你所能做的就是举止得体，正常发挥。

4. 一言不发的面试官

这样的面试官极少遇到，他们从头到尾都没有说几个字，都是让你做自我陈述。只在最后吐出几个字："好，就这样，你可以走了。"这种面试官并不是哑巴，而是等着你自然发挥，等你占据主动地位，看你如何进行自我描述。如果他一直面无表情，那也无须紧张，自由发挥即可。

5. 善于言谈的面试官

他们是会谈中的积极者，一张嘴就会淋漓尽致地发挥自己的能力。这时，面试者应当感到庆幸，这是个自以为是的面试官，他们喜欢表现自己。那么就将面试中的绝大部分时间留给他们。当你表现出应承或者点头示意的时候，会加深他们对你的认可。但是，表面上一定要表现得恭恭敬敬，不出现懈怠或者疲倦的情况。

把握时间，礼貌为先

面试过程当中需要注意的问题有很多，然而有两项原则是必须要把握的，即时间原则和礼貌原则，这是体现应聘者素质最基本的要求。

1. 时间原则

面试时迟到是一大忌，面试官会认为你不重视这次面试、不尊重面试官、或者没有时间观念，迟到会极大地影响自身形象。并且，如果你迟到，会加剧你在面试时的紧张，从一开始就带着不好的情绪，会影响之后的发挥。

比较好的策略是，提前 10~15 分钟到达面试地点。特别是不熟悉的地点，一定要提早出门。毕竟，路上堵车的情形很普遍，对于不熟悉的地方也难免迷路。对面试地点比较远，地理位置也比较复杂的，不妨先跑一趟，熟悉交通线路、地形甚至事先搞清洗手间的位置，这样你就知道面试的具体地点，同时也了解了路上所需的时间。

但是如果到得很早，也不宜提早进入办公室，提前10分钟以上出现在面谈地点都是不礼貌的，因为面试官可能有手头的事情没处理完而觉得很不方便。可以先熟悉一下周围的环境，去趟洗手间，整理一下仪容。

需要注意的是，面试官迟到对你来说也是一种考验。有的应聘者沉不住气，面试官一迟到，不满情绪就流于言表，这样肯定会对你的形象减分。毕竟，面试官以处理公司事务为先，临时有事要处理也是正常的，因此应聘者对面试官的迟到不要太介意。同时，你也不要太介意面试人员的礼仪、素养，应尽量表现得大度开朗一些，这样往往能使坏事变好事。因为面试考查的各种能力当中，很重要的一项就是人际磨合能力的考查，你得体周到的表现自是有百利而无一害的。

最后来看看进屋的时间。如果约定的面试时间已经到了，你就应该按点敲门。不过如果招聘人员请你在门外等一下，那就另当别论，此时你就应按他的要求做。否则，就不要傻傻地站在外面等，落得"哑巴吃黄连，有苦说不出"的后果。

有的面试官会让你先进屋，在屋里等他一下，那就安静地坐下，不要东张西望、动手动脚、闭目养神或中间插话。如果等待的时间有些长，面试官可能会递给你杂志之类的，即使不想看也不要拒绝，礼貌地接过来即可。

2. 礼貌原则

对面试官的礼貌自然不必说，这里要强调的是对接待人员以及其他工作人员的礼貌。一些应聘者对秘书很不礼貌，觉得秘书级别低，不重要。尤其是在外企面试时要特别留意这一点，在外企文化中，级别只代表工作分工的不同，所有工作人员都是平等的。有的应聘者虽然在面试时表现很好，与面试官交谈愉快，但秘书对他却很反感，而秘书的一句话可能就会让你前功尽弃。

另外一点要注意的是，尽量不要使用"随便"这个词。例如，如果面试官问你需要什么饮料，不要用"随便"来回答对方，"随便"这个词传达出的是一种漫不经心的态度，而且没有主见，大公司最不喜欢没有主见的人，这种人在将来的合作中会给大家带来麻烦，浪费时间，降低效率。

接过饮料之后，就要注意喝水的动作。有两个细节要注意，一是喝水出声。吃喝东西出声都是极失礼的举动，尤其是在外企。因此不妨从现在起就练习"默默无闻"的吃饭、喝水。第二是要注意放水杯的位置，放得不好很容易洒。因为面试时，通常都会使用纸杯或一次性塑料杯，这些杯子又薄又软又轻，更容易洒。所以水杯可以尽量放得远一点，如果担心洒水，不喝也没关系，因为一旦洒水，难免尴尬和紧张。

有很多应聘者为了缓解紧张，喜欢嚼口香糖，要注意，面试时应杜绝吃东西，包括口香糖、香烟等等。有人因为自我感觉良好或为了显示自己的傲气，面试时嘴里还嚼着口香糖，这是很不礼貌的。有人还会忍不住烟瘾，抽上几口。现在很多大公司里大部分地方都是禁烟的，即使没有这个要求，你抽烟也会显得很不礼貌。

第二十一章
一分钟拿下订单，解读客户微行为找到突破口

待客有道，赢得第一步

在工作中，与客户互相拜访都是社交活动中重要的一环。去拜访客户时，你的一些行为举止表现出你的修养。事实上，你一个小小的举动，就可能改变别人对你的印象。

比如，你不像你的客户那样有广博的知识，因此客户觉得好像找不到共同语言。但是，你一直在认真地听他说话，并默默地为他端茶送水，这样小小的动作让他感到你的真诚和礼貌，因此对你的印象很好，乐意与你做朋友。在迎送客户时，要留心用身体语言表达对客户的敬意，如果行为举止不当，就有可能断送生意。

泰国某机构为泰国一项庞大的建筑工程向美国工程公司招标。经过筛选，最后剩下4家候选公司。泰国方面派遣代表团去美国亲自与各家公司商谈。代表团到达芝加哥时，那家工程公司由于忙乱中出了差错，又没有仔细复核飞机到达时间，未去机场迎接。但是泰国代表团尽管初来乍到，不熟悉芝加哥，还是自己找到了芝加哥商业中心的一家旅馆。他们打电话给那位局促不安的美国经理。在听了他的道歉之后，泰国代表团同意第二天11时在经理办公室会面。第二天美国经理按时到达办公室等候，直到下午

三四点钟才接到客人的电话说:"我们一直在旅馆等候,始终没有人前来接我们。我们对这样的接待实在不习惯。我们已订了下午的机票飞赴下一个目的地,再见吧!"

如果没有意识到这种待客之道,那些一开始也许是很有希望的商业活动很可能发展成短期的,当然也是不美好的关系。这里的问题是,国际范围内的商务,可以不加夸张地说是随着第一次见面的情况而决定成败的。礼节或礼仪或风度,不管你叫它什么,编织在我们的商业活动之中,就像一块精细的用手工编织的波斯地毯,如果抽去几根关键性的丝,整个图案会失色不少,甚至会面目全非。所以在商业交往中要时刻注意待客之道,给人留下良好的形象,以后的事也就好办得多。具体来说,在迎接客户时应该注意以下几点:

(1)见面时面带微笑,握手时热情亲切,不可毫无生气或一副冰冷相。

(2)客人进门,应起立表示欢迎,避免坐着用手示意客人入座。

(3)家中有访客时,其他家人也应该出来打招呼,同时主人应向访客介绍其他家人。

(4)待客时应亲切,使访客感到自在。例如可在与访客寒暄过后先主动询问客人是否要洗个手,以免访客不好意思开口借用厕所。

举手投足不失礼

与客户会面的过程中,我们的一举一动都可能被客户看在眼里,有风度的举止能够让客户感到舒适和愉快,而如果冒冒失失,总有失礼的行为,就有可能引起客户的反感。会面过程中,不但要注意自己的姿态,还要注意与客户的配合,如果两个人的动作总是互不协调,也难免产生尴尬。具体来说,要注意以下几个方面:

1. 陪同引导

例如陪同客户参观企业,引导时的方位、速度及体位等都需要注意。请客户开始行走时，要面向对方，稍微欠身。在行进中可以与对方交谈或进行介绍，并把头部、上身转向对方。双方并排行走时，应居于左侧。需要指引路线时，要居于客户左前方一米左右的位置引领。

引领时，行走的速度要以客户的速度为准，保持与对方协调一致的速度，不可以走得过快或过慢。每当经过拐角、楼梯或道路坎坷、照明欠佳的地方时，需要以手势或语言提醒客户留意。

2. 上下楼梯

上下楼梯或自动扶梯时最好不要与客户并排行走，而要从楼梯的右侧上下，也就是遵从礼仪中所讲的"右上右下"原则，目的在于让有急事的人可以从楼梯左边的急行道通过。

要注意礼让他人，在上下楼梯时，不要与他人抢行。如果其他人有急事，可以请对方先走。如与客户或级别和身份比自己高的人同行，上楼梯时最礼貌的做法是走在对方的后面；而下楼时，则应该走在对方的前面。

3. 进出电梯

陪同客户乘坐电梯时，如果是无人驾驶的电梯，自己必须先进后出，以方便控制电梯；乘坐有人驾驶的电梯时，则应当后进后出。

4. 出入房门

引导客户时，须快步上前为对方开门，为了表示自己的礼貌，还应请客户先进先出。进入房间前，由弱到强地轻轻叩门是非常必要的，切不可以冒失地突然闯入。开关房门时，应尽量避免采用肘部顶、膝盖拱、脚尖踢、脚跟蹬等方式，这样会显得很粗鲁。

选择有利的会面场所

美国心理学家穆勒尔和他的助手做过一次有趣的试验，证明许多人在自己的会客厅里谈话，比在别人的客厅里更能说服对方。

这就表明，人们在自己熟悉的地方与人交往容易无拘无束，可以灵活主动地展现或推销自己，有利于社交的成功。

倘若在别人熟悉而自己不熟悉的地方交往，则容易引起莫名其妙的不安和恐惧，难以洒脱自如，自然处于劣势。这就是为什么在比较开放的今天，经人介绍的对象初次见面时，绝大多数人仍愿意在自己的"领地"内进行，而不愿在对方"地盘"内进行的原因所在。

不过，值得说明的是，在自己的领地内，固然容易充分发挥自己的交往潜能，但也时常伴有少了约束的弊端，使自己的缺点外露。而在别人的地盘内进行，虽然受到的约束较多，然而却可用心专一，利于深层次、多方位地观察和了解对方。

因此，善于社交者，绝不局限于自己的领地，他们既可"请进来"，也可以"走出去"，是不会作茧自缚的。

最佳地利是有条件的、辩证的、可以变化的，在自己熟悉的地方交往，在一般情况下是有利的。但若对方是老人、长者、女士等，让他们也迁就自己，恐怕于情于理都说不过去。反之，倘若听凭他们选择，自己前往他们的地盘，则更能体现对他们的照顾、体谅和尊重，这样做本身就极有利于社交的成功。

此外，光线暗有助于人们交往。在光线暗的地方，人们比较容易亲近。心理学的实验也表明，昏暗是人们亲密起来的保护伞。人们聚在黑暗中，因减少了戒备而增加了亲近感，便于双方沟通。同时，在昏暗中，对方难以看清自己的表情，也容易产生一种安全感。这样，彼此间的对立情绪就会大大少于光线明亮的场所。

想与他人建立一种亲密关系的时候，就应尽量请他们到酒吧、俱乐部、咖啡室等地方去。地点是与交往的目的密切联系的，二者相符方能收到最佳效果。高级宾馆、豪华客厅是招待高级宾客的好去处，而花前月下、幽静隐蔽之地是谈情说爱的理想场所，办公事在单位为宜，办私事则到家里办。因事而定，随事而变，才是明智的选择。

令人舒适的座位提高沟通效率

除了会面场所的选择之外，与客户会面时还应注意座位的安排方式，因为座位方式直接决定谈话者的身体角度和身体距离以及其中是否存在障碍物等等，前面的章节中提到，不同的身体角度对谈话气氛有很大的影响，因此座位的安排方式也会对沟通效率产生影响。

（1）正面对坐的沟通效率最低。初次见面，和人面对面地谈话，是一件不好受的事。因为两人之间的视线极易相遇，导致两人之间的紧张感增加。而坐在旁边的位置，则不必一直注意对方的视线，因而容易轻松下来。因此，如果是初次见面，采取坐在旁边的位置，能迅速建立亲近感。另外，在室内放一盆花，使对方有转移视线的对象，效果会更好。

（2）中间的桌子会使双方产生距离感。如果在办公室里与客户会面，那么最好不要安排对方坐在书桌的旁边，因为这样一来会使彼此之间产生了一个障碍物——桌子，无形中让彼此显得疏远了很多，这样的作为安排只会让客户和你之间显得生分，如果想要营造温暖亲近的氛围，最好双方都坐在沙发上，可以让人感到放松，也不会显得太正式。

（3）相距50厘米能给对方留下好印象。要使对方对你产生好感，与谈话者就应保持理想的距离。谈话的距离较近，能制造一种融洽的气氛，消除紧张情绪。最合适的距离就是一方伸出手可以够到另一手，即50厘米左右。同样，如果你想在社交中尽快打开局面，适应环境，那么，每次与人打招呼或谈话的时候，要注意尽可能地把距离拉近一些。

当然，拉近距离并不是亲密无间，特别是在与上级或女性打交道时，不能冒昧莽撞，不然会引起对方反感，以为你没有规矩或用心不正，反而弄巧成拙。

（4）坐椅子时，浅坐的姿势会令人产生好感。交谈时，如果对方深深地坐在沙发或椅子上，甚至上半身靠在椅子上，那么说明他根本没有专心听讲，缺乏诚意。相反，如果浅坐在椅子前端的三分之一处，就会使人产生好感。因为这种姿势可使上半身自然地向前倾，因而成为最佳的听话姿势。此外，像这种随时可由椅子上起立的姿势，还会给对方积极活泼的印象。

以小动作促成合作

在当代各种商业活动中，很多公司都渴求在与人合作时能取得一个双赢的结果，但是，这种愿望往往很难实现。为什么求得一个双赢的结果会如此之难呢？原因很简单，因为很多公司在与另一方进行谈判或合作前，缺乏对对方的深入了解，再加之在谈判或合作的过程中，双方缺乏有效、及时的沟通，这就很容易导致谈判或合作的双方产生一些麻烦，甚至是误会，此种情况下，当然不会有所谓双赢结果的产生。

也正是在这一背景下，在欧美很多国家如今产生了联络经理人。所谓联络经理人，就是专门为有合作意向的两个或数个公司提供对方或数方公司的相关信息，在双方合作或谈判的过程中尽力促进双方最大限度的了解、认识，并最终让两家或数家合作的公司获得共赢的结果。由此可以看出，联络经理人实际充当了一个兼顾双方利益的中间人角色。

作为一个联络经理人，如何才能兼顾双方的利益呢？除了要为客户提供大量、翔实的信息资料外，严谨、认真的工作作风是必需的。因为他提供的每一个数据，都是谈判或合作双方的依据，一旦你的某个数据出现了差错，肯定会给合作的双方带来巨大的损失。当然，作为一名成功的联络经理人，还必须学会使用身体语言。因为在很多情况下，尤其是在谈判的时候，正确的、恰到好处的身体语言可能比有声语言更有说服力，更能促进双方合作的形成。

比如，你是一个联络经理人，甲和乙是谈判的双方，你们三个人坐在了一个大圆桌前，形成了一个三角形。其中甲非常善于言谈，在详细介绍完自己的公司后，问了乙很多问题，但乙却保持笑而不答的态度。于是甲向你提了一个问题，此种情况下，你回答问题的方式极有可能会影响到双方的合作。因为如果你回答问题时不能将乙吸引到问题讨论中，双方的谈判很可能就此而止。此时，你应该如何做才能让乙加入进来呢？一般来说，你可以这样做：在回答甲的问题之前，你可以先看甲一眼，然后轻轻转过去，再看乙一眼，在接下来的阐述中，你在用有声语言回答甲的问题的同时，不断用眼睛看着甲和乙（其中在看乙时眼神停留的时间稍长一点），直到你把问题回答完。

在结束之前，最后看甲一眼。在此，你的眼神可以说是非常重要的，因为它会让乙没有受冷落的感觉，与之相反，他会觉得自己也参与了你和甲刚才的谈话。如此一来，乙极有可能会积极参与到与甲的谈判中来。试想，如果你此时不懂得巧妙地运用眼神，自顾自地在那儿高谈阔论，乙肯定会产生被冷落的感觉，从而导致双方无果而终。

再如，双方谈判或合作成功后，双方一般都要举杯庆贺，此时作为双方合作的"媒婆"，你就应该在双方碰杯以后用自己的双手，将谈判或合作双方左右两只手同时举起击掌相庆，这往往会将整个庆贺场面推向高潮。如果你在使双方击掌的过程中，将一方的手先举起，而将另一方的手后举起，则往往是不妥的，很可能会使后举手的一方心里产生不快。

身送七步，你做到了吗

俗话说："出迎三步，身送七步。"在应酬接待中，许多人对客户的迎接礼仪往往热烈隆重，却常常忽视了对客户的欢送礼物，这样就常常给人以"人一走茶就凉"的悲凉感，无形中引起别人的反感，为自己的成功增加了阻力。

在中国的应酬，许多的知名企业家都深知"身送七步"的重要性，也格外注意送人的礼节，中国商业的巨人李嘉诚就是其中一个绝佳的典范。一位内地企业家在接受电视采访时谈到了他去李嘉诚办公室拜访李嘉诚的经历。那天,李嘉诚和儿子一起接见了他。会谈结束之后,李嘉诚起身从办公室陪他出来,送他到电梯口。更让人惊叹的是,李嘉诚不是送到即走,而是一直等到电梯上来,他进去之后,再举手告别,一直等到电梯门合上。身为亚洲首富的李嘉诚日理万机,可他依旧注重礼节,严格遵循"身送七步"的礼仪,亲自送客,没有一丝一毫的怠慢之举。这位内地企业家面对着电视机前的亿万观众动情地说:"李嘉诚这么大年纪了,对我们晚辈如此尊重,他不成功都难。"

"身送七步",商业巨人李嘉诚都不忘的待客礼仪,经常在应酬场上的人更要铭记在心,以实际行动给客户贴心之感,才能拉近和客户的心理距离,促成、促进合作。

作为常应酬的人员,不仅要认识到迎接客人的重要性,更要明白送客礼仪的重要性。不要做到了"迎人三步",却忘记了"身送七步",就可能给客户留下"虎头蛇尾"的印象,甚至造成前功尽弃、功亏一篑的结局。

因此,送客时应注意以下几点:

1. 让客户先起身

当客户提出告辞时,要等客户起身后再站起来相送,切忌没等客户起身,自己先于客户起立相送。更不能嘴里说再见,而手中却还忙着自己的事,甚至连眼神也没有转到客户身上。

2. 送客也不失热忱

当客户起身告辞时,应马上站起来,主动为客户取下衣帽,帮他穿上,与客户握手告别,同时选择最合适的言辞送别,如希望下次再来等礼貌用语。每次见面结束,都要以将再次见面的心情来恭送对方回去。尤其对初次来访的客户更热情、周到、细致。

3. 代客提重物

当客户带有较多或较重的物品,送客时应帮客户代提重物。

与客户在门口、电梯口或汽车旁告别时，要与客户握手，目送客户上车或离开，要以恭敬真诚的态度，笑容可掬地送客，不要急于返回，应鞠躬挥手致意，待客户移出视线后，才可结束告别仪式。否则，当客户走完一段再回头致意时，发现主人已经不在，心里会很不是滋味。

4. 晚一步关门

许多时候，商务人士将客户送出门外，不等客户走远，就"砰"的一声将门关上，往往给客户类似"闭门羹"的恶劣感觉，并且很有可能因此而"砰"掉客户来访期间培养起来的所有情感。因此，商务认识在送客返身进屋后，应将房门轻轻关上，不要使其发出声响，最好是等客户远离后再轻声关上门。

如果将客人送到会议室或办公室门口、服务台边，宜说声"对不起，失陪"，目送客人走远。如果将客人送到电梯门口，宜点头为礼，目送到电梯门关合为止。如果把客人送到大门口、汽车旁，可以招手为礼，等客人走远后返回公司。

心理学上不但有首因效应，也有"末因效应"。"最初的"和"最后的"信息，都能给人们留下深刻印象，"最初的"印象尚可弥补，而"最后的"信息往往无法改变。"送往"的意义大于"迎来"。"身送七步"，我们要谨记心中。

成功销售靠身体语言

有个年收入超过 1000 万的保险销售员，他的推销能力极为出色，被新进年轻销售员们视为偶像，经常向他讨教推销秘诀。

他指出，当销售员去某个公司推销保险时，如果直接站在埋头工作的职员后面推销保险，对方根本就不会理睬。为此，他强调说："要想让埋头工作的人转过来与你讲话，除非你口若悬河，否则根本是白费力气，因为你的话语根本无法打动他的心。"

他还进一步指出，当遇到拜访对象正在工作时，千万不可打断他的工作，而是要先在他附近找个椅子坐下，安静等待。这样就使对方不得不注意到你,不得不停下手头的工作和你交谈。也许他不会马上停止工作,但他已经注意到你了,心里就会有一些慌乱,对你的等候会过意不去。当他的工作告一段落以后,他一定说:"好吧!我们到那边谈谈吧!"这样,你就赢得了谈判第一个回合的胜利。

人们心理上的亲疏程度,可以用物理学的高度、距离及角度来进行一下说明。对一个成功的销售员来说,在第一次与客户见面时,角落的位置是最成功的策略性的位置,即与客户呈直角位置的座位。因为这个位置可以缓和双方的紧张的气氛,使你的推销工作顺利进行。

如果当销售员准备与客户进行第二次谈判,并且谈判对手又增加了一位技术专家。那么,销售员可以选择与客户并排坐在专家的对面,这样销售员似乎就与客户站在同一条战线上,代表客户向专家提出问题了。但是需要注意的是,只有当你的客户不觉得他的私人领域被侵占的时候,你才可以选择这样的位置。否则,销售员还是应该坐在角落的位置,但是可以在客户与专家之间选择稍微靠近客户的位置。

销售员所标榜的口号是诚实可靠。可是要向顾客证明自己诚实可靠,通常需要花费不少的时间和精力,让对方产生信任感的关键就在第一次见面,所以,必须掌握首次的会面的一些技巧,进入对方的"地盘",其中身体语言是成功的要诀之一,从而使他乐于相信你。

今天,你对顾客微笑了吗

微笑是最简单、最省钱、最可行,也最容易做到的服务,更重要的是,微笑是成本最低、收益最高的投资。

作为销售人员,要坚持对客户保持微笑,因为面带微笑的人最容易受人欢迎。没有人能轻易拒绝一个笑脸,因为笑是人类的本能,要人类将笑容从脸上抹去是件很困难的事情。由于人类具有这样的本能，微笑就成了两个人之间最短的距离，具有神奇的魔力。因此，服务人员想让客户接受自己，微笑就是最好的通行证。

微笑不但能够保持你自己外在的良好形象，而且也影响着自己和别人的情绪。真诚地微笑能调节体内的荷尔蒙，让人由内向外放射着愉悦的光彩。而笑容又能够影响他人，让他们像你一样产生愉悦的情绪，心理学家分析后认为，如果你对他人微笑，对方也会回报以友好的笑脸，但在这回报式的微笑背后，有一层更深的意义，那便是对方想用微笑告诉你，你让他体会到了幸福，而这是一个良性的传播快乐的过程。

所有的人都希望别人用微笑去迎接他，而不是横眉冷对，冷漠阻碍了心灵的沟通和思想的交流。所以，许多公司在招聘员工时，以面带微笑为第一条件，他们希望自己的职员脸上挂着笑容，把自己和公司推销出去。

"日本推销之神"原一平总结他取得成功的秘诀时，其中最重要的一项就是善于微笑。他的笑被认为值百万美元。原一平认为，对销售员而言，"笑"至少有下列十大好处：

（1）笑能消除自卑感。
（2）笑能使你的外表更迷人。
（3）笑能把你的友善与关怀有效地传递给准客户。
（4）你的笑能感染对方，让对方也笑，营造和谐的交谈氛围。
（5）笑能建立准客户对你的信赖感。
（6）笑能拆除你与准客户之间的"篱笆"，敞开双方的心扉。
（7）笑可以消除双方的戒心与不安，从而打破僵局。
（8）笑能去除自己的哀伤，迅速重建自信心。
（9）笑是表达爱意的捷径。
（10）笑会增进活力，有益健康。

的确，微笑就是你递给客户最温暖、最具有亲和力的一张名片。这张名片完全可以让你拿到订单。销售人员的第一堂训练课的内容应当是微笑。微笑能传达友善，能建立信任。

读懂顾客潜藏的购买欲

虽然销售员的推销术多数大同小异,但顾客的反应却各不相同。有经验的销售员清楚,如果顾客展现出积极、合作、热情与赞同的身体语言信号,交易达成的可能性就大大增加了。那么,顾客想要交易所展现的积极身体语言都有哪些?

1. 面部表情积极、热情

顾客的微笑、点头、嘴角甚至鼻子部位都带着浅浅的笑容,看起来很热心。说明他购买商品的可能性很大。如果他注视你的眼睛,利用专注的目光进行眼神交流,表现出浓厚的兴趣,说明交易能有一个良好的进行。如果顾客专注地观看产品展示或产品示范,则他很可能要着手购买了。

2. 身体动作积极

如果顾客坐在椅子的边缘,上身微微前倾,睁大眼睛,表现出一副渴望仔细聆听的样子;而两条腿自然下垂,只用脚尖踮地,这说明顾客已经准备签订购买合同或愿意同销售员合作了。这个信号加强了顾客身体和心理的敏感性,充分表现出某种程序的准备状态。他甚至开始搓揉双手,有点等不及了。

假如在谈论期间,顾客手部自然伸展或脱下外套等,则说明他愿意接受你的看法与建议。如果加上温和、愉快的语气,交易成功的时间指日可待。

3. 相互模仿

销售员需要注意,如果顾客开始不自觉地模仿你的姿态或者手势,或者学习使用产品,则说明你的表现已经吸引了他,或者引起了他的兴趣。互相模仿的动作,说明他在为购买商品做必要的学习。

如果顾客出现了上面这些反应,则销售员首先应感谢顾客,愿意接受相关产品的讲说,然后需要继续与顾客讨论积极的事情。同时,在顾客发表看法的时候,应仔细聆听,并鼓励顾客尝试产品，产生与自己进一步合作的意愿，释放其他一些友好的信号。当然，如果顾客对产品表现出极其浓厚的兴趣，销售员应回报以同样的热情，以使得气氛融洽，并让顾客确信，自己需要认真思考购买这款产品。此时，销售员不妨离顾客近一些。因为拉近双方的距离，更利于塑造良好的关系。

对于一次推销来说，如果在顾客面前，产品被熟知和信赖，无须经过任何介绍，直接开始销售，是相当不错的开始。但绝大多数人，仍会面对对方并不了解甚至怀疑的心态，要增加顾客购买的信心，让销售工作更成功，销售员还需要尽可能多地了解身边的顾客。

敏锐识别顾客的成交信号

成交信号是顾客通过语言、行动、情感表露出来的购买意图信息。有些是有意表示的，有些却是无意流露的。而无论顾客是有意还是无意透露出来的，店主都非常有必要把这些难以琢磨的成交信号识别出来，以便于一锤定音，促成最后的成交。

小丽在商场里开了一家化妆品店，这是她第一次创业开店，也在懵懵懂懂中体味出了买卖过程中那些只可意会不可言传的销售技巧。其中，如何领会顾客的成交信号是她最近的一大新觉悟。

一次，小丽在饶有兴致地向顾客介绍化妆品，而顾客对她的产品也很有兴趣，但让小丽不解的是顾客时常看手表，或者说一些勉强应付她的话。起初小丽并没有留意，当她的话暂告一个段落时，顾客突然说："商品我已经选好了，请直接告诉我该去哪里付款？"

此时小丽才知道，顾客刚才所做的一些小动作，是在向她说明她的推销已经成功，因此后面的一些介绍是多余的。

相信不少店主都有过像小丽那样的迟钝，在顾客已经发出了成交信号的时候依然没有意识到该收网了，非要顾客很明显地提醒了才知道。如果顾客不提醒呢？怎么来识别成交信号，不让顾客成为漏网之鱼？一般情况下，我们可以通过下面这些常见的顾客肢体语言来识别顾客的交易信号：

1. **客户表示感兴趣的"信号"**

（1）微笑。真诚的微笑是喜悦的标志，同时，人也用微笑来表示赞成，让对方安心、打消顾虑、做出保证。假笑时，微笑者的眼神是斜向一边的，而且眼睛周围的肌肉没有动。假笑持续的时间比真诚的微笑长，消失得也慢。

（2）点头。当你在讲述产品的性能时，顾客通过点头表示认同。

（3）眼神。当顾客以略带微笑的眼神注视你时，表示他很赞赏你的表现。

（4）双臂环抱。我们都知道双臂环抱是一种戒备的姿态，但是某些状态下的双臂环抱却没有任何恶意。比如，在陌生的环境里，想放松一下，一般会坐在椅子里，靠着椅背，双臂会很自然地抱在一起。

（5）双腿分开。研究表明：人们只有和家人、朋友在一起时，才会采取两腿分开的身体语言。进行推销时，你可以观察一下客户的坐姿，如果客户的腿是分开的，说明客户觉得轻松、愉快。

2. **当客户有心购买时，通常会通过他们的行为表现出来**

（1）点头。

（2）前倾，靠近销售者。

（3）触摸产品或订单。

（4）查看样品、说明书、广告等。

（5）放松身体。

（6）不断抚摩头发。

（7）摸胡子或者捋胡须。

上述动作，或表示顾客想重新考虑所推荐的产品，或是表示顾客购买决心已定。总之，都有可能是表示一种"基本接受"的态度。

最容易被忽视的则是顾客的表情信号。店主与顾客打交道之前，所行事的全部依据就是对方的表情。顾客的全部心理活动都可以通过其脸部的表情表现出来，精明的店主会依据对方的表情判断对方是否对自己的话语有所反应，并积极采取措施达成交易。

顾客舒展的表情往往表示顾客已经接受了店主的信息，而且有初步成交的意向。

顾客眼神变得集中、脸部变得严肃表明客户已经开始考虑成交。店主可以利用这样的机会，迅速达成交易。

在顾客发出成交信号后，还要掌握以下小技巧，不要让到手的买卖跑了。

1. 有的问题别直接回答

你正在对产品进行现场示范时，一位顾客发问："这种产品的售价是多少？"

A. 直接回答："150元。"

B. 反问："你真的想要买吗？"

C. 不正面回答价格问题，而是向客户提出："你要多少？"

如果你用第一种方法回答，顾客的反应很可能是："让我再考虑考虑。"如果以第二种方式回答，顾客的反应往往是："不，我随便问问。"第三种问话的用意在于帮助顾客下定决心，结束犹豫的局面，顾客一般在听到这句话时，会说出他的真实想法，有利于销售员做采取正确的应对措施。

2. 有的问题别直接问

顾客常常有这样的心理："轻易改变主意，显得自己很没主见。"所以，要注意给顾客一个"台阶"。你不要生硬地问顾客这样的问题："你下定决心了吗？""你是买还是不买？"尽管顾客已经觉得这商品值得一买，但你如果这么一问，出于自我保护，他很有可能一下子又退回到原来的立场上去了。

3. 该沉默时就沉默

"你是喜欢甲产品，还是喜欢乙产品？"问完这句话，你就应该静静地坐在那儿，不要再说话，保持沉默。你不要急着打破沉默，因为顾客正在思考和做决定，打断他们的思路是不合适的。如果你先开口的话，那你就有失去交易的危险。所以，在顾客开口之前你一定要耐心地保持沉默。

百般辨别，看"石头"顾客

有些时候，尽管销售员做了很多努力，但仍无法打动顾客。他们明确地用消极的信号告诉你，自己并不感兴趣。销售员与其继续游说，不如暂停言语，相机而动。

一般来说，如果一个顾客明显做出下列表情，就说明他已经进入消极状态。

1. 眼神游离

如果顾客没有用眼睛直视销售员，反而不断地扫视四周的物体或者向下看，并不时地将脸转向一侧，似乎在寻找更有趣的东西，这就说明他对推销的产品并不感兴趣。如果目光呈现出呆滞的表现，则说明他已经感到厌倦至极，只是可能碍于礼貌不能立刻让销售员走开。

2. 表现出繁忙的样子

假如顾客一见到销售员就说自己很忙，没有时间，以后有机会一定考虑相关产品；或者在听销售员解说的过程中不断地看手表，表现有急事的样子，说明他可能是在应付销售员。

实际上，他很可能并没有考虑过被推销的产品，也不想浪费时间听销售员的解说。如果销售员没有足够耐心引导他进行购买，交易就将很难成交。

3. 言语表现

如果顾客既不回应，也不提出要求，更没让销售员继续做出任何解释，而是面无表情地看着销售员，说明顾客感到自己受够了，这个聒噪的销售员可以立刻走人了。

4. 身体的动作

顾客在椅子上不断地动，或者用脚敲打地板，用手拍打桌子或腿、把玩手头的物件，都是不耐烦的表现。如果开始打呵欠，再加上头和眼皮下垂，四肢无力地瘫坐着，就表明他感到销售员的话题简直无聊透顶，他都要睡着了，即使硬说下去，也只会增加顾客的不满。

面对顾客的上述表现，销售员可以做出最后一次尝试，向顾客提出一些问题，鼓励他们参与到推销之中，如果条件允许，可以让顾客亲自参与示范、控制和接触产品，以转变客户对产品冷漠的态度。

如果客户的态度仍不为所动，则你可以尝试退一步的策略，即请顾客为公司的产品和自己的服务提出意见并打分，如果顾客留下的印象是正面的，或者下一次他想购买相关产品时，就会变成你的顾客。注意，在这一过程中，一定要保持自信和乐观、热情的态度，不应因为遭到拒绝而给客户脸色看。

第二十二章
此时无声胜有声，
解读与会者微反应了解其态度

识别无声的赞成与反对

当你在会议上发言时，要判断与会者是否同意你的发言内容，你可以参考他们一系列的身体语言。这些身体语言不是单独存在的，但我们在这里还是列举一些最常见的明显表示赞成或者反对的身体语言。

（1）点头。这种点头是轻微的，简短的，它表示赞成。

（2）在某人发言时把头抬起，并用目光注视发言者，它表示赞成。

（3）在某人发言时，把身体转向发言方向，它表示赞成。

（4）交叉抱臂，或者还伴有腿部的交叠，它表示反对。

（5）低下头，或者身体背向发言者，它表示反对。

这几种姿势有着比较明显的赞成或者反对的态度，但还有一种姿势就不那么泾渭分明了，这就是那些"扯着根本不存在的线头"的人。

当你提出了某项建议，并且请大家讨论时，有人赞成，有人不赞成，并提出不赞成的理由，这都是态度明确的。在大家热烈讨论中，有人即不表示赞成，也不表示反对，而是低着头在自己的衣服上扯根本不存在的线头。你可能会以为这种人是中立分子，无所谓赞成与反对，而实际上，这是在用一种非语言的方式表达他反对的意见。有人认为这是感情转移姿势，是由压抑自己的意见而产生的。他不愿意把反对意见说出来，但并不表示他就是中立的，他依然在内心里对你持反对意见，于是用扯着衣服上线头的外在语言来发泄。

如果你是会议主持人，碰到这种人，你不妨直接坦诚地问他："你认为呢？"或"我看得出你的一些意见，能不能告诉我呢？"询问的时候摊开手掌，表示你虚心、开放的接受外来的意见。若是他说他同意你，却继续扯着线头，你就得再用更直接的问题来解开他隐藏着的反对意见。

谁是下一个发言者

一般情况下，会议主持人都会希望与会者能够在会议上热烈地发言，所以他通常也会鼓励性地问问与会者："你觉得呢？"或者"你的意见如何？"但事实上，并不是所有人都想发言，或者真的有意见可以申述。被直接点到的人如果不是事先想发言的，此时不是出现尴尬的冷场，就是被点到者说一些无关紧要的废话，使得会议时间无意义地延长。所以会议主持人必须清楚哪些是想发言，但还没有找到合适的机会，或者等待着主持人的询问的人。

一位身体语言研究者在做了大量观察后，这样写道："如果出席者均采取挺身姿态，进行激烈的讨论，未发言者便会做出身体向后仰、倒在椅背上的坐姿，并将香烟喷向天花板；如果大家均以轻松态度交谈时，则此人便会把肘靠在桌上，把身子挺出去。总之，即是采取不同于现场出席者的姿态。换句话说，在某一团体之中，为了表示自己是局外人，因而故意采取不协调的姿势。然其真正动机却是利用那种行为，送出'我正被当作多余东西'的信号，做出'请留一点发言机会给我'的潜意识表示。"

1. 不停地摸耳朵

如果他人在和你交谈的过程中，对方频繁地摸耳朵或拉耳垂，这表明他厌倦了你的滔滔不绝。他做这个动作是想告诉你，他很想开口谈谈自己的意见。

2. 用手指或手上的东西做画线动作

如果你正和他人交谈，发现他用手指或利用手上的东西在桌上做画线动作，这表明他有话想说可是又不能打断你，他不停地动作表明他很焦急。此时你还不停止滔滔不绝，他的额头甚至会出现汗珠，手上动作的频率会更快。

3. 把玩手腕或手腕上的物品

如果你正在和他人交谈，发现他正在把玩手腕或手腕上的物品，这表明对方内心充满犹豫，他正在考虑诉说他内心的想法，这表明他内心很挣扎，有话要说。

4. 微张嘴唇

如果和你交谈的人，几次三番的微动嘴唇，却没有发出声音，这表明他有话要说。他内心很想表达自己的想法，所以自然张嘴欲言。可是出于礼貌，他没有打断你的话。

5. 敲桌子

如果你是一个会议的发言人，当你在滔滔不绝的时候发现有的与会者在不经意地以指尖轻敲桌子。那么你千万不要觉得对方是在向你表达赞同或者恭维，这表明他在思考，他在等待发言。当你在进行业务解说，发现客户有这个动作的时，你就该考虑停下来，把话语权交给他，以免客户不耐烦。

所以作为会议主持人的你看到有人总做出与大家不同的姿势，并想以此引起其他人的注意时，你应当知道，这人是想发言，要是不安排他发言，他会感到很压抑，并对主持人产生看法。

不过，要是有人对大家讨论的问题不感兴趣时，也会做出与众不同的姿势。与那种想发言的所不同的是，他做这种姿势并不去引起别人的注意，甚至还怕有人注意到他。因此，同样是做出与众不同的姿势，到底是想发言还是没兴趣，要根据当时当地的情形来做出判断。

这些动作提醒你——该散会了

现在有很多的会议比它最适宜的时间长出许多，由此也浪费了大量的宝贵时间。在这些会议上，你可以看到与会者中出现许多表示"我已经厌烦了"的姿势。作为会议主持人或演讲者，当大量的这样的身体信号出现时，你就应该知道会议已经让大家感到厌烦了，及时结束是最好的方法。再继续开下去，你所传达的内容也不会被心浮气躁的与会者接受了。

1. 眼睛半眯着

当与会者觉得这个会与己无关、这个会开不开都行时，一般就会做出"半眯着眼"的姿势。这种"似睡非睡、似听非听"的姿势表达了他内心的漠不关心。这就说明你的整个议题是没有碰触到他的兴趣的。

2. 用手撑着头

这里的支撑必须是有力度的，因为用手指轻轻碰触着头有时是思考或者感兴趣的表示。用手支撑着头是想避免倒头大睡。一个人感觉厌烦的程度与他支持头部的姿势有关。极度的无聊，不感兴趣时，头是完全由手来支持的，而厌烦到极点就是倒在桌上呼呼大睡了。当你发现参加会议的人用手支撑的自己的

头,甚至将手肘顶着桌子做支架时,你就应该懂得他们的内心独白:"再不结束我都要睡着了。"

3. 用手指头敲桌子或用脚在地上打拍子

手指头在桌子上轻轻地敲和脚在地上打拍子,当很多人同时用了这种厌倦和不耐烦的姿势时,就是在告诉演说者该结束了。值得注意的是,敲桌子和用脚打拍子的速度是与这人不耐烦的程度有关,速度愈快、表示愈不耐烦。

有趣的是这些姿势一般都依次出现。刚开始没兴趣时,主要表现是半眯着眼,似听非听;兴趣进一步减弱后,就用手去支着头;再到最后,恨不能马上离开会场时,这时就出现了敲桌子和脚拍地的现象。因此,聪明的会议主持人,见到这种情况,最明智的办法就是——散会。

笔记本和笔——会议上的道具

开会的时候很多人都会带上笔和笔记本,尽管大多数时候并没有多少东西需要记,但大家还是习惯带着它们,似乎一支笔和一个本能够给人带来安全感。

笔记本是很好的道具,开会时,把笔记本摊开放在桌上,一手拿着笔,看起来就是很认真的样子。发言的时候,笔记本可以充当可爱的玩具,发言者并不需要笔记本,他们只是喜欢把他们拿在手上,因为当两手空空的时候,很容易不知所措显出慌张。

四处挥动笔记本则有不同的含义,这使讲话者看起来热情洋溢,吸引听众的注意力。

也有人会在会议上把笔记本上的白纸撕下来玩,例如将纸撕成碎片,捏成小球,折成飞机,或者是其他叫不出名字的手工作品。甚至有人用白纸的四个角清理指甲或牙齿,或者将其捏成小团,咀嚼吞咽。所有这些动作都是无聊、焦虑和狂躁的表现,有时会让别人看起来是沉默的疯狂,透过掩盖的焦虑,爆发出明显的狂躁。

同样，笔的用处也远远不只是书写。有时它是玩具，有时是武器，开会时有人会从头到尾握着一支笔，而人们用笔的姿势和动作则是他们情绪反应的线索：

1. 涂鸦

涂鸦很明显是走神的表现。因为当我们涂鸦时，我们集中注意力在笔端，尽管可能我们自己也不知道自己在画什么，但我们不可能一边涂鸦，一边关注发言人的讲话，虽然你可以听到讲话者的声音，但是并没有将它吸收进大脑，变成有含义的信息内容。

另一种情况，当有人想发言但是胆怯时，可以借助涂鸦来排除焦虑。也就是说，涂鸦可能是正在准备合适的语言来发言的信号。通常情况下，涂鸦会为说话者加快速度和强调重点做准备。

此外，不同的涂鸦图案也传达出不同的信息。来回画圆圈说明涂鸦者思维没有冲突，但某些问题还需要澄清；含有很多折线的图案表现出涂鸦者内心的愤怒；如果是一副已完工的草图或卡通画，则表示涂鸦者对于发言人的讲话丝毫没有兴趣，完全沉浸在自己的小世界里。

2. 笔头向下，直戳桌面

别人在发言时，如果有人用笔敲桌面，多半是因为不耐烦，也可能是故意冒犯。而如果是讲话者在使用这个姿势的话，则是强调讲话内容的表现。

3. 用握餐具的姿势握笔，轻敲桌面

表现出幽默的不耐烦，然而，此人比前者更加心烦意乱。这种击鼓式的动作或许具有打乱讲话者思绪的企图。

4. 用笔杆敲击桌子的边缘

这是非常明显的意见不同的表达方式，似乎在制造冲突。在敲击的同时，通常也会盯着笔看。

5. 松开又拧上笔帽

拆装笔帽是不耐烦的表现，此人心烦意乱或正在承受很大压力，然而外表看起来却极其乐观和充满好奇心。他们或许想要发言，但又改变了主意。

6. 拆笔
拆笔比拆笔帽更进一步，此时也许已经非常心烦意乱，把手中的笔当成一个玩具在摆弄，以此平复自己的情绪。

7. 转笔
转笔同样是非常不礼貌的表现，在台上发言的学生如果手中转笔，台下的老师一定会给他扣分。有的人把转笔当作一个小技巧，他们向不会转笔的人炫耀自己的技艺，在会议上转笔可能只是习惯性的动作，但是转笔一定会分散注意力，也就是说没有认真听讲。

8. 用笔指着别人
一旦笔尖指向别人，就上升为公然的挑衅了。在用笔戳别人的时候，这种挑衅变得更加明显。

9. 用笔做指挥棒
发言者常用笔来引导听众的注意力，因此就常常会将笔用做指挥棒。

10. 笔放在嘴里
当人们在思考某事时，可能用笔轻敲嘴唇或牙齿，而如果直接把笔放在嘴里咬，则是内心焦虑的表现，咬笔是一种变相的吮吸，而吮吸是从孩提时代延续下来的一种自我安慰的动作。

11. 用笔掏耳朵
与上面的动作不同，人们做这个动作通常是在舒适的情况下，然而在会议上掏耳朵毕竟还是不雅的行为，要注意避免。

衣服上的小动作

服饰不仅仅是人们展示品位与审美的道具，也可以传达一定的含义。约翰·梅杰喜欢在演讲开始之前脱掉外套然后将它扔到一边，这个动作受到许多观众的喜爱，几乎创造了极致的效果，它似乎在说："我将垃圾扔到一边。"不只是演讲大师，我们每个人在生活和工作中也都在有意无意地使用服饰表达思想和观点。下面总结会议中常见的衣服上的小动作：

1. 整理衣服

当人们感到不安和紧张时，会不自然地开始整理衣服，尽管他的衣服并没任何褶皱或者其他状况，这一方面是因为傲慢自大，同时也表现出需要被安慰的渴望。在会议发言或者演讲开始之前，整理衣服的动作会以很高的频率出现。整理衣服是发言者最有用的小技巧，但是一定不要在你的观众面前这样做。假如让台下的人看见你在开始讲话之前整理了6次衣服，就等于告诉别人你有多么紧张不安，别人会感觉你根本就没有信心做好这次发言。

2. 摆弄袖口和纽扣

一般来说，把过长的袖子塞回衣服里，只是一种礼貌的表现，偶尔整理袖口并无大碍，但如果过于频繁，就会被看成紧张或局部抽筋的表现。摆弄纽扣和整理衣服一样，都表现出了焦虑和一再确认的渴望，好像对事情还不太自信，需要反复确认以建立信心。

3. 校正领带和丝巾

男士在紧张的时候，领带就是个很好的工具，特别是手上没有其他东西的时候，不妨伸手整理一下领带。校正领带无疑是防御或紧张的信号，而如果用手指掉沾到领结上的东西，则意味着厌倦到了极点。随意摆弄领带末端则是心不在焉的表现。

女士拨弄脖子上的丝巾也是一样的道理，如果要戴丝巾，就让它安安静静地待在你的脖子上，不要来回摆弄。

4. 揉捏纸巾和手帕

纸巾和手帕是专属于女性的道具，使用频率非常高。当女性焦虑不安时，她会不自觉地把手中的纸巾或手帕折来折去，揉成各种形状，到最后纸巾可能变得破损不堪。越是紧张，就会越加使劲地揉捏纸巾。

选择正确的座位比说什么话更重要

在会议中,我们选择的座位会在无形中影响我们的行为方式以及别人看待我们的方式,座位的影响甚至会比我们所说的话更重要,因为座位一直在传达着关于你在团队中的地位、你与老板的关系、与同事的关系等信息,坐在屋子的中间还是角落,坐在老板的身边或者哪位同事的身边,这些都是别人判断你的根据。

1. 坐在权力位置

通常来说,权力地位最高的人要么坐在桌子最顶端的座位,要么坐在长桌最中部的座位,并且正对着门。这两个位置都象征着权力。假如你们只是小组讨论而并没有明确的领导人,如果谁想要充当领导者的角色,选择坐在权力位置有助于提升影响力。

2. 最末端座位的位置

如果老板坐在了最顶端的位置,你最好不要选择坐在最末端的位置,因为这样很容易形成一种对立的氛围,要么就意味着你是唯一被排除在团体之外的那个人。并且,当你发言时,你的老板将很难挺清楚你的说话内容。如果你的目的是给坐在你对面的人留下深刻的印象,那么很遗憾,你选错了位置。

同样,如果老板坐在长桌中间的位置,而你坐在长桌的任何一端,也极容易被老板忽略,你需要大声讲话,提高声调,辅以各种手势来吸引他的注意。

3. 长桌最中间的位置

如果老板坐在顶端,那么长桌中部的位置最容易被老板注意到;而当老板坐在你的对面时,你可能会被他有意识地忽略掉。因为你直接坐在他的对面,会挡住他所散发出来的能量。老板会觉得短距离的一对一视觉交流非常不舒服,因而故意不看你。

4. 老板身边的位置

坐在老板身边,等于告诉所有人,"我是老板身边的红人",即使一言不发,也会让人另眼相看。坐在这个位置,同样也可以起到一种无声地支持的作用。这个座位通常是为那些绷着脸并且不苟言笑的财务总监或会计师们保留的。同时也要明白,坐在老板的旁边的人,老板可能因此忽视你的存在,因为你正处在他的视线盲区里。

5. 从座位看参与会议意愿的高低

回想一下自己参加会议或者班级讨论时的情况,如果事先做了充分的准备,要在讨论会上发言的话,会坐在什么位置;如果自己没什么可说的,只是例行参加而已,又会坐在什么位置。你会发现,坐在不同座位的人参与会议的积极性是不同的。坐在怎样的位置,反映出你看待这次会议的心态;另外,根据座位,也可以看出团体中每个人的地位。

参与意愿高的人,会坐在桌子的中间,而且也是很想当主导者的人,实际上,发言的机会也一定很多。再说得仔细些,坐在桌子中间的人,属于协调者,方便听取大家的意见,再加以调整、回应;而坐在桌子两端的人,属于权威者,则希望大家能遵从自己的意见。

参与意愿低的人,会坐在桌子的角落,别人的发言也不太会去注意。

如果分坐在桌子的两边,虽然一个人的发言比起多数人来说是气势比较弱,但是人少的那一边通常都会被认为是领导者,坐在人少的一边还是人多的一边,可以决定自己的地位。

与会者在会议上选择的座位在很大程度上决定了他能有多大的影响力,当然,也不要因为坐在某个不好的位置上就感觉非常焦虑。座位的影响是有限的,关键还在于个人的发挥,如果你事先做了充分的准备,并且很好地表现自己的发言的话,任何位置都可能转变成优势位置。

第二十三章
知彼才有胜算，
解读谈判对手微反应探知其意向

运用身体语言协助谈判

有谈判经验的人都知道，谈判要取得成功，仅仅能说会道是不够的，如果能够有效运用身体语言传达信息，再辅以恰当的说话策略，谈判的成功率就会大大提升。

1. 目光接触

在谈判所使用的肢体语言中，最重要的是目光接触。没有其他的肢体语言比目光接触更能传达出诚实、真心及信心了。从见到对手的那一刻起，到双方达成交易，你都要直视对手的眼睛。如果你转开目光，你便给了对手不相信自己所说的话的印象。

2. 手势

一般做手势时，你可以同时配上关键语句、意见，这使得你的谈判技巧更臻完美。另外，当你要使用手势时，一定要举止自然。因为人们对矫揉造作的动作反应很敏感。一旦你的对手感觉你是在跟他演戏时，他就不会有所反应或者受你的影响了。

做动作要切合主题。在谈论一件小事时，你千万不能敲桌子或挥手臂，表现出很激动的样子。因为夸张的手势会造成做假的印象，而且会使你在较大议题中使用这些手势时失去作用。

3. 面部表情

面部表情要轻松自然，别用脸上僵硬的笑容撑着整个谈判，那不仅让你感到难受，也使谈判对手感到不自然。

谈判结束时，用友善、真诚的微笑及温暖的握手打上句号——即使谈判过程十分艰辛，也不要在脸上表现出不悦，温暖的笑容会证明你的客观性，帮助你以后的会议或讨论更平顺。

用道具支持你

有经验的谈判专家往往不会空着双手进入谈判，他们深知一个道理，"所见"常常比"所闻"更有说服力，因此他们会带上一两件道具作为阐述观点时的有力支持。道具的存在会加强你的立场，你的对手对它看得愈久，它就变得愈有说服力且不可忽视。

为谈判准备必要的道具并不麻烦，任何方便携带的物品，例如照片、模型、图表、报告、DVD，等等，都可以作为道具，只要可以带到谈判现场的，都可以为你所用。以照片为例，一张照片胜过千言万语。套用最近流行的一句话"有图有真相"，色彩鲜艳而形象生动的图片比白字黑字更能打动人心。在谈判中，一张恰当的照片可能比你说上10分钟更有效。

具体来说，道具可以从以下方面支持你：

1. 提供形象化的见证

当你向老板要求加薪，必须把你所做出的成绩落在纸面上，列出数据、图表，等等，例如在你的带领下部门业绩增长了百分之多少，你为公司争取到了多少笔生意，如此，等等，都要用白纸黑字的形式呈现出来，请老板过目。

2. 加强你的谈判立场

法庭上，律师常常用犯罪现场的照片作为证据，这些照片比任何言语都有效，能够迅速影响陪审团和法官的判断。

3. 削弱对手的谈判优势

当人们展示道具时，通常会站起身，扬起手，而对方仍然坐在椅子上，无形中你给对方造成压迫感，并且，当你展示道具时，对方的注意力会集中到道具上，并且顺着你的思路，反而会淡化自己的立场。

需要注意的是，并不是所有物品都适合作为道具，也不是任何情况下都可以随意使用道具。道具的使用也要讲究一定的方法，以下是几点提示：

1. 熟悉你的道具

你必须对自己将要展示的道具非常的熟悉，如果是文件，一定要通读，了解哪些内容是对你有利的，哪些内容可能引起对方的质疑甚至反驳，这些都要事先预备好。如果是视频或者录音，最好事先检查好播放设备，不要临时卡壳反而显得慌张。

2. 明确每一样道具的用途

道具使用不当也会有副作用，你必须清楚明白你使用每一样道具是为了支持哪一个观点和达到什么目的，千万不要滥用道具，厉害的对手甚至可能从你的道具中发现对他们有利的信息。

3. 确保道具的质量

如果你使用的道具是次序颠倒的复本或模糊不清的影带，不但对你没有任何帮助，反而会让对手小看你。

4. 把握时机

在对的时间使用对的道具才能具备最强大的杀伤力，如果展示的时间错误，可能白白浪费了一个好道具。具体在什么时间展示道具并没有统一的标准，得靠谈判者自己的感觉，当然，你的谈判经验越丰富，就越容易判断出最佳时机。

5. 收起道具

有的道具可以贯穿整个谈判过程，也有的道具只适合在某一时刻展示，当它完成使命之后，最好将它收起来，因为它可能吸引对方过多的注意,反而忽视了你的讲话内容。

巧用眼神取得意想不到的好效果

眼神能反映一个人的心理活动,特别是在商务交往和谈判中,眼神的巧妙运用会让谈判取得意想不到的良好效果。

在商务交往和谈判中,如果你想处于主动地位,那么就需要像郭刚一样善用眼神的力量。在商务交往和谈判中,运用眼神的技巧主要有:

如果你希望给对方留下较深的印象,你就要凝视他的目光久一些,以表示自信。

如果你想在和对方的争辩中获胜,那你千万不要把目光移开,以示坚定。

如果你不知道别人为什么看你时,你就要稍微留意一下他的面部表情的目光,便于应对。

如果你和别人四目相对,觉得不自在,你就要把目光移开,减少不快。

如果你和对方谈话时,他漫不经心且出现闭眼姿势,你就要知趣暂停,你若还想做有效地沟通,那就要主动地随机应变。

如果你想和别人建立良好的默契,应该用60%~70%的时间注视对方,注视的部位是两眼和嘴之间的三角区域,这样信息的传递,会被正确而有效地理解。

如果你想在交往中,特别是和陌生人的交往中,获取成功,那就要以期待的目光,注视对方的讲话,不卑不亢,只带浅淡的微笑和不时的目光接触,这是常用的温和而有效的方法。

觉察对手心理的3种方法

在商务交往与谈判中,你的对手是怀着什么心理而坐到谈判桌边的,这一点是至关重要的。如果能够觉察谈判对手的心理,然后有针对性地采取谈判策略,就会在谈判中牢牢地把握主动权。

俗话说："人心如面，各不相同。"人的心理状态是千差万别的，很难看透。觉察对手的心理，可以通过以下3种方法：

1. 察言观色

虽然对方的心理状态是隐秘的，但总会通过一定的形式表现出来，他们的一举一动、一言一行，都从侧面反映了他们的心理。

以握手而言，一般来说，松弛的握手表示从礼节上敷衍对方，紧紧的握手则表示真诚与高兴，主动热情地握手可表示友好的愿望，漫不经心地握手则表示对对方不感兴趣。视握手为例行公事的人一般缺少诚意，做事草率，不值得信赖；握手时掌心出汗的人易冲动，常处于紧张和不安之中；在公众场合频繁与陌生人握手的人自我表现欲很强。

另外，以走路的姿态或坐姿而言，昂首挺胸、脚步坚定、目光深邃，说明此人坚毅而充满自信，敢于承担责任。这类人在谈判中不太容易做出让步，但当双方目标接近时，又往往能果断拍板，达成协议。相反，脑袋低垂、精神恍惚、眼睛东张西望、目光狐疑、手足无措，则说明此人信心不足、意志薄弱，缺乏开拓精神。这种人在谈判中总是疑心多虑，犹豫不决，喜欢说"不"却不能说"是"。

此外，从衣着打扮、面部表情也能了解到对方谈判心理的一些蛛丝马迹。

2. 投石问路

仅仅从外表上观察到的心理表现往往是肤浅的，很可能靠不住，尤其是那些深藏不露的老手，你很难从外部表现洞察到他的内心世界。这时，你不妨投石问路，诱使对手暴露他的心理、性格或意图。

你可以提出一些早就了如指掌的问题，让对方回答，这叫"明知故问"，看看你的对手是如何回答这些问题的。或者，先请对手发言，这叫"引蛇出洞"，你可从他的发言中了解其心理与性格。

3. 以静制动

在谈判开始时，你最好是不显山不露水，不动声色，先看看对方的姿态。或者故意拒绝对方的某些建议，或者对其建议不冷不热，看看对方有什么反应。通过对方所做的反应，你就可以比较清楚地了解到对手的心理。

当然，觉察对手心理的方法不只这些，也并不拘泥于这些，这就需要你在实践中积累经验，摸索其他的方法。

利用身体语言，识别谈判心理

在谈判中，除了察言观色之外，也可以通过观察对方的身体语言来判断其心理活动，最易于观察的莫过于对方嘴部、手部和坐姿。

1. 嘴部动作

嘴是人类最重要的器官之一，它是说话的工具，同时也是摄取食物和呼吸的器官，它的吃、咬、吮、舐等多种功能都决定了它的表现力，而这些往往反映出人的心理状态。

一般来说，在谈判过程中可能会出现以下几种嘴部动作：

（1）紧紧地抿住嘴，往往表示意志坚决。

（2）撅起嘴是不满意和准备攻击对方的表现。

（3）遭到失败时，咬嘴唇被视为是一种自我惩罚的动作，有时也可解释为自嘲或内疚的心情。

（4）注意倾听对方谈话时，嘴角会稍往后拉或往上拉。

（5）不满和固执时往往嘴角向下。

2. 手部动作

我们可以通过观察对方上肢的动作或者自己与对方手与手的接触，据此判断、分析出对方的心理活动或心理状态，也可以借此把自己的意思传达给对手。

（1）握拳表现出向对方挑战或自我紧张的情绪。握拳的同时使手指关节发出响声或以拳击掌，都是向对方表示无言的威吓或发出攻击的信号。

（2）用手指或铅笔敲打桌面，或在纸上乱涂乱画，这表示对对方的话题不感兴趣、不同意或不耐烦的意思。这样做的目的一是打发时间，二是暗示和提醒对方。

（3）吸手指或咬指甲。这类动作是婴儿行为的延续，成年人做出这样的动作是个性不成熟的表现，即所谓"乳臭未干"。

（4）两手手指并拢并置于胸的前上方呈尖塔状，表明充满信心，这种动作多见于西方人，尤其是会议主持人、领导者、教师在主持会议或上课时，用这个动作来表示独断或高傲，以起到震慑学生或与会者的作用。

（5）手与手交叉放在胸腹部的位置，是谦逊、矜持或略带不安心情的反映。

（6）两臂交叉于胸前，表示防卫或保守的态度，两臂交叉于胸前并握拳，则表示怀有敌意。

3. 谈判中的坐姿

我们还可以通过观察坐姿来识别对方在谈判过程中的心理状态，具体方法如下：

（1）正襟危坐、目不斜视者：是力求完美、办事周密而讲究实际的人。这类人只做那些有把握的事，从不冒险行事，但他们往往缺乏创新与灵活性。

（2）侧身坐在椅子上的人：他们心里感觉舒畅，觉得没有必要给他人留下什么更好的印象。他们往往是感情外露、不拘小节者。

（3）把身体尽力蜷缩在一起，双手夹在大腿中而坐的人：往往自卑感较重，谦逊而缺乏自信，大多属服从型性格。

（4）敞开手脚而坐的人：可能具有主管一切的偏好，有指挥者的气质或支配性的性格，也可能是性格外向，不知天高地厚、不拘小节的人。

（5）踝部交叉而坐的人：当男人显示这种姿态时，他们通常还将握起的双拳放在膝盖上，或用双手紧紧抓住椅子的扶手。大量研究表明，这是一种控制消极思维外流、控制感情、控制紧张情绪和恐惧心理、表示警惕或防范的人体姿势。

（6）将椅子转过来、跨骑而坐的人：这是当人们面临语言威胁，对他人的讲话感到厌烦或想压下别人在谈话中的优势而做出的一种防御行为。

（7）在他人面前猛然坐下的人：表面上是一种随随便便、不大礼貌或不拘小节的样子，其实说明此人内心隐藏着不安，因此不自觉地用这个动作来掩饰自己的抑制心理。

（8）坐在椅子上摇摆或抖动腿部或用脚尖拍打地板的人：此类人内心焦躁、不安、不耐烦，或为了摆脱某种紧张感而为之。

（9）和你坐在一起而有意识挪动身体的人：说明他在心理上想要与你保持一定距离。

（10）直挺着腰而坐的人：可能是表示对对方的恭顺之意，也可能表示被对方的言谈激起浓厚的兴趣，或者是欲向对方表示心理上的优势。

口舌之战 VS 心理之战

在谈判之中，双方为了各自公司的商业利益，展开口舌之战。每个人都步步为营，防止有闪失。其实，这场口舌之战，更是心理之战。在这个时候，如果能够从他人身上的细微之处窥视人心，则可能有事半功倍的效果。

1. 关注对方的眼部

在谈判中，双方将最先开始目光接触。而眼睛因为具有反映人们内心深层心理的能力，所以能传达出更多真实的情绪。有经验的谈判者一般都会从见到对手的那一刻到握手达成交易时，都一直保持同对方的目光接触。

所以，对方的眼神应该是谈判者掌握的一个重要的信号。如果对方的眼睛突然睁大，那么可能是他想到了什么关键的事情，若是表情茫然甚至恐惧，说明某个事件让他处于困难甚至危险的境地，或者是你的提议让他感到威胁；若是表情兴奋，并放松，说明他对话题中的提议很感兴趣，或者说正合他意。

如果对方转开眼睛，不看你，只是听你说话。说明一方面可能是他根本不想听，感到缺乏兴趣，另一方面可能是他在隐瞒什么，不想直视你，或者是此人性格怯懦，不敢与人目光接触，缺乏自信。相反，如果他与你直接对视，且目光凶狠，说明他想威胁你，让你接受他的条件。

如果对方抬起下巴并垂下眼睛，说明他对你具有蔑视的态度。若是低垂下巴两眼向上望，则可能是要有求于你。

如果对方不停地眨眼睛，则可能是因为神情活跃，对某事感兴趣，或者因为紧张腼腆而不自觉地做出的调整行为。但若是眼神飘忽不定，则要当心，他可能是想在谈判中为你设置陷阱。

2. 关注对方的表情

谈判的时候，对方的表情将会是其内在心理变化的外在反映。一般，如果一个人神色紧张，面部肌肉紧绷，露出不自然的笑容时，说明他可能是情绪不安，想要借这样的笑容来调节一下情绪或者因撒谎而使用的掩饰动作。

如果对方一脸笑容地听从意见，并表现出"非常满意"的姿态，并在嘴上说"一定考虑"等，他实际上在敷衍你，让你放松警惕，然后再出奇招制胜。

如果对方面无表情，说明他内心正思绪波动，只是不想别人窥探而努力克制。而且他的表情越淡漠，说明他内心越不满，这样谈判很难继续进行。

如果对方表情十分自信，并且嘴角不自主地撇动，则是高傲、占据优势的表现，就像是在对你说，"你没有其他选择，只能同意我"在这种情况下，若同意对方的条件，将十分不利。所以你可以用凝重的表情回应，搓搓他们的锐气。

他在想什么？手足告诉你

坐到谈判桌前，个人举止将会同以往有很大不同。人们往往会借助一些手势来表达自己的意见，从而使效果更臻完美。作为谈判的一方，你应当学会趁机仔细观察对手，捕捉潜藏的信息，从而迅速得到自己想要的信息。

想做到这一点，你通常要注意以下几点：

1. 对方的举止是否自然

谈判中，如果对方动作生硬，则要提高警惕。这很可能表示对方在谈判中为你设置了陷阱。同时，还要注意他的动作是否切合主题。如果在谈论一件小事的时候，就做出夸张的手势，动作多少有些矫揉造作，欺骗意味就会增加，需要仔细辨别他们表达情绪的真伪，避免受到影响。

2. 对方的双手如何动作

在谈判中，注意对方的上肢动作，可以恰当地分析出其心理活动。如果对方搓动手心或者手背，表明他处于谈判的逆境。这件事情令他感到棘手，甚至不知如何处理。

如果对方做出握拳的动作，表示他向对方提出挑衅，尤其是将关节弄响，将会给对方带来无声的威胁。

如果对方手心在出汗，说明他感到紧张或者情绪激动。

如果对方用手拍打脑后部，多数是在表示他感觉到后悔。可能觉得某个决定让他很不满意。这样的人通常要求很高，待人苛刻。而若是拍打前额，则说明是忘记什么重要的事情，而这类人通常是真诚率直的人。

如果对方双手紧紧握在一起，越握越紧，则表现了拘谨和焦虑的心理，或是一种消极、否定的态度。当某人在谈判中使用了该动作，则说明他已经产生挫败感。因为紧握的双手仿佛是在寻找发泄的方式，体现的心理语言不是紧张就是沮丧。

如果对方心不在焉地玩弄手边的物品，如笔和纸等，甚至是自己的头发，那么说明他对判断缺乏自信。如果他交叉双臂，始终保持着一种封闭的姿态，表明他对你的立场丝毫不为所动，这样你恐怕需要换一种方法来谈判了，否则再这样继续下去，也只会是徒劳无功。

3. 对方腿部和脚部如何动作

从对方的腿部动作也能搜罗出一些信息，如果他张开双腿，表明对谈话的主题非常有自信，若是将一条腿跷起抖动，则说明他感觉到自己稳操胜券，即将做出最后的决定了。

如果对方的脚踝相互交叠，则说明他们在克制自己的情绪，可能有某些重要的让步在他们心中已形成，但他们仍犹豫不决。这时，不妨向提出一些问题并进行探查，看是否能让他们将决定说出口。

如果对方不停交叉双腿然后又放下，这表明他已经开始不耐烦了，想尽快结束这场谈判，那么此时你要抓住时机使劲，只要稍加努力，就可以达到谈判目的。

如果对方摇动脚部或者用脚尖不停地点地，抖动腿部，这都说明他们不耐烦、焦躁、要摆脱某种紧张感。

如果对方身体前倾，脚尖跷起，表现出温和的态度，则说明对方具有合作的意愿，你提的条件他基本能接受。

从物品放置预知对方的意向

人们掩饰自己情绪的目的，主要是想为自己设立一道安全屏障，而达到这一目的最常见方法就是用手拿着一个杯子。仅用一只手来握着杯子就可以给人带来安全感，要是用两只手握杯，就能为那些感到不安的人设立起一道可靠的屏障。在日常生活中，几乎每个人都会使用这样的姿势，只是很少有人明白自己这么做的真正目的。

很多具有丰富谈判经验的谈判专家在与对手进行谈判时，往往会礼貌地递给对方一杯茶。看到这一举动，很多没有参加过谈判的人心里可能会产生这样的疑问，明明是剑拔弩张的谈判，干吗还这样客气啊？其实，谈判专家递给对方一杯茶是具有深刻含义的，一方面是为了表示对对方的尊敬，另一方面，也是最重要的，就是可以通过对方对茶杯位置的摆放来随时了解对方的谈判态度，也即有诚意进行谈判，还是根本就没有诚意进行谈判，以便他可以掌握谈判的主动权。

一般来说，在谈判的过程中，如果接受茶的一方在听完对方的陈述后，感到有些疑惑、不确信，或者完全不相信，他往往就会把手中的茶杯放在身体的左侧，从而形成一道屏障，以示自己不能接受对方所说的话，或是提出的条件。有经验的谈判专家看见此种情形后会迅速调整谈判思路，或是降低对对方的要求，在看见对方做出一些积极反应后，再与之进行深入谈判。反之，当接受茶的一方在听完对方的陈述后，把手中的茶杯放在了身体的右侧，有丰富经验的谈判专家在看见对方的这一举动后，心里肯定高兴万分，因为对方的这一举动表示其接受他的要求或观点。此种情况下，谈判专家就会适当逐步提高对对方的要求，一旦发现对方身体或脸色出现某种不满的征兆后，他就会立即结束此次谈判，与对方马上签合约。

可见，如果你下次去参加谈判时，可别小看了对方递给你的任何一件东西，说不定你在处理或放置这些物品的同时，已经无意识地把自己的态度传递给了对方。

交涉，注意他坦诚的嘴部

在商务交涉中，对手所说的话未必都是真实的，但他们的嘴部动作却很"坦诚"。因为，根据身体语言学家的观察，发现人们的嘴是富有极强表现力，它的动作常常能让谎言不攻自破，把人的心绪全面暴露出来。

1. 咬住的嘴唇

谈判中，如果对方经常咬住自己的嘴唇，就是一种自我怀疑和缺乏自信的表现。因为在生活中，人们遇到挫折时容易咬住嘴唇，惩罚自己或感到内疚。若在谈判中用到，则说明对方已经开始认输，内心开始妥协退让了。

2. 抿着的嘴唇

谈判中，如果看到对方抿着嘴唇，则表示他内心主意已定，是有备而来，绝对不会轻易让自己退让。如果他目光不与你接触，则说明内心有秘密，不能泄露。所以抿着嘴巴，怕自己泄露信息。

3. 嘴向上撅起

这个动作说明对方对你提出的建议很不满，是表达异议的一种方式。因为小孩子在猜到父母哄骗自己时，就容易做出这样的动作。成年人在商务场合做出这种动作就像在说：哄小孩子呢，我可不满意。这时他们通常不会答应任何条件，而是等着对方调整策略。

4. 嘴不自觉地张开

对方做出这样的动作，显示出倦怠或者疏懒的样子。则他可能对自己所处的环境厌倦，不肯定。抑或对讨论的话题还摸不着头绪，缺乏足够的自信来应付你。

谈判场如博弈场，关注对方的其他相关部位的变化，也能发掘他们心中秘密。

小动作，泄露其下一步行动

谈判进入实质阶段后，双方都会主动提出一些条件，与对方协商。通常这些条件并不能立刻达成意向性协议，这时，话题该怎样谈下去？下一个，又轮到谁提出新条件？想知道答案吗？根据下列动作，你就能判断哪一方要采取行动了。

1. 谈判时清嗓子

谈判陷入僵局时，有的人会开始清嗓子，这就是说明对方要开始表达意见了。但为了掩饰自己的紧张和不安，会先清理喉咙。为发言做准备。但如果是在谈判中清嗓子，则是对某一方的警告，表达不满，无法接受提出的条件。

2. 谈判中五指伸开

在谈判时，将手逐渐伸开，说明他现在的心情放松，正想要陈述观点，并可能会继续做出这个动作。伸开的手指就是在释放压力，也是鼓励自己，就像小学生举手回答问题一样，赋予自己自信。

3. 谈判中身体前倾，嘴部微张

坐在谈判桌前，双方都陷入沉默，这时，如果一方代表身体靠近桌面，嘴部微微张开，就表明他已经想好条件，想继续表达看法。若不是准备充分，就说明此人性情直率、冲动、求胜心切，常常成为谈判中的主动者。

4. 谈判中，双手轻轻抱拳，放在面前

这样的动作说明此代表还在思考，并没有做最终的决断。他们小心谨慎，计划性强，通常不会首先开口提出条件。他们总怕自己吃亏，不经过深思熟虑，不会轻易作决定。

5. 注意对方的外衣是否扣上

谈判专家们在对谈判过程的录像进行分析后发现，当对方解下外套扣子的时候，他们达成协议的概率将会大大增加了。而有些谈判对手双臂交叉抱胸，把外套的扣子扣上，采取更加消极不合作的态度。在会议进行一半时，如果有人突然解下外套扣子的话，那么恭喜你，他同时也卸下了顾虑，你们的谈判出现了转机。

懈怠的身体，无声的拒绝

一场不顺利的谈判，将为双方的合作带来极大的困难。而双方代表的身体倦怠也将传递彼此无法沟通的信息，此时不妨暂停一下，因为还没有到下结论的时机。

下面，来看一下身体倦怠的提示都包括哪些：

1. 交叉双臂和双腿

如果对方代表交叉腿和双臂，呈现一种封闭的姿态。这时，继续谈论什么他可能都不为所动。所以，你不妨用新的方式来继续谈判，重新解释问题。或者为双方制造一个暂时休会的契机。会议的暂停可以让彼此更充分地考虑谈判策略，并重新做出部署。

2. 沉默地吸烟

谈判的过程中，如果对方不再说话，而是沉默地吸烟，并不停地磕烟灰，说明内心有矛盾或者冲突。他很焦虑不安，为了化解内心的情绪，在寻找发泄的途径。这样的表现对继续开展谈判非常不利，可以转换话题，让对方的思维暂时跳出来。

3. 用手拄着下巴

谈判对手将手放在脸颊的一侧，身体力量集中在手上，用手拄着脸部。呈现出一副不可耐烦的样子。身体的消极形象，实际上已经表明了他的"不抵抗，也不想合作"的态度。想必再继续将会议进行下去将意义微小。

4. 摘下眼镜扔在桌面上

如果谈判者将眼镜取下来，并用力地扔在桌面上。很明显，他已经不能控制不满的情绪，就要爆发了。他们根本没有再和你继续谈下去的意思，所以用这种动作表示反抗。倘若此时不及时停止话题，接下来的可能就是一场"武斗"。

少用"但是"转折，多用"所以"顺承

谈判的最高境界就是让谈判双方走向双赢，谈判就像分"蛋糕"，自己分得一定利益，同时要让对方知道他也能分得"一块"，这样"蛋糕"才能越做越大，谈判方向上自己才能一直占据主导地位。在这其中还有一个说话技巧：多用"所以"，少用"但是"。

两家食品公司经过了连续两天的艰苦谈判后终于可以告一段落。在谈判即将结束的时候，甲公司觉得要了解一下乙公司对下一阶段的规划了。

"细算下来，咱们的谈判已经持续了三个月了，感觉怎么样？"

"还可以，比预期的好。"

"就是说虽然有问题，但还是对接下来的新阶段充满信心？"

"差不多吧。"

"所以，按我的理解就是，咱们还有进一步发展下去的可能？"

"当然，为什么不呢？"

一定程度上讲，这个时候由"所以"引领的疑问句并不仅仅是对对方意见的总结，更是对他说出话的延续，是对两人共同点的集合。这样的说话方式是使讲话的内容充分展开，给对方留下这样的印象：我们在讨论同一个问题，至少有诸多共同语言和继续发展的可能性。

当双方在发言中多少有点矛盾时，也应这样对人家说："咱们只是表达方式和所处的地位不同，其实说的都是一回事，所以，谈话其实还是可以继续下去的，您觉得呢？"把话引导到双方共同的目标上来，才能寻找到谈判成功的最佳途径。

相反，彼此耿耿于怀，各朝各的方向发表议论，双方在心情上都会有一种蒙受了损失的感觉，于是相互抱怨自己损失的那一部分让对方赚去了。这种状态下的谈话怎么会取得双赢的结果？

而且，当谈判经过一定阶段后，对方也会存在试探和等待心理，这个时候，如果用词不当，会让对方有一种对立的感觉，对整个谈判进程产生不利影响。

所以，和对方交流的时候，应尽量避免使用转折连词。多用"所以"、"正因为如此"等顺接连词，这像是给对方散发一种友好信号。这里的"所以"是一种顺接，是为了让话题更顺利地进行下去。当然，谈判从来没有想象中那么容易，之所以要谈，就是还存在一定问题，故事中的双方也只是告一段落，说明接下来还会有问题需要讨论。

在这样的情况下，对方也没有说"但是，我们都明白，接下来还有问题要谈"。事先把问题摆出来是不明智的，不利于自己，也不利于整个谈判的发展。

所以，要想在谈判中获得最大利益，就要多使用带"所以"的问句，将双方的共同点更多地集合在一起，双方共赢的几率才会更大。

谈判中"答"的技巧

在谈判中，回答对方的提问是不可避免的现象。但是如何答，往往决定着自己在谈判中的地位。针对问话，如何作答才能使自己处于有利地位，免得被对方牵着鼻子走呢？下面就介绍几种比较实用的应付提问的作答方法：

1. 不要回答所提的问题

答话者要将问话者的范围缩小，或者对回答的前提加以修饰和说明。比如，发问者直接询问这种产品的价格。可以这样回答："我相信产品的价格会令你们满意的，请先让我把这种产品的几种性能做一个说明好吗？我相信你们会对这种产品感兴趣的……"这样回答，就明显地避免了一下子把对方的注意力吸引到价格问题的焦点上来。

2. 不要确切回答对方的提问

回答问题，要给自己留有一定的余地。在回答时，不要过早地暴露你的实力。通常可用先说明一件类似的情况，再拉回正题，或者利用反问把重点转移。

3. 有些问题不值得回答

对于那些可能会有损己方形象，或近于无聊的问题，谈判者也不必为难，不予理睬是最好的回答。当然，用外交辞令中的"无可奉告"一语来拒绝，也是回答这类问题的好办法。

4. 有时可以将错就错

当谈判对手对你的答复做了错误的理解，而这种理解又有利于你时，你不必去更正对方的理解，可以将错就错，因势利导。

5. 不要马上回答

对于一些可能会暴露自己意图、目的的话题，要慎重对待。

例如，对方问："你们准备开价多少？"如果时机还不成熟，就不要马上回答，可以找一些其他借口谈别的，或是闪烁其词，所答非所问，如谈一谈产品质量、交货期限等，等时机成熟再摊牌，这样效果会更理想。

6. 不轻易作答

谈判者回答问题，应该具有针对性，有的放矢，因此有必要了解问题的真实含义。同时，有些谈判者会提出一些模棱两可或旁敲侧击的问题，意在以此摸对方的底。对这一类问题更要清楚地了解对方的用意。否则，轻易、随意作答，会造成己方的被动。

7. 使问话者失去追问的兴趣

在许多场合下，提问者会采取连珠炮的形式提问，这对回答者很不利，特别是当对方有准备时，会诱使答话者落入其圈套。因此，要尽量使问话者找不到继续追问的话题和借口。比较好的方法是，在回答时，可以说明许多客观理由，但却避开自己的原因。

第二十四章
眼睛是心灵的窗户，
从男女眼神差异看其心意

女性解读眼睛信息的能力比男性更胜一筹

究竟是女性解读眼睛信息的能力强，还是男性解读眼睛信息的能力强，心理学家对这一问题一直存在争议。近来，美国心理学家布莱德的一项实验证明，女性解读眼睛信息的能力比男性更胜一筹。

实验中，布莱德让参加试验的100名男女（男女各占一半）去看一些仅能看见人物眼睛的照片，并要求他们通过人物的眼神去揣摩照片中人物的情绪状态。让这100名参加实验的男女观看了各自手中照片大约10分钟后，布莱德要求他们把揣摩的人物的情绪状态写在纸上。结果和布莱德预想的几乎完全一致，在50名男性中，仅有15人猜对了他们手中照片人物的情绪状态，而在50名女性中，仅有15人猜错了她们手中照片人物的情绪状态。随后，布莱德又挑选了不同的人群做了近10次这样的试验，其结果几乎和第一次完全一样。这就表明，女性解读眼睛信息的能力的确比男性更胜一筹。

有趣的是，各国科学家至今仍然没有弄明白人们是如何怎样通过眼睛来解读或发出各种信息的，他们仅仅知道我们有这一能力。同时，布莱德通过实验还发现，在男性当中，性格内向或是有自闭倾向的人，他们不仅在解读眼睛信息方面比一般男性差，即使在解读其他身体语言方面，也会比一般男性差一大截。这可能就是那些性格内向或是患有自闭症的人很难建立和谐人际关系的原因之一。

女性的眼白比男性多

因为身体语言比口头语言更接近于人类的本能，所以，心理学家在从事相关研究时，喜欢用灵长类的动物比如黑猩猩、猿猴等做对比试验，对人类眼神的研究也不例外。

通过对比，科学家发现，借助眼白，人们就可以很方便地观察到对方的视线，并猜测到他的心理变化，因为一个人的视线的移动和变化是和他的心情密切相关的。与男性相比，女性更善于借助身体语言表情达意，其结果就是女性的眼白要比男性更多。不仅运用身体语言的能力，女性在解读诸如眼神之类的身体语言、阅读他人的情绪的能力方面也同样强于男性。

猿类没有眼白，它们的眼睛完全是黑色的。当猿类捕猎时，猎物根本无从察知猿的视线，也不法知道自己是不是已经被猿发现了，这样，猿就能够轻松地捕获猎物。与猿类似，男人的眼白较少，可能与他们需要掩饰自己动机的心理有关。

变大的眼睛和变小的眼睛

当一只黑猩猩受到外界刺激而生气或是准备攻击对方时，它的眉毛会自动降低，同时瞳孔缩小，眼睛变小，表现出一副气势汹汹的样子。反之，当一只黑猩猩忽然得到一大串香蕉或是准备与同类友好相处时，它的眉毛会自动上扬，同时瞳孔扩大，眼睛变大，表现出一副友好、顺从的样子。

人类也同黑猩猩一样，当我们感到生气或是想控制、威胁对方时，就会眉毛降低，瞳孔缩小、眼睛变小，表现出一副无比威严的样子。反之，当我们感到高兴或是想与对方建立友好关系时，就会眉毛上扬,同时瞳孔扩大,眼睛变大,表现出温柔、顺从的样子。

由此,我们也就明白了很多女性在与别人,尤其是与异性,进行眼神交流时总是喜欢扬起自己的眉毛和眼皮的原因。她们之所以要这样做,就在于此举能使她们的瞳孔扩大,眼睛变大,从而显示出可爱而又让人"可怜"的"娃娃脸"。一般来说,此种表情对男性具有很大的吸引力。相比于其他表情,它也更能增添女性的温柔和美丽。所以,很多女性在为自己化妆时,总喜欢把眉形增高,以便使自己的眼睛看起来更大,显得更加可爱、温柔,从而吸引更多男性的"眼球"。与女性故意将眉形增高相反,男性如果要修眉,他们通常会把眉形降低,以便使自己的眼睛看起来较小,显得精神十足,从而给别人一种震撼力和威慑感,尽显男子汉的魅力。

怎样吸引一个男人的注意力

当某位女性试图吸引一个男性的注意力时,她通常会采取哪些手段?一般来说,她主要采取下列3种手段:

其一,通过视觉冲击来吸引该男性的注意力,如精心打扮自己的容貌,穿着华丽、鲜艳的衣服等。正所谓爱美之心人皆有之,当一个男性看见容貌美丽的女性,或是衣着鲜艳、华丽的女性时,往往会情不自禁地多看几眼,甚至会故意停下来驻足观看。如此一来,她就可能达到了自己的目的——吸引了某位男士的注意力。一般来说,使用此种方式的女性其性格较为外向。

其二,通过听觉冲击来吸引该男性的注意力。当一个女性通过容貌、衣着服饰不能吸引某个男性的注意力时,她往往就会通过听觉冲击来引起别人对她的注意,比如,故意在对方面前或是周围大声说话、发出笑声等,以此来吸引对方注意自己。这是很多女性吸引自己心仪男性的常用手段之一。一般来说,使用此种方式的女性其性格也较为外向。所以,很多在办公室或其他公共场合故意大声说话、发出笑声的女性,往往是"别有用心"的。

其三,通过眼神来暗示。当一个女性想要吸引某位男性的注意力时,除了上述两种方法以外,她还可以通过自己的眼神来向对方暗示:嗨,对面的家伙,我对你有点感兴趣!具体来说,她会这样来做:寻找机会和那位男士进行眼神交流;一旦机会来临,她就会脉脉含情地注视着对方;和对方对视两三秒钟后,她就会嫣然一笑,轻轻地把头扭向一边或是向下看。令人遗憾的是,很多男性无法在第一时间内领会女性对他含情脉脉的凝视和嫣然一笑的真实含义。所以很多时候,女性得对自己心仪的男性重复数遍此种眼神暗示,对方才可能真正明白她的意思。当她成功吸引到男性的注意力的时候,会轻微而巧妙地对对方扬一扬眉,并睁大自己的眼睛,以此来告诉对方:笨蛋,我看的就是你!一般来说,使用此种方式的女性其性格也较为外向。

第二十五章
赢得爱情靠眼力，
从小动作看出异性对你的好感度

触碰你的随身物品，是要和你牵手的前兆

有时候，你和某个男生已经互相有好感，甚至已经开始约会，两人也聊得很开心，但他却迟迟没有牵你的手，这时候女生们都会很疑惑：他是真的喜欢我吗？还是因为害羞而迟迟不敢行动呢？遇到这种情况，不妨先仔细观察一下你们在一起时他的各种小动作，例如他是不是经常把玩你随身携带的包包、手机、吊坠，等等。如果他经常触碰你的随身物品，那么在潜意识里他非常想牵你的手，只是暂时还没有行动罢了。

之所以要观察他对你随身物品的态度，是因为一个人随身携带的东西，虽然不是自己身体的一部分，却扮演着"肢体延伸物"的角色。当他想要触碰你，却不好意思或者觉得太唐突，就会先试着触碰你的随身物品作为过渡，相当于间接地接触你的身体。这同时也是在试探你的反应，如果你给他机会，他才敢大大方方地牵起你的手。

同时，从他触碰的物品种类，可以看出他对你有好感的程度。在有好感的初期，他会触碰你的"非直接贴身"的私人物品，例如手机、提包等，这些物品是属于你个人的，但没有直接和身体接触，相当于和你接触的入门仪式，借由观察你的手机和提包来制造话题，拉近彼此的距离。

如果他进一步研究你的手表、项链、耳环等这些与身体直接接触的物品，则表示他已经非常喜欢你了，通过接触这些配件来触碰你的身体，进一步试探你的反应，如果你不反感，等于告诉他"牵我的手吧"，他便会大胆行动了。

四种牵手方式，显示不同的亲密度

情侣之间牵手恐怕是最普通的行为之一，只要不是害怕被别人看见的地下恋情，牵手一定是少不了的。然而，牵手也有很多种形式，看他如何牵你的手，能够知道他内心对你的亲近程度。

1. 让你挽着他的手臂

这种挽手臂的牵手方式很常见，通常女方属于小鸟依人类型的，依偎在男朋友的身边，而男方通常比较成熟、稳重，有点"兄长"的感觉，对女朋友非常照顾，不喜欢哪种像小孩子一样手牵手的方式。但如果他从来不跟你手牵手，只让你挽住手臂，那就要提高警惕了。不肯让你触碰手掌的男人和你之间一定还有隔膜，他对你还有防备或者隐瞒了什么。

2. 让你牵他的手指

处于初恋阶段的两个人可能因为害羞而只牵手指，但如果他一直如此，往往在心里也藏了某些秘密，有事情瞒着你。与挽手臂的情况类似，他不让你接触他的掌心，也就是仍然把你当外人，还没完全对你敞开心胸，当然也不排除他有严重的"手汗"问题。

3. 像握手一样牵你的手

当他用整个手掌握着你的手，说明你们之间的关系很正常，他和你在一起很自在舒适，凡事都愿意和你分享，同样也希望你很坦诚地对待他。

4. 和你十指紧扣

正所谓十指连心，如果他不满足于握你的手，而要和你十指交缠相扣，多半是处于热恋的阶段，想要和你密切地接触，甜蜜的感觉藏也藏不住。另一方面，也可能是他感受到某种危机，想要通过亲密的十指相扣来确认你们的关系，获得安全感，此时，可能你们的感情出了某些问题，需要沟通一下。

总之，通过观察情人之间不同的牵手方式，可以判断出他们的亲密程度。

约会中的小动作，预知他的下一步行动

第一次约会之后，最想知道的事情恐怕就是："他对我的印象如何？还会约我出来吗？"由于不知道对方的态度，常常忐忑不安地等待，如果对方并没有继续接触的想法，岂不是一厢情愿浪费时间。其实，从约会中他的小动作，便可以知道他对你的好感程度，预测他会不会再继续约你。

如果约会时，他会不经意地帮你拨拨头发，耐心地帮你把被风吹乱的头发重新理顺，说明在他心里已经把你当成很亲密的人了，潜意识里希望看到你头发整齐光洁的样子。这和许多灵长目动物互相"梳毛"的动作非常相似，例如猩猩和猴子会用手耐心地为对方梳理毛发，以表达关心和爱护之意。无论是帮你理顺头发还是整理卷起来的衣角之类的动作，都是一种自然流露的疼爱表现。

如果他更进一步，抚摸你的脸颊，则更是一种表现亲密的方式。通常我们只会对非常亲密的家人、恋人或者小孩子，才会抚摸对方的脸颊，这是非常怜爱和亲密的表现。如果他在帮你拨头发的同时，顺手轻触你的脸颊，表明他内心对你已经产生了明显的怜爱之情，想要亲近你、爱护你。虽然可能只是一个顺手的小动作，却比他说上10句"你真美"更能表露心意。

再看约会结束时他的动作，即使是第一次约会双方通常都要有礼貌的握手，就算是害羞的男生，握一下手也不过分。如果连礼节性的握手都没有，那么这个男人不是不懂礼貌，就是真的对

你没有兴趣，下次再约会的概率几乎为零。如果他想要再约你，握手之后他还会趁机用手碰碰你的手臂，稍微大胆一点的男性，可能还会拍拍你的肩膀或者轻轻搂抱一下。如果仅仅是礼貌性地握手，那么下一次见面的机会也很小。

有的男性即使是第一次约会，也会拥抱你，看起来非常热情，这类男性多半是情场老手、阅人无数。他也很可能再约你出去，但并不一定是认真和你交往，这样的男人最好远离以免自己受伤。

从双腿摆放的方式，看出他对你的好感度

如果仔细观察你会发现，很多男性在自己喜欢的女性面前很善于摆造型。通常男性在站立的时候，如果在很自然的状态下，两腿会自然站开，双脚间的距离与肩同宽或者略小于一些，一般不会双腿并拢呈立正的姿势。然而有的时候，你会发现一些男性在你面前双腿比平时站得更开，两腿间的距离大大超过肩宽，而且脚尖是朝外的。这种站姿是男性典型的开放性姿势，仿佛在展示自己的胯部，好像是整个人都对你"敞开"。这种看上去不十分雅观的姿势，来自于男性的生物本能。虽然很多女性都十分反感这种站姿，但仍然有很多男性会在不经意间摆出这个姿势。如果他这样站着和你谈话，那么就等于告诉你，你的魅力唤醒了他体内的雄性荷尔蒙，他很愿意和你更加亲近。

接下来可以继续观察他的双手，如果双腿叉开的同时，他双手叉腰或者把手插在皮带的位置，就好像美国西部片里牛仔的姿势，那么他可能是想在你面前表现得又帅又酷，什么都不在乎的样子。而如果他双手交叉放在身前，正好遮住胯部，那么他对你可能还有些害羞。

喜欢你的男人，不会一直凝视你

恋人之间深情对望的场面相信大家都见过，然而长时间地凝视并不一定是爱的表现。相反，真正喜欢你的男人，不会一直盯着你看。当你说话时，他会忍不住看看你，但是过不了几秒钟就会把视线移开，过了一会儿又会再次把视线投向你的脸。

回想一下自己初恋时候的经历就会发现，想看又不敢看，是男性和女性共有的天性。趁对方不注意的时候偷偷看几眼，但又害怕被对方发现，所以几秒钟之后就会把视线移开，装作没事的样子，可过一会儿又忍不住再看几眼。如果一不小心正好和对方四目交接，更是惊慌失措，如果是害羞的人，可能脸马上就红成一片。而如果是对你没什么感觉的人，则不会有这种害羞的反应。总之，越是心中喜欢的人，越不敢长时间地凝视，总是想看又不敢看，眼神会在你的脸和旁边的景物之间来回移动。

同样，如果你们谈话时，你发现他无法一直凝视你，总是过不了多久就移开，假装看看窗外的景物，做出一副思考的样子，当然他也有可能是故意在耍帅装酷，但无论怎样，都表明他对你非常有兴趣而同时又很害羞的心情。

如果你还是不确定他对你的态度，不妨趁机做个试验。当他看你的时候，你也把目光投向他，看他是不是会立刻移开视线。之后，你再假装看别的地方，用余光留意他的眼神。如果他又再次把目光投向你，那么就可以确定，他对你有好感。

烟不离手的男人，只把你当普通朋友

虽然一直在提倡戒烟，但是如今吸烟的男士仍然占大多数，不论是社交需要还是释放压力，香烟已经是大多数男士离不开的必需品。女性通常对男性吸烟非常反感，一来是讨厌呛人的烟味，二来是不想受"二手烟"之苦，因此，有涵养的男性在女性面前总会稍微克制一下，尤其是在自己心爱的女性面前，会尽量不吸烟。如果你想要了解他有多爱你，不妨看看约会当中他吸烟的次数，除非你自己也是"瘾君子"，否则那些和你约会还烟不离手的男人，多半只是把你当成普通朋友。

如果他平时烟不离手，但和你在一起时总是能够克制自己尽量不吸烟，这足以说明你在他心中占据了很大的分量，你对他的吸引足以让他暂时忘记吞云吐雾的快乐，或者他愿意为了你一直忍着不抽烟。

相反，如果约会过程中，他仍然忍不住不时地找机会避开你抽一根，甚至只要是在户外活动的情况下就尽情地吞云吐雾，说明他虽然重视你的感受，但内心重视你的程度仍然不如重视尼古丁的程度。

如果你的约会对象刚好有吸烟的习惯，而你又想立刻了解他对你的重视程度，不妨在约会的过程中故意制造一些让他单独行动的机会，看他是立刻开始享受尼古丁还是想要一直和你待在一起。

从约会的动作获得女孩的心理信息

情人的约会是浪漫的、甜蜜的。约会不一定需要烛光晚餐，花前月下，而只要两个人心心相印，情投意合。

你和恋人在周末的夜晚坐在环境雅致、音乐舒缓、富有浪漫气息的咖啡厅里。此时，对面女友的动作将透露出她心底的某种信息。

如果在你们的交谈中，你的女友不停地更换脚的姿势，说明她此时正心浮气躁、寂寞难耐，心中有情绪需要宣泄。

如果她在用手摆弄头发，那么有两种情况：一是她在轻轻地抚摸头发，这是她心底渴望你用温柔的言语体恤她的意识的表现；二是她用力地拨弄头发，这是她觉得受到压抑或对某事感到后悔的表现。

如果你的女友总是在拉扯自己的裙子，很在意裙子的长短和覆盖面，这是她自我防卫心理的显示。她能够想象自己衣冠不整的模样，所以严阵以待。

如果你的女友正含情脉脉地注视着你，那么她一定爱你很深。她很用心地听你讲话，眼神和你交汇时也不岔开视线，这一切都说明她正全心全意地爱着你。

如果她总是在用手抚摸自己的脸颊,那么这是她想要掩饰自己的感情或不愿泄露自己的真实本意而在无意中表现出来的动作。你们相处一定不久,或许还没进行表白。

如果女孩托着腮帮听你讲话,是一种渴望被认同、被了解的流露。其实她并不是在认真地听你讲话,而是在对你的迟钝和不解风情做无言的抗议。

如果女友用一只手捂着嘴巴,静静地听你畅谈,那么这说明她正在控制自己按捺不住的喜悦之情。她太喜欢你了,所以正在尽力掩饰自己内心的激动,认定你就是她的白马王子。

如果她常用手摸鼻子或脸颊、耳朵,这是表示她有些紧张,力图掩饰自己,害怕脸颊泄露自己的秘密。她正处于恋爱初期,恋爱使她更加认识到自身的价值,另一方面,她也想让自己不要脸颊绯红或不由自主地含情脉脉,以免让你看见以为她已经非你不嫁。

第二十六章
女人的心思不难猜，
解读女人微反应找到其真实意图

从相貌选择贤妻

俗话说："妻不贤，不孝子，顶趾鞋，无法治。"一个男士无后顾之忧，全力以事业为主，成功的机会也当然大增，何谓无后顾之忧呢？人生选择中最重要的选择之一，就是择妻，可见娶个贤妻的重要性。

从外貌上看，什么样的女性具备"贤妻"的资格呢？

1. 唇红齿白

嘴唇色泽偏红，同时齿列整齐不尖不龅、齿色偏白，伴随这种面相的是声音偏向柔美，咬字清晰。拥有这种相貌的女子是能够享受美好生活的女子，她们最大的性格优点就是性格中庸，既不情绪化也没有大起大落的生活，而且很善解人意，使得家庭内聚力强，感情基础坚实。

2. 下巴圆满

下巴长得圆圆满满的女孩子，不仅相处起来容易，也是相当善解人意的女人。娶到这样的女子为妻，做丈夫的应该非常的幸福，因为她们是标准的贤内助，对全家人都相当的关心和照顾，而且开朗大度、温和敦厚，是可以信赖相守的终身伴侣。

3. 声音柔和

声音柔美甜润、中气畅旺的女子，即使长得平凡，却都能配得条件相当不错的男性。声音柔和的人，个性多半温柔、体贴，绝对是贤内助的典型。而中气十足，表现这个人的身体强健，特别是语出丹田，表心气相通，浑然达于外。她们婚姻得以和谐幸福。

4. 眼神清澈

眼睛稍大，眼珠黑白分明，明亮慧黠，就像漫画中的女主人一样，有这种美丽眼睛的女子，都是天真、单纯、开朗、带点孩子气的美少女。她们漂亮、气质好，而且彬彬有礼，没有令人难以忍受的傲气，也因为命好，平日多用正面的思考来看待世人，尽管有低潮与挫折，但面对逆境却有克服与转移的一套思维，有这样的妻子，真幸福！

5. 田字脸

所谓的田字脸，就是额头偏方型且腮骨突出，同时脸上有着丰腴肉质，整个脸型方中带圆。这种女子心地坦荡宽阔，好交朋友又乐于助人，同时也是心思缜密，会帮朋友渡过难关的慈善家，没工作的，她热心地帮人家安排，缺业绩的，她会帮着找买主。无论如何，愿意付出比别人多的田字脸型的女人，娶到她等于同时拥有一堆真心好朋友。

6. 鼻子高挺

有着鼻直而挺、山根丰隆、鼻翼饱满的鼻相，这样的女子多半都很有贵气，拥有如此优良鼻相的女子，就算书念得不是很好，也不见得没出息，因此凭着她的自信与干练，事业上会有所收获。

7. 柳叶眉

眉型弯曲的幅度相当大，同时呈现弧形，且从眼头长长的到达眼尾的后方，这种柳叶眉的女子都是无比的善良、心地特好的温柔佳人。不过生有这种眉形的女子并不多，遇到了，就要积极把握，以免错失良机，被其他的人追走了。

8. 垂珠厚大

耳垂大又柔软的女人，对人十分宽厚，尤其对自己的丈夫、孩子，都会有一份温馨、体谅的心意，有福荫、有人缘，这样的女人有福气极了！如果你的太太是个有福气的人，全家人一定能接收到她的福气，享受到衣食无忧的生活。

9. 人中清晰

女性要是具有清晰、深长的人中，必定是生殖能力强，所生子息也容易心存孝道、聪明多福，未来成就高。人中形美，也是长寿的表征，故而人中也有"寿堂"之喻。

10. 毛发柔软

发质倾向柔软，个性会很柔和，不会自寻烦恼，不自找麻烦，这样的女人生活会相当安静，是个随遇而安的人。

同时，个性柔软的人还有个好处，行事上不见得没有主见，而是协调性和妥协性很高，总能面面俱到地帮家里解决问题，分忧解劳。

从女人的眼睛观察她

从表面上看，大眼睛女人很吸引人，然而，大眼睛女人通常没有小眼睛女人聪明。因为大眼睛女人老是被人观察，小眼睛女人总是观察别人。

男人的心理也很奇怪，一方面欣赏大眼睛女人，另一方面又警惕大眼睛女人。对小眼睛女人，男人即使知道眯眯眼很狡猾，也会掉以轻心。男人容易战胜大眼睛女人，却又常常输给小眼睛女人。

有人统计过，失恋者多数是大眼睛，小眼睛总是爱情的胜利者，这种情况男女都差不多，只不过，大眼睛男人比大眼睛女人输得更惨，就某种原因而言，大眼睛通常显得很空洞，不深邃。

无论男女都会经常用眼睛去进行较量，这种较量是很精彩的。就那么一瞬间，相互对视的人就会彼此感知对方的分量。眼光浅薄的人容易被人看透，那是因为他们的眼神很混沌，光很散。

眼睛的光泽的确有明显的层次，许多有魅力的女人的眼睛不一定大，但显得很清亮、深远，能给人以神秘感和亲和力。男人非常喜欢探索这样的眼睛。它对男人的诱惑力比较大。女人的大眼睛在艺术表演中有很高的审美价值，但在具体生活中，大眼睛却往往很吃亏。原因很简单，大眼睛总给人强烈的压迫感，令人无法直视。很多人都不敢与大眼睛对望，通常只会偷看。偷看令人心态不平衡，心理反应也很怪异。多偷看几眼，就会挑剔大眼睛的毛病。挑剔的结果大多是对大眼睛的否定，于是，再美的大眼睛也不是很可爱。

不过，大眼睛女人一旦谈起恋爱就非常幸福，因为男人与大眼睛女人独处时都有满足感，会宠爱她，所以，大眼睛女人是恋爱动物。

还有，大眼睛女人在抛媚眼方面，比小眼睛女人更具有优势。小眼睛女人无论怎样努力，她的媚眼也很难被别人发现。而一个大眼睛女人的媚眼，会令男人产生突如其来的兴奋和感动。

有时，女人的媚眼还会像指令一样，让男人完全按照自己的意愿痴痴地干傻事。

女人喜欢一个男人，她的眼睛就会有许多钩，这些钩会勾出男人的衷肠。有时一个女人办事，也会向男人发钩眼，但不少浅薄的男人会把它当成是真爱。要知道，爱的钩眼是一串串的，不仅温柔而且花样丰富。求你办事的钩眼很生硬，那钩眼的光，多看几眼很枯燥。

有水平的男人不仅能看懂女人的眼睛，还能从女人眼睛里看到自己的灵魂和价值。

女人要想征服男人，最好的办法是在自己眼里构筑令男人迷恋的世界。女人被男人征服，是因为男人有征服女人的魅力。男人被女人征服，是因为女人有一双理解男人能力的眼睛。女人的眼睛其实是无边无际的情网，一旦网住男人，男人就会被征服。

在女人无数种的眼睛中，有一种秋水眼绝对迷人。这种秋水眼表面有一层亮闪闪的秋水，那秋水神奇得很，除了无比美丽，还有极强的魔力。它能净化男人的心灵，据说，再花心的男人，一见这种秋水眼，就会变得专一。

女人的眼睛是人类灵性的大门，每一个时代都会通过女人的眼睛来体现生活的光辉。不管你是什么人，也不管你是什么层次，都能从女人的眼睛里找出自己的影子，女人的眼睛其实是一面现实的镜子。

从女人的手探视对方

女人的手势也是因人而异，既有共性，又有个性。经常两手相握，或是相搓手掌或手背的人，大多有自卑感，或是小心眼。她们时而下意识地动作，比如不自觉地看看手表，或者是时而绞弄手绢，都可表现出此人的心绪不宁，多会感情用事。

也有一些女人，喜欢大模大样地反剪双手抬向颈后，这手势有两种含义，一种是有意如此，另一种是无意识地自小养成的习惯。然而不管是有意或无意，都显示此人个性严谨，心里多虑。

有些人的双手，很自然地向下垂，或者轻轻握住，表示此人个性温和，对事情都很热心。

有的女性与人说话时，喜欢以手掩口，做这种姿势的人，比较注重小节。

一双手相互交叉握着，依横的方向不停地动，显示其心不专，心绪不定。

双手一会儿握，一会儿放，表示她做事仔细。如果看到一个有咬手指习惯的人，她可能是个梦想者。心理学家认为这种咬手指的无意识习惯，对任何年龄阶段的人来说都是不雅观的动作。经常做这种动作的人往往都是心不在焉，活在梦想的世界里。

手势不但不自觉地体现性格特征，而且习惯用作有意识表示或手谈。我国聋哑人手谈的运手姿势，武术界模仿各种动物及生活中的手势，其形式相当丰富多彩。而社会生活中的有意识手势表示，也是多种多样的。各国都有其手势在有意识中表现特点，都必须依靠双手来提示。在美国最常见的表示"好"或"同意"时，常用食指和大拇指联搭成圈，其他3个指头向上伸，是个"OK"的手势。

总之，手的触觉、感觉、手势、自觉或不自觉都与大脑中枢保持一致，其中有不少学问难以尽举。

耍弄拇指，两手各指互插拇指互相环绕运动，乃是具有积极情绪的表现，此外更有一点有趣的情形：人在愉快的回忆中时，常会慢慢旋转双手的拇指；在计划将来的事情时也会迅速地旋转拇指。

看到妇女一边跟人谈话或听人谈话时，却双手抚摸着臂膊，这正显示她非常喜欢自己，但却觉得旁人并不是像自己喜欢自己那样喜欢她。

两前臂交叉，两手放在上臂的姿势，表示意志坚定，难以接受讨论。两肩耸起、两臂交叉的姿势表示否定、轻蔑和不信任的态度。

看到一个女人，常把手举起，将手掌对着身体胸前，用另一只手的手指抚摸手背时，此人比较吝啬；其手指紧靠一起，或曲如鸟爪，这是守财的手形，很是小气。

坐在凳子上，双手展开贴在凳子两旁或按在膝盖上表示胸襟豁朗。

从女人的腰了解对方

对于腰部动作这种无声的语言，女人相对男性来说，要微妙很多。女人的腰，是除了女人的臀部和胸部以外的性感符号，它常常是以无声的线条来表示意义的。线条和色彩是人类在有声语言之外最具表现能力的性格语言。女人的腰就是一个线条符号，不同的线条符号体现不同的性格。

1. 弯腰

众所周知，见人即弯腰行礼是日本和韩国女人的见面语言，弯腰所形成的曲线是柔美的、温顺的、流畅的，从而形成一种光滑的外表，这种女人给别人一种柔美的感觉。

2. 叉腰

把两手叉在自己的腰上，这种形象就像两只母鸡斗架的形象。这是女性一种双向的对外扩张，表示出内心的气愤和力量。这种"语言"，一般的女人不采用。但鲁迅笔下"豆腐西施"杨二嫂，却经常使用，让鲁迅看了都吓一大跳。

3. 仰腰

仰腰是"一座不设防的城市"，这叫作女人的"无防备的信号"。如果女人坐在沙发里，用仰腰的姿势对着异性，一般是对眼前的这个男人绝对的信任，绝对的尊重，她觉得他不会给自己带来伤害。

4. 扭腰

扭腰使腰呈现 S 型，这是性的象征。凡是女人扭腰或者扭动臀部，都蕴含了招惹异性的信号。这种语言，在女模特的身上，你会经常看到。一些浅薄的男人看见模特走路，他们的嘴半天也合不起来，一直发愣出神，这自然会遭到君子的鄙夷。

5. 抚腰

俗话说，没人爱，自己爱。有的女人常常在腰部进行自我抚摸，这种自我抚摸是一种"自我安慰"的行为，同时也是一种"自我亲切"的暗示。

从女人的腿看对方

人在惊慌害怕时，往往双腿不由自主地发抖，罪犯在接受审判时，他的腿常会首先坦白自己的犯罪心态。

腿部动作即腿部的无声语言，也是女人身体语言中最重要的一个部分。腿部是除了胸部、臀部、腰部以外的最重要的性的表现器官。所以，女人需要掌握好自己的腿语，不能粗心大意。

女人健美的大腿，不仅仅表示美，而且表现女人的力量和信心。女人走路的时候，常常可以体现女性的大腿的力度，也可以表现女人的姿态。所以，走路时抬腿不要太高，也不能太低，不能过分放松肌肉，而要稍稍收紧腿部的肌肉，这样才能达到一种完美的境界。

女人的大腿，坐在椅子上时要谨慎小心，别自我裸露，女人身体的裸露部分一般在膝盖以下，而不能在膝盖以上，裸露过多，让人觉得你这个人太轻浮；别用力抖动，抖动大腿是一种性的暗示，可能引起他人诸多的误解；别太自我张扬，过于张扬，令人感到你太开放，不够沉稳，对人没有戒心；别自我抚摸，自我抚摸大腿是一种自慰的行为；女人坐着的时候，别抬得太高，太高地抬腿，是一种没有修养的表现，尤其不能超过自己的肚脐，这是女人的腿语最重要的规定。

腿语是属于女人的专利，它的信息含量远远超过大腿本身，使用时要特别引起注意。

从女人的发型观察她

发型作为形体语言中最易辨别最具操作性的部分，全面而完整地体现了人们的内心世界，包括行为方式、个人经历、生活状态、性格和情绪等。

发型是外显的个性化符号，一个缺乏个性的人是不会有真正得体的发型的。

一般而言，长发者偏爱回忆，习惯于静态的思维，认知狭隘，耽于自恋，行为被动，容易放弃自我，做事仔细，性别意识较强；短发者追寻新鲜感，注意力分散，情绪更易改变，处事主动，我行我素，较为粗略，性别意识淡化。长发者较依赖别人，留恋过去；短发者相对较独立，朝向未来。长发齐整表示温顺，长发剪出层次表示野性与不羁，长发自然下垂则表示混沌未觉。短发女性化表示压抑的心态，但能够客观地审视自身在现实中的位置；短发男性化则表示心理的叛逆与躁动，以致无法平衡内心的冲突。超过腰际的特长发型与短发男性化者都存有深度的人格障碍，她们将潜存于长发和短发文化背景中的不良倾向加以巩固和强化，甚至走向极端。特长发型者表现为自我封闭和适应环境无力。短发男性化者则易于冲动，缺乏自制。中等发型者居于其间，不因人格态度而妨碍沟通，故大多较能合群，适宜过集体生活。长发者观念闭守，排拒外部信息，短发者热衷于新鲜经验且易改变。中等发型者则不那么自私地过多考虑自身利益，她们用公众意念约束自己，不因个人化的因素影响交流，故中等发型者有更多的朋友。长发者多自我感觉良好，偏爱在回忆中成长；短发者则对抗现实，宁愿抛开过去不要历史。长发者常强调自身的性别特征，其意在于以女性身份去获取照顾；短发者则厌弃女性身份，性意识（性别意识和性的意识能力）淡化，以对抗的形式和扮演激进角色为乐事。中等发型者则永远居于其间，温和而不偏激，较能把握自己。

女性头发披散开来表示乐观热情、恣意放任；头发被束缚则表示自我规约、压抑不满；编发表示向往早年经历，想回复原初；束发表示封闭防守或拘谨失意；挽发表示遭受挫折，心情沮丧；夹发表示暂作保留，等待时日；拢发表示有所收敛期望突破；盘发表示强调女性身份，期待唤起别人（主要是异性）的注意；扎发表示倔强自信、个性独立。

女性直发表示心意平实，女性烫发表示快乐，头发拉丝表示浓郁和热烈，局部烫发则表示在局部范围内获得愉悦。女性头发为本色则表示接受现实，染色表示浮躁与张扬，局部染色表示弱化了的或部分弱化了的染色蕴涵。发梢齐整表示驯服温顺，发梢参差则表示野性不羁，发梢卷翘表示不受约束的纯粹状态。前额置有刘海表示留恋现在执意维护现状，尤其是用发胶将刘海翻起定型者角色意识强烈，着意强调个人的社会身份；前额刘海往后箍住表示心胸开阔、思绪烂漫，两颊缀饰头发表示易于突发奇想，将头发前置则表示活泼好动与愉悦。

从戴戒指判断女人对爱情的态度

摊开双手，看看对方把戒指戴在哪一个手指头上，将会看到她内在的那一面。不过对方或许不只戴一枚戒指在手上，倘若如此，请将对方最喜欢戴的手指依次排列，找出她种种层面的性格，如果对方是根本不戴戒指的人，也是另一种对于戒指的选择，在这里同样可以找到解释。

1. 右手

（1）戴在大拇指上：对方是充满自信、骄傲、不服从别人的女人，自以为是，不需要听从或听信任何人，做错也不在乎。

（2）戴在中指上：对方是理想主义者，凡事都有一番见解，从来不在乎品位情调，只要完成工作达到目标，她有强烈使命感，有耐心完成所有工作，即使义工或为理想而没有收入的工作，她一样尽快完成。

（3）戴在食指上：对方很擅长与人竞争或夺取某些东西，这种性格特质使她在做生意或事业表现上有超于一般人的能力，她不计较他人的批评或感受，只要达到目的或得到她想取得的东西，一切代价在所不惜。

（4）戴在无名指上：对方好像有永远做不完的工作、说不完的话题，在不断的付出与取得中，忙得不亦乐乎。她常常有许多挫折感，因为她一方面是主角要掌管很多工作，却又要做许多配角去搭配别人，常有不知所措的慌乱，不知道自己该做什么样的人才能最理想。

（5）戴在小指上：对方充满了友情和博爱，喜欢带有神秘色彩的东西，哲学数理却是她最拿手的绝活，如果有机会也可以研究《易经》或命理，她也喜欢看相和星座。随和的她喜欢赞成别人，不喜欢反对别人，适合小家庭或小团体生活，不适合大家庭或大团体里的复杂人际关系,她是非常善良的人。

2. 左手

(1)戴在大拇指上:对方要很多人的拥护和爱戴,就好像政客一般,不计较仇敌与朋友,只要能投她的票都是好人,她不会把感情付出给别人,但会让别人分享她的光荣和成就,并且是为人服务、解决困难的领袖人物。

(2)戴在中指上:对方是重视仪容的人,不仅衣着高雅,态度也谦和友善,很重朋友和情义,常为朋友辛苦付出也不在乎。她会争取应有的自由与权利,是朋友中的中心人物,受人爱慕与尊敬而且自尊心强烈的人。

(3)戴在食指上:对方是勤奋工作者,对有兴趣的工作,从来不在乎花多少心血去完成它。她有喜新厌旧的性格,对过时服饰感到很厌恶,她喜欢淘汰没有用处的废物,因为她永远要表现很有效率,她不需要浮华不实的时髦打扮,但必须是品质好、坚固耐用、持久性强,在含蓄中略带一些高雅的设计。

(4)戴在无名指上:对方是家居型的人物,希望拥有一个安稳的家庭与家人,大家同心合力在一起生活,每一个人都能有自己的基本责任和义务,她有贤能和安定的个性,照顾和保护弱小或衰老的人,又能友善地与年轻或同年纪族群合作,经济、事业与家庭都能在稳定中求进步。

(5)戴在小指上:对方是自私和自傲的人物,常常能有与众不同的表现,她的胆识与见闻广博,常赢得别人景仰与信赖,渴望与众不同,因此常暗中孤芳自赏,为此经常寻找自己的天分。为了赢得别人的喝彩,她会不断地努力奋斗。

3. 完全不戴戒指

如果对方完全不喜欢戴戒指,表示她不喜欢和别人一样受拘束,有自己的主张,做自己喜爱的工作,在行为和精神上能放轻松,不受任何人干扰。她不喜欢变化太多的生活,或追求太高太远的目标，最适合自由自在过一生。

从表情与动作推断她是否爱上你

女性们表达对对方感兴趣的姿态是千变万化的。最普通的一种是理顺或抚摸头发，理理衣服，然后转身注视着镜中的自己；或瞥向一边望着自己的影子，优雅地移动臀部，慢慢地交叉或放开在男性面前的腿，注视着小腿的内侧、膝盖或大腿。

当你在追求一个女人时，如果你能更多地明白她的表情与动作背后的意思，就会在恰当的时机获取她的芳心。

如果她目不转睛，仿佛若有所思地直盯着你的脸时，就表明她把注意力都集中在你身上，全心全意而无法自拔了。

当她无意中与你四目交投的时候，无故嫣然微笑就证明她心中已滋长起爱情的小苗。当她亭亭玉立地站在你面前，下意识地不断摆动腿部，在地面画线条、打圈子，也是一种恋爱的表示。要是无论什么地方她都不辞劳苦地愿意跟你一块儿去，那无疑表明她已经偷偷地将整个芳心交给你。

如果她假用借书、借影碟、过生日等借口接近你，眯着眼睛打量你，说明她内心深处正翻涌着爱的波涛，千万不要不解风情啊！

当她偶然在街上碰见你的时候，表现得激动甚至无法控制，脸上透着微红，这表示她已经在暗中爱上你。

判断出她有意于你之后，要么皆大欢喜，情投意合，要么你继续装傻，慢慢冷淡。感情的事，还是要慎重一点。

她是否乐意将你介绍给自己家人、亲友和同事？如果爱你，就会非常希望你了解她的生活，另一方面，也常希望你融入她的生活之中。一般说来，姑娘们都顾忌别人误以为她们滥交。如果她心目中的人不是你，是绝不愿意你在她的社交圈子中亮相的。

她是否很想知道你家里的事？是否常常问及你喜欢的事物？与男人相比，女人更喜欢幻想，假如她心中喜欢你，而你们的交往要是融洽的话，她通常就已经向往着将来适应你，适应你的家庭生活了，为此，就会主动了解你家庭的事和嗜好等方面。

识别女人的内心

故意躲避眼光，装着毫不关心的女性，热切地期盼着恋爱，对异性特怀好感。

无羞耻心的女性，只容自己轻浮，不许对方轻浮，也有较重的嫉妒心理。

在男性面前容易害羞的女人，有好奇心，关心男人但不愿被知。

用粉红色口红的妖艳女性，表明性意识淡薄，厌恶性方面的话题，只喜欢娱乐和美食。

喜欢吹毛求疵的女人，有好恶分明的性格，不任性，孤独，对个人利益斤斤计较，患得患失。

无论何事都一本正经的女人，初交时感到十分亲切，不久感情骤变，判若两人。

刚愎自用的女性，把恋爱当儿戏，朝三暮四，并爱唠叨。

外表比年龄更年轻的女人，无法抗拒男人的追求，常常经不起多情男子的诱惑。

喜欢跳舞的女人，要易沉醉于气氛和情感之中。

外表像不知思考何事的女人，无法抗拒礼物，常常恋爱无好结局。

看女人本性

1. 心无城府的快乐女人

用自己的天真快乐感染着周围的每一个人，她们热情，把每一天都当成快乐的周末，无拘无束，好像所有的烦恼都降临不到她们身上似的。她们拒绝长途跋涉，厌恶深刻，喜欢雨后彩虹，即使见到的喜事都是别人的，依然可以像是自己的那样高兴。

2. 开朗自信的女人

热闹的场合总少不了她们的欢声笑语，豪华的交际圈也散发着她们的光彩,她们用出色的交际魅力使自己成为社交明星。她们为自己而活,喜欢为自己而骄傲。她们不去进行深刻的思考,对生活之外的东西也根本不屑一顾。

3. 温顺平和的知识女人

朴实自然的她们与世无争,从来不张扬,但是对个性的珍视程度往往超过其他的人,所以她们的内心世界充满了浪漫的情调,而只有真正让她们敞开胸怀的男人才能了解到她们的个性魅力,才会欣赏她们。她们有气质和教养,不喜欢将过多的精力用到与一般人纠缠当中,所以总是和他人保持着一定的距离。

4. 安详慈善的贤妻良母

她们温柔似水,善解人意,对生活中的每一细节都很关注。家庭是她们的娱乐场所,家务则是各种游戏,她们会安安静静地在这里找到自己的人生乐趣。她们有教养,而且有不错的经济条件。她们沉着稳重,不被男人辉煌的事业所打动,其他的女人更无法让她们产生羡慕,目光短浅和庸俗在她们身上没有半点流露。

5. 热情奔放的多情女人

她们给人的感觉就是热烈和豪放。她们不喜欢拖拖拉拉,简洁明了和干净利落是她们的一贯作风,不管多大多重要的事情,只要被她们定义为庸俗,则很快就会被忽略掉。她们迷人性感,细腻的感情如同丝网一样让男人挣脱不开。

6. 物质精神双丰收的贵族

称她们为贵族一点也不言过其实,她们有丰厚的经济收入,奠定了上层建筑的基础,使她们鱼与熊掌兼得,精神世界如百花开放。她们追求和崇尚成熟,所以无论从事什么样的工作或应付什么样的人,都左右逢源,得心应手。

7. 女人中的女人

她们来自一个理想的空间,她们的目的就是作为女人要为美而活着。她们浑身上下都洋溢着高雅与古典,颦眉或娇媚的时候又浪漫无限。她们充满了不可抵抗的诱惑，但又不会让对方想入非非，庸俗离她们实在是太遥远了。

8. 雍容华贵的女人

高贵、华丽的她们总是能留住男人的目光。特别是在正式的交际场合，她们的出现往往会使气氛变得欢快，活跃的她们使自己成为焦点，她们更为成为明星而自喜不已。她们是这个世界的主宰，因为每一个男人都会对她们俯首帖耳，满足她们的一切需求。

从心理了解女人

皱眉头、摸鼻尖、抱宠物……你知道女人的这些细微的动作流露了什么内心秘密吗？

1. 送礼物

男人送礼物是一种讨好女人的手段。送得越多越勤，越能证明他们追求的心情急迫。与之相反，如果女生频频送礼物给男生，这就不是爱这么简单了。可能她缺乏该有的自信，对爱的长久和真诚比较担忧。送礼物讨好男孩，一方面因为自己自卑，一方面想通过送礼物巩固尚不稳定的爱情关系，好像是在为爱情"买保险"。

2. 拍肩膀

常拍肩膀这种行为在男人当中居多，可是如果你遇上了拍自己肩膀的女人，也不要不知所措，因为她没有其他的意思，只是传递了一种友情和关怀，或者她只是把你当成小孩或是弟弟。

拍肩膀的美女通常干脆利落、性格开朗。

3. 双手放胸前

常常将自己的双手放在胸前的女人通常自我保护意识非常强，她们已经用双手在自己与别人面前筑起一道厚厚的围墙。当你的话刚刚触及她内心深处时，她就会条件般地加以抵制。

当然也有极少数具攻击性格的女人会有如此的动作。多数场合，多数时候，防卫的解释是更为合理。

如何和这种女人相处呢？首先在说话的时候，身体要尽量向对方凑近一点，站在她的旁边，或者是并排站着，或者边走边谈，使谈话的气氛变得融洽，才能慢慢解除她心理上的障碍。

4. 把宠物抱在怀里

抱宠物在怀其实是女人的一种巧妙暗示：我是不可能接受你的，我已经有了心爱的东西了。抱着自己的宠物，也是为对方设置一种障碍，首先将距离拉开，让你没有更进一步的机会。

5. 摸耳垂

有事没事捏耳垂的女人是最难判断她们的心思的。因为这其中包含了两种含义：一是女人对你正在进行的话题感到厌烦，但又不好直说，或者她认为没必要表现出来，就会下意识地摸耳垂。

6. 摸鼻尖

爱摸鼻尖的女人，一般成熟大方，浑身上下女人味十足，且有些神秘色彩。但是，如果你遇上了这样的女友，就有些不幸了。因为在与你倾谈的时候，她频频摸自己的鼻尖是个不好的信号，可能你说的话多数都没有听进去，或者根本不相信。

充分了解女性的特点

要看破女人的心，首先要懂点一些女性的特点。

1. 女人是感性的

苏格拉底曾讲过，女人是理智不健全的生物。这话虽然带有明显的鄙视女性的色彩，但还是有一定道理的。一般来讲，女性较多凭感情用事，较少凭理智判断。了解了女性的这个特点，我们就应明白，合理而适时地满足她们的情感需求是令她们动心的绝对途径。女性由于生理上的原因以及传统的影响，都有一种将自己视为弱小角色的倾向。这种角色必然的情感需求：一是要被保护，二是撒娇。在遇到困难、挫折或人身受到侵害时，女性自然而然的想法是希望有个强有力的人给她以保护。因此，如果你在和女性交往中表现出一种责任心、勇气和力量,必会令她们动心。女性弱式角色认同的第二个表现是撒娇。因为她们认为你是她强大的保护者,所以她们便要以一个小孩儿一样的方式向你撒娇。她们故意装作干不了某件事,要你去干;她们故意和你作对,惹你生点小气,诸如此类的行为是她们所乐意的。当她们这样做时,你千万不能拒绝她们的撒娇,而要以一个大哥哥放任小妹妹,甚至父亲放任女儿的方式来由她们任性而为,并进行默契的情感回应。这样,当她们撒完娇之后便会对你更加依恋。因为你接受她们的撒娇使她们觉得你是个可以让她们纵情任性而不必有所顾忌的情感补给站,是个可以保留她孩子气和青春欢乐的保护伞。总之,如果能满足女性被保护和撒娇的要求,将能极大地满足她们对安全感的需要,增加她们对你的感情深度。

女性最大的情感需求是被爱的感觉。恋爱中的女人考虑最多的问题是:他是否爱我?他现在还爱我吗?因此即使你将"我爱你"说上10次,她也不会觉得烦。尤其是那些不太自信的女性,经常需要男子不断地向她们表达柔情蜜意来确认被爱的感觉。在现在的中国,虽然有许多女强人(或者说事业型的女人)不断涌现,但大多数的女人还是将爱情视为自己一生中最重要的事情,视为自己的生命重心。因此每一个想博得女性芳心的男子都应谨记,无论何时都不要忘了向对方表达爱意,这种表达可以采取当面真诚倾诉衷肠的方式,也可以采取经常寄送小礼物的方式,也可以采取耳边细语的方式,甚至也可以什么都不说,什么都不送,只是在两个人在一起时目不转睛,饱含深情地注视着对方……方式很多,具体选择时应随机应变,因时制宜。

2. 女人是敏感的

女人都是敏感的知道了女人的这个特点,在和她们相处时便要提高警惕,不要刺到她们的这个痛。不管你对你的恋人信任到什么程度,有好些事情,如果没有说的必要,最好不要开口。有一点要牢记在心,即千万不能将你过去的恋情告诉她!这除了在她心中留下一个阴影、一根毒刺之外，不会产生任何好处。如果你的目的在于说明旧恋人不好，那么根本没有说的必要；如果你透露出对旧恋人的留恋，那么她在心里必然会认为你对她不专心。一旦她知道了你过去的恋情，你们日后的发展将徒增许多麻烦。

过去的恋情既然不应该告诉你现在的恋人，那么属于过去恋情痕迹的东西就不应当出现在现在朋友的面前。有些重感情的男子，由于种种原因和前任女友分手了，却仍念念不忘，保留着照片或别的东西作纪念。这种行为绝对是现在的恋人们所不能忍受的。因此，那些属于过去的秘密而现在又没法保存的过去，及早毁了吧！

3. 女性喜欢由衷的赞美

一般女性最渴望的便是有一张美丽的脸庞、一副苗条的身材。如果她们不幸，天生就是一副平庸的外表，她们还会采取各种后天的人工方法去补救。君不见大街上美容厅到处都是，而且家家生意兴隆？这是为什么？因为漂亮可以给女性以自信，漂亮的女性自我感觉比一般女性要好得多。相反，一个从小就被人称为丑小鸭的女孩，她的自尊心一定会受到伤害，长大之后也摆不脱这种阴影，形成一种内向的性格。了解了女性的这种心理，你就会明白，要想获得你所钟爱的姑娘的青睐，你就得经常夸她漂亮。你的女友为了你在镜子前化妆了半天，难道你不该由衷地赞美她几句吗？

但是，夸女性漂亮是有限制的，如果一个女人明明不漂亮，你却夸她漂亮，这话在她听来比骂她丑还难受。面对这样的女性，就应该找一些别的优点和长处来夸。如果她的个性很强，你就应当这样赞美：你真有个性。如果她品性贤淑，你就应当这样恭维：你将来一定是个温柔的妻子。如果她穿的衣服很合身，搭配很好，你就说真有气质！

总之，尽量找一些好的东西来夸她们，女性喜欢由衷的赞美。恋爱中的女人尤其如此。每个人都有一些好的方面，认真找出来给予真诚赞美吧！

从体态语言看女人

女人的体态语言不仅使一些羞于启齿的信息自然地流露出来，而且使女人看起来更动人。男人如果不能适时有效地读懂女性的体态语言，就很难深切地了解女人。

从头部看女人。习惯头部上扬的女人通常自视甚高、傲慢而唯我独尊，或许是因为她们的条件一般都不错，追求她们的男人又较多，所以她们对男人的要求甚高，却很少能够真正体谅男人的苦心。习惯头部低俯的女人通常内向而温柔，虽然有时显得缺乏激情，但是能细心体贴关照男人。习惯头部侧偏的女人通常充满好奇心，但偏于固执，这种女人容易与男人一见钟情，却没有相伴一生的忍耐力。

从手和手臂看女人。握手是男人接触陌生女子身体的唯一机会，女人也乐意抓住这次难得的机会传达她的信息。手心干爽的女人性格开朗，也可能表示对此次晤面没有特殊的兴趣；手心潮湿的女人性情较内向，也可能表明她的内心很紧张或很恐惧。要找到两者间的差别就需看她的眼睛是躲闪还是微闭。握手时手心朝上的女人多是柔顺易于相处的，手心朝下的女人多是争强好胜、不肯服人的一类。而只伸出手指的女人多精于世故、吝啬贪婪，同时还传达出一种蔑视的意思。

女人双臂的体态语言一般是通过交叉双臂来实现的。标准的交叉双臂姿势没有特别的含义，不过是女性一种本能的自我保护，但如果长时间维持这个姿势就表明消极的态度。用双手握住双臂的姿势表明了紧张和不知所措。单臂交叉的姿势是女人在缺乏自信或身处陌生环境下使用的体态语言，意味着她需要帮助。掩饰的双臂交叉是常在公众场合露面的女人传统姿势，这种女人多数虚伪而且老练。

从臂部看女人。走路时左右臂上下摆动的女人往往热情而不拘小节，好幻想，不喜欢户外运动。走路时左右臂几乎不摆的女人现实而富于功利心，她们像喜欢运动那样喜欢恋爱，目的似乎只为了自己。臀部安静时自然上翘的女人多数热情开朗，喜爱交际又敢爱敢恨。安静时臀部下垂的女人多数性情温顺，对爱情专一而且执着。

喜欢挺胸抬头的女人肯定充满自信，心中很少有传统的女卑观念，是现代新女性的代表，也表明她们的心态健康而积极。喜欢含胸驼背的女人肯定不那么自信，或者天性羞涩，她们的人生观相对消极，多愁善感，渴望爱情又缺少勇气，只会默默地等待。

手提包与女人的个性

1. **选择外表时髦但实则廉价的提包的女人**

她们表面看上去生活幸福美满，可私底下却有着一些不为别人所知的烦恼。除此之外，她们不能勇敢地面对现实，习惯将那些看起来很困难的事情推托到遥遥无期的未来，眼不见为净。

2. **选择中性色系提包的女人**

这种人从里到外都暴露出懒惰：懒于动脑筋思考一下是否换一换背包，以增加自己的风韵；懒于表现自我，极力使自己不引人注目；懒于应对生活中的各种压力和挑战，只希望与寻常百姓打成一片和淹没自己；懒于让自己成为他人眼中的焦点，于是周身上下都是中性的，不光是发型、鞋子、美容品，就连说话的语气也难逃中性化。

3. **整天背着大背包**

明明没有驼背，却因为背包的重荷而不得不佝偻着腰，一副悲观主义者的模样，总是无精打采，似乎有极强的戒备心理。她们既不相信生活，又缺乏自信，但在骨子里并不甘心落后于时代潮流，期望借助精巧的小钱包，或把网球拍露出来为自己鼓劲和加油。

4. **喜欢大手提包里装小皮包的女人**

精力充沛、兴趣广泛并有很强适应能力。她们每天必须扮演很多的角色，而且时间紧迫，被工作、娱乐和交际塞得没有空隙，所以展现出双重性格特征，真正了解她们的人少之又少。

5. 偏好使用色彩鲜艳的手提包或背包的女人

这种人头脑简单，富于幻想，举止有些轻佻，掏钱买这些手提包的时候，完全不会考虑这些包包与自己的服装颜色和款式是否协调，想的只是如何才能吸引住异性的目光，如何和他们搭讪。更有甚者还会将幸福押在小包包上，借用小包包提高自己的品位和档次，创造进入高档场所的机会。

6. 肩上小包塞得满满、手上大口袋晃晃悠悠的女人

她们天真活泼，习惯把生活看得很简单，根本就不准备花费时间和精力去打造设计，而每当问题出现后，依然天真地认为困难很快就会过去，还可能浪漫地幻想会有白马王子及时出现。这种依赖和等待的心理使她们处事缺乏整体性和前瞻性。

7. 经常变换背包的女人

精神经常处于极不稳定的状态，缺乏主见，而且不了解自己的兴趣所在。她们不知道应该选择什么样的情人，所以相当挑剔，也相当随便，有时对意中人冷若冰霜，有时对讨厌的人热情似火。她们总是犹豫不定，她们会把很多男人的优点作为择偶条件进行考虑，而一旦有了决定，往往又会把目光投向另一处，虽然接触到的很多，但属于自己却很少，常常是两手空空。

8. 从不背包的女人

没有手提包的女人，属于不负责任类型，但却因为摆脱了这个约定俗成的规律而成为其他女人羡慕的对象。手提包作为一种饰物，对于每一个爱美的女人来说不可或缺，所以她们有着与众不同的个性，崇尚自由和无拘无束，渴望独立。

9. 公文包不离身的女人

典型的工作狂，有较强的事业心，而且愿意让自己整天陷入繁忙的公事之中；交朋友较为慎重，说话处事亦小心谨慎，故朋友不多；不容易引起男性的关注，她们虽然感情不很外露，但心底却有

着对异性的强烈渴望,得不到满足时便更加沉迷于工作之中。

细节可察觉女人对你的爱慕之心

1. 她经常"偶然"出现在你身旁

爱情心理学的研究表明,当一方对另一方产生爱慕之心以后,总希望让自身的形象引起对方的注意,因此总惦着寻找机会把自己显现在对方的视野中,但是由于自尊、害羞以及社会评价等因素的制约,向对方显示自己时表现得比较谨慎,又不愿让对方发觉自己是故意这样的。因而往往装出"无意""偶然"的样子作为掩饰,以便万一遇到麻烦有一个退步。一旦这种"偶然"经常发生,那你就有必要多想想了。

下班的时候,她经常"偶然"在单位门口遇见你,并且每次都要"顺便"和你同行一段路,尽管这会使她绕远多走路。

在食堂吃饭的时候,她经常"偶然"坐在你习惯坐的饭桌旁边和你攀谈,注视着你,甚至还会把好吃的东西让你品尝。

在开会的时候或在看电影的时候,几乎每次她都"偶然"坐在离你不远之处,甚至会和你的座位挨着。

在大学校园里,每次当你和同伴在幽静的林荫道散步时,她经常"偶然"在那时恰好也散步来到你的面前。

特别是你若试探地改变一下你的活动路线和时间,她也同样会"偶然"地随之改变。那么,这种"偶然"大概就不是偶然,很可能是有意引起你的注意了。

2. 她的目光经常跟随着你

一般说来,人们对自己特别喜爱的东西总觉得看不够,希望能经常见到。被爱慕的异性则吸引力更大,"一日不见,如三秋兮",一旦"意中人"出现了,她的目光会不由自主地被吸引过去。当双方还没有明确说出心思时,这种目光常常是悄悄射向对方的。

在工作间隙你偶一回头,会突然发现有一双明亮的眼睛在注视着你。

在单位集会的场合,你也会发现她的目光正从许多人头的空隙处凝视着你。

只要有她在场,你总会觉得有双眼睛在盯着你,有时又会一闪而过。你会感到这种目光与众人的目光不同,它带着一种凝视的力量,带着希冀和温情,似乎要把你的视线吸引住,使她心动。这是因为,眼睛是心灵的窗户,许多无法用语言表达的感情,都可以用眼神传达。据对行为信号的剖析研究,人们如果看到动念的事物,瞳孔便会无意识地放大,当双方无言相对,而对方却一直看着你超过6秒时,你会产生对她的特有注意,甚至会感到不自然。可见目光在传达感情上多么重要。也正因为这样,目光也为你了解对方的心灵提供了窗口。因此,当你发现她的目光经常在注视你时,应明白这是传达信息的好时机,倘若你也有意,不妨试着在注视对方的同时报以深情的微笑,而对方的目光不但不躲避,却显得更明亮了。那么,至少可以断定,她对你已产生好感。但是否是表达爱慕之意,还需要用其他表现证实。

3. 她突然变得对你格外关心

青年男女在表示对对方的关心帮助时,都比较谨慎,而且常常是拉着几个同伴一起行动,很少单独向对方表示。如果你发现她突然变得对你格外关心,独自悄悄地给你出乎意料的帮助,至少说明你在她的视野中占据了重要位置。

你脸色不好,她会悄悄问你:"是不是身体不舒服?需要什么药吗?"而别人却看不出你脸色的微小变化。

你遇到一件不愉快的事,她当时并没在场,事后却主动向你表示慰问劝导。这显然是从别人嘴里打听到的情况,说明她在时刻关注你。

你偶然因故缺勤,她会很快发现并不动声色地打听你为什么没有来。

单位有什么好事或不利于你的事,她会很快地告诉你,为你高兴或忧虑。

4. 她和你单独相处时不自然起来

以往你们单独相处时,她并没有什么不自然的表现。忽然间你发觉她和你相处时变得局促不安,手足无措,说话也不那么利索了,特别是还伴着脸红的现象。那么,如果不是她做了什么对不起你的事,就很可能是对你动心了。心理学家认为,当一个青年对另一个青年异性开始钟情而又没表达出来时,往往在面对异性时不知所措,脸红耳热心跳。这是性焦虑的一种反应。这种不自然的表现,向对方发出了意会的信号。

5. 她总想了解你

她常向你谈自己的童年,给你看过去的照片,讲上学时的趣事,告诉你家里的人口情况、父母的性格爱好,进而暗示欢迎你到她家去玩。这往往是表示愿意接纳你为她家庭成员的信号。

她也可能常常问起你的家庭情况,听你讲童年、讲过去,对你家里的事情有特殊的好奇心,甚至还常向别人打听你的生活,总想找机会到你家拜望。这往往是愿意成为你家庭成员的信号。

6. 她变得爱对你恶作剧

这是一种希望引起你注意的变态行为。这种情况在女青年身上表现得较多。大多是因为找不到正当的理由接近你,或者你从没有想到要注意她,于是她就用恶作剧的手段来表达。

下班时,你突然发现自行车的气门芯被人拔掉了,别人悄悄告诉那是她干的。

在众人面前她会专门开你的玩笑或者成心拿话气你,让你下不了台。她从这里可以获得一种心理满足。不过,这种恶作剧基本上是一种失败的表达方法。因为这常常会使对方产生厌恶情绪,根本不去想你内心隐藏的真实意图。

认识女性约会的心理特点

一般地讲，初次约会机会的获得要靠男方主动争取，至少在现在的中国，爱情的开始一般以男性首先表达为常见。为了避免被拒绝的尴尬，男性一般要在把握比较大的情况下提出约会的要求。所谓把握比较大，是指对女方已经有一定了解，知道她在一定程度上喜欢你，至少不讨厌你，当然，如果能知道她正在暗恋你，事儿就更好办了。提出约会请求时可以用一些冠冕堂皇的理由作为借口，比如一起看一场电影、话剧或球赛之类。提出要求时要做好被拒绝的准备，因为对方可能没时间，或者不喜欢和你单独相处，甚至有些女性为了显示矜持的个性，在你第一次发出邀请时会故意拒绝。如果对方拒绝了，千万不要生气，而应有礼貌地说："真是遗憾，不过没关系！"当然，如果初次约会是由朋友、亲戚给安排的，就没有这些考虑了。

1. 约会的时间和地点

在双方都同意约会后，应细心安排约会的时间和地点。时间一般选在傍晚比较适合，因为傍晚见面天还未黑，双方可以互相打量观察对方，待天黑之后，谈起话来又有情趣，而且夜幕可以掩藏初次见面的不安和羞涩。地点以离女方住处较近为好，要选择环境优美、谈话方便的公园、沙滩、茶座等。选择地点一要忌偏，这样的地方双方都不熟悉，影响约会。二要忌远，远的地方影响第二天的学习、工作。

2. 初次赴约

在双方确定约会的准确时间和地点之后，接下来的事就是赴约了。赴约一定要守时守信，最好提前几分钟到达约会地点，不到万不得已，不能耽搁。如果有事迟到了，一定要向对方道歉并解释原因。当然，假若对方迟到了，也不能将心中的不耐烦表现在脸上，而应宽容一些，问一问对方遇到了什么麻烦事，不论是什么原因，都应给予充分的谅解。

有一个小伙子，三天前约定与别人介绍的姑娘在公园相会，不料到了那天下起了大雪。虽然大雪纷飞，而且又是傍晚，小伙子还是按时去了。然而女方没有到，等了好一会儿，对方还是没来。小伙子并未生气，而是在旁边的大树下看起书来。原来女方认为下了那么大的雪，对方不会去了，所以就没打算去。但后来她又不放心，抱着看一看的想法去了，结果看见小伙子已经抱着书等候多时了，她顿时感到心里一阵暖流穿过——爱情的第一页就这样掀开了。

3. 初次约会的形象

初次约会一定要注意自己的形象。很难想象一个裤子皱巴巴、衬衫领子脏兮兮、领带歪歪斜斜、皮鞋灰蒙蒙、头发乱蓬蓬的男士会得到女性的垂青。男性应适当注意一下自己的形象，以看起来整洁大方、自然潇洒为好。

4. 约会中的交谈

约会中最重要的事情是谈话，正所谓"恋爱是谈出来的"。只有两个人互相了解了对方的志向、兴趣、个性、品格，才能撞出爱的火花来。初次约会时应主动和对方攀谈。谈话宜从一些公共话题比如天气的冷热变化，时下上演的精彩电视节目和电影等。谈话中应当主动向对方介绍自己的情况，如学习、工作、生活、家庭、个人经历等等，但有一点要记住，既不能只顾自己独自口若悬河、滔滔不绝地谈，而不顾对方的反应。谈话的艺术关键在于善于倾听。只有善于倾听才能听出对方感兴趣的话题，才能使谈话趣味活跃起来，才能在两个人共同感兴趣的话题上谈到一块儿，谈出不同凡俗的见解，才能在两颗心灵之间产生碰撞的火花。谈话时要自然大方，既不要吞吞吐吐、藏头露尾，也不要夸夸其谈、自吹自擂。对对方提出的问题要给予尽可能完满的回答。另外，谈话中对一些异性之间的禁忌和社交场合的禁忌是应小心避开的，比如女方的年龄、是否有过旧情人等。

最后，如果经过接触，发现对方不是自己中意的伴侣，也不要应付几句就借故溜走。做事应有头有尾，约会要好聚好散，应当在经过一段时间的攀谈后由男性送女性回到她的住处。

5. 了解女性的想法

女性一般来讲天性细腻，情感脆弱。她们心里经常有许多"小九九"，她们认为男性不了解她们心中细微的想法，因此，如果你若能将她无意中流露出的小要求、小兴趣牢记在心，当有一天你在做事时将她的小的要求和爱好考虑在内时，一定会令她感动不已。女性关注自己身上的每一处微小变化，在美发厅将发型稍微变个样，她也会在镜子前照上半天，她希望男友发现她的变化并给予赞美。如果粗心的男友对她兴致勃勃的样子视而不见，她会大生闷气，或者主动问你："喂，你到底发现没有，我是不是哪里和以前不大一样了？"善于和女性相处的男性往往能发现她们身上的每一处微小的变化并给予适时适度的赞美，令女性因受到体贴的关注而欢喜不已。

女性希望别人尊重她，了解她。中国人男尊女卑的观念由来已久，至今仍有许多大男子主义者，虽然嘴上不说，心里却总是觉得女人不如男人。他们在和女性交往过程中，不注意了解她们的心理，不尊重她们的意志，这种做法是要不得的。比如陪着女人散步的时候，最优雅的姿态应是挽着她的手慢慢地走。不能动不动把手臂弯过她的腰围，除非在偏僻的地方经过她的允许之后。当她提议要回去的时候，多半是她已经兴致阑珊了，聪明的做法应是顺从她的意思，尊重她的意见。不要死命地纠缠不休。你要知道，即使她无可奈何地继续陪你走，她也不会像开始那样高兴了。更糟的是下次她可能不会轻易答应你的约会了。如果你和她的关系仍然处于"客气"阶段，那么对于每一个提议，你必须加上一句："方便吗"或"这样可以吗"之类的征询，是最优雅而又得体的态度。

女性的一些想法经常不会明说出来，这就要求男性去猜，去了解她的心思，去体贴她。如果你问她："我送你回去好吗？"她回答的是一句普通的客气话："谢谢，不必送了。"这表示你可以送她。假如她用稍为严肃的语气回答："用不着，我自己回去得了。"这表明她有不便之处，你最好识趣一些，抽身而退。最容易让女性动心的是了解之后的体贴入微。所谓体贴入微，就是要在细微小节的地方为对方着想。散步的时候，走一段之后就问一句："走得倦吗？"或是"要不要找个地方吃点什么休息一下呢？"当你要喝茶的时候，即使多余也必须先问对方一声："你要茶吗？"在公共场合或陌生人太多的场合，你得关切她偶尔产生出来的迫切需要，你应当观颜察色，用一种优雅的态度私下里问她："要不要到洗手间去？我可以告诉你在什么地方。"女性对于这类小问题常常是不方便开口的，而你的关切也许正适应了她的需求，她怎能不为你的细心关怀而感动呢？

但是尊重女性这一点主要是针对那些大男子主义严重、行事粗鲁的男性来讲的。一般而言，如果男性在这一种倾向上发展得过了头也不是件好事。一些男性以为一味温柔体贴，事事服从，女人便喜欢，追求便会成功，其实这是一个极大的错误。一般来讲，每个女人，不论她在事业上多么成功，不论她内心多么坚强，都有一种依赖感，有一种靠在男子肩膀上的心理需求。而一个一味迁就服从的男性，虽然温柔，却少了男人的魄力和气概，令女性从心里失望。每一个女人都需要一个有主见、有信念、有魅力、有气概的男子来做她的护花使者。因为女人不爱则已，一爱则会全身心地投入，将整个生命寄托在所爱的男子身上，试想，她们怎能相信一个软弱、无丈夫气、只会听女人话的男子担当得起她们的寄托？因此，有一点必须明白，在女人面前，必须拿出男子气概来！

男子气概的一个主要标志便是有主见。在面对你把握得准的事情时，或涉及你做人的原则问题时，要学会坚持，面对你坚定的立场和果断的作风，女人们在心底可能正暗暗喝彩"有男人味"！

女人的感受从触觉开始

实际生活中，我们常常发现许多男女虽已恋爱很长时间，但关系还没有达到很深的地步，如果你没有新招，那么，你们的这种感情就只能原地踏步。

但是有一天，她突然收到你的来信，此时她的心情一定相当微妙。因此，当你因事外出时，不妨给你的恋人多发一些信件和明信片，哪怕只有一句短暂的问候或只是告诉她你的行踪，也会在恋人心中引起震动，处于电讯发达的时代，也可以多发短信，写上一些"祝你过个快乐的周末"之类的话语。或者外出时，每天晚上向她说一点你对她的思念并"祝你晚安"之类话语。要知道，女人都是喜欢听甜言蜜语的，多说一些"爱她、想她"不仅不会令她生厌，反而更让她对你依恋不已。她会觉得你时刻惦记着她，无论你走到哪里，你的心和她的心都是相通的，通信是一种虽然传递较慢，但能更深刻地表达爱意的手段。宋词云："渐写到别来，此情深处，红笺为无色。"不妨用浪漫的信笺故意惹一下姑娘的情思，或许平时她对你还没有太深的感情，或许她还没拿定主意是否与你深交下去，如果此时你用这些方式向她发起进攻，她一定会受宠若惊，在深夜，她一定会捧出信来，或者拿着手机，反复琢磨其中的字句。自然会对你越来越产生好感，你在她心目中的位置也就越来越重要了。

女人对可以触及到的事物感受是十分强烈的。她们对事物的看法和感受多半是从触觉开始的。

热恋中的女孩，总喜欢牵着男友的手，由于触及对方，在无意中确认他们的关系，向他传递自己对他的好感。

因此，要征服女性，用手接触她就成为不可缺少的行动。牵着她的手，搭着她的肩，使她对你有切肤之感。

试想，倘若一对经人介绍的男女，恋爱了很长一段时间后，男方与她连牵手挂肩都不曾有过，老是各走各的路，好像俩人什么关系都不曾有过，那俩人能火热起来吗？

女人不爱听对方的抽象表白，而乐于接受具体的行动。如果你只能把一些甜言蜜语挂在嘴上，却没有一点儿具体的行为，她就会怀疑你是否真心诚意，因而感到十分不安。但倘若你搭着她的肩，牵着她的手，她的感受就会大不一样，爱与喜欢就从此产生了。

向女性表达爱意的技巧

女人是感性的，男人是理性的，多造一些浪漫，多一些具体行动，任何女人包括女强人都不会拒绝似水的柔情。

的确，爱的表达方式非常重要，那么，怎样才能使你发出的爱的信息一下抓住对方而不至扫兴而归呢？

1. 表达时机要恰当

爱的表达应基于感情的发展程度，表达早了可能会因为不成熟而遭到回绝，断送姻缘；表达晚了可能坐失良机，使爱神从身边溜掉。什么样的时机最合适？如果你从同事、朋友中看中一个人，想说出"我爱你"，一是要看看你的爱是否确实到了真诚、热切的程度；二是充分考虑一下对方是否能以爱回报你，不知道或信心不足，可以先做些了解。如果属于经人介绍而相识的，说出"我爱你"往往在交往一段时间以后，这个时机应该选在双方心情良好、情蜜意浓的时候。这样，你一言即出，就会得到对方的响应。

2. 表达方式要含蓄

表达爱情时，千万不能在大庭广众上高声大语，直来直去。表达爱情之时，不论是女性还是男性，毕竟都会带些羞涩。向对方求爱，还要给对方留下考虑的余地。因此，含蓄的表达，对于求爱者和被求爱者都是合适的。像皮埃尔·居里向玛丽亚的求爱，就是非常含蓄的。还有如电影《归心似箭》中，玉贞爱上了在她家养伤的抗联战士魏得胜。一天，魏得胜抢着帮玉贞挑水，玉贞深情地说："好，让你挑……给俺挑一辈子。"含蓄地表达爱慕之情，是我国人民的传统美德。它给爱情的传达增添了柔情和蜜意。但应注意的是，不能把含蓄当成含糊、含混，这样的"含蓄"表达不清、表意不明往往达不到预期效果。

3. 表达态度要坚决

要想抓住对方，使之喜欢你，你自己的态度首先要坚决，使对方相信你的爱是坚定的、成熟的。

4. 表达方法要灵活

传情的方法多种多样，不拘一格，如以言传情、以物传情、以信传情，通过中间人传情等，用哪种，要根据对方的性格、气质，根据环境、时机而定。总的原则是，你选用的方法，应有利于使对方接受，抓住对方。如对方不喜欢交际，不善言谈，那你就可以先给她写封情书以示心意。

第二十七章
看懂他才能把握爱，
从男人的微行为了解其真实性情

需要避开 4 种男人

女人们把找到一个一辈子值得依靠的男人当成自己这一生最大的事情，更将终身的幸福押到这个选择上。有时候女人会因为一时的冲动，或急于搭建爱巢，或者因为阅历不深而被迷住双眼，结果不但尝不到婚姻的甘果，还会抱憾终生。心理学家经过调查，发现具有下列性格的男人容易将女人推进"婚姻的坟墓"。

1. 有恋母情结的男人

他们和母亲有着浓浓的血缘关系，而且长大成人后对母亲的依恋依然强烈浓厚，让母亲决定自己的婚姻以及以后的生活，更有甚者和母亲同住而远离新婚娇妻。他们通常是在家长的溺爱之下长大的。如果条件允许，他们则会进步得很快，但一旦出现意外，便会表现出缺乏判断能力的弱点，有的时候全线崩溃，和小孩没有什么区别。

2. 只爱自己的男人

他们是自恋的男人，全心全意注重自己身上的每一处，只关爱他人一点点。他们迷恋自己，通常是因为自己长得帅气、条件出众，还会故意表现出爱美的心态。如果选择这样的男人，一定要和他们的优越和美好匹配，否则就会被对方蔑视。必须清楚的一点是他们的仪态和表情如海市蜃楼一样虚无缥缈，他们只是表面的作秀者，实际上他们"嘴尖皮厚腹中空"。

3. 孤高才疏的男人

他们自命不凡，常常认为自己是这个世界上最出众的人才。他们好高骛远，而自己实际上并没有真才实学，也不肯脚踏实地地拼搏一番。他们常常自吹自擂、口若悬河，取得了一点成就就分不清东南西北了，到处夸耀。他们一点儿也不稳重，没有人会相信他们，他们注定一生碌碌无为。

4. 疑心和贪婪的男人

他们最大的缺点就是将女人视为私有财产，对妻子与其他男人交往横加干涉，疑心极大，胡乱猜疑，根本就不顾及妻子的尊严和人格，粗鲁者还会拳脚相加。爱情具有可怕的作用，那就是占有和猜忌，所以占有欲强烈的男人非常容易走上极端，对妻子或情人进行监视和压迫。

从男人的体型看性格

人们在工作或社交场合中总是把自己的内心包裹得严严实实，要想了解一个人的性格，并不简单。但是人至少有一样东西是难以包裹的，这就是他的体型。人的体型在意识范畴之外，然而却能反映内心。因此，我们可以通过体型来大致判断男人的性格。

德国心理学家和精神病学家克瑞其米尔曾经发表过《身体结构和性格》，最先将体型与性格联系起来，并进行归类和系统研究。

下面介绍5种不同的体型及其相关性格分析。

1. 肥胖型

这种体型的人的特征就是在胸部、腹部、臀部上厚积了一些赘肉，一旦腹部等处凝聚大量的脂肪，俗称的"中年肥胖"便出现了。这类人能很快适应周围环境的变化，大多属于好动的人，乐于偷懒和被人奉承，有时在工作中耍点小聪明。其中多数人容易被周围的人理解,是受欢迎的人。

他们的性格特征是热情活泼,喜好社交,行动积极,善良而单纯,经常保持幽默或充满活力,也有温文尔雅的一面。常常突然地改变为喧哗或文静态度,属躁郁质类型。他们中有许多人是成功的企业家,他们的理解力和同时处理许多事物的能力强,但考虑欠缺一贯性,常失言,过于草率,自我评价过高,喜欢干涉别人的言行,喜欢多管闲事。

2. 略瘦削的健壮型

这类人争强好胜,无论什么事都愿意接受挑战。他们拥有坚强信念,充满自信心,坚持不懈,百折不回,判断及裁决迅速果断,坚信"天生我材必有用",工作中是值得信赖的好伙伴,商业交往中也是好顾客。

但这种强烈个性有时会向极端的方向发展,表现为硬干到底、专制、不信任他人、态度不好。在工作中,如果有人无法默默地顺从他们的意志时,他们就会立即与该人断绝来往。

由于这类人欠缺思考,一旦在脑海中存在某种思想后,要想改变他们的想法便非常困难。

这类人缺乏人格魅力,即使有人因其出众的才华或拥有的权力而刻意奉诿他们,也都会与他们保持一段距离,他们在家庭中也是非常容易被孤立的。

与这种人接触和交往时,不可以与他们对立。因为这类人有一定的攻击性,在自己的正确性被认同之前,必会急切地主张自我的正当性,这类人被认为属于偏执质类型。

3. 苗条型

苗条是用来赞美女性身材好的词语,但也有一部分男人可以用"苗条"来形容,他们身材修长,具有很多女性的特质。苗条型的男人大多隐藏心事,给人无法接近和无从交往的感觉。

这类人最大的特色是冷静沉着。但其性格十分复杂,存在互相矛盾的地方，属于分裂质类型。对幻想中的事物兴趣大，不让他人了解自己内心世界或私生活，以冷漠面纱包装自己。

此类人不愿与平常人相交为友，而表现出一种令别人意欲与他们接近的贵族气质，他们身上常散发着一种浪漫情调。

他们专心于鸡毛蒜皮的无聊小事，倔强而不肯包容，骄傲而外表冷漠，当无法下决心时，凭冲动决定事物。天生对手工艺、文学、美术感兴趣，对流行服饰感觉敏锐。对他人的一些小事非常热心，表现出优雅的社交风度。

与这类人交往时要知道他们其实内心善良，具有细致的心，生活严谨慎重，又有点迟钝，意志薄弱，是很难交往的人。

4. 强健型

他们的特征类似黏液质类型人的特征，其第一特征是肌肉发达、体态匀称、头部肥大、筋骨强壮、肩幅宽阔，言行循规蹈矩、一丝不苟，诚恳忠实，不少人是举重、摔跤选手或公司领导。他们的抽屉井然有序，写字是用一笔一画的正楷写成的。

这类人的第二个特征是常以秩序为重，遵循规律，每天生活充实，一旦着手某种工作，必坚持到最后。

这类人的第三个特征是速度迟缓，说话绕弯子，唠叨不停，写文章谨慎而周到，却过于繁琐，洋洋洒洒一大篇。

这类人是足以让人信赖但又稍嫌欠缺趣味性的坚硬性人物，易被妻子提出离婚要求。

这类人顽固执着，有拘泥于形式思考的习惯。

如果你想把握这种类型的人，不妨偶尔利用闲谈或请客来尝试与他们接触。

5. 瘦弱细线条型

这类人强烈的敏感性使他对自己周围的变化十分敏锐，常常会过于留意周围人的动静。这类人中很少有脑筋差的人，其中知识分子为多数。这类人无论做什么都自我承担一切责任，当他们犯错时常会说"都是我不好"。

这类人心理不稳定，容易失衡，心情焦虑，自己却能经常发现自己的这种缺点，具有丰富和细腻的感情。

文静真诚而又顺从的神经质的性格，给别人的印象是没有自主性、迟钝、性情易变、不易相交。

对于受这类朋友或上司托付的事，一定要如实地实现，遵守约定，注意礼节等。

从许多的事实看，某种体型的人也确实容易形成某种个性品质和特征，借此可以对人的心理进行粗略观察和初步判断。只要别过于呆板，也还是有一定效果的。

从面相看男人

恋爱与婚姻都是一辈子的事，前者的回忆是很难抹去，后者则是人生的重要里程碑，选了怎样的情人或老公，都将对自己产生不少影响。下面就给女性同胞们一一介绍。

1. 双耳贴脑之男

双耳贴脑的人，一般成就颇高。耳型美者听善言，自然有善心，所以通常耳相好者心肠都不会太差，非常值得情人信赖。不过，也许是聪明过人的缘故，这种男人多半很有主见，有时难免固执一些。

2. 悬胆鼻之男

鼻头区域圆大饱满，不仅仅是肉丰而已，而是指鼻内部的骨头结构相当结实。生有悬胆鼻的男人必然内脏构造优良、头脑发达，因此必有所成。他们对于婚姻和爱情相当有责任感，虽然嘴巴不言爱，但很疼爱女朋友或老婆。

3. 地阁丰腴之男

地阁是指脸颊、下巴周围之处，丰腴、有肉的脸颊，代表他们良好的人际关系，本身也比较随和、宽厚。特别在近左右腮骨处各有直的深纹一、两条，俗称成功纹，一方面表示这个人有积极向上和奋斗的踏实个性，也表示具有良好的人缘。

4. 双眼澄澈深邃之男

眼神深邃、眼波澄澈者，是个相当有幽默感的男人，也是个很聪明的读书人。他们到了社会，眼神会越来越偏向锐利，而留在学院中从事研究教学的人，眼神益发偏向深邃，却不显锐利，但两者的同一特色倒是都很疼爱自己的女朋友或老婆，因为他们很重视两个人的感情。

5. 八字眉之男

八字眉的特征是眉身特别上扬，到眉尾部分又陡然下降，长有这类眉的人，由于深具艺术细胞，与他相处会如沐春风，总觉得时光飞逝！身旁若有一个八字眉的男人，会觉得每天真的都是美好的日子。

6. 发际内凹之男

如果你希望有一个善解人意的情人或老公，那么一定不能错过这样的男人：发际内凹，不是尖出来生长，反而向内凹进去，形成额正中少一撮头发的模样。拥有这种少见的相，无论外表如何，却多是"心"美的人。他们相当地彬彬有礼，心地善良，特别是善解人意，极富有爱心，许多女性心中的偶像男明星梁朝伟，额中的头发相当稀薄，就是有此相特征。

7. 鼻高势强之男

鼻高隆，山根（两眼间）高，鼻子在脸的比例上稍稍偏大，准头丰圆，鉴台、廷尉（左右鼻翼）分明，而且完全不露孔，拥有这种鼻的人，个性十分朴实、实事求是，意志力都很强，会为了所爱的人与家庭，冲锋陷阵，对于情人的话也不会当耳边风，因为他们很重视亲人、情人的想法，而且也有能力作很好的沟通。

8. 唇肉饱满之男

上下唇不但饱满而且富弹性，感觉上绷的嘴型格外清晰，嘴角相当长,拥有这样嘴唇的男人喜欢说理式的表达,表情与肢体流露出充满理性的智能,算是一类风骚型的魅力人物,而这种知性、冷静的形象,会使人们在倾倒之余,还增加对他们的信服度。

9. 肌骨混合型之男

他们天庭饱满,腮骨突出,加上一个明显而略尖的下巴,脸上的肉不能说是丰腴,但显得很结实,且不露骨,所以说是肌骨混合型。这种人的精力充沛,活动能力、幽默感皆很强,掌握重点的能力特别好,性格偏向快速有效率,最重要的是,他们具有值得信赖的特质,责任心重,重视情人的想法,也非常愿意倾听,是个值得信赖的男人。

从男人的走姿了解他的性情

1. 步伐急促的男人

这类男人是典型的行动主义者,大多精力充沛、精明能干,敢于面对现实生活中的各种困难,适应能力特别强,尤其是凡事讲究效率,从不拖拖拉拉。

2. 步伐平缓的男人

这类男人走路总是一副不急不慢的样子,别人无论说得如何急他都不在乎似的,这是典型的现实主义派。他们凡事讲究沉着稳重,"三思而后行",绝不好高骛远。如果他们在事业上得到提拔和重视的话,也许并不是他们有什么"后台",而是他们那种脚踏实地的精神给自己创造了条件。

3. 身体前倾的男人

有的男人走路时习惯于身体向前倾斜,甚至看上去像猫着腰,这类人大多性格温柔内向,见到漂亮的女人时多半会脸红,但他们为人谦虚,一般都具有良好的自我修养。他们从不花言巧语,非常珍惜自己的友谊和感情,只是平常不苟言笑。与其他类型的人比较来说,他们总是受害最多,而且不愿向人倾诉,一个人生闷气。

4. 迈军事步伐的男人

走路如同上军操，步伐整齐，双手有规则地摆动。这种男人意志力较强，对自己的信念十分专注，他们选定的目标一般不会因外在的环境和事物的变化而受影响。

这种男人往往最讨女人欢心，也最让女人伤心，因为他们一旦盯上某个目标不达目的誓不罢休。他们若能充分发挥自己的长处，一定收效颇丰，因为他们对事业的执着是其他类型的人不可比拟的。但如果你的领导是这种人的话，日子可就不好受了，你会"吃不了兜着走"，因为他们一般都比较独裁。

5. 跛方步的男人

迈着这种步态的男人是非常沉着稳重的，他们认为面对任何困难事情时，最重要的是保持头脑的清醒，不希望被任何带有感情色彩的东西左右了自己的判断力和分析力。他们有时也觉得累，为了保持自己的尊严，他们很难在人前笑口常开，这是他们做人的准则。他们对自己的身体形态进行严格控制，虽然别人敬畏他们，可在一人独处时也感到十分压抑，因为他们涉世极深，城府极深。

从情人节的礼物判断他真实的想法

情人节得到礼物是令人愉快的，女人自然也希望得到礼物，是因为她能从得到的礼物中体会到送礼赠物之人的一片心意。

礼物中包含着送礼者的用心，借此礼物，就可知道他对你的想法了。

1. 送首饰的男人

戒指、耳环等装饰品几乎就是送礼者的"替身"，含有一直想跟在你身旁的意思。

项链、手镯等是"锁链"的象征，表示对方想拥有你，时刻紧紧地抓住你。

2. 送花的男人

男人送给女人的礼物中，最受欢迎的就是花。花象征着女性美丽和清纯。如果他送花，那么就是他从心底认为，你是个美丽、值得爱一辈子的女人。

如果那花是由对方亲自采集来送给你的，那么送花含有愿意为你做任何牺牲、任你吩咐和安排的意思。

3. 送手帕的男人

若男友送你手帕则他是在对你说"忘了过去吧"。手帕或毛巾等含有"洁净"的意思。用在男女之间，则很有可能是想清算过去，但也可能是请你忘记过去的不快乐。他太了解你了，对你过去的不快他很了解，但这也表明此后他将全心全意地爱你。

4. 送水果和糖果的男人

水果或糖果等含有一起吃或一起玩的意思，就更深层次意义而言，也可说是象征"游戏"。吃完玩完就不会留下任何证据。他所追求的也许只是把你作为爱情游戏的对象，当然，将来也可能发展至更深层次的关系。

5. 送高级手表的男人

送高级手表并且希望你能随身携带的男性，有两个目的，一是夸耀自己的经济实力，另一个是希望一直拥有你。

6. 送衣服的男人

送衣服的男性，可以说是很自我的人。也就是，他是凭着自己的兴趣来决定你的喜好的。尤其是，他买衣服时没有带你去，你可以认定，他是个专断的人。

7. 送小礼物的男人

如果他送小东西给你，表示他对你很冷淡，虽然他被你未知的部分所吸引，但是，对你实在很不了解。当然，不了解不能说明不爱，只是爱的基础太薄弱，你应该让他更了解你。

8. 送 CD 的男人

他送你 CD 唱盘的话，表明他是以精神上的满足为第一考虑的人。他很仰慕你，借由音乐来表达对你的爱慕之意。他是个很浪漫的人，也是个很尊重你意志的人。

从男友喜欢的手指看他爱你有多深

你是否为不知道他对你是否真心而苦恼呢？相处也有一段时间了，他对你也很体贴，可你却为该不该对他付出太多感情而迷茫。

一种观点认为这个问题只要伸出你的手，让对方选择其中他最喜欢的是哪个手指就可以解决了。

1. 选择大拇指的男人

如果他选择大拇指，则表明他对你几乎死心塌地，唯命是从。说穿了你是他心目中的崇拜对象，甘心永远拜倒在你的石榴裙下。但是他的嫉妒心很强，要小心才是。

2. 选择食指的男人

如果选择食指，说明他对你可不是那么单纯！如果你很欣赏他，愿意付出完全的自己，那就危险了——可能他是一个逢场作戏的花花公子。

3. 选择中指的男人

如果选择中指，那么他不够喜欢你。他只不过想跟你做个朋友而已，如果你想进一步和他交往，自己必须付出比较大的努力。

4. 选择无名指的男人

或许他会选择你的无名指吧，这说明他非常爱你。他爱你爱得让人无所适从，甚至殷勤得让你反感。

5. 选择小指的男人

如果他选择了你的小指，表明他暗恋你已经很久了，但是始终不敢流露自己的情感，你若钟情于他，快快暗示他，也许你们会比翼双飞，不要错过这种缘分。

从他对家人的爱观察他

　　一般而言，女性之间比男性之间更放得开、更善于表达，爱更容易说出口一些。父亲爱儿子的方式就是对儿子的训斥、呵护，而母亲对女儿则是一种温柔、无声、细腻的爱。

　　向家人表示爱的方式，会揭示一个人的基本性格特征，会透露一个人对待工作的态度。有的人性格外向乐观，可能更容易将爱表现出来；有的人比较内向含蓄，表达的时候可能比较不容易用开放的直接的方式。喜欢表达爱意的人，可能工作方面更加外显、更加张扬、更加热情充沛一些。不容易说出爱的人，是属于比较内敛、比较含蓄，做事稳重、踏实一些的人。

　　不同的人，表达爱的方式不一样，表现他对事物的看法也不同。有的人喜欢通过一些直接的行动表达自己对家人的爱。一句话、一个眼神、一次拥抱……搜狐做过一项名为"拥抱·爱·拥抱"的调查。据调查显示，57.1%的人不会吝惜自己的拥抱，希望直接表达出对家人、对朋友、对爱人的深情厚谊；64.8%的人可以接受"当众拥抱"；34.6%的人是为了"给所爱的人以支持或鼓励"才去拥抱的；70.8%的人会以"琐事见真情"的方式代替拥抱。但就"以拥抱表达爱"这点来看，大多数的人愿意在琐事中见真情，这可能是受传统文化的影响较深。还有一部分人不会吝惜自己的拥抱，他们知道怎样表达爱，怎样做能够让别人感受到爱，他们了解自己也了解别人。

　　对家人爱的表达方式多种多样，每个人选择的方式不同。如果是夫妻之间，有些人会选用一些浪漫的方式，例如：送伴侣一束鲜艳美丽的玫瑰花；照一张情侣照，并把它装在一个漂亮的相框里，当作礼物送给对方；写一封短短的情书，把它贴在浴室充满雾气的玻璃上；寄封电邮或电传表达你的爱意；邀请对方参加一个精心设计好的约会，给她一个惊喜。这些表达方式别出心裁，很有创意，会给对方带来感动，增进夫妻双方的感情。能够想到这些方式的人很会经营自己的爱情和家庭，他们是有心的人，对待任何事物都会用心去做，富有想象力，充满创意。

可能有时候对伴侣的爱比对父母、对其他家人的爱表达得更容易一些吧。对伴侣说"我爱你"很正常，可是对父母说"我爱你"会让很多人觉得别扭。有一些人往往善于表达对伴侣、情人的爱意，却忽略了父母也需要直接而真诚的爱。他们心中承载的是小爱，却忽视了对父母的大爱。这样的人可能是比较粗心；可能是受惯了父母的宠爱，忘记了去付出；可能面对严父，无法直接表达自己的爱……无论怎样，他们不够细心，不够勇敢，没有全力付出的意识，会影响到对工作的态度。相反，有些人，即使不能直接对母亲说一声"我爱你，妈妈"，他们也能够用很多其他的表达方式来表现自己的爱：对家人说句感谢的话，为家里做些事，在日记里写下自己爱他们的话，再把日记放在他们容易看到的地方，节日送份礼物给父母、老人，以自己的方式表达对父母长辈的爱，用自己的实际行动表达自己对家人的感激和爱。这些人抱有真诚的爱心，拥有智慧的大脑，做事情还会不成功么？

花钱的男人

在不少男人的眼光中，金钱不但是财富的象征，而且是他们的权力和力量的象征，是衡量他们成功的尺度。

所以，从他们对待金钱的态度上，就可以了解他们的内心世界。心理学家可以从不同男人的用钱方式看出他内心的想法。

1. 过分地送礼物给女伴

这种男人既害怕失去对方，又不愿意付出太多的感情给对方，于是，就给对方多送些物质，希望以此弥补感情上的缺乏，这种行为足以看出这个人的情感，经常处于一种自我矛盾的状态。

2. 要求女方付钱

在有意无意间，他会让女方负担起全部约会的费用，这种男人严重缺乏安全感，希望别人能以各种方式给他保证。谈这种恋爱，女方容易陷入一厢情愿的处境。

3. 对 5 毛钱的买卖也斤斤计较

这种男人能和别人因为 5 毛钱而争得面红耳赤,但却肯花大钱买最好的音响或古董。这种男人对感情可能也同样的势利,他可能很爱对方,但绝对容不下对方的无理和任何不可靠的要求或行为。

4. 使用欺诈手段骗钱

有可能做出瞒骗公款和其他欺诈行为男人,对感情也有欺骗行为。

5. 实际上很穷但却爱充阔佬

这种男人对钱看得过重,喜欢钱胜过对你的感情,为了赚钱,宁愿牺牲和他人的任何关系。

6. 经常叫穷,实际上口袋里有大叠钞票的人

这种人经常觉得不满足,总认为全世界都对不起他,要对付这种人是十分有困难的。

7. 最怕送人礼物

这种男人不懂得享受施予的乐趣,对待感情也同样的自私,他们只知道被爱,而不想去爱人。

8. 负债且生活不稳定

这种人不善于处理生活,也不会懂得如何处理感情和人际关系,理财能力和自制力也是极差的。

9. 视钱如垃圾,常借钱给朋友

这种人对金钱有正确的态度,对感情也会十分重视,值得对他付出感情。

沉默的男人

沉默的男人不好靠近。他用沉默在自己周围划出一道无形的沟壑,将你与他之间隔得远远的。你只能遥望着他,却无法了解他。封闭自己的思想,锁牢内心的情感,呈现在你面前的是无懈可击的铁桶。无论多么富有攻击性的女人,都会感到无从下手。

男人喜好沉默，有多种原因。受天然影响，在语言的表达上，男人与女人有着较大的差距。女人生就一张薄嘴唇，能言善道；男人嘴唇较厚，说话笨拙。既然不擅长口才，就只好沉默了，男人偏重理性思维，考虑问题注重质量和分量，所以在观念上也不喜欢侃侃而谈。男人一旦说话，便是金口玉言，好像要最后决策和拍板定案了。男人也只有在这个时候才想说话，说出的话才叮当作响，一字千金，因为这些话已在他心中经过深思熟虑了。

男人坚信"沉默是金"，唯恐言多有失。在封建社会，一语不慎，便会招来杀身之祸，乃至株连九族。几千年思想的沉淀，男人已总结出"慎于言，敏于行"的人生戒律，一代代地影响着男人。在经济飞速发展的当今社会，时间就是金钱，竞争又是男人的原则，使他们也无暇顾及言语，去说废话。他们要用行动去为自己争来一片天地，一番作为。

男人不尚空谈，喜欢脚踏实地去做事。男人做事认真，逻辑性强，总能把事情井井有条地处理好。男人自尊心强，警惕性也强，绝不留下任何把柄让人说三道四。男人看重能力，做事喜欢全力投入，给别人留下良好的印象。

男人的沉默必须建立在富有思想的基础上，体现出的是深度。这样的男人，才真正具有魅力。他的沉默，是积极的沉默，是富有进取心和竞争的沉默。那些自暴自弃、郁郁寡欢之徒是沉默男人的扭曲，已走向反面。这些男人的沉默，是遭受生活打击之后的冷漠，弥漫的是不健康的消极情绪，不利于别人的进取，也阻碍自身的发展。所以，他们的这种沉默，男人不足取，女人也不欣赏，更无魅力可言。

喜欢逞威风的男人

许多男人喜欢威风，那是什么心理原因造成的呢？一言以蔽之，那是因为——男人对"社会性承认"的欲求很强。

正因为如此，根据各人性格的不同，男人逞威风也有各种不同的方式。

1. 夸示自己的优点以及长处

这种男人具有歇斯底里的性格,而且也是一个爱慕虚荣的男子。"我在你这个年纪时,一天就把那种工作做完了。"他们就像这般地夸耀他的才能。如果缺乏足以夸耀的才能,他们就会说"我的西服是××名牌,我的皮具是××牌子,我的鞋是××品牌",转而夸示自己的所有物。

2. 喜好挑剔

这种内向性理论型的男子,最喜欢指责对方的缺点。或是失败、分裂性气质的男子,亦有不少属于这种类型。

这些男人总是这样说:"所以嘛……我再三地提醒过你了呀……你以为只要说一声'对不起!'就可以把这件事打发过去吗?"说完,便用力地拍打桌子,摆出一副傲慢的德行。更有一些人简直是从鸡蛋里挑骨头,经常找碴说:"你写的字就像鬼画符!这个8看起来却像3!你要多注意一点!"这种情形举不胜举。

3. 作威作福而又故作谦逊

这种男人多见于内向性感情型的男子,他们是属于自命清高的人。

他们总是说:"哪里……我可没有那份能耐(装出很谦逊的样子)……不过,托您之福……"然后一件一件说出自己得意的事。

不过,最可怜又最可笑的是本身缺乏夸耀的本事,只好以声音作威作福的男人。他们以"威震四海"的声调说话,笑起来中气十足,引人注意。

奉行大男子主义的男人

大男子主义者认为,一切事物均数量有限,因此,他的价值和地位取决于他能得到这些东西的多少(当然要比对手获取的多);取决于能否保护自己的东西而不被他人夺走。

基于这种观点，家庭便成了他的堡垒，女人便成了珍珠。他自己的一切——妻儿、姊妹等都是他的心爱之物，万不可舍让，他变成了征战军阀，不断扩充自己的领地，犹如一位将军时刻护卫着自己的财宝。总之，他们也是个嫉妒心极强的人。

大男子主义者最注重的就是：无论外表还是内在、言谈举止，自己都要像个男子汉。这种人从不过分装饰自己，做事鲁莽、性情暴烈。

婚前，大男子主义者不大注意自己的生活方式，修饰打扮不是他的本分，他往往要母亲或姊妹替他收拾房间。如果单身住，他会租一套房。婚后，他的生活方式会发生巨大的改变。财力允许的话，他会选择一处没有左邻右舍的住处，远离城市的喧嚣，且把它视为自己的"城堡"。他对自己的选择心满意足，尤其当你不同意他的看法时，他会说，"这就很不错了！"

虽然有的大男子主义者沉默寡言、不苟言笑，但这种人通常善于交际，愿与男人交往，在男人面前他异常兴奋活泼。同时这种人不喜欢孤独，有几天不参加热闹的场合，他便心神不宁。

就物质享受而言，这种人也许算得上奢华，也就是说，这种人随心所欲，想干什么就干什么，一点都不受束缚。他的肉体和灵魂所构成的自我坚不可摧，他表达感情的方法往往都是爆发式的。

他的确有某些魅力，他的自信心令人折服。他能够给予某些东西，这些东西多少令人欣慰。他可以使你确信，你会得到他的关照；他使你相信，无论什么事，他无所不能；他自身可能具有危险性，但是他至少可以保护你免受坏人的欺负。

不流泪的男人

生活中很少看见男人流泪，是男人没有悲伤的遭遇呢，还是他们情感麻木、不懂感觉呢？当然都不是，男人也是人，他具有人的一切情感要素，其内心世界也与女人一样的脆弱、丰富和细腻。

男人也有悲伤的时候，而且悲伤的频率和程度要远远超出女人。在社会上，男人是事业的顶梁柱，事业的困难或失败，给他的打击是非常大的，男人把事业看成是自己的生命，投入的是一生的精力和热情，事业的成败关系着他的名誉、地位和精神支柱，所以他十分在乎。女人则不同，只要有一个温馨的家庭，工作的好坏、成败无所谓，好就继续干下去，不好就退回暖巢里来，反正有老公呢。

男人很自尊，有泪也不会流在人前，怕被别人看出自身的脆弱。男人天生争强好胜，失败了宁愿一人受苦，绝不让别人知道。男人默默地咀嚼失败，默默地总结经验，以期待从跌倒处再爬起来。男人所受的教育，使他不能向失败低头，"男儿当自强"，是男人就必须坚强，战胜困难，取得成功。男人一直被这么鼓励着，一直朝着这个方向努力。

社会为男人树立的形象是刚毅坚强，得到人们普遍的认可。一个男人若泪流满面、嘤嘤啜泣，不仅得不到多少同情，反而容易被人耻笑，被看成是懦弱者，男人自己也觉得脸上无光，如果发生在别人身上，则会为对方感到羞耻。相反，无论多少不幸落在男人身上，他的表现若始终都很沉着、冷静，则会赢得大家由衷的敬佩，人们反而要为他感叹了。

了解男女差别

要努力学习有关男女差别的知识，真正了解作为另一半的异性，他们所具有的生理和心理特点以及他们与我们的不同：

（1）在友谊方面：男性在年轻时会交很多朋友，但女性过了中年以后才会有更多的朋友。

（2）在谈恋爱方面：约有25%的男性在第一次约会时就爱上对方，但女性到了第四次约会才有15%会爱上对方。

（3）在做决定方面：女性做决定的速度比男性快。

（4）在支配别人方面：入学前到中学期的男孩子比女孩子更爱支配别人，成年后婚姻生活越长久，妻子就越成为被支配者。

（5）在爱侣之死方面：男性时常害怕爱侣会被杀或自杀，而女性则常常害怕爱侣会遭受意外或年老死去。

（6）在工作方面：男人喜欢冲锋式的工作，间隔休息，而女人则喜欢以同一个节奏工作。

（7）在对待谣言方面：对成年人所做的调查大都显示，男性和女性爱搬弄是非的程度是一样的。

（8）在阻止犯罪方面：研究显示，遇到坏人时反抗的女性比男性多25%。

（9）在酗酒方面：约有2/3或4/5的酗酒者是男性。10个丈夫中，只有1个会与酗酒的妻子生活；但10个妻子中，却有10个会继续与酗酒的丈夫生活。

（10）在婚姻与罪行方面：犯罪的单身男性比已婚男性多，而犯罪的单身女性则比已婚女性少。

（11）在做梦方面：男性较经常梦见陌生环境里的陌生男人，一般多与暴力有关，即使梦见女性，多半与性爱有关。女性在梦境中，总是梦见熟识环境里的朋友和亲人。女性的梦境通常在户外，气氛大多友善，除非是月经来临前，这时女性做梦时会觉得懊恼和紧张厌烦。

女人喜欢隐藏她们最深的感情，而男性喜欢让对方知道。如果你问一个男人"这个面包是哪里买来的"？他会告诉你；而把这个问题问一个女人，她通常会反问"有什么问题吗"？女人到家门口才掏出开门的钥匙，而男人早就掏了出来。

了解了男女性的差别，就可以更好地识别男人或女人的内心。

看清男友的几条妙计

如果你有幸结交了一位男友，那么，你怎样才能知道男友是否可以继续相处？本文给你提供几条妙计，不妨一试：

1. 去他家看一看他的生活方式和生活用品

他的家里摆满书还是挂满球赛优胜奖状？是否摆着与家人的

合影？不经消毒你敢用他的卫生间吗？家里零乱不堪吗？可能他一时没空收拾房间，但如果他就是不爱整洁，那他将很难改变恶习。你必须作出决定：你能与这样的男人生活在一起吗？你能生活在如此脏乱的环境中吗？

2. 看看他交的朋友

你不可能喜欢他所有的朋友，但如果你不喜欢他的大多数的朋友，这就提醒你他不适合你。男人的朋友圈最能反应他的品位。男子结交一些女友也不是坏事，这有助于他理解女性的弱点和生理特点，表明他能与异性交流。如果他有女朋友而没有男朋友你就要当心了。极有可能，这样的男子时常感到其他男性的威胁，他需要在异性面前坚定自信心。

3. 约会时带上亲友的孩子

他如嫌孩子麻烦，拒绝对孩子的亲近，那他永远不会成为好父亲。如果他非但不讨厌小孩，还乐于与小孩交谈甚至俯身听孩子说话，趴在地板上与小孩一起游戏，这男人无疑将成为一个好父亲，你值得与他发展关系。

4. 看他的时间观念

约他8点会面9点才到，说明他没把你放在心上。他觉得自己的时间比你的时间更重要，这实际上是他缺乏对你的尊重。

5. 听他说什么

在自己女友面前充满温情谈自己的家庭，这种男人最能打动女士。他希望你与他共享欢乐并分担痛苦，这将是可靠的伴侣。只顾滔滔不绝，不顾你是否感兴趣，这人比较自私。还有一类男人喜欢对别人品头论足，看不起任何人，听信传言，甚至对别人的遭遇幸灾乐祸。这种男人趁早离他远点。

6. 看他如何评价以前的女友

讲女友坏话的男人靠不住。既然曾经相爱，为什么要诋毁其名誉，尊重自己以前的女友，才是大度的男人。如果他总是在你面前说前女友的坏话，说明他仍想念她，旧情难忘。

7. 见见他母亲

对母亲不好的男人，你别去亲近他。男人对母亲的态度就能说明他对女性的态度。尊重母亲的男人，他同样懂得爱自己的妻子。如果男人过分依恋母亲，言听计从，很可能有恋母情结，就失去了男子汉气概。

8. 男人对金钱的态度往往表明他的权力欲

有的男人总是抢着付账，这并不能证明他大方，反而表明他想控制女友；而吝啬的男人、小气的男人在情感方面，也注定斤斤计较。至于挥霍无度，经常透支，甚至负债累累的男人，你千万不可与他交往。

9. 看他对自己的工作是否满意

一定意义上讲，男人对工作的态度就是对生活的态度。凡是在工作上稍不顺心就跳槽的男人，几乎可以预料有朝一日，夫妻关系出现一点点挫折，他也将一走了之。

10. 他是否精神健康

爱讽刺别人的男人其实是借贬低别人抬高自己。这类男人缺乏细微的情感，心理不健康。还有些男人无缘无故发火，有时冲着电视节目喊叫，还可能对餐厅服务员非难。他可能在精神方面潜藏着隐患，有发展成抑郁症的危险。

通过种种观察和接触，女性可以看出男友的本色，同时还可通过周围人来了解男友。这时可作出判断，是否继续与他相处。

从接吻方式观察男人

接吻是男女之间表达爱意最常见的方式之一。从一个男人接吻的方式可以看出他隐秘的性格。

1. 啃咬者

他的接吻方式让你觉得男人也许是未进化的动物：他总是在你

上下唇上又啃又咬，有时候感觉非常疼痛。这种男人有过分激情戏剧化的举动，并非代表他热恋着你。随着时间的流逝，他的热情比谁都消失得更快。当然，只要他一这样做的话，你就大叫起来，告诉他，你很疼。如果他还这样野蛮的话，你就再也不要和他接吻了。

2. 侵入者

在他的舌头缠住你的舌头之前，他的舌头已经在你喉咙的半道了，简直不知道他要干什么。对于这种人来说，接吻简直就是一项运动。入侵取代了温柔，索取超过了取悦。你可以直接告诉他，你就要喘不过气来了。而且，这样让你很不舒服，告诉他应该提高自己的接吻技巧，让你感觉到快乐，而非窒息。

3. 包围者

他的嘴巴把你的嘴巴给包裹起来了，几乎不透一点气。这种人大多是大男子主义者，他认为接吻是他一个人的事情，应该由他来控制一切。你不妨对他说，"亲爱的，我很喜欢和你接吻，但你这样吻我，我没有办法给你回应。"这样，他就会知道，女人也希望有控制力量。

4. 游离者

接吻时，他的眼睛和他的心都不知道正在何处漫游，或者他的确不知道如何接吻，或者，他正趁你眼睛闭着的时候，看看某个美丽的女郎。此时，你不要着急，让他集中注意力就行了，适当的时候给他点警告。

模范的接吻者有着许多的变化：或长或短，或快或慢，或干或湿，他的舌头都会让你想要更多的吻。这表明他对你充满着爱意，而且善解人意，体贴入微。

理性面对男人的欺骗

所有欺骗女人的男人都会给女人的生活罩上阴影，有时甚至是毁灭性的打击。有些男人甚至在度蜜月时，就与其他女人来往。

另一些男人则在婚后 10 年才变得不忠实，而多年来一直沉睡着的欲望之火一旦点燃，便一发不可收拾。

到底有哪些原因使男人在外寻花问柳呢？许多男人都声称："我的夫人什么都好，就是没有性需求，所以，我只得到别处去寻找。"这些男人通常是结婚 10 年以上的。这些男人出现这种总是的原因有：

1. "性"趣有问题

男人在出现性功能障碍时，会试图转向别的女人，以期出现奇迹。

2. 专打情场上的"抱不平"

有些男人在发觉妻子与旧情人在一起时，会感到羞耻。尽管其妻子不久就中断了这种关系，但他们却变得不忠实，在外寻花问柳。

3. 寻找爱的感觉

一位女商人说，有一段时间她只顾忙于工作，回家只是为了睡觉。她的丈夫开始外出找女人。她很清楚，这是她丈夫的一种手段，目的是要重新引起妻子对自己的关心。在这种情况下，她减少了自己的工作量，结果他们的婚姻出现了转机。

对女人来说，发现自己被欺骗的最初反应是极为震惊。爱的背叛使得她们一下子变得弱小无助。但并不是所有不忠实的男人都不可救药。如果你不想彻底与他分手，这时，就要讲究策略来挽回他。对死不认账的男人，女人越早离开他越好；相反，另一些不忠实的男人在被发现后，女人要离开他们时，他们会感到后悔，要求得到谅解，这样，双方之间的关系很可能达到一个新的高度；另一些女人则只能求助于"激将法"，即自己也外出寻乐，玩"开放式婚姻"的游戏。但常常在女人还没与别人发生性关系前，男人就会大发醋劲，一般来说"开放式"马上会回到"封闭式"。

阻止私通，使婚姻关系变为正常，很关键的一点就是要学会理解性要求。许多夫妇在很长一段时间内都没注意到双方已出现不同的性要求，这时应推心置腹地进行讨论，了解双方的分歧从而达到性协调。私通是盲目的结果，但并不是婚姻的尽头。这时，女人不要做丈夫的奴隶，如果你为他承揽了一切，到头来，他只会变得更加自负。要让他为重归于好做表示。不要向亲朋好友诉说丈夫的私通，否则会使他下定决心不再回头。在争吵中不要指桑骂槐，这只会疏远对方。在双方关系中保持浪漫情调，因为许多男子正是在追求浪漫中坠入情网的。对30、40、50、60周岁的男人要特别关心。第一个孩子出世后，要注意，假如你只顾孩子，他肯定会外出寻乐。在他工作中遇到难题时，要特别支持他。

获得男人喜爱的秘诀

一个女性要获得男人的喜爱，她的举止应该是自然的，生活是朴素的，品行是诚实的。此外，还要有一点洒脱的心，就是不要患得患失。要成为一个幸福的女人，也不是只凭一张美丽的面孔就能奏效。例如，重视给予对方的关怀，是博得男人喜爱的第一步。向年轻的男士询问喜欢哪一种女性时，几乎没有人回答只喜欢漂亮的女人的，反而回答喜欢温柔或亲切的女性者占绝大部分。所以，具有魅力的女人，并不光是漂亮而已，还需有开朗的个性和机智。因此，男性所认为的可爱的女性，就是指机智的女性。这样的女性常具有如下一些获得男人喜爱的经验。

例如，男士请你吃饭时，需表现出吃得"津津有味"的样子；饭后说声"谢谢你"。有的女性为了表示谢意，甚至会说一句"下一次我请你喝咖啡"，或者干脆下一次送他一件小礼物。虽然道谢的方式因人而异，但是最令男性感到满足的方法，就是呈现出吃得津津有味的样子。

当男性点了葡萄酒并准备为女性倒酒时，女性常会以自己不会喝酒来回绝，但会令男士失望。

女性回答我不会喝酒，这就完全破坏了当时的气氛。不会喝酒的女性也不需要勉强地喝酒，你可以让男士倒酒在自己的酒杯里，轻啜一小口酒，你尽可利用这样的方法和他一起来享受当时的气氛，女性具备这种机智，就可以增进两人之间的感情。

在咖啡屋或餐厅里，常会发生这种情况，那就是当男士付账时，女性往往站在后面等待。就女性而言，这或许是由于礼貌，但男人真正却不一定是这么想。当男士付账时，你应先出去在外等待，这对他来说也是一种关怀。在欧美各国，这已成为一种普通的常识了。法国流行着一句话，那就是下雨天不和男朋友约会。这是因为男性在付账时，如果女性在外等待，一旦淋雨，就会可能感冒。

下列一些做法是最容易使男性反感的，应注意避免：

（1）本身相貌平平，却以为美如仙子，每与男性交往，经常调用她身边的男性干这干那，有时还强行要男性请她吃饭，大多数男性会纷纷离开这样的女性，不再与她来往。

（2）有些女性凡是与男性在一起，不是点"狮子老虎"，便是要"星星月亮"，最终令男性望而生畏。

（3）以为自己生有几分姿色，便有权对男性指手画脚，便可以让男性对她无偿服务，这种女性令人反感。

（4）有些女性，在与男性交往的时候，特别喜欢对男性或推一掌，或打一拳，或踢一脚，以为这样便会得到男性的宠爱。其实正好相反，男性对喜欢动手动脚的女性，往往心里非常讨厌。

（5）经常在男性面前讲其他男女之间的某些所谓的隐秘，凡是讲得绘声绘色的女人，男性们都会远离她。

（6）表现出现代派，常常袒胸露臂，故意做出一副随便的样子，以为这样便可以赢得男性的赞赏，这样的女性人人都对她持反感态度。

（7）一有不如意处，便会对男性大加指责，诸如："你这样还算是男人吗？""男子汉大丈夫，连一点男人气都没有！"等等，这种话是很伤男性自尊的。

需要注意，把真挚的友情当成了爱情，有时会使人非常尴尬，而且还无法解释。这样不仅不可能得到爱情，最终会连友情也一起葬送掉。所以，友情没发展到这一步，莫把友情当爱情。

如何试探对方是否爱你

恋人们的交往发展到一定阶段就需要再向前突破，而此时如何突破大有讲究。利用心理战术拉近你和她的距离，这是每一个情场老手都擅长的，你不妨学其中几招：

第一招：无中生有试探关系。在单独接触的时候，假借别人之口说出自己想与对方建立恋爱关系的用意，比方说："前些日子有人看见咱俩在一起，说咱俩在谈恋爱呢？（或说：背后说我在勾引你呢？）我不知道我配不配与你相爱，硬是没敢承认这件事，所以，今天想起来问问你：我在你心目中如何？"

第二招：乘机问话表明态度。在一种有多人参与的宴饮或其他娱乐场合中，借机表现自己，引起对方一定程度的好感，然后乘对方高兴时，悄悄附在对方耳畔，像告诉对方秘密一样，说一句让对方难以拒绝的问话。比方说："我想问你一句话：我可以追求你吗？"（或我有权利获得你的爱吗？）

第三招：借景生情，捕捉与对方的缘分。假如，你有机会与对方单独相处时，看见别处有对卿卿我我的恋人相悦怡然，你可以借景生情，抒发自己的感慨，比方说："瞧，人家那一对儿，多令人羡慕！不知咱俩能否有这样一种缘分？"

第四招：用目光说话，让对方感受到你的爱意。当你能够将喜欢的心情注入目光中后，再试着以目光来表达其他的感情。首先试着表现"担心"。当她（他）迟到、稍微受伤或被上司斥责时，用一种"你还好吧"的眼光看对方。而当她（他）跟其他的人说话时，试着以"哼，干嘛那么亲近"稍带嫉妒的眼光看去。等你能够自由自在地用眼睛表达感情时，你面部的表情一定也会丰富起来，光彩照人。

第五招：心照不宣。有时，某对男女通过身体某些部位的接触产生了爱情，虽然没有语言的道白，彼此所交流的爱意却已经心照不宣。所以，如果与对方用语言难以将爱意戳穿的话，不妨试一试用身体接触法表达对她（他）的爱慕之情。例如：

（1）过马路时，说"快点，红灯要亮了，来！"然后自然地牵着她的手过马路。

（2）上下船或走过崎岖不平的路时，自然地伸出手，对她说："来，这儿危险，请抓住我的手。"

（3）人很拥挤时，对她说："抓住我的手，否则要走散了。"她若忸忸怩怩，你就一把抓住她的手；如果她真的喜欢你，则只会作势地挣扎几下，然后就顺从。如果她确实不愿意，会"声色俱厉"地挣脱你。这时，你不要勉强，这是对她的意志的尊重，并不是表示你懦弱。

（4）她欲站起来时，自然地对她说："来，我拉你起来。"

（5）跟她比比手掌大小："来，我俩来比比谁的手大。唔，你的手真可爱。"

（6）试试看腕力：看能否抵挡得住用手拉。

（7）看手相：这方法很俗气，但很有效。如果你能讲五六分钟，就可使她大感兴趣。

这几招都是非常厉害非常有效的，如果不是对方对你无动于衷，至少会大大拉近你们之间的距离感，从而更亲密几分。

避免男人出轨的关键时刻

虽说男人生性花心，但只要控制得好，也不是那么容易得逞的。尤其是在以下几种男人容易出轨的关键时刻，只要把握住了，及时做好预防，并采取相应措施，就可以达到控制的目的。

一是太太怀孕前后。因为这个时期太太往往自顾不暇，所以一些玩性未泯的丈夫便容易表现出烦躁不安，悄悄向其他异性找安慰。为此，怀孕期间的太太要努力克制自身的情绪波动，尽量保持自身的吸引力，尤其要运用好准母亲与准父亲这种角色喜悦来增进双方的感情。

二是分居以后。如果是因工作户口等原因无奈分居两地的话，保持密切的联系是必不可少的。现代的联络手段多种多样，书信、电子邮件、电话等都可以综合运用，尽量织起感情的天罗地网。当然，节日或一些特别的日子（如生日、结婚纪念日）最好能安排时间相聚。至于因为矛盾冲突而人为的分居，则应用解决问题的态度冷静对待，不应一味地赌气，因为赌气只能让人寻求感情的外遇。而且这种分居只能是偶尔为之，还应该定一个短时间为限。一旦分居成了习惯，那么分手就很容易成为事实了。

三是工作发生变化时，如丈夫下岗、工作受挫等。人是需要在工作中寻找立身处世的支点与快乐的，一旦面临失业、失意的处境，难免就会心情空荡，茫然若失。如果这时得不到太太强有力的关怀与支持，就很容易使感情从家庭中出走，太太千万不能大意。

四是地位发生改变时，如丈夫升了官，发了财，所谓饱暖思淫欲。丈夫的进步，太太除了高兴之外，自身也会有压力感，要努力把压力变为动力，不断寻求进步。千万不能持"夫贵妻荣"的老调子，因为这只能令你坐享其成，不思进取。一旦丈夫觉得你赶不上趟时，就可能独自离去，到时你只能望尘莫及，哭也没用。

五是家庭发生变故时。有这么一个例子：

一对夫妻本来恩爱有加，没想到3岁的女儿突然因病夭折。巨大的悲痛之下，太太整天埋怨丈夫没有照顾好女儿，这使丈夫不堪折磨，只好逃避，外出喝酒、赌博、夜不归宿，直至有了婚外情，弃家而去。

所以，当类似情况发生时，指责、埋怨、愤恨、挣扎都是无补于事的，只有平和、积极、共同进退的心态才能面对不幸。这一点对于比较情绪化的太太，尤其值得注意。

六是与婆家有矛盾，令丈夫无所适从。婆媳不和常常会累及婚姻。这对于丈夫是一个颇棘手的问题。当他无法处理的时候，就会自暴自弃，独自逃离。

以上所述，不能概全。但守住关隘，便可以让城池不失。把握好以上几个丈夫容易出轨的关键时刻，就能事半功倍，保护幸福美满的家庭。

此外，有学者对婚外情和第三者插足而导致离婚的特点进行了分析，根据对有关研究的分析和总结，发现以下男性比较容易或者说有更多的机会搞上婚外情（但并不是说，这些人肯定会有外遇）。

（1）有钱、有权的男人。他们的金钱和地位特别会受到年轻貌美女性的青睐。

（2）对妻子不满的男人。如果对夫妻关系或妻子的外貌、个性、性生活等不满，他们很可能会到家庭外寻求补偿。

（3）风流的情场玩家。他们多半游戏人生，玩弄女性于股掌，缺乏责任心，鲜有真正的爱情。

（4）公司的老板或上司。他们经常有机会碰到一些值得他们追求或主动追求他们的年轻女性。

（5）四五十岁的男人。这个时候，男人一般事业有成、囊中不菲，并且显得稳重、有责任心，社会阅历丰富，因此成为很多年轻女性的幻想目标。而面对家中"人老珠黄"的老妻以及长期受压抑的性，他们很有可能卷入婚外情。

（6）妻子处于怀孕及生育期间的男性，他们可能会经受不住引诱，外出偷腥。

（7）家有"大女子主义"的男人。在家庭中妻子是女强人，丈夫没有地位，没有威严，于是很可能会寻找一个"温柔的羔羊"，聊作补偿，以维持心理的平衡。

（8）经受失业或降职等不幸遭遇的男人，他们会通过婚外情寻求寄托或宣泄。

（9）追求浪漫或寻求刺激的男性。

（10）白领阶层的男性。

（11）经常或长期出差在外的男人。
（12）婚前性经验丰富的男性。
（13）朋友圈子中的一些人有外遇的男性。
（14）父母亲中有过外遇的男性。

国外学者的研究发现，大凡有婚外情的人，其父母辈或祖辈十之八九也都经历过婚外情，因此，得出了外遇具有遗传性的结论。这里不是指生理上的遗传，而是心理上的遗传。主要是因为下一代人对上代人的报复或补偿。作为妻子要擦亮眼睛看清自己的丈夫，用更多体贴把丈夫拉到身边来，杜绝外遇发生。但又不要过分猜忌，还应给丈夫更多空间。

面对这些，女人可以通过直觉来探察男人的秘密。

女人天生有一种微妙细致的直觉，她们可凭这种直觉发现男人的秘密游戏。例如：他的举止是否与以前不同。他在家里或在约会时突然变得神志恍惚，心神不定。你是否忽然间感到自己已在他的生活之外了？有一位女人说，第一迹象是男人不再同他妻子说话，许多男人这样做是为避免露出马脚，所以，他们谨慎小心，少说为妙。而另一些男人会突然变得敏感并不断地变换话题。有趣的是，有些原爱发脾气的男人会突然变得温顺亲切起来，或发现他的行为举止有明显的反常：

他是否改变了老习惯。他可能突然要在晚上加班，经常去听音乐会，出差时间比以前长了。总之，待在家里的时间比以前少了。他也许会对这一切作详细的解释，而过去却从不如此。

你是否突然感到害怕。你总是期待着他打电话给你，并常常为此感到坐立不安。你常常问自己，是否做错了什么事？若有上述感觉，那么与他在一起肯定会使你感到很吃力，对你来说他比以前高不可攀了。

他的外表有什么变化。若男人不忠实的话，他的外表肯定有明显的变化。他会为自己的体重担忧，并开始锻炼；添置新外衣，对自己的穿着特别讲究；也很注重梳洗头发，千方百计遮掩秃顶或将灰白的头发染色，再换一副时髦的眼镜。又比如，遗失婚戒也是一个警报。他可能在外表上一反常态，使你感到疑心。

在性生活方面是否也有变化。性生活习惯的改变也可能是一个暗示，要是你追问原由的话，他则常常岔开话题，环顾左右而言他，或者索性变成一只"夜猫子"，在他确信你已睡着了才上床。

你是否找到把柄。在男人回家的时候，身上及衣服上陌生气味和香水味都是可抓的把柄。同样，也要提防男人在工作了一个晚上早晨回到家里时，身上散发着淋浴过的香味。

还有一些典型特征：留在他汽车中的女人小饰物，没写寄信人地址的信封，无法解释的账单等。是否有奇怪的电话打来。当你与他在一起时，电话铃响了，他总是急忙接电话并说："我会打电话的。"以此来中断通话，或者是到隔壁房间关起门回电，这些都不是好迹象。

他是否突然鼓励你单独外出旅行。有婚外恋的男人总是希望妻子去乡下亲戚家小住，特别是带孩子同去那就更好了。

你是否怀疑他常邀请的女人不仅仅是一位普通的女友？即使妻子在家，有些男人也会偶尔邀请情人来家里吃饭或一同参加舞会等。

他是否已经出于疏忽暴露了自己。比如：叫错你的名字，你偶然发现写有电话号码、姓名和地址的纸条，旅馆房间的账单等。

第二十八章
爱你在心口难开，从异性微行为辨别求爱的信号

当某人身体的温度上升

　　一般来说，人们皮肤表层的温度会随着我们情绪的变化而变化。那些所谓的"漠不关心"或者是"冷漠无情"之人，通常他们的身体温度也就较低。这是因为他们由于紧张，血液都流到了大腿或者是手臂的肌肉里，以便其做好"战斗"或是"撤退"的准备。所以，当你说某某人"冷冷冰冰"的时候，这不仅形容了他的态度，也道出了他的体温。与之相反，当一个人对他人十分感兴趣，或是遇到了自己心仪的人，他的血液就会迅速上升到身体的皮肤表层，使他感到轻微的灼热之感。这就是为什么热恋的人会"感到激情的热度"，会有"热情的拥抱""热情的邂逅"，会"感到浑身发热"。对大多数女性而言，这种身体体温的上升就表现为面红耳赤，有时其胸部还会发红，出现红斑。

"眉来眼去"都是情

　　正如前面所说，作为面部最主要、最可靠的特征，眼睛为人们相互之间的信息沟通提供了一条永恒的渠道。在柔情蜜意的情场上，一个人打动、征服对方的"武器"通常也是眼睛，正所谓"眉来眼去"都是情。

作为心灵的"窗户",眼睛之所以能传情达意,原因就在于其肌肉非常纤细,因而每一种目光都具有与其他目光不同的特点。正因为如此,人们形容目光的词语也非常的多,比如,"摄人心魄的目光""游离不定的目光""含情脉脉的目光""充满嫉妒的目光""逃避躲闪的目光",以及"瞟一眼""偷看"等等。虽然每一种目光都有自己具体的含义和意义,但只有与具体事情的前因后果联系起来,它才可能有完整的意义。不然的话,很可能会闹出"断章取义"的误会或笑话。

在用眼睛与人交流的所有方式中,眯眼是最复杂、最有效、最意味深长的方式。虽然它持续的时间非常短,但其蕴含的意义是相当丰富的。当一个人做出此种动作时,其眼睑保持半闭半开的状态,给人非常困倦的印象。事实上并非如此,表面看来,做出此动作的人似乎在隐藏自己的目光,实际上他在刻意"压缩"自己的目光,以便它能像"箭一样射向对方"。当然,除了睁着眼看时能够发出交流信号外,闭起眼睑也能向对方发出交流的信号。

当一个人在与他人进行眼神交流的同时,如果能再辅以"上下飞舞"的眉毛,那就能向对方发出更多的信号了。现在,科学家已经发现了大约40余种不同的眉毛位置,相当一部分人认为其中有超过30种能表示某种具体的意义,或是能暗示动作发出人的情绪状态。比如,眉毛迅速上下活动,说明此人心情愉快,内心赞同或对对方表示好感;如果眉毛倒竖,眉角下拉,则说明此人正处于愤怒或是异常气恼的情绪状态之中;眉毛高高扬起,则说明其不同意对方所说的话,等等。所以,一些行为学家提出,如果把含义丰富的眼神动作、含义丰富的眉毛动作,以及变化多端的皱眉动作进行"排列组合",那么我们可以得出难以计数的各种不同的组合。假如每一种组合代表一种特定的意思,这就意味着我们通过眼睛、眉毛以及皱眉动作发出的信号也就不可穷尽了。

在某些场合,我们会觉得手是一种累赘,比如,在某些景点照相时,我们常常会不知道该把手放在哪里合适。同理,在一些时候,尤其是当我们面对很多美丽、精彩的事物时，我们也会觉得自己的眼睛成了累赘的附着物。因为这种条件下，我们不知道该指挥眼睛看什么地方好。

那眼睛究竟是如何来"看"人的呢？对于这个问题，西方的身体语言学家做了较为深入的研究，并取得了一定的成就。格哈特·尼尔森博士通过实验研究发现，讲话多的人看对方的时间很少，而听话多的人看对方的时间则较多。一般来说，当一个人开始讲话后，他就会把自己的目光从对方身上移开，等到他讲话完毕后，他多半又会把目光重新移回到对方身上。一个人讲话时之所以会尽量减少与对方发生眼神交流，或是干脆把目光移到一边，主要是为了避免出现话题中断的情况。所以，如果一个人对你讲话时，他没有抬头看着你，或是几乎不和你进行眼神交流，则说明其希望自己的说话不要被你打断；如果他在说话的过程中不时和你进行一些眼神交流，则说明在其讲话停顿时，你可以和他进行语言交流；如果他停下后，并没有抬头看你，这种情况下最好不要插话，不然的话，你会自讨没趣。因为对方这个动作的真实含义是：我还没有说完，现在想考虑一下。

通常情况下，当一个人在听对方说话的同时，注视着对方，则表示：我同意你的说法，或者是你说的内容我很感兴趣。如果说话者在说话的同时，双眼不停地看着听话的人，则是在向对方暗示：我对我说的不是完全肯定。很多时候，热恋中的双方更能顺畅自如地用眼睛、眉毛来传情达。当一方需要另一方靠近自己时，他/她不会朝对方大喊，只需轻轻地递个"眼神"过去就行了。

花枝招展的男性的出现

在潜意识中，人们多会认为只有女人才会刻意地想一些办法来吸引男性，比如用精美、艳丽的服饰和流光溢彩的珠宝首饰来装饰自己，并利用化妆来为自己"增光添彩"，以便能吸引异性对自己的注意。可是事实却不完全是这样，男性很多时候也会通过一些外在的东西显示自己的身份地位，或是借此来吓跑敌人，就像动物界的雄性动物把自己打扮得"花枝招展"来吸引雌性同性一样。

在生活中，这样的男人常被称为自恋的人、"都市型男"或是新新人类，这些所谓的"都市型男"会像雄孔雀似的打扮自己，比如，美容、美甲、染发、穿耳孔、身穿漂亮的衣服、使用水流按摩浴缸、脸部拉皮手术等。但有一点必须强调，虽然这些人的行为有突出自己"女性的一面"的嫌疑，但是我们却不能把他们一并归之为同性恋，当然，这类人中不乏同性恋者。

除了同性恋者，心理学家认为这些新新人类或者是娘娘腔的男性往往自认为模仿女性行为方式更能吸引女性的注意。

为什么总是女性掌握局势

如果你问男士，在求爱的过程中通常是哪一方首先行动的，绝大多数男性都会毫不犹豫地告诉你，是男方。事实果真如此吗？答案是否定的，几乎所有有关求爱的研究都表明，在男女求爱的过程中，90%的情况下，都是女方掌握局势、首先采取行动的。

一般来说，女性向男性主动示爱的行动就是用眼睛、身体或是脸部向自己感兴趣的男性发出一些微妙、颇具隐蔽性的信号，如果对方足够敏锐，能够读懂这些信号的话，就会加以回应。比如，在一个宴会场合上，某位女士对一位英俊的男士非常感兴趣，于是她主动来到了距离该男士的不远处。随后，她用半睁开的眼睛盯着这位男士，以便让该男士知道自己在注意他。当她发现心目中的这位"白马王子"注意到自己充满柔情蜜意的目光后，赶紧移开了目光。正如这位女士所期盼的那样，很快，这位男士便来到了她身边，并和她交谈起来。毫无疑问，在上述整个求爱过程中，那位女士首先采取了求爱行动。她对那位男士轻轻的一瞥，让对方产生了一种窥视与被窥视的挑逗感觉，从而让他来到了自己的身旁。

有些时候，在一些场合，比如健身俱乐部、酒吧等，某些男士可能会主动向一些女性示爱，并取得了成功。但是，总体而言，他们成功的几率非常低，因为他们事先没有收到或读懂女性表示好感的暗号。他们中的一些人之所以会取得成功，只不过是通过多次尝试而最终得以成功罢了。

此外，心理学家通过研究发现，如果主动向女方示爱的男性预感到自己这次行动可能会遭遇失败的话，他极有可能会假装走到那位女性面前，问一些无关紧要的话，比如，"我们好像在哪儿见过面"，"你在某某公司工作吗"，再或是"你是某某的姐姐吧"等等。一般来说，如果某位男性穿过房间前去和一位女性进行交谈，通常都是得到了该女士身体信号的邀请。所以，在求爱的过程中，表面看来很多情况下是男士们首先行动，走上前去和女性搭讪，但实际上却是女性首先发出了求爱的信号，并最终由她们完成了 90% 的调情动作，只不过这些动作比较隐蔽和微妙。这可能也正是很多男性认为他们才是求爱过程中采取主动的那一方的原因之所在。

什么样的女性才是男性所喜爱的

什么样的女性才是男性最喜爱的？近来，美国的行为学家和生理学家通过大量的实验研究发现，无论是在西方，抑或是在东方，在绝大多数男性眼中，那些具有优秀生育能力和非常性感的女性是最具魅力的。理所当然地，这些女性也就成了绝大多数男性眼中的美女。

有研究表明，男性更喜欢拥有娃娃脸的女性，即长有大眼睛、小鼻子，丰满嘴唇和脸颊的女性。因为这种脸部特征更能唤起大多数男性潜意识中的父爱和保护欲。这也是为什么很多整容广告都喜欢用"娃娃脸"女性做模特的原因。有趣的是，女性却不大喜欢那些长着"娃娃脸"的男性，她们更喜欢脸庞成熟的男性——即有浓而黑的眉毛、结实的下巴和较大、较挺的鼻子。因为这样的男性看上去更能给她们安全感。

不可否认，很多时候，相比容貌普通的女性，漂亮女性更能吸引男性的目光,但这绝不意味着一定要十分漂亮才能吸引男性的目光。行为学家研究发现,一个女性能否吸引男性的眼光很大程度上取决于她是否能主动向男性传递信号,以示邀请。这就是一些相貌十分普通的女性,身边却从来不缺乏追求者的原因。因而,心理学家得出,男性对那些主动向自己发出邀请信号的女性的兴趣比那些相貌出众的女性要大得多。

在很大程度上来说,一个人的容貌是天生的,虽然通过一些美容手段可以让一个相貌普通的女性变成男性眼中的"万人迷",但其成本和代价却是相当大的,更为重要的是,一些美容手段还具有相当的风险性。不过,这个消息可能会令很多女性感到兴奋,即一个女性主动向男性发出邀请信号并不是天生的,而是后天练习和学习得来的。所以,一个女性能否获得男性的喜爱,天生的漂亮固然会让她相比其他女性占有一定的优势,但更为重要的是,她能否主动向男性发出邀请信号。

为什么漂亮的女性却没有机会

一本书上讲了这样一则故事:

某个周末,年轻、漂亮的露丝和朋友珍妮一起去参加一个晚会。舞会开始后,露丝高傲、冷漠地站在舞池旁边,就像童话中的白雪公主一样不可接近。与之相反,相貌普通,身材胖胖的珍妮满脸微笑地站在露丝旁边。很快,便有男性陆续朝她们俩走来。这让露丝激动不已,因为她很想在舞池中"露一手"。所以看见迎面走来的男性后,她认为这些男性肯定是来邀请她共舞一曲的。结果,令她失望的是,那些先后走到她身旁的男性不约而同地把他们的手伸向了旁边的珍妮。这让露丝恼怒万分,但碍于场合,她强压住了自己心中的羞愧和怒火。与此同时,露丝脸上的表情显得更为严肃、高傲、冷酷。直至晚会结束,虽然邀请珍妮的男性络绎不绝,但却没有一位男性向露丝伸出邀请之手。

为什么年轻、漂亮的露丝在舞会上没有得到一位男性的邀请,而相貌普通、身材较胖的珍妮却一次次得到男性的邀请呢？正所谓"爱美之心，人皆有之"，难道那天晚上参加晚会的男性都对年轻、漂亮的女性不感兴趣？答案是否定的。珍妮之所以会频频得到男性的邀请，关键就在于她用自己的身体——微笑，准确无误地向那些"舞林高手"传达了这样一个信号：我很喜欢跳舞，你们放心邀请我吧，来者不拒！如此一来，珍妮用自己的微笑冲破了晚会中很多男性心中的犹豫和顾虑，同时，它也让他们感到在她身旁很愉快，充满了信心。

与之相反，年轻、漂亮的露丝内心虽然也万分渴望自己被异性所邀请，令人遗憾的是，她用自己的身体语言——严肃、高傲、冷酷的姿态，向那些企图邀请他共舞一曲的异性发出了这样的信号：你最好安静地走开，我可不想和任何人跳舞，如果你坚持要和我跳舞，那只能会让你自讨没趣。面对这样的"警讯"，当然没有哪个小伙子愿去冒险碰壁。

由此可见，我们每个人，尤其是那些年轻、漂亮、心高气傲的女性必须认真学习身体语言，以便能向异性发出准确无误的信号。那具体来说，应该如何来做呢？

首先，必须懂得身体语言。如果一个人不懂得身体语言，这极有可能会导致她把肯定的意思表达为否定的意思，把否定的意思表达为肯定的意思。比如，某个人心里非常生气，虽然她尽量控制自己心里的怒火，但是，在与对方说话时，她却咬牙切齿地对别人说道："没事的，我不会生气的，你就放心吧！"面对这样的情况，如果你不了解或懂得她发出这些语言信号的真实含义，还在那自以为是，理所当然地认为对方真的没有生自己的气。这是非常可笑和荒唐的。

其次，必须懂得如何让身体语言发出的信号对别人产生作用。身体语言是一门非常深奥的学问，很多时候，它更需要我们用心去体会，用行动去诠释。要想成功做到这一点，我们每个人，尤其是那些年轻、貌美、心高气傲的女性，必须懂得如何把披着美丽外衣、至今掩饰着的真正的"我"明白无误地表现出来。如此一来，我们不仅能让自己变得平易近人，还能把自己从自我划定的小圈子中解放出来。

男性的示爱信号

根据一些研究人员的调查和研究，与女性相比，男性向异性发出信号表示自己对对方感兴趣往往表现得比较笨拙，而且理解别人没有说出来的话的反应也较为迟钝。一个男人看到一位有吸引力的女人时，他可能会做出精心打扮自己的一些举动，以及下面列举的一些方法，其中一些类似于女性经常使用的姿势、手势和动作。当然，一些姿势可能是佯装出来的，还有一些则是长期形成的习惯，也许出于紧张而产生的，而不是源于性吸引。编者在括号里列出了可能存在的另外解释。

1. 精心打扮自己的姿势

经研究认为，这些姿势构成了男性示爱信号的主体部分。

◇用一只手理顺头发（参见图1）。（也有可能是出于紧张或习惯性的动作。）

◇扶正领带（参见图2）。有可能是出于紧张或习惯性的动作；也有可能是领带确实需要整理。

◇掸掉肩膀上的灰尘。有可能是出于紧张；也有可能是缺乏耐心。

◇做出琐碎的打扮或修饰的姿势，其中包括整理衣领、衬衫袖子等。有可能是出于紧张；也有可能是缺乏耐心。

2. 其他的动作

这些动作包括延长目光注视的时间，以及吸引女性注意自己胯部的动作。

◇长时间地注视某个女人。

◇怀着兴奋的情绪，瞳孔在不知不觉中放大。

◇如果是坐着的，他的身体会转向某个女人，一只脚对着她。

◇站着或坐着的时候，双腿分开，在视觉上突出他的性感区（参见图 3）。也可能是习惯性的姿势；还有可能是准备离开。

◇如果是站着的，男人可能面对着女人，双手放在自己的臀部上，或者两个拇指卡在腰带上。可能只是习惯性的站姿；也有可能是吸引女人注意自己胯部的动作。

第二十九章
情人眼里出西施，
解读情人微反应发现心灵的默契

从关心自己流露情人的心

1. 了解她

很多人都会开玩笑地说，当女性说"要"的时候其实就是"不要"，但是当她们说"不要"的时候却是"要"。这也许是句玩笑话，但多少也反映出一些现实。通常女性不习惯把自己心里的话直接说出来，就算是说出来了，也会加上一些细心的掩饰。惊人的是，她们的编码能力简直比二次大战期间德军潜艇上的密码器还要惊人，所以男性要常常跟她们玩谍对谍的游戏，想尽办法只为了要破解她们心灵的密语。其实男性多是能在网络上破解密码的高手，但能精确解读女性语言的人却是少之又少。你一定要了解女性的思考模式，才能做到成为一个情人的第一步。

2. 关心她

对于同样一件事情，女性通常会重"感受"，而男性会重"解决"。所以男性有时候必须有这样的认知，不是每件事都需要当成一个问题去"解决"。重要的是，只要你让她感受到你对她的关心和你对她的重视，很多问题自然就能迎刃而解。通常语言是表达关心最直接的办法，而这一来牵涉到你平常对她的用心程度，例如说你会记得她生日的日期，会注意她发夹的种类，会知道她吃的冰激凌是什么样的水果口味，还有她告诉过你的话你绝不会到了明天又问她一遍。二来牵涉到说话的技巧问题，有时候同样的一件事情，用不同的话讲出来，女孩子所能感受到"被关心"的程度就完全不一样。有些人生性浪漫，就算是晚上说的梦话都能让女性心动。但大多数的男性却是"先天不良、后天失调"，连写出来的情诗都会让她觉得你很讨厌。但是其实只要稍加调教，再木讷的男性还是有他们可爱的一面。

3. 体贴她

每个人都有自己的爱好和脾气，你要先把她从头到尾给琢磨个彻底，才算你有本事。比如她爱吃巧克力，你就去买巧克力。不像有些笨男孩明明女孩生理周期来了，他还拎着一大桶冰激凌，说我最爱你了，这一大桶冰激凌全都给你，这样才表现我够温柔体贴够善解人意。这样她不会生气才有问题！所以温柔体贴都是需要量身订做，因人因时因地而异，但有一个不变的原则，就是你一定要懂她的心思。温柔体贴都是表现在一些小方面，通常越小的地方只要你肯用心，女性就能越觉察你与众不同的地方在哪里。要切记，温柔体贴要从大处着眼、小处着手，在日常生活中嘘寒问暖。

4. 感动她

一般所谓的感动都带有一点惊讶的成分在里面，所以让女性感动的最好就是要出其不意，而且要有"不可预测性"。举个最简单的例子，固定在每天晚上 10 点的时候打电话给她，固定每年只在情人节的时候送她礼物。其实这些都构不成感动的要素，如果你是突然出现在她校门口等她，或是在平常既不是情人节也不是她生日的日子里突然送她一份小礼物，让她万万想不到你会这样做，这样才会让女性觉得感动。当然，如果同样的招式一用再用就会失去"不可预测性"。所以基本上感动的事不需要多做，但一定要做一件让她一辈子都难以忘怀的事，等你们结婚以后回想起来都还津津乐道、回味不已，至少她知道当你们谈恋爱时不单只是吃饭、看电影。

从媚眼读懂情人的心

媚眼是女人魅力的无声语言。运用得当，能读懂一颗怀春的心，感受一份罗曼蒂克的情调。如果分寸失度，眼波"流短飞长"，就成了弄巧成拙的败笔，会让人误解你不是一个风月场上的老手就是一个水性杨花的风情女子。如何恰当地将媚眼里的春色传达给自己的情人呢？究竟怎样的媚眼才算是真正恰到好处的魅力呢？看看下面的介绍，也许会对你有所启示。

1. 调整好心态

如果你们接触不多，一旦分开便再无见面的可能性，机不可失，怎么办？

首先你应该想到这可能是一场美丽的开始。在短时间里，你应该迅速调整好自己的心态，然后让自己的目光定格在身边一些美丽的事物，例如朦胧的灯光、鲜艳的花朵、蓝蓝的天空等。

你的心情、目光都调在最佳的状态了，你就可以大方地将目光渐渐向他靠拢，然后捉牢他的目光。你要切记，一定不能临阵脱逃，只有大方的目光才能百发百中，一下穿透他的心，畏缩、小气的目光注定没戏。

当你放松、大方、温柔地迎到了他的目光时，赶快再添上一个最性感的微笑，让自投"罗网"的他隐隐觉得你为了这样的双目碰撞简直费尽了心思。此刻，最为关键的是不要轻轻触及便环顾左右，你要让这苦心经营起来的目光衔接维持5秒钟左右，趁他还迷迷糊糊的时候，你要加大"电力"穿透他的含糊目光，一直探进他的心底。在他突然反应过来时，你的暗示已经让他察觉了。同时你的一切已经十分美好地留在他的心里，但是现在还不是你撤下火线的时候，可别沾沾自喜，一定要留下将来联系的一个理由。至此，爱的开端已经完美地营建起来了！

如果你有充足的时间，那你更不能操之过急。

2. 因人而异

开朗、勇敢者的眼神是一种炽热得可以熔化你的目光，不仅电力足、温度高，而且时间长久，可能会超过四五秒。对这样的目光，千万别认为别人是好色鬼。如果你的确对他有意，那么，你也像他那样吧！

小心敏感者的眼神可能给人觉得很胆怯，总会在你发觉他的目光时略低下头，然后再抬起眼皮试探性地瞅你一眼。尽管是楚楚可怜的目光，可那里面充溢着欲言又止、柔肠百回的感慨，这时，你不妨牢牢地接住他的目光，鼓励他的目光快乐地走进你的心灵。

暗恋者的目光可能是你见过最可爱、最温馨的眼神。他望你时，表现出一种难懂的神态，眼睛一眨一眨的，既生动又羞羞答答。如果你也喜欢对方，那你何不机灵一些，既可用他的方式眨眨眼，也可加足马力将爱的跑车直接开进他的心灵，让他知道你喜欢他。

3. 选择好时机

（1）合理使用他的心情。在他特殊的日子，例如职位晋升、身体不适、情绪波动，这时你对他使用目光传情法，他接受信号一定会比平时灵敏得多。因为这时他会十分想让他人一起来分享他的感觉，如果你"特意"的目光被他接收到，他一定会用24小时去分析你的暗示。

（2）选择最佳环境。如果你们所处的环境阳光明媚、空气新鲜，在这么美妙的环境里，他也会有一个美梦酝酿，如果聪明的你把握牢了，那么这个媚眼80%是有回报的，他很可能伺机报之以美玉，还一个让你如饮醇酒的惊喜。

4. 分析对方的眼神

（1）爱的火花。这是单身的你所需要的，这目光坦诚纯净得像被山泉洗礼过一样，同时你还会觉得对方的笑容是那么自然、温暖，仿佛自己找到了一直想寻找的世界。碰上这样的目光，你十分舍不得它们离开，而想永远拥有这温情的时刻。如果你对拥有那样目光的人有好感，可别再浪费时间摆架子了！

（2）欣赏式的目光。这种目光与前者有些不好分辨，你可一定要分清，不要自作多情。

从约会语言上看情人对爱情的心态

1."去哪儿好呢？""想做什么？"

从某方面而言，他会把你的期望放在心上，但对自己的想法或方向不是很明确。如果每次一见面就这么问，表示他除了没有积极行动的心思之外，也没有这种能力，可以说对你、对情感缺乏热情。如果你是主动的一方，或许可以继续交往下去。

2."……好吗？"

决定事情的时候，会问"看电影好吗？""吃意大利菜好吗？"这样的人，说明对自己准备的"约会行程"没有自信，他的判断力和决断力都让人质疑，也或许是他还不了解你的喜好或感觉。但如果长久交往还是这样的话，你应该更明显地表现出自己的好恶。

3."那么，下一个！"

像是把工作一件接一件做完似的，一件事情完成后就换下一件，只是专注于按照自己预定的程序进行约会，没有考虑你是否觉得快乐，说不定他自己也不快乐。这样的人是性子急且精力充沛的人，但很会钻牛角尖。不妨偶尔提议什么事都不要做，两个人一起度过无所事事悠闲的约会时光。

4."没什么好玩的吗？"

说明和你在一起已经没有那种怦然心动的期待感了，你感觉他心不在焉，兴趣与重心都转到别的事物上了，可能是觉得两人的互动已经变得千篇一律，这时就有必要想个和以前不同的约会方式。

从约会的内容看恋人的性格

约会的时候,从爱好什么地点和活动,可以看出那个人的兴趣与嗜好,同时,也可以表现出他想和对方进行什么样的交往。

看电影、吃个饭,最后去酒吧小酌,是随着时间让关系渐渐变得亲密的约会方式。喜欢这种风格的人,交往是渐进式的,不希望关系突然变得很深入,虽然不讲究排场,但两个人的关系很踏实地逐渐上升,对方可能已经有结婚的打算。

喜欢杂志推荐的景点或按照杂志推荐行程约会的人,想取悦对方的念头虽然相当强烈,却不知道该怎么做比较好,可能是不得已才依靠杂志。选择这种方法、虽然有点"扣分",但也是经过思考后的选择,反而让人感受到他的诚恳与一本正经。约会时,他之所以笨拙不灵巧,是因为缺乏经验,如果是另一方居主导地位,会成为一对很好的情侣。

常在音乐会、美术展和电影院等具艺术气息的景点约会的人,会期待一种浪漫的交往。在特别的空间中度过共同的时光,希望拥有共同的兴趣和体验,除此之外,还有渴望远离日常生活、沉浸于"两人世界"的意味。可以说他们希望热烈、快速点燃恋情。不过在现实生活中,他们反而是小心翼翼的人。

喜欢登山等户外活动的人,交往则是开放而轻松快乐的,因为喜欢自然,所以对演戏似的对白或主动一点也不会心动,他们希望能毫不掩饰地直接传达自己的心意,因此他们也很适合那样的环境。

常常更换约会的场所或行程,在内容和品质上采取多样化风格的人,或许是无法把握对方的喜好或心理,反复地实验看看对方最喜欢哪种约会方式。这类人会考虑对方的心情,观察对方的表情或征求他们的意见,疯狂地希望得到对方的欢心。和这种人交往的话,他一定会好好珍惜你。

好奇心强、对各种事情都能乐在其中的人,约会模式也会发生变化。这种人喜欢主导过程,带领对方。至于他是靠得住的人,还是只顾自己方便的人,就看你自己的判断了。

从逛街摸清情人对自己的真实想法

和恋人逛街是一件让人愉快的事。无论你们手拉手、肩并肩，还是一起吃东西、一起和商贩砍价，都会感受到和对方心灵彼此相通的默契，这种感觉美妙无比！

你和他去逛街时，你们的位置关系如何呢？很多人也许没有意识到此事，你和他一起走路时的位置，在不知不觉中已成为固定形态。那么他对你的感情到底如何呢？

1. 喜欢走在前面的人

他喜欢走在前面，那么对于他而言，喜欢处于支配地位。他是个典型的大男子主义者，也希望恋爱中你能更多地依赖于他。

2. 喜欢走在你后面的人

如果他走在你的后面，表明他也很重视恋爱，不过，他不会因你而放弃名誉和地位。

恋爱中的他，虽口口声声说"你比工作重要""你是我生命中最重要的一部分"，但是婚后的他，会逐渐变成一个工作狂，工作变得比情人更重要了。

3. 俩人并排走的人

如果你们两人紧紧并排走的几率特别多，恭喜你，你在他的生活中是第一位的。总之，他不能没有你的，他把你看得比什么都重要。

婚后的他，凡事都会以家庭为重，如果你反对，他会听从你的意见而放弃晋升更高的职位。换而言之，他的晋升与否掌握在你的手中。

你们两人虽并排走，但彼此间稍有距离的话，说明工作和恋爱对他来说，是同等重要的，他认为男性和女性是平等的。所以，凡事他都会征求你的看法而做决定。

不过，他稍微有点优柔寡断，这个性格或许是个缺憾。既希望出人头地，又希望获得爱情的他，两头落空的危险性极大。

识别情人说谎的信号

当你怀疑他在对你说谎时,该怎么办?当面就兴师问罪是最愚蠢的方法,而如果你想了解他的谎言,不妨按兵不动、细心观察,你会发现男人的小辫子其实是很好抓的!

1. 攻其不备

一个人极为开心快乐的时候,必然会忘形,如果好一段时间以来你都对他的真诚有所怀疑,先不要点破,按捺住不作任何反应,等一些日子过后让他没有戒心再说。等到哪天趁对方极为开心时,突然攻其不备地发难,保证他会马失前蹄,一下子会意识不过来,露出谎言的真相。

2. 指天为誓

这个方法很古老、却也很简单、很有效!大部分中国人相信发誓后,会得到报应。当你怀疑对方说谎时,如果以娇嗔、开玩笑的口气说:"我不信,那你发誓!"对方却回一句"干吗那么无聊""我又没做,你干吗叫我发誓"等语带过,甚至还乱发脾气,恭喜你,那八成是确有其事,不然反应何必那么强烈呢?很多恋人都会怀疑:他对自己忠不忠实?有没有说谎?够不够爱你?有这样的怀疑是合理的,因为重视所以才会怀疑,不在乎又怎会想更懂他、更接近他的内心呢?只是,如果怀疑已经成为你俩爱情的主调,可别忘记了,真诚是爱情的基础,当信任都已经失去时,爱情也已经没有任何价值了。

3. 礼多必诈

当他突然对你特别好,就要小心了。他平常总以工作或朋友为重,不曾花心思、费时间对你嘘寒问暖,今天却突然打电话给你表示关心;平常就连生日或纪念日都会忘记的"大木头",却突然买了贴心的小礼物送给你;突然陪你做他以前最不喜欢的事;或是突然陪你看他不喜欢的电影;要不然就是突然帮你烧饭洗衣……这种"礼多必诈"的"突变",必定是在掩饰、消磨自己内心的罪恶与不安。

4. 一个谎瞒得住，十个谎必会露出马脚

说谎会成为一种习惯，有些人就已经养成这种以谎圆谎的习惯，只不过，除非他是个天生的大骗子，不然，一个谎容易掩饰，不说，一辈子都无人知道；然而说了十个谎、百个谎、千个谎，连撒谎的人自己都会搞不清楚自己说过些什么，你只要随便"抽查"一件他说过的事，保证他会露出马脚，只不过在探话时，要有点技巧，别让他产生戒心！

5. 收不到讯号的爱情

通讯设备状况频频出现问题，爱情之路必定隐藏危机。社会观察家说，通讯科技拉近了彼此的距离，却也拉远了彼此的距离，但是，如果他的通讯设备常常出现故障，就得小心彼此的距离是否越拉越远了。假日或深夜的手机总是关机，家里电话总是不接，E-mail又常常不回，这些"通讯障碍"代表对方一定有所隐瞒，而且事态已到了严重的地步。

6. 心不在焉、喜怒无常

这世上没有人喜欢说谎，所以，谎言一出，任何人都会害怕在不经意间被识破。因此，许多人说谎后难免讲起话来会变得吞吞吐吐，更有技巧一点的，可能还会借点小原因跟你发脾气，转移你的注意力，明明做了对不起你的事，却拿小事情对你大发雷霆，让你紧张或愧疚地忘记了他的谎言，如果你还以为他最近的阴晴不定是因为工作压力太大，那小心最后欲哭无泪！

7. 个性改变

个性的暂时转变也是说谎的征兆之一，比如安静变得健谈、活泼变得沉静、习惯邋遢却刻意打扮，明明不习惯称赞人，却突然对你赞誉有加等，都表示他的心里藏着秘密。男人其实不是一种善变的动物，多半是受到刺激才有反应，这时候你可要清楚，这刺激该不会是来自于其他女人吧！

第三十章
相爱容易相处难,从恋人举止看爱情关系

通过亲吻的身体部位看人

亲吻是人们表达内心感情的一个非常直观的方式,它分为很多种类型:有情人之间表达爱情的;有父母与孩子之间表达亲情的;有朋友之间表示友好的;也有类似于国家首脑见面的亲吻一样表达敬意的,等等。亲吻并不止能够表达爱意,在生活中,亲吻是一种非常常见的象征性肢体语言,除了感情的宣泄外,它同样可以表达问候甚至是服从。在这里我们并不想去探讨亲吻可以表达哪些意思,就情人之间表达爱意的亲吻来说,不同性格的人喜欢亲吻情人不同的身体部位。这一节我们就一起来看看,爱好亲吻不同身体部位的习惯,能够反映出人们哪些不同的心理和性格来。

有的人非常喜欢亲吻伴侣的头发。一般而言,喜欢亲吻情人头发的人都有很强的占有欲望,特别在男女关系方面。他们的妒忌心理都很强,非常喜欢吃醋。由于这样的人并不开朗,甚至在某种程度上说还有些阴沉,所以他们很容易在爱情中受到挫折,过强的占有欲更是令他们在处理男女关系方面容易失去原本的理智,变得歇斯底里。甚至可能会因为这种病态的占有欲最终导致关系破裂。

有的人非常喜欢亲吻情侣的额头。喜欢亲吻额头的人一般来说都非常温柔体贴,他们不会将自己的爱情表达得非常热烈,而

是会一直默默付出,不着痕迹的爱着对方。这样的人常常会让自己的伴侣感到安心,因为他们近乎于无微不至的呵护甚至比照顾自己还要周到。他们对待人生的态度非常积极,工作也非常努力。在为人处世方面,他们待人都非常谦和,总是一副彬彬有礼的样子,所以他们的人际关系都处理得非常好。他们一般不会去做什么风险大的事情,这并不是因为胆怯,只是这样的人更喜欢安安稳稳、一步一个脚印的发展自己的事业而已。

也有的人非常喜欢亲吻爱侣的眼睛。他们认为,眼睛是心灵的窗口,通过眼睛可以将这份爱意直接传达到对方的心里。喜欢亲吻对方眼睛的人情感都非常炽烈,能够为了爱情牺牲很多东西。可以说,爱情在他们生活中占有很大的比重。自己的另一半感到快乐时,他们也会跟着高兴,这个时候无论做什么他们都是劲头十足。而如果自己的爱人心情不好,那么他们也会感到非常萎靡,做什么事情都提不起精神。可以说这样的人都非常情绪化,他们的开心与难过都明明白白地写在自己脸上,同时他们的感情都非常细腻,也许爱人不经意的一句话就会让他们的心中泛起涟漪。

有的人非常热衷于亲吻伴侣的鼻子。这样的人多少有一些双重性格,他们虽然总是一副开心的样子,但那只不过是因为他们贪玩的性格而已。所以他们并不擅长处理与他人之间的关系,与周围人相处的也并不算融洽。由于他们生性好玩,所以他们并不可能安下心来静静地工作,他们的事业也不容易建立。

比起上面那几类人,下面要说的这些人就直接得多了,他们甚至可以代表一大部分恋爱中的情侣们。他们最喜欢亲吻的部位是伴侣的嘴唇。这样的人对感情都特别专一,有一种一吻定终生的执着劲儿。这样的人自信心都很强,而且道德的底线都非常高,他们知道什么有所为,什么有所不为。所以周围的人对这类人的印象都非常好,上司也特别喜欢这样的下属。但由于原则性太强,有些时候会让人觉得他们非常死板,但作为伴侣来说,他们是十分可靠的,因为永远都不必担心这样的人出轨。

有些人非常温馨,他们喜欢轻吻伴侣的脸颊。这样的人性格都非常平和、温柔,作为伴侣他们也十分体贴。他们非常懂得照顾别人,懂得站在他人的角度去换位思考。在为人处世方面,他们信奉"以和为贵"的原则,在人们的心中永远都是一个老好人的形象。这类人对友情、爱情和婚姻都

喜欢亲吻情侣脸颊的人懂得照顾别人

能够始终如一,但他们有个最大的缺点就是太容易相信他人,非常容易上当受骗。

还有些人非常暧昧,喜欢亲吻情人的耳朵,时不时还有轻咬的动作。这样的人心里洞察能力都特别强,能够非常轻易地看穿他人的心里在想些什么,所以总是能体会到别人的痛苦。由于这类人十分善解人意,所以他们的朋友圈非常广,周围人对他们的印象也都非常好。正是由于这一点,所以他们能够很轻松地利用他人的好感来达成自己想要达成的目的,很容易就可以获得事业上的成功。在感情方面,这类人敢爱敢恨,爱的时候可以为爱人付出一切,一旦恨起来,甚至会到老死不相往来的地步。

有的人非常喜欢亲吻爱侣的脖子。这样的人大多都是典型的"花花公子"类型的人,他们对爱情都是三心二意的,即使婚姻也无法束缚住他们。在他们心中,不论是友情、还是爱情,只要和感情有关系的都是靠不住的,所以他们也不会坚持到底。他们对自己的要求不是很严格,做事也总是知难而退,所以他们很难取得事业上的成功。这类人对自己的要求不是很严格,但是对他人的要求却非常高。如果用一句话来形容这类人的想法的话,那就是"宁教我负天下人,休教天下人负我"。

有的人非常含蓄，他们非常喜欢亲吻情人的手或是小臂。这样的人善于寻找机会，一旦有机会从身边流过，他们就会牢牢地把握住。在人际交往方面，他们显得非常诚恳，总是试着与周围的朋友敞开心扉，然后一步一步地试探出别人心中的想法，再投其所好，同他人建立起关系。在很多人眼中，这样的人有些滑头。但不可否认的是他们的办法十分有效，最起码在社交场合内，他们总是受到他人的赞赏。在爱情方面，这样的人也非常温柔体贴，非常照顾另一半的感受。

还有的人比较怪异，他们最喜欢亲吻的是爱人的肩膀，而且每次都会停留很长的时间。一般来说喜欢亲吻肩膀的人内心都非常压抑，需要经常有人开解和安慰才行。这样的人性格都非常内向，有的时候，他们非常想要得到某些东西，他们也不会开口说。因为这样的性格使得他们错过了很多的机会。这样的人情绪都非常容易激动，只要别人做得事稍微让他们觉得心理温暖，他们就会非常感激对方，即使有些时候这些事是对方无意间做的。所以他们都非常容易被人牵着鼻子走，最后上当受骗。

如果一个人通过吻手背表达对恋人的爱，这说明他很善于经营爱情，懂得讨恋人欢心。这种人对爱情和事业都充满欲望，争强好胜，善于观察和利用周边环境，容易取得成功。他们对待爱情的态度很理性，乐于付出，但也不会因此荒废了人生目标。

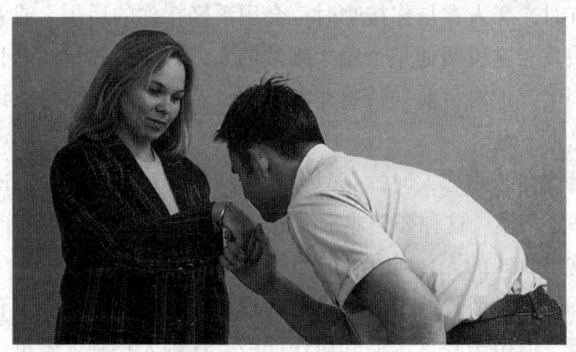

喜欢亲吻恋人手背的人比较争强好胜

或者，他会吻你的手心传达爱意。这种人渴望真正的爱情，认为只有情意相投、性格温和的爱情才会长久，他们绝不会轻易交出自己的肉体，除非找到了理想的"意中人"。这种人充满智慧，富有情趣，谈吐自然，耐得住寂寞和等待，只为命中注定的那个人。

通过接吻方式看人

在恋人之间，接吻无疑是最细腻、最令人陶醉的情感表达方式之一。通过观察一个人的接吻方式，我们可以判断他（她）们的性格特点，也可以藉此了解，你在他（她）的世界里，究竟占据着一个什么样的地位。

研究表明，在亲吻对方时，超过 80% 的男女会把头偏向右方。因为这样可以让彼此的左侧脸颊露出来，而左脸是由支配人类情感的右脑控制的。因此，如果一个人在亲吻你时将头偏向了左方，那么他显然对你没有足够的兴趣，他的情感还没有被你完全调动起来。这种恋人，还处于感情的试探阶段，彼此之间还有些生疏。

紧闭双眼的亲吻方式，经常出现在电视荧幕里，这是一种经典的吻法，浪漫，富有情调。采取这种吻法的人，对待感情任性而执着，对于心爱的对象近乎痴狂，因此容易遭遇爱情的悲喜幻灭。这种人追求浪漫长久的爱情，但往往寄望太高，很难如愿。

有时，恋人在与你接吻时，会用手轻抚你的后颈，或者抚摸你的头发。这说明他是个温柔细致的人，善于感知情感变化，同时也表明，他对目前的情感非常投入，希望彼此能够勇敢地爱下去，忠贞不渝。

男性在亲吻恋人时，有时会轻托情侣的后背，使对方的身体倾斜一定角度。这种姿势非常浪漫，但也时常招来矫揉造作之嫌。采取这种方式的人，对女性具有强烈的保护欲望。这种人生性浪漫，不囿于世俗，敢于追求自己的理想，对于自己的人生有着十足把握。但由于缺乏沟通和协作能力，这种人在别人眼里，常常显得格格不入。

如果女友在与你接吻时，先擦去自己的唇膏，这说明他对你们的感情充满期待，希望以最真实的姿态投入到你们的爱情中去。这种人生性直爽，敢爱敢恨，愿意为心爱的男人放弃一些东西；而如果她故意保留唇膏，以求留下"痕迹"，则证明她非常在乎你们的爱，希望借此让你知道，她对你的浓浓爱意。当然，这种情况还是相对较少的，表达爱意的方式有很多种，利用黏腻的唇膏来证明爱，显然不是最理想的方式。

在接吻前漱口消毒？对，确实会有这么一些人。如果他刚刚吃过大蒜等容易产生异味的东西，这种做法无疑是对恋人的尊重；但如果这是他惯常的做法，这就说明他谨小慎微，诸事追求完美。这种人非常喜欢别人赞美他的优点，鼓励和肯定会让他们精神百倍，但挫折却会使他们倍受打击。在爱情中，这种人也是比较保守和被动的，尤其在性爱之中。

他也可能突然就给恋人一个吻，在你忙着准备早餐的时候，或者在你们等公交车的间隙。这种人善于制造惊喜，观察事物细致入微，对待生活积极乐观。他们很在乎别人的感受，体贴他人，总是在你需要的时候伸出爱的臂膀，给你安慰和温暖。这种人善于发现，能够将平淡无奇的生活经营得精彩纷呈。

有时，一个人会在亲吻恋人之后马上松开。这种人能够激发爱情的潜在欲望，善于营造爱情氛围，这种富于挑逗性的亲昵方式，虽然只是一个很小的细节，但却能够让恋人在短时间内充满渴望，增进彼此的情感。

如果你的男友把你挤到一个墙角，忘我地和你拥吻在一起，这说明他对你具有强烈的占有欲望。这种人性情豪放，能够完全地投入到自己喜欢的事物中去，只是，他们常常无法保持自己的激情和动力。

有人在接吻时，几乎闭着嘴唇，他们只是让嘴唇的表面互相接触，没有更多的试探动作。这种人性格内向，处事随意，逆来顺受，不善于争取和索求，他们容易产生满足感，不会要求太高的生活质量。这种人往往富于潜在价值，但需要有人通过合理的途径，激发和引导。

吸舌吻是一种很富有诱惑力的接吻方式，在相对保守的东方人眼里，这种亲昵方式比较少见一些。喜欢这种亲吻方式的人，对异性有着特别的吸引力，他们能够借助一些肢体语言和动作，让原本微弱的爱情之火熊熊燃烧起来。

也有些人，他们在亲吻恋人时会咬对方的嘴唇。这种人强调爱情的拥有和占据，对于自己的东西，宁愿毁掉，可能都不会赠与他人。他们的情感往往会走向两个极端，可以爱死一个人，也可以恨死一个人。

通过约会看爱情关系

约会，也就是预先约好时间和地点的一种会面形式，现在一般被作为男女恋爱期间所从事活动的通称。每个人应该都有一段难忘的约会经历，尤其是生命中第一次与爱慕的异性外出的情形，相信很多人还记忆犹新。其实，约会中的很多细节，都可以反应你们之间的爱情关系，恋爱中的你，不妨来看一看。

约会肯定要有一个地点，如果是你，你会选择在哪里约会？一般而言，喜欢在电影院和自己的恋人见面的人，大都比较内向，不喜欢彰显自己，电影院相对隐蔽的空间会让他们更舒服。这种人独立自主，有自己的想法和追求，个性鲜明。他们善于发现问题，富有洞察力，但也容易沉溺于琐事，进而错过很多美好的东西。

喜欢去公园约会的人，富有浪漫主义气息。他们渴求热烈的爱情，但对异性的要求比较高，苛求完美，因此错过了许多机会。

喜欢在超市或者购物广场见面的情侣，大都追求实际。他们更看重彼此的心理和性格，而非外貌，他们不追求爱情有多浪漫，只求双方能够互相理解，互相帮助，共同营造属于两个人的幸福和快乐。

如果你喜欢在车站和恋人相会，这说明你是个比较单纯的人，你相信纯洁的爱情，相信"一见钟情"，相信爱情就像触电一样的感觉。通常，这种人性情活泼开朗，乐于交往，但偶尔也会显得有些稚嫩和孩子气。

在咖啡馆约会，是很多人热衷的方式。这种人除了富有浪漫气息，也追求稳固长久的爱情。他们深爱对方，愿意和对方共同面对生活中的挫折和苦难。

有人约会不会选择一些特殊的场所，他们可能就选在一方的家门口，或者其他就近的某个地方。这说明他非常喜欢自己的恋人，只要能够待在一起就已经非常满足，不必要再去一些浪漫的地方。这种人对自己的恋人非常体贴，甚至可以说无微不至。但是，他们常常被动地等待对方表明立场和想法，甚至因此错过了得到真爱的机会。爱他（她），就要说出口。

看一场音乐会，去酒吧聊天，或者一起外出旅行，你喜欢那种约会方式？

有些人在开始的时候，可能会和恋人吃一顿饭，继而和恋人去酒吧等地方谈心，然后开始约恋人去看电影。他们非常耐心地营造恋爱氛围，让彼此的感情在逐渐亲密的接触过程中慢慢成长。这种人非常细心，对待爱情的态度也非常的认真，他们很少欺骗恋人的情感，既然爱了就是想和你永远地在一起。

包括电影院、音乐会、书画展等在内的场所，都是比较富有浪漫气息的地方。喜欢看电影、听演唱会等约会方式的人，追求浪漫，渴望与相爱的人分享自己的喜好和乐趣。他们认为恋爱双方应具有相似的性格特征和偏好，才能长久地生活在一起。这种人非常看重两人世界，强调对恋人的绝对占有，希望与所爱的人时刻在一起。他们虽然在爱情里表现的近乎痴狂，面对生活中的事情时，却十分理智和细致。

有人会经常地改变约会方式，譬如今天他可能带恋人去城郊远足了，下一次又突然安排了一次烛光晚餐。他们不囿于格式，总是力求改变和创新，包括约会在内的许多事情，皆是如此。这种人善于观察和发现，总是在第一时间感知他人的情感变化。不过，他们容易感情用事，比较自私。

喜欢和恋人远足的人，性情活泼开朗。他们从来不会隐瞒自己的情感，对待恋人就像对待自己一样。和这种人待在一起，你的心情会非常的开朗和明净。

有人在选择约会方式时，总是拿不定主意。为此他们会翻阅很多的恋爱指南，并挑选出自己满意的方案来。这种人虽然看起来笨手笨脚的，但做事非常的认真和投入。他们非常懂得体谅别人的感受，踏实诚恳。

约会过程中，包括语言以及肢体动作在内的很多细节，同样可以透露很多有价值的信息。

如果女方喜欢抚摸自己的头发，这说明她对你充满兴趣。同时，这也是一种暗示，潜意识里，女方希望你也能够和她一样，温柔地抚摸她。或者她会不停地拉扯自己的头发，这表明她处于一种懊恼和烦躁的情绪中，很可能，你们的谈话让她心生厌倦，或者触及到了让她悔恨不安的事情。

如果她总是不停地更换腿脚的位置，这说明她非常浮躁，心中有很多压抑的情感，但又无处发泄。这时候，你一定要及时终止自己的谈话，哪怕换个话题，也不要再依着原来的内容喋喋不休地讲下去。不要总是急于表达自己的观点，只有让对方感到舒适和满意的谈话，才是真正有效的。

喜欢用手捂住嘴巴听你谈话的女生，实际上是在抑制自己的喜悦之情。她已经被你深深的吸引，但又试图掩盖内心的激动和喜悦。这说明他非常喜欢你，甚至于说，她可能已经在考虑嫁给你了。

托着腮听别人讲话，说明她有些漫不经心。她并非对你的谈话没有兴趣，而是埋怨你无法了解和她的真实想法，让她感到有些失望。恋爱中的人，经常会因为沉溺于展现自我，而忽视和冷落了对方。有时候，她选择放弃，不是因为你不够优秀，而是因为你无法温暖她的心。

如果她非常在意自己的着装，总是不停地整整自己的领口，拉拉自己的裙摆。这说明他很在意自己在你心目中的印象。另一方面，类似上面提到的动作，也是一种防卫和弥补的动作，她对你的情感还处于试探的阶段，因此显得比较小心和谨慎，不想过早展现出自己最自然的一面。

含情脉脉地看着对方，是恋爱中的人常有的动作。眼神是最能够传情的，如果你的恋人总是温情地注视着你。这说明他爱你已深，恨不得身体随着目光贴伏到你的身上。他愿意和你厮守一生，也愿意和你一同面对生命中的所有挫折和磨难。

抚摸自己的侧脸或者额头等部位，也是一种常见的掩饰方式。如果你的恋人出现这种动作，说明他很在乎你，甚至因此产生了紧张和羞涩的心理。他正在享受爱情带给自己的甜蜜，但又不想让你过早领悟他的想法，只好通过遮掩的方式予以伪装。

此外，约会时的特定语言，同样也可以作为爱情关系的风向标，判断你们未来的爱情走势。

如果他总是问你，"我们该去哪里呢"，或者"我们去喝杯咖啡怎么样？"这说明他很在乎你的感受。但另一方面，这也暗示了你们之间爱情的不确定性，他不太了解你的喜好，甚至于对于你没有太大的兴趣。如果他足够爱你，一定可以找到合适的约会方式，不是吗？

有时在约会即将结束时，一方可能会说："哎呀，也没什么好玩的，难道没有更有意思的事情了吗？"这句话貌似平常，但却足以说明，他对你们爱情关系的态度相当冷淡。你们很可能已经过了热恋期，但更糟糕的情形是，他可能已经对现在的爱情失去了兴趣。每段爱情都会经历这样一段相对平淡，甚至危机四伏的时期，如何调整自己和对方的感受，就看你个人的能力了。当然，如果真的不想再为一场乏味的爱恋买单，放手也不失为一个不错的选择。

或者，他总是喜欢向你报告："好了，已经看完电影了，走，去K歌吧。"这会让人觉得你们的约会像是提前编好的程序一样，什么时候干哪些事情，都是不容更改的。这种人固然很有条理和计划性，但却不善于变通，也不善于考虑别人的感受。他们更多地是把爱情当作一种责任，甚至不关心约会本身，是否能够给他们带来欢乐和幸福。

通过争吵看爱情关系

爱情，是世界上最甜蜜真挚的感情之一，也是最神秘莫测的感情之一。很多时候，两个人虽然是一对恋人，但双方都无法判断，自己在另一方心里到底有着什么样的地位，他是否真的爱我？他爱我到底有多深？不必苦恼，通过观察一方特定情况下的行为表现，我们就可以判断，他对你的爱到底是什么样子的。

在人际交往中，发生分歧乃至吵吵闹闹是常有的事情，即使一对亲密无间的恋人，也会时常因为意见不同发生争吵，这时，我们就可以根据不同的行为表现，判断他（她）对你的爱了。

一种情况下，恋爱双方都不肯做出妥协，各执一词，固执己见。这说明，你们的恋爱关系非常脆弱，爱情本身所应具有的包容与理解，在你们这里少得可怜，如果这样的情况持续下去，彼此就该认真地想一想了，他（她）真的爱我吗？

另一种情况下，你们都显得神情沮丧，不愿搭理对方，甚至于为此哭哭啼啼。这种情况下，你们的爱情更多的是在追求依赖感和安全感，你们之间的沟通和交流依旧太少，更多地敞开心扉，能够让你们贴得更近，从而更充分地表达彼此的爱意。

或者，你们都充分地理解各自的立场，积极地协调和寻求共同点，或者都作出一定的让步，最终达成一致意见。这种情况下，你们的性格有所差异，但能够包容彼此的优缺点，你们深爱彼此，愿意为对方做出改变，往往能够走到一起。

如果一方坚持自己的观点，同时告诉你，"你必须听我的，否则……"，这种情况下，你们的爱情中潜伏着很多不确定因素，彼此还没有完全接受对方，外部的压力和影响很容易激化你们之间的矛盾。

吵架过后，人们会有着不同的发泄渠道，通过对方调整心情的方式，我们同样可以了解，他（她）对于你们之间的爱情究竟有着什么样的期望和看法。

有人会选择到一个安静的地方散散心，不受打扰地思考一些事情，这表明他对你充满希望，并不想因为彼此生活中的一些摩擦和分歧，放弃了这段感情，他（她）会很快地从不愉快中走出来，继续和你徜徉在爱河里，不离不弃。

也许他会挑出自己一直想去的几个地方，进行一次远足，放松自己，抛开所有的忧愁和烦恼。这种人能够乐观地对待爱情中遇到的挫折和困难，积极主动地寻求方法解决爱情危机。他（她）清楚地明白爱情是两个人的事情，彼此的呵护与理解是爱情保鲜的不二法则。

或者他（她）只是闷在房间里，满脸愁绪，一声不吭，或者不停地吸烟、酗酒，这种人还是很爱你的，非常希望能够重新回到快乐幸福的爱情中去，只是他（她）们过于消极，很难主动地挽回你们的关系。

也有可能，他（她）选择了一个偏僻陌生的地方，断绝和你的所有联络。这时，你们的爱情关系可能就十分悲观了，这种人很理想主义，现实的落差，会让他（她）们万分绝望和痛苦，一旦对你失去了信心，他（她）们的选择只有一个——和你分手。

恋爱中的人是冲动的，有时候，因为一个很小的原因，你们可能就提出了分手，但很快又变得十分后悔。如果有一天，你和自己的昔日恋人在街头偶遇，这时，你就可以通过对方的举动，判断你们之间关系复合的可能性了。

如果他（她）认真地打听你的生活状况，悉心地询问你的工作动向，甚至直截了当地问你是否已经开始了一段新的感情，这说明他（她）依旧爱你，非常希望能够和你重新开始这段感情。这种情况下，主动权明显在你这边，如果你也依旧爱着他，那就再给爱一次机会吧。

如果他（她）见到你后非常地紧张，说话明显不自然，眼神游移，手足无措，这同样表明他仍然还爱着你，但又十分担心你的态度，或者害怕你早已开始了一段新的感情。这时，你若还爱他（她），就应该给对方明示，这样，爱情之火会迅速在两颗心之间再次点燃。

或者，他只是很正常地和你打招呼，没有任何亲昵或者不自然的举动。这种情况下，你们的关系已经回复到普通朋友的层面，昔日的"海誓山盟""卿卿我我"不可能再找回来了，对此，你也不必过于感慨，不妨把它看得淡一些，拥有过就值得，何况，你们依旧可以做朋友。

通过生活细节看爱情关系

你的恋人最喜欢和你看哪一部电影？他是否忌讳和你共用一双筷子？他会因为涌动的人流而放开你的手吗？生活中，很多看似不起眼的细节，可以反映恋人对你的情感到底有多深，让我们一起来看一看吧。

女性的装饰品，除了可以用来装点打扮自己，也可以作为一种情感的表达与证明。喜欢动物造型装饰的女人，善于调动氛围，她们能够在第一时间发现恋人的需求，思维敏捷。不过，这种人对感情缺乏专一性，容易变心。

如果她喜欢戴金属链状的首饰品，这说明她存在一定的恋父情结。在内心深处，他希望你像父亲一样，给他无微不至的关心和呵护。

如果她对心形的饰品感兴趣，这说明她非常爱慕你，但又羞于表达，如果你能够主动地关心和引导他，她会付出超乎你想象的热情。

喜欢手工项链的女孩，独立自主，非常讨厌异性在她们面前动手动脚。她已经在很大程度上接受你，但依旧对你存在一定的戒备心。

在挑选贵重饰品时，过于关心钻石克拉数或者黄金纯度的恋人，追求物质享受，是一个拜金主义倾向的人。她们脆弱而敏感，对待感情也非常任性，喜欢感情用事。

通过分析你们一起观看的电影，也可以获得一些有价值的信息。

喜欢和你观看《罗马假日》《魂断蓝桥》等经典爱情片的恋人，非常的浪漫而富有情调。他们非常在意对方的感受，对待爱情非常认真，愿意和所爱的人厮守终生。

喜欢《情书》等电影的恋人，对爱情充满期待和渴望，他们爱慕彼此，体贴对方，但缺乏耐心和毅力，一旦出现感情裂痕，很容易贸然分手。

喜欢看喜剧片共度两人时光的人，懂得享受爱情的甜蜜，但他们看待问题比较肤浅，缺乏深度，容易感情用事。喜欢看悲剧片的人，追求实际，处事冷静，但缺乏变通。他们更多地把爱情当作一种责任，这种人可以给你依赖感，却无法给你想要的浪漫。

和恋人共用筷子和杯子等用具，显然是不够卫生的，尤其是当某一方出现感冒等病症时。如果恰巧在这时，你的女友递给你一杯水，而这个杯子是她刚刚用过的，你会怎么做？

如果你毫不犹豫地将水喝掉，这说明你是发自内心的爱着她，甘心为她承受一切的后果和风险，但你也要考虑一下了，她这样做是"故意为之"还是"无心之失"？

或者，你会把杯子的角度调整一下，以使自己避开她喝水的位置。这说明，你懂得呵护恋人，尊重她的想法，但是，你是不是将爱情看得太过仪式化和呆板了呢？

如果你对她说，"我不渴"，那就难免太过虚伪了，你拒绝她的要求无可厚非，但实在不该采取说谎的方式。这么明显的用意，你以为她听不出来吗？或者，你真的爱她吗？

如果你坦诚地说，"这样我很容易感冒的"，这说明你很诚实，能够理性客观地看待问题。在你眼里，爱情不是盲目的，它需要的是细心、体贴、合理地照顾。

假设一对恋人正拉着手在街上散步，突然迎面走来一群人。如果是你的话，会怎样做呢？

如果男友主动向你的方向靠过来，这说明他很在乎你，顺应你的想法和观点；若是女友这样做，则说明她愿意支持你，陪伴你，尽自己的能力保护你。

或者，他会把你拉向他的一边。这说明，他充满占有欲和控制欲，希望在彼此的爱情中处于主导地位。

如果恋人紧紧地握着你的手，主动地从人群中间穿过去。这说明，他非常坚定地爱着你，不管遇到什么样的困难和阻碍，都会和你一起走下去。

当然，他也可能松开你的手，让熙攘的人群从你们之间穿过去。这时，你就要仔细地考虑一下你们之间的感情了。因为如果他足够爱你，肯定不会让你独自待在人群的另一边。

让我们来假设最后一种情况，即如果你和你的新男友上街散步，很不凑巧，你们恰好碰到了你的前男友。这时，他会作何反应呢？

如果他安静地站在一旁，装作不了解你和前男友的关系。这说明他不够喜欢你，不愿意了解你的过去，也不关心你是否有过情感经历。或者，他会对他说一些"你好"之类的客套话，但这依旧是你们感情淡薄的体现之一。

如果他自顾自地往前走，完全忽视对方的存在，这说明他在乎你，但依旧谈不上用心。另一方面，这种人的爱情观非常狭隘，总是强调对爱人的绝对占优，甚至不惜牺牲对方的自由。

或者，他会停下身来，友好地和你前男友交流。这说明他非常爱你，包容心强，愿意和你分享彼此的未来以及过往。

第三十一章
不要对我说谎，
解读男女微行为发现事实真相

眼睛是台测谎仪

在识破谎言的试验中，大多数人都会注意说谎者的眼睛，看说谎者是否直视自己。持续长久和躲躲闪闪的目光接触都是对方在说谎的重要标志。

一般来讲，谎言研究学者认为：回避目光交流，或是低头不看对方，或是明显地把头偏向一侧，说明这个人不坦诚。

这种说法有一定道理，说谎者也许不会与你对视，他担心这样会增加不安感，于是眼睛就会四处张望，目光游离不定。

确实，如果一个人撒了谎，他在与别人对视的时候，心里必然紧张，就会反映在眼睛里。所以，说谎者本能地转移视线，以消除紧张感。

眼神的判断，有时候也不那么准确。

有一些善于说谎的人，在说谎时眼睛仍然紧紧地盯着对方，显得是那么从容不迫，游刃有余。经常说谎的人也能做得很漂亮。因此，眼睛与对方保持"胶着"状态的人，并不总是诚实的。

关于如何从眼睛中辨别谎言，这里有一个绝招。无论说谎者的演技多么高超，他也无法掩盖这一点。人的瞳孔会随着情绪的变化而相应的放大或缩小。瞳孔的这种变化是人无法控制的，因此只要我们留意观察对方的瞳孔，就能断定他是否在说谎。

除此之外，眼神的方向也能帮助识别谎言。

眼神的方向显示了大脑的不同部位在活动，几乎不可能作假。大多数惯用右手的人在回忆时，使用左脑，眼睛望向右侧；编谎话的时候，用右脑，眼睛望向左侧。简单来说，惯用右手的人说谎时向左看、左撇子说谎时向右看。这个动作是识别谎言的重要信号。

从话语里知道对方在撒谎

说谎的人绝不会直接告诉你他说的是谎言，而会想尽办法让你相信他说的是大实话。

例如，他们会说"坦白地说""说真的""老实说"这些词来提高自己的信誉度，让别人相信自己，但事实上他们并没有那么诚实、真诚和坦率。

"老实说，这是我能给出的最优惠条件"，但事实上他想表达的意思是"虽然条件并不最优惠，但也许我会让你相信这是"。

"毋庸置疑"，就是有理由怀疑，"毫无疑问"更是个值得提高警觉的词。

"相信我"通常意味着"如果我让你相信，你就会按我的想法去做"。一个人试图说服别人时，使用"相信我"的频率和他说谎的程度成正比。如果讲话人觉得你不相信他，或者他所说的缺乏可信度，他会总把"相信我"挂在嘴上。"真的""不骗你"这些话也是一样。例如，男人移情别恋了，当他面对女友的质问时，通常会这样说："相信我，我是真的爱你，我和她是普通朋友。"

听到"只"这样的字眼时要推敲一下。

有些人会用"只"来降低后续语句的重要性，以便事与愿违时减轻自己的内疚，或推卸责任。一个男人对一个女人说"我只爱你一个人"，我们都知道一个人一辈子只爱一个人是完全没有可能的。就算我们可以保证自己现在只爱她一个人，怎么可以保证未知的今后会不会出现意外或者是变故？不管是谁如果出现了劈腿问题，也可以冠冕堂皇地说自己这辈子只爱以前曾经爱过的那一个人吗？如果男人跟我们说这样的话，只证明他抱有极强的目的性，希望通过这句话来获得我们的青睐，继而占有我们。所以听到男人说这样的话的时候女性朋友千万要注意了。

识别谎言的技巧

研究谎言的科学家说，大多数人每天都撒一两个谎。而且，我们极少被抓住，因为这些假话通常都微不足道。在日常交往中我们怎样才能识别对方说出的是谎言？

如果你怕别人欺骗你，在与他交谈时，为了在有限的时间内尽可能地得到正确的信息，你不妨使用压迫性交谈方式，这是逼迫别人说出真心话最有效的办法。

压迫性交谈，即是向谈话对象提出令他不快的问题，或是将对方置于孤立状态，使他做出决断的方法。换言之，就是"虐待"对方，将他赶入不利的处境中而观察其反应的方法。在危急的情况下，一般人都会露出赤裸裸的自我，也就是说，平常用来掩饰、表现理智的面具都会脱落，最后暴露出真实的想法。

想了解初次见面的人言辞是否真实，或是他对交谈的话题是否关心，可以用压迫性交谈的方法。其中，故意与对方唱反调，是最常用的一种方法。但是，不论如何探索对方的真意，如果引起对方愤怒的话，就有可能造成负面效果。如果你认为就此与对方断绝关系也无妨，或是自信能平息对方的怒气并恢复良好的关系，那又另当别论。若是情形并非如此，就有必要慎重处理了。

因此，最好的方式是借用第三者来提出反论，以避免自己提出反论时引起对方的反感。无论如何，唱反调是使对方感到不快的交谈方式，最好只在有必要认清对方的真意或人性时才加以运用。

最后，利用对方的心虚辨认出谎言。

说谎者在说谎时往往有心虚的感觉。有时候，说谎的人只有一点点罪恶感；有时候，罪恶感会很强烈，以致露出漏洞，使对方很容易揭穿谎言。十分强烈的罪恶感会使说谎的人痛苦难当，会令说谎者觉得说谎很划不来，简直像是受罪。虽然承认撒谎会受到处罚，但是为了要解除这种强烈的罪恶感，说谎的人很可能会决定还是坦白招认比较好。

说谎者因为这种难以消除的害怕感和心虚感，将会让我们成功地辨认出谎言。

男女常用的谎言词典

有一些谎言男人张口就出，几乎不经过大脑，下面把它们列出来，以便你更直观地听出男人的谎言。

1. 其实我刚刚一直在想你。（想着你身体的温柔。）
2. 我绝对不会告诉别人。（哥们儿的人除外。）
3. 你的过去我不在乎。（如果你没做什么坏事的话。）
4. 你是我的唯一……（唯一不知情的。）
5. 我加班还不都是因为你？（跟别的女人应酬真是辛苦啊！）
6. 我还是想跟你在一起。（即使现在已经有了其他女朋友。）
7. 从来没有人给我这种感觉。（他有健忘症吧！）
8. 没有你，我会疯掉！（等到不想要你的时候，就会痊愈。）
9. 我一定会离开她的！（等你死了以后吧！）
10. 我跟她只是玩玩，我跟她之间只有性没有爱。（他敢说，你敢听吗？）
11. 我不会做出对不起你的事。（他大概不清楚"对不起"三个字的意义吧！）
12. 相信我，我跟她已经分了。（他和另一个女人也是这么说的。）
13. 我绝对不会说谎！（但是也不会说实话。）
14. 你是唯一了解我的人。（不！你一点都不了解他！）
15. 我真的配不上你，你对我真的太好了！（男人乞求原谅的绝招。)

16. 我未婚。(在你没有看到他的妻小的时候,他未婚。)

17. 这一次我是认真的!(又是他的口头禅。)

18. 如果没有你,日子怎么过?(过几天看看,他还不是活得好好的?)

19. 我下次不敢了。(如果狗改得了吃屎,就再给他一次机会吧!)

俗话说:"女人的心思最难猜。"女人在说话的时候,大多是口是心非,让人捉摸不透。

让我们来看看下面女人常说的谎言:

1. 我们还是当朋友好了。(我不想做你的女朋友,但是你还有可以利用的价值。)

2. 我想我真的不适合你。(我喜欢的人不是你!)

3. 其实你人真的很好。(可是我不想和你在一起。)

4. 我暂时不想交男朋友。(你不符合我的标准。)

5. 我心有所属了。(那个人是我专门为你这种人虚构的。)

6. 我从来没想过这个问题。(我们根本不可能的,想都不用想。)

7. 你给我一段时间考虑。(不给我时间,我怎么溜啊!)

8. 你的条件真的很好。(可是还没好到我想要的地步。)

9. 你的温柔我会铭记在心的。(拜托,光温柔是没用的,还要有钱!)

10. 其实我一直没勇气接受你。(看到你差点吓死……哪还有勇气?)

11. 你真的很可爱。(你真的很幼稚。)

12. 遇到你,总会让我重温童年的快乐。(就像阿姨遇到小弟弟那样。)

13. 我们应该给彼此一点缓冲时间。(给你时间快滚!再不走我要翻脸啦!)

14. 别人都说你条件不错啊。(可我从来没这样认为!)

15. 别急嘛,我们可以先做朋友。(趁这个时候我再物色物色。)

16. 我觉得男女之间是真的有纯友谊的。（对，没错，我和你之间就真的只可能有纯友谊。）

17. 上次迟到真的不好意思。（先迟到给你看，下次我绝对不迟到。）

18. 亲爱的，你累吗？亲爱的，你忙吗？（我们说说话吧。）

19. 今天上班过得太痛苦了。（问问我这一天是怎么过的。）

男人只有熟悉了以上这些"译文"，破解女人语言的密码，才不会被女人拐弯抹角的说话方式弄得糊里糊涂。

恋爱时听懂女人的"潜台词"

在恋爱时女人往往喜欢用含蓄、矜持的方式委婉地表现她的意图。因此，女人说话总是拐弯抹角，话中有话。很多时候男人对女人都表示无奈，因为他们不知道女人的话里哪一句是真的，哪一句是假的。聪明的男人了解了女人的潜台词，才能知道她们的真实想法。

（1）"我看上你可不是因为你的钱（或者是你的地位）！"

女人不傻，什么都没有，只有爱情能当面包吃啊？女人能看上我们，是因为她认为我们很有能力，是一只升值股。

（2）"你做饭做得真好吃。"

当她这么说的时候千万别只顾着高兴，她的意思是：既然你做饭这么好吃，以后就你做好了……

（3）"她们都说××牌子的衣服很适合我。"

没什么好说的，掏钱包吧！

（4）"没关系，我感觉你还不胖。"

如果她真这么说了，只是不想让我们难堪，注意一下自己的身材吧。

（5）"老夫老妻了，我不要什么情人节礼物了。"

如果这话我们相信了，也许要打扫一个月的卫生了！女人总是说归说，如果我们真不买，她会恨死我们！对这种话男人可千万别当真。

（6）"垃圾桶塞满了，放不下别的东西了。"

这是女人最简单的暗示了："你把垃圾倒掉，好吗？"

（7）"我今晚没时间做饭。"

她的真正意思是："今晚，你带我们出去吃饭吧？"

（8）"我们好几个星期都没出去玩了。"

她想说的是："这个星期，你要带我出去玩。"

（9）"我们需要交流。"

即："你安排好时间，和我谈一谈，好吗？"

女人的话你可以不懂，女人的潜台词你必须要知道。读懂女人心，先从潜台词开始，男女的共通语言不在表层，而在背后。有了真正的沟通才有更好的发展。